A.W. Karpenko

SOWJETISCH-RUSSISCHE PANZER

(1905-2003)

Elbe-Dnjepr-Verlag
2004

Karpenko, A. W.:
„Übersicht der Vaterländischen Panzertechnik (1905-1995)“
Erschienen 1996 in Sankt Petersburg,
Verlag: „Newskij Bastion“

Übersetzung aus dem Russischen

Herausgeber und Übersetzer
Dr. R. Meier
Elbe-Dnjepr-Verlag 2004
Bahnhofstraße 35
04860 Klitzschen
Telefon und Fax: 03421/709064
e-mail: elbe-dnjepr@t-online.de
www.edverlag.de

Inhaltsverzeichnis

Vorwort

Im Jahre 1995 beging Rußland den 75sten Jahrestag des russischen (sowjetischen) Panzerbaues. Hinter den russischen Panzerbauern liegen große Ereignisse. Sie bewältigten einen schwierigen und ehrenvollen Weg von den ersten leichten Panzerautos, die leicht bewaffnet, unzureichend geschützt und mit leichten Benzinmotoren ausgerüstet waren, bis hin zu den nach den neuesten wissenschaftlichen Erkenntnissen entwickelten und nach den fortschrittlichsten Technologien hergestellten besten Panzern der Welt. Die heutigen Panzer sind mit Raketen und Kanonen bewaffnet sowie gegen Kernwaffen geschützt. Sie verfügen über leistungsfähige Diesel- und Gasturbinenmotoren.

Ein moderner Panzer ist eine Kampfmaschine, die viele Ziele verfolgt. Sie ist mit einer sich automatisch ladenden Kanone, einem Laserentfernungsmesser, Wärmebild-, Infrarotsicht- und Zielgeräten ausgerüstet. Die Mannschaft wird vielseitig geschützt. Der Panzer ist in der Lage, Wasserhindernisse zu überwinden. Bezüglich des Umfangs der im Gefecht zu lösenden Aufgaben ist der Panzer ein unikales Kampfmittel, das auch in nächster Zukunft alternativlos ist.

Im Zeitraum von 75 Jahren haben die russischen (sowjetischen) Konstrukteure vier Generationen von Panzern hervorgebracht, wobei man berücksichtigen muß, daß in den 20er Jahren relativ wenige Panzer entwickelt wurden.

Die Panzer **der ersten Generation** wurden von Konstrukteurskollektiven in den Jahren 1931 bis 1938 entwickelt. Sie übertrugen die Erfahrungen der besten englischen und amerikanischen Panzerbauer auf die sowjetischen. Hierzu zählt der Panzer T-26, entwickelt zur unmittelbaren Unterstützung der Infanterie, der Panzer BT zum Zusammenwirken mit der Kavallerie, der fünftürmige schwere Panzer T-35 sowie der dreitürmige Panzer T-28 zum Sturm von Verteidigungsringen sowie die kleinen Panzer T-37A und T-38 zur Begleitung der Kavallerie, der Aufklärung und Gefechtssicherung. Sie waren im Unterschied zu anderen Panzern in der Lage, Wasserhindernisse schwimmend zu überwinden.

Am weitesten verbreitet waren die Panzer T-26 und BT. Der T-26 wurde in verschiedenen Modifikationen im Umfange von 11.000 Stück hergestellt. Der BT brachte es auf 8.000 Stück. Die Panzer T-26 und BT wurden im Bürgerkrieg in Spanien, im Japanischen Krieg im Fernen Osten sowie im Finnischen Krieg eingesetzt. Mit Beginn des zweiten Weltkrieges war das Schicksal der in der Armee vorhandenen Panzer T-26 und BT besiegelt. Bis Ende 1941 gingen fast alle T-26 unwiederbringlich verloren. Die Panzer BT wurden im Verlauf der Kämpfe bis Ende 1942 ausgesondert.

Die Panzer **der zweiten Generation** wurden im Zeitraum von 1939 bis 1945 entwickelt und gebaut. Man realisierte eine eigene sowjetische Konzeption und nutzte die umfangreichen Erfahrung, die man bei der Konstruktion und dem Bau vieler unterschiedlicher Versuchspanzer gewonnen hatte. Die Panzer dieser Generation wurden ständig vervollkommnet und zu ihrer Ehre muß gesagt werden, daß sie den härtesten Prüfungen im zweiten Weltkriege standhielten. Der sowjetische Panzerbau zeigte seine Überlegenheit gegenüber den wichtigsten ausländischen Firmen nicht nur in der Qualität sondern auch im zahlenmäßigen Ausstoß der hergestellten Panzer. Hier ist die Rede von dem berühmten und weltbekannten Panzer T-34, der zur unmittelbaren Unterstützung der Infanterie eingesetzt aber auch zur Steuerung der Kampfhandlungen genutzt wurde. Der KW (Klement Woroschilow) diente zum Sturm befestigter gegnerischer Kampfpositionen, die von der Panzerartillerie verteidigt wurden. Der IS (Iosif Stalin) wurde zur weiteren Verstärkung des T-34 eingesetzt.

In der Sowjetarmee am weitesten verbreitet waren die Panzer T-34, es waren die universellsten. Die hohe Fertigungsgerechtigkeit der Konstruktion machte es möglich, daß dieser Panzer in Serie mit unzureichend qualifizierten Arbeitskräften in unterschiedlich ausgestatteten Maschinenbaubetrieben produziert wurde. Dies ermöglichte es während des Krieges, die massenweise Produktion des T-34 gleichzeitig in sieben Werken nach einer einheitlichen technisch-zeichnerischen Dokumentation zu organisieren.

Im Jahre 1944 wurde der modernisierte Panzer T-34-85 mit einer 85-mm-Kanone sowie verstärkter Panzerung der Wannenstirnseite, einem Kommandeurszusatzturm und einem Fünfganggetriebe produziert.

Während des Krieges wurden 51.000 Panzer T-34 hergestellt. Auf der Basis des T-34 entwickelte man selbstfahrende Artillerielafetten sowie einen Flammpanzer. Die Panzer wurden in allen Operationen des zweiten Weltkrieges sowie auch im Krieg mit Japan, im Koreakrieg (1950 bis 1951) und in verschiedenen Nachkriegskonflikten eingesetzt.

Das erste Muster des schweren Panzers KW wurde im September 1939 während des Finnischen Krieges entwickelt und zum Sturm der Mannerheimlinie eingesetzt. Dort zeige er hohe Kampfeigenschaften. Während des Krieges wurde der Panzer KW konstruktiv verändert. Man stellte die Modifikationen KW-1S (mit verminderter Masse), KW-85 mit einer 85-mm-Kanone sowie den Flammpanzer KW-8 her.

Insgesamt entstanden während des Krieges ca. 4.000 KW-Panzer. Auf ihrer Basis wurde die Artillerieselbstfahrlafette SU-152 entwickelt. Diese erhielt die Bezeichnung „Sweroboj“ (tierischer Kämpfer), weil sie während der Schlacht am „Kursker Bogen“ den neuen deutschen Panzern das Fürchten gelehrt hatte.

Die logische Fortsetzung der Entwicklung der Panzer KW während der zweiten Hälfte des zweiten Weltkrieges war die Entwicklung eines noch leistungsfähigeren Panzers. Die Panzer IS-3 konnten zu Beginn des Jahres 1945 an die Truppen übergeben werden. Sie wurden in der Endetappe des zweiten Weltkrieges und im Krieg gegen Japan eingesetzt. Insgesamt baute man mehr als 5000 Panzer IS-1, IS-2 und IS-3. Auf der Basis dieser Panzer wurden die Selbstfahrlafetten ISU-122 und ISU-152 hergestellt.

Die Panzer **der dritten Generation** entstanden im Zeitraum von 1946 bis 1960. Die Grundlage bildete der während des Krieges erarbeitete wissenschaftlich-technische Vorsprung bei der Entwicklung von Versuchspanzern, deren Systeme und Bauteile. Die Gefechtseigenschaften der Panzer der zweiten Generation analysierte man kritisch. Dabei wurden auch die Panzer unserer Verbündeten und Gegner berücksichtigt. Hierzu zählen die Panzer T-54, T-55 und T-62 und als letzter Serienvertreter dieser Klasse, der schwere Panzer T-10. Der Panzer PT-76 war der erste sowjetische Marinelandepanzer bei Wellenhöhen bis zu vier bzw. fünf Punkten.

Für die in großer Stückzahl produzierten Panzer T-54 und T-55 war die weitere Verstärkung der Panzerung (bis auf 200 mm) und ihre Bewaffnung mit einer 100-mm-Kanone im Verhältnis zum Panzer T-34-85 der Kriegsperiode charakteristisch. Die Kampfmasse der mittleren Panzer wuchs bis auf etwa 36 t an. Ihre wichtigsten technischen Parameter verbesserten sich. Insbesondere durch die Querstellung des Motors war es möglich, die Geschwindigkeit bis auf 50 km/h zu erhöhen. Des weiteren wurde die Torsionsaufhängung eingeführt und die Fahrerluke von der Stirnwand der Wanne auf das Wannendach verlegt. Der Panzer T-55 wurde an die Armeen vieler Länder geliefert und in Lizenz produziert. Dies betraf die Tschechoslowakei, Polen und China. Die Produktion dieser Panzer lief bis 1979.

Der Panzer T-62 ist analog zum T-55 aufgebaut aber mit einer glattläufigen, leistungsfähigeren 115-mm-Kanone ausgerüstet.

Die Standardpanzer T-64, T-64A, T-72 und T-80 zählen zu den Panzern **der vierten Generation**, die für den Kampf unter den Bedingungen des Einsatzes leistungsfähiger Panzerabwehrmittel und Massenvernichtungswaffen bestimmt sind.

Auf den Panzern T-64A, T-72 und T-80 wurden im Vergleich zum Panzer T-64 leistungsfähigere Kanonen eingesetzt (125 mm gegen 115 mm) und getrennt ladbare und teilweise verbrennbare Kartuschen verwendet. Aus dieser

Kanone kann man mit unterschiedlichen Panzergranaten feuern: mit Unterkalibergranaten, mit Hohlladungsgeschossen sowie mit Splittersprenggranaten. Die Panzer T-64B und T-80B haben lenkbare Geschosse mit halbautomatischer Funklenkung aus der Kanone, und der Panzer T-72B hat lasergelenkte Geschosse. Zur Panzerbesatzung gehören drei Mitglieder, wobei das Laden der Kanone automatisch erfolgt.

Die Schußgenauigkeit der Panzer mit Artilleriemunition wurde durch Einführung eines in zwei Ebenen stabilisierten Ziellaserentfernungsmessers sowie eines elektronischen Ballistikrechners erhöht.

Zum Schutz vor Panzerabwehrmitteln und Massenvernichtungswaffen wendete man neue technische Lösungen an: Eine kombinierte Panzerung, eine Strahlenschutzplatte, ein filtrierender Ventilator, der einen Überdruck der Luft erzeugt und vor radioaktivem Staub und Giftstoffen schützt. Während der Serienproduktion wurde die Effektivität der Schutzmaßnahmen, wie reaktive Sicherheitssprengung, wirksame Seitenblenden, Nebelgranatwerfer und täuschende Schutzanstriche, weiter erhöht.

Der Panzer T-80 war der erste Panzer der Welt mit einem Gasturbinenmotor. Dieser Motor mit einer Leistung von 736 KW erlaubte, das Einsatzspektrum des Panzers zu verbreitern, seine Geschwindigkeit zu erhöhen (bis 70 km/h), die Steuerung des Panzers zu verbessern und das Anspringen des Panzers bei niedrigen Außentemperaturen zu garantieren.

Bei der weiteren Modernisierung des T-80 wurde die Motorleistung auf 920 KW gesteigert, die eingebaute reaktive Sicherheitssprengung und die dublierte Feuerführung durch den Kommandeur und den Ladeschützen realisiert. Funkelektronische Mittel zur Abwehr gegnerischer Panzerabwehrmittel kamen zum Einsatz. Es wurde ein spezieller Generator mit einer Leistung von 18 KW verwendet, der den E-Antrieb der Kanone, des Turms und des Funkgerätes bei ausgeschaltetem Motor (im Hinterhalt) sowie den Start des Motors und das Laden der Batterie sicherte. Dieser Panzer erhielt die Bezeichnung T-80U.

Die weitere Vervollkommnung der Panzer der vierten Generation wurde in den 80er und 90er Jahren hauptsächlich an ausländischen Panzern durchgeführt. Diese Maßnahmen hatten die sowjetischen Panzerbauern bereits vor fünfzig Jahren realisiert.

Heute ist die Priorität des russischen Panzerbaues weltweit anerkannt. Die konstruktiven Lösungen unserer Panzer der zweiten, dritten und vierten Generation sind heute Vorbild für die ausländischen Panzerbauer.

Diese Errungenschaften dürfen jedoch nicht zur Vernachlässigung der eigenen wissenschaftlichen Forschungs-, Versuchs- und Konstruktionsarbeiten in unserem Lande führen, denn auch im Ausland werden diese Arbeiten unter Einsatz bedeutender finanzieller Mittel fortgesetzt.

Vor uns steht die komplizierte Aufgabe, das wissenschaftliche Potential und die unikale Produktion zu erhalten, die die Überlegenheit unserer Panzer, der Infanteriekampftechnik und der Schützenpanzerwagen über die ausländischen analogen Produkte über viele Jahre gesichert hat.

So wurden in Rußland in den 90ger Jahren der Panzer T-90S entwickelt und weiterentwickelt und der T-95 als letzte Errungenschaft des russischen Panzerbaues konzuipiert.

Das dem Leser vorgelegte Buch **„Sowjetisch-russische Panzertechnik“** liefert eine umfassende und anschauliche Übersicht über die etappenweise evolutionäre Entwicklung der sowjetisch-russischen Panzertechnik. Das Buch wird dadurch noch wertvoller, weil in ihm nicht nur die Panzer beschrieben werden, die in Serie entstanden, sondern auch viele Projekte, die mögliche Entwicklungen andeuten. Das Buch ist für einen breiten Leserkreis bestimmt. Für Studenten und Aspiranten, für zukünftige Panzerbauer und Offiziere der bewaffneten Organe, für Hörer an Militärhochschulen sowie für den breiten Kreis technischer Amateure, die sich im Rahmen des Modellsports mit dem Panzerbau beschäftigen und allgemein für den technisch interessierten Leser.

Die tabellarisch ausgewiesenen taktisch-technischen Parameter sowie die Zusatzinformationen über die vorgestellten Panzer geben einen vollständigen Überblick über die Entwicklungsgeschichte des sowjetisch-russischen Panzerbaues von seinen Wurzeln bis in die heutigen Tage.

Bei der Vorbereitung des Buches wurden vom Autor folgende Quellen benutzt:
Ju.N. Waraksin, I.W. Bach, S.Ju. Wygodskij, Panzertechnik der UdSSR (1920-1947), Moskau: ZNII Informationen, 1981,
Gepanzerte Kettenfahrzeuge der Sowjetarmee, Bildband unter der Red. von W.I. Medwedkow, Moskau: Akademie der Panzertruppen, 1970.
Panzertechnik, Bildband, Moskau: Gontschar, 1994,
Betriebsanleitungen, technische Dokumentationen u.a. Materialien.
Der Elbe-Dnjepr-Verlag als deutscher Herausgeber des Buches ist in der Lage, weiterführende russische Literaturangaben und Internetadressen zur Verfügung zu stellen.
Der Autor hofft auf eine freundliche Aufnahme des Buches durch das deutschsprachige Publikum.

St. Petersburg im Frühjahr 2004
A. W. Karpenko

„Und vor uns liegt Berlin“

Ein Buch zur Geschichte des zweiten Weltkrieges von General G. Popel.
Übersetzung aus dem Russischen
Im Juni 1944, dem Beginn des Schilderungszeitraumes des vorliegenden Buches, war eine andere Panzerarmee zum Angriff angetreten als 1941 vor Moskau. Der Autor des Buches General Popel hat während des 2. Weltkrieg vom ersten bis zum letzten Tag in den Führungsrängen der Panzertruppen gedient und war wesentlich am Sieg der Sowjetarmee über die faschistische deutsche Wehrmacht beteiligt.
Er schildert den Truppenalltag des Panzerkampfes in seiner eigenwilligen, militärisch orientierten Sprache. An vielen Stellen des Buches wird deutlich, daß die militärische Kunst der Sowjetarmee darin bestand, daß sie die Ressourcen des Territoriums meisterhaft nutzten, wie z. B. deutsches Benzin, deutschen Diesel oder auch deutsche Lebensmittel, um den Vormarsch auf Berlin zu organisieren. Die sowjetischen Soldaten hatten in ihrer Heimat den Krieg als gnadenlosen Vernichtungsfeldzug der Wehrmacht gegen das sowjetische Volk erlebt. Mit dem Vormarsch auf Berlin wuchsen der Panzerarmee zusätzlich moralische Kräfte, die es ihr gestatteten, die sehr hohen materiellen und menschlichen Verluste zu verkraften und durch Nachschub und Reserven das angepeilte Ziel – die Einnahme Berlins – im vorgegebenen Zeitraum zu realisieren.
Das Buch ist für einen breiten Leserkreis bestimmt. Wichtig für die deutschen Leser ist es, daß sie den Kriegsverlauf des letzten Kriegsjahres aus der Sicht der Sowjetarmee nacherleben können, weil nur so Ursache und Wirkung, die Folgen der faschistischen Überheblichkeit und das Ende der Weltherrschaftspläne besser in das deutsche Geschichtsbild eingeordnet werden können.
In der Anlage des Buches werden die technischen Parameter aller an der Ostfront eingesetzten Panzer sowie die Entwicklung der Organisationsformen der Panzerverbände der UdSSR und Deutschlands verglichen.
Die vorgelegten Informationen sind eine wichtige Hilfe für die Militärgeschichte und gestatten insbesondere, das letzte Kriegsjahr vollständiger zu bewerten. Das vorgelegte Buch ist ein wichtiger Beitrag zur Vorbereitung des 60. Jahrestages des zweiten Weltkrieges.

DIE GEBURT EINER SUPERMACHT
EIN BUCH ÜBER MEINEN VATER

In seinem Buch beschreibt **Sergej Chruschtschow (geb. 1935), der Sohn von Nikita Chruschtschow**, sowjetischer Staatsführer von 1953 bis 1964, eben diese Periode als Augenzeuge und unmittelbarer Teilnehmer an den Ereignissen. Es war die Zeit des Überganges von der Vorbereitung des 3. Weltkrieges zur friedlichen Koexistenz. Voraussetzung des Überganges war die Einführung einer neuen Militärdoktrin. Die Mannschaftsstärke der Armee wurde stark vermindert und man entwickelte nur jene Waffenarten, die es ermöglichten, einen wahrscheinlichen Gegner vernichtend zu schlagen. Im Mittelpunkt der militärischen Entwicklung standen die kernwaffenbestückten Interkontinentalraketen. Während man auf solch teure Waffenarten, wie die Überwasserflotte und die strategische Fernbomberflotte verzichtete. Die Zahl der Panzer konnte wesentlich vermindert werden. Es war eine Zeit härtester Prüfungen, weil alles selbst produziert werden mußte und der Außenhandel noch nicht entwickelt war.

Das Buch beschreibt den erfolgreichen Kampf N. S. Chruschtschow um die Macht. Nach Stalin war er einer unter vielen im engsten Machtzirkel. Durch seinen Machtinstinkt gelangte ihm der Aufstieg an die Spitze der Partei. Auf allen Gebieten war er bestrebt, durch Reformen die Effizienz der sozialistischen Gesellschaftsordnung zu verbessern. N. S. Chruschtschow war zutiefst vom Sieg der sozialistischen Gesellschaftsordnung überzeugt. Die Auseinandersetzung mit der Politik der USA und der anderen Westmächte führte zur Berlinkrise mit der Errichtung der Berliner Mauer. Um die Umkreisung der amerikanischen strategischen Raketenbasen zu durchbrechen, entwickelte N. S. Chruschtschow den Stationierungsplan sowjetischer Mittelstreckenraketen auf Kuba. Dies führte zur Kubakrise, die fast zum 3. Weltkrieg geführt hätte. Die staatsmännische Weisheit Chruschtschows und Kennedys hat dies verhindert. Die Aktualität des Buches ist durch den Irakkrieg noch gestiegen, weil aus der Schilderung der beschriebenen Zeitereignisse deutlich wird, wie man die politischen Probleme auf diplomatischem Wege unkriegerisch lösen kann.

ISBN 3-933395-31-3, 613 S.; Preis: 45,60 Euro

Panzerautos

Panzerauto von Nakaschidse

Baujahr 1905
Hersteller................Scharon Chiroso et Jaut (Frankreich)
Produktion...........................Versuchsmuster
Radformel ....4 x 2
Kampfmasse, t................................2,95-3,0
Länge, mm 4800
Breite, mm...1700
Höhe, mm..2400
überwindbare Hindernisse:.
- Anstieg in Grad 25
Motortyp ………..............................Vergaser

Spez. Leistung, PS/t........................12,3
Max. Leistung, PS.............................37
Max. Geschwindigkeit, km/h............50
Panzerung, mm:
- Wannenstirnwand, ...4,5
- Turmstirnwand...............................4,5
Mannschaft, Mitglieder....................3-4
Bewaffnung:
- Zahl x Kaliber, mm und Typ
MG`s.....................8 mm „Gotschkis“
(Kampfsatz, Stück)..........................(-)
Ziel..M
Funkstation....................................keine

Zusatzinformation: Das erste Muster eines russischen Panzerautos wurde nach einem Projekt des Stabshauptmanns des sibirischen Kosakenkorps der Mandschurei-Armee, M.A. Nakaschidse, gebaut. Bei der Konstruktion des Panzers wurde die in der Mandschurei gesammelte Kriegserfahrung berücksichtigt. Das Auto hatte eine größere Bodenfreiheit und vordere verstellbare Laufbrücken, die beim Überwinden von Gräben behilflich waren. Die Räder besaßen halbfeste Radscheiben aus Panzerstahl anstelle der früheren hölzernen. Das MG war im Drehturm untergebracht. Es war ein Reserve-MG vorhanden. Neun solcher Panzerautos stellte man für Rußland her.

Panzerauto von Nakaschidse

Russisch-Baltisches Panzerauto M

Baujahr.......................i. d. Bewaffnung 1914
Entwickler............Russisch-Baltisches Werk
Hersteller...............................Ishorskij-Werk
Produktion...............................in Serie 1914
Basis......................Russisch-Baltische M(T)
Radformel ....4 x 2
Kampfmasse, t.................................4 (8,35)
Länge, mm 4500
Breite, mm...1980
Höhe, mm..2000
Motortyp …….............................Vergaser
Max. Leistung, PS............................40 (65)

Spez. Leistung, PS/t.................10 (7,8)
Max. Geschwindigkeit, km/h...........20
Panzerung...........................kugelsicher
Mannschaft, Mitglieder..................5(6)
Bewaffnung:
- Zahl x Kaliber, mm und Typ
Geschütz......................37 mm Maxim
(Kampfsatz, Stück).........................(-)
- Zahl x Kaliber, mm und Typ
MG`s..................2 x 7,62 mm Maxim
(Kampfsatz, Stück).........................(-)
Ziel...M
Funkstation...............................keine

Zusatzinformation: Es wurde auf der Grundlage der serienmäßig in Riga im Russisch-Baltischen Werk hergestellten Autos entwickelt. Die Wanne bestand aus gewalzten Panzerblechen. Die Waffen waren an den Seiten und an der Frontseite in Schießscharten untergebracht. Verschiedene Autos besaßen eine nach oben offene Wanne. In diesen Autos wurden die Waffen auf speziellen Sockeln postiert und es war möglich, seitlich zu schießen. Die Schützen waren durch Panzerschilde geschützt. Es wurde eine Variante mit drei Maxim-MG's ohne Kanone entwickelt.

Russisch-Baltisch M

Panzerauto „Putilow-Harford“

Baujahr	1914
Entwickler	Putilowskij Werk
Hersteller	Putilowskij Werk
Produktion	in Serie 1914
Basis	Harford
Radformel	4 x 2
Kampfmasse, t	8,40-8,6
Länge, mm	5700
Breite, mm	2300
Höhe, mm	2500/2800
Bodenfreiheit, mm	300
Motortyp	Vergaser
Spez. Leistung, PS/t	4,1
Max. Leistung, PS	35
Max. Geschwindigkeit, km/h	20
Reichweite, km	120
Panzerung, mm:	
- Wannenstirnwand,	8-13
Mannschaft, Mitglieder	8
Bewaffnung:	
- Zahl x Kaliber, mm und Typ	
Geschütz	76,2 mm Muster 1909
(Kampfsatz, Stück)	(60)
- Zahl x Kaliber, mm und Typ	
MG`s	3 x 7,62 mm Maxim
(Kampfsatz, Stück)	(9000)
Ziel	M
Funkstation	keine

Das Panzerauto entstand auf der Grundlage des Chassis eines amerikanischen Autos aus den „Harford“-Werken und war eine selbstfahrende Artillerielafette. Die Wanne war aus gewalzten Panzerblechen genietet. Für den Zutritt der Mannschaft war an der Vorderseite eine Panzertür. Die Kanone befand sich im Heckteil des Panzerautos und die MG`s seitlich im Zentralteil.

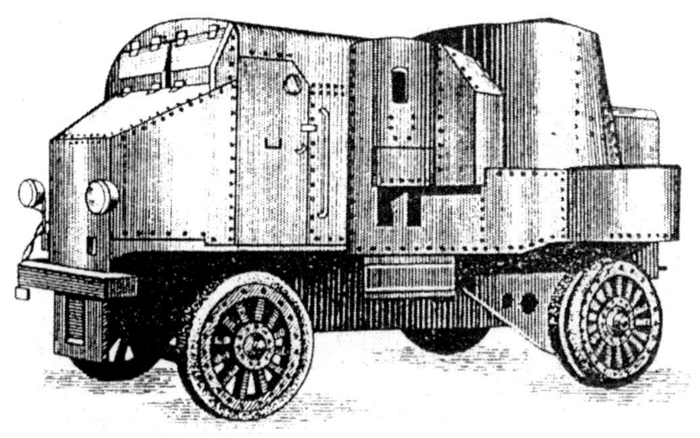

Putilow-Harford

Panzerauto „Mgebrow“

Baujahr	1915	Spez. Leistung, PS/t	21,4
Entwickler	Mgebrow	Max. Leistung, PS	75
Hersteller	Renault	Max. Geschwindigkeit, km/h	40
Produktion	Versuchsmuster	Panzerung	kugelsicher
Basis	Renault oder Benz	Mannschaft, Mitglieder	3
Radformel	4 x 2	**Bewaffnung:**	
Kampfmasse, t	3,5	- Zahl x Kaliber, mm und Typ	
Länge, mm	5100	MG`s	7,62 mm Maxim
Breite, mm	2320	(Kampfsatz, Stück)	(-)
Höhe, mm	2300	Ziel	M
Motortyp	Vergaser	Funkstation	keine

Zusatzinformation: Das Panzerauto wurde nach einem Projekt des Stabshauptmanns Mgebrow auf dem Chassis eines Autos der französischen Firma „Renault“ gebaut. Es unterschied sich von allen Panzerautos der Periode 1914-18 durch eine geneigte Panzerung. Dies verstärkte den Effekt der Panzerung noch. Der Panzerkommandeur war in einem gepanzerten Turm untergebracht und konnte von dort aus mit Hilfe des Steuerrades den Turm mit dem MG drehen. Ein zweites Versuchsmuster eines Panzerautos baute man auf der Grundlage eines Chassis der Firma „Benz“. Es hatte gegenüber dem ersten Auto bestimmte konstruktive Besonderheiten. Im Jahre 1915 entstand ein weiteres Panzerauto ähnlicher Zielstellung. Es handelte sich um die Konstruktion des Stabshauptmanns Poplawko. Er verwendete das Chassis eines Autos der amerikanischen Firma „Gefferi“. Dieses Panzerauto hatte Allradantrieb und konnte Drahthindernisse bei einer Geschwindigkeit von 5-6 km/h zerstören.

Panzerauto Mgebrow

Panzerauto „Austin-Kegress“

Baujahr....................i. d. Bewaffnung 1916
Entwickler.........................Putilowskij Werk
Hersteller............................Ishorsker Werk
Produktion.............................in Serie 1916
Basis ....Austin
Radformel..................................Halbkette
Kampfmasse, t................................5,6-5,8
Länge, mm...5200
Breite, mm...2150
Höhe, mm..2700
Bodenfreiheit, mm...............................300
überwindbare Hindernisse:
- Anstieg in Grad..............................25-30
- Graben, m..1,6
- Watfähigkeit, m.................................0,6

Motortyp......................................Vergaser
Max. Leistung, PS..................................50
Max. Geschwindigkeit, km /h................40
Reichweite, km....................................100
Speizif. Leistung, PS/t..........................8,6
Panzerung, mm:
- Wannenstirnwand...............................7-8
- Turmstirnwand...................................7-8
Mannschaft, Mitglieder...........................5
Bewaffnung:
- Zahl x Kaliber, mm u. Typ
MG`s...2 x 7,62 mm Maxim Muster 1910
(Kampfsatz, Stück).......................(4000)
Ziel...M
Funkstation.......................................keine

Zusatzinformation: Das Panzerauto wurde auf der Basis von Bauteilen und Aggregaten des Autos „Austin“ entwickelt. Es besitzt einen Kettenantrieb. Die Wanne ist aus gewalzten Panzerblechen genietet. Zur Überwindung von Gräben und Stellungen wurde am Auto eine spezielle Vorrichtung mit kleindimensionierten Eisenrädern angebracht. Die MG`s befanden sich seitlich in den Drehtürmen. In den nach 1917 gebauten Panzerautos waren die Türme so angeordnet, daß man sowohl auf Erd- als auch auf Luftziele feuern konnte. Es wurden mehr als 200 Panzerautos dieses Typs gebaut. Im Jahre 1916 wurde das Versuchmuster eines anderen kettengetriebenen Panzerautos vorgestellt (Konstrukteur Oberst Kulkewitsch). Es hatte eine vorn angetriebene Kette und spezielle Vorderräder.

Panzerauto Austin-Kegress

Panzerauto „Austin“

Baujahr....................i. d. Bewaffnung 1917

Entwickler........................Putilowskij Werk
Hersteller..........................Putilowskij Werk
Produktion.............................in Serie 1917
Basis ....Austin
Radformel...4 x 2
Kampfmasse, t.....................................4,14
Länge, mm..4880
Breite, mm..2010
Höhe, mm...2390
Bodenfreiheit, mm...............................250
überwindbare Hindernisse:
- Anstieg in Grad...................................20

Motortyp.....................................Benziner
Max. Leistung, PS................................50
Reichweite, km...................................240
Panzerung, mm:
- Wannenstirnwand................................8
- Turmstirnwand.....................................8
Bewaffnung:
- Zahl x Kaliber, mm u. Typ
MG`s......................2 x 7,62 mm Maxim
(Kampfsatz, Stück).............................(-)
Ziel..M
Funkstation......................................keine

Zusatzinformation: Das Panzerauto wurde auf der Grundlage des 1,5-Tonnen-Transporters der englischen Firma „Austin“ gebaut. Im Unterschied zum englischen Panzerauto besaß das russische Auto zwei Drehtürme, die diagonal angeordnet waren und sich in der Höhe unterschieden. Dadurch war es möglich, Überkreuzfeuer zu führen.

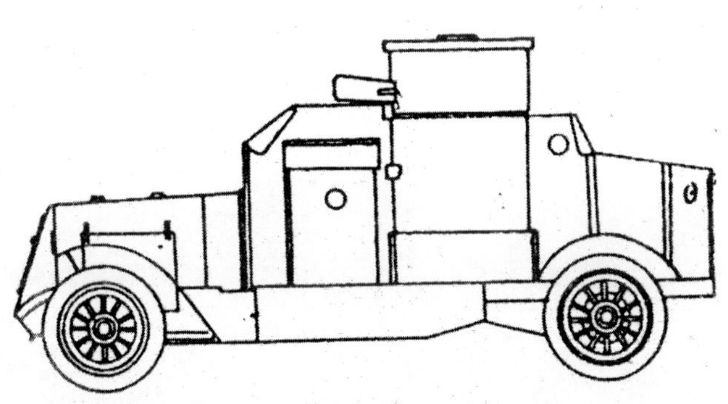

Panzerautor Austin

Panzerauto BA-27

Baujahr....................i. d. Bewaffnung 1928
Entwickler..AMO
Hersteller............................Ishorsker Werk
Produktion........................in Serie 1927-31
Basis ....AMO F-15
Radformel..4 x 2
Kampfmasse, t................................4,1-4,4
Länge, mm..4617
Breite, mm...1710
Höhe, mm..2520
Bodenfreiheit, mm...............................250
Mittl. Bodendruck, kg/cm²...................3,2
überwindbare Hindernisse:
- Anstieg in Grad...................................15
- Graben, m...0,7
- Watfähigkeit, m.................................0,6
Motortyp.....................Benziner GAS-MM

Max. Leistung, PS..........................35-40
Max. Geschwindigkeit, km /h...............30
Reichweite, km.................................150
Treibstoffvorrat, l................................75
Panzerung, mm:
- Wannenstirnwand...............................8
- Turmstirnwand....................................8
Mannschaft, Mitglieder..........................3
Bewaffnung:
- Zahl x Kaliber, mm und Typ
Geschütz................37 mm „Gotschkis“
(Kampfsatz, Stück).........................(40)
- Zahl x Kaliber, mm u. Typ
MG`s................................7,62 mm DT
(Kampfsatz, Stück)......................(2016)
Ziel...M
Funkstation.......................................keine

Zusatzinformation: Chefkonstrukteure waren E.I. Washinskij und B.D. Strokanow. Das erste sowjetische mittlere Panzerauto entstand auf der Grundlage des in Serie hergestellten zweiachsigen LKW AMO- F15 (AMO – Moskauer Aktiengesellschaft). Die Mannschaft bestand bei den modifizierten Varianten aus vier Mitgliedern, wobei der Fahrer vom Heck aus steuerte. Die Stärke der Panzerung des Dachs betrug 5 mm, die des Bodens 3 mm. Von 1928 an wurde das Panzerauto auf der Grundlage des Chassis eines Autos von Ford-AA in Serie gebaut. Von 1931 an ging das Panzerauto BA-27M in Serie und zwar auf der Grundlage des Chassis eines Dreiachsers. Ca. 100 Stück des BA-27M wurden hergestellt. Sie nahmen an den kriegerischen Konflikten im Fernen Osten teil.

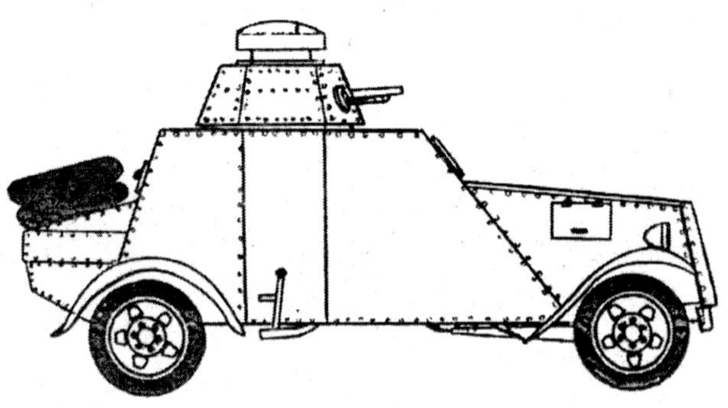

Panzerauto BA-27

Panzerauto BA-27M

Baujahr......................i. d. Bewaffnung 1931
Entwickler......................Reparaturbasis N2
Hersteller........................Reparaturbasis N2
Produktion..............................in Serie 1931
Basis ....Ford-Timken
Radformel..6 x 4
Kampfmasse, t.......................................4,5
Länge, mm..4830
Breite, mm..1930
Höhe, mm...2540
Bodenfreiheit, mm...............................240
Mittl. Bodendruck, kg/cm².....................3,7
überwindbare Hindernisse:
Anstieg in Grad..........................20-23
Graben, m......................................1,0
Motortyp.....................Vergaser GAS-MM
Max. Leistung, PS.................................40

Spezif. Leistung, PS/t...........................8,9
Max. Geschwindigkeit, km /h...............48
Reichweite, km............................300-415
Treibstoffvorrat, l................................150
Panzerung, mm:
- Wannenstirnwand................................8
- Turmstirnwand.....................................8
Mannschaft, Mitglieder..........................4
Bewaffnung:
- Zahl x Kaliber, mm und Typ
Geschütz................37 mm „Gotschkis“
(Kampfsatz, Stück)..........................(40)
- Zahl x Kaliber, mm u. Typ
MG`s..................................7,62 mm DT
(Kampfsatz, Stück).......................(2016)
Ziel...M
Funkstation......................................keine

Zusatzinformation: Das Panzerauto wurde auf der Basis der genieteten Wanne des Panzerautos BA-27 gebaut, die auf das dreiachsige Chassis des Autos „Ford-Timken“ gesetzt wurde. Die Geländegängigkeit des Fahrzeuges erhöhte sich. Durch die Aufnahme eines vierten Mitgliedes in die Mannschaft war es möglich, gleichzeitig aus der Kanone und dem MG zu feuern. Der Turm mit der Bewaffnung des leichten Panzers MS-1 war manuell zu drehen. Er kam bei den Kämpfen am Fluß Chalchin-Gol zum Einsatz.

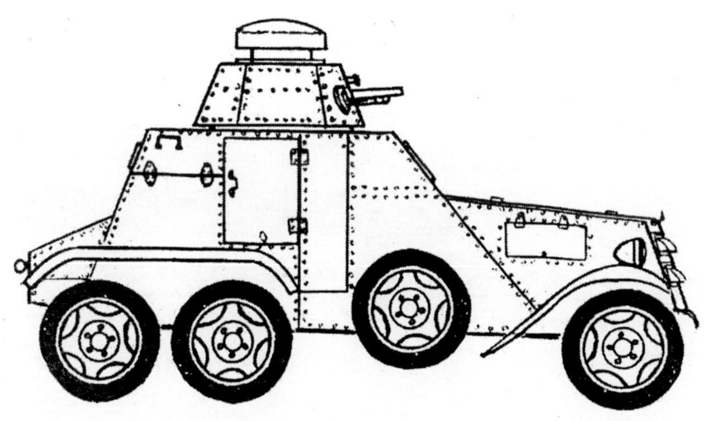

Panzerauto BA-27M

Leichtes Panzerauto D-8

Baujahr....................................in Serie 1931
Entwickler.........Moskauer Autowerk KIM
Hersteller............................Ishorsker Werk
Produktion..............................in Serie 1931
Basis ....Ford-A
Radformel..4 x 2
Kampfmasse, t...............................1,58-1,6
Länge, mm...3540
Breite, mm..1705
Höhe, mm...1680
Bodenfreiheit, mm................................224
überwindbare Hindernisse:
- Anstieg in Grad...............................15
- Graben, m.......................................0,3
Motortyp.........................Benziner Ford-A
Max. Leistung, PS..................................40

Spezif. Leistung, PS/t............................25
Max. Geschwindigkeit, km /h...............85
Reichweite, km............................190-215
Treibstoffvorrat, l..................................40
Panzerung, mm:
- Wannenstirnwand.................................7
- Turmstirnwand.....................................7
Mannschaft, Mitglieder...........................2
Bewaffnung:
- Zahl x Kaliber, mm und Typ
Geschütz......................7,62 mm Maxim
(Kampfsatz, Stück).....................(2090)
- Zahl x Kaliber, mm u. Typ
MG`s..................................7,62 mm DT
(Kampfsatz, Stück)........................(2079)
Ziel...M
Funkstation.......................................keine

Zusatzinformation: Chefkonstrukteur war N.I. Dyrenko. Das Panzerauto wurde auf der Basis des zweiachsigen Autos „Ford-A" entwickelt. Die Wanne bestand aus gewalztem Panzerblech. Die modernisierte Variante hatte einen Turm mit einem MG DT. Das Auto wurde in einer kleinen Serie gefertigt.

Leichtes Panzerauto D-8

Leichtes Panzerauto D-12

Baujahr....................i. d. Bewaffnung 1931
Entwickler..................Moskauer Autowerk
Hersteller............................Ishorsker Werk
Produktion................................kleine Serie
Basis ....Ford-A
Radformel...4 x 2
Kampfmasse, t....................................2,28
Länge, mm..3540
Breite, mm..1705
Höhe, mm...2520
Bodenfreiheit, mm...............................224
überwindbare Hindernisse:
- Anstieg in Grad..............................15
- Graben, m......................................0,3
Motortyp......................................Benziner
Max. Leistung, PS..................................40

Max. Geschwindigkeit, km /h................85
Reichweite, km............................190-225
Treibstoffvorrat, l..................................40
Panzerung, mm:
- Wannenstirnwand................................7
- Turmstirnwand....................................7
Mannschaft, Mitglieder..........................2
Bewaffnung:
- Zahl x Kaliber, mm und Typ
MG.............................7,62 mm Maxim
(Kampfsatz, Stück)......................(2090)
- Zahl x Kaliber, mm u. Typ
MG`s.................................7,62 mm DT
(Kampfsatz, Stück).......................(2079)
Ziel..M
Funkstation.......................................keine

Zusatzinformation: Chefkonstrukteur war N.I. Dyrenko. Es handelt sich um die Weiterentwicklung des Panzerautos D-8, und es unterscheidet sich von diesem durch ein auf einem Drehkranz installiertes MG. Es kann auf Luftziele feuern.

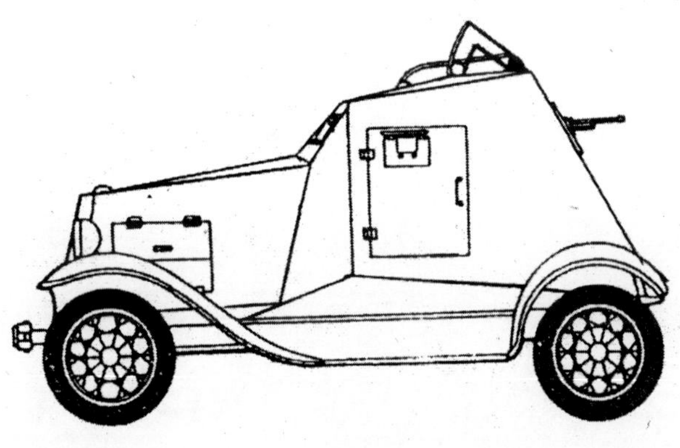

Leichtes Panzerauto D-12

Panzerauto D-13

Baujahr....................i. d. Bewaffnung 1931
Entwickler.........Moskauer Autowerk KIM
Hersteller............................Ishorsker Werk
Produktion.......................kleine Serie 1931
Basis.....................................Ford-Timken
Radformel...6 x 4
Kampfmasse, t....................................4,14
Länge, mm...4975
Breite, mm..1960
Höhe, mm...2500
Bodenfreiheit, mm................................240
überwindbare Hindernisse:
- Anstieg in Grad...............................20
Motortyp........................Benziner GAS-AA
Max. Leistung, PS...................................40

Max. Geschwindigkeit, km /h................55
Reichweite, km..............................95-130
Treibstoffvorrat, l..................................40
Panzerung, mm:
- Wannenstirnwand.................................8
- Turmstirnwand.....................................8
Mannschaft, Mitglieder...........................3
Bewaffnung:
- Zahl x Kaliber, mm und Typ
Geschütz................37 mm „Gotschkis“
(Kampfsatz, Stück)........................(100)
- Zahl x Kaliber, mm u. Typ
MG`s............................2 x 7,62 mm DT
(Kampfsatz, Stück)......................(5040)
Ziel..M
Funkstation......................................keine

Zusatzinformation: Chefkonstrukteur war N.I Dyrenko. Die kastenförmige Wanne wurde aus gewalzten Panzerblechen geschweißt. Das Panzerauto erhielt den Turm des leichten Panzers MS-1. Das Führen der Kanone und des MG`s erfolgt durch Schulterstützen. Das zweite MG wurde auf der rechten Seite der Wanne installiert.

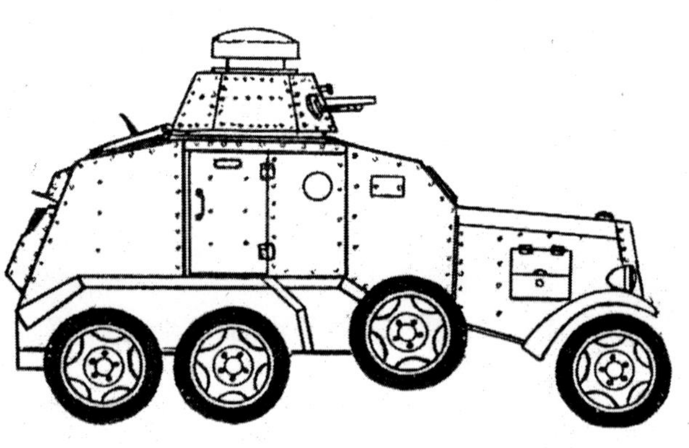

Panzerauto D-13

Schwimmpanzerauto BAD-2

Baujahr..1932
Entwickler.........................Ishorsker Werk
Hersteller...........................Ishorsker Werk
Produktion........................Versuchsmuster
Basis.....................................Ford-Timken
Radformel...6 x 4
Kampfmasse, t...................................4,60
Länge, mm.......................................5280
Breite, mm..................................ca. 2000
Höhe, mm...................................ca. 2360
Bodenfreiheit, mm..............................240
Motortyp.......................Vergaser GAS-AA
Max. Leistung, PS.................................40
Spezif. Leistung, PS/t............................8,7
Max. Geschwindigkeit, km /h.................70

Schwimmgeschwindigkeit, km/h............6
Geschwindigkeit auf Schienen, km/h....90
Panzerung, mm:
- Wannenstirnwand.................................6
- Turmstirnwand.....................................6
Mannschaft, Mitglieder...........................4
Bewaffnung:
- Zahl x Kaliber, mm und Typ
Geschütz.................37 mm „Gotschkis“
(Kampfsatz, Stück)..........................(60)
- Zahl x Kaliber, mm u. Typ
MG`s............................2 x 7,62 mm DT
(Kampfsatz, Stück).......................(3000)
Ziel..M
Funkstation..................................71-TK-1

Zusatzinformation: Im Jahre 1931 wurde ein Versuchsmuster des zweitürmigen Panzerautos BAD-2 auf der Basis des Chassis des Autos „Ford-AA“ entwickelt und danach auf der Basis der dreiachsigen Autos „Ford-Timken“, des Schwimmpanzerautos BAD-2. Der Chefkonstrukteur N.Ja. Obuchow projektierte ein Panzerauto mit zwei Türmen. Im vorderen Turm war die Kanone untergebracht und im hinteren das MG. Ein weiteres MG befand sich in der Wannenstirnwand auf der rechten Seite. Außer schwimmend, konnte das Panzerauto sich auf Eisenbahnschienen fortbewegen. Dabei wurden Metallräder mit Spurkränzen verwendet. Beim Schwimmen auf dem Wasser verfügte es über Schiffsschrauben und zur Verbesserung der Geländegängigkeit auf dem Lande zog man Kettenbänder auf die Hinterräder. Das Panzerauto BAD-2 war mit zwei 20-l-Nebeldruckluftflaschen ausgerüstet.

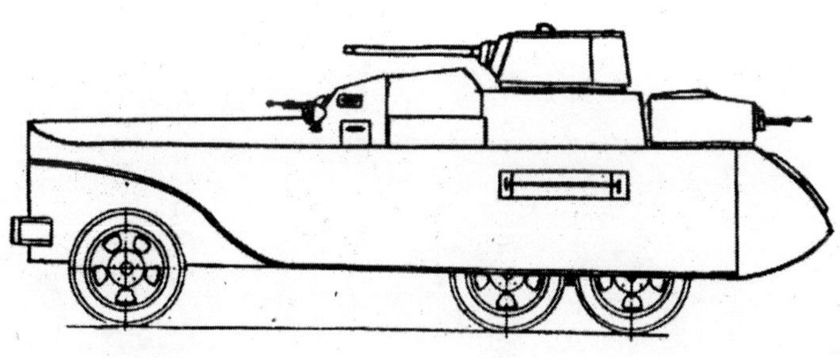

Schwimmpanzerauto BAD-2

Panzerauto BAI

Baujahr....................i. d. Bewaffnung 1932
Entwickler..........................Ishorsker Werk
Hersteller............................Ishorsker Werk
Produktion................................kleine Serie
Basis.....................................Ford-Timken
Radformel..6 x 4
Kampfmasse, t...5
Länge, mm..4770
Breite, mm..2016
Höhe, mm...2350
Bodenfreiheit, mm................................254
Mittlerer Bodendruck, kg/m².................2,8
überwindbare Hindernisse:
- Anstieg in Grad..............................25
Motortyp........................Vergaser GAS-AA
Max. Leistung, PS..................................40
Spezif. Leistung, PS/t...............................8
Max. Geschwindigkeit, km /h................63
Reichweite, km..............................90-150
Treibstoffvorrat, l.................................40
Panzerung, mm:
- Wannenstirnwand................................8
- Turmstirnwand....................................8
Mannschaft, Mitglieder..........................3
Bewaffnung:
- Zahl x Kaliber, mm und Typ
Geschütz..................37 mm „Gotschkis“
(Kampfsatz, Stück)...........................(34)
- Zahl x Kaliber, mm u. Typ
MG`s...........................2 x 7,62 mm DT
(Kampfsatz, Stück)......................(3024)
Ziel...M
Funkstation......................................keine

Zusatzinformation: Es wurde auf der Basis des Autos „Ford-Timken“ mit einer aus gewalztem Panzerblech geschweißten Wanne entwickelt. Zum Einstieg der Mannschaft in das Auto waren im Mittelteil der Wanne seitlich Türen angebracht. Im Drehturm befanden sich eine Kanone und ein koaxiales MG. Ein zweites kugelblendengelagertes MG war in der Wannenstirnwand installiert.

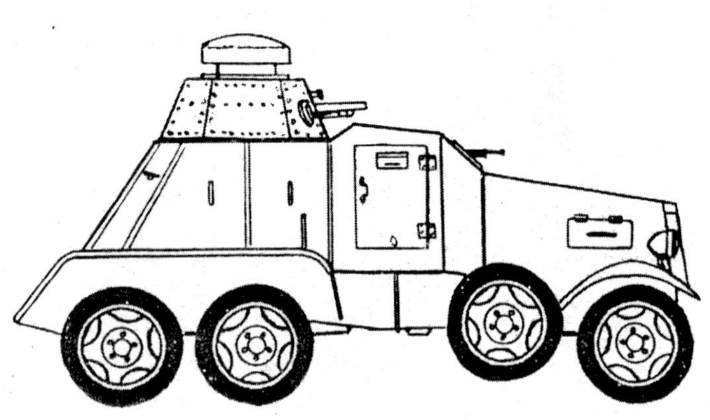

Panzerauto BAI

Leichtes Panzerauto FAI

Baujahr....................i. d. Bewaffnung 1932
Entwickler...FAI
Hersteller............................Ishorsker Werk
Produktion..............................in Serie 1932
Basis...GAS-A
Radformel...4 x 2
Kampfmasse, t..2
Länge, mm..4310
Breite, mm..1675
Höhe, mm...2210
Bodenfreiheit, mm................................224
Mittlerer Bodendruck, kg/m²..................2,3
überwindbare Hindernisse:
- Anstieg in Grad..............................15

Motortyp.........................Benziner Ford-A
Max. Leistung, PS...................................40
Max. Geschwindigkeit, km /h................80
Reichweite, km............................160-200
Treibstoffvorrat, l...................................40
Panzerung, mm:
- Wannenstirnwand.................................6
- Turmstirnwand....................................6
Mannschaft, Mitglieder...........................2
Bewaffnung:
- Zahl x Kaliber, mm u. Typ
MG`s..................................7,62 mm DT
(Kampfsatz, Stück).......................(1323)
Ziel..M
Funkstation.......................................keine

Zusatzinformation: Es wurde auf der Grundlage des Autos GAS-A entwickelt und besitzt einen Drehturm mit einem MG DT. Der Turm dreht sich um den Körper des Schützen. Das Auto ist mit einem wassergekühlten Vierzylindermotor ausgerüstet. Im Jahre 1933 wurde eine Eisenbahnvariante des FAI entwickelt. Es erreichte auf den Schienen eine Geschwindigkeit von 40 km/h. Die Reifen konnten durch eiserne Spurkranzräder in 30 Minuten getauscht werden. Die Masse dieses Autos betrug 1,9 t. Der Munitionsvorrat erhöhte sich auf 2520 Patronen. Im Jahre 1938 wurde das FAI modernisiert. Jetzt wurde das Chassis des Autos GAS-M1 verwendet (FAI-M). Insgesamt entstanden 676 Panzerautos vom Typ FAI.

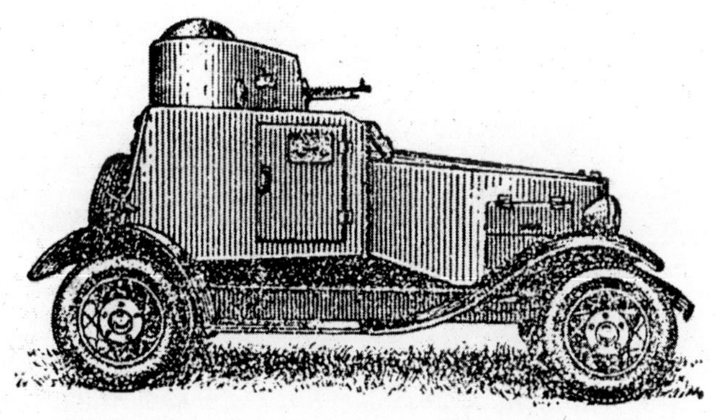

Leichtes Panzerauto FAI

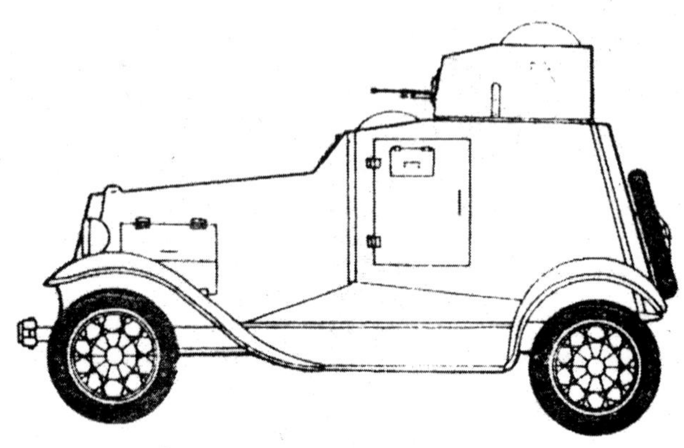

Leichtes Panzerauto FAI

Leichtes Panzerauto FAI Eisenbahnvariante (1933)

Leichtes Panzerauto FAI-M

Baujahr....................i. d. Bewaffnung 1938
Entwickler..FAI
Hersteller............................Ishorsker Werk
Produktion..............................in Serie 1938
Basis...GAS-M1
Radformel...4 x 2
Kampfmasse, t..2
Länge, mm...4310
Breite, mm..1750
Höhe, mm...2240
Bodenfreiheit, mm................................224
Mittlerer Bodendruck, kg/m²..................2,5
überwindbare Hindernisse:
- Anstieg in Grad..............................15

Motortyp.............................Benziner M1
Max. Leistung, PS.................................50
Max. Geschwindigkeit, km /h................90
Reichweite, km............................280-315
Treibstoffvorrat, l..................................60
Panzerung, mm:.
- Wannenstirnwand.................................6
- Turmstirnwand.......................................6
Mannschaft, Mitglieder............................2
Bewaffnung:
- Zahl x Kaliber, mm u. Typ
MG`s..................................7,62 mm DT
(Kampfsatz, Stück)........................(1323)
Ziel...M
Funkstation.......................................keine

Zusatzinformation: Es wurde im Jahre 1938 entwickelt. Die Wanne des Panzerautos FAI wurde auf das Chassis des Autos GAS-M1 gesetzt. Das Auto erhielt einen wassergekühlten Vierzylindermotor mit erhöhter Leistung und kugelsichere Reifen aus Schwammgummi. Der Einsatz des Panzerautos FAI-M erfolgte in den Kämpfen am Chalchin-Gol.

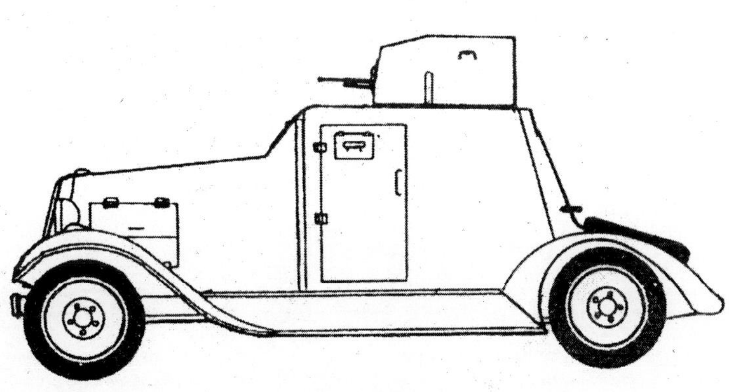

Leichtes Panzerauto FAI-M

Mittleres Panzerauto BA-3

Baujahr....................i. d. Bewaffnung 1934
Entwickler..........................Ishorsker Werk
Hersteller............................Ishorsker Werk
Produktion..............................in Serie 1934
Basis...GAS-AAA
Radformel..6 x 4
Kampfmasse, t...6
Länge, mm..4770
Breite, mm..2110
Höhe, mm..2350
Bodenfreiheit, mm................................254
Mittlerer Bodendruck, kg/m².................3,2
überwindbare Hindernisse:
- Anstieg in Grad..............................25
- Graben, m......................................1,0
Motortyp.......................Vergaser GAS-AA
Max. Leistung, PS.................................40

Spezifische Leistung, PS/t.....................6,7
Max. Geschwindigkeit, km /h................63
Reichweite, km.............................140-260
Treibstoffvorrat, l.................................65
Panzerung, mm:
- Wannenstirnwand................................8
- Turmstirnwand....................................8
Mannschaft, Mitglieder..........................4
Bewaffnung:
- Zahl x Kaliber, mm und Typ
Geschütz.................45 mm Muster 1932
(Kampfsatz, Stück)............................(40)
- Zahl x Kaliber, mm u. Typ
MG`s............................2 x 7,62 mm DT
(Kampfsatz, Stück).......................(3276)
Ziel..T
Funkstation.......................................keine

Zusatzinformation: Es wurde auf der Basis des Autos GAS-AAA entwickelt. Die Wanne war aus gewalztem Panzerblech gefertigt. Im Heck der Wanne befand sich eine zweiflügelige Tür. Das Panzerauto erhielt den Turm vom Panzer T-26 mit der Kanone und dem koaxialen MG. Ein zweites MG wurde kugelgelagert in der Wannenstirnwand untergebracht. Der Panzer war mit Luftreifen ausgestattet. Das Reserverad befand sich außen im Vorderteil des Panzers. Der Einsatz des Panzerautos BA-3 erfolgte in den Kämpfen am Fluß Chalchin-Gol.

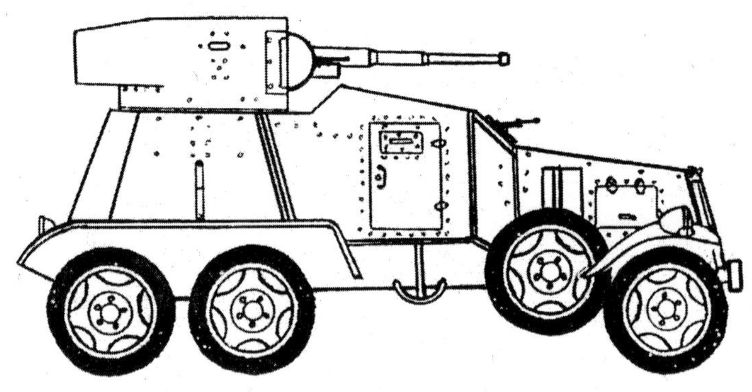

Mittleres Panzerauto BA-3

Mittleres Panzerauto BA-6

Baujahr....................i. d. Bewaffnung 1935
Entwickler..........................Ishorsker Werk
Hersteller...........................Ishorsker Werk
Produktion.............................in Serie 1935
Basis...GAS-AAA
Radformel..6 x 4
Kampfmasse, t....................................5,12
Länge, mm...4900
Breite, mm..2070
Höhe, mm...2360
Bodenfreiheit, mm................................240
Mittlerer Bodendruck, kg/m².................3,5
überwindbare Hindernisse:
- Anstieg in Grad..............................20
- Watfähigkeit, m.............................0,8
Motortyp.....................Vergaser GAS-MM
Max. Leistung, PS.................................40

Spezifische Leistung, PS/t....................7,8
Max. Geschwindigkeit, km /h...............43
Reichweite, km.............................130-197
Treibstoffvorrat, l..................................65
Panzerung, mm:
- Wannenstirnwand................................8
- Turmstirnwand....................................8
Mannschaft, Mitglieder..........................4
Bewaffnung:
- Zahl x Kaliber, mm und Typ
Geschütz.................45 mm Muster 1932
..(Kampfsatz, Stück)............................(60)
- Zahl x Kaliber, mm u. Typ
MG`s...........................2 x 7,62 mm DT
(Kampfsatz, Stück)........................(3276)
Ziel..T
Funkstation.......................................keine

Zusatzinformation: Es wurde auf der Grundlage des Panzerautos BA-3 entwickelt. Die Spurweite wurde vergrößert und neue Reifen vom Typ GK eingesetzt. Die Kanone befand sich in dem vom Panzer T-26 stammenden Turm, dazu ein koaxiales MG. Es konnte horizontal rundum schießen (360°). Nach oben war der Überhöhungswinkel +22 Grad und der Neigungswinkel –2 Grad (Depression). Der Turm wurde mechanisch manuell bewegt. Im Jahre 1935 stellte man ein Versuchsmuster des Panzerautos BA-6 her. Es gab eine Eisenbahnvariante mit Metallreifen und Spurkränzen. Das Auto fuhr auf Schienen mit einer Geschwindigkeit von 55 km/h. Die Reichweite betrug 110-115 km, die Kampfmasse 5,9 t. Das Panzerauto BA-6 kam in den Kämpfen am Fluß Chalchin-Gol zum Einsatz.

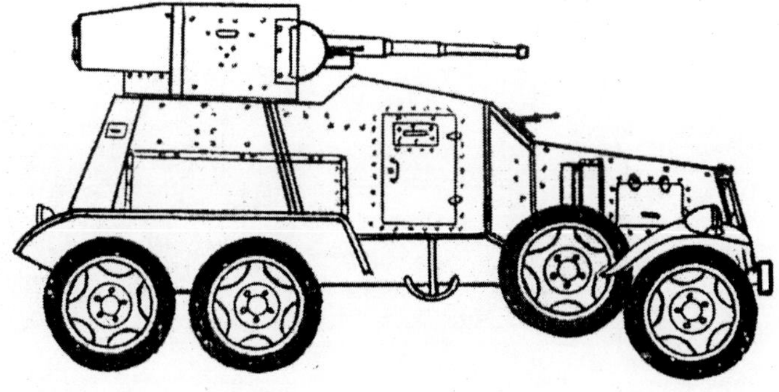

Mittleres Panzerauto BA-6

Mittleres Panzerauto BA-6M

Baujahr..1936
Entwickler........................Ishorsker Werk
Hersteller..........................Ishorsker Werk
Produktion.....................................in Serie
Basis......................................GAS-AAA
Radformel......................................6 x 4
Kampfmasse, t......................................4,8
Länge, mm..4655
Breite, mm..2300
Höhe, mm...2150
Bodenfreiheit, mm................................235
Mittlerer Bodendruck, kg/m².................3,6
überwindbare Hindernisse:
- Anstieg in Grad..............................24
- Watfähigkeit, m..............................0,8
Motortyp......................Vergaser GAS-M-1
Max. Leistung, PS..................................50

Spezifische Leistung, PS/t..................10,4
Max. Geschwindigkeit, km /h...........50-52
Reichweite, km.............................170-287
Treibstoffvorrat, l.................................112
Panzerung, mm:
- Wannenstirnwand.................................10
- Turmstirnwand....................................10
Mannschaft, Mitglieder...........................4
Bewaffnung:
- Zahl x Kaliber, mm und Typ
Geschütz.................45 mm Muster 1932
(Kampfsatz, Stück)............................(50)
- Zahl x Kaliber, mm u. Typ
MG`s...........................2 x 7,62 mm DT
(Kampfsatz, Stück)........................(2520)
Ziel...T
Funkstation..................................71-TK-1

Zusatzinformation: Es wurde auf der Basis des Panzerautos BA-6 entwickelt. Die Form des Turms wurde verändert. Es erhielt einen neuen Motor und ein neues Funkgerät. Zur Verbesserung der Geländegängigkeit setzte man speziell zugeschnittene Bänder ein, die auf den Radkästen der Wanne von außen verstaut waren.

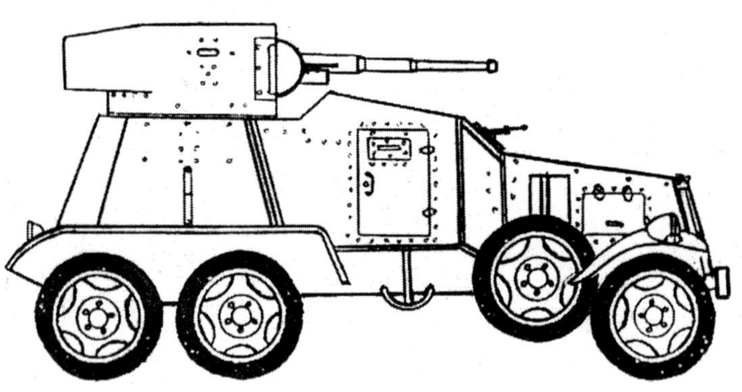

Mittleres Panzerautor BA-6M

Mittleres Panzerauto BA-9

Baujahr..1936
Entwickler..........................Ishorsker Werk
Hersteller............................Ishorsker Werk
Produktion.........................Versuchsmuster
Basis...GAS-AAA
Radformel...6 x 4
Kampfmasse, t.......................................4,5
Länge, mm...4635
Breite, mm..2300
Höhe, mm...2150
Bodenfreiheit, mm................................235
Mittlerer Bodendruck, kg/m².................3,1
überwindbare Hindernisse:
- Anstieg in Grad..............................24
- Watfähigkeit, m.............................0,8
Motortyp......................Vergaser GAS-M-1
Max. Leistung, PS.................................50

Spezifische Leistung, PS/t...................11,0
Max. Geschwindigkeit, km /h................55
Reichweite, km.............................180-230
Treibstoffvorrat, l.................................112
Panzerung, mm:
- Wannenstirnwand..............................8-10
- Turmstirnwand.................................8-10
Mannschaft, Mitglieder............................4
Bewaffnung:
- Zahl x Kaliber, mm und Typ
Geschütz.............................12,7 mm DK
(Kampfsatz, Stück)..............................(-)
- Zahl x Kaliber, mm u. Typ
MG`s..................................7,62 mm DT
(Kampfsatz, Stück)..............................(-)
Ziel...M
Funkstation...................................71-TK-1

Zusatzinformation: Es wurde auf der Basis des Panzerautos BA-6 entwickelt. Anstelle der Kanone wurde ein großkalibriges MG und ein entsprechendes koaxiales MG installiert.

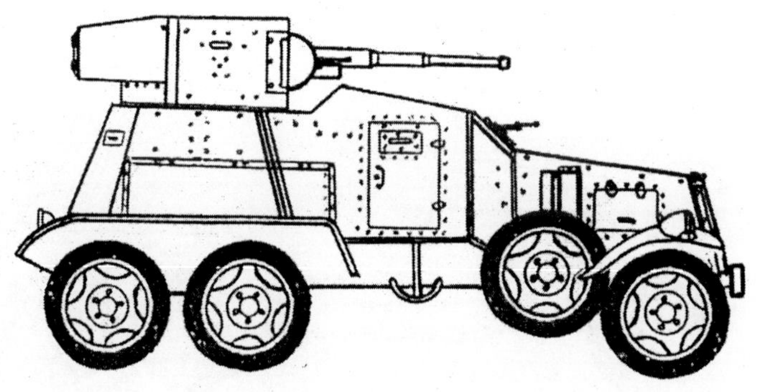

Mittleres Panzerauto BA-9

Leichtes Panzerauto GAS-TK

Baujahr 1935

Entwickler ....Kolomensker Werk N38
Hersteller ....Kolomensker Werk N38
Produktion..........................Versuchsmuster
Basis..GAS-A
Radformel ....6 x 4
Kampfmasse, t.....................................2,62
Länge, mm 4600
Breite, mm...1730
Höhe, mm..2210
Bodenfreiheit, mm.................................225
überwindbare Hindernisse:
- Anstieg in Grad 15-22
Motortyp ....Benzin, Gas-A

Spez. Leistung, PS/t........................15,2
Max. Leistung, PS..............................40
Max. Geschwindigkeit, km/h..........63,2
Reichweite, km........................188 -230
Treibstoffvorrat, l...............................78
Panzerung, mm:
- Wannenstirnwand,.............................6
- Turmstirnwand...................................6
Mannschaft, Mitglieder........................3
Bewaffnung:
- Zahl x Kaliber, mm und Typ
Maschinengewehre...........7,62 mm DT
(Kampfsatz, Stück).....................(1764)
Ziel...M
Funkstation................................71-TK-1

Zusatzinformation: Chefkonstrukteur war L.W. Kurtschewskij. Das Auto wurde auf der Basis des GAS-A mit einer geschweißten Wanne aus Panzerblech gebaut. Zum Einstieg der Mannschaft waren zwei Türen vorhanden: eine seitlich und eine hinten. Das MG befand sich im Drehturm. Das Panzerauto (PA) GAS-TK besaß zwei hintere Antriebsachsen und einfach bereifte Räder. Bei der Erprobung zeigte sich die schlechte Zuverlässigkeit des Fahrwerkes.

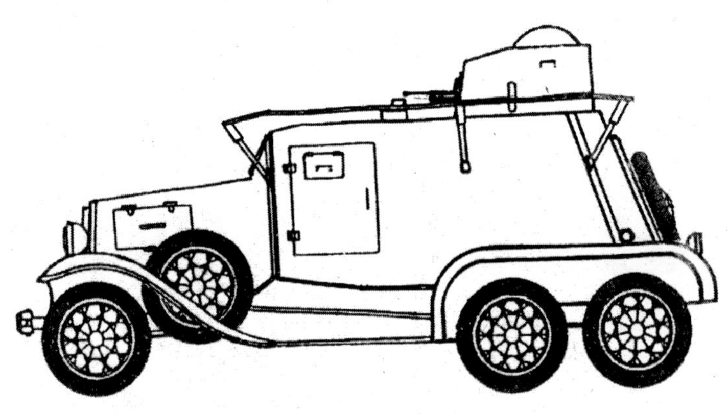

Leichtes Panzerauto GAS-TK

Schwimmpanzerauto PB-4

Baujahr...1935
Entwickler...........................Ishorsker Fab.
Hersteller.............................Ishorsker Fab.
Produktion..........................Versuchspartie
Basis ....GAS-AAA
Radformel..6 x 4
Kampfmasse, t...................................5,28
Länge, mm..5300
Breite, mm...1980
Höhe, mm..2255
Bodenfreiheit, mm.......................254-275
überwindbare Hindernisse:
- Anstieg in Grad..............................15
- Watfähigkeit, m..........schwimmfähig
Motortyp.....................Vergaser, GAS-AA
Max. Leistung, PS...........................40
Spez. Leistung.. PS/t......................7,5
Max. Geschwindigkeit, km /h..........50

Schwimmgeschwindigkeit, km/h...........4
Reichweite, km..........................197-200
Treibstoffvorrat, l..................................72
Panzerung, mm:
- Wannenstirnwand.................................7
- Turmstirnwand.....................................7
Mannschaft, Mitglieder..........................4
Bewaffnung:
- Zahl x Kaliber, mm u. Typ
Kanone ....45 mm Muster 1932
(Kampfsatz, Stück) (52)
- Zahl x Kaliber, mm und Typ
MG`s..........................2 x 7,62 mm DT
(Kampfsatz, Stück).......................(2268)
Ziel...T
Funkstation....................................keine

Zusatzinformation: Das Auto PB-4 wurde auf der Basis des LKW „Ford-Timken“ entwickelt. Die Wanne ist rahmenlos. Zur Erhöhung der Schwimmfähigkeit sind an den Seiten von außen gepreßte Korkpontons angebracht. Das Auto ist mit einem wassergekühlten Vierzylindermotor ausgerüstet. Beide Hinterachsen werden angetrieben. Die Reservereifen können beim Überwinden von Hindernissen eingesetzt werden. Beim Schwimmen wird eine Schraube mit drei Schaufeln benutzt. Beim Fahren auf morastigem Boden wird an den Hinterrädern eine Raupe des Typs „Overall“ eingesetzt, die ansonsten auf dem Hinterteil des Fahrzeugs transportiert wird. Das Wenden auf dem Wasser wird durch Einschlag der Vorderräder erreicht. Die Startmöglichkeiten auf und das Verlassen von Wasserflächen waren genau wie die Betriebszuverlässigkeit unzureichend.

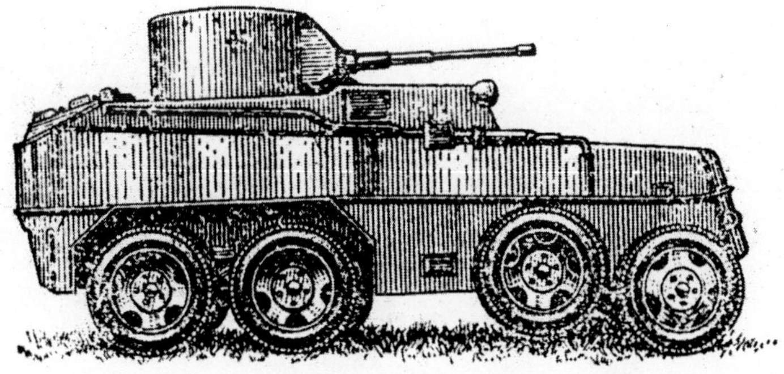

Schwimmpanzerauto PB-4

Schweres Panzerauto BA-5

Baujahr..................Versuchsmuster 1935
Entwickler...............Moskauer Autowerk
Hersteller.................Moskauer Autowerk
Produktion ....keine Serie
Basis ....SIS- 6
Radformel..6 x 4
Kampfmasse, t.................................ca. 8
Länge, mm......................................5300
Breite, mm......................................2400
Höhe, mm..................................ca. 2500
Bodenfreiheit, mm............................265
überwindbare Hindernisse:
- Anstieg in Grad...........................20
- Seitenneigung...............................14
- Graben, m...................................0,5
- Watfähigkeit, m.........................0,65
Motortyp.......................Benzin, SIS-5

Max. Leistung, PS.................................73
Spez. Leistung, PS/t.............................9,1
Max. Geschwindigkeit, km/h.................50
Reichweite, km...............................ca. 260
Treibstoffvorrat, l................................120
Panzerung, mm:
- Wannenstirnwand 4-9
- Turmstirnwand.................................4-9
Mannschaft, Mitglieder.........................5
Bewaffnung:
- Zahl x Kaliber, mm u. Typ
  Kanone................45 mm Muster (1934)
  Kampfsatz, Stück).........................(114)
- Zahl x Kaliber, mm u. Typ
  MG`s.........................3 x 7,62 mm, DT
  (Kampfsatz, Stück)................(ca. 3000)
Ziel...Teleskop
Funkstation......................................keine

Zusatzinformation: Es wurde auf Basis des dreiachsigen LKW SIS-6 entwickelt und seit 1934 serienmäßig vom Moskauer Autowerk hergestellt. Die Wanne war geschweißt. Es wurde 9, 8, 6 und 4 mm starkes Panzerblech verwendet. Auf dem Drehturm wurde die vom Panzer T-26 stammende Kanone eingesetzt, zusätzlich war ein koaxiales MG vorhanden. Zwei andere MG`s befanden sich rechts vom Fahrer und im Heck auf Kugelblenden. Das Auto hatte eine Doppellenkung.

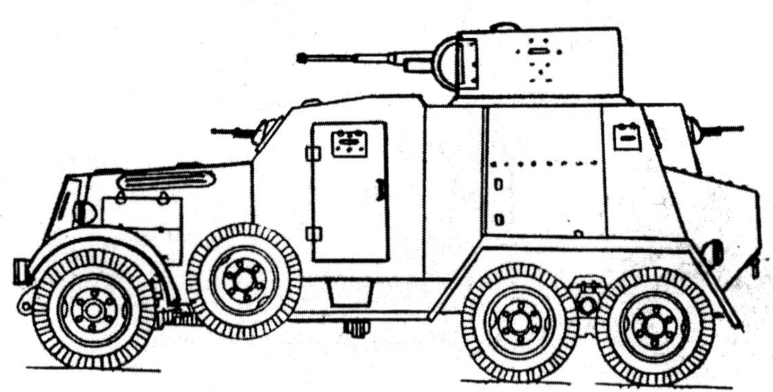

Schweres Panzerauto BA-5

Panzerauto BA-20

Baujahr	i. d. Bewaffnung1936
Entwickler	Wyksinskier Werk
Hersteller	Wyksinskier Werk
Produktion	Serie 1936 -1941
Basis	GAS M-1
Radformel	4 x 2
Kampfmasse, t	2,3
Länge, mm	4100
Breite, mm	1800
Höhe, mm	2300
Bodenfreiheit, mm	235-240
Mittlere Bodendruck, kg/cm²	2,7
überwindbare Hindernisse:	
- Anstieg in Grad	15
Motortyp	Vergaser M-1

Max. Leistung, PS	50
Spez. Leistung, PS/t	21,7
Max. Geschwindigkeit, km/h	90
Reichweite, km	270-350
Treibstoffvorrat, l	70
Panzerung, mm:	
- Wannenstirnwand	6
- Turmstirnwand	6
Mannschaft, Mitglieder	2
Bewaffnung:	
- Zahl x Kaliber mm, u. Typ	
MG`s	7,62 mm DT
(Kampfsatz, Stück)	(1386)
Ziel	M
Funkstation	71-TK-1

Zusatzinformation: Es wurde auf der Basis des PKW GAS-M1 entwickelt und ab 1936 in Serie produziert. Die Wanne war aus gewalztem Panzerblech geschweißt. Das MG befand sich in einer Kugelblende in dem von Hand drehbaren Turm. Es konnte 23 Grad nach oben und 13 Grad nach unten bewegt werden. Die Reifen waren kugelsicher aus Schwammgummi GK gefertigt. Im Jahre 1936 wurde eine Eisenbahnvariante des Fahrzeugs entwickelt. Die Geschwindigkeit betrug 80 km/h bei einer Masse von 2,78 t und einer Reichweite von 430-540 km, die Mannschaft bestand aus drei Soldaten. Es kam bei den Kämpfen um den Fluß Chalchin-Gol und im zweiten Weltkrieg zum Einsatz.

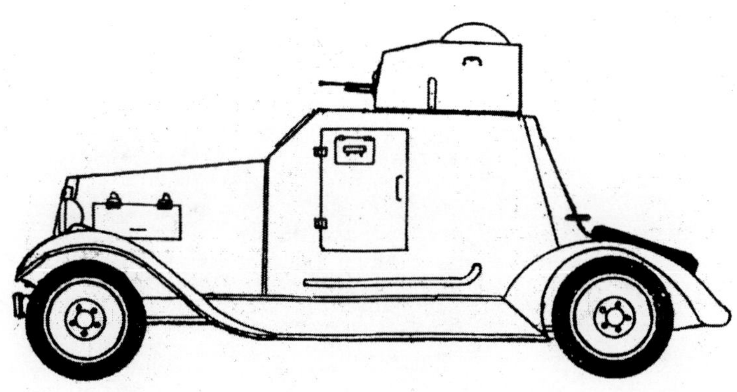

Panzerauto BA-20

Halbketten-Panzerauto BA-30

Baujahr.............seit 1937 in Bewaffnung
Entwickler......................................NATI
Hersteller..........................Serie seit 1937
Basis NATI-3
Radformel................................Halbraupe
Kampfmasse, t...................................4,6
Länge, mm.....................................4940
Breite, mm......................................2400
Höhe, mm.......................................2340
Bodenfreiheit, mm............................300
Mittlerer Bodendruck, kg/cm^2...........0,2
überwindbare Hindernisse:
- Anstieg in Grad...........................32
Motortyp................... Benzin, GAS M-1
Max. Leistung, PS..............................50

Spez. Leistung, PS/t..................10,8-11
Max. Geschwindigkeit, km/h....36,6-37
Reichweite, km........................165-253
Treibstoffvorrat, l............................115
Panzerung, mm:
- Wannenstirnwand.............................6
- Turmstirnwand.................................6
Mannschaft, Mitglieder......................3
Bewaffnung:
- Zahl x Kaliber, mm u. Typ
MG`s ....1 x 7,62 DT
(Kampfsatz, Stück).....................(1512)
Ziel ....M
Funkstation.............................71-TK-1

Zusatzinformation: Es wurde auf der Basis des Autos NATI-3 entwickelt (NATI – Wissenschaftliches Traktorenforschungsinstitut Minsk). Die Wanne ist aus Panzerblech geschweißt. Der Kettenantrieb des Panzerautos besteht aus zwei abgestimmten Fahrgestellen mit gummierten Ketten. In jedem Fahrgestell ist ein angetriebenes Leitrad und vier Laufrollen. Das PA wurde während des Finnischen Krieges als Zugmaschine eingesetzt.

Halbketten Panzerauto BA-30

Schwimmpanzerauto PB-7

Baujahr...1937

Entwickler.......................Ishorsker Werk
Hersteller........................Ishorsker Werk
Produktion............................kleine Serie
Basis.....................................GAS-AAA
Radformel.......................................6 x 4
Kampfmasse, t..................................4,5
Länge, mm.....................................5080
Breite, mm.....................................2150
Höhe, mm......................................2073
Bodenfreiheit, mm............................240
überwindbare Hindernisse:
- Anstieg in Grad..........................20
- Watfähigkeit............schwimmfähig
Motortyp……………………...Benzin M-1

Max. Leistung, PS.............................50
Spez. Leistung, PS/t.......................11,1
Max. Geschwindigkeit, km/h.......50-60
Reichweite, km..........................87-120
Treibstoffvorrat, l...............................45
Panzerung, mm:
- Wannenstirnwand.............................8
- Turmstirnwand.................................8
Mannschaft, Mitglieder.....................3
Bewaffnung:
-Zahl x Kaliber, mm u. Typ
MG`s................12,7 mm (SCHKAS)
(Kampfsatz, Stück).................(1000)
Ziel..M
Funkstation.................................keine

Zusatzinformation: Es wurde auf der Basis des Chassis des Autos GAS-AAA entwickelt und ist die Weiterentwicklung des PB-4. Das PA hatte eine besserer äußere Form. Zur Verbesserung der Geländegängigkeit war es mit abnehmbaren großgliedrigen Ketten für die hinteren Räderpaare ausgerüstet.

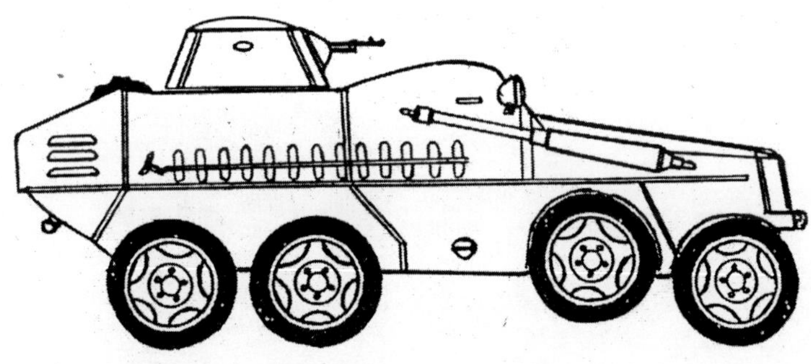

Schwimmpanzerauto PB-7

Panzerauto BA-10

Baujahr....................1938 in Bewaffnung

Entwickler.......................Ishorsker Werk
Hersteller........................Ishorsker Werk
Produktion...........................in Serie 1938
Basis ....GAS-AAA
Radformel..6 x 4
Kampfmasse, t............................5,1-5,14
Länge, mm......................................4655
Breite, mm......................................2070
Höhe, mm.......................................2210
Bodenfreiheit, mm.............................230
Mittlerer Bodendruck, kg/cm^2............2,8
überwindbare Hindernisse:
- Anstieg in Grad......................20-24
- Watfähigkeit, m..........................0,6

Motortyp.................Vergaser, GAS-M-1
Max. Leistung, PS..........................50-52
Spez. Leistung, PS/t............................9,8
Max. Geschwindigkeit, km/h...............53
Reichweite, km...........................260-305
Treibstoffvorrat, l...............................118
Panzerung, mm:
- Wannenstirnwand.............................10
- Turmstirnwand..................................10

Mannschaft, Mitglieder..........................4
Bewaffnung:
- Zahl x Kaliber, mm u. Typ
  Kanone...................45 mm Muster 1934
  (Kampfsatz, Stück)..........................(49)
- Zahl x Kaliber mm u. Typ
  MG`s............................2 x 7,62 mm DT
  (Kampfsatz, Stück)......................(2079)

Ziel.............................Teleskop, Periskop
Funkstation.................................71-TK-1

Zusatzinformation: Es wurde auf der Grundlage des Chassis des LKW GAS-AAA gebaut. Man verkürzte den Rahmen im Mittelteil um 200 mm und im Heckteil um 400 mm. Die Wanne ist aus gewalztem Panzerblech geschweißt. In dem von Hand zu bewegenden Turm ist eine Kanone und ein mit diesem gekoppeltes koaxiales MG untergebracht. Die Kanone kann 20 Grad nach oben und 2 Grad nach unten bewegt werden. Das zweite MG ist an der Frontseite der Wanne untergebracht. Zur Verbesserung der Geländegängigkeit können Kettenbänder vom Typ „Overall“ verwendet werden. Im Jahre 1939 wurde das PA zum BA-10 M modernisiert (Kampfmasse 5,36 t). Auf dieser Basis wurde eine Eisenbahnvariante entwickelt (Kampfmasse 5,8 t). Es war bei den Kämpfen am Fluß Chalchin-Gol und während des zweiten Weltkrieges im Einsatz.

Panzerauto BA-10

Panzerauto BA-20M

Baujahr....................1938 modernisiert

Entwickler...............Wyksinskier Werk
Hersteller.................Wyksinskier Werk
Produktion....................Modernisierung
Basis ....GAS M-1
Radformel....................................4 x 2
Kampfmasse, t...............................2,52
Länge, mm...................................4310
Breite, mm...................................1750
Höhe, mm....................................2130
Bodenfreiheit, mm..........................240
Mittlerer Bodendruck, kg/cm^2.........2,9
überwindbare Hindernisse:
- Anstieg in Grad.........................15

Motortyp...........................Vergaser M-1
Max. Leistung, PS..............................50
Spez. Leistung, PS/t........................19,8
Max. Geschwindigkeit, km/h.............50
Reichweite, km.................................450
Panzerung, mm:
- Wannenstirnwand 6
- Turmstirnwand...................................6
Mannschaft, Mitglieder........................3
Bewaffnung:
- Zahl x Kaliber, mm u. Typ
MG`s...............................7,62 mm DT
(Kampfsatz, Stück)....................(1386)
Ziel...M
Funkstation...............................71-TK-3

Zusatzinformation: Es handelt sich um die modernisierte Variante des BA-20 auf dem die vorhandene Antenne durch eine Stabantenne ersetzt wurde. Es erhielt eine neue Funkstation.

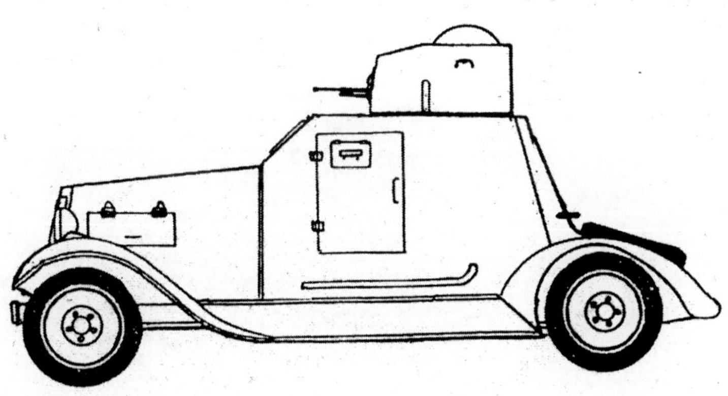

Panzerauto BA 20-M

Leichtes Panzerauto BA-21

Baujahr..1939

Entwickler..GAS
Hersteller..GAS
Produktion......................Versuchsmuster
Basis........................GAS-M1 (GAS-21)
Radformel.......................................6 x 4
Kampfmasse, t.................................3,24
Länge, mm......................................4220
Breite, mm......................................1778
Höhe, mm.......................................2263
Bodenfreiheit, mm.............................195
Mittlerer Bodendruck kg/cm^2............1,8
überwindbare Hindernisse:
- Anstieg in Grad.....................20-22
- Watfähigkeit, m..........................0,8

Motortyp........................Vergaser M-1
Max. Leistung, PS............................50
Spez. Leistung, PS/t.......................15,4
Max. Geschwindigkeit km/h..........52,5
Reichweite, km........................340-400
Treibstoffvorrat, l.............................100
Panzerung, mm:
- Wannenstirnwand 10-11
- Turmstirnwand................................10
Mannschaft, Mitglieder.......................3
Bewaffnung
- Zahl x Kaliber, mm u. Typ
MG`s ....2 x 7,62 mm DT
(Kampfsatz, Stück)..................(1890)
Ziel...M
Funkstation...............................71-TK-1

Zusatzinformation: Das PA wurde auf der Basis des Chassis des dreiachsigen Autos GAS-21 (GAS Gorkier Autowerk) mit einer gepanzerten Wanne aus gewalztem Panzerblech geschweißt und der Turm des PA BA-20 verwendet. Weiterhin baute man ein zusätzliches MG in der Wannenstirnwand kugelblendengelagert ein und verwendete kugelsichere Reifen. Der Turm wird vom Schützen bewegt und ist vertikal im Bereich von plus 23 bis minus 13 Grad neigbar.

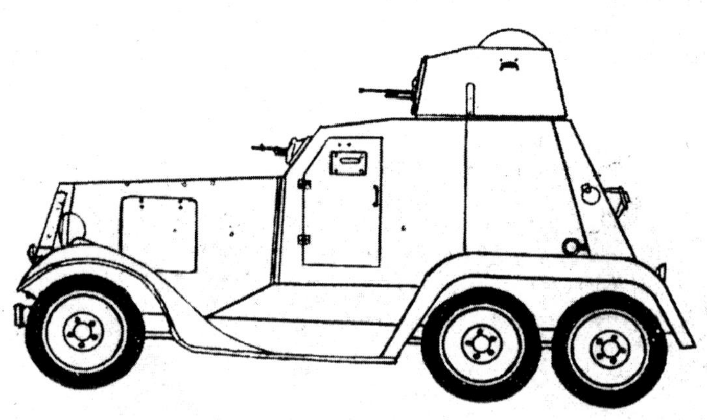

Leichtes Panzerauto BA- 21

Schweres Panzerauto BA-11

Baujahr..1939
Entwickler...............Moskauer Autowerk
Hersteller.........................Ishorsker Werk
Produktion.............................Serie 1939
Basis ……………………...SIS-34 (SIS-6)
Radformel......................................6 x 4
Kampfmasse, t.................................8,13
Länge, mm.....................................5295
Breite, mm.....................................2390
Höhe, mm......................................2490
Bodenfreiheit, mm....................265-292
Mittlerer Bodendruck, kg/cm^2..........4,25
überwindbare Hindernisse:
- Anstieg in Grad............................22
- Querneigung, Grad......................14
- Graben ,m 0,5
- Watfähigkeit, m.......................0,65
Motortyp..........................Benzin, SIS-16

Max. Leistung, PS.......................93-99
Spez. Leistung, PS/t.......................11,1
Max. Geschwindigkeit, km/h............64
Reichweite, km.......................178-316
Treibstoffvorrat, l............................150
Panzerung, mm:
- Wannenstirnwand 13
- Turmstirnwand...............................13
Mannschaft, Mitglieder.......................4
Bewaffnung:
- Zahl x Kaliber, mm u. Typ
Kanone.............45mm Muster (1934)
(Kampfsatz, Stück).....................(114)
- Zahl x Kaliber, mm u. Typ
MG`s........................2 x 7,62 mm DT
(Kampfsatz, Stück)..................(3087)
Ziel...T
Funkstation.............................71-TK-1

Zusatzinformation: Hergestellt auf der Basis des dreiachsigen mittleren LKW`s SIS-34, der in Moskau seit 1934 hergestellt wurde. Die Wanne wurde aus gewalztem Panzerblech der Stärken 13, 10,8 und 4 mm geschweißt. Das PA besaß einen konischen Turm mit einer Kanone und einem koaxialen MG. Ein zweites MG war in der Turmstirnseite untergebracht. Zur Verbesserung der Geländegängigkeit war das PA mit abnehmbaren Ketten des Typs „Overall“ ausgerüstet. Es wurde in kleiner Serie hergestellt. Kritikwürdig waren die geringe Zuverlässigkeit und schlechte Geländegängigkeit. Es kam im zweiten Weltkrieg in der Anfangsphase zum Einsatz. Auf seiner Basis wurde das PA BA-11D mit einem Dieselmotor entwickelt.

Schweres Panzerauto BA-11

Schweres Panzerauto BA-11D

Baujahr..1940
Entwickler.........Moskauer Autowerk
Hersteller...................Ishorsker Werk
Produktion......................kleine Serie
Basis SIS-34D (SIS-6)
Radformel...................................6 x 4
Kampfmasse, t.............................8,65
Länge, mm.................................5295
Breite, mm.................................2390
Höhe, mm..................................2490
Bodenfreiheit, mm.......................292
Mittlerer Bodendruck, kg/cm^2.......4,5
überwindbare Hindernisse:
- Anstieg in Grad.......................22
- Querneigung, Grad 14
- Graben, m 0,5
- Watfähigkeit, m...................0,65
Motortyp.................. Diesel, SIS-D-7
Max. Leistung, PS...............................96-98
spez. Leistung, PS/t...............................11,1
Max. Geschwindigkeit, km/h...................48
Reichweite, km...............................318-420
Treibstoffvorrat, l...................................150
Panzerung, mm:
- Wannenstirnwand.................................13
- Turmstirnwand.......................................13
- Mannschaft, Mitglieder...........................4
Bewaffnung:
- Zahl x Kaliber, mm u. Typ
Kanone......................45 mm Muster 1934
(Kampfsatz, Stück)...........................(114)
- Zahl x Kaliber, mm u. Typ
MG`s..............................2 x 7,62 mm DT
(Kampfsatz, Stück).........................(3087)
Ziel..T
Funkstation...................................71-TK-1

Zusatzinformation: Es wurde aus dem PA BA-11 durch Einbau des Dieselmotors SIS-D7 entwickelt. Die Reichweite und die Masse des Fahrzeuges erhöhten sich. Man produzierte es in kleiner Serie.

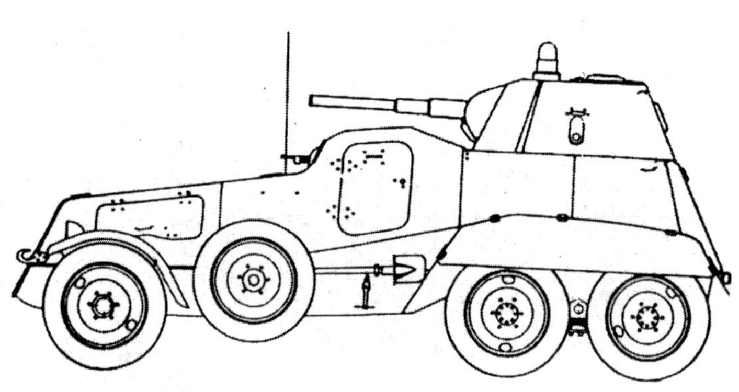

Das schwere Panzerauto BA-11D

Sanitäts-Panzerauto BA-22

Baujahr....................................1939

Entwickler.................Ishorsker Werk
Hersteller..................Ishorsker Werk
Produktion................Versuchsmuster
Basis ....GAS-AAA
Radformel.................................6 x 4
Kampfmasse, t...........................5,24
Länge, mm................................6100
Breite, mm................................1980
Höhe, mm.................................2880
Bodenfreiheit, mm 240
Mittlerer Bodendruck, kg/cm^2.....3,6

überwindbare Hindernisse:
- Anstieg in Grad...............................24

Motortyp ....Benzin GAS-AA
Max. Leistung, PS..................................40
Spez. Leistung, PS/t...............................7,6
Max. Geschwindigkeit, km/h..................40
Reichweite, km....................................250
Treibstoffvorrat, l.................................109
Panzerung, mm:
- Wannenstirnwand..................................6
- Turmstirnwand.......................................6

Mannschaft, Mitglieder.......................2(10)
Funkstation...................................71-TK-1

Zusatzinformation: Entwickelt auf der Basis des LKW GAS-AAA. Die Wanne ist aus Panzerblech geschweißt. Zum Transport der Mannschaft und der Verwundeten ist das Fahrzeug mit zwei Seiten- und einer Hintertür ausgestattet. Zur Verbesserung der Geländegängigkeit hat das Fahrzeug großgliedrige Ketten, die beim Befahren guter Wege in den hinteren Kettenkästen entlang der Wanne gelagert werden.

Sanitäts-Panzerauto BA-22

Leichtes Panzerauto LB-23

Baujahr..1939

Entwickler................Wyksinskier Fabrik
Hersteller..................Wyksinskier Fabrik
Produktion.....................Versuchsmuster
Basis GAS-22
Radformel..6 x 4
Kampfmasse, t....................................3,5
Länge, mm.......................................4226
Breite, mm.......................................1778
Höhe, mm..2268
Bodenfreiheit, mm.............................185
Motortyp......................Benzin, „Dodge“
Mittlerer Bodendruck, kg/cm^{-2}...........2,2
Max. Leistung, PS...............................72
Spez. Leistung, PS/t......................20,6
Max. Geschwindigkeit, km/h...........72
Reichweite, km......................199 -238
Treibstoffvorrat, l.............................66
Panzerung, mm:
- Wannenstirnwand...........................11
- Turmstirnwand.................................9
Mannschaft, Mitglieder......................3
Bewaffnung:
-Zahl x Kaliber, mm u. Typ
MG..........................2 x 7,62 mm DT
(Kampfsatz, Stück)..................(1890)
Ziel...M
Funkstation.............................71-TK-1

Zusatzinformation: Es wurde auf der Grundlage des dreiachsigen Autos GAS-22 entwickelt und besitzt eine aus Panzerblech geschweißte Wanne. Es war mit einem MG DT ausgerüstet, das zweite MG war kugelblendengelagert an der Wannenstirnseite installiert und wurde vom Kommandeur des Fahrzeugs bedient. Das PA verfügte über eine Funkstation mit einer Stabantenne.

Leichtes Panzerauto LB-23

Panzerauto LB-62

Baujahr...1940
Produktion.........................Versuchsmuster
Radformel...4 x 4
Kampfmasse, t....................................5,15
Länge, mm..4430
Breite, mm..2000
Höhe, mm...2240
Bodenfreiheit, mm...............................260
Motortyp.........................Benzin, GAS-202
Max. Leistung, PS..................................85
Spez. Leistung, PS/t............................16,5
Max. Geschwindigkeit, km/h.................70
Reichweite, km............................360-500

Treibstoffvorrat, l..........................150
Panzerung, mm:
- Wannenstirnwand 13
- Turmstirnwand.............................10
Mannschaft, Mitglieder....................3
Bewaffnung:
- Zahl x Kaliber, mm u. Typ
MG, großkalibrig...12,7 mm DSCHK
(Kampfsatz, Stück)......................(500)
- Zahl x Kaliber, mm und Typ
MG`s.......................2 x 7,62 mm DT
(Kampfsatz, Stück)..................(3150)
Ziel..M
Funkstation............................71-TK-1

Zusatzinformation: Es wurde auf der Grundlage eines LKW entwickelt, mit einer aus gewalztem Panzerblech geschweißten Wanne. Der Drehturm war mit einem großkalibrigen und einem koaxialen MG ausgerüstet. Das zweite MG war an der Wannenstirnseite, rechts vom Fahrer, kugelblendengelagert installiert. Das Fahrzeug hatte einen wassergekühlten Motor.

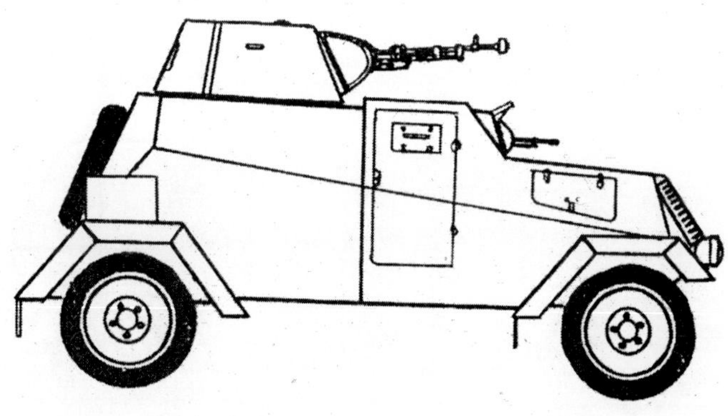

Panzerauto LB-62

Panzerauto LB-NATI
(BA-NATI)

Baujahr..1940

Entwickler....................................NATI
Hersteller..................Wyskinskier Fabrik
Produktion......................Versuchsmuster
Basis ....GAS-MM
Radformel.......................................4 x 4
Kampfmasse, t.................................4,58
Länge, mm......................................4387
Breite, mm.....................................2125
Höhe, mm......................................2213
Bodenfreiheit, mm.............................190
Mittlerer Bodendruck, kg/cm^2..........3,49
Motortyp..........Benzin, Dodge (GAS-61)
Max. Leistung, PS.........................72-76
Spez. Leistung, PS/t..........................15,7

Max. Geschwindigkeit, km/h.................57
Reichweite, km............................102-288
Treibstoffvorrat, l................................129
Panzerung, mm:
- Wannenstirnwand.................................10
- Turmstirnwand....................................10
Mannschaft, Mitglieder............................3
Bewaffnung:
- Zahl x Kaliber, mm und Typ
MG. großkalibrig..........12,7 mm DSCHK
(Kampfsatz, Stück)...........................(400)
- Zahl x Kaliber, mm und Typ
MG`s..............................2 x 7,62 mm DT
(Kampfsatz, Stück).........................(2205)
Ziel...M
Funkstation...................................71-TK-1

Zusatzinformation: Das PA wurde auf Basis der LKW GAS-MM und Dodge entwikkelt. Das Fahrzeug war mit einem wassergekühlten 6-Zylindermotor ausgerüstet, beide Achsen werden angetrieben Die hinteren Reifen sind Zwillingsreifen. Außerdem hatten die Reifen sehr ausgeprägte Stollen. Neben dem LB-62 war es das erste allradgetriebene Panzerauto.

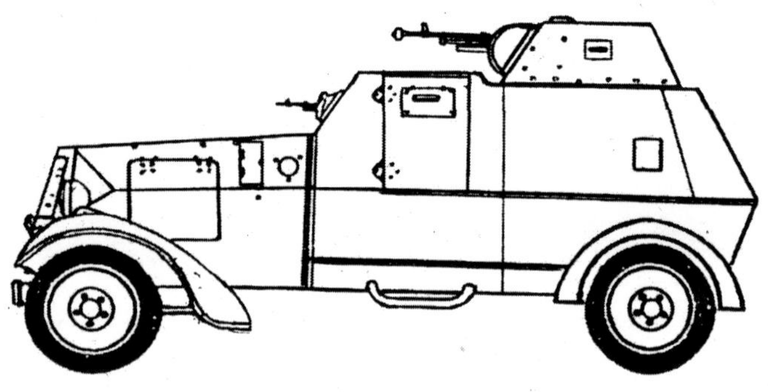

Panzerauto LB-NATI

Leichtes Panzerauto BA-64
(Erzeugnis 64-125)

Baujahr....seit 1942 in der Bewaffnung
Entwickler....................................GAS
Hersteller.....................................GAS
Produktion.......................in Serie 1942
Basis GAS-64
Radformel....................................4 x 4
Kampfmasse, t........................2,36-2,4
Länge, mm...................................3660
Breite, mm...................................1520
Höhe, mm....................................1875
Bodenfreiheit, mm.........................210
überwindbare Hindernisse:
- Anstieg, Grad............................30
- Querneigung, Grad....................18
- Watfähigkeit, m........................0,9

Motortyp ....Benzin, GAS-MM
Max. Leistung, PS..............................50
Treibstoffvorrat, l...............................90
Max. Geschwindigkeit, km/h.............80
Reichweite, km.........................500-560
Panzerung, mm:
- Wannenstirnwand.............................12
- Turmstirnwand.................................12
Mannschaft, Mitglieder........................2
Bewaffnung:
- Zahl x Kaliber, mm u. Typ
MG`s...............................7,62 mm DT
(Kampfsatz, Stück)....................(1260)
Ziel......................................Ringkimme
Funkstation..........................RB (12-RP)

Zusatzinformation: Chefkonstrukteur war W.A. Gratschew. Als Grundlage für das PA diente das leichte Armeeauto GAS-64 mit guter Geländegängigkeit. Das PA BA-64 war mit schußsicheren Reifen (GK) ausgestattet. Das erste Versuchsmuster wurde 1942 hergestellt und hatte ein MG DT. Dieses war auf dem Dach montiert. Dadurch konnten Boden- und Luftziele nur in Fahrtrichtung des Autos bekämpft werden. Im Jahre 1942 wurde das Versuchsmuster einer Variante ohne Turm für die Luftlandetruppen vorgestellt: BA-64E, das sechs Fallschirmjäger transportierte, außerdem wurde eine Wintervariante entwickelt, diese war vorn mit Skiern des GAS-60 und hinten mit einer Raupe ausgerüstet: BA-64S. Dieses Fahrzeug konnte Hindernisse bis zu 18 Grad Neigung überwinden und besaß einen mittleren Bodendruck von 0,15-017 kg/cm^2. Während der Erprobung wurden folgende Mängel festgestellt: Ungenügende Manövrierfähigkeit, geringe Geschwindigkeit und hoher Benzinverbrauch.

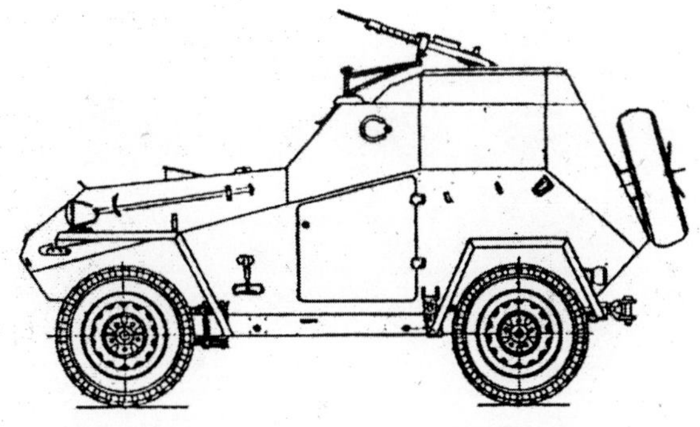

Leichtes Panzerauto BA-64 (erstes Versuchsmuster 1942)

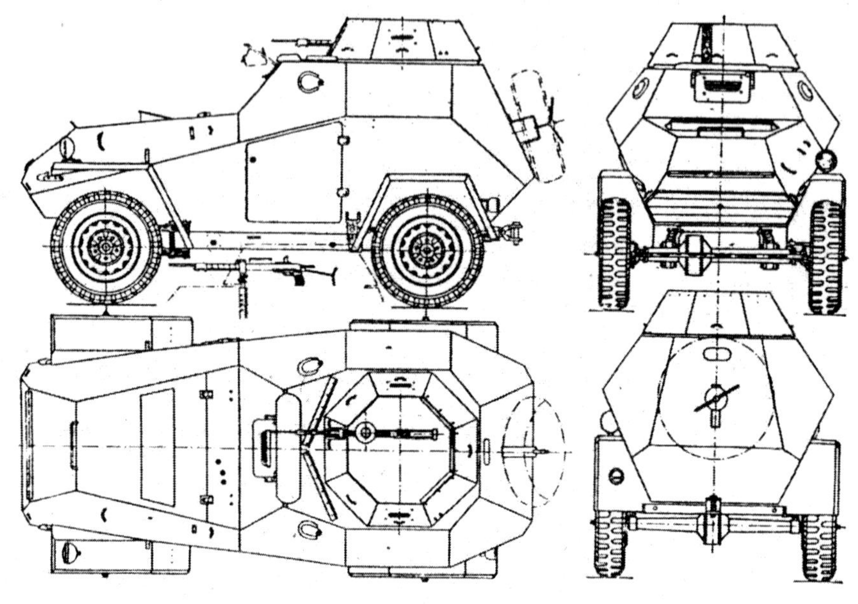

Leichtes Panzerauto BA-64 (Serie)

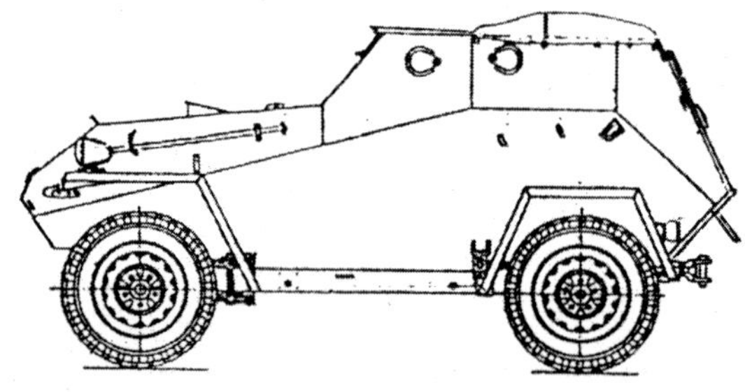

Versuchsmuster der Luftlandevariante des PA BA-64 (1942 für sechs Fallschirmjäger)

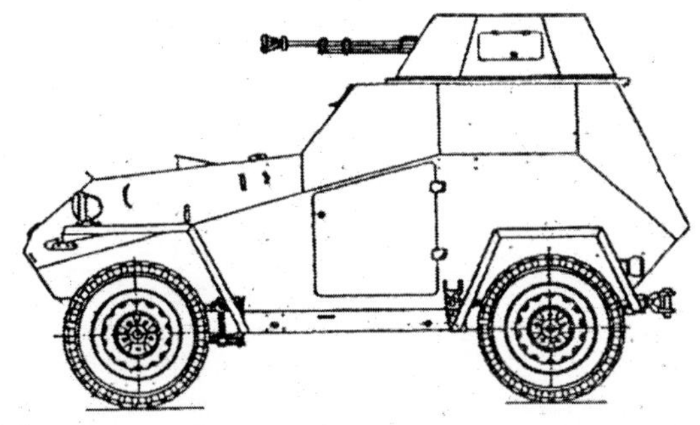

Versuchsmuster des PA BA-64D (1944) mit dem großkalibrigen MG DSCHK

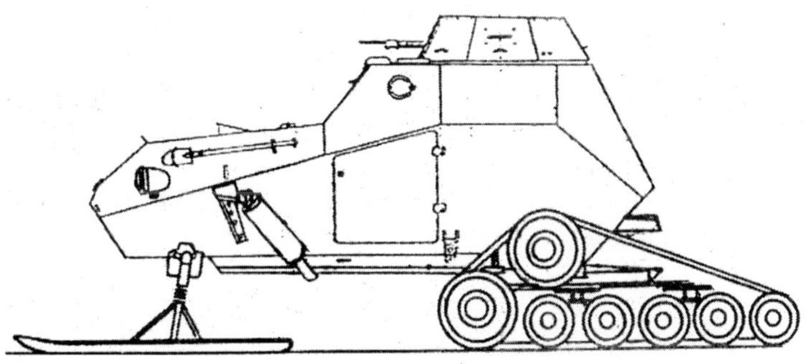

Versuchsmuster der Wintervariante des PA 64S (1943)

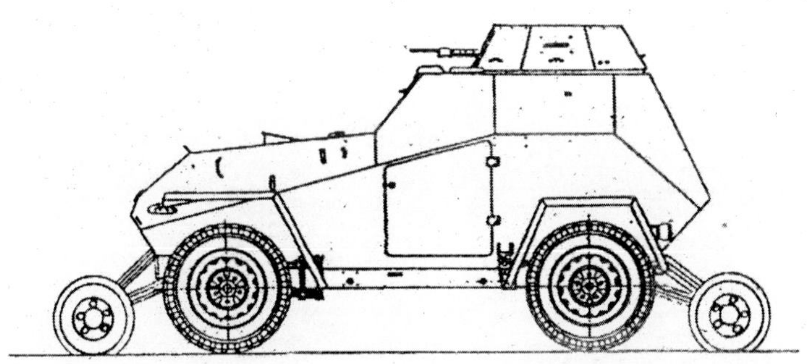

Versuchsmuster des PA 64B Eisenbahnvariante (1943)

Leichtes Panzerauto BA-64B

Baujahr.............seit 1943 in Bewaffnung
Entwickler.......................................GAS
Hersteller...GAS
Produktion....................Serie 1943-1946
Basis..GAS-67B
Radformel..4 x 4
Kampfmasse, t................................2,425
Länge, mm......................................3660
Breite, mm......................................1690
Höhe, mm..1900
Bodenfreiheit, mm.............................235
überwindbare Hindernisse:
- Anstieg, Grad..............................30
- Querneigung, Grad......................25
- Watfähigkeit, m..........................0,9

Motortyp..............Benzin, GAS-MM
Treibstoffvorrat, l.............................90
Max. Geschwindigkeit km/h............80
Max. Leistung, PS............................50
Reichweite, km.......................300-500
Panzerung, mm:
- Wannenstirnwand..........................12
- Turmstirnwand...............................12
Mannschaft, Mitglieder......................2
Bewaffnung:
- Zahl x Kaliber, mm u. Typ
MG`s.............................7,62 mm DT
(Kampfsatz, Stück)..................(1074)
Ziel..M
Funkstation..................................12RP

Zusatzinformation: Chefkonstrukteur war W.A. Gratschew. Für die Serienproduktion wurde das modernisierte Chassis des GAS-67B verwendet. Dadurch verbesserte sich die Kippstabilität des Autos. Die Reifenbreite erhöhte sich von 1240 mm beim BA-64 auf 1446 mm beim BA-64B. Anfang 1943 entwickelte man zwei Eisenbahnvarianten. Es handelt sich um die Wyskinskier Variante BA-64B mit wechselbaren Eisenbahnrädern und um die Gasowsker Variante BA-64G mit abklappbaren, kleindimensionierten Eisenbahnrädern. Im Jahre 1944 wurden auf der Basis des BA-64B drei Versuchsmuster des turmlosen für den Stab bestimmten BASCH-64B gebaut sowie ein Versuchsmuster BA-64D mit einem verbreiterten Turm und einem großkalibrigen MG DSCHK.

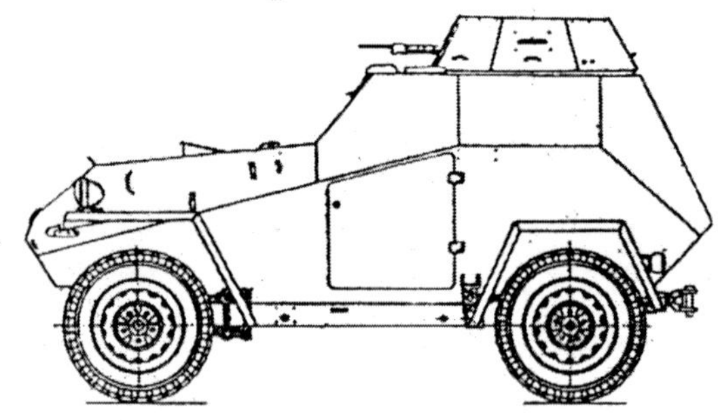

Leichtes Panzerauto BA-64B

Schützenpanzerwagen

Schützenpanzerwagen B-3

Baujahr	1939
Entwickler	Moskauer Werk SIS
Hersteller	Moskauer Werk
Produktion	kleine Serie
Basis	SIS-22
Radformel	Halbraupe
Kampfmasse, t	7,1
Länge, mm	6530
Breite, mm	2350
Höhe, mm	2400
Bodenfreiheit, mm	330
Spez. Bodendruck, kg/cm^2	0,3
Motortyp	Vergaser SIS-16
Spez. Leistung, PS/t	12
Max. Geschwindigkeit km/h,	40
Max. Leistung, PS	85(73)
Reichweite, km	150
Treibstoffvorrat, l	150
Panzerung, mm:	
- Wannenstirnwand	15
Mannschaft, Mitglieder	2
Bewaffnung:	
- Zahl x Kaliber, mm und Typ	
MG`s	12,7 mm DSCHK
(Kampfsatz, Stück)	(.)
Ziel	M
Funkstation	keine

Zusatzinformation: Der Schützenpanzerwagen B-3 war eines der ersten mehrfach einsetzbaren Panzerfahrzeuge in der UdSSR. Der Wanne ist aus Panzerblech geschweißt und nach oben offen. Das MG ist in einem Bolzen an der Wannenstirnwand des Panzers angebracht. Zur Verbesserung der Geländegängigkeit besitzt das Fahrzeug zwei Kettenantriebe und zwei gummierte Metallbänder. Zum Fahren auf Schnee werden vorn Skier angebracht.

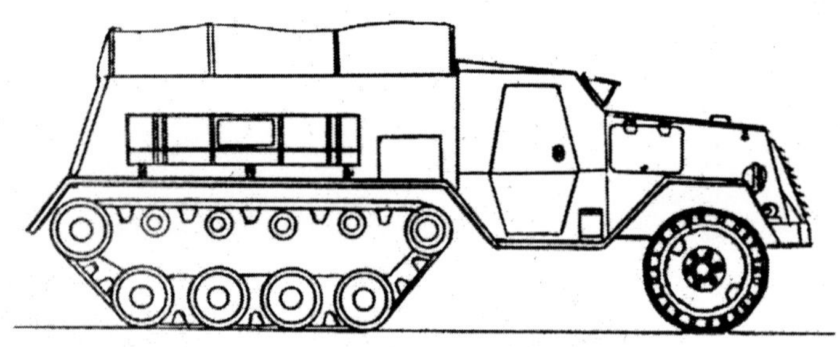

Schützenpanzerwagen B-3

Schützenpanzerwagen K-75

Baujahr..1947
Entwickler.............................KB GAS
Hersteller.....................................GAS
Produktion ....Versuchsmuster
Basis T-76
Kampfmasse, t................................7,5
Länge, mm..................................5360
Breite, mm..................................2750
Höhe, mm...................................1850
Bodenfreiheit, mm.........................300
Spez. Bodendruck, kg/cm^2...........0,42
Motortyp.....................Diesel JAS-206
Max. Leistung, PS.........................140

überwindbare Hindernisse:
- Anstieg, Grad.......................30
- Watfähigkeit, m..................1,0

Spez. Leistung, PS/t................18,66
Max. Geschwindigkeit, km/h.......40
Reichweite, km..........................200
Panzerung, mm:
- Wannenstirnwand.................10-15

Mannschaft, Mitglieder................17

Bewaffnung:
- Zahl x Kaliber, mm u. Typ
  MG`s.....................7,62 mm SG-43
  (Kampfsatz, Stück)..............(1000)

Ziel.................................mechanisch

Zusatzinformation: Der Schützenpanzerwagen wurde auf der Grundlage schwerer LKW und des leichten Panzers T-70 entwickelt. Die Wanne ist nach oben offen und aus 10 bis 15 mm dickem Panzerblech geschweißt. Die Frontplatte ist 40 bis50 Grad geneigt. Zur Montage der Waffen sind auf dem Panzer acht Konsolen im Mannschaftsbereich und auf dem Dach des Führerhauses montiert. Das Fehlen des Daches und der Schwimmunfähigkeit verringerte die Gefechtseigenschaften des Panzers. Er wurde nicht in Serie gebaut.

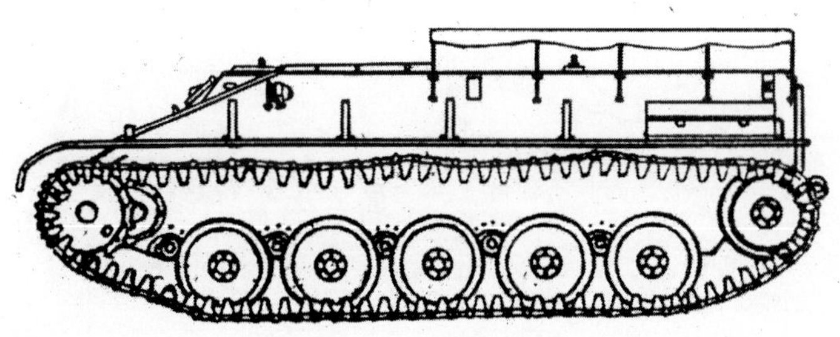

Schützenpanzerwagen K- 75

Schützenpanzerwagen BTR-112

Baujahr..1949
Entwickler..........................KB d. Uraler Schwermaschinenbauwerkes
Hersteller........................Uraltransmasch
Produktion.......................Versuchspartie
Basis.......................................SU-100P
Kampfmasse, t.................................18,2
Länge, mm.....................................7100
Breite, mm.....................................3100
Höhe, mm......................................2200
Bodenfreiheit, mm............................400
Mittl. Bodendruck, kg/cm^2..............0,65
Motortyp.......................Diesel V-54-105
überwindbare Hindernisse:
- Anstieg, Grad..............................30
- Watfähigkeit, m..........................1,0

Max. Leistung, PS......................400
Spezifische Leistung, PS/t..........22,0
Max. Geschwindigkeit, km/h........65
Reichweite, km...........................300
Panzerung, mm:
- Wannenstirnwand.......................25
Mannschaft, Mitglieder............3(25)

Bewaffnung:
- Zahl x Kaliber, mm u. Typ
  Kanone.................14,5 mm KPWT
  (Kampfsatz, Stück).................(500)
- Zahl x Kaliber, mm u. Typ
  MG`s.....................7,62 mm SG-43
  (Kampfsatz, Stück).................(200)

Ziel.................................mechanisch

Zusatzinformation: Wurde auf der Basis der Selbstfahrlafette SU-100 (Objekt 105) entwickelt. Die geschweißte Wanne wurde um 640 mm verlängert. Der Mannschaftsraum ist im Heck untergebracht und hat kein Dach. In der Heckseite des Fahrzeuges befindet sich eine zweiflüglige Tür für den Einstieg der Mannschaft. Im Mannschaftsraum rechts ist auf einem Drehkranz ein großkalibriges MG und links auf einer Konsole ein MG SG-43 installiert. Auf Basis des BTR-112 wurde im weiteren ein Scheinwerferpanzer, das Objekt 117 sowie eine Versuchsselbstfahrlafette entwickelt.

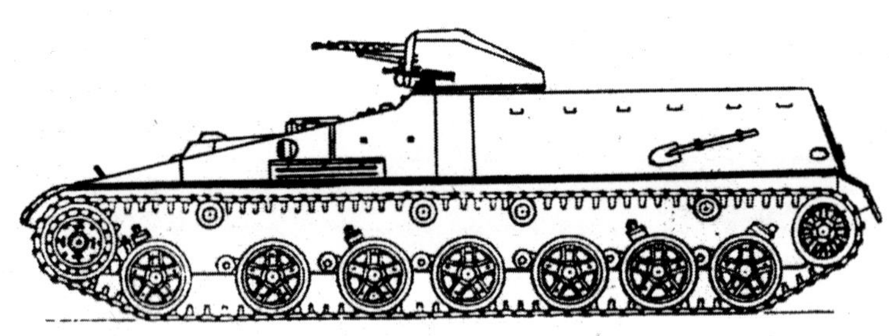

Schützenpanzerwagen BTR-112

Schützenpanzerwagen K-78

Baujahr..1950
Entwickler............KB A.F. Krawzow
Produktion................Versuchsmuster
Basis...K-90
Kampfmasse, t.............................10,5
Länge, mm.................................6750
Breite, mm.................................2940
Höhe, mm...................................1970
Bodenfreiheit, mm................300-400
Motortyp....................Diesel JAS-200
überwindbare Hindernisse:
- Anstieg, Grad..........................30
- Watfähigkeit, m...schwimmfähig

Max. Leistung, PS..........................140
Spezifische Leistung, PS/t.............13,2
Schwimmgeschwindigkeit, km/h....9,3
Max. Geschwindigkeit, km/h...........46
Reichweite, km.............................250
Panzerung, mm:
- Wannenstirnwand..........................15
Mannschaft, Mitglieder...............2(22)
Bewaffnung:
- Zahl x Kaliber, mm u. Typ:
MG`s.........................7,62 mm SG-43
(Kampfsatz, Stück).................(1000)
Ziel....................................mechanisch

Zusatzinformation: Wurde auf der Basis des Versuchsschwimmpanzers K-90 sowie unter Verwendung von Teilen der Artilleriezugmaschine M2 und des Autos JAS-200 entwickelt. Die Wanne ist bootförmig aus gewalztem Panzerblech geschweißt. Der Motor befindet sich vorn, der Mannschaftsraum hinten. Das MG ist auf einer Konsole auf dem Dach des Führerhauses montiert. Zum Schwimmantrieb wird eine Schiffsschraube verwendet. Während der Erprobung wurde eine schlechte Seegängigkeit festgestellt und deshalb wurde er nicht in die Bewaffnung aufgenommen.

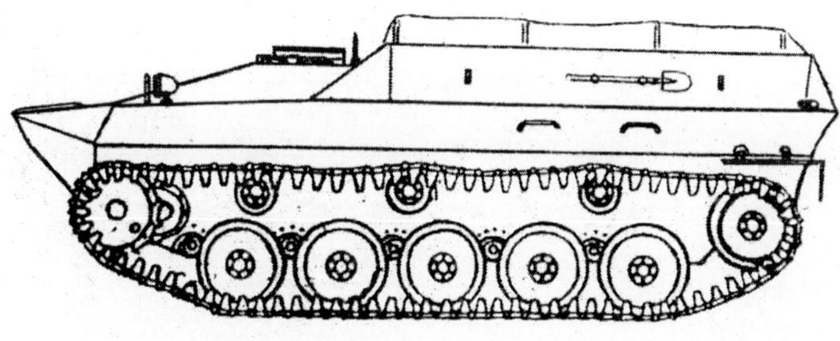

Schützenpanzerwagen K -78

Schützenpanzerwagen BTR-40
(Objekt 141)

Baujahr......in die Bewaffnung 1950
Entwickler.........................KB GAS
Hersteller..................................GAS
Produktion.................Serie 1950-60
Basis GAS-63
Radformel................................4 x 4
Kampfmasse, t...........................5,3
Länge, mm...............................5004
Breite, mm...............................1900
Höhe, mm................................1830
Bodenfreiheit, mm.....................276
Motortyp.............Vergaser GAS-40
Reichweite, km..................285-480
Max. Geschwindigkeit, km/h.......79
Treibstoffvorrat, l........................120
Spez. Leistung, PS/t..................14,7

Max. Leistung, PS..................................78
überwindbare Hindernisse:
- Anstieg, Grad............................28-30
- Querneigung, Grad...................20-25
- Graben, m...................................0,75
- Watfähigkeit, m............................0,9

Panzerung, mm:
- Wannenstirnwand 13-15

Mannschaft, Mitglieder.........................10

Bewaffnung:
- Zahl x Kaliber, mm u. Typ
  MG`s.............................7,62 mm SGMT
  (Kampfsatz, Stück)........................(1250)

Ziel...M
Funkstation................................10-RT-12

Zusatzinformation: Im Jahre 1947 wurde auf Basis des GAS-63 der SPW BTR-40 (Objekt 141) für acht Fallschirmjäger entwickelt. Chefkonstrukteur war W.K. Rubzow. Auf dem Fahrzeug wurden Reifen der Größe 9,75 x 18 eingesetzt. Der Panzer wurde in die Bewaffnung aufgenommen. Im weiteren entstanden auf seiner Basis eine ganze Reihe von gepanzerten Fahrzeugen: BTR-40A, BTR-40B u. a. Im Jahre 1969 erprobte man die Variante BTR-40 ShD für die Eisenbahn. Er hatte stählerne Laufräder mit inneren Spurkränzen, vorn wurden sie von abklappbaren Hebel gehalten, hinten waren sie an der Wanne befestigt. Der Radwechsel dauerte drei bis fünf Minuten.

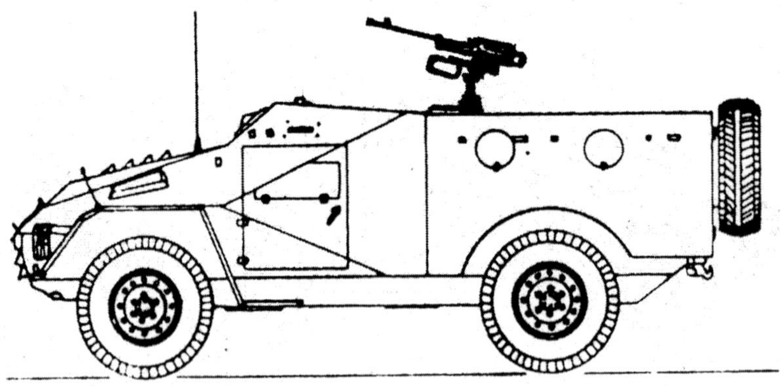

Schützenpanzerwagen BTR - 40

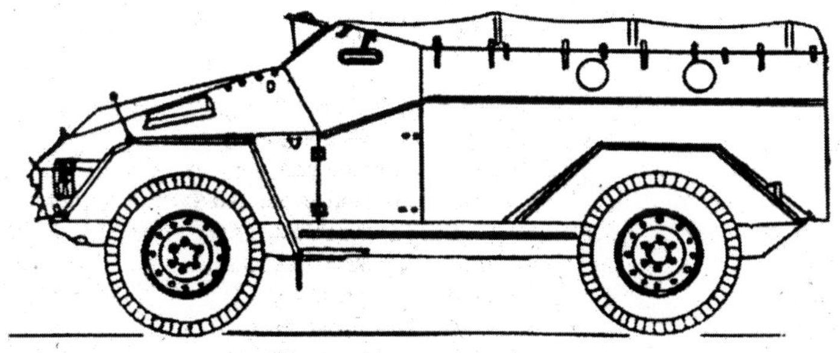

Versuchsmuster der ersten Variante des BTR-40 (1948)

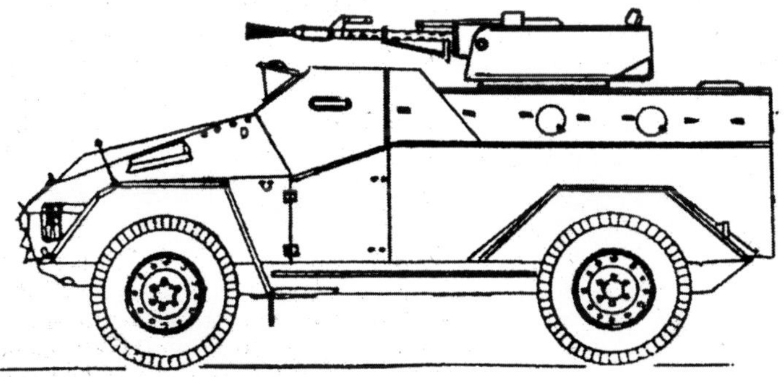

Versuchsmuster der zweiten Variante des BTR-40 (1948)

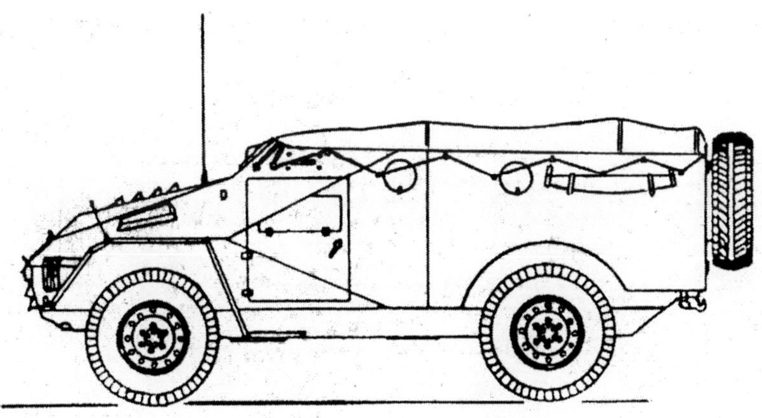

BTR- 40 des Jahres 1950

Schützenpanzerwagen BTR-40 (ShD)

Baujahr....................................1969
Entwickler...........................KB GAS
Hersteller ....GAS
Produktion ....Versuchsmuster
Basis BTR-40
Radforrmel................................4 x 4
Kampfmasse, t..............................5,8
Länge, mm................................5000
Breite, mm................................1900
Höhe, mm.................................1830
Bodenfreiheit, mm.......................276
Motortyp................Vergaser GAS-40
Max. Geschwindigkeit, km/h.........78
Max. Leistung, PS..........................78
Geschw., km/h auf der Bahn..........50

überwindbare Hindernisse:
- Anstieg, Grad............................30
- Querneigung, Grad..............20-25
- Graben, m..............................0,75
- Watfähigkeit, m.......................0,9

Panzerung, mm:
- Wannenstirnwand 8

Mannschaft, Mitglieder......................10

Bewaffnung:
- Zahl x Kaliber, mm u. Typ
  MG`s.........................7,62 mm SGMB
  (Kampfsatz, Stück)..........................(.)

Ziel..M
Funkstation..................................R-113

Zusatzinformation: Er wurde auf Basis des BTR-40 entwickelt. Er besitzt eine zum BTR-40A (ShD) analoge Vorrichtung zum Eisenbahnbetrieb. Man stellte einige Versuchsmuster her.

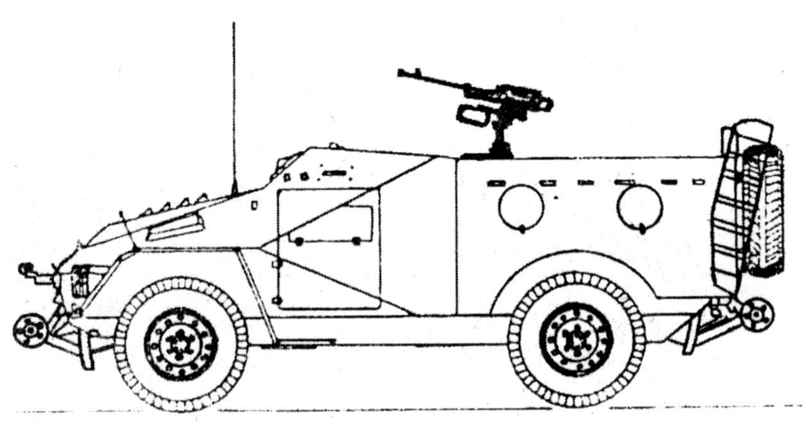

Schützenpanzerwagen BTR-40 (ShD)

Fla-Schützenpanzer BTR-40A (STPU-2)

Baujahr...............1951, in Bewaffnung

Entwickler...............................KB GAS
Hersteller.......................................GAS
Produktion ....in Serie 1951
Basis..BTR-40
Radformel.....................................4 x 4
Kampfmasse, t.................................5,6
Länge, mm...................................5000
Breite, mm...................................1900
Höhe, mm....................................2330
Bodenfreiheit, mm..........................276
Motortyp...................Vergaser GAS-40
Max. Leistung, PS.............................80
Max. Geschwindigkeit, km/h...........75
Spez. Leistung, PS/t.....................14,28

Treibstoffvorrat, l..............................120
Reichweite, km.................................285
überwindbare Hindernisse:
- Anstieg, Grad...............................28-30
- Querneigung, Grad.......................20-25
- Graben, m.......................................0,75
- Watfähigkeit, m................................0,9
Panzerung, mm:
- Wannenstirnwand...............................8
Mannschaft, Mitglieder.....................4–5
Bewaffnung:
- Zahl x Kaliber, mm u. Typ
Kanone......................2 x 14,5mm KPB
(Kampfsatz, Stück).....................(1200)
Ziel................................OP-1-14, WK-4
Funkstation..............................10-RT-12

Zusatzinformation: Ein Versuchsmuster wurde 1947 gebaut. Als Basis diente der BTR-40, auf dem ein Fla-Zwillings-MG ähnlich wie auf dem BTR-152A installiert wurde. Auf Basis des BTR-40 entwickelte man später eine Eisenbahnvariante (BTR-40A ShD). Das Fla-MG konnte im Bereich von + 90° bis zu –5° bewegt werden. Es bekämpfte Boden- und Luftziele.

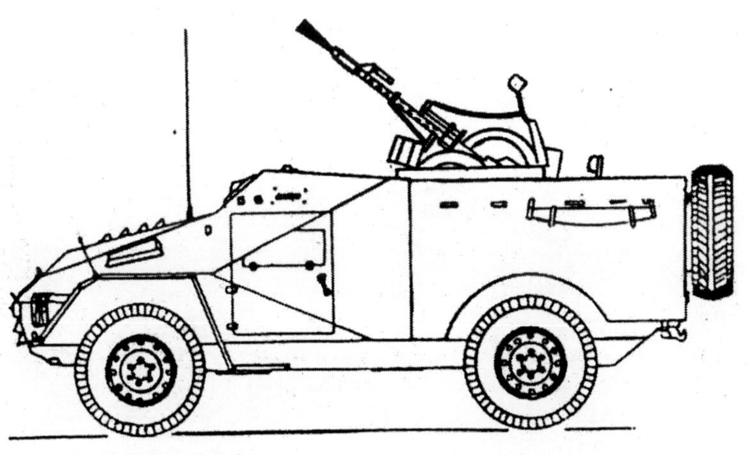

Fla Schützenpanzer BTR-40A

Schützenpanzerwagen BTR-40A (ShD)

Baujahr..1969
Entwickler..............................KB GAS
Hersteller ....GAS
Produktion ....Versuchsmuster
Basis....................................BTR-40A
Radformel...................................4 x 4
Kampfmasse, t...............................5,8
Länge, mm..................................5000
Breite, mm..................................1900
Höhe, mm...................................2230
Bodenfreiheit, mm........................276
Motortyp.................Vergaser GAS-40
Max. Geschwindigkeit, km/h..........78
Geschwindigkeit auf der Bahn..........50
Max. Leistung, PS.........................78
überwindbare Hindernisse:
- Anstieg, Grad.........................30
- Querneigung, Grad..........20-25
- Graben, m..........................0,75
- Watfähigkeit, m...................0,9
Panzerung, mm:
- Wannenstirnwand........................8
Mannschaft, Mitglieder..................4
Bewaffnung:
- Zahl x Kaliber, mm u. Typ
Kanone...............2 x 14,5 mm KPB
(Kampfsatz, Stück)..............(1200)
Ziel.....................................OP-1-14
Funkstation..............................P-113

Zusatzinformation: Er wurde auf der Grundlage des FLA-Schützenpanzers STPU-2 (BTR-40A) entwickelt. Im vorderen und hinteren Teil des Fahrzeuges waren abklappbare, gefederte Hebel und Achsen angebracht, auf denen stählerne Laufräder mit inneren Radkränzen installiert waren. Zur Bewegung auf den Schienen benutzte man die Ausgangsräder. Der Umbau beanspruchte drei bis fünf Minuten. Es wurden einige Versuchsmuster hergestellt.

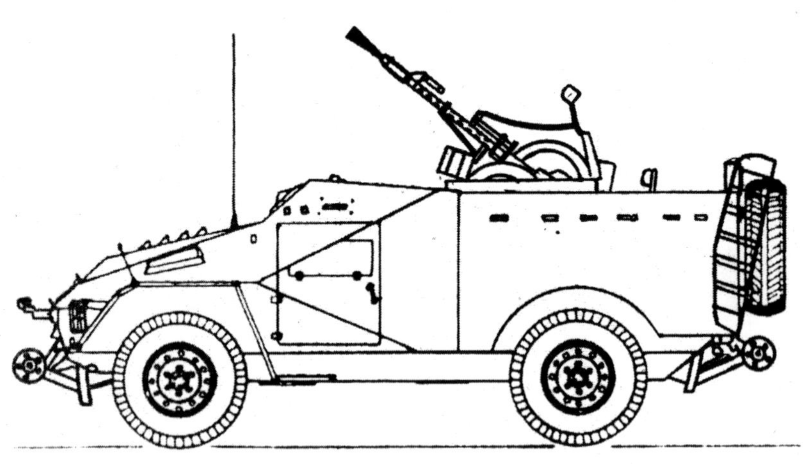

Schützenpanerwagen BTR-40 A (Eisenbahnvariante)

Schützenpanzerwagen BTR-40W

Baujahr..1956

Entwickler..................................KB GAS
Hersteller...GAS
Produktion.....................Versuchsmuster
Basis BTR-40
Radformel.......................................4 x 4
Kampfmasse, t...................................5,3
Länge, mm.....................................5000
Breite, mm.....................................1900
Höhe, mm......................................1930
Bodenfreiheit, mm............................276
Motortyp.....................Vergaser GAS-40
Max. Geschwindigkeit, km/h.............78
Max. Leistung, PS...............................78
Spez. Leistung, PS/t.........................14,7

Treibstoffvorrat, l...........................120
Reichweite, km...............................285
überwindbare Hindernisse:
- Anstieg, Grad............................30
- Querneigung, Grad.............20-25
- Graben, m..............................0,75
- Watfähigkeit, m.......................0,9

Panzerung, mm:
Wannenstirnwand..............................8
Mannschaft, Mitglieder.................2(8)

Bewaffnung:
- Zahl x Kaliber, mm u. Typ
MG`s.......................7,62 mm SGMT
(Kampfsatz, Stück)................(1250)

Ziel..M
Funkstation...........................10-RT-12

Zusatzinformation: Es handelt sich um eine Variante des SPW's BTR-40, der mit einer Einrichtung zum zentralen Nachpumpen der Luft ausgerüstet ist. Zu jedem Rad wird von außen Luft durch die Nabe geführt. Auf dem Fahrzeug installierte man zwei zusätzliche Scheinwerfer. Es wurde nicht in Serie gebaut.

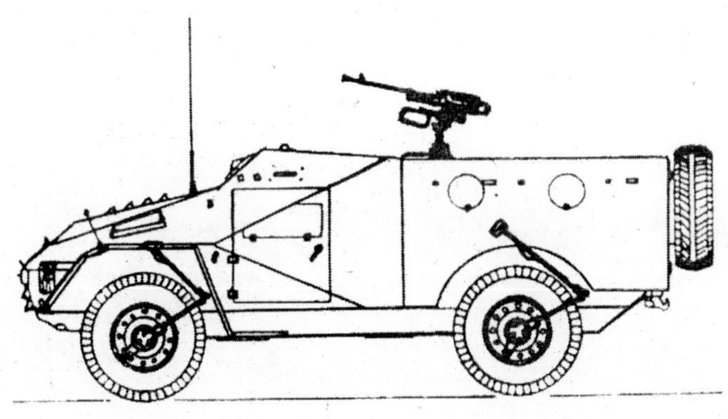

Schützenpanzerwagen BTR-40W

Schützenpanzerwagen BTR-40B

Baujahr.................1958 in Bewaffnung

Entwickler.............................KB GAS
Hersteller......................................GAS
Produktion..................Serie, seit 1957
Basis BTR-40P
Radformel...................................4 x 4
Kampfmasse, t................................5,3
Länge, mm..................................5000
Breite, mm..................................1900
Höhe, mm...................................2060
Bodenfreiheit, mm.........................276
Motortyp.................Vergaser GAS-40
Max. Leistung, PS...........................78
Spez. Leistung, PS/t.....................14,7
Max. Geschwindigkeit, km/h..........78
Mittl. Reifeninnendr., kg/cm^2... 0,5-0,3

Treibstoffvorrat, l...........................120
Reichweite, km...............................285
überwindbare Hindernisse:
- Anstieg, Grad.................................30
- Querneigung, Grad..................20-25
- Graben, m...................................0,75
- Watfähigkeit, m............................0,9

Panzerung, mm:
- Wannenstirnwand.........................6-8

Mannschaft, Mitglieder.................2(6)

Bewaffnung:
- Zahl x Kaliber, mm u. Typ
  MG`s......................7,62 mm SGMT
  (Kampfsatz, Stück).................(1250)

Ziel..M
Funkstation..........................10-RT-12

Zusatzinformation: Wurde auf der Basis des BTR-40 entwickelt und mit einem gepanzerten Dach ausgerüstet. Im Dach sind zwei zweiflüglige Luken vorhanden. Das MG brachte man auf Konsolen entweder im Front- oder Heckteil unter. Er wurde in kleiner Serie hergestellt.

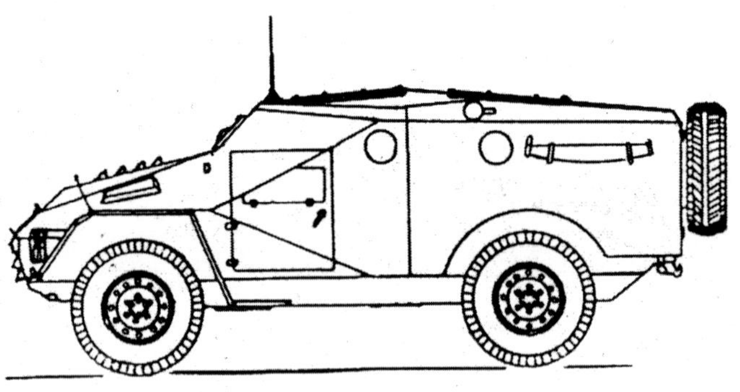

Schützenpanzerwagen BTR-40B

Schützenpanzerwagen BTR-152

Baujahr....................1950, in Bewaffnung

Entwickler....................................KB SIS
Hersteller..SIS
Produktion ....Serie, seit 1950
Basis SIS-151
Radformel..6 x 6
Kampfmasse, t....................................8,6
Länge, mm.......................................6550
Breite, mm.......................................2320
Höhe, mm..2360
Bodenfreiheit, mm.............................286
Motortyp......................Vergaser SIS-123
Max. Geschwindigkeit, km/h...............75
Max. Leistung, PS..............................110
Reichweite, km..........................550-600
Spez. Leistung, PS/t..........................12,8

Mittl. Reifeninnendr., kg/cm^2.............4
überwindbare Hindernisse:
- Anstieg, Grad............................30
- Querneigung, Grad....................20
- Graben, m.................................0,8
- Mauer, m..................................0,6
- Watfähigkeit, m.........................0,8

Treibstoffvorrat, l............................300
Panzerung, mm:
- Wannenstirnwand 13

Mannschaft, Mitglieder.................2(17)

Bewaffnung:
- Zahl x Kaliber, mm u. Typ
  MG`s..........................7,62 mm SGM
  (Kampfsatz, Stück)..................(1250)

Ziel...M
Funkstation............................10-RT-12

Zusatzinformation: Er wurde auf der Basis des gut geländegängigen LKW SIS-151 entwickelt. Die tragende Wanne stellte man aus gewalztem Panzerblech der Stärken 6, 8,10 und 13 mm her. Das MG kann auf einer der an vier Punkten untergebrachten Konsolen auf der Außenwand installiert werden. Es werden Reifen des Typs 9.00-20 eingesetzt. Auf seiner Grundlage entstanden eine ganze Reihe anderer Schützenpanzerwagen u. a. gepanzerte Autos. Im Jahre 1993 schied er aus der Bewaffnung aus.

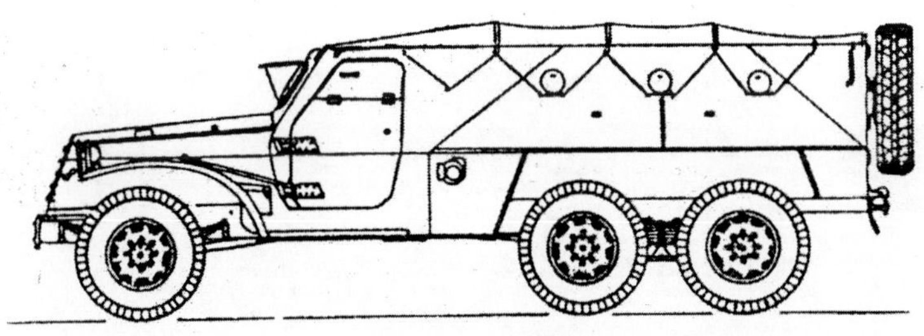

Schützenpanzerwagen BTR- 152

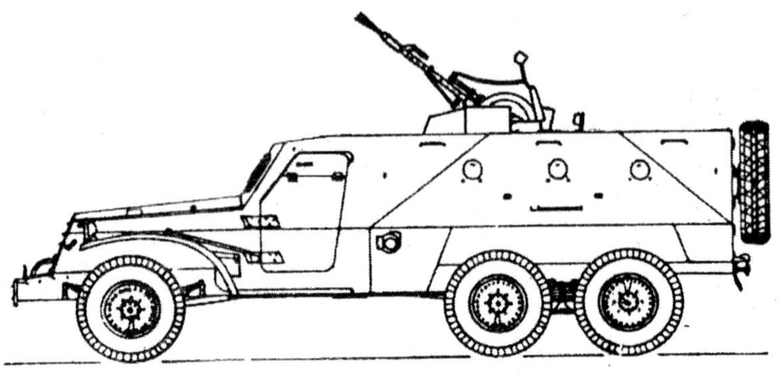

Fla-Schützenpanzer BTR-152D (STPU-2)

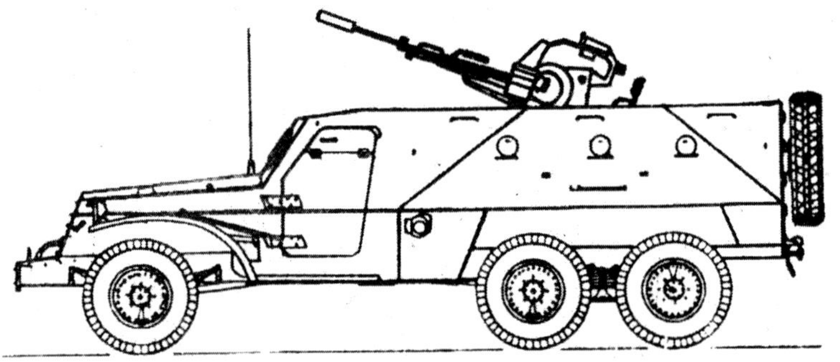

Fla-MG SU-23 an Bord des Schützenpanzerwagens BTR-152W1

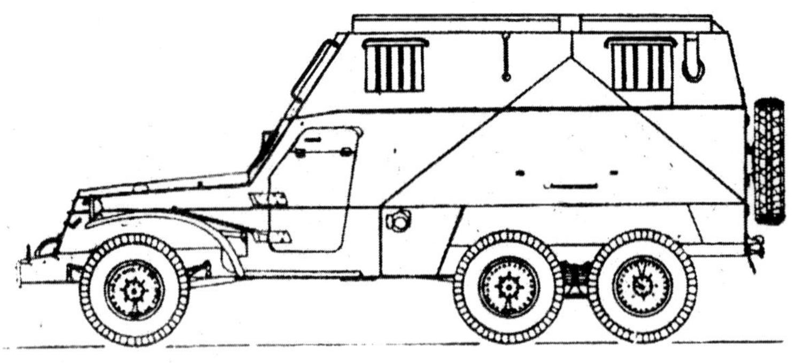

Führungspanzer BTR-152U

Fla-Schützenpanzer BTR-152A
(STPU-2)

Baujahr.................1951, in Bewaffnung
Entwickler................................KB SIS
Hersteller..SIS
Produktion...................Serie, seit 1950
Basis SIS-151
Radformel....................................6 x 6
Kampfmasse, t.................................8,6
Länge, mm....................................6830
Breite, mm....................................2320
Höhe, mm.....................................2710
überwindbare Hindernisse:
- Anstieg, Grad..................................30
- Querneigung, Grad..........................20
- Graben, m.......................................0,8
- Watfähigkeit, m..............................0,8
- Mauer, m...0,6

Bodenfreiheit, mm..........................286
Motortyp...................Vergaser SIS-123
Treibstoffvorrat, l...........................300
Max. Geschwindigkeit, km/h.......65-75
Max. Leistung, PS..........................110
Reichweite, km...............................550
Spez. Leistung, PS/t.......................12,8
Panzerung, mm:
- Wannenstirnwand 13
Mannschaft, Mitglieder.................2(8)
Bewaffnung:
- Zahl x Kaliber, mm u. Typ
Kanone..................2 x 14,5 mm KPW
(Kampfsatz, Stück)..................(1200)
Ziel................................OP-1-14,WK-4
Funkstation............................10-RT-12

Zusatzinformation: Er wurde auf der Basis des Schützenpanzerwagens BTR-152 entwickelt und mit einem Zwillings-Fla-MG ausgerüstet. Die Schußwinkel des MG`s betragen: Größter Erhöhungswinkel +89° und größter Neigungswinkel –5°. Die Schußgeschwindigkeit beträgt 170 Schuß pro Minute. Es können Boden- und Luftziele bekämpft werden. Reifen des Typs: 9.00-20 werden eingesetzt.

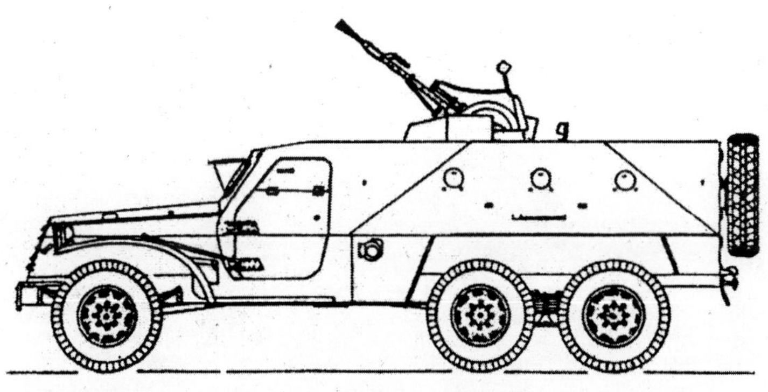

Fla-Schützenpanzer BTR-152A

Fla-Schützenpanzer STPU-4
(BTR-152)

Baujahr..1955
Entwickler..................................KB SIL
Hersteller...SIL
Produktion......................Versuchsmuster
Basis SIS-151
Radformel.......................................6 x 6
Kampfmasse, t....................................8,6
Länge, mm.......................................6830
Breite, mm......................................2320
Höhe, mm.......................................2710
Bodenfreiheit, mm.............................286
Motortyp......................Vergaser SIS-123
Max. Leistung, PS.............................110
Reichweite, km.................................600
Max. Geschwindigkeit, km/h..............75
Spez. Leistung, PS/t..........................12,8

überwindbare Hindernisse:
- Anstieg, Grad...........................30
- Querneigung, Grad..................20
- Graben, m................................0,8
- Watfähigkeit, m.......................0,8
- Mauer, m.................................0,6

Treibstoffvorrat, l...........................300
Panzerung, mm:
- Wannenstirnwand 13

Mannschaft, Mitglieder......................5

Bewaffnung:
- Zahl x Kaliber, mm u. Typ
  Kanone.................4 x 14,5 mm KPW
  (Kampfsatz, Stück)..................(2000)

Ziel...OP-1-14
Funkstation............................10-RT-12

Zusatzinformation: Er wurde auf der Basis des BTR-152 entwickelt und ist die Weiterentwicklung des Fla-Schützenpanzers BTR-152-A. Es werden vier Fla-MG`s eingesetzt, die auf einem verstärkten Fundament installiert wurden. Man stellte einige Versuchsmuster her.

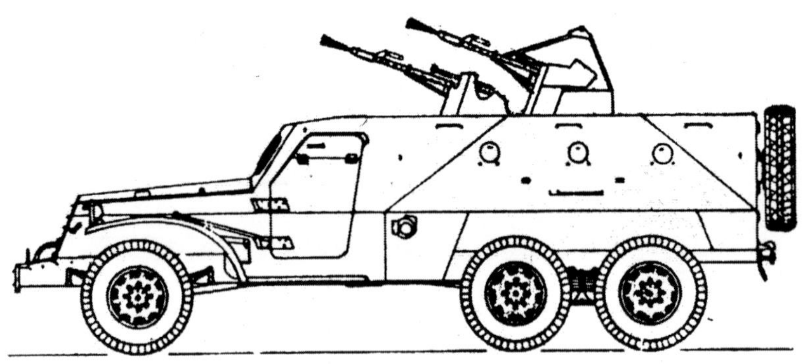

Fla-Schützenpanzer STPU-4

Schützenpanzerwagen BTR-152W

Baujahr..................1955 in Bewaffnung
Entwickler................................KB SIL
Hersteller..SIL
Produktion ....Serie 1955
Basis..........................SIS-151, SIL-157
Radformel.....................................6 x 6
Kampfmasse, t.................................9,0
Länge, mm....................................6830
Breite, mm....................................2320
Höhe, mm.....................................2410
Bodenfreiheit, mm...........................286
Motortyp....................Vergaser SIS-123
Max. Geschwindigkeit, km/h............75
Max. Leistung, PS...........................110
Reichweite, km................................550
Spez. Leistung, PS/t........................12,3

Treibstoffvorrat, l..........................300
überwindbare Hindernisse:
- Anstieg, Grad..........................30
- Querneigung, Grad..................20
- Graben, m...............................0,8
- Watfähigkeit, m......................0,8
- Mauer, m................................0,6

Panzerung, mm:
- Wannenstirnwand 13

Mannschaft, Mitglieder..............2(17)

Bewaffnung:
- Zahl x Kaliber, mm u. Typ
  MG`s......................7,62 mm SGMB
  (Kampfsatz, Stück)................(1250)

Ziel...M
Funkstation..........................10-RT-12

Zusatzinformation: Er war der erste sowjetische Schützenpanzerwagen BTR, der mit einem zentralisierten Luftnachpumpsystem durch äußere Rohrleitungen ausgerüstet war. Seit 1955 wurde er auf der Basis des sehr geländegängigen LKW SIL-157 hergestellt. Man verwendete Reifen des Typs 12.00-18. Er verfügt über eine Seilwinde mit einer Zugkraft von 5 t. Die Seillänge beträgt 70 m, der Seildurchmesser 13 mm.

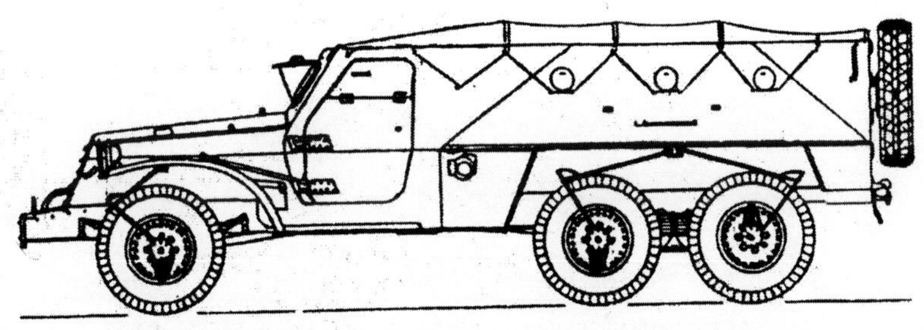

Schützenpanzerwagen BTR-152W

Fla-Schützenpanzer BTR-152E
(STPU-2)

Baujahr	1955, in Serie
Entwickler	KB SIL
Hersteller	SIL
Produktion	Serie
Basis	SIL-157
Radformel	6 x 6
Kampfmasse, t	8,95
Länge, mm	6830
Breite, mm	2320
Höhe, mm	2710
Bodenfreiheit, mm	295
Motortyp	Vergaser SIS-123V
Spez. Leistung, PS/t	12,3
Max. Geschwindigkeit, km/h	65
Max. Leistung, PS	110
Reichweite, km	550
überwindbare Hindernisse:	
- Anstieg, Grad	30
- Querneigung, Grad	20
- Graben, m	0,8
- Watfähigkeit, m	0,8
- Mauer, m	0,6
Panzerung, mm:	
- Wannenstirnwand	8
Mannschaft, Mitglieder	2(8)
Bewaffnung:	
- Zahl x Kaliber, mm u. Typ	
Kanone	2 x 14,5 mm KPW
(Kampfsatz, Stück)	(1200)
Ziel	OP-1-14,WK-4
Funkstation	R-113

Zusatzinformation: Das Fahrzeug wurde auf der Basis des Schützenpanzerwagens BTR-152W1 entwickelt. Die Fla-MG`s sind analog dem STPU-2 (BTR-152 A) installiert.

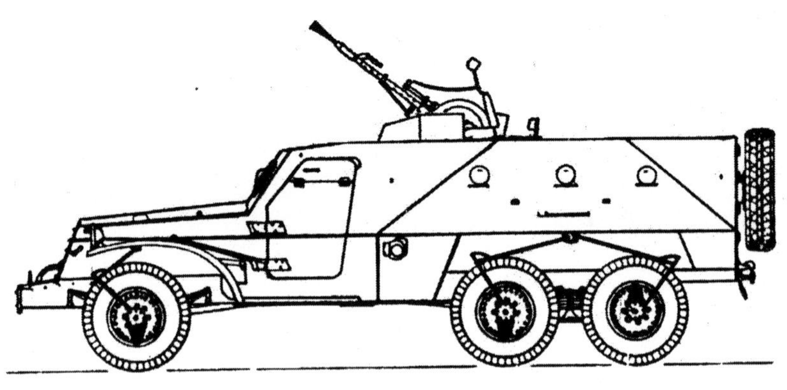

Fla-Schützenpanzer BTR-152E

Schützenpanzerwagen BTR-152W1

Baujahr....................1958, in Bewaffnung
Entwickler....................................KB SIL
Hersteller...SIL
Produktion ....Serie seit 1957
Basis...SIL 157
Radformel...6 x 6
Kampfmasse, t..................................8,95
Länge, mm.......................................6830
Breite, mm.......................................2320
Höhe, mm..2410
Bodenfreiheit, mm.............................295
Motortyp...................Vergaser SIS-123V
Max. Geschwindigkeit, km/h..............65
Max. Leistung, PS.............................110
Reichweite, km..................................550
Spez. Leistung, PS/t..........................12,3

Treibstoffvorrat, l..........................300
überwindbare Hindernisse:
- Anstieg, Grad..........................30
- Querneigung, Grad..................20
- Graben, m...............................0,8
- Watfähigkeit, m......................0,8
- Mauer, m................................0,6
Panzerung, mm:
- Wannenstirnwand.........................13
Mannschaft, Mitglieder..............2(17)
Bewaffnung:
- Zahl x Kaliber, mm u. Typ
MG ....7,62 mm SGMB
(Kampfsatz, Stück)................(1250)
Ziel..M
Funkstation...............................R-113

Zusatzinformation: Es handelt sich um eine Variante des BTR-152. Die Luftzufuhr zum Nachpumpen der Reifen erfolgt von innen. Dadurch mußte die Konstruktion der Achsen und die Verlegung der Rohrleitungen verändert werden. Das Fahrzeug war mit einem Nachtsichtgerät für den Panzerfahrer TWN-2 ausgerüstet. Die Mannschaftsräume waren beheizbar. Es wurden Reifen des Typs 12.00-18 eingesetzt.

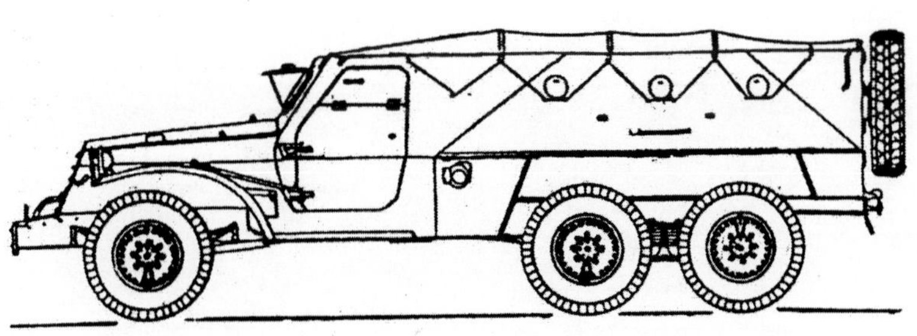

Schützenpanzerwagen BTR- 152W1

Schützenpanzerwagen BTR-152K

Baujahr...............1959, in Bewaffnung
Entwickler..............................KB SIL
Hersteller......................................SIL
Produktion ....Serie seit 1959
Basis....................................SIL-157
Radformel...................................6 x 6
Kampfmasse, t.............................8,95
Länge, mm..................................6830
Breite, mm..................................2320
Höhe, mm...................................2660
Bodenfreiheit, mm.......................295
Motortyp............Vergaser SIS-123W
Max. Geschwindigkeit km/h...........65
Max. Leistung, PS.........................110
Reichweite, km.............................550
Spez. Leistung, PS/t.....................12,3

Treibstoffvorrat, l........................210
überwindbare Hindernisse:
- Anstieg, Grad.........................30
- Querneigung, Grad.................20
- Graben, m..............................0,8
- Watfähigkeit, m.....................0,8
- Mauer, m...............................0,6

Panzerung, mm:
- Wannenstirnwand 13

Mannschaft, Mitglieder.............2(13)

Bewaffnung:
- Zahl x Kaliber, mm u. Typ
  MG`s.....................7,62 mm SGMB
  (Kampfsatz, Stück)................(1250)

Ziel...M
Funkstation..............................R-113

Zusatzinformation: Er wurde auf Basis des Schützenpanzerwagens BTR-152 entwikkelt und unterscheidet sich vom Ausgangsmodell durch eine überdachte Wanne sowie einen Drucklüfter. Im Dach befindet sich eine Luke mit drei länglichen Klappen. Für die Nachtfahrt ist der Panzer mit dem Nachtsichtgerät TWN-2 ausgerüstet. Im Heck des Panzers befindet sich eine zweiflügelige Tür mit dem Ersatzrad.

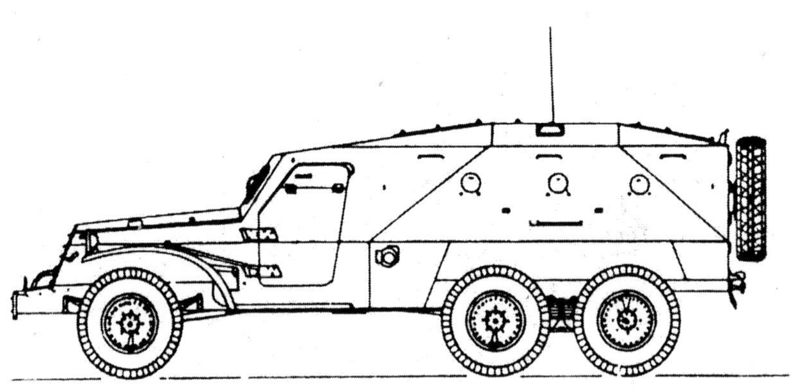

Schützenpanzerwagen BTR-152K

Ketten-Schützenpanzerwagen BTR-50P
(Objekt 750)

Baujahr....................1954, in Bewaffnung
Entwickler..........................KB TSCHTS
Hersteller.................................TSCHTS
Produktion ....Serie seit 1954
Basis..PT-76
Kampfmasse, t..........................14,2-14,3
Länge, mm......................................7070
Breite, mm......................................3140
Höhe, mm.......................................2030
Bodenfreiheit, mm......................370-400
Bodendruck, kg/cm^2 0,5
Motortyp..............................Diesel V-6W
Max. Leistung, PS.............................240
Spez. Leistung, PS/t..........................16,8
Max. Geschwindigkeit, km/h............44,6

Treibstoffvorrat, l....................240-260
Schwimmgeschwind. km/h...............10
überwindbare Hindernisse:
- Anstieg, Grad.................................38
- Graben, m.....................................2,8
- Watfähigkeit, m..........schwimmfähig
- Mauer, m 1,1
Panzerung, mm:
- Wannenstirnwand 13
Mannschaft, Mitglieder................2(20)
Bewaffnung:
- Zahl x Kaliber, mm u. Typ
MG`s........................7,62 mm SGMB
(Kampfsatz, Stück).........................(.)
Ziel..WK-4
Funkstation......................10 RT(R-113)

Zusatzinformation: Der Schützenpanzerwagen wurde 1952 auf der Basis des leichten Schwimmpanzers PT-76 vom Tscheljabinsker Traktorenwerk entwickelt. Der Panzer gehört zum halbgeschützten Typ. Er hat kein Dach über dem Mannschaftsraum. An der Wannenvorderwand ist links ein Turm für den Kommandeur angeschweißt. Er besitzt drei Sehschlitze und eine Seilwinde mit einer Zugkraft von 1,5 t mit zwei abnehmbaren Haken ist vorhanden. Mit dem Fahrzeug können bis zu 2 t Last befördert werden. Er wurde 1993 aus der Bewaffnung genommen.

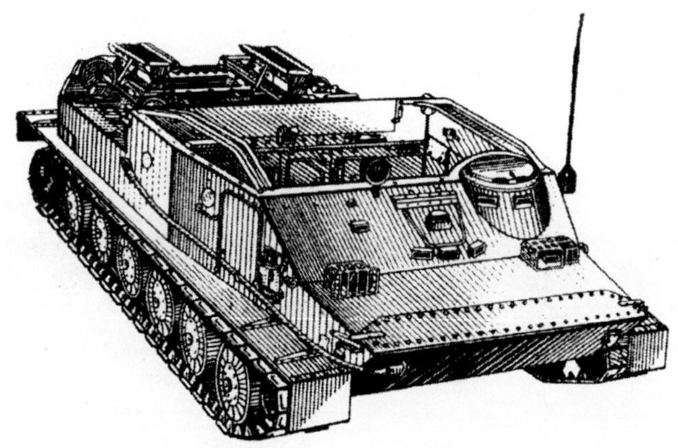

Ketten-Schützenpanzerwagen BTR-50P

Ketten- Schützenpanzerwagen BTR-50PA
(Objekt 750M)

Baujahr..................1956, in Bewaffnung
Entwickler.........................KB TSCHTS
Hersteller................................TSCHTS
Produktion ....Serie
Basis......................................BTR-50P
Kampfmasse, t................................14,3
Länge, mm....................................7070
Breite, mm....................................3140
Höhe, mm.....................................2030
Bodenfreiheit, mm...................370-400
Bodendruck kg/cm^2 0,5
Motortyp............................Diesel V-6W
Max. Leistung, PS...........................240
Spez. Leistung, PS/t.......................16,8
Schwimmgeschwind, km/h............10,2
Max. Geschwindigkeit, km/h............44

Reichweite, km.........................240-260
überwindbare Hindernisse:
- Anstieg, Grad............................38
- Querneigung Grad...................18
- Graben, m................................2,8
- Watfähigkeit, m......schwimmfähig
- Mauer, m..................................1,1

Panzerung, mm:
- Wannenstirnwand 13

Mannschaft, Mitglieder................2(20)

Bewaffnung:
- Zahl x Kaliber, mm u. Typ
 MG`s.........................14,5 mm KPWT
 (Kampfsatz, Stück).....................(500)

Ziel..WK-4
Funkstation....................10 RT (R-113)

Zusatzinformation: Er wurde auf der Basis des Schützenpanzerwagens BTR-50P entwickelt. Ein großkalibriges MG wurde auf einem Drehkranz auf dem Dach des Kommandeursturms aufgesetzt. Es können rundum (d. h. 360°) Boden- und Luftziele bekämpft werden. Die Schußwinkel betragen nach oben – Erhöhungswinkel +85° und nach unten – Neigungswinkel -3°, 30 Min.

Ketten-Schützenpanzerwagen BTR-50PA

Ketten-Schützenpanzerwagen BTR-50PK
(Objekt 750K)

Baujahr	1958, in Bewaffnung	Reichweite, km	410
Entwickler	KB TSCHTS	überwindbare Hindernisse:	
Hersteller	TSCHTS	- Anstieg, Grad	38
Produktion	Serie seit 1958	- Querneigung Grad1	18
Basis	BTR-50P	- Graben, m	2,8
Kampfmasse, t	14,2	- Watfähigkeit, m	schwimmfähig
Länge, mm	7070	Mauer, m	1,1
Breite, mm	3140	Panzerung, mm:	
Höhe, mm	2030	- Wannenstirnwand	13
Bodenfreiheit, mm	370	Mannschaft, Mitglieder	2(20)
Bodendruck, kg/cm^2	0,5	**Bewaffnung:**	
Motortyp	Diesel V-6	- Zahl x Kaliber, mm u. Typ	
Max. Leistung, PS	240	MG	7,62 mm PKB (PKT)
Spez. Leistung, PS/t	16,9	(Kampfsatz, Stück)	(1250)
Schwimmgeschwind, km/h	10	Rauchvorhang	TDA
Max. Geschwindigkeit, km/h	45	Funkstation	(R-113)

Zusatzinformation: Er wurde auf der Basis des Schützenpanzerwagens BTR-50P entwickelt. Die Wanne des Fahrzeuges ist überdacht. Auf dem Wannendach befinden sich vier Einstiegsluken. Der Panzer ist mit Nachtsichtgeräten TWN-2B und Gasmasken ausgerüstet. Das MG ist auf einer drehbaren Konsole auf der linken Seite des Mannschaftsraumes untergebracht. Im Unterschied zum BRT-50P ist dieser Panzer nicht mit einer Seilwinde ausgerüstet und kann somit weder Artillerie noch Autos abschleppen. Er kann Nutzlasten bis zu 2 t transportieren. Auf seiner Grundlage entwickelte man den Führungspanzer BTR-50 PU.

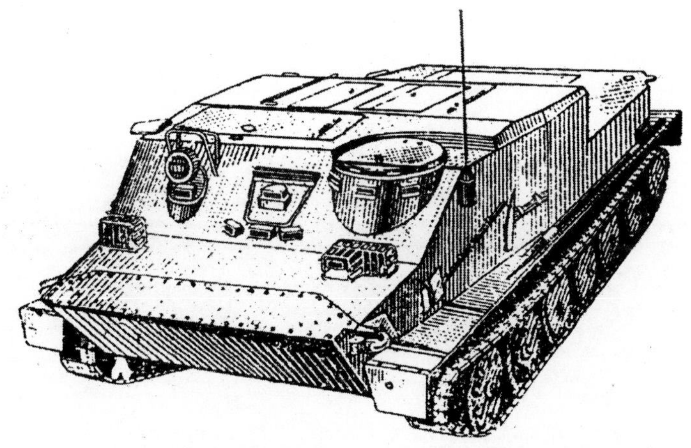

Ketten-Schützenpanzerwagen BTR-50PK

Fla-Panzer-Selbstfahrlafette
STPU-2

Baujahr..1955
Entwickler.......................KB TSCHTS
Hersteller...............................TSCHTS
Produktion ....Versuchsmuster
Basis...................................BTR-50P
Kampfmasse, t..............................13,6
Länge, mm..................................7070
Breite, mm..................................3140
Höhe, mm...................................2100
Bodenfreiheit, mm.........................370
Bodendruck, kg/cm^{2}.......................0,5
Motortyp.............................Diesel V-6
Max. Leistung, PS.........................240
Schwimmgeschwind, km/h...........10,2
Max. Geschwindigkeit, km/h...........44
Spez. Leistung, PS/t......................17,6

Reichweite, km................................250
überwindbare Hindernisse:
- Anstieg, Grad.............................38
- Querneigung Grad.......................18
- Graben, m.................................2,8
- Watfähigkeit, m........schwimmfähig
- Mauer, m...................................1,1

Panzerung, mm:
- Wannenstirnwand 13

Mannschaft, Mitglieder........................5

Bewaffnung:
- Zahl x Kaliber, mm u. Typ
  MG`s....................2 x 14,5 mm KPWT
  (Kampfsatz, Stück)....................(1280)

Ziel................................OP-1-14,WP-4
Funkstation..................................10-RT

Zusatzinformation: Er wurde auf der Grundlage des Schützenpanzerwagens BTR-50P entwickelt. Über dem Mannschaftsraum montierte man ein Zwillings-Fla-MG auf einen konusförmigen zweistöckigen Sockel. Es ist von Hand drehbar. Der vertikale Schußwinkel variiert von –3° 20 Min. bis zu +91°. Die Feuergeschwindigkeit beträgt 484 Schuß/Minute. Es wurden verschiedene Versuchsmuster produziert.

FLA- Schützenpanzer- Selbstfahrlafette STPU-2

Fla-Schützenpanzer-Selbstfahrlafette STPU-4

Baujahr....................1955, in Bewaffnung
Entwickler...........................KB TSCHTS
Hersteller..................................TSCHTS
Produktion ....Versuchsmuster
Basis...BTR-50P
Kampfmasse, t.................................13,6
Länge, mm.......................................7070
Breite, mm.......................................3140
Höhe, mm..2200
Bodenfreiheit, mm.............................370
Bodendruck kg/cm^2 0,5
Motortyp................................Diesel V-6
Max. Leistung, PS.............................240
Spez. Leistung, PS/t.........................17,6
Schwimmgeschwind, km/h.............10,2
Max. Geschwindigkeit, km/h.............44

Reichweite, km...............................250
überwindbare Hindernisse:
- Anstieg, Grad.............................38
- Querneigung, Grad.....................18
- Graben, m..................................2,8
- Watfähigkeit, m......schwimmfähig
- Mauer, m...................................1,1

Panzerung, mm:
- Wannenstirnwand...........................13

Mannschaft, Mitglieder........................

Bewaffnung:
- Zahl x Kaliber, mm und Typ
  MG`s.................4 x 14,5 mm KPWT
  (Kampfsatz, Stück)..................(2560)

Ziel...............................OP-1-14,WP-4
Funkstation.................................10-RT

Zusatzinformation: Man entwickelte ihn auf der Grundlage des Schützenpanzerwagens BTR-50P parallel zum STPU-2. Es werden jedoch vier MG`s eingesetzt. Dazu wurde der Haltesockel verstärkt, der Munitionsvorrat erhöht sowie die Feuergeschwindigkeit gesteigert. Es wurden verschiedene Versuchsmuster des STPU hergestellt.

Fla-Panzer-Selbstfahrlafette STPU-4

Stabsschützenpanzer
BTR-50PN

Baujahr........in Bewaffnung seit 1958
Entwickler.....................KB TSCHTS
Hersteller............................TSCHTS
Produktion ....Serie seit 1958
Basis..................................BTR-50P
Kampfmasse, t............................14,3
Länge, mm................................7070
Breite, mm................................3140
Höhe, mm.................................2050
Bodenfreiheit, mm.......................370
Mittl. Bodendruck, kg/cm^2...........0,5
Motortyp..........................Diesel V-6
Schwimmgeschwind, km/h...........10

Max. Geschwindigkeit, km/h...........44
Max. Leistung, PS..........................240
Reichweite, km...............................250
überwindbare Hindernisse:
- Anstieg, Grad..........................38
- Querneigung Grad..................18
- Graben, m...............................2,8
- Watfähigkeit.........schwimmfähig
- Mauer, m.................................1,1

Panzerung, mm:
- Wannenstirnwand 13

Mannschaft, Mitglieder ....1(9)
Funkstation.............. R-113,2 KW r/s

Zusatzinformation: Er wurde auf der Grundlage des Schützenpanzerwagens BTR-50PI entwickelt. Er besitzt eine geschlossene, gepanzerte, hermetische Wanne. Die Einstiegsluken sind auf dem Dach der Stabsabteilung untergebracht. Es werden drei Funkstationen sowie ein Ladegerät eingesetzt. Der Panzer ist unbewaffnet. Zur Fortbewegung auf dem Wasser wird ein reaktiver Wasserstrahlantrieb verwendet. Im weiteren wurden die Stabsschützenpanzer BTR-50PU, BTR-50PUM u.a. entwickelt.

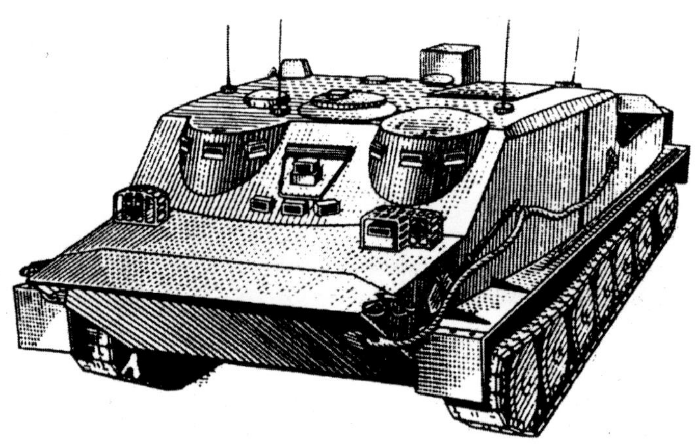

Stabsschützenpanzer BTR-50 PN

Stabsschützenpanzer BTR-50PU
(Objekt 750K)

Baujahr...............1958, in Bewaffnung
Entwickler......................KB TSCHTS
Hersteller..............................TSCHTS
Produktion ....Serie
Basis.....................................BTR-50P
Kampfmasse, t..............................14,3
Länge, mm..................................7269
Breite, mm..................................3140
Höhe, mm...................................2030
Bodenfreiheit, mm........................370
Mittl. Bodendruck, kg/cm^2............0,5
Motortyp............................Diesel V-6
Max. Leistung, PS..........................240
Spez. Leistung, PS/t.......................16,8
Max. Geschwindigkeit, km/h......44-45

Schwimmgeschwind, km/h.............10,2
Reichweite, km........................240-260
überwindbare Hindernisse:
- Anstieg, Grad............................38
- Querneigung Grad....................18
- Graben, m...............................2,8
- Watfähigkeit, m......schwimmfähig
- Mauer, m..................................1,1

Rauchvorhang...............................TDA
Panzerung, mm:
- Wannenstirnwand 8-10

Mannschaft, Mitglieder......................10
Funkstation......................R-112, R-113, R-105 (R-105U), R-403BM, R-311
Navigationsgerät................KN-2, KP-2

Zusatzinformation: Er wurde auf der Grundlage des Ketten-Schützenpanzerwagens BTR-50P entwickelt. Er besteht aus drei Räumen: Mannschafts-, Stabs- und Motorraum. Im Stabsraum wurde ein Tisch zur Arbeit mit den Dokumenten aufgestellt. Der Panzer ist mit dem benzinbetriebenen Ladegerät AB-1-P/30 sowie dem Nachtsichtgerät PWN-25 ausgerüstet. Der Wassereintauchwinkel beträgt 30°, der Austrittswinkel 25°. Seit 1953 baute man den Stabsschützenpanzer BTR-50PU. Er wurde auf der Basis des Panzers BTR-50PK entwickelt. Im weiteren erlebte er mehrfach Modernisierungen: BTR-50PUM, BTR-50PUM-1 (im Jahre 1972 wurde er in die Bewaffnung aufgenommen).

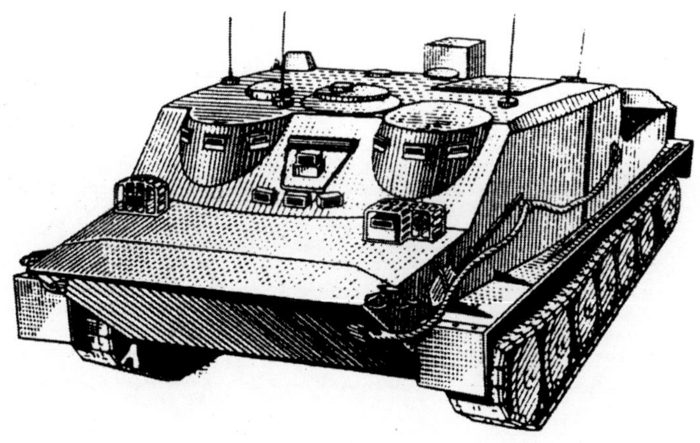

Kommando-Stabs-Schützenpanzer BTR-50PU

Panzerspähwagen BRDM

Baujahr..................1958, in Bewaffnung
Entwickler.................................KB GAS
Hersteller..GAS
Produktion ....Serie 1957-66
Basis...BTR-40P
Radformel.......................................4 x 4
Kampfmasse, t...................................5,6
Länge, mm.......................................5660
Breite, mm.......................................2170
Höhe, mm............................1870(2290)
Bodenfreiheit, mm.............................315
Motortyp..................Vergaser, GAS-40P
Max. Leistung, PS..........................80-93
Spez. Leistung, PS/t.........................16,1
Max. Geschwindigkeit, km/h.........80-90
Schwimmgeschwind, km/h..................9

Reichweite, km............................500
Treibstoffvorrat, l........................150
überwindbare Hindernisse:
- Anstieg, Grad..............................31
- Querneigung Grad.................20-25
- Watfähigkeit............schwimmfähig
- Graben, m..................................1,2
Panzerung, mm:
- Wannenstirnwand 12
Mannschaft, Mitglieder...............2(3)
Bewaffnung:
- Zahl x Kaliber, mm und Typ
MG`s...........7,62 mm SGMB(PKT)
(Kampfsatz, Stück)...............(1250)
Ziel..M
Funkstation..............................R-113

Zusatzinformation: Er wurde zu Beginn des Jahres 1954 auf der Grundlage des Schützenpanzers BTR-40 entwickelt. Chefkonstrukteur war W.K. Rubzow. Die hermetische Wanne schweißte man aus gewalztem Panzerblech der Stärke 6,8 und 12 mm. Auf die Wanne wurde ein geschweißter Turm aufgesetzt. Bei den ersten Versuchsmustern war dieser Turm offen, im weiteren wurde er als geschlossene Version mit einer gepanzerten Luke eingesetzt. Das Fahrwerk besteht aus vier allradgetriebenen Reifen und aus vier kleineren Zusatzreifen. Zur Fortbewegung auf dem Wasser wird ein reaktiver Wasserstrahlantrieb verwendet. Auf der Basis des BRDM entwickelte man folgende Fahrzeuge: Führungs-Panzer-Spähwagen BRDM-U, Spürpanzer BRDM-rch zur chemischen Aufklärung, 2P27, 9P32 u. a. Panzerspähwagenabwehrkomplexe.

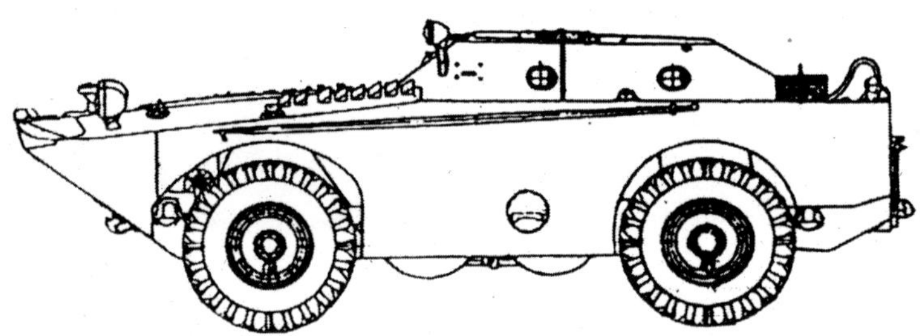

Panzerspähwagen BRDM

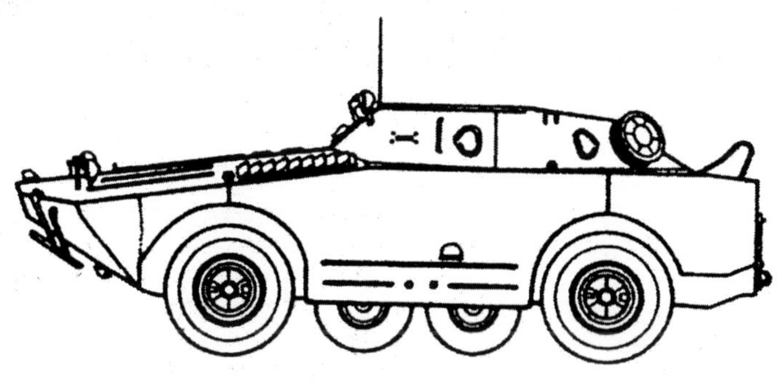

Panzerspähwagen mit offener Wanne

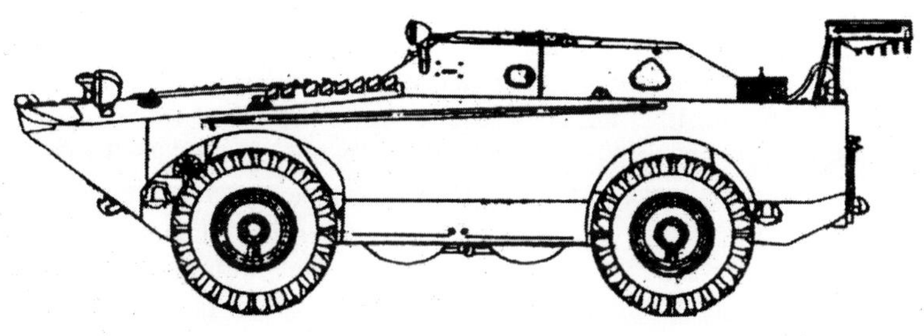

Spürpanzer zur chemischen Aufklärung BRDM-rch

Panzerspähwagen
BRDM 2

Baujahr...........seit 1962 in Bewaffnung
Entwickler...............................KB GAS
Hersteller.......................................GAS
Produktion ....Serie 1963-89
Basis..BRDM
Radformel.....................................8 x 8
Kampfmasse, t.................................7,0
Länge, mm....................................5750
Breite, mm....................................2350
Höhe, mm.....................................2310
Bodenfreiheit, mm..........................340
Mittl. Reifeninnendr., kg/cm^2... 0,5-2,7
Motortyp.................Vergaser, GAS-41
Max. Leistung, PS...........................140
Spez. Leistung, PS/t..........................20
Max. Geschwindigkeit, km/h...........95
Schwimmgeschwind, m/h................10
Reichweite, km..............................750

Treibstoffvorrat, l..............................290
überwindbare Hindernisse:
- Anstieg, Grad..............................30
- Querneigung Grad................20-25
- Watfähigkeit...........schwimmfähig
- Graben, km.............................1,22

Panzerung, mm:
- Wannenstirnwand 6-10
- Turmstirnwand..................................6

Mannschaft, Mitglieder........................4

Bewaffnung:
- Zahl x Kaliber, mm u. Typ
  MG............................14,5 mm, KPWT
  (Kampfsatz, Stück)......................(500)
- Zahl x Kaliber, mm und Typ
  MG`s.............................7,62 mm, PKT
  (Kampfsatz, Stück)...................(2000)

Ziel...PP-61A
Funkstation.................................R- 123

Zusatzinformation: Chefkonstrukteur W.A. Dedkow. Der Panzer wurde auf der Basis des BRDM entwickelt und besitzt eine hermetische Wanne. Er ist oben mit einem gepanzerten Turm ausgerüstet, auf welchem Zwillings-MG`s der Typen KPWT und PKT, die von Hand bewegt werden, installiert sind. Der Panzer ist mit einem Navigationsgerät des Typs TNA-2 ausgerüstet. Beim Einsatz auf Wasser wird ein Wasserstrahlantrieb verwendet. Auf der Basis des BRDM wurden entwickelt: der Führungspanzer BRDM-2u, der chemische Spürpanzer BRDM-2rchb, die Panzerabwehrkomplexe: 9P122, 9P133, 9P148, der Fla-Raketen-Komplex 9P31.

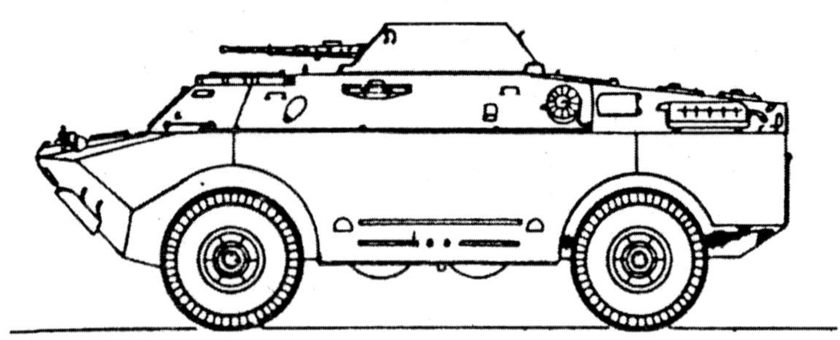

Panzerspähwagen BRDM 2

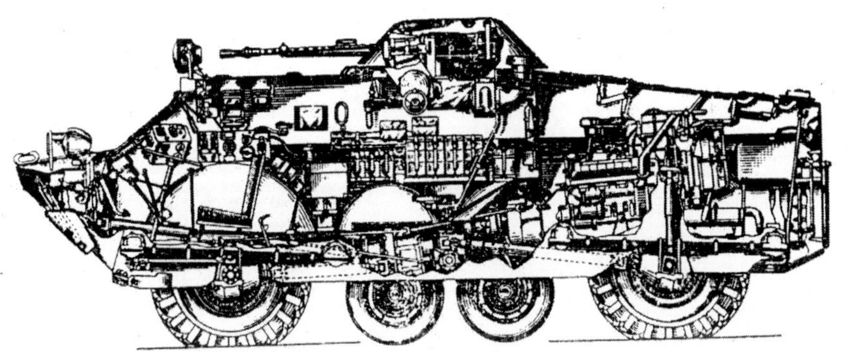

Gesamtaufbau des BRDM-2

Sitzordnung der Mannschaft in der Wanne des BRDM-2

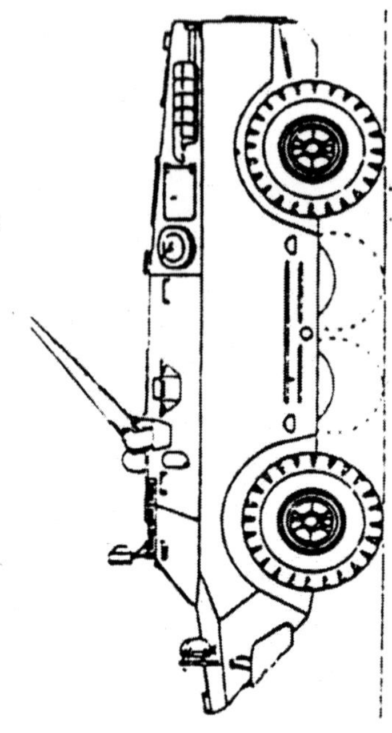

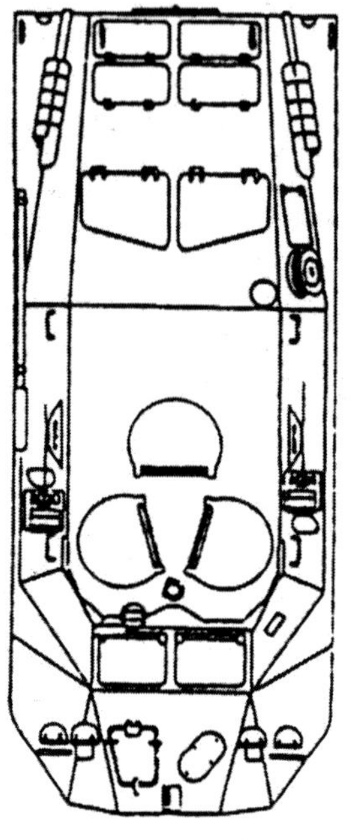

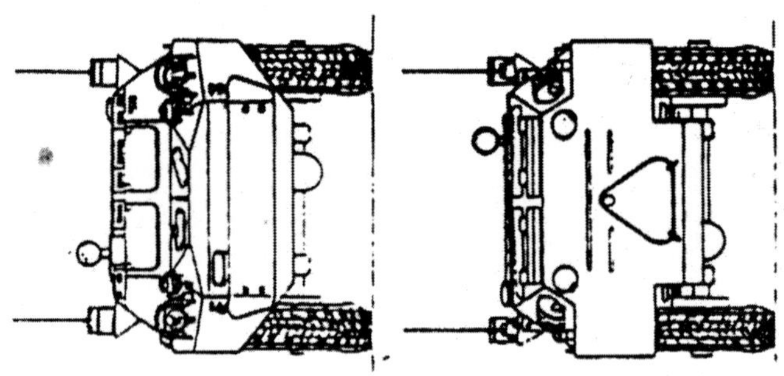

Führungspanzer BRDM-2U

AC-Spürpanzer
BRDM-2rchb

Baujahr......................Mitte 60er Jahre
......................................in Bewaffnung
Entwickler.............................KB GAS
Hersteller.....................................GAS
Produktion ....Serie
Basis....................................BRDM-2
Radformel....................................8 x 8
Kampfmasse, t..............................7,09
Länge, mm...................................6100
Breite, mm...................................2300
Höhe, mm....................................2020
Bodenfreiheit, mm..........................380
Mittl. Reifeninnendr., kg/cm^2....0,5-2,7
Motortyp.................Vergaser, GAS-41
Max. Leistung, PS...........................140
Spez. Leistung, PS/t.....................19,74
Max. Geschwindigkeit, km/h............95
Schwimmgeschwind, km/h...............10
Reichweite, km...............................750

Treibstoffvorrat, l............................290
überwindbare Hindernisse:
- Anstieg, Grad............................30
- Querneigung Grad..............20-25
- Watfähigkeit..........schwimmfähig
- Graben, m..............................1,22

Panzerung, mm:
- Wannenstirnwand 6-10
- Turmstirnwand..................................6

Mannschaft, Mitglieder.......................3

Bewaffnung:
- Zahl x Kaliber, mm und Typ
  Kanone....................14,5 mm, KPWT
  (Kampfsatz, Stück)......................(500)
- Zahl x Kaliber, mm u. Typ
  MG`s...........................7,62 mm, PKT
  (Kampfsatz, Stück)...................(2000)

Ziel..PP-61A
Funkstation..............................R-123M

Zusatzinformation: Er wurde auf der Basis des BRDM-2 entwickelt und besitzt eine spezielle Ausrüstung zur chemischen und radioaktiven Aufklärung. Er ist mit dem Gasanalysator GSA-12, dem militärischen Gerät zur chemischen Aufklärung (WPCHR) sowie dem Strahlendosimeter DP-58 und dem Röntgenmeßgerät DP-36 ausgestattet.

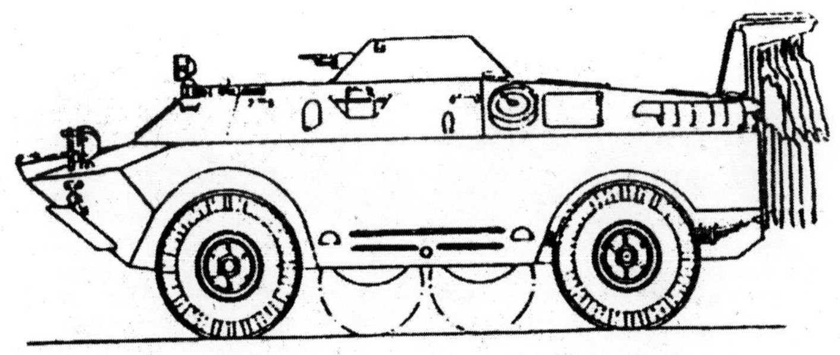

AC-Spürpanzer BRDM-2rchb

Schützenpanzerwagen SIL-153

Baujahr..1959
Entwickler..................................KB SIL
Hersteller..SIL
Produktion ....Versuchsmuster
Basis...Spezial
Radformel.......................................6 x 6
Kampfmasse, t................................10,0
Länge, mm......................................6970
Breite, mm......................................2820
Höhe, mm.......................................2130
Bodenfreiheit, mm............................480
Motortyp...................................Vergaser
Max. Leistung, PS............................180
Max. Geschwindigkeit, km/h..............90
Schwimmgeschwindigkeit, km/h.........10

Reichweite, km...............................600
überwindbare Hindernisse:
- Anstieg, Grad...........................30
- Querneigung Grad....................25
- Watfähigkeit..........schwimmfähig
- Graben, m................................1,8
- Mauer, m.................................0,6

Panzerung, mm:
- Wannenstirnwand..........................13

Mannschaft, Mitglieder................2(16)
Bewaffnung:
- Zahl x Kaliber, mm u. Typ
  MG`s......................7,62 mm, SGMB
  (Kampfsatz, Stück).................(1250)

Ziel...M
Funkstation................................R-113

Zusatzinformation: Die Wanne ist aus gewalzten Panzerblechen geschweißt. Der Motor und der Antrieb sind im Heckteil der Wanne untergebracht. Vorder- und Hinterräder sind steuerbar. Für den Antrieb auf Wasser wird ein reaktiver Wasserstrahlantrieb eingesetzt.

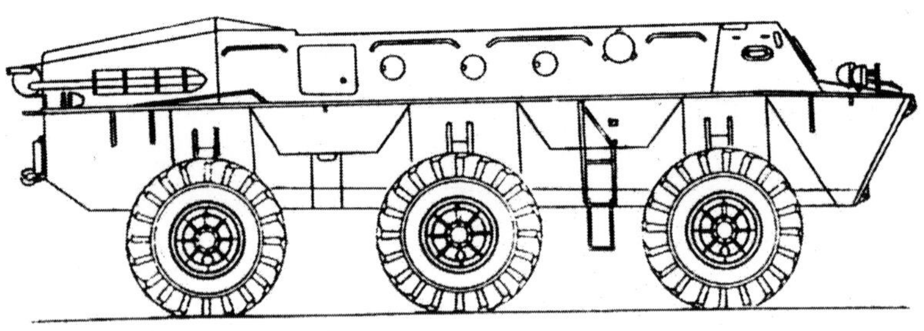

Schützenpanzerwagen SIL-153

Schützenpanzerwagen BTR-60P
(GAS-49)

Baujahr....................ab. 13.11.1959 in Bewaffnung
Entwickler.........................KB GAS
Hersteller................................GAS
Produktion ....Serie 1960-63
Radformel..............................8 x 8
Kampfmasse, t....................9,8-9,9
Länge, mm.............................7220
Breite, mm.............................2906
Höhe, mm....................2105(2375)
Bodenfreiheit, mm....................475
Motortyp.............Vergaser GAS-49
Max. Leistung, PS.................2 x 90
Spez. Leistung, PS/t.........18,2-18,4
Max. Geschwindigkeit, km/h......80
Schwimmgeschwind. km/h.........10
Reichweite, km..........................500
Treibstoffvorrat, l.......................290

überwindbare Hindernisse:
- Anstieg, Grad................................30
- Querneigung Grad.........................25
- Watfähigkeit...............schwimmfähig
- Graben, m.....................................2,0
- Mauer, m......................................0,6

Panzerung, mm
- Wannenstirnwand 6-10

Mannschaft, Mitglieder...................2(14)

Bewaffnung:
- Zahl x Kaliber, mm und Typ
  MG`s...........................7,62 mm, SGMB
  (Kampfsatz, Stück).......................(1250)
- Panzerbüchse..............................RPG-7
  (Kampsatz, Stück)..............................(5)

Ziel...M
Funkstation.....................................R-113

Zusatzinformation: Chefkonstrukteur W.A. Dedkow. Der Panzer besitzt vier Achsen und Allradantrieb. Die Wanne ist aus gewalztem Panzerblech geschweißt. Er ist mit zwei Nachtsichtgeräten ausgestattet: Mit den Geräten TWN-2 für den Fahrer und TKN-1 für den Kommandeur. Er hat kugelsichere Reifen des Typs 13.00-18. Zur Feuerführung sind im Fahrzeug sechs Schießscharten eingebaut. Bei Ausfall eines Motors BTR-60P kann der Panzer seine Fahrt mit einer Geschwindigkeit von 60 km/h auf der Straße fortsetzen. Beim Einsatz auf dem Wasser wird ein Wasserruder verwendet.

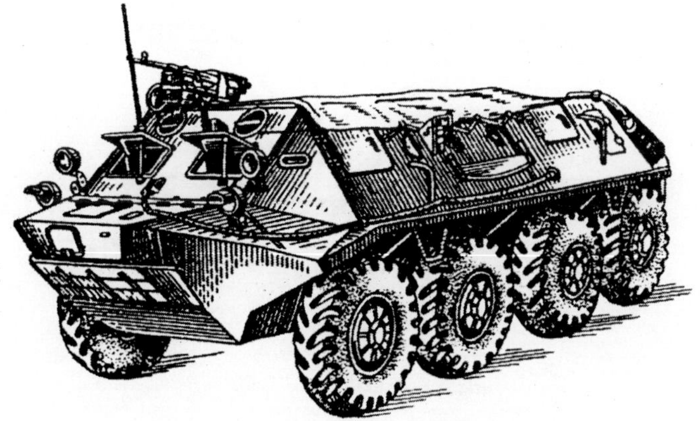

Schützenpanzerwagen BTR-60P

Schützenpanzerwagen BTR-60PA
(GAS-49A)

Baujahr..............1963, in Bewaffnung
Entwickler............................KB GAS
Hersteller....................................GAS
Produktion ....in Serie 1963-66
Basis...................................BTR-60P
Radformel..................................8 x 8
Kampfmasse, t......................9,9-10,2
Länge, mm.................................7220
Breite, mm.................................2906
Höhe, mm..................................2375
Bodenfreiheit, mm.......................475
Motortyp ....Vergaser GAS-49
Max. Leistung, PS...................2 x 90
Spezifische Leistung, PS/t.........17,6
Max. Geschwindigkeit, km/h........80
Schwimmgeschwind, km/h...........10

Reichweite, km.................................500
Treibstoffvorrat, l.............................290
überwindbare Hindernisse:
- Anstieg, Grad..............................30
- Querneigung Grad.....................25
- Graben, m.................................2,0
- Mauer, m..................................0,6
- Watfähigkeit............schwimmfähig

Panzerung, mm:
- Wannenstirnwand 8

Mannschaft, Mitglieder.................2(10)

Bewaffnung:
- Zahl x Kaliber, mm u. Typ
  MG`s.............................7,62 mm PKT
  (Kampfsatz, Stück)....................(1250)

Ziel..M
Funkstation...................................R-113

Zusatzinformation: Wurde auf der Basis von BTR-60P entwickelt. Besitzt eine oben völlig hermetisch geschlossene Wanne. Für den Ausstieg der Mannschaft sind vier obere Luken mit gepanzerten Deckeln vorhanden.

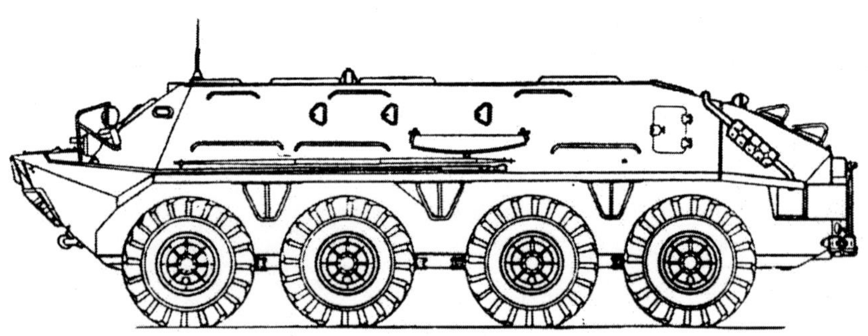

Schützenpanzerwagen BTR-60PA

Schützenpanzerwagen BTR-60PA1

Baujahr....................1965, in Bewaffnung
Entwickler.................................KB GAS
Hersteller..GAS
Produktion ....Serie seit 1965
Basis.......................................BTR-60PA
Radformel...8 x 8
Kampfmasse, t............................9,8-10,3
Länge, mm.......................................7220
Breite, mm.......................................2906
Höhe, mm.......................................2375
Bodenfreiheit, mm.............................475
Mittl. Reifeninnendr., kg/cm^2.......0,5-2,5
Motortyp.....................Vergaser GAS-49
Max. Leistung, PS.........................2 x 90
Spez. Leistung, PS/t................17,5-18,4
Max. Geschwindigkeit km/h..............80
Schwimmgeschwind, km/h................10

Reichweite, km............................500
Treibstoffvorrat, l........................290
überwindbare Hindernisse:
- Anstieg, Grad.........................30
- Querneigung Grad................25
- Watfähigkeit.......schwimmfähig
- Graben, m.............................2,0
- Mauer, m..............................0,6

Panzerung, mm:
- Wannenstirnwand 8

Mannschaft, Mitglieder............1(11)

Bewaffnung:
- Zahl x Kaliber, mm u. Typ
  MG`s.......................7,62 mm, PKT
  (Kampfsatz, Stück)..............(1250)

Ziel...M
Funkstation.............................R-123

Zusatzinformation : Die Variante BTR-60PA1 mit verbessertem Motor und Getriebe.

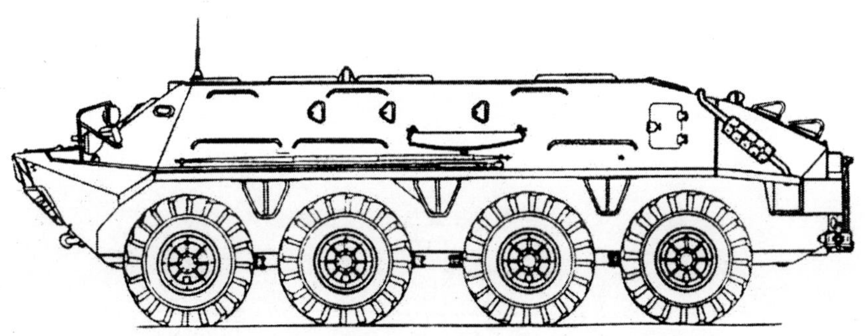

Schützenpanzerwagen BTR-60PA1

Schützenpanzerwagen BTR-60PB
(GAS-49B)

Baujahr...................1966, in Bewaffnung
Entwickler................................KB GAS
Hersteller...GAS
Produktion ....Serie 1966-76
Basis.....................................BTR-60PA
Radformel..8 x 8
Kampfmasse, t..........................10,2-10,3
Länge, mm...........................7220(7560)
Breite, mm.......................................2825
Höhe, mm..2420
Bodenfreiheit, mm.............................475
Mittl. Innenreifendruck, kg/cm^2..2,5-0,5
Motortyp...................Vergaser GAS-49B
Max. Leistung, PS.........................2 x 90
Spez. Leistung, PS/t.........................17,6
Max. Geschwindigkeit, km/h..............80
Schwimmgeschwind, km/h.............9-10
Reichweite, km.................................500
Treibstoffvorrat, l..............................290

überwindbare Hindernisse:
- Anstieg, Grad..........................30
- Querneigung Grad.................25
- Watfähigkeit.........schwimmfähig
- Graben, m...............................2,0
- Mauer, m................................0,6

Panzerung, mm:
- Wannenstirnwand 8-10
- Turmstirnwand.........................8-10

Mannschaft, Mitglieder...............2(8)

Bewaffnung:
- Zahl x Kaliber, mm u. Typ
  MG`s....................14,5 mm, KPWT
  (Kampfsatz, Stück).................(500)
- Zahl x Kaliber, mm u. Typ
  MG`s.........................7,62 mm PKT
  (Kampfsatz, Stück)...............(2000)

Ziel.......................................PP-61A
Funkstation..............................R-123

Zusatzinformation: Wurde auf der Basis des BTR-60PA durch Installation eines gepanzerten Turms auf dem Wannendach entwickelt. Dort befindet sich ein großkalibriges MG. Es werden Reifen des Typs 13.00-18 mit regulierbarem Druck eingesetzt. Garantierte Fahrleistung 15.000 km. Die Stirnwandpanzerung bietet Schutz vor Kugeln 7,62 mm B-32 auf jede Entfernung, die Seitenpanzerung vor leichten Kugeln desselben Kalibers auf eine Entfernung von 100 m. Die Wanne des BTR vermindert die radioaktive Strahlung um das 2,5-fache. Auf der Basis dieses Panzers wurden die Führungspanzer 1W18, 1W19, die Funkstation R-145 u. a. entwickelt.

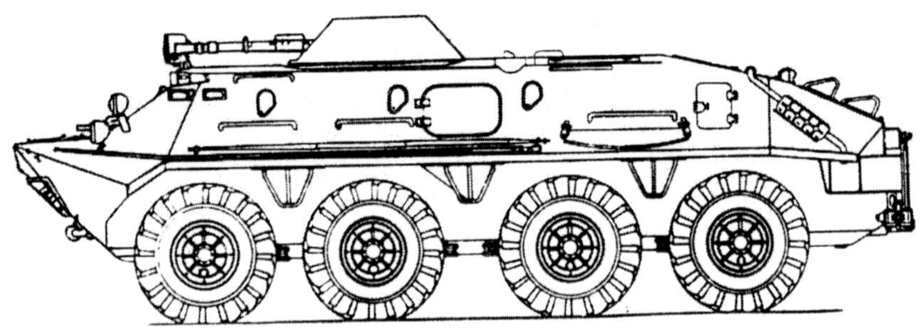

Schützenpanzerwagen BTR-60PB

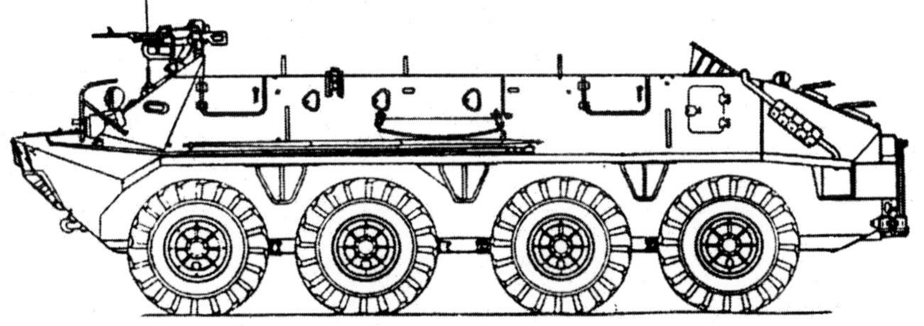

Schützenpanzerwagen BTR-60P

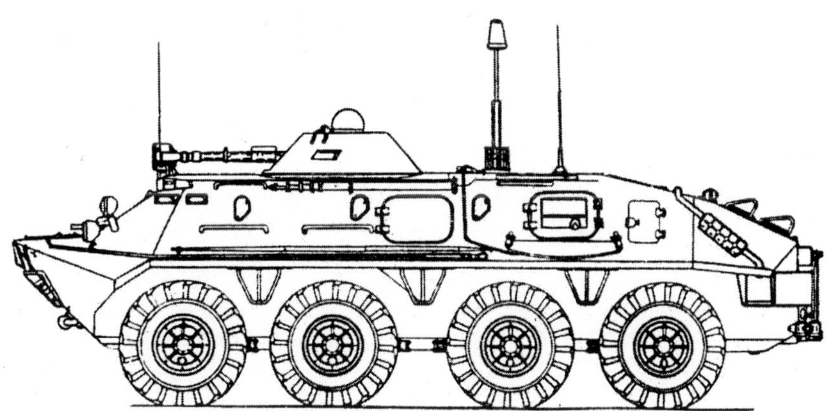

Führungspanzer auf der Basis des BTR-60PB

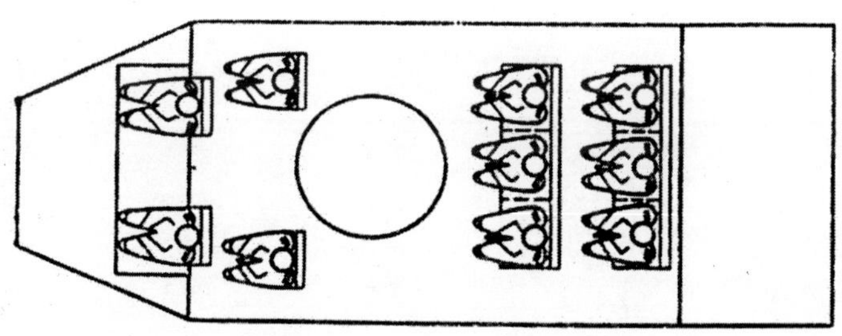

Sitzschema der Mannschaft und der Landemannschaft im BTR-60 PB

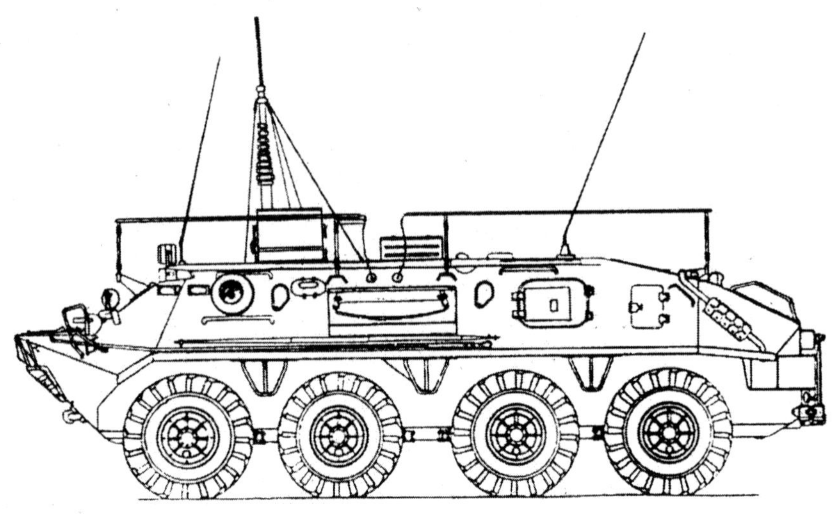

Führungspanzer BTR-60PU

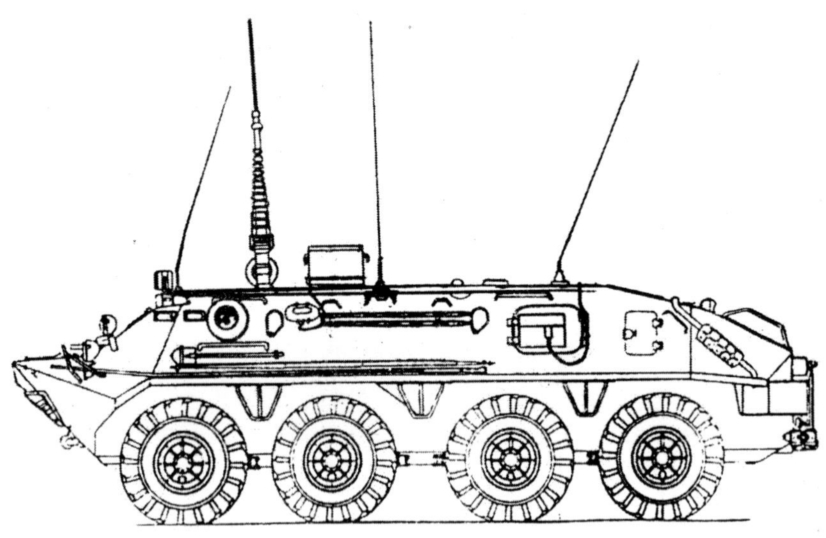

Führungspanzer BTR-60PU12

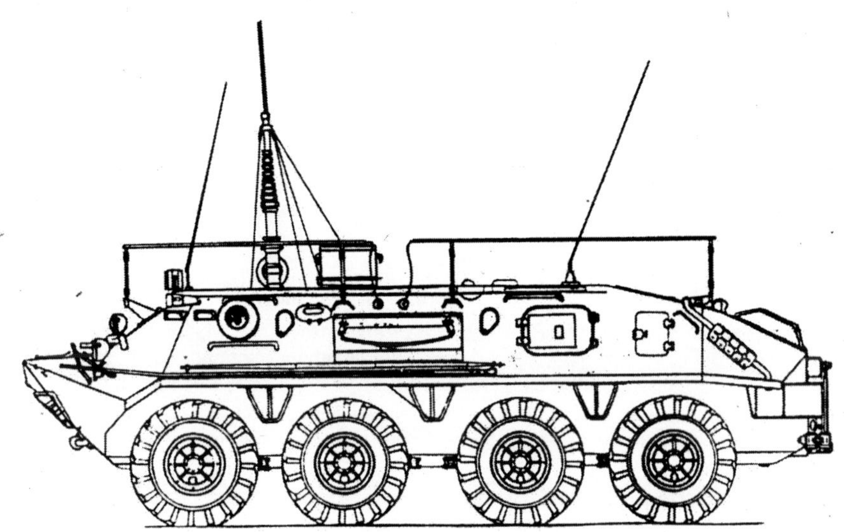

Funkstation P-145

Schützenpanzerwagen BTR-60P3

Baujahr...1972
Entwickler..............................KB GAS
Hersteller......................................GAS
Produktion ....Versuchsmuster
Basis...................................BTR-60PB
Radformel.....................................8 x 8
Kampfmasse, t...............................10,2
Länge, mm....................................7220
Breite, mm....................................2825
Höhe, mm.....................................2420
Bodenfreiheit, mm..........................475
Mittl.Innenreifendruck, kg/cm^2 0,5-2,5
Motortyp................Vergaser GAS-49B
Max. Leistung, PS.......................2 x 90
Spez. Leistung, PS/t.......................17,6
Max. Geschwindigkeit, km/h............80
Schwimmgeschwind, km/h..............10
Reichweite, km.................................500
Treibstoffvorrat, l.............................290

überwindbare Hindernisse:
- Anstieg, Grad.............................30
- Querneigung Grad.....................25
- Watfähigkeit...........schwimmfähig
- Graben, m..................................2,0
- Mauer, m...................................0,6

Panzerung, mm:
- Wannenstirnwand 8-10
- Turmstirnwand..............................8-10

Mannschaft, Mitglieder...................2(8)

Bewaffnung:
- Zahl x Kaliber, mm und Typ
  MG`s........................14,5 mm, KPWT
  (Kampfsatz, Stück).....................(500)
- Zahl x Kaliber, mm u. Typ
  MG`s............................7,62 mm, PKT
  (Kampfsatz, Stück)....................(2000)

Ziel..PP-61AM
Funkstation...................................R-123

Zusatzinformation: Wurde auf der Basis des Schützenpanzerwagens BTR-60PB entwickelt. Der Turm ist modernisiert und es wurde ein großkalibriges MG sowie ein entsprechendes koaxiales MG PKT installiert. Der Schußwinkel des MG`s erhöhte sich auf 60° (anstelle von 30° beim BTR-60P), wodurch Luftziele effektiver bekämpft werden können.

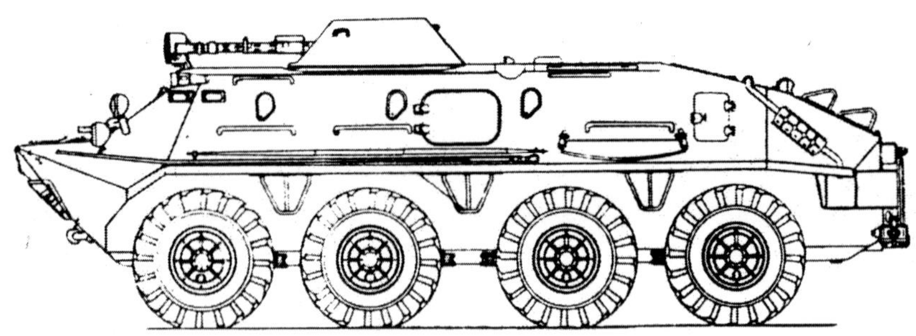

Schützenpanzerwagen BTR-60P3

Batterieführungspanzer 1W18 „Klen-1“

Baujahr..................Mitte der 70er Jahre
....in Bewaffnung
Produktion ....Serie
Basis....................................BTR-60PB
Radformel.......................................8 x 8
Kampfmasse, t................................10,3
Länge, mm....................................7220
Breite, mm....................................2825
Höhe, mm......................................2690
Bodenfreiheit, mm...........................475
Mittl. Innenreifendruck, kg/cm^2 .0,5-2,5
Motortyp................Vergaser, GAS 49B
Max. Leistung, PS........................2 x 90
Spez. Leistung, PS/t.......................17,6
Max. Geschwindigkeit, km/h............80
Schwimmgeschwind, km/h............9-10
Reichweite, km................................500

Treibstoffvorrat, l...........................290
überwindbare Hindernisse:
- Anstieg, Grad............................30
- Querneigung Grad....................25
- Watfähigkeit..........schwimmfähig
- Graben, m.................................2,0
- Mauer, m..................................0,6

Panzerung, mm:
- Wannenstirnwand........................8-10
- Turmstirnwand...........................8-10

Mannschaft, Mitglieder.......................5

Bewaffnung:
- Zahl x Kaliber, mm u. Typ
  MG`s..........................7,62 mm, PKM
  (Kampfsatz, Stück)......................(600)

Visiere..................................DW, WOP
Funkstation..............R-123 M, R-107M

Zusatzinformation: Der Panzer zur Führung der Artillerie wurde auf der Basis des Schützenpanzerwagens BTR-60PB entwickelt. Der Panzer besitzt vier Schießscharten zum Schießen mit Handfeuerwaffen, das topographische Meßgerät 1T121-1, den Artillerierichtkreis PAB-2A, den Artillerie-Laserentfernungsmesser DAK-1, das Nachtsichtgerät NNP-21, das Feuerleitgerät PUO-9M u. a. Die Gefechtsvorbereitungszeit beträgt zehn Minuten. Auf seiner Basis wurde die modernisierte Variante 1W18-1 entwickelt.

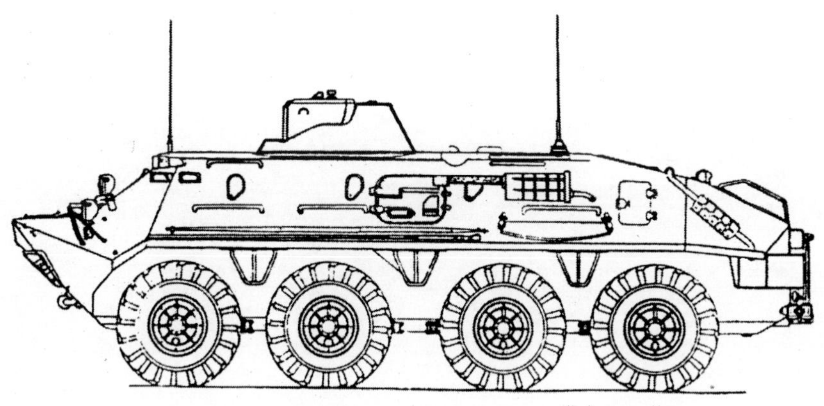

Batterieführungspanzer 1W18 „Klen-1“

Divisionsführungspanzer 1W19 „Klen-2“

Baujahr..................Mitte der 70er Jahre in Bewaffnung
Produktion ....Serie
Basis....................................BTR-60PB
Radformel......................................8 x 8
Kampfmasse, t................................10,3
Länge, mm...................................7220
Breite, mm....................................2825
Höhe, mm.....................................2690
Bodenfreiheit, mm..........................475
Mittl. Reifeninnendr., kg/cm^2.....0,5-2,5
Motortyp................Vergaser, GAS 49B
Max. Leistung, PS........................2 x 90
Spez. Leistung, PS/t.......................17,5
Max. Geschwindigkeit, km/h............80
Schwimmgeschwind, km/h............9-10
Reichweite, km................................500

Treibstoffvorrat..........................290
überwindbare Hindernisse:
- Anstieg, Grad.......................30
- Querneigung Grad.............25
- Watfähigkeit.....schwimmfähig
- Graben, m...........................2,0
- Mauer, m.............................0,6

Panzerung, mm:
- Wannenstirnwand..................8-10
- Turmstirnwand.......................8-10

Mannschaft, Mitglieder.................5

Bewaffnung:
- Zahl x Kaliber, mm und Typ
  MG`s.......................7,62 mm PKM
  (Kampfsatz, Stück)................(600)

Visiere...............................DB,WOP
Funkstation........R-130M, R- 123M, R-107M

Zusatzinformation: Der Panzer 1W19 zur Führung der Artillerie wurde auf der Basis des Schützenpanzers BTR-60PB entwickelt und ist baugleich mit dem SPW 1W18. Der Panzer besitzt vier Schießscharten zum Schießen mit Handfeuerwaffen, das topographische Meßgerät 1T121-1, den Artillerierichtkreis PAB-2A, den Artillerie-Laserentfernungsmesser DAK-1, das Nachtsichtgerät NNP-21, das Feuerleitgerät PUO-9M u. a. Die Feuervorbereitungszeit beträgt zehn Minuten. Auf seiner Basis wurde die modernisierte Variante 1W191 entwickelt.

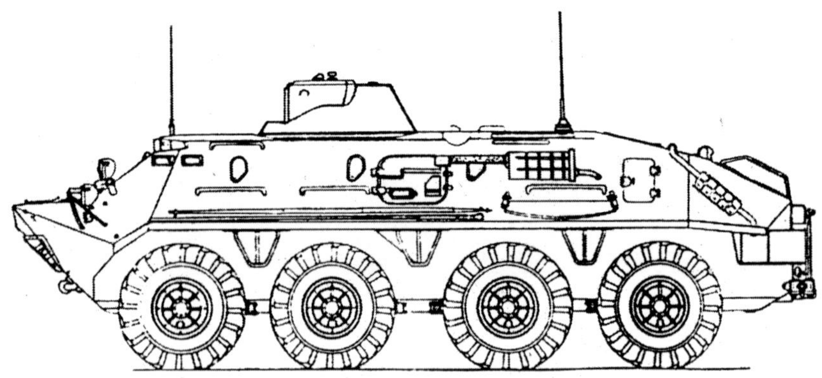

Divisionsführungspanzer 1W19 „Klen-2“

Gepanzerte Transportzugmaschine MT-LB
(Objekt 6)

Baujahr..................1964, in die Bewaffnung
Entwickler...KB Charkower Traktorenwerk
Hersteller............Charkower Traktorenwerk
Produktion ....Serie
Kampfmasse, t...............................9,7-12,2
Länge, mm...6454
Breite, mm...2850
Höhe, mm...1920
Bodenfreiheit, mm.................................400
Mittl. Bodendruck, kg/cm^2..................0,46
Motortyp.......…...…...Diesel JaMS-238V
Max. Leistung, PS................................240
Spez. Leistung, PS/t............................19,6

Max. Geschwindigkeit, km/h........61,5
Schwimmgeschwind, km/h................6
überwindbare Hindernisse:
- Anstieg, Grad..........................35
- Querneigung Grad....................25
- Watfähigkeit..........schwimmfähig

Mannschaft, Mitglieder...............2(11)

Bewaffnung:

- Zahl x Kaliber, mm u. Typ
  MG`s..........................7,62 mm, PKT
  (Kampfsatz, Stück).................(1000)

Ziel..M
Funkstation................................R-123
Schießscharten f. Handfeuerwaffen....4

Zusatzinformation: Sie wurde zum Transport von Munition und der Feldartillerie entwickelt. Ladekapazität 2 t, mit Anhänger bis zu 6,5 t. Bei getrennter Steuerung ist ein drehbarer Turm TKB-01 mit einem MG PKT vorhanden. Die Zugmaschine ist mit einem Nachtsichtgerät TWN-2B ausgerüstet. Es wurde eine Modifikation für den Einsatz im Schnee und in Sumpfgebieten, MT-LBW, entwickelt. Diese besitzt breitere Ketten. Sie wird in den nördlichen Gebieten eingesetzt.

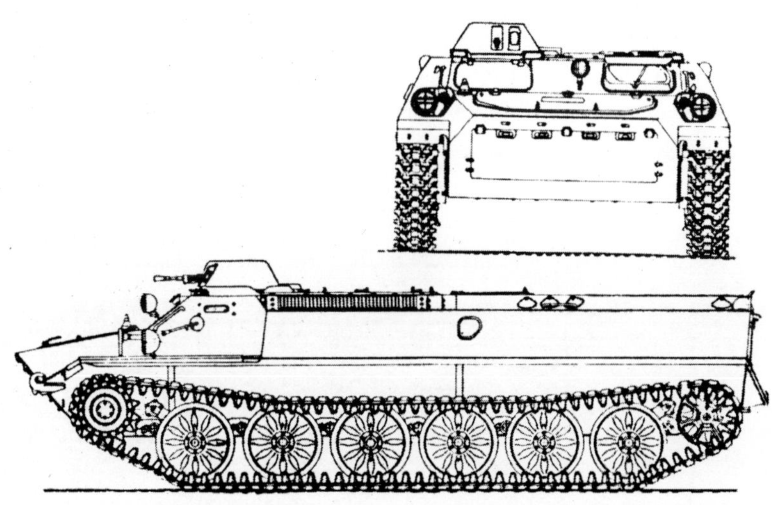

Gepanzerte Transportzugmaschine MT-LB

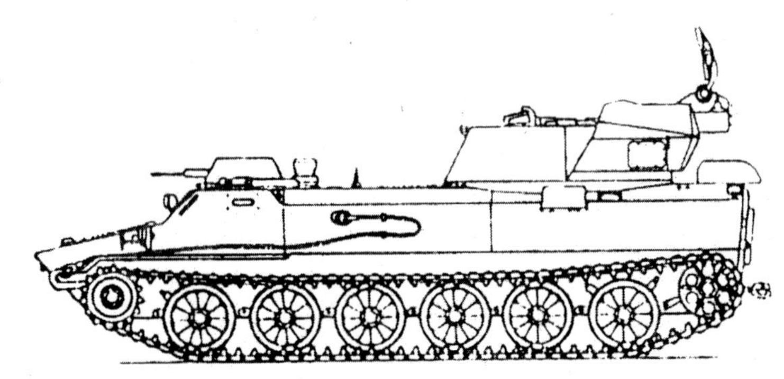

Radarstation SNAR-10

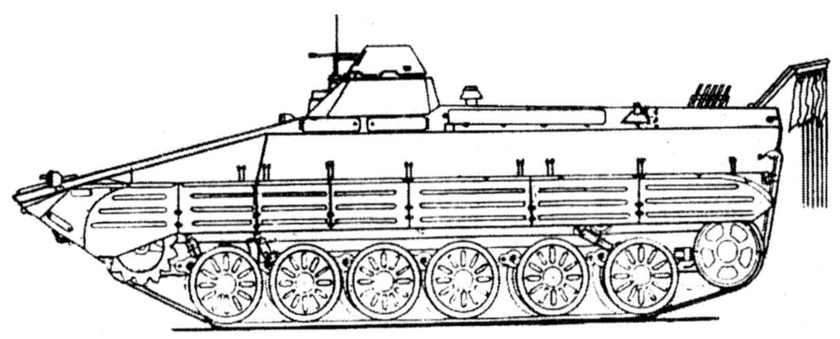

Chemischer Spürpanzer RCHM

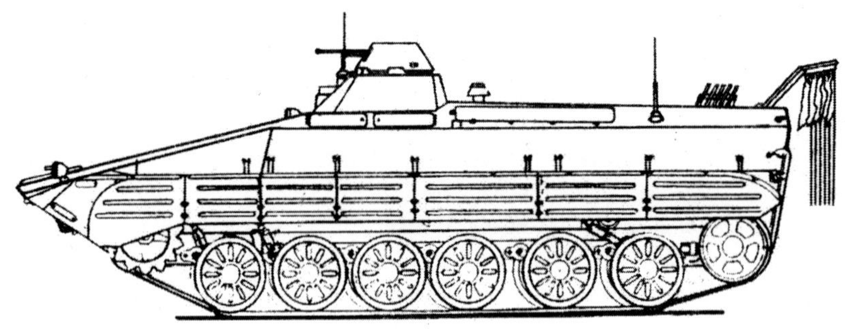

Chemischer Führungsspürpanzer RCHM-K

Artillerieführungspanzer 1W13

Artillerieführungspanzer 1W14

Artillerieführungspanzer 1W15

Schützenpanzerwagen BTR-70
(GAS-4905)

Baujahr	am 21.08.1972 in Bewaffnung
Entwickler	KB GAS
Hersteller	GAS
Produktion	Serie seit 1976
Basis	BTR-60PB
Radformel	8 x 8
Kampfmasse, t	11,5-12,0
Länge, mm	7510-7535
Breite, mm	2790/2800
Höhe, mm	2235
Bodenfreiheit, mm	475
Mittl.Innenreifendruck, kg/cm^2	1,05-2,21
Motortyp	Vergaser,GAS-49B(SMS-4905)
Max. Leistung, PS	2 x 120(115)
Spez. Leistung, PS/t	19,2-20
Max. Geschwindigkeit, km/h	80
Schwimmgeschwind, km/h	9-10
Reichweite, km	400-600
Treibstoffvorrat, l	290+120

überwindbare Hindernisse:	
- Anstieg, Grad	30
- Querneigung Grad	25
- Watfähigkeit	schwimmfähig
- Graben, m	2,0
Panzerung, mm:	
- Wannenstirnwand	8-10
- Turmstirnwand	6
Mannschaft, Mitglieder	3(7)
Bewaffnung:	
- Zahl x Kaliber, mm und Typ MG	14,5 mm, KPWT
(Kampfsatz, Stück)	(500)
- Zahl x Kaliber, mm und Typ MG`s	7,62 mm, PKT
(Kampfsatz, Stück)	(2000)
- tragbarer Fla-Raketenk	2 x 9K34
- Panzerbüchse	RPG-7
Ziel	PP-61AM
Funkstation	R-123M

Zusatzinformation: Er wurde auf der Basis des Schützenpanzerwagens BTR-60PB entwickelt und besitzt einen neuen Motor. Die Unterbringung der Schützen veränderte sich. Man brachte untere Seitenluken für den Einstieg der Schützen an. Der Panzer besitzt sieben Schießscharten für Handfeuerwaffen, ein Strahlenmeßgerät DP-3B, ein militärisch-chemisches Meßgerät WPCHR. Er erhielt Reifen mit regulierbarem Druck vom Typ 13.00-18. Im Panzer können zwei automatische Panzerbüchsen AGS-17 transportiert werden.

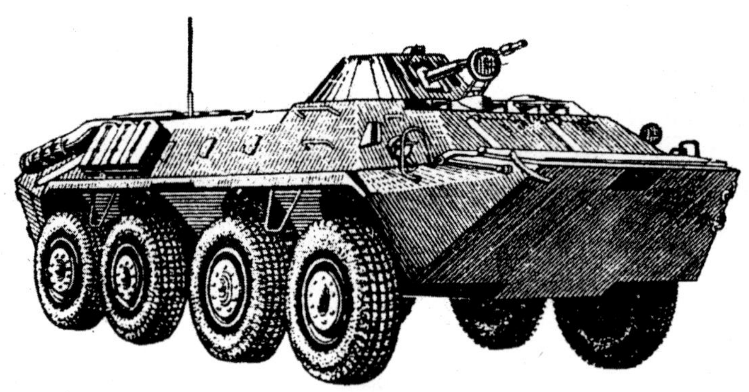

Schützenpanzerwagen BTR-70

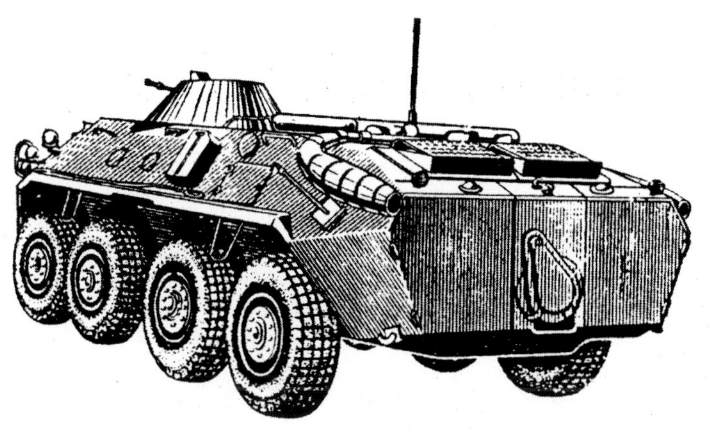

Schützenpanzerwagen BTR-70 (Hinteransicht)

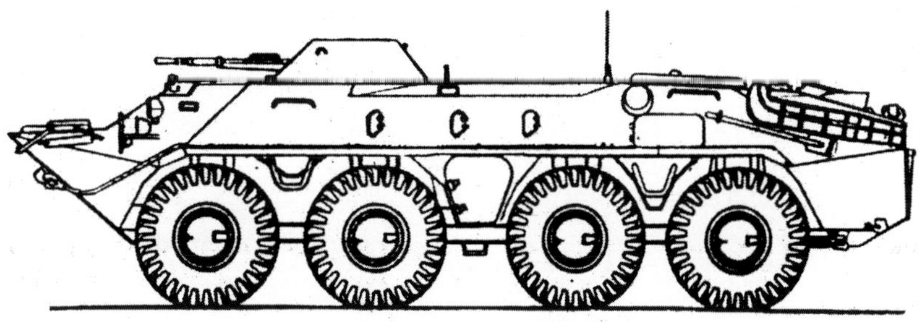

Serienmäßig produzierter SPW BTR-70

Versuchs-BTR-70 mit im Turm eingebauter Panzerbüchse AG-17

Schützenpanzerwagen BTR-D

Baujahr...............in Bewaffnung seit 1974
Entwickler..KB Wolgograder Panzerwerk
Hersteller..........Wolgograder Panzerwerk
Produktion ....Serie seit 1974
Kampfmasse, t....................................8,0
Länge, mm...............................5800-5883
Breite, mm...............................2600-2630
Höhe, mm................................1650-2000
Bodenfreiheit, mm.......................100-450
Mittl. Bodendruck kg/cm^{2}.................0,50
überwindbare Hindernisse:
- Anstieg, Grad..........................32-35
- Querneigung Grad........................18
- Graben, m...................................2,0
- Mauer, m.....................................0,7
- Watfähigkeit.............schwimmfähig

Motortyp..........................Diesel 5D20
Max. Leistung, PS.........................240
Spez. Leistung, PS/t........................30
Max. Geschwindigkeit, km/h..........62
Schwimmgeschwind., km/h............10
Reichweite, km.............................500
Panzerung, mm.................kugelsicher
Rauchvorhang...........TDA, 4 x 902W
Mannschaft, Mitglieder.....................1
Mannschaft, Schützen.....................12
Bewaffnung:
- Zahl x Kaliber, mm u. Typ
MG`s...........................2 x 7,62 PKT
(Kampfsatz, Stück).................(2000)
Funkstation...........................R-123 M

Zusatzinformation: Wurde auf der Basis von BMD-1 entwickelt. Die Wanne ist aus Aluminiumlegierungen hergestellt. Der Panzer besitzt eine hydro-pneumatische, unabhängige Aufhängung, variable Bodenfreiheit. Beim Schwimmen wird ein Wasserstrahlantrieb eingesetzt. Die ersten Serienpanzer unterschieden sich durch die Installation der Waffen. Sie hatten ein von oben auf der Wanne beweglich angebrachtes MG.

Schützenpanzerwagen BTR-D

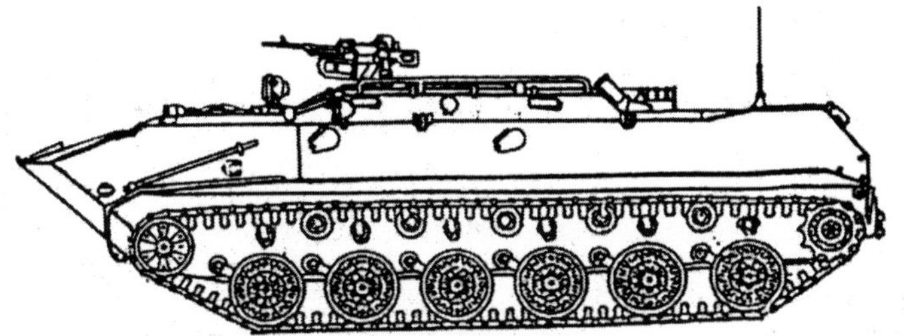

Schützenpanzerwagen BTR-D, erste Serie

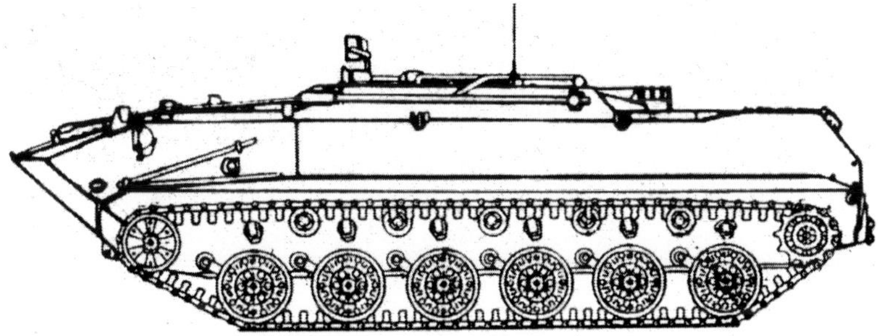

Schützenpanzerwagen BTR-D

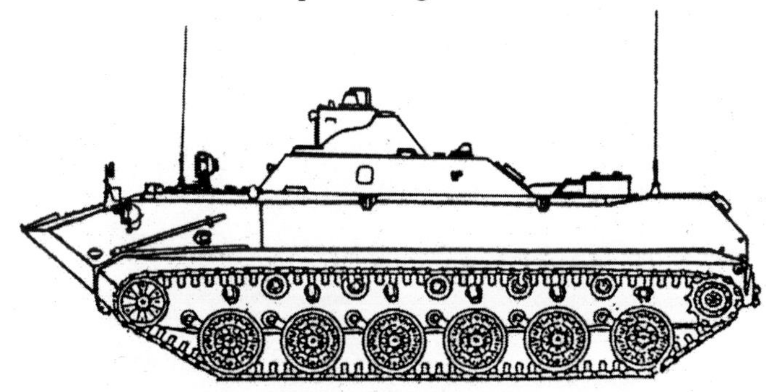

Artillerie-Führungspanzer IW119

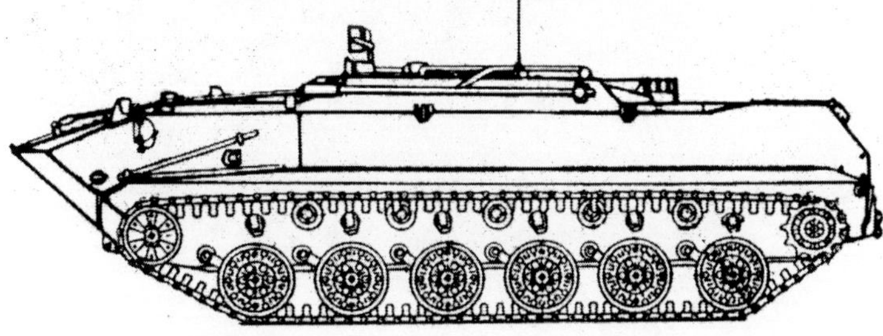

Führungs-Stabspanzer BMD-1KSCH

Schützenpanzerwagen BTR-RD

Baujahr............in Bewaffnung seit 1979
Entwickler....................KB Wolgograder Panzerwerk
Hersteller........Wolgograder Panzerwerk
Produktion ....Serie
Kampfmasse, t....................................8,0
Länge, mm......................................5885
Breite, mm.......................................2630
Höhe, mm...1650
Bodenfreiheit, mm......................100-450
Mittl. Bodendruck, kg/cm^2...............0,50
überwindbare Hindernisse:
- Anstieg, Grad...............................32
- Querneigung Grad.......................18
- Mauer, m.....................................0,7
- Graben, m....................................2,0
- Watfähigkeit.............schwimmfähig

Motortyp...........................Diesel 5D20
Max. Leistung, PS..........................240
Spez. Leistung, PS/t.........................30
Max. Geschwindigkeit, km/h...........61
Schwimmgeschwind, km/h.............10
Reichweite, km...............................500
Panzerung, mm..................kugelsicher
Rauchvorhang............TDA, 4 x 902W
Mannschaft, Mitglieder......................2
Mannschaft, Schützen........................8
Bewaffnung:
- Zahl d. Kaliber, mm und Typ
  MG`s....................2 x 7,62mm, PKT
  (Kampfsatz, Stück).................(2000)
- Typ d. Panzerabwehrrak...„Konkurs"
  (Kampfsatz, Stück)........................(4)

Funkstation.............................R-123M

Zusatzinformation: Wurde auf der Basis des Schützenlandepanzers BTR-D entwickelt. Als Zusatzwaffe wurde der Panzerabwehrkomplex „Konkurs" installiert.

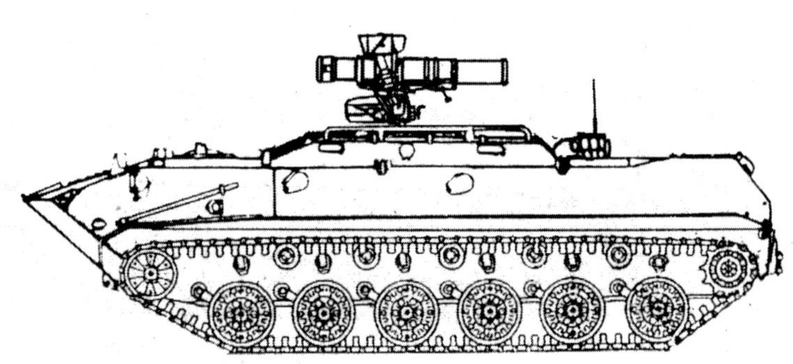

Schützenpanzerwagen BTR-RD

Schützenpanzerwagen BTR-SD

Baujahr.................in Bewaffnung seit 1984

Entwickler....KB Wolgograder Panzerwerk
Hersteller............Wolgograder Panzerwerk
Produktion ....Serie
Kampfmasse, t.......................................8,0
Länge, mm..5885
Breite, mm..2630
Höhe, mm...1650
Bodenfreiheit, mm.........................100-450
Mittl. Bodendruck, kg/cm^2..................0,50
überwindbare Hindernisse:
- Anstieg, Grad.......................................32
- Querneigung, Grad...............................18
- Mauer, m...0,7
- Graben, m..2,0
- Watfähigkeit......................schwimmfähig

Motortyp..........................Diesel 5D20
Max. Leistung, PS.........................240
Spez. Leistung, PS/t........................30
Max. Geschwindigkeit, km/h..........61
Schwimmgeschwindigkeit km/h.....10
Reichweite, km.............................500
Panzerung, mm.................kugelsicher
Rauchvorhang............TDA,4 x 902W
Mannschaft, Mitglieder.....................2
Mannschaft, Schützen.......................8
Bewaffnung:
- Zahl d. Kaliber, mm u. Typ
MG`s............................2 x 7,62 PKT
(Kampfsatz, Stück).................(2000)
- Zahl u. Typ des mobilen
Raketenkomplexe.........6 x „Strela-3“

Zusatzinformation: Wurde auf der Grundlage des Schützenlandepanzers BTR-D entwickelt. Als Zusatzbewaffnung wurden die mobilen Raketenkomplexe „Strela-S“ eingesetzt.

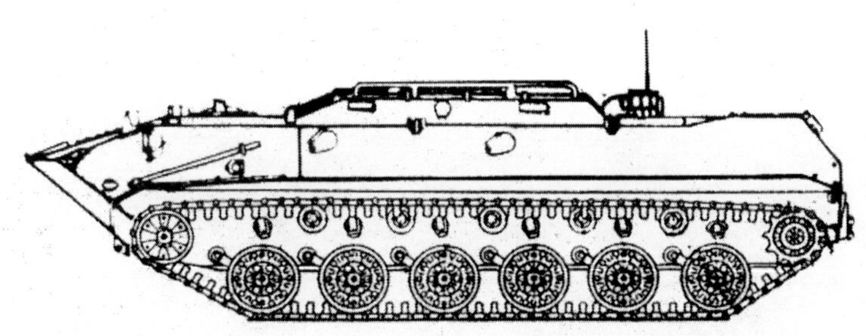

Schützenpanzerwagen BTR-SD

Schützenpanzerwagen BTR-80

Baujahr.................... in Bewaffnung seit 1986
Entwickler..KB GAS
Hersteller............Arsamasser Maschinenwerk
Produktion ....Serie seit 1986
Basis..BTR-70
Radformel...8 x 8
Kampfmasse, t...13,6
Länge, mm....................................7500/7650
Breite, mm..2900
Höhe, mm......................................2450/2350
Bodenfreiheit, mm...................................475
Mittl. Bodendruck, kg/cm^2..............1,77-3,09
Motortyp: ....Diesel KAMAS-7403, (JaMS-238M2)
Max. Leistung, PS............................260(240)
Spez. Leistung, PS/t.........................19,1-15,4
Max. Geschwindigkeit, km/h.................80-90
Schwimmgeschwind, km/h........................9,5
Reichweite, km...600
Treibstoffvorrat, l 300

überwindbare Hindernisse:
- Anstieg, Grad...........................30
- Querneigung, Grad...................25
- Watfähigkeit......... schwimmfähig
- Graben, m...............................2,0
- Mauer, m.................................0,5

Panzerung, mm.................kugelsicher
Mannschaft, Mitglieder.................2(8)

Bewaffnung:
- Zahl x Kaliber, mm u. Typ MG`s.......................14,5 mm, KPWT (Kampfsatz, Stück)....................(500)
- Zahl x Kaliber, mm u. Typ MG`s............................7,62 mm PKT (Kampfsatz, Stück)...................(2000)
- PSRK (tragbare Fla-Rak.)...2 x 9K34
- Panzerbüchse...........................RPG-7

Ziel..1PS-2
Funkstation...........R-123 (R-163-50U)
Rauchvorhang.............................902W

Zusatzinformation: Wurde vom Chefkonstrukteur A. Masjagin auf der Basis des Schützenpanzerwagens BTR-70 entwickelt. Es werden kugelsichere Reifen des Typs KI-80 oder KI-126 verwendet. Seit 1993 wird der Panzer mit dem Motor JaMS-238M2 ausgeliefert. Es sind sieben Schießscharten für die MP AKM (modernisierte Kalaschnikow) vorhanden. Der Panzer ist mit dem Strahlenmeßgerät DP-3B und dem chemischen Meßgerät WPCHR ausgerüstet. Auf der Basis dieses Panzers wurden entwickelt: der Führungsschützenpanzerwagen BTR-80K, SAO 2S23, BREM-K, der geländegängige Panzer GAS-59032 und andere Technik.

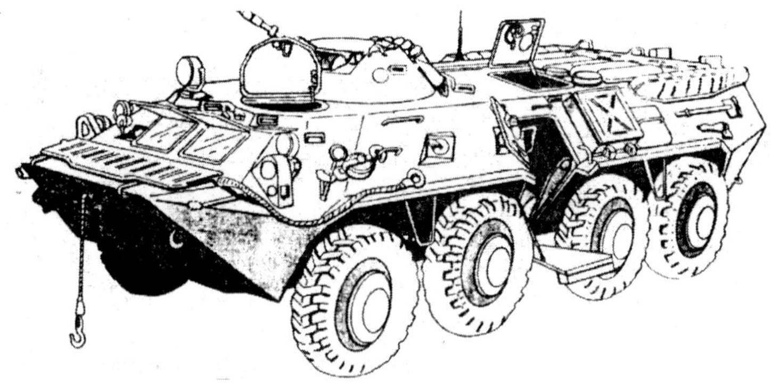

Der Schützenpanzerwagen BTR-80

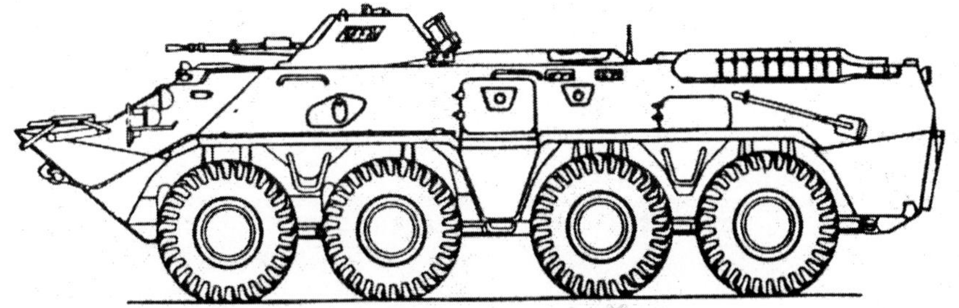

Schützenpanzerwagen BTR-80, erste Serie

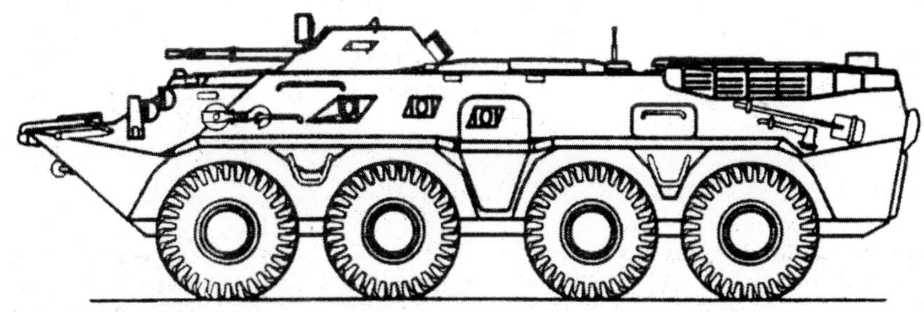

Serienmäßig hergestellter Schützenpanzer BTR-80

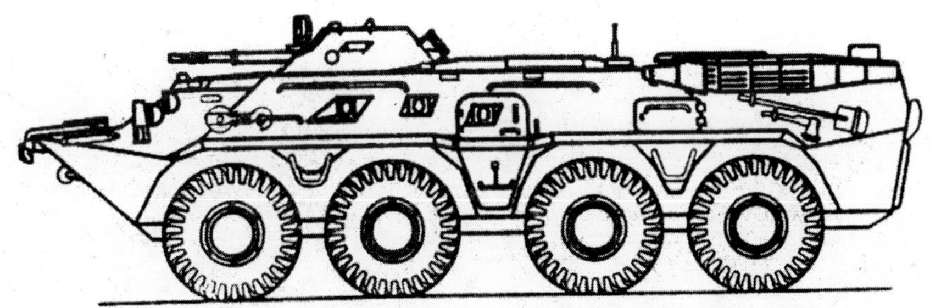

Schützenpanzerwagen BTR-80, letzte Serie

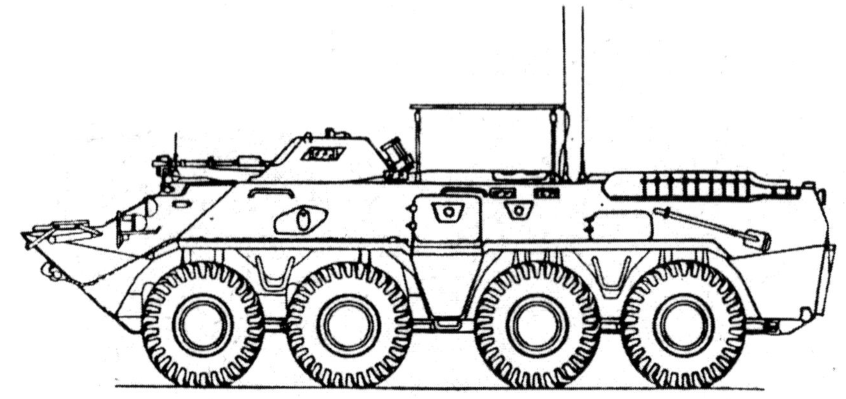

Stabsführungspanzer auf der Basis des BTR-80, in Afghanistan eingesetzt

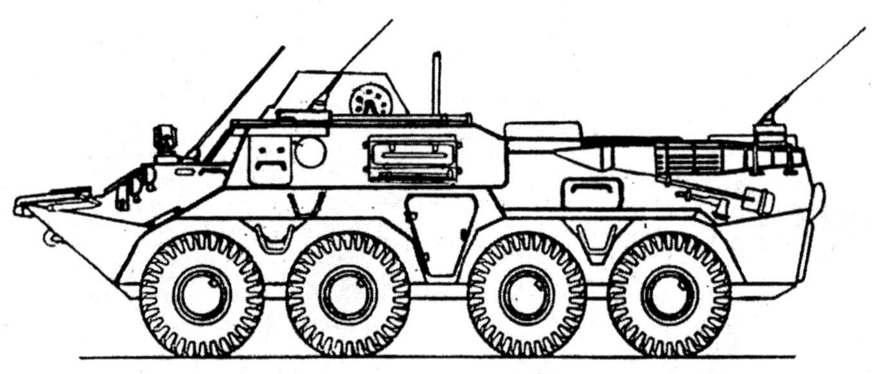

Stabsführungspanzer auf der Basis des BTR-80

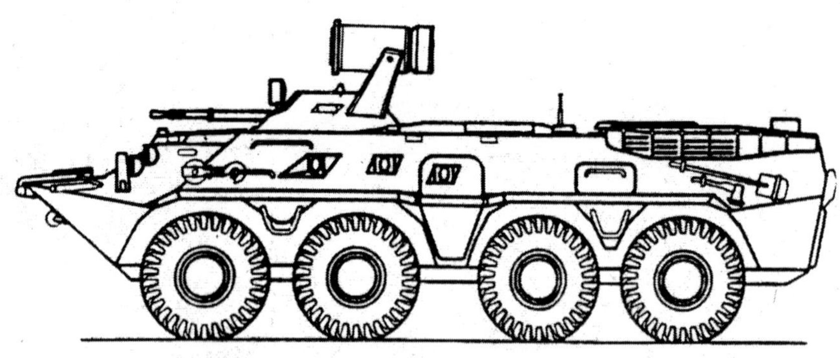

Lautsprecherpanzer auf der Basis des BTR-80

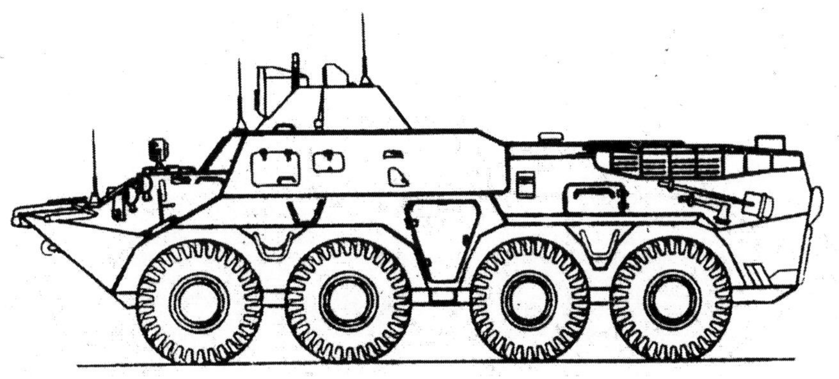

Artillerieführungspanzer 1W118

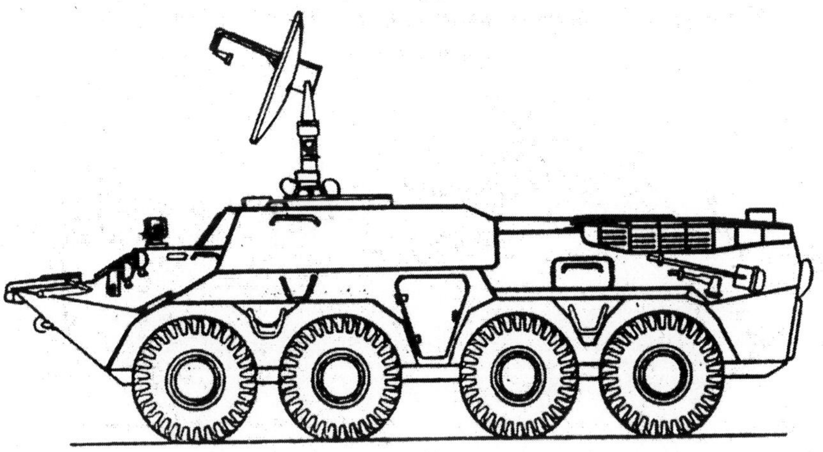

Satellitennachrichtenstation auf der Basis des BTR-80

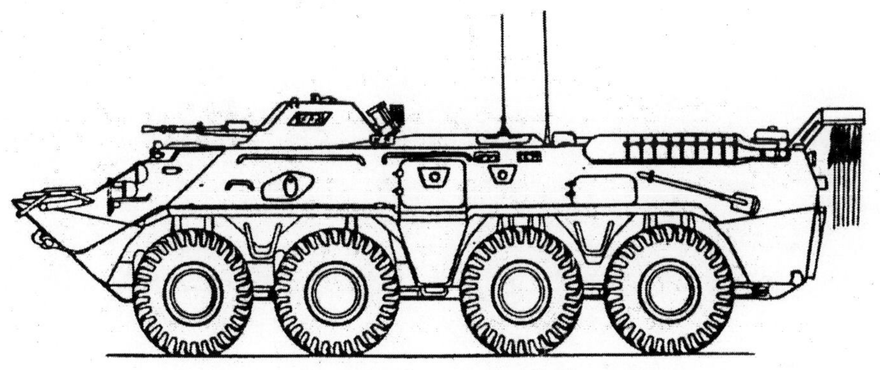

AC-Spürpanzer RCHM-4

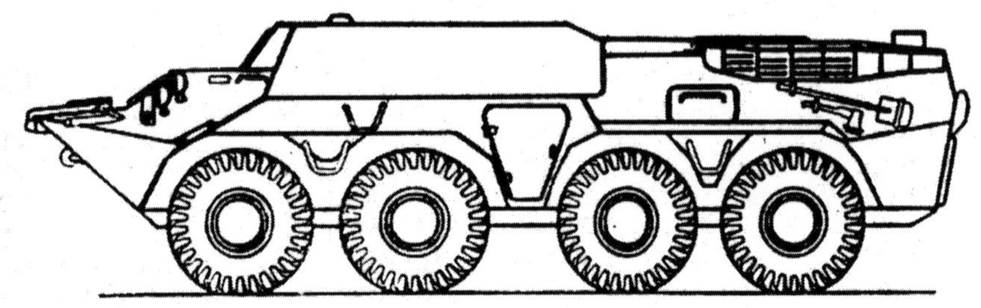

Universeller Geländeschützenpanzer GAS-59032 auf der Bassis des BTR-80

Führungsschützenpanzerwagen BTR-80K

Baujahr................................in Bewaffnung
Anfang der 90er Jahre
Entwickler..................................KB GAS
Hersteller..............Arsamasser Motorwerk
Produktion..Serie
Basis...BTR-80
Radformel...8 x 8
Kampfmasse, t..................................13,6
Länge, mm..7650
Breite, mm..2900
Höhe, mm...2350
Bodenfreiheit, mm...............................475
Mittl. Bodendruck, kg/cm^{2}........1,77-3,09
Motortyp……………..Diesel JaMS-238M2
Max. Leistung, PS..............................240
Spez. Leistung, PS/t...........................19,0
Max. Geschwindigkeit, km/h................90
Schwimmgeschwind, km/h..................9,5
Reichweite, km....................................600

Treibstoffvorrat, l.................................300
überwindbare Hindernisse:
- Anstieg, Grad.................................30
- Querneigung Grad.........................25
- Watfähigkeit..............schwimmfähig
- Graben, m....................................2,0
- Mauer, m.....................................0,5

Panzerung, mm........................kugelsicher
Mannschaft (Landetr.), Mitglieder.....3(3)
Bewaffnung:
- Zahl d. Kaliber, mm u. Typ
  MG.'s...........................14,5 mm KPWT
  (Kampfsatz, Stück)........................(500)
- Zahl x Kaliber, mm u. Typ
  MG's............................7,62 mm PKMT
  (Kampfsatz, Stück)......................(2000)

Ziel..1PS-2
Funkstation.....2 x R-163-50U, 2 x R-159

Zusatzinformation: Wurde auf der Basis des Schützenpanzerwagens BTR-80 zur Führung eines Motorschützenbataillons durch den Divisionskommandeur sowie zur Koordination der Verbindung zum Regiment (Stab) entwickelt. Es sind drei Offiziersarbeitsplätze vorhanden. Der Panzer ist mit zwei Funkstationen R-163-50U und einer 11-Meter-Teleskopantenne sowie dem Navigationsgerät TNA4-6 mit einer Funkmeßkarte ausgerüstet, außerdem besitzt er zwei tragbare UKW-Funkstationen R-159.

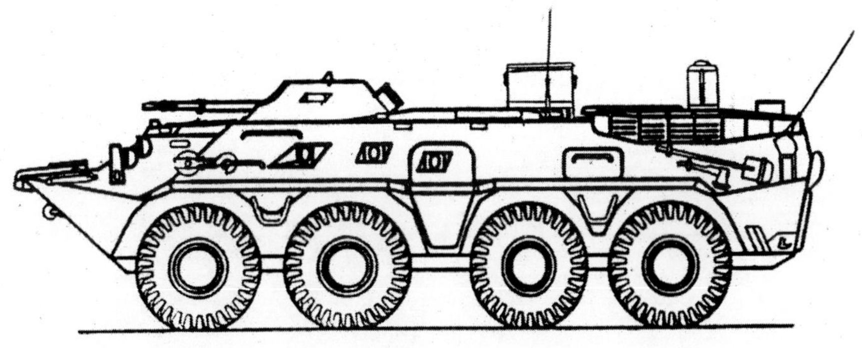

Führungsschützenpanzerwagen BTR-80K

Gepanzerter Sanitätswagen BMM-80
(GAS–59039)

Baujahr.................... in Bewaffnung seit Beginn der 90er Jahre
Entwickler................................KB GAS
Hersteller.................................AO GAS
Produktion ....Serie
Basis..BTR-80
Radformel.......................................8 x 8
Kampfmasse, t.................................12,6
Länge, mm......................................7700
Breite, mm......................................2900
Höhe, mm.......................................2630
Bodenfreiheit, mm............................495
Mittl. Bodendruck, kg/cm^{2}.......1,77-3,09
Motortyp..............Diesel, KAMAS-7403

Max. Leistung, PS...........................260
Spez. Leistung, PS/t.......................20,6
Max. Geschwindigkeit, km/h.............80
Schwimmgeschwindigkeit, m/h...........9
Reichweite, km...............................700
überwindbare Hindernisse:
- Anstieg, Grad.............................30
- Querneigung, Grad...................25
- Watfähigkeit..........schwimmfähig
- Graben, m................................2,0
- Mauer, m.................................0,5

Panzerung, mm...................kugelsicher
Mannschaft, Mitglieder......................3
Funkstation.................................R-173

Zusatzinformation: Er wurde auf der Basis des Schützenpanzerwagens BTR-80 entwickelt und ist mit speziellen medizinischen Geräten ausgerüstet. Außer der Mannschaft kann das Fahrzeug sieben Verwundete in der medizinischen Abteilung und zwei auf dem Dach mit Liegen transportieren. In Abhängigkeit von der Struktur der medizinischen Versorgung kann das Fahrzeug genutzt werden: zur Evakuierung der Verwundeten vom Schlachtfeld (BMM-1), als medizinischer Versorgungspunkt des Bataillons (BMM-2) sowie als mobile medizinische Versorgungseinheit mit Ärztemannschaft und einer Transporteinheit AP-2 (BMM-3). Zur Ausrüstung gehört ein Zelt zur Unterbringung von zwölf Verwundeten.

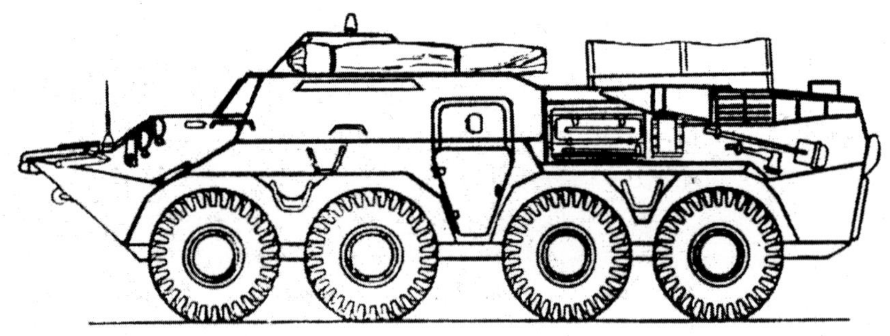

Gepanzerter Sanitätswagen BMM-80

Geländegängiger Schwimmpanzer GAS-59037

Baujahr	in Nutzung seit Beginn der 90er Jahre
Entwickler	KB GAS
Hersteller	AO AMS
Produktion	Serie
Basis	BTR-80
Radformel	8 x 8
Kampfmasse, t	14,0
Länge, mm	7600
Breite, mm	2900
Höhe, mm	2900
Bodenfreiheit, mm	475
Mittl. Bodendruck kg/cm^2	1,77-3,09
Motortyp	Diesel KAMAS-7403
Max. Leistung, PS	260
Spez. Leistung, PS/t	18,57
Max. Geschwindigkeit, km/h	80
Schwimmgeschwindigkeit, km/h	9
Reichweite, km	600
überwindbare Hindernisse:	
- Anstieg, Grad	30
- Querneigung, Grad	25
- Watfähigkeit	schwimmfähig
- Mauer, m	0,5
- Graben, m	2,0
Mannschaft (Passagiere)	2(10)

Zusatzinformation: Wurde im Rahmen des Konversionsprogramms auf der Basis des Schützenpanzerwagens BTR-80 entwickelt. Das Fahrzeug ist mit einer Seilwinde ausgerüstet, die über eine Leistung von 4000-6000 kg am Haken verfügt. Im Fahrzeug können 3000-5000 kg Last transportiert werden.

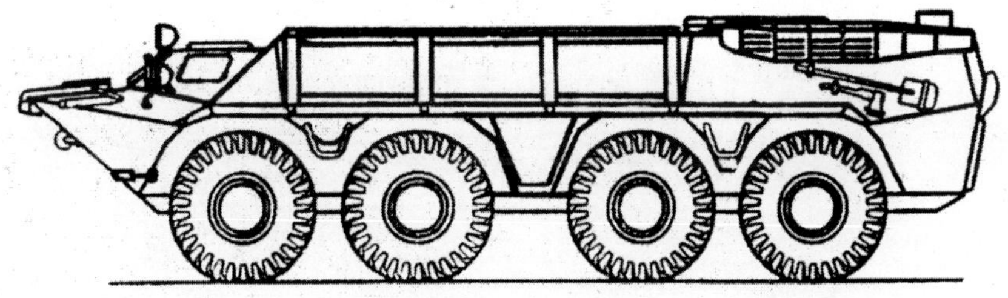

Geländegängiger Schwimmpanzer GAS-59037

Schützenpanzerwagen BTR-80A
(GAS-59029)

Baujahr.............in Bewaffnung seit 1994
Entwickler.................................AO GAS
Hersteller..................................AO AMS
Produktion ....Serie seit 1994
Basis..BTR-80
Radformel.......................................8 x 8
Kampfmasse, t........................14,4-14,55
Länge, mm.......................................7650
Breite, mm.......................................2900
Höhe, mm..2800
Bodenfreiheit, mm.............................475
Mittl. Bodendruck, kg/cm^2.......1,77-3,09
Motortyp................Diesel KAMAS-7403 (JaMS-238M2)
Max. Leistung, PS.....................260(240)
Spez. Leistung, PS/t..........................17,9
Max. Geschwindigkeit, km/h..........80-90
Schwimmgeschwind, km/h.................10
Reichweite, km...........................600-800

überwindbare Hindernisse:
- Anstieg, Grad............................30
- Querneigung Grad...................25
- Watfähigkeit..........schwimmfähig
- Graben, m...............................2,0
- Mauer, m.................................0,5

Panzerung, mm..................kugelsicher
Mannschaft, (Aufsitzer)................2(8)

Bewaffnung:

- Zahl d. Kaliber, mm u. Typ MG's..............................30 mm 2A72 (Kampfsatz, Stück).....................(300)
- Zahl x Kaliber, mm u. Typ MG's............................7,62 mm PKT (Kampfsatz, Stück)..................(2000)

Ziel..1PS-9
Nachtziel................................TPNS-42
Funkstation.........................R-163-50U
Rauchvorhang..........................6 x SD6

Zusatzinformation: Wurde während der Entwicklungszeit mit dem Codenamen „Bujnost" (der Tolle) bezeichnet. Der Chefkonstrukteur ist A. Masjagin. Die Kanone und das koaxial installierte MG sind von außen auf einer beweglichen Plattform angebracht. Beide Geschütze werden mit Streifenmunition bedient. Es werden kugelsichere Reifen des Typs KI-126 eingesetzt. Das Fahrzeug kann seine Fahrt fortsetzen, auch wenn ein oder zwei Reifen defekt sind.

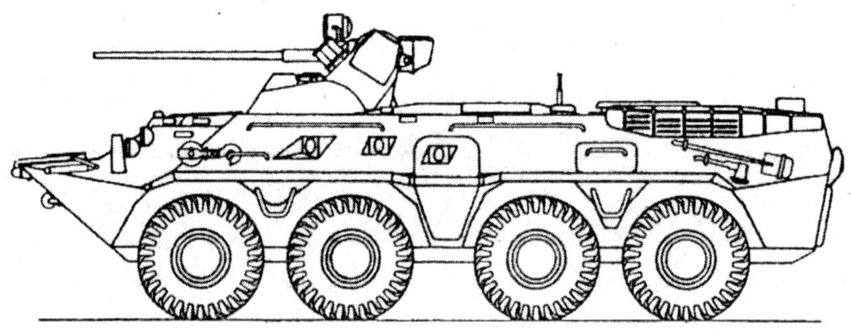

Schützenpanzerwagen BTR-80A

Schützenpanzerwagen BTR-80S

Baujahr.................. in Bewaffnung seit 1994
Entwickler.......................................KB GAS
Hersteller..AO AMS
Produktion ....Serie seit 1994
Basis..BTR-80
Radformel...8 x 8
Kampfmasse, t......................................14,4
Länge, mm..7650
Breite, mm..2900
Höhe, mm..2800
Bodenfreiheit, mm..................................475
Mittl. Bodendruck, kg/cm^2............1,77-3,09
Motortyp......................Diesel KAMAS-7403
Max. Leistung, PS..................................260
Spez. Leistung, PS/t..............................18,1
Max. Geschwindigkeit, km/h...................80
Schwimmgeschwind, km/h......................10
Reichweite, km......................................600

überwindbare Hindernisse:
- Anstieg, Grad............................30
- Querneigung Grad....................25
- Watfähigkeit...........schwimmfähig
- Graben, m.................................2,0
- Mauer, m...................................0,5

Panzerung, mm....................kugelsicher
Mannschaft, (Aufsitzer)..................2(8)

Bewaffnung:

- Zahl x Kaliber, mm und Typ
  MG's........................14,5 mm KPWT
  (Kampfsatz, Stück).....................(500)
- Zahl x Kaliber, mm und Typ
  MG's..........................7,62 mm, PKT
  (Kampfsatz, Stück)..................(2000)

Ziel...1PS-9
Nachtziel...............................TPNS-42
Funkstation.........................R-163-50U

Zusatzinformation: Wurde auf der Basis des BTR-80 entwickelt, unterscheidet sich von diesem durch die Bewaffnung, anstelle der 30-mm-Kanone wurde ein großkalibriges MG installiert.

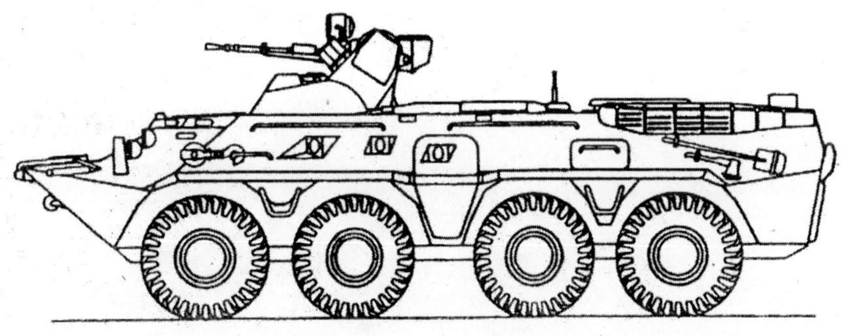

Schützenpanzerwagen BTR-80S

Geländegängiges Feuerwehrauto „Wetluga“

Baujahr....................................in Nutzung seit Beginn der 90er Jahre
Entwickler..................................KB GAS
Hersteller...................................AO GAS
Produktion ....Serie
Basis..BTR-80
Radformel...8 x 8
Kampfmasse, t..................................14,5
Länge, mm.......................................7800
Breite, mm.......................................2900
Höhe, mm..2700
Bodenfreiheit, mm.............................475
Mittl. Bodendruck, kg/cm^2.......1,77-3,09

Motortyp..............Diesel KAMAS-7403
Max. Leistung, PS............................260
Spez. Leistung, PS/t........................17,9
Schwimmgeschwindigkeit, km/h.........9
Max. Geschwindigkeit, km/h.............80
Reichweite, km.................................600
überwindbare Hindernisse:
- Anstieg, Grad.............................30
- Querneigung Grad......................25
- Watfähigkeit............schwimmfähig
- Graben, m.................................2,0
- Mauer, m..................................0,5

Zusatzinformation: Wurde auf der Basis des BTR-80 entwickelt. Das Fahrzeug ist mit einer reaktiven 44er Impuls-Feuerlöschkanone, einer Seilwinde mit einer Zugkraft von 4400-6000 kp am Haken sowie einem Wasserabsauger mit einer Leistung von 1000 l/min ausgerüstet. Der Einsatzradius beträgt 50 bis 300 m. Es ist für den Einsatz von Erdöl- und Gasbränden vorgesehen.

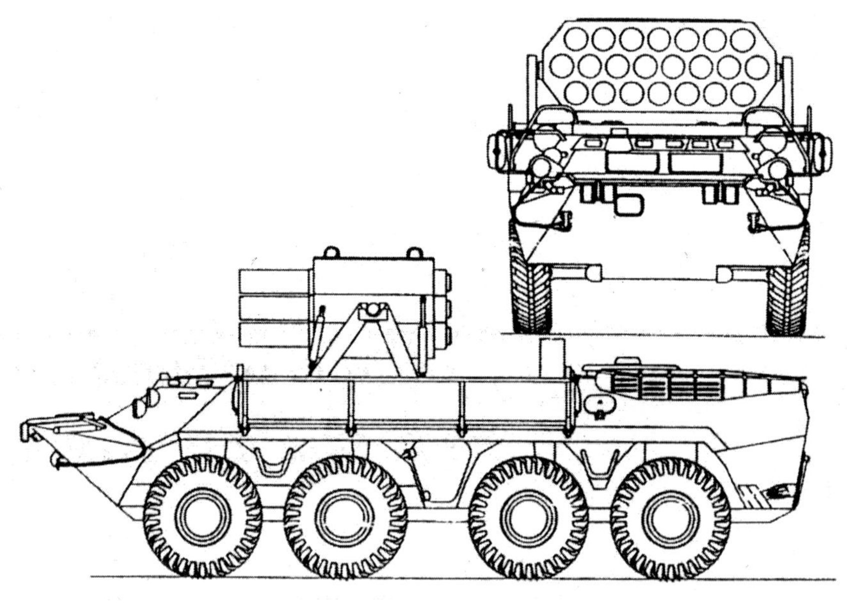

Geländegängiges Feuerwehrauto „Wetluga“

Schützen- und Landepanzer

Schützenpanzer
Objekt 609

Baujahr...............in Nutzung seit Beginn der 60iger Jahre
Entwickler.........................KB Kurganer Motorenwerk
Hersteller..........Kurganer Motorenwerk
Kampfmasse, t...............................12-13
Breite, mm.....................................2850
Höhe, mm.......................................1950
Bodenfreiheit, mm...................400-550
Mittl. Bodendruck, kg/cm^{2}.........0,5-3,0
überwindbare Hindernisse:
- Anstieg, Grad.............................35
- Querneigung Grad.....................30
- Watfähigkeit...........schwimmfähig
- Graben, m.................................2,6
- Mauer, m..................................0,6

Motortyp.....................Vergaser SIL-375
Max. Leistung, PS..............................180
Spez. Leistung, PS/t..................14,23–15
Max. Reifengeschwindigkeit, km/h......85
Max. Kettengeschwindigkeit, km/h......40
Schwimmgeschwindigkeit, km/h............7
Reichweite, km..................................600
Panzerung, mm...............................16-30
Mannschaft...2
Aufsitzer...8

Bewaffnung:
- Kaliber der Kanone......................73 mm
- Typ der Kanone.........................„Grom“
  (Kampfsatz, Stück).....................(38–40)
- Zahl x Kaliber. mm u. Typ
  MG`s, mm…..................7,62 mm SGMT
  (Kampfsatz, Stück).....................(2000)

Zusatzinformation: Das Fahrzeug wurde in einer Rad- und einer Kettenvariante gebaut.

Schützenpanzer Objekt 609

Schützenpanzer
Objekt 1200

Baujahr.....................................Muster 1964 gefertigt
Entwickler..............KB Brjansker Werk
Hersteller......................Brjansker Werk
Produktion ....nicht in Serie
Länge, mm....................................6860
Kampfmasse, t..............................13,67
Breite, mm....................................2830
Höhe, mm.....................................2020
Bodenfreiheit, mm...................variabel
überwindbare Hindernisse:
- Anstieg, Grad.............................30
- Querneigung, Grad.....................25
- Watfähigkeit...........schwimmfähig
- Graben, m..................................2,0
- Mauer, m....................................0,6
Motortyp.......................................Diesel
Max. Leistung, PS............................300
Spez. Leistung, PS/t.......................21,9

Max. Geschwindigkeit, km/h.............90
Schwimmgeschwind, km/h................10
Reichweite, km................................500
Panzerung............................kugelsicher
Mannschaft, Mitglieder........................3
Aufsitzer, Mitglieder.............................7
Bewaffnung:
- Kaliber, mm 73
- Typ..„Grom“
(Kampfsatz, Stück).........................(40)
- Zahl x Kaliber, mm u. Typ
MG’s, ...7,62 mm PKT
(Kampfsatz, Stück......................(2000)
- Typ d. Panzerabwehrrakete „Maljutka“
(Kampfsatz, Stück)...........................(4)
Ziel...1PN22
Nachtziel 1PN22
IR- Scheinwerfer...........................OU-S
Funkstation...................................R-123

Zusatzinformation: Der Radpanzer ist mit acht Rädern bestückt. Die Landetruppe sitzt vor und hinter dem Kampfraum und gelangt durch eine Schwellentür in den Panzer. Der bewegliche Turm besitzt eine Kanone und ein koaxiales MG. Die Wanne und der Turm sind aus gewalztem Panzerblech geschweißt. Zum Betrieb auf dem Wasser wird ein reaktives Wassertriebwerk verwendet. Der Motor befindet sich links im Heck.

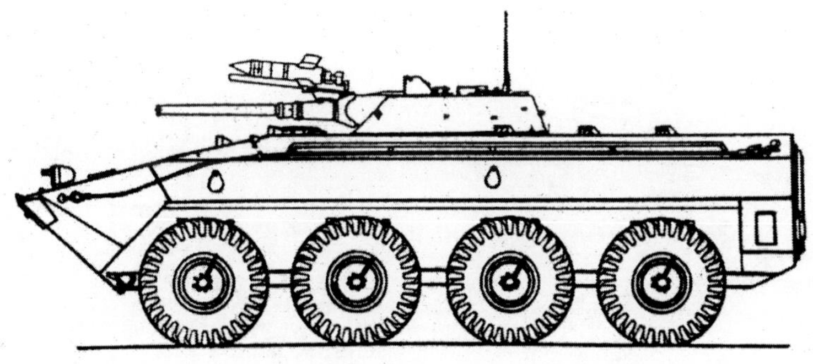

Schützenpanzer Objekt 1200

Radketten-Schützenpanzer
Objekt 911

Baujahr....................Versuchsmuster 1964
Entwickler KB Wolgograder Traktorenw.
Hersteller.........Wolgograder Traktorenw.
Produktion..........................nicht in Serie
Länge, mm.......................................6735
Breite, mm.......................................2940
Höhe, mm..2068
Kampfmasse, t.................................12,07
überwindbare Hindernisse:
- Anstieg, Grad...............................30
- Querneigung Grad........................25
- Watfähigkeit.............schwimmfähig
Motortyp..Diesel
Max. Leistung, PS.............................300
Spez. Leistung, PS/t..........................24,9
Max. Geschwindigkeit, km/h, Ketten...57
Max. Geschwindigkeit Reifen, km/h..108
Schwimmgeschwind., km/h.................10
Reichweite, km..................................300

Panzerung................................kugelsicher
Rauchvorhang....................................TDA
Mannschaft, Mitglieder............................2
Aufsitzer, Mitglieder................................8
Bewaffnung:
- Kaliber, Kanone............................73 mm
- Typ Kanone.................................„Grom“
(Kampfsatz, Stück)............................(40)
- Zahl x Kaliber, mm u. Typ
MG’s,................................7,62 mm PKT
(Kampfsatz, Stück)........................(2000)
-Typ d. Panzerabwehrrakete ....„Maljutka“
(Kampfsatz, Stück)..............................(4)
Ziel..1PN22
Nachtziel..1PN22
Zahl der Schießscharten
für Handfeuerwaffen, Stück.....................6
Funkstation.......................................R-123

Zusatzinformation: Chefkonstrukteur war I.W. Golowanow. Die Wanne und der Turm wurden aus gewalztem Panzerblech geschweißt. Der Motorraum ist hinten angeordnet. Es sind zwei Motoren vorhanden, ein Motor für den Rad- und einer für den Kettenantrieb. Der Randantrieb erfolgt über vier Räder, wovon zwei vorn angetrieben werden. Das Umschalten von einem Motor auf den anderen erfolgt stationär in 1,5 bis 2 Minuten. Für den Antrieb auf dem Wasser wird ein Wassertriebwerk eingesetzt. Auf der Grundlage des BMP wurde ein leichter Schwimmpanzer Objekt 911B entwickelt.

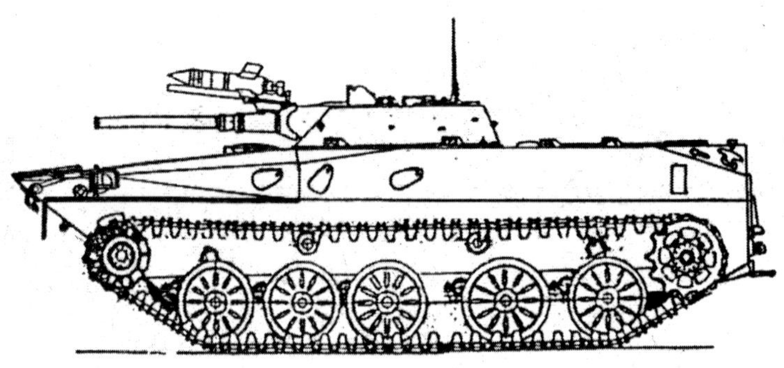

Schützenpanzer Objekt 911

Schützenpanzer
Objekt 914

Baujahr......................Versuchsmuster 1964
Entwickler...KB Wolgograder Traktorenw.
Hersteller...........Wolgograder Traktorenw.
Produktion ....nicht in Serie
Kampfmasse, t....................................14,4
Länge, mm..7140
Breite, mm..2880
Höhe, mm...2660
überwindbare Hindernisse
- Anstieg, Grad.................................30
- Querneigung, Grad 25
- Watfähigkeit................schwimmfähig
Motortyp..Diesel
Max. Leistung, PS...............................300
Spez. Leistung, PS/t..........................20,83
Max. Geschwindigkeit Reifen, km/h......65
Schwimmgeschwind, km/h....................10
Reichweite, km...................................700

Panzerung.................................kugelsicher
Rauchvorhang,....................................TDA
Mannschaft, Mitglieder 2
Aufsitzer, Mitglieder.................................8
Bewaffnung
-Kaliber und
Typ der Kanone................73 mm „Grom“
(Kampfsatz, Stück)..............................(40)
- Zahl x Kaliber, mm u. Typ
MG’s..............................3 x 7,62 mm PKT
(Kampfsatz, Stück)...........................(4000)
- Typ d. Panzerabwehrrakete ......„Maljutka“
(Kampfsatz, Stück) ....(4)
Ziel..1PN22
Nachtziel...1PN22
Zahl der Schießscharten
für Handfeuerwaffen., Stck........................6
Funkstation..R-123

Zusatzinformation: Auf der Basis der Bauteile und Geräte des Panzers PT-76 entwikkelt. Rechts und links vom Fahrer befanden sich zwei MG-Schützen, wobei die MG`s auf der Stirnplatte kugelblendengelagert angebracht waren, das dritte MG war koaxial zum Geschütz montiert. Der Motor ist im Heck links untergebracht. Der Antrieb auf dem Wasser erfolgt mit einem reaktiven Wassertriebwerk .

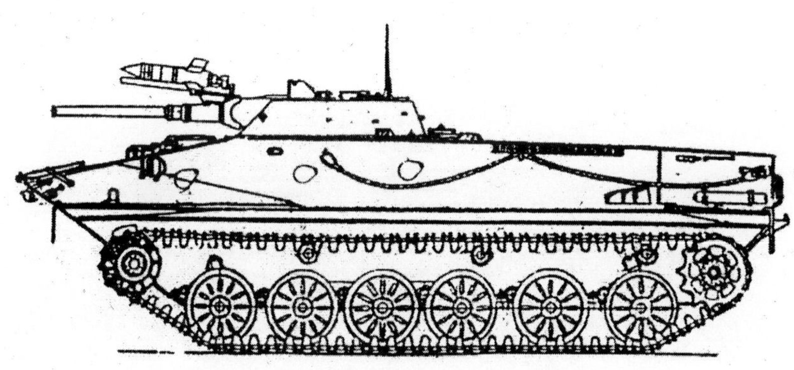

Schützenpanzer Objekt 914

Radketten-Schützenpanzer
Objekt 19

Baujahr....................................Modell 1965
Entwickler ....KB Altaisker Traktorenwerk
Hersteller ....Altaisker Traktorenwerk
Produktion ....nicht in Serie
Kampfmasse, t......................................13,1
Länge, mm..6830
Breite, mm..2870
Höhe, mm...2100
überwindbare Hindernisse
- Anstieg, Grad..................................25
- Querneigung, Grad..........................25
- Watfähigkeit.................schwimmfähig
Motortyp..Diesel
Max. Leistung, PS.................................300
Spez. Leistung, PS/t.............................22,9
Max. Geschwindigkeit, km/h..................80
Schwimmgeschwind., km/h....................10

Reichweite, km......................................500
Panzerung..................................kugelsicher
Mannschaft, Mitglieder 2
Aufsitzer, Mitglieder..................................8
Bewaffnung
Kaliber Kanone................................73 mm
Typ Kanone....................................„Grom“
(Kampfsatz, Stück)..............................(40)
- Zahl x Kaliber, mm u. Typ
MG’s....................................7,62 mm PKT
(Kampfsatz, Stück)...........................(2000)
- Typ d. Panzerabwehrrakete ....„Maljutka“
(Kampfsatz, Stück) ....(4)
Ziel...1PN22
Nachtziel...1PN22
Funkstation..R-123

Zusatzinformation: Das Projekt wurde gemeinsam vom KB des Altaisker Traktorenwerkes und dem Wolgograder Traktorenwerk im Jahre 1964 entwickelt. Die Konstruktion des Laufwerkes ist ein Radchassis 4 x 4 mit einem Kettenantrieb, der zwischen der vorderen und hinteren Radachse angeordnet ist. Der Kettenantrieb wird zur Erhöhung der Geländegängigkeit eingesetzt. Dazu wird er auf den Boden herabgelassen. Das Einschalten des Kettenantriebes erfolgt im Stand oder während der Fahrt im Verlauf von 15 bis 20 Sekunden.

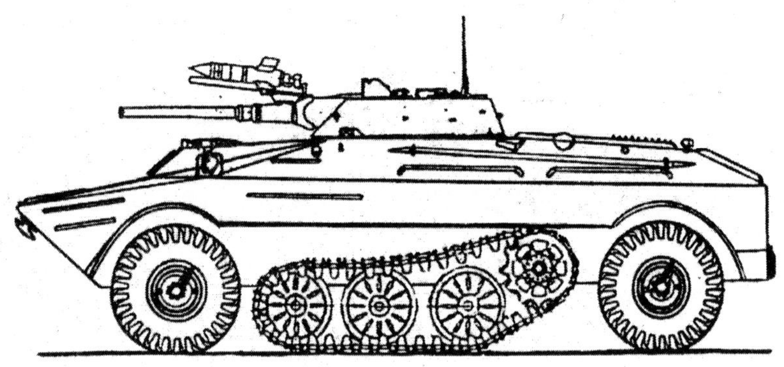

Schützenpanzer Objekt 19

Versuchsschützenpanzer Objekt 764

Baujahr..1964-1965
Entwickler...KB Traktorenw. Tscheljabinsk
Hersteller............Traktorenw. Tscheljabinsk
Produktion ....Versuchsmuster
Kampfmasse, t......................................12,6
Länge, mm..6460
Breite, mm..2940
Höhe, mm..1885
Bodenfreiheit, mm................................370
Mittl.Bodendruck kg/cm^2......................0,6
überwindbare Hindernisse
- Anstieg, Grad.................................35
- Graben, m......................................2,5
- Watfähigkeit................schwimmfähig
Motortyp..Diesel
Max. Leistung, PS................................300
Spez. Leistung, PS/t............................23,8
Max. Geschwindigkeit Reifen, km/h......65
Schwimmgeschwind, km/h.................9-10

Reichweite, km.......................................550
Panzerung, mm 6-26
Rauchvorhang,.......................................TDA
Mannschaft, Mitglieder 3
Landetruppe, Mitglieder.............................8

Bewaffnung
- Kaliber Kanone.............................73 mm
- Typ..2A28
(Kampfsatz, Stück)..............................(40)
- Zahl x Kaliber, mm u. Typ
MG's...................................7,62 mm PKT
(Kampfsatz, Stück)...........................(2000)
- Typ d. Panzerabwehrrakete 9M14M
(Kampfsatz, Stück) 4

Ziel...1PN22M1
Nachtziel.......................................1PN22M1
IK-Schweinwerfer..........................OU-SGA
Zahl der Schießscharten
für Handfeuerwaffen, Stück.......................6
Funkstation.....................................R-123M

Zusatzinformation: Chefkonstrukteur: P.P. Isakow. Die Wanne wurde aus gewalztem Panzerblech geschweißt. Der Motor befindet sich im Vorderteil des Panzers. Im Mittelteil befindet sich der Turm mit den Waffen. Die Kämpfer halten sich in der Wanne zwischen dem Motor und dem Kampfraum sowie im Heck des Panzers auf. Der Einstieg der Mannschaft erfolgt durch eine Hecktür sowie durch eine Dachluke. Für den Betrieb auf Wasser ist ein Wassertriebwerk vorgesehen.

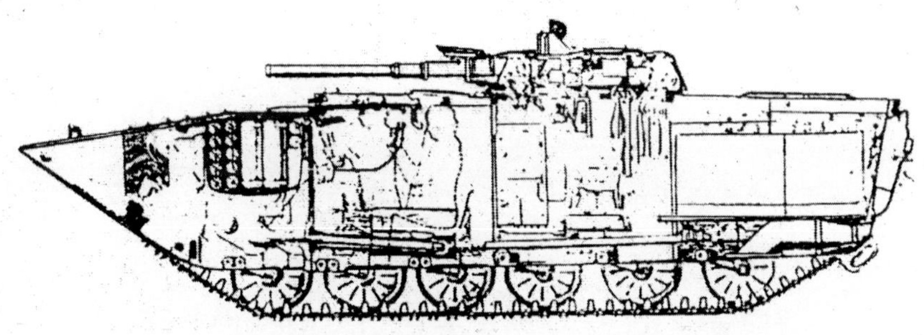

Versuchsschützenpanzer Objekt 764

Schützenpanzer BMP-1
(Objekt 765)

Baujahr....................i.d. Bewaffnung 1966
Entwickler..KB Traktorenw. Tscheljabinsk
Hersteller ....Maschinenbau Kurgan
Produktion ....Serie 1966-79
Kampfmasse, t....................................12,6
Länge, mm..6460
Breite, mm..2940
Höhe, mm...1881
Bodenfreiheit, mm................................370
Mittl.Bodendruck kg/cm^2......................0,6
überwindbare Hindernisse
- Anstieg, Grad................................35
- Graben, m.....................................2,5
- Mauer 0,7
- Watfähigkeit...............schwimmfähig

Motortyp..........................Diesel UTD-20
Max. Leistung, PS...............................300
Spez. Leistung, PS/t............................23,8
Max. Geschwindigkeit Reifen, km/h......65
Schwimmgeschwind, km/h...................7-8
Reichweite, km.....................................600

Panzerung, mm 6-26
Rauchvorhang,....................................TDA
Mannschaft, Mitglieder 3
Landetruppe, Mitglieder............................8

Bewaffnung

- Kaliber Kanone..............................73 mm
- Typ...2A28
  (Kampfsatz, Stück).............................(40)
- Zahl x Kaliber, mm u. Typ
  MG's....................................1 x 7,62 PKT
  (Kampfsatz, Stück)..........................(2000)
- Typ d. Panzerabwehrrakete 9M14M
  (Kampfsatz, Stück) ....(4)
  Zahl und Typ PSRK..........................keine

Waffenstabilisator................................keine
Ziel..1PN22M1
Nachtziel......................................1PN22M1
IR-Scheinwerfer...........................OU-SGA2
Zahl der Schießscharten
für Handfeuerwaffen..................................8
Funkstation......................................R-123M
Navigationsgerät..............................GPK-59

Zusatzinformation: Chefkonstrukteur: P.P. Isakow. Oben sind die Parameter der ersten Serienpanzer angegeben (Objekt 765Sp1), die von 1966 bis 1969 produziert wurden. Von 1969 bis 1973 wurde ein verbesserter BMP-1 (Objekt 765Sp2) mit einer Masse von 13 t hergestellt. Von 1973 bis 1979 folgte eine weiterentwickelte Variante (Objekt 775Sp3) mit einer Masse von 13,2 t, wobei Splittergranaten in die Bewaffnung aufgenommen wurden. Ein Teil der BMP-1 (Objekt 765Sp8) wurden während der Reparatur automatisch mit Panzerbüchsen AG-17 ausgerüstet. Auf der Basis des BMP-1 wurden eine Reihe anderer Modifikationen entwickelt.

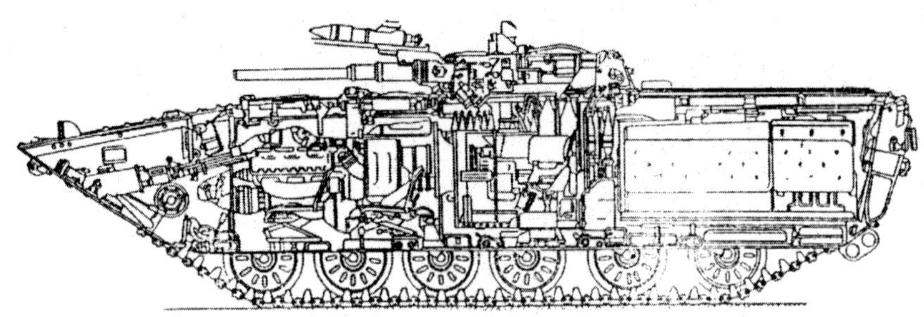

Schützenpanzer BMP-1

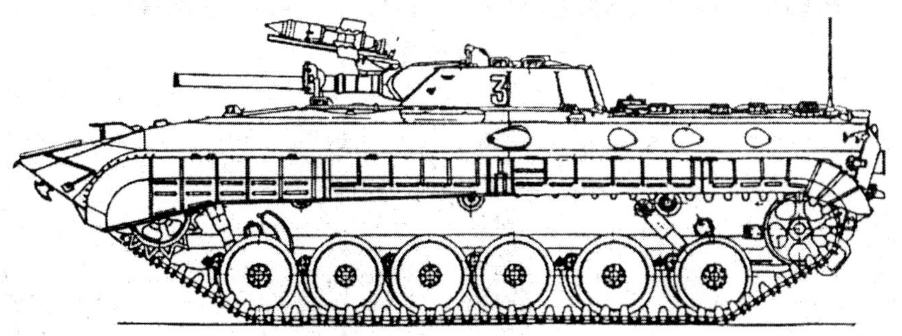

Versuchsmuster des Schützenpanzers Objekt 765

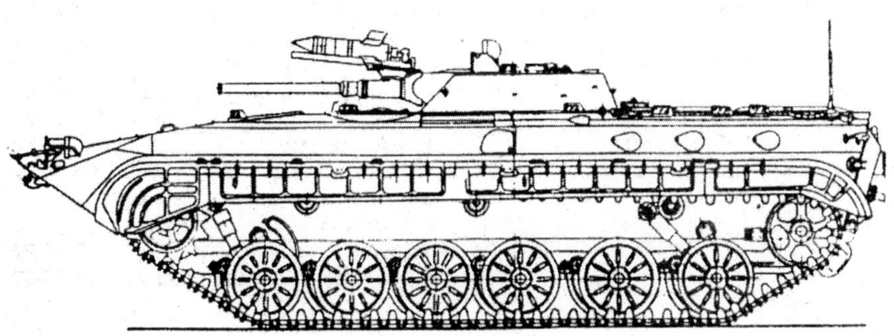

Schützenpanzer BMP-1 frühe Serie

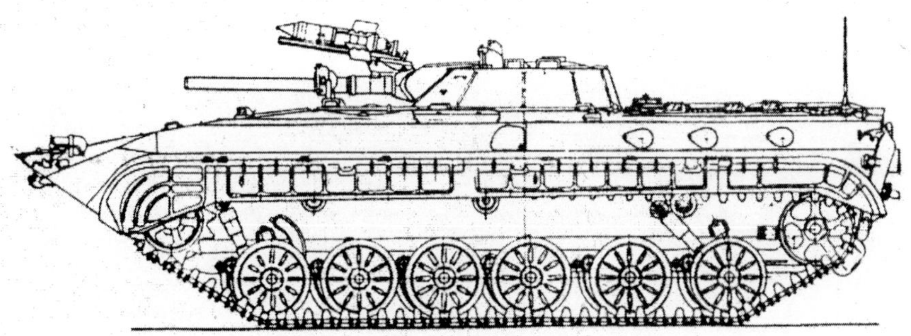

Schützenpanzer BMP-1 späte Serie

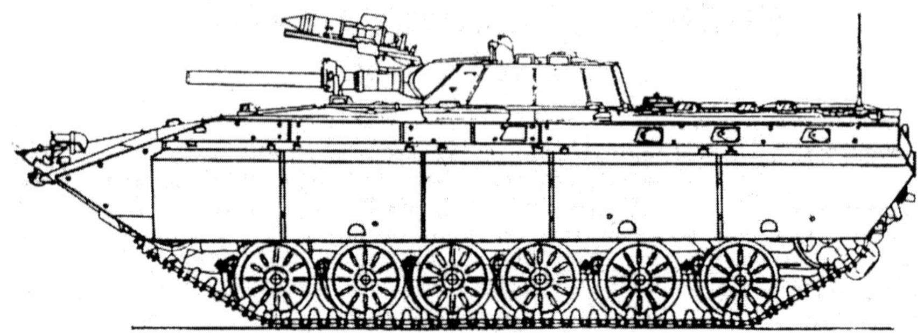

Variante des BMP-1 mit zusätzlichen Seitenblenden

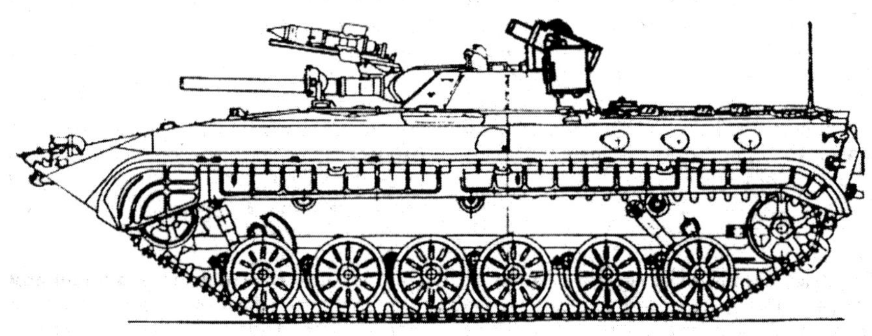

Variante des BMP –1- mit automatischer Panzerbüchse AG-17

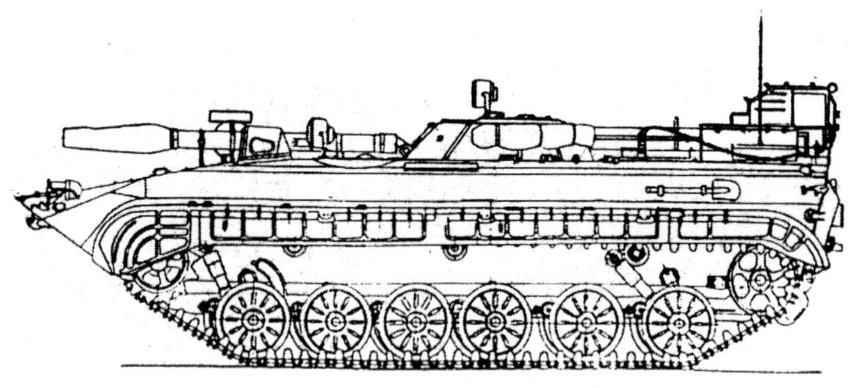

Schützenpanzer MP-31 auf der Basis BMP-1

Schützenpanzer
Objekt 765

Baujahr:..........projektiert i. d. 60er Jahren
Entwickler..................KB Traktorenwerk Tscheljabinsk
Produktion ....nicht in Serie
Kampfmasse, t..................................13,0
Länge, mm.......................................6460
Breite, mm.......................................2940
Höhe, mm..2000
Bodenfreiheit, mm..............................370
Mittl.Bodendruck kg/cm^2 0,61
überwindbare Hindernisse
- Anstieg, Grad...............................35
- Graben, m.....................................2,5
- Watfähigkeit..............schwimmfähig

Motortyp..........................Diesel UTD-20
Max. Leistung, PS..............................300
Spez. Leistung, PS/t...........................23,6
Max. Geschwindigkeit, km/h................65
Schwimmgeschwind, km/h..................7-8
Reichweite, km...................................600

Panzerung, mm 6-26
Rauchvorhang,......................................TDA
Mannschaft, Mitglieder 3
Aufsitzer, Mitglieder..................................8

Bewaffnung

- Kaliber, Kanone, mm..................73 mm
- Typ...2A28
  (Kampfsatz, Stück)..............................(40)
- Zahl x Kaliber, mm u. Typ
  MG's............................4 x 7,62 mm PKT
  (Kampfsatz, Stück)..........................(6000)
- Typ d. Panzerabwehrrakete 9M14M
  (Kampfsatz, Stück) ....(4)

Ziel...1PN22M1
Nachtziel......................................1PN22M1
IR-Scheinwerfer...........................OU-SGA
Zahl der Schießscharten
für Handfeuerwaffen................................5
Funkstation...................................R-123M
Navigationsgerät...........................GPK-59

Zusatzinformation: Bei dieser Variante des BMP-1 (Objekt 765) greifen die Aufsitzer unmittelbar in den Kampf ein. Dabei ist der Turm mit den Waffen im Heck und der Motor im rechten Vorderteil untergebracht, links vom Motor sitzt der Fahrer, hinter ihm der Kommandeur. Im Mittelteil der Wanne befinden sich drei kugelblendengelagerte MG's, die ihre Ziele horizontal im Bereich +/–45° beschießen können.

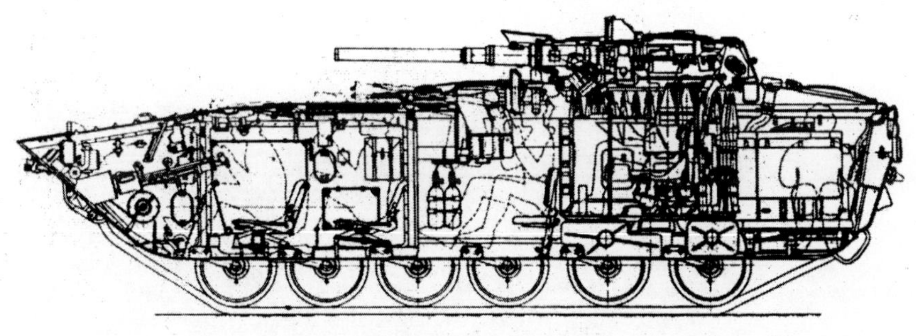

Schützenpanzer Objekt 765

Schützenpanzer BMP-1P
(Objekt 765Sp4)

Baujahr: ....in die Bewaffnung 1979
Entwickler ..KB Traktorenw. Tschjeljabinsk
Hersteller ....Maschinenbau Kurgan
Produktion ....Serie von 1979-83
Kampfmasse, t.......................................13,4
Länge, mm..6735
Breite, mm...2940
Höhe, mm...1924
Bodenfreiheit, mm..................................370
Mittl.Bodendruck kg/cm^2 0,63
überwindbare Hindernisse
- Anstieg, Grad...................................35
- Graben, m.......................................2,5
- Mauer 0,7
- Watfähigkeit.................schwimmfähig

Motortyp.............................Diesel UTD-20
Max. Leistung, PS.................................300
Spez. Leistung, PS/t.............................22,4
Max. Geschwindigkeit, km/h..................65
Schwimmgeschwind, km/h....................7-8
Reichweite, km..............................550-600

Panzerung, mm 6-26
Rauchvorhang.......6 Ladungen 902W, TDA
Mannschaft, Mitglieder 3
Aufsitzer, Mitglieder...................................8

Bewaffnung:
- Kaliber, Kanone, mm 73
- Typ..2A28
  (Kampfsatz, Stück).........................(24+16)
- Zahl x Kaliber, mm u. Typ
  MG's....................................1 x 7,62 PKT
  (Kampfsatz, Stück)..........................(2000)
- Typ d. Panzerabwehrrakete ......"Konkurs"
  (Kampfsatz, Stück) ....(4)

Zahl u. Typ PSRK...........2 „Strela-2M"
Ziel..1PN22M2
Nachtziel......................................1PN22M2
IR-Scheinwerfer...........................OU-SGA2
Zahl der Schießscharten
für Handfeuerwaffen..................................9
Funkstation.....................................R-123M
Navigationsgerät..............................GPK-59

Zusatzinformation: Die Variante BMP-1P besitzt eine erhöhte Feuerkraft beim Einsatz gegen gepanzerte Ziele durch Nutzung des Panzerabwehrkomplexes „Konkurs" anstelle des Komplexes „Maljutka" mit halbautomatischer Steuerung, erhöhter Durchschlagskraft und erweiterter Reichweite des Gefechtseinsatzes. Zum Schutze vor Napalmangriffen wurde ein neues Brandschutzsystem eingeführt.

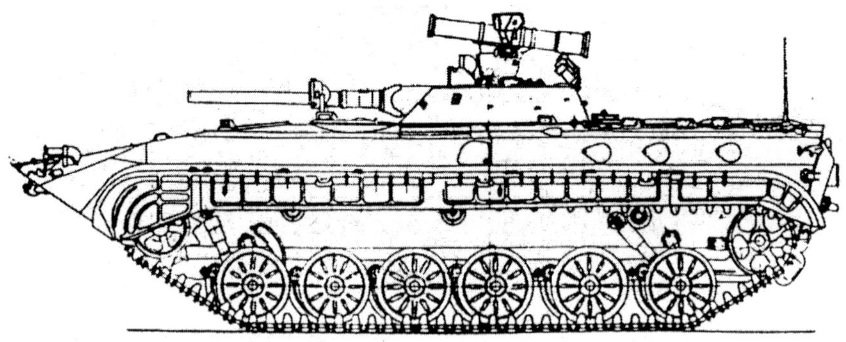

Schützenpanzer BMP-1P (Objekt 765 Sp4)

Schützenpanzer BMP-1PG

Baujahr: ....Bewaffnung Ende der 70er
Entwickler ....KB Traktorenwerk Tschjeljabinsk
Hersteller ....Maschinenbau Kurgan
Produktion ....kleine Serie
Kampfmasse, t....................................13,6
Länge, mm...6735
Breite, mm..2940
Höhe, mm..1924
Bodenfreiheit, mm...............................370
Mittl.Bodendruck kg/cm² 0,63
überwindbare Hindernisse
- Anstieg, Grad................................30
- Graben, m.....................................25
- Mauer 0,7
- Watfähigkeit...............schwimmfähig
Motortyp...........................Diesel UTD-20
Max. Leistung, PS...............................300
Spez. Leistung, PS/t...............................22
Max. Geschwindigkeit, km/h.................65
Schwimmgeschwind, km/h.......................7
Reichweite, km.............................550-600

Rauchvorhang......................6 x 902W, TDA
Panzerung, mm ....kugelsicher
Mannschaft, Mitglieder 3
Aufsitzer, Mitglieder...................................7

Bewaffnung

- Kaliber, Kanone,.............................73 mm
- Typ, Kanone.....................................2A28
(Kampfsatz, Stück)...............................(40)
- Kaliber Typ d. Panzerbüchse,..........30 mm
Typ d. Panzerbüchse......................AGS-17
(Kampfsatz, Stück) ....(290)
- Zahl x Kaliber, mm u. Typ
MG's....................................7,62 mm PKT
(Kampfsatz, Stück)...........................(2000)
- Typ d. Panzerabwehrrakete 9M113
(Kampfsatz, Stück) ....(4)
- Zahl u. Typ PSRK.................2 x „Strela-3"

Ziel..1PN22M2
Nachtziel.......................................1PN22M2
IR-Scheinwerfer...............................OU-SGA2
Zahl der Schießscharten
für Handfeuerwaffen...................................9
Funkstation......................................R-123M

Zusatzinformation: Er wurde auf der Basis von BMP-1P (Objekt765Sp4) entwickelt. Auf dem Dach des Turms wurde links eine automatische Panzerbüchse mit einem Munitionsvorrat installiert. Eine bestimmte Anzahl von Panzern rüstete man in den Werkstätten des Verteidigungsministeriums um.

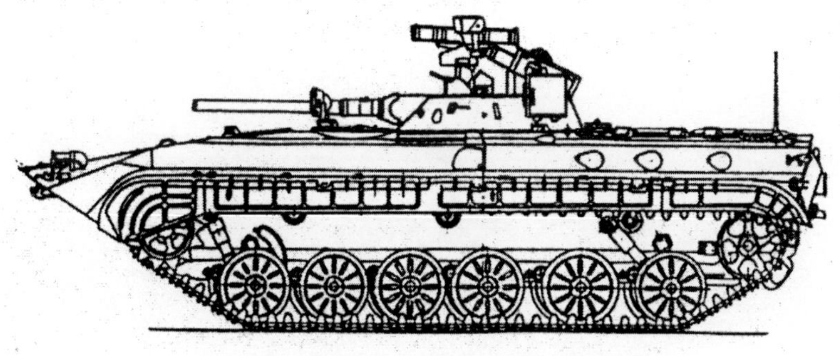

Schützenpanzer BMP-1PG

Schützenpanzer BMP-1S

Baujahr: ....Versuchsmuster 70er Jahre
Entwickler ....KB Traktorenwerk Tschjeljabinsk
Hersteller ....Maschinenbau Kurgan
Produktion ....keine Serie
Kampfmasse, t....................................13,4
Länge, mm..6735
Breite, mm...2940
Höhe, mm..1924
Bodenfreiheit, mm...............................370
Mittl.Bodendruck kg/cm² 0,61
überwindbare Hindernisse
- Anstieg, Grad................................35
- Graben, m....................................2,5
- Mauer 0,7
- Watfähigkeit...............schwimmfähig
Motortyp...........................Diesel UTD-20
Max. Leistung, PS...............................300
Spez. Leistung, PS/t............................22,4
Max. Geschwindigkeit, km/h.................65
Schwimmgeschwind, km/h...................7-8
Reichweite, km.....................................600

Rauchvorhang.......6 Ladungen 902W, TDA
Panzerung, mm 6-26
Mannschaft, Mitglieder 3
Aufsitzer, Mitglieder...................................7
Bewaffnung
- Kaliber, Kanone,..............................73 mm
- Typ..2A28
(Kampfsatz, Stück)........................(24+16)
- Zahl x Kaliber, mm u. Typ
MG's....................................1 x 7,62 PKT
(Kampfsatz, Stück)...........................(2000)
- Typ d. Panzerabwehrrakete 9M14M
(Kampfsatz, Stück) ....(2)
- Zahl und Typ PSRK...........................keine
Waffenstabilisator.................................keine
Ziel...1PN22M2
Nachtziel......................................1PN22M2
IR-Scheinwerfer...........................OU-SGA2
Zahl der Schießscharten
für Handfeuerwaffen..................................9
Funkstation.....................................R-123M
Navigationsgerät.............................GPK-59

Zusatzinformation: Die Variante BMP-1 besitzt ein zusätzliches Schweißgerät AW-1. Aus diesem Grunde reduzierte sich die zu transportierende Mannschaft und der Munitionsvorrat der Panzerabwehrrakete. Die Grundbewaffnung und -ausrüstung des Panzers blieben unverändert. Der Panzer wurde nicht weiterentwickelt.

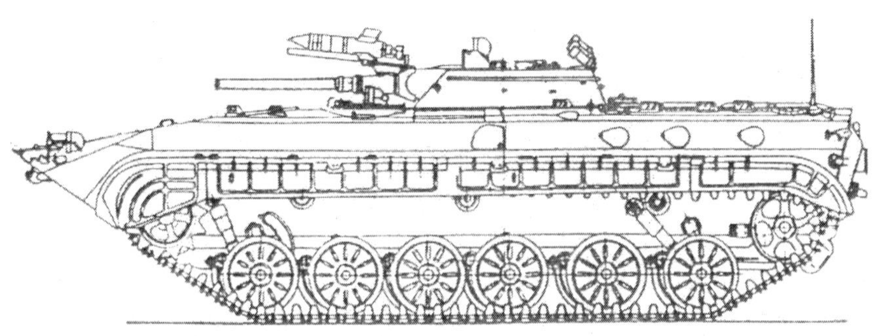

Schützenpanzer BMP-1S

Führungsschützenpanzer BMP-1K
(Kommandeurspanzer)

Baujahr: ....seit 1973 in Bewaffnung
Entwickler ....KB Traktorenwerk Tschjeljabinsk
Hersteller ....Maschinenbau Kurgan
Produktion ....Serie ab 1973
Kampfmasse, t....................................13,0
Länge, mm...6735
Breite, mm...2940
Höhe, mm..1924
Bodenfreiheit, mm...............................370
Mittl. Bodendruck kg/cm² 0,60
überwindbare Hindernisse
- Anstieg, Grad................................35
- Graben, m.....................................2,5
- Mauer 0,7
- Watfähigkeit...............schwimmfähig
Motortyp...........................Diesel UTD-20
Max. Leistung, PS................................300
Spez. Leistung, PS/t............................23,1
Max. Geschwindigkeit, km/h.................65
Schwimmgeschwind, km/h...................7-8

Reichweite, km..............................550-600
Rauchvorhang.....................................TDA
Panzerung, mm 6-26
Mannschaft, Mitglieder 6
Bewaffnung
- Kaliber, Kanone, mm.............................73
- Typ...2A28
(Kampfsatz, Stück)..............................(40)
- Zahl x Kaliber, mm u. Typ MG's...................................1 x 7,62 PKT
(Kampfsatz, Stück)..........................(2000)
- Typ d. Panzerabwehrrakete 9M14M
(Kampfsatz, Stück) ....(4)
- Zahl und Typ PSRK...........................keine
Waffenstabilisator.................................keine
Ziel...1PN22M2
Nachtziel.......................................1PN22M2
IR-Scheinwerfer...........................OU-SGA2
Zahl der Schießscharten für Handfeuerwaffen..................................1
Funkstation.........................R-123M, R-111
Navigationsgerät.............................GPK-59

Zusatzinformation: Im Jahre 1972 auf der Basis von BMP-1 entwickelt. Wurde als Führungspanzer in Motorschützenregimentern eingesetzt. BMP-1K besitzt die Bewaffnung der Ausgangsvariante. Anstelle der Plätze für die Aufsitzer wurden drei Offiziersplätze eingebaut. Er wurde auf der Basis der serienmäßig hergestellten BMP-1P gebaut (Variante BMP-1PK).

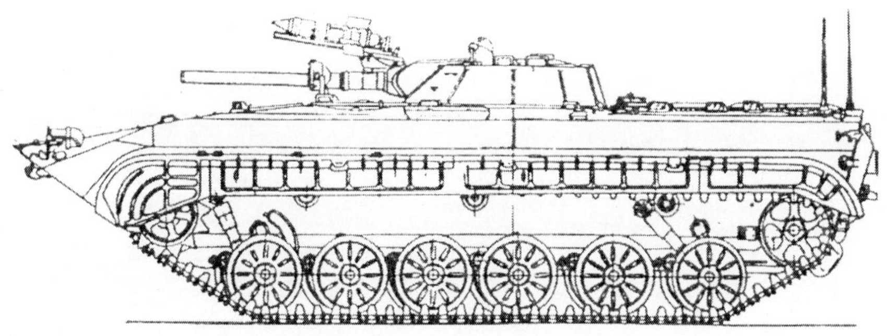

Schützenpanzer BMP-1K

Stabsführungspanzer BMP-1KSCH

Baujahr: ....seit 1972 in Bewaffnung
Entwickler ....KB Traktorenwerk Tschjeljabinsk
Hersteller ....Maschinebau Kurgan
Produktion ....Serie ab 1976
Kampfmasse, t....................................13,0
Länge, mm..6735
Breite, mm..2940
Höhe, mm...1920
Bodenfreiheit, mm................................370
Mittl.Bodendruck kg/cm^2 0,58
überwindbare Hindernisse
- Anstieg, Grad.................................35
- Graben. m.......................................2,5
- Mauer 0,7
- Watfähigkeit................schwimmfähig
Motortyp............................Diesel UTD-20
Max. Leistung, PS................................300

Spezif. Leistung, PS/t............................23,1
Max. Geschwindigkeit, km/h...................65
Schwimmgeschwind, km/h.....................7-8
Reichweite, km...............................550-600
Rauchvorhang.......................................TDA
Panzerung, mm 6-26
Mannschaft, Mitglieder 7

Bewaffnung

- Zahl x Kaliber, mm u. Typ
MG's...1x7,62 PK
..(Kampfsatz, Stück)...........................(2000)
IR-Scheinwerfer...........................OU-SGA2
Zahl der Schießscharten
für Handfeuerwaffen..................................1
Funkstation.......................R-123M, R-130M
R-111(2k-ta)
Navigationsgerät................................TNA-3

Zusatzinformation: Auf der Basis von BMP-1 entwickelt. Wird in Motorschützen- und Panzerregimentern als Stabsführungspanzer eingesetzt. Im Turm wurden anstelle der Waffen und des koaxialen MG`s Antenneneinrichtungen installiert. Außer der Funkeinrichtung verfügt der Panzer über Telefon- und Telegrafenanschluß und einen Benzingenerator zur Stromerzeugung.

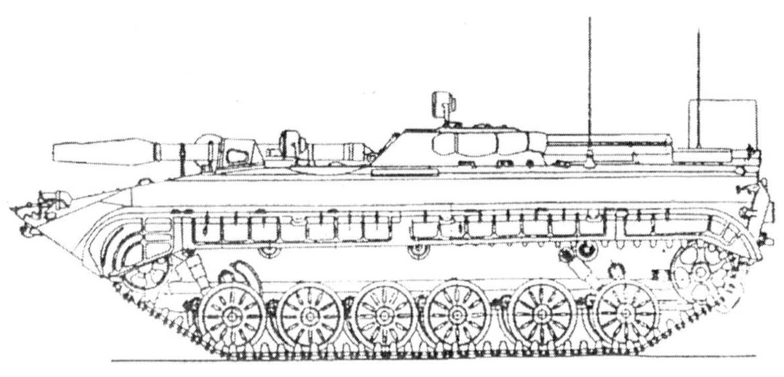

Stabsführungspanzer BMP-1KSCH

Spähpanzer BRM-1K
(Kommandeurspanzer)

Baujahr: ....seit 1972 in Bewaffnung
Entwickler ....KB Traktorenwerk Tscheljabinsk
Hersteller ....Maschinebau Kurgan
Produktion ....Serie ab 1973
Kampfmasse, t.................................13,2
Länge, mm..6760
Breite, mm..2940
Höhe, mm...1920
Bodenfreiheit, mm...............................370
Mittl. Bodendruck kg/cm^2 0,60
überwindbare Hindernisse
- Anstieg, Grad...............................35
- Graben, m....................................2,5
- Mauer 0,7
- Watfähigkeit..............schwimmfähig

Motortyp..........................Diesel UTD-20
Max. Leistung, PS...............................300
Spez. Leistung, PS/t...........................22,7
Max. Geschwindigkeit, km/h.................65
Schwimmgeschwind, km/h...................7-8
Reichweite, km............................550-600

Rauchvorhang.....................................TDA
Panzerung, mm 6-26
Mannschaft, Mitglieder 6

Bewaffnung
- Kaliber, Kanone, mm............................73
- Geschütztyp......................................2A28
 Kampfsatz, Stück)...............................(20)
- Zahl x Kaliber, mm u. Typ
..MG's.......................................1x7,62 PKT
..(Kampfsatz, Stück)...........................(2000)
- Typ d. Panzerabwehrrakete ....keine
 (Kampfsatz, Stück) ....(-)
- Zahl + Typ PSRK...............................keine

Waffenstabilisator...............................keine
Ziel...1PN22M2
Nachtziel.......................................1PN22M2
IR-Scheinwerfer...........................OU-SGA2
Zahl der Schießscharten
für Handfeuerwaffen..................................3
Funkstation..........R-123M, R-148, R-130M
Navigationsgerät.................TNA-3, 1G11N

Zusatzinformation: wurde auf der Basis des BMP-1 entwickelt. Besitzt einen zweisitzigen Turm, der in den Heckteil des Panzers verschoben wurde, und eine Radaranlage RL133-1, einen Laserentfernungsmesser DKRM-1, ein Peilempfangsgerät ERRS-1 sowie ein Minensuchgerät IMP-1. Zur Ausleuchtung des Gefechtsfeldes werden 50 mm reaktive Leuchtpatronen eingesetzt. Der Panzer ist mit Tag- und Nachtsichtgeräten der Typen: TNPO-170A (13 Stück), TNPK-240A (1 Stück), TNPT-1 (2 Stück) und TWNE-1PA (2 Stück) ausgerüstet.

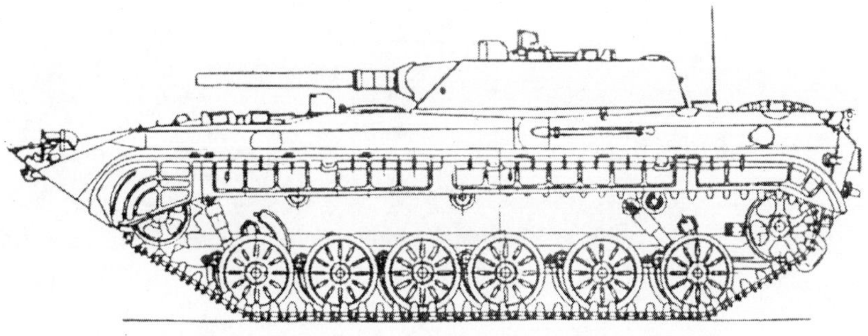

Aufklärungspanzer BRM-1K (Kommandeurspanzer)

Mobiler Aufklärungspunkt
PRP-3 „Wal" (Objekt 767)

Baujahr: ....seit 1970 in Bewaffnung
Entwickler ZNIIAG und KB Traktorenwerk Tscheljabinsk
Hersteller ....Traktorenwerk Tscheljabinsk
Produktion ....Serie ab 1972
Kampfmasse, t..............................13,2+2,5%
Länge, mm...6735
Breite, mm...2940
Höhe, mm..1827
Bodenfreiheit, mm...................................370
Mittl.Bodendruck kg/cm² 0,6
überwindbare Hindernisse
- Anstieg, Grad....................................35
- Graben, m...2,5
- Mauer 0,7
- Watfähigkeit..................schwimmfähig
Motortyp...............................Diesel UTD-20
Max. Leistung, PS...................................300
Spez. Leistung, PS/t..............................22,7
Max. Geschwindigkeit, km/h....................65
Schwimmgeschwind, km/h........................7
Reichweite, km..............................550-600
Rauchvorhang.....................................TDA
Panzerung, mm 6-26
Mannschaft, Mitglieder 5

Bewaffnung

- Zahl x Kaliber, mm u. Typ
  MG's...................................7,62 mm PKT
  (Kampfsatz, Stück)..........................(1000)
- Zahl u. Typ Leuchtgranaten.......2P130-1
  (90mm Leuchtgranate 9M41,
  Kampfsatz, Stück)..............................(20)

Zahl der Schießscharten
für Handfeuerwaffen.................................1
Funkstation...........................R-123M(2k-ta)
Navigationsgerät....1W44, 1G13M, 1G25-1
Radarstation.....................................1PL126
Beobachtungsgerät...............1OP79, 1PN29
Entfernungsmesser.................1D6M1 (1D6)

Zusatzinformation: Wurde entsprechend des Regierungsbeschlusses vom 15.07.63 auf der Basis von BMP-1 entwickelt und als Zielanweiser für Raketen-Artillerie-Systeme eingesetzt.

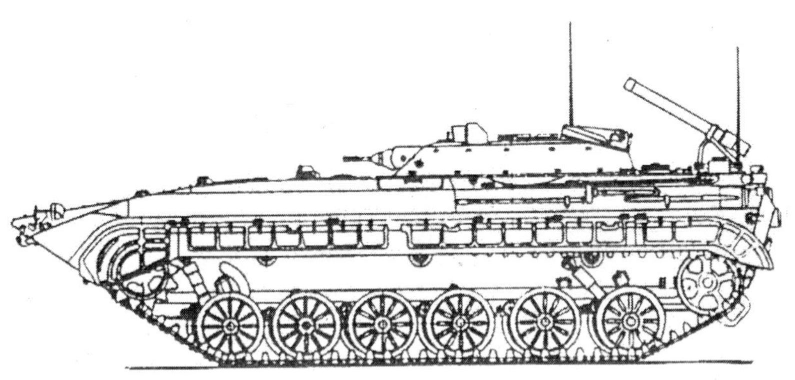

Mobiler Aufklärungspunkt PRP-3 „Wal"

Mobiler Aufklärungspunkt
PRP-4

Baujahr: ....seit 1980 in Bewaffnung
Hersteller........Rubzowsker Maschinenfabrik
Kampfmasse, t..............................13,2+2%
Länge, mm...6735
Breite, mm..2940
Höhe, mm...2146
Bodenfreiheit, mm..................................370
Mittl. Bodendruck kg/cm^2 0,6
überwindbare Hindernisse
- Anstieg, Grad...................................35
- Graben, m..2,5
- Mauer, m..0,7
- Watfähigkeit..................schwimmfähig

Motortyp...............................Diesel UTD-20
Max. Leistung, PS..................................300
Spez. Leistung, PS/t..............................22,7
Max. Geschwindigkeit, km/h...................65
Schwimmgeschwindigkeit, km/h...............7
Reichweite, km..............................550-600
Rauchvorhang.....................................TDA
Panzerung, mm 6-26
Mannschaft, Mitglieder 5

Bewaffnung

- Zahl x Kaliber, mm u. Typ

MG's...................................7,62 mm PKT
(Kampfsatz, Stück).......................... (1000)
Zahl der Schießscharten
für Handfeuerwaffen..................................1
Funkstation..............1A30M, R-173(2k-ta)
Navigationsgerät..........1G25-1, 1G13, KP-4
Nachtsichtgerät..................................1PN61
Radarstation..................................1PL133-1
Beobachtungsgerät............................1PN59
Entfernungsmesser.......................1D11M-1

Zusatzinformation: Er wurde auf der Grundlage des PRP-3 entwickelt und mit optischen, elektronisch-optischen und Wärmesichtgeräten sowie mit Impuls-Nachtsichtgeräten ausgerüstet. Er erhielt eine Radarstation sowie Geräte zur Datenerfassung und Datenübertragung. Zur Stromerzeugung wird ein autonomer Generator eingesetzt.

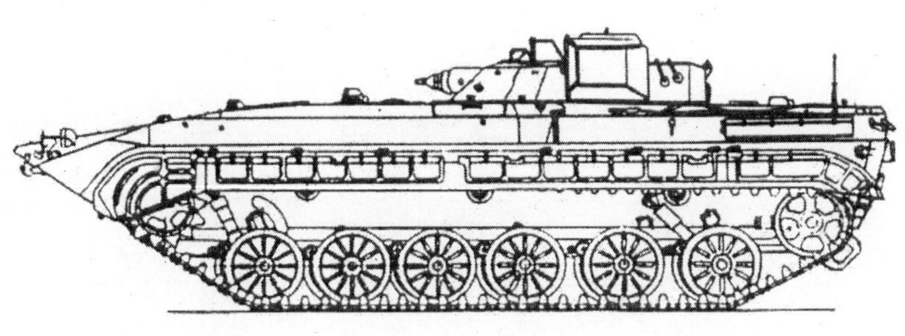

Mobiler Aufklärungspunkt PRP-4

Mobiler Aufklärungspunkt
PRP-4M

Baujahr: ....seit 1988 in Bewaffnung
Hersteller ....Rubzowsker Maschinenfabrik
Produktion ....in Serie
Kampfmasse, t.............................13,2+2,0%
Länge, mm..6735
Breite, mm..2940
Höhe, mm...2146
Bodenfreiheit, mm..................................370
Mittl.Bodendruck kg/cm² 0,6
überwindbare Hindernisse
- Anstieg, Grad...................................35
- Graben, m...2,5
- Mauer 0,7
- Watfähigkeit..................schwimmfähig
Motortyp..............................Diesel UTD-20
Max. Leistung, PS..................................300
Spez. Leistung, PS/t..............................22,7

Max. Geschwindigkeit, km/h....................65
Schwimmgeschwind, km/h.........................7
Reichweite, km..............................550-600
Rauchvorhang.......................................TDA
Panzerung, mm 6-26
Mannschaft, Mitglieder 5

Bewaffnung

- Zahl x Kaliber, mm u. Typ
MG's...................................7,62 mm PKT
(Kampfsatz, Stück)...........................(1000)
Zahl der Schießscharten
für Handfeuerwaffen....................................1
Funkstation…....……..1A30M, R-173(2k-ta)
Navigationsgerät...........KP-4, 1G13, 1G25-1
Beobachtungsgerät.............................1PN71
Nachtsichtgerät...................................1PN61
Laserentfernungsmesser.................1D14
Radarstation....................................1PL133-1

Zusatzinformation: Er wurde auf der Grundlage des PEP-4 entwickelt und mit Infrarotwärmesichtgeräten und mit verbesserten Laserentfernungsmessern ausgestattet. Im mobilen Beobachtungspunkt wurde zusätzlich das Laseraufklärungsgerät 1D13 eingesetzt.

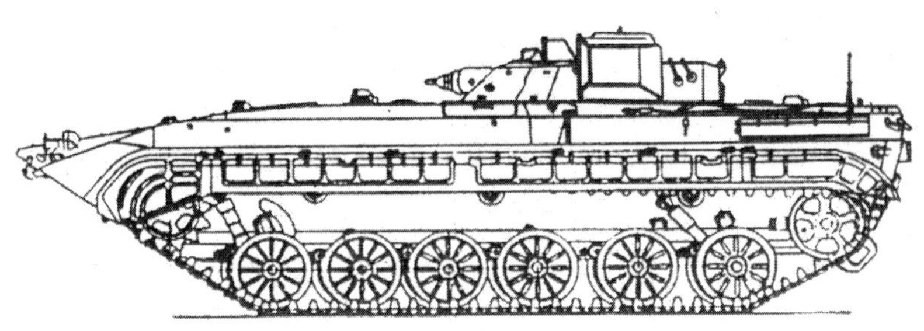

Mobiler Aufklärungspunkt PRP-4M

Schützenpanzer GAS-50

Baujahr: ....Versuchsmuster von 1971
Entwickler ....KB GAS
Hersteller ....GAS
Produktion ....nicht in Serie hergestellt
Kampfmasse, t......................................13,0
Länge, mm..7465
Breite, mm...2800
Höhe, mm..2142
Bodenfreiheit, mm...............................475
Mittl.Bodendruck kg/cm^2 1,05-2,21
überwindbare Hindernisse
- Anstieg, Grad................................30
- Querneigung, Grad.........................25
- Graben, m...2
- Mauer 0,6
- Watfähigkeit..............schwimmfähig

Motortyp.....................................Vergaser
Max. Leistung, PS..........................2 x 125
Spez. Leistung, PS/t............................19,2

Max. Geschwindigkeit, km/h....................80
Schwimmgeschwindigkeit, km/h..............10
Reichweite, km......................................700
Panzerung, mm ....kugelsicher
Mannschaft, Mitglieder 2
Aufsitzer, Mitglieder..................................8

Bewaffnung
- Kaliber und Kanonentyp...73 mm „Grom“
  (Kampfsatz, Stück)...............................(40)
- Zahl x Kaliber, mm u. Typ
  MG’s....................................7,62 mm PKT
  (Kampfsatz, Stück)............................(2000)
- Typ d. Panzerabwehrrakete .....“Maljutka“
  (Kampfsatz, Stück) ....(4)

Ziel...1PN22M1
Nachtziel......................................1PN22M1
Zahl der Schießscharten
für Handfeuerwaffen..................................6
Funkstation....................................R-123M

Zusatzinformation: Er wurde auf der Grundlage von Bauteilen und Aggregaten des BTR-60 PB entwickelt. Die Wanne ist aus gewalzten Panzerblechen geschweißt und hermetisch. Der Motor ist im Heck untergebracht. Im gepanzerten Turm ist die Kanone, ein koaxiales MG sowie die Raketenstartvorrichtung installiert. Der Ausstieg der Kämpfer erfolgt seitlich durch Luken und oben aus der Wanne. Für den Einsatz auf Wasser ist ein Wassertriebwerk vorgesehen. Im weiteren wurde auf seiner Grundlage der Schützenpanzerwagen BTR-70 entwickelt.

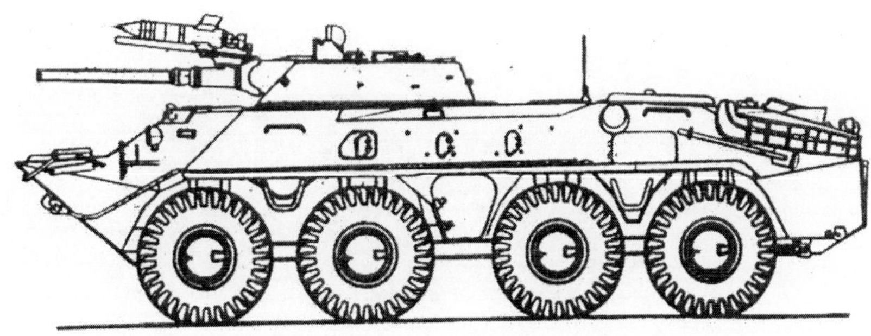

Schützenpanzer GAS-50

Schützenpanzer
Objekt 768

Baujahr: ....Versuchsmuster von 1972
Entwickler ....KB Traktorenwerk Tscheljabinsk
Hersteller ....Traktorenwerk Tscheljabinsk
Produktion ....nicht in Serie
Kampfmasse, t....................13,6
Länge, mm...7295
Breite, mm...3140
Höhe, mm..2400
Bodenfreiheit, mm...............................420
Mittl. Bodendruck kg/cm² 0,6
überwindbare Hindernisse
- Anstieg, Grad.................................30
- Graben, m......................................2,5
- Mauer, m.......................................0,7
Motortyp............................Diesel UTD-20
Max. Leistung, PS.................................300
Spez. Leistung, PS/t............................22,0
Max. Geschwindigkeit, km/h.................65
Schwimmgeschwindigkeit km/h.............7

Reichweite, km.......................................550
Panzerung, mm ....kugelsicher
Rauchvorhang.......................................TDA
Mannschaft, Mitglieder 3
Aufsitzer, Mitglieder...................................7
Bewaffnung
- Kaliber ....73 mm
  und Kanonentyp.........................„Sarniza“
  Kampfsatz, Stück)...............................(40)
- Zahl x Kaliber, mm u. Typ
  MG's..12,7 mm
  (Kampfsatz, Stück)............................(500)
- Typ d. Panzerabwehrrakete ....."Konkurs"
  (Kampfsatz, Stück) ....(4)
Ziel..1PN22M1
Nachtziel.......................................1PN22M1
Zahl der Schießscharten
für Handfeuerwaffen...................................6
Funkstation......................................R-123M

Zusatzinformation: Er wurde auf der Grundlage von Bauteilen und Aggregaten des BMP-1 entwickelt. Die Wanne und der Turm sind aus gewalzten Panzerblechen geschweißt. Der Motor und das Getriebe sind vorn angeordnet, die Landetruppe befindet sich im Heck, die Kanone und ein großkalibriges MG befinden sich im Turm. In einer Bauvariante war vorgesehen, ein MG PKT 7,62 mm über der Kommandeursluke auf dem Drehturm anzuordnen. Zur Bewegung durch das Wasser wurde ein Kettenantrieb mit einem hydrodynamischen Gitter verwendet.

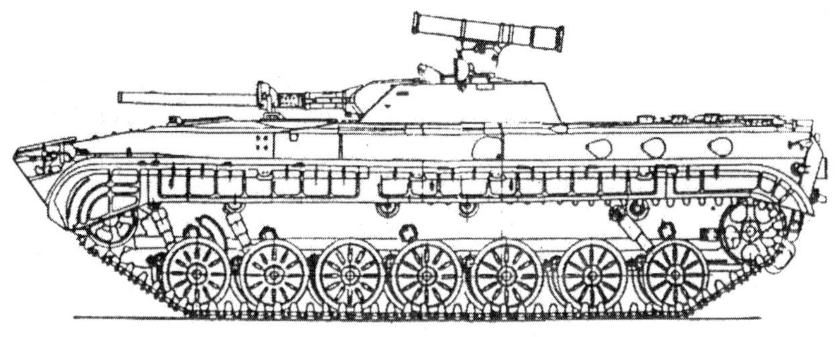

Schützenpanzer Objekt 768

Schützenpanzer
Objekt 769

Baujahr:	Versuchsmuster von 1972
Entwickler	KB Traktorenwerk Tscheljabinsk
Hersteller	Traktorenwerk Tscheljabinsk
Produktion	nicht in Serie
Kampfmasse, t	13,8
Länge, mm	7295
Breite, mm	3150
Höhe, mm	2450
Bodenfreiheit, mm	420
Mittl.Bodendruck kg/cm²	0,6
überwindbare Hindernisse	
- Anstieg, Grad	30
- Graben, m	2,5
- Watfähigkeit, m	schwimmfähig
Motortyp	Diesel
Max. Leistung, PS	320
Spez. Leistung, PS/t	23,18
Max. Geschwindigkeit, km/h	65
Schwimmgeschwindigkeit, km/h	7

Reichweite, km	550
Panzerung, mm	kugelsicher
Rauchvorhang	TDA
Mannschaft, Mitglieder	3
Aufsitzer, Mitglieder	7
Bewaffnung:	
- Kaliber und Geschütztyp	30 mm Automat 2A42
Kampfsatz, Stück)	(500)
- Zahl x Kaliber, mm u. Typ MG's	2 x 7,62 mm PKT
(Kampfsatz, Stück)	(2000)
- Typ d. Panzerabwehrrakete	„Konkurs“
(Kampfsatz, Stück)	(4)
Ziel	OPU-30
Nachtziel	1PN-38
Zahl der Schießscharten für Handfeuerwaffen	6
Funkstation	R-123M

Zusatzinformation: Er wurde auf der Grundlage von Bauteilen und Aggregaten des BMP-1 entwickelt. Das Chassis ist analog dem Objekt 768. Die Wanne und der Turm sind aus gewalzten Panzerblechen geschweißt. Die Kanone und das koaxiale MG sind im Turm untergebracht. Auf dem Turmdach ist die Abschußvorrichtung für die Panzerabwehrraketen installiert. Ein zweites MG befindet sich auf dem Wannendach des Drehturmes. Zur Bewegung durch das Wasser wurde ein Kettenantrieb mit einem hydrodynamischen Gitter verwendet.

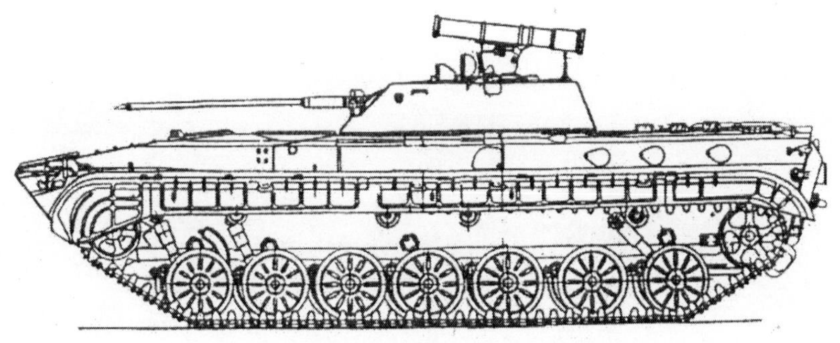

Schützenpanzer Objekt 769

Schützenpanzer
Objekt 680

Baujahr: ....Versuchsmuster von 1972
Entwickler ...KB Maschinenfabrik Kurgan
Hersteller ....Maschinenfabrik Kurgan
Produktion ....nicht in Serie
Kampfmasse, t...................................13,0
Länge, mm...6735
Breite, mm..2940
Höhe, mm..2450
Bodenfreiheit, mm...............................420
Mittl. Bodendruck kg/cm² 0,61
überwindbare Hindernisse
- Anstieg, Grad................................30
- Graben, m....................................2,5
- Watfähigkeit, m..........schwimmfähig
- Mauer, m......................................0,7

Motortyp............................Diesel UTD-20
Max. Leistung, PS................................300
Spez. Leistung, PS/t.............................23,0
Max. Geschwindigkeit, km/h...................65
Schwimmgeschwindigkeit. km/h...............7
Reichweite, km......................................550
Panzerung, mm ....kugelsicher
Mannschaft, Mitglieder 3
Aufsitzer, Mitglieder.................................7

Bewaffnung
- Kaliber und ....30 mm
  Geschütztyp.........................Automat 2A38
  Kampfsatz, Stück)..............................(500)
- Zahl x Kaliber, mm u. Typ
  MG's..............................2 x 7,62 mm PKT
  (Kampfsatz, Stück)...........................(4000)

Ziel..optisch
Zahl der Schießscharten
für Handfeuerwaffen..................................7
Funkstation......................................R-123M

Zusatzinformation: Gebaut auf der Grundlage des BMP-1. Er besitzt eine geschweißte Wanne und einen Turm aus gewalztem Panzerblech. Der Motor befindet sich vorn rechts, die Aufsitzergruppe sitzt hinten und verläßt den Panzer durch die Hintertür. Die Kanone und ein koaxiales MG wurden auf dem Turm angeordnet. Ein zweites MG befindet sich auf dem Lukendach des Kommandeurs. Zur Bewegung durch das Wasser wurde ein Kettenantrieb mit einem hydrodynamischen Gitter verwendet.

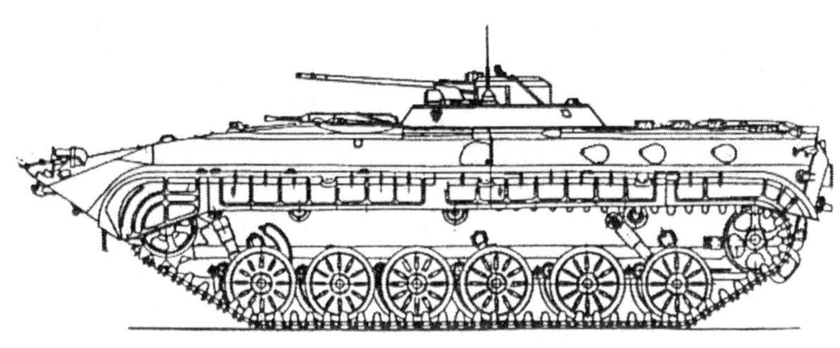

Schützenpanzer Objekt 680

Schützenpanzer
Objekt 675

Baujahr: ....Versuchsmuster von 1974
Entwickler ..KB Maschinenfabrik Kurgan
Hersteller ....Maschinenfabrik Kurgan
Produktion ....nicht in Serie
Kampfmasse, t..................................13,6
Länge, mm..6735
Breite, mm..2850
Höhe, mm...2240
Bodenfreiheit, mm..............................420
Mittl.Bodendruck kg/cm² 0,63
überwindbare Hindernisse
- Anstieg, Grad...............................30
- Graben, m....................................2,5
- Mauer, m.....................................0,7
- Watfähigkeit, m................................
Motortyp............................Diesel UTD-20
Max. Leistung, PS...............................300
Spez. Leistung, PS/t............................22,0
Max. Geschwindigkeit, km/h.................65
Schwimmgeschwindigkeit, km/h............7

Reichweite, km...................................550-600
Treibstoffvorrat, l.....................................460
Panzerung, mm 10-18
Mannschaft, Mitglieder 3
Aufsitzer, Mitglieder.....................................7

Bewaffnung

- Kaliber Geschütz...............................30 mm
..Geschütztyp...2A42
Kampfsatz, Stück)................................(500)
- Zahl x Kaliber, mm u. Typ
..MG's.................................2 x 7,62 mm PKT
(Kampfsatz, Stück)..............................(2000)
- Typ d. Panzerabwehrrakete...9M111(9M113)
(Kampfsatz, Stück) 6 (4)
- Zahl und Typ
tragbarer Fla-Raketenkomplex.........1 x 9K32

Ziel...OPU-30
Nachtziel...1PN-38
Funkstation...R-123M
Waffenstabilisator...........................vorhanden

Zusatzinformation: Er wurde auf der Grundlage des BMP-1 entwickelt. Die technischen Parameter des Panzers sollten weiter verbessert werden. Der Motor und die Aufsitzer sind analog wie beim BMP-1 untergebracht. Der Panzer besitzt einen zweisitzigen Turm, in dem sich die Kanone und ein koaxiales MG befinden. Auf dem Turmdach ist die Startvorrichtung für die Panzerabwehrraketen installiert. Das Gerät zur Führung der Raketen ist auf dem Turm getrennt von der Starvorrichtung angebracht. Nach der Erprobung wurde der Panzer als BMP-2 in Serie produziert.

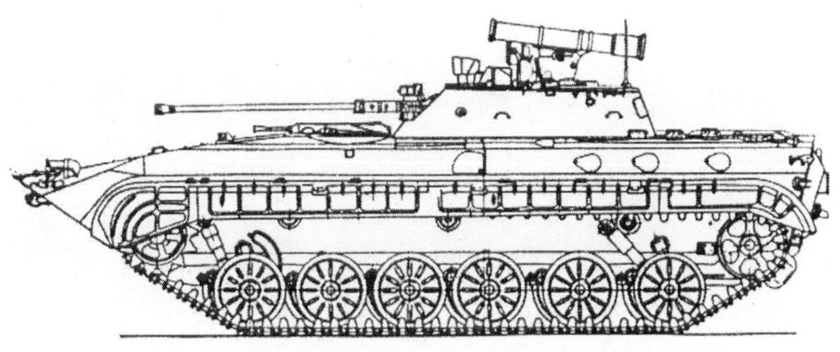

Schützenpanzer Objekt 675

Schützenpanzer
Objekt 681

Baujahr: ....Versuchsmuster von 1977
Entwickler ...KB Maschinenfabrik Kurgan
Hersteller ....Maschinenfabrik Kurgan
Produktion ....nicht in Serie
Kampfmasse, t...................................13,6
Länge, mm...6735
Breite, mm..3140
Höhe, mm..2400
Bodenfreiheit, mm...............................420
Mittl.Bodendruck kg/cm² 0,63
überwindbare Hindernisse
- Anstieg, Grad.................................30
- Graben, m....................................2,5
- Mauer, m.......................................0,7
- Watfähigkeit..............schwimmfähig
Motortyp...........................Diesel UTD-20
Max. Leistung, PS................................300
Spez. Leistung, PS/t...........................22,0
Max. Geschwindigkeit, km/h.................65
Schwimmgeschwindigkeit, km/h............7

Reichweite, km.....................................600
Panzerung, mm .... kugelgeschützt
Mannschaft, Mitglieder 3
Aufsitzer, Mitglieder..................................7
Bewaffnung
- Kaliber und ....73 mm
Geschütztyp...............................„Sarniza“
Kampfsatz, Stück)..............................(40)
- Zahl x Kaliber, mm u. Typ
MG`s...12,7 mm
..(Kampfsatz, Stück)............................(500)
- Zahl x Kaliber und Typ
MG`s..................................7,62 mm PKT
(Kampfsatz, Stück)..........................(2400)
- Typ d. Panzerabwehrrakete ......“Konkurs“
(Kampfsatz, Stück) ....(4)
Ziel..1PN22M1
Nachtziel....................................1PN22M1
Zahl der Schießscharten
für Handfeuerwaffen..................................7
Funkstation....................................R-123M

Zusatzinformation: Er wurde auf der Grundlage von Bauteilen und Aggregaten des BMP-1 entwickelt. Die Wanne und der Turm sind aus gewalzten Panzerblechen geschweißt. Bei seiner Fertigung nutzte man die beim Bau des Objektes 680 gewonnene Erfahrung. Der Motor ist vorn gelegen, die Aufsitzergruppe ist im Heck untergebracht. Die halbautomatische Kanone befindet sich zusammen mit einem koaxialen MG im Turm. Sie ist elektro-mechanisch in zwei Ebenen stabilisiert.

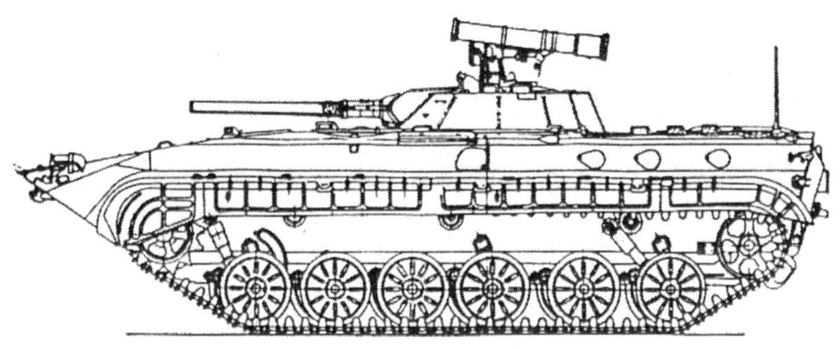

Schützenpanzer Objekt 681

Schützenpanzer BMP-2
(Objekt 675)

Baujahr: ....i. d. Bewaffnung 1980
Entwickler ...KB Maschinenfabrik Kurgan
Hersteller ....Maschinenfabrik Kurgan
Produktion ....in Serie
Kampfmasse, t...............................13,8-14
Länge, mm..6735
Breite, mm..3150
Höhe, mm...2059
Bodenfreiheit, mm...............................420
Mittl.Bodendruck kg/cm^2 0,63
überwindbare Hindernisse
- Anstieg, Grad...............................35
- Graben, m...................................2,5
- Mauer, m......................................0,7
- Watfähigkeit..............schwimmfähig

Motortyp.......................Diesel UTD-20S1
Max. Leistung, PS.......................285-300
Spez. Leistung, PS/t...........................21,8
Max. Geschwindigkeit, km/h.................65
Schwimmgeschwindigkeit, km/h.............7
Reichweite, km.............................550-600
Panzerung, mm 6-26

Rauchvorhang.....................6 x 902W, TDA
Mannschaft, Mitglieder 3
Schützen, Mitglieder.................................7

Bewaffnung

- Kaliber mm 30
  Geschütztyp.......................................2A42
  Kampfsatz, Stück).............................(500)
- Zahl x Kaliber und Typ
  MG`s..................................7,62 mm PKT
  (Kampfsatz, Stück)...........................(2000)
- Typ d. Panzerabwehrrakete ......„Konkurs“
  (Kampfsatz, Stück) ....(4)
- Zahl und Typ
  tragb. Fla-Raketenkomplex..........2 x 9K34

Waffenstabilisator................2flächig 2E36-1
Ziel....................................1PS-3,BPK-1-42
Nachtziel...wie Ziel
Zahl d. Schießscharten
für Handfeuerwaffen..................................8
IR-Scheinwerfer...........................OU-SGA2
Funkstation.......................................R-123M
Navigationsgerät..............................GPK-59

Zusatzinformation: Er wurde auf der Basis des BMP-1 entwickelt, ein Versuchsmuster des Objektes 675 im Jahre 1974. Die ersten Serienpanzer waren den Versuchsmustern ähnlich und hatten zwei MG`s. Ein äußerlicher Unterschied ergab sich daraus, daß die Führungsgeräte der Raketen bei den Serienpanzern unmittelbar unter der Startvorrichtung angeordnet waren, während sie sich bei den Versuchsmustern auf dem Turm befanden. Auf den ersten Mustern fehlten auch die Nebelgeräte 902WAuf der Grundlage des BMP-2 wurde der Führungspanzer BMP-2K, eine Variante mit verstärkter Panzerung, BMP-D u.a. entwickelt. Auf diesen Panzern kann der Waffenstabilisator 2E36-5 eingesetzt werden.

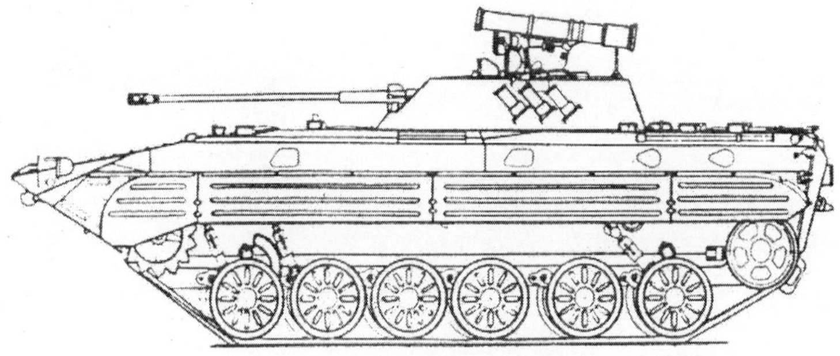

Schützenpanzer BMP-2

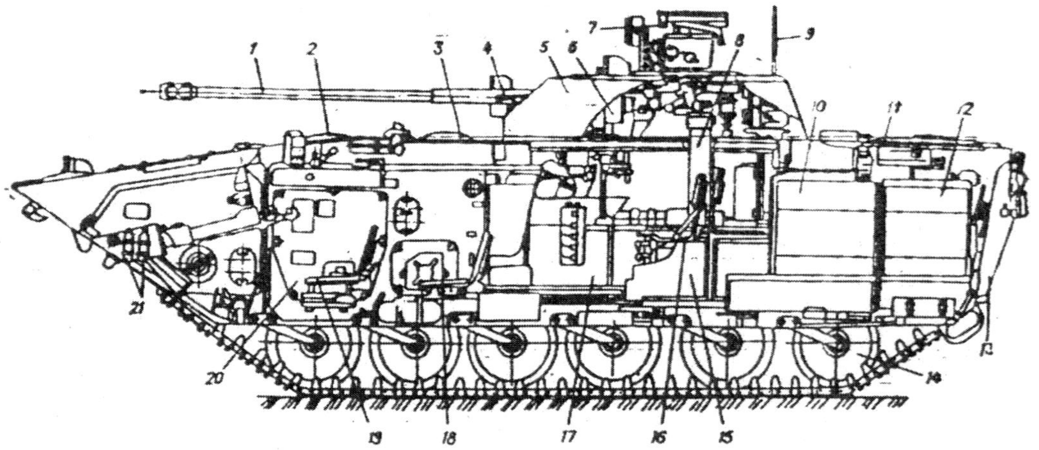

1.Kanone 2A42; 2. Fahrerluke; 3. Mannschaftsluke; 4. Zwillings-MG PKT; 5. Turm; 6. Ziel BPK-1-42; 7. Startvorrichtung; 8. Panzerabwehrrakete; 9. Antenne der Funkstation R-123-M; 10. Treibstofftank; 11. Mannschaftsluke; 12. Batteriesektion; 13. Hecktür; 14. Stützrolle; 15. Magazin der Kanone 2A42; 16. Sitzplatz des Operators; 17. Magazin des MGs PKT; 18. Mannschaftssitzplatz; 19. Fahrersitz; 20. Trennwand des Motorraumes; 21. Feuerlöscher

•

Schützenpanzer BMP-2 (Durchschnitt)

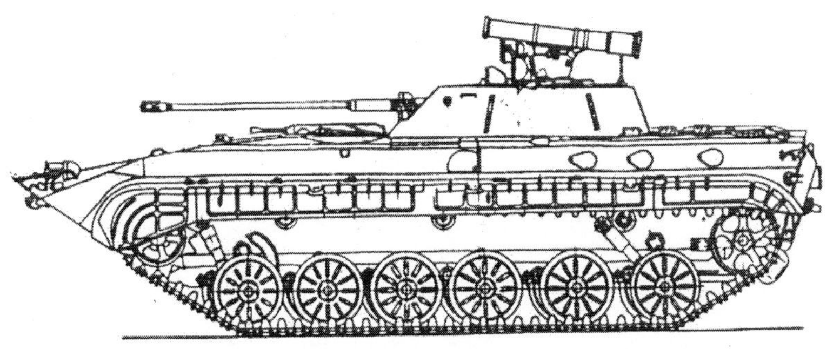

Schützenpanzer BMP-2 erste Serie

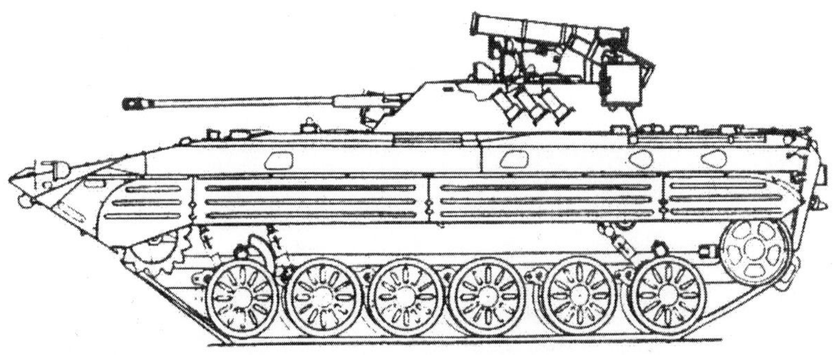

Schützenlandepanzer BMD-2 mit der Panzerbüchse AG-17

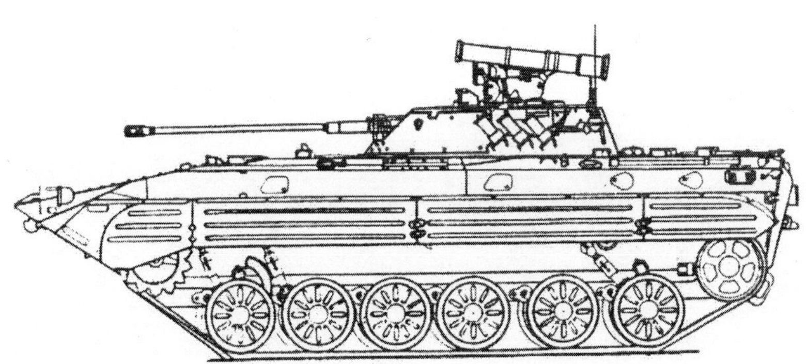

Führungsschützenpanzer BMP-2K

Schützenpanzer BMP-2D

Baujahr:	i. d. Bewaffnung 1982
Entwickler	KB Kurganer Werk
Hersteller	Panzerwerk des VM
Produktion	umgerüstet
Kampfmasse, t	14,5+2%
Länge, mm	6735
Breite, mm	3150
Höhe, mm	2250
Bodenfreiheit, mm	420
Mittl.Bodendruck kg/cm²	0,64
überwindbare Hindernisse	
- Anstieg, Grad	35
- Graben, m	2,5
- Mauer, m	0,7
- Watfähigkeit, m	1,2
Motortyp	Diesel UTD-20S1
Max. Leistung, PS	300
Spez. Leistung, PS/t	20,3
Max. Geschwindigkeit, km/h	62
Reichweite, km	550-600
Panzerung, mm	kugelsicher
Rauchvorhang	6 x 902W,TDA
Mannschaft, Mitglieder	3
Aufsitzer, Mitglieder	7
Bewaffnung	
- Kaliber und	30 mm
..Geschütztyp	2A42
Kampfsatz, Stück)	(500)
- Zahl x Kaliber und Typ MG`s	7,62 mm PKT
(Kampfsatz, Stück)	(3000)
- Typ d. Panzerabwehrrakete	"Konkurs"
(Kampfsatz, Stück)	(4)
- Zahl und Typ tragb. Fla-Raketenkomplexe	2 x 9K34
Waffenstabilisator	2E36
Ziel	BPK-2-42
Nachtziel	wie Ziel
IR-Scheinwerfer	OU-S
Zahl der Schießscharten für Handfeuerwaffen	8
Funkstation	R-123M

Zusatzinformation: Entwicklung im Jahre 1981 auf der Grundlage des BMP-2. Die Panzerung wurde verstärkt. Er erhielt stählerne Seitenblenden an der Wanne und eine Stahlplatte unter dem Sitz des Kommandeurs und des Panzerfahrers. Dadurch stieg die Masse des Panzers an und er verlor seine Schwimmeigenschaften. Diese Variante des BMP-2 wurde im Afghanistankrieg eingesetzt.

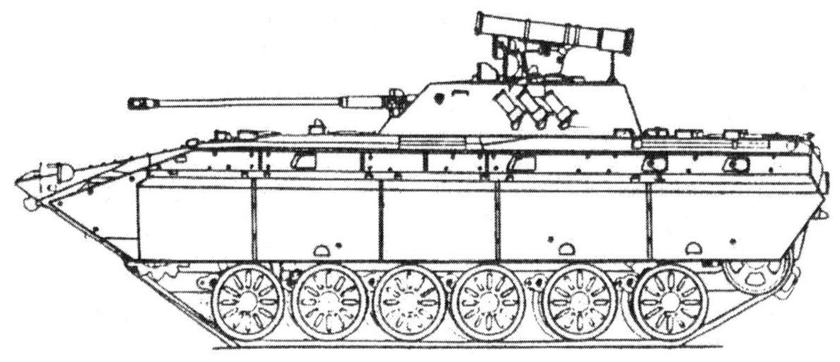

Schützenpanzer BMP-2D

Schützenpanzer
Objekt 688

Baujahr: ....Versuchsmuster von 1981
Entwickler ...KB Maschinenfabrik Kurgan
Hersteller ....Maschinenfabrik Kurgan
Produktion ....nicht in Serie ausgestoßen
Kampfmasse, t...................................17
Länge, mm..6720
Breite, mm..3150
Höhe, mm...2300
Bodenfreiheit, mm...............................450
Mittl.Bodendruck kg/cm² 0,55
überwindbare Hindernisse
- Anstieg, Grad.................................30
- Querneigung, Grad.........................25
- Graben, m....................................2,5
- Mauer, m.......................................0,7
- Watfähigkeit................schwimmfähig
Motortyp............................Diesel UTD-29
Max. Leistung, PS................................500
Spezifische Leistung, PS/t..................29,4

Maximale Geschwindigkeit, km/h............70
Schwimmgeschwindigkeit, km/h..............10
Reichweite, km.......................................600
Panzerung, mm ....kugelsicher
Rauchvorhang...........................TDA 902W
Mannschaft, Mitglieder 3
Aufsitzer, Mitglieder..................................7
Bewaffnung
- Kaliber und ....30 mm
- Geschütztyp.......................................2A42
(Kampfsatz, Stück)............................(300)
- Zahl x Kaliber und Typ
Panzerbüchse.....................30 mm AGS-17
..(Kampfsatz, Stück)............................(500)
- MG`s.............................3 x 7,62 mm PKT
(Kampfsatz, Stück)...........................(6000)
- Typ d. Panzerabwehrrakete ....PTUR
(Kampfsatz, Stück) ....(8)
Funkstation......................................R-123M

Zusatzinformation: Im weiteren wurde auf der Grundlage des BMP Objekt 688 der BMP-3 entwickelt. Die Wanne und der Turm wurden aus gewalztem Panzerblech geschweißt. Der Motor und das Getriebe befinden sich im Heck. Der Panzer wurde mit einer neuen Planierraupenausrüstung bestückt. Zum Schwimmen wird ein Wasserstrahltriebwerk eingesetzt.

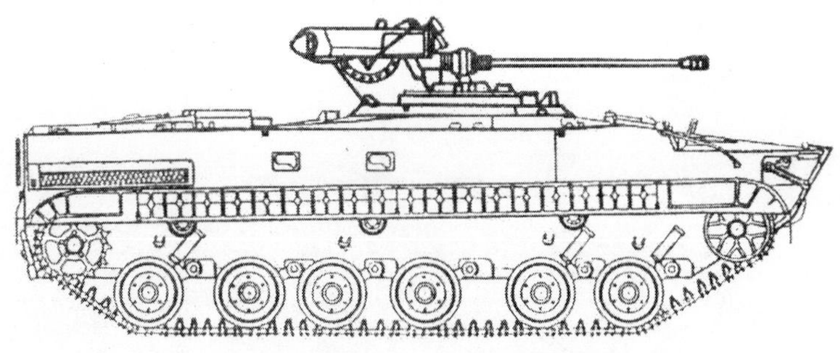

Schützenpanzer Objekt 688

Schützenpanzer BMP-3
(Objekt 688)

Baujahr: ....i. d. Bewaffnung 1987
Entwickler ....KB Maschinenwerk Kurgan
Hersteller ....Maschinenwerk Kurgan
Produktion ....in Serie
Kampfmasse, t..........................18,7+2%
Länge, mm...............................7200/7140
Breite, mm..3230
Höhe, mm................................2300-2450
Bodenfreiheit, mm..............................450
Mittl.Bodendruck kg/cm^2 0,60
überwindbare Hindernisse
- Watfähigkeit....................schwimmfähig
Motortyp..........................Diesel UTD-29
Max. Leistung, PS.......................450-500
Spez. Leistung, PS/t...........................20,1
Max. Geschwindigkeit, km/h...........70-72
Schwimmgeschwindigkeit, km/h...........10
Reichweite, km...................................600
Panzerung, mm.......................kugelsicher
Rauchvorhang...................6 x 902W,TDA
Mannschaft, Mitglieder 3

Aufsitzer, Mitglieder.................................7
Bewaffnung
- Kaliber und ....100 mm
- Geschütztyp......................................2A70
(Kampfsatz, Stück)..............................(40)
- Kaliber...30 mm
- Geschütztyp..........................2A72 (2A42)
(Kampfsatz, Stück)............................(750)
- Zahl x Kaliber und Typ
MG`s.........................2-3 x 7,62 mm PKT
(Kampfsatz, Stück)..........................(6000)
- Typ d. Panzerabwehrrakete 9M117
(Kampfsatz, Stück) ....(6)
- Zahl und Typ PSRK....................2 x 9K34
Waffenstabilisator.............................2E52-2
Ziel..........................1K13-2, PPB-1, 1PW-2
Nachtziel...wie Ziel
IR-Scheinwerfer................OU-5, OU-SGA2
Zahl der Schießscharten
für Handfeuerwaffen...................................5
Funkstation............................R-173/R-173P

Zusatzinformation: Chefkonstrukteur war A. Nikonow. Der Panzer wurde unter Nutzung von Bauteilen des Laufwerkes des leichten Schwimmpanzers Objekt 685 entwikkelt. Auf einem Versuchsmuster des Objektes 688 wurde im Jahre 1981 ein Turm mit einer automatischen Kanone 30 mm, eine Panzerbüchse 30 mm, MG`s 7,62 mm und eine Startvorrichtung für Panzerabwehrraketen installiert. Auf der Basis des BMP-3 wurde der Führungspanzer BMP-3K und der gepanzerte Bergungs- und Reparaturpanzer BREM-L (Begljanka) entwickelt, mit einem Kran mit einer Hebefähigkeit von 6 t und einer Seilwinde mit einer Zugkraft von 20 t am Haken sowie einer Planierraupen ausgerüstet, außerdem wurde der Panzerspähwagen BRM-3 geschaffen.

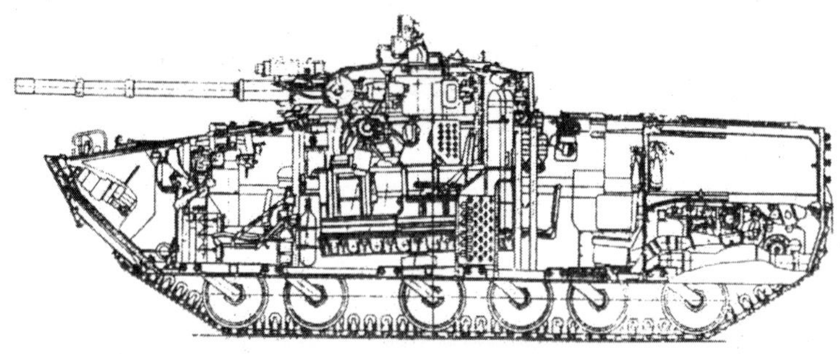

Schützenpanzer BMP-3

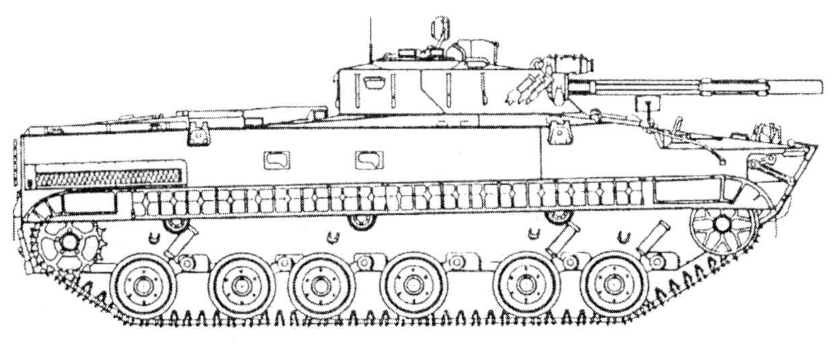

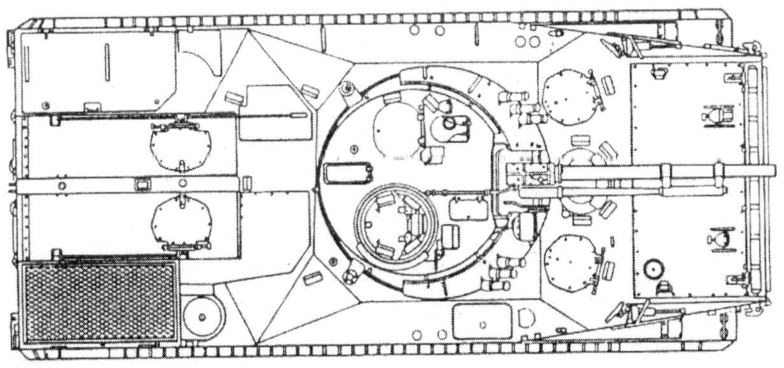

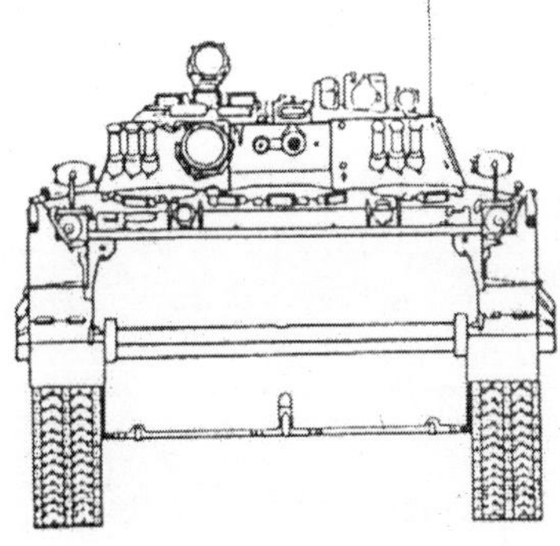

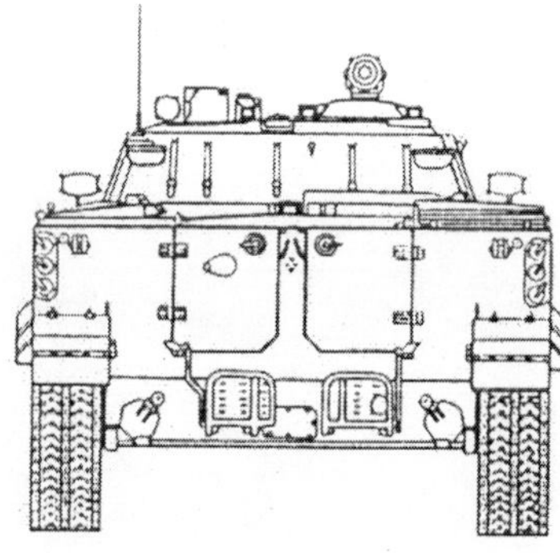

Schützenpanzer BMP-3

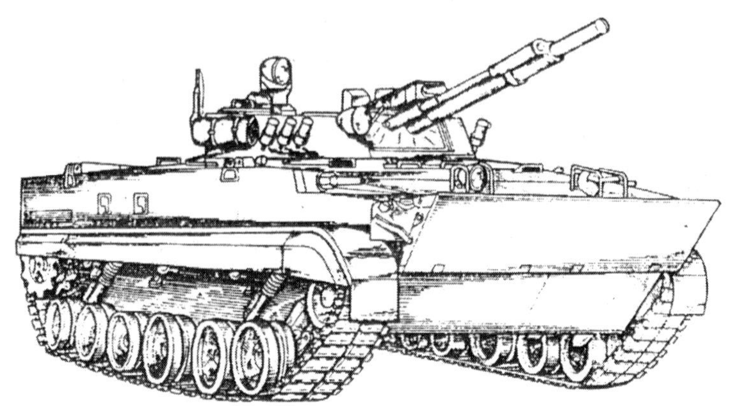

Schützenpanzer BMP-3

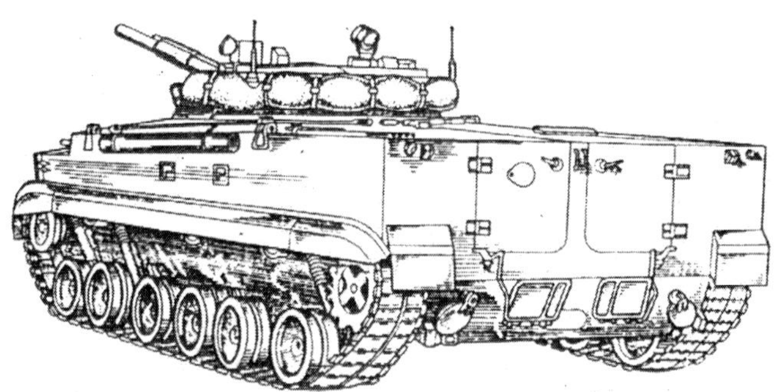

Schützenpanzer BMP-3 (Rückansicht)

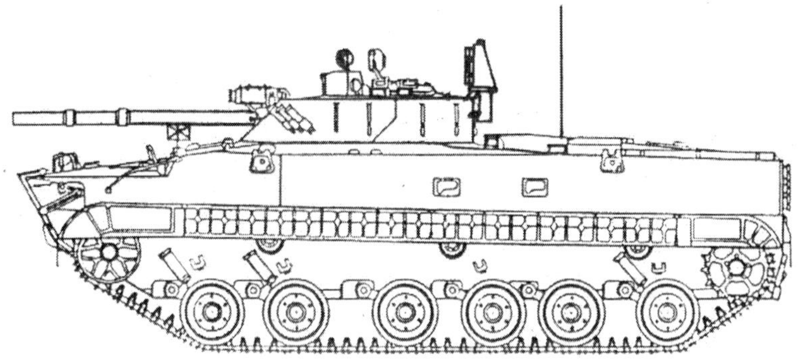

Schützenpanzer BMP-3BMIC mit einem französischen Wärmevisier

Panzerspähwagen BRM-3 „Rys“
(Objekt 501)

Baujahr: ....i. Bewaffnung seit 1990
Entwickler.....KB Maschinenwerk Rubzowsk
Hersteller ....Maschinenwerk Rubzowsk
Produktion ....in Serie
Kampfmasse, t......................................18,7
Länge, mm..7000
Breite, mm..3150
Höhe, mm...2370
Bodenfreiheit, mm..................................450
Mittl.Bodendruck kg/cm^2 0,60
überwindbare Hindernisse
- Anstieg, Grad.....................................30
- Watfähigkeit..................schwimmfähig
Motortyp..............................Diesel UTD-29
Max. Leistung, PS..................................500
Spez. Leistung, PS/t..............................26,7
Max. Geschwindigkeit, km/h...................70
Schwimmgeschwindigkeit, km/h.............10

Reichweite, km.......................................600
Panzerung, mm ....kugelsicher
Rauchvorhang............................TDA, 902W
Mannschaft, Mitglieder 6
Bewaffnung.
- Kaliber und ....30 mm
  Geschütztyp.......................................2A72
  Kampfsatz, Stück)..............................(500)
- Zahl x Kaliber und Typ
  MG`s...................................7,62 mm PKT
  (Kampfsatz, Stück)..........................(2000)
Beobachtungsgerät..............................1PN71
Nachtbeobachtungsgerät....................1PN61
RLS..1PL-133-1
Funkstation..............R-163-50U,R-163-50K
R-163-10U
Navigationsgerät........TNA-4, 1G50, 1T129
Laserentfernungsmesser................1D14

Zusatzinformation: Entwickelt auf der Grundlage des Laufwerkes des BMP-3 und für die Gefechtsfeldaufklärung zu jeder Tageszeit vorgesehen. Der Panzer besitzt eine autonome Stromversorgung aller Geräte während des Standes.

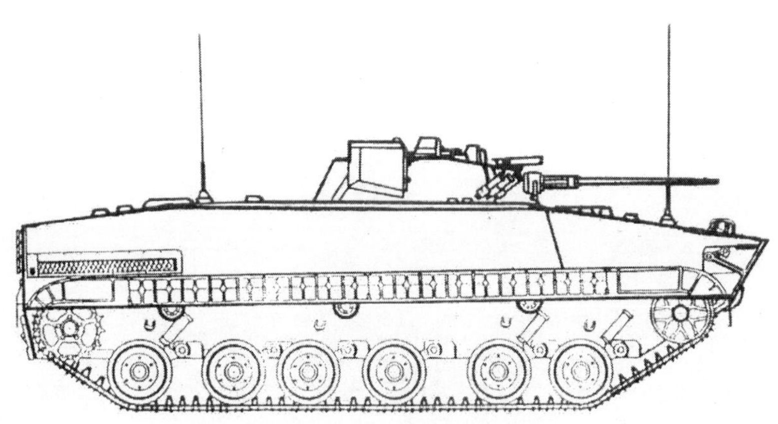

Panzerspähwagen BRM-3

Schützenlandepanzer BMD-1
(Objekt 915)

Baujahr: ....in Bewaffnung 1969
Entwickler...KB Wolgograder Traktorenwerk
Hersteller ....Wolgograder Traktorenwerk
Produktion ....in Serie 1968
Kampfmasse, t.......................................7,6
Länge, mm..5400
Breite, mm..2630
Höhe, mm....................................1620-1970
Bodenfreiheit, mm...........................100-450
Mittl.Bodendruck kg/cm^2 0,47-0,50
überwindbare Hindernisse
- Anstieg, Grad...................................32
- Querneigung, Grad...........................18
- Graben, m.......................................2,0
- Mauer, m...0,7
- Watfähigkeit.................schwimmfähig

Motortyp..................................Diesel 5D20
Max. Leistung, PS.................................240
Spezifische Leistung, PS/t....................33,3

Maximale Geschwindigkeit, km/h.........60-62
Schwimmgeschwindigkeit, km/h................10
Reichweite, km.......................................500
Treibstoffvorrat, l....................................280
Panzerung, mm ....kugelsicher
Rauchvorhang..TDA
Mannschaft, Mitglieder 2
Schützen, Mitglieder....................................5

Bewaffnung

- Kaliber und ....73 mm
..Geschütztyp..2A28
Kampfsatz, Stück)................................(40)
- Zahl x Kaliber, mm und Typ
MG`s..............................3 x 7,62 mm PKT
(Kampfsatz, Stück)............................(4000)
- Typ d. Panzerabwehrrakete 9M14M
(Kampfsatz, Stück) ....(3)

Ziel..1PN22M1
Nachtziel..wie Ziel
Funkstation..........................R-123(R-123M)

Zusatzinformation: Die Entwicklung des BMD-1 begann 1965. Die Wanne wurde aus hochfesten Aluminiumlegierungen geschweißt. Im Heckteil der Wanne ist oben ein Tunnel eingebaut, der zur Luke für den Ein- und Ausstieg der Mannschaft und der Landetruppe aus dem Panzer führt. Für die Bewegung auf dem Wasser wird ein Wassertriebwerk genutzt. Im Jahre 1971 wurde der Führungspanzer BMD-1K in die Bewaffnung aufgenommen.

Schützenlandepanzer BMD-1

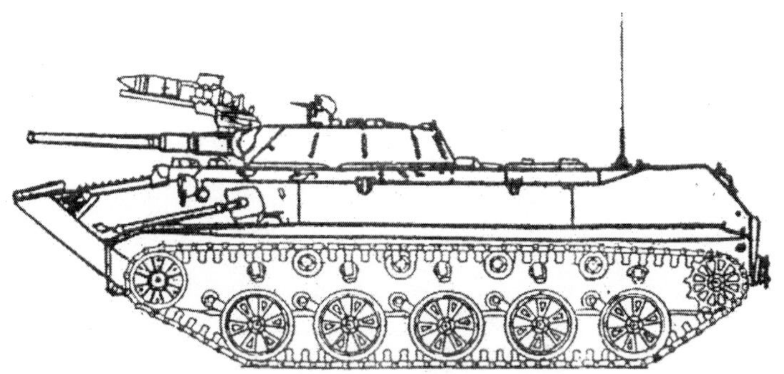

Schützenlandepanzer BMD-1 (Variante 1)

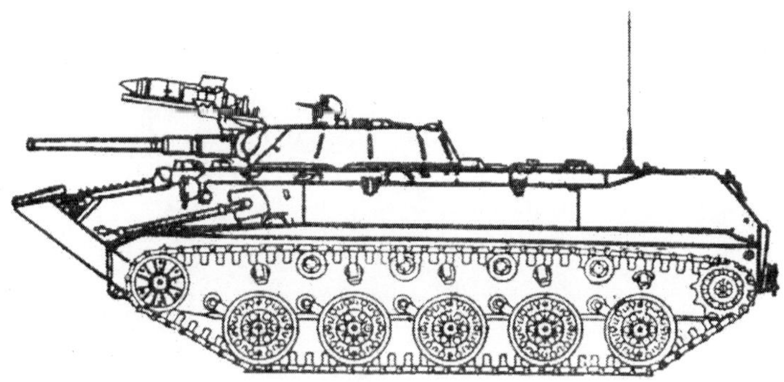

Schützenlandepanzer BMD-1 (Variante 2)

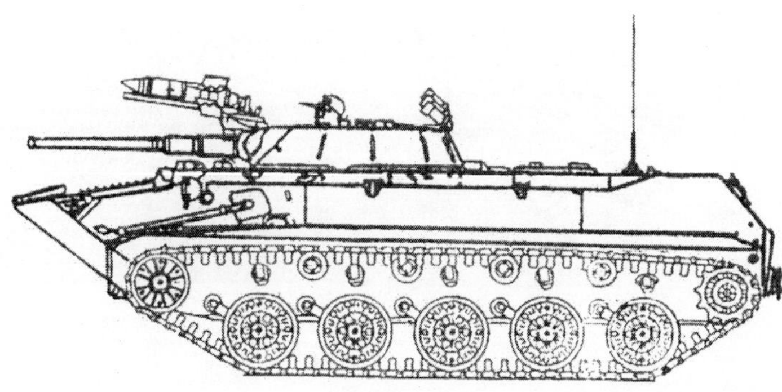

Schützenlandepanzer BMD-1 mit Abschußvorrichtung für Nebelgrananten

Der Schützenlandepanzer BMD-1P

Baujahr: .... in Bewaffnung 1977
Entwickler..KB Wolgograder Traktorenwerk
Hersteller .... Wolgograder Traktorenwerk
Produktion .... in Serie 1977
Kampfmasse, t.. 7,6
Länge, mm... 5400
Breite, mm.. 2630
Höhe, mm.................................... 1620-1970
Bodenfreiheit, mm............................ 100-450
Mittl. Bodendruck kg/cm² 0,49
überwindbare Hindernisse
- Anstieg, Grad.................................... 32
- Querneigung, Grad............................. 18
- Graben, m... 2,0
- Mauer, m.. 0,7
- Watfähigkeit.................. schwimmfähig
Motortyp.................................. Diesel 5D20
Max. Leistung, PS................................. 240
Spezifische Leistung, PS/t..................... 31,6

Maximale Geschwindigkeit, km/h.............. 62
Schwimmgeschwindigkeit, km/h................ 10
Reichweite, km... 500
Panzerung, mm .... kugelsicher
Mannschaft, Mitglieder 2
Schützen, Mitglieder.................................... 5
Bewaffnung
- Kaliber und .... 73 mm
Geschütztyp... 2A28
Kampfsatz, Stück)................................. (40)
- Zahl x Kaliber, mm und Typ
MG`s.............................. 3 x 7,62 mm PKT
(Kampfsatz, Stück)............................ (4000)
- Typ d. Panzerabwehrrak....... 9M111/9M113
(Kampfsatz, Stück) .... (2)
Ziel.. 1PN22M2
Nachtziel.. wie Ziel
Funkstation.. R-123M

Zusatzinformation: Er wurde auf der Basis des BMD-1 entwickelt. Anstelle der Rakete „Maljutka“ wurde der Komplex „Konkurs“ eingesetzt. Auf seiner Basis entstand später der Führungslandepanzer BMD-1PK.

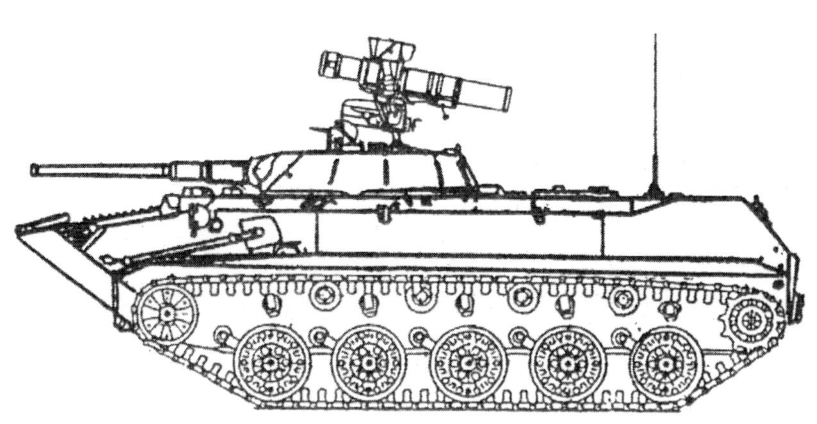

Schützenlandepanzer BMD-1P

Schützenlandepanzer BMD-2
(Objekt 916)

Baujahr: ....in Bewaffnung 1985
Hersteller ....Wolgograder Traktorenwerk
Produktion ....in Serie 1985
Kampfmasse, t.......................................8,0
Länge, mm...5970
Breite, mm...2700
Höhe, mm...................................1830-2180
Bodenfreiheit, mm..........................100-450
Mittl.Bodendruck kg/cm^2 0,50
überwindbare Hindernisse
- Anstieg, Grad..................................32
- Querneigung, Grad...........................18
- Graben, m.......................................2,0
- Mauer, m...0,7
- Watfähigkeit........................schwimmt

Motortyp..................................Diesel 5D20
Max. Leistung, PS................................240
Spezifische Leistung, PS/t....................30,0
Maximale Geschwindigkeit, km/h......60-61

Schwimmgeschwindigkeit, km/h................10
Reichweite, km..500
Panzerung, mm..................kugelsicher
Rauchvorhang.......................................TDA
Mannschaft, Mitglieder 2
Landetruppe, Mitglieder..............................5

Bewaffnung

- Kaliber und ....30 mm
- Geschütztyp...2A42
  Kampfsatz, Stück)...............................(300)
- Zahl x Kaliber, mm und Typ
  MG`s...............................2 x 7,62 mm PKT
  (Kampfsatz, Stück).....................(2940-2980
- Typ d. Panzerabwehrrakete ..9M111/9M113
  (Kampfsatz, Stück) ....(3)

Waffenstabilisator.............................2-flächig
Ziel..BPK-1-42
Nachtziel...wie Ziel
Funkstation...R-173

Zusatzinformation: Er wurde auf der Grundlage des BMD-1 entwickelt. Er erhielt einen neuen Turm mit einem neuen Flakautomaten 30 mm. Der Panzer kann mit Hilfe des Fallschirmsystems PRSM 925 (916) von den Flugzeugen IL-76 und AN-22 aus einer Höhe von 500 bis 1500 m abgeworfen werden. Auf seiner Basis wurde der Führungspanzer BMD-2K (Objekt 916K) entwickelt.

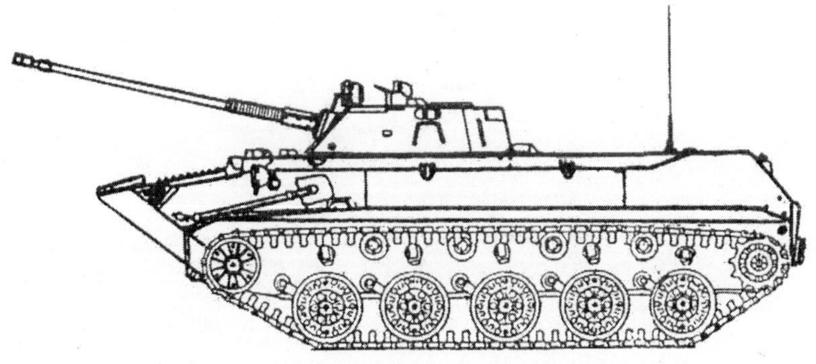

Schützenlandepanzer BMD-2

Schützenlandepanzer BMD-3

Baujahr: ....in Bewaffnung Anfang 1990
Entwickler SKB Wolgograder Traktorenwerk
Hersteller ....Wolgograder Traktorenwerk
Produktion ....in Serie 1990
Kampfmasse, t..................................12,9-13,2
Länge, mm....................................6100-6360
Breite, mm..3114
Höhe, mm.....................................2170-2450
Bodenfreiheit, mm.........wechselnd, 190-590
Mittl.Bodendruck kg/cm² 0,32-0,48
überwindbare Hindernisse
- Anstieg, Grad....................................35
- Querneigung, Grad............................25
- Graben, m...2,0
- Mauer, m...0,7
- Watfähigkeit..................schwimmfähig
Motortyp..............................Diesel 2V-06-2
Max. Leistung, PS..................................450
Spezifische Leistung, PS/t.....................34,0
Maximale Geschwindigkeit, km/h........70-71

Schwimmgeschwindigkeit, km/h..............10
Reichweite, km......................................500
Panzerung, mm ....kugelsicher
Mannschaft, Mitglieder 2
Landetruppe, Mitglieder.............................5
Bewaffnung
- Kaliber Geschütz.............................30 mm
- Geschütztyp..2A42
(Kampfsatz, Stück)......................(500+360)
- Kaliber Geschütz.............................30 mm
- Typ Panzerbüchse..........................AGS-17
(Kampfsatz, Stück)......................(280+261)
- Zahl x Kaliber, mm und Typ
MG`s...................................7,62 mm PKT
(Kampfsatz, Stück)..........................(2000)
- Zahl x Kaliber und Typ
MG`s............................5,45 mm RPKS-74
(Kampfsatz, Stück)…………………(2160)
- Typ d. Panzerabwehrrakete ...... „Konkurs“
(Kampfsatz, Stück) ....(4+2)
Waffenstabilisator.................in zwei Ebenen

Zusatzinformation: Die Wanne des Panzers ist aus gewalzten Panzerblechen geschweißt. Der Innenraum ist in einzelne Räume für die Fahrer, für die Landetruppe sowie den Motor und das Getriebe unterteilt. Die gesamte Mannschaft verfügt über universelle Sitze, die es erlauben, innerhalb des Panzers mit Hilfe der Fallschirme zu landen. Dabei wird die Mannschaft vor der Explosion von Minen mit einer Sprengkraft bis zu 2,5 kg geschützt. Der Panzer BMD-3 verfügt über ein Vorwärmgerät des Motors sowie ein Luftvorwärmgerät, die es ermöglichen, daß der Panzer bei einer Temperatur von -25° nach fünf Minuten und bei einer Temperatur von -45° nach zwanzig Minuten startet.

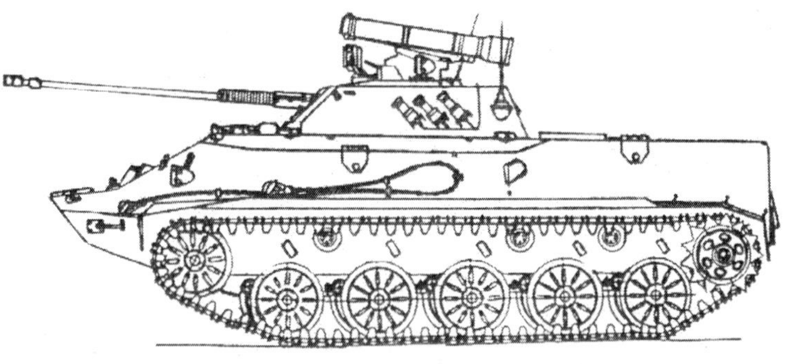

Schützenlandepanzer BMD-3

Leichte Panzer

Geländegängiger Kettenpanzer
„Wesdechod“

Baujahr: ....1915 in Dienst genommen
Entwickler.....Russisches Maschinenbauwerk
Hersteller ......Russisches Maschinenbauwerk
Produktion ....Versuchsmuster
Kampfmasse, t.......................................4,0
Länge, mm...3600
Breite, mm...2000
Motortyp.................................Vergaser PMS
Max. Leistung, PS......................................20

Spezifische Leistung, PS/t........................5,0
Maximale Geschwindigkeit, km/h.......25-26
Panzerung, mm ....kugelsicher 8 mm
Mannschaft, Mitglieder 2
Bewaffnung:
- Zahl x Kaliber, mm und Typ
MG`s.............................7,62 mm „Maxim”
(Kampfsatz, Stück)..................................(.)

Zusatzinformation: Das Projekt des Panzers schlug Werksmeister A.A. Prochowschtschikow im August 1914 vor. Der Panzer wurde 1915 erprobt. Der Antrieb erfolgte mit Hilfe einer breiten elastischen Kette. Während der Fahrt auf Straßen mit fester Decke stützte sich der Vorderteil des Panzers auf zwei steuerbare Räder. Die Höhe des Panzers ohne Turm betrug 1,5 m. Zur Entwicklung des Panzers diente das Projekt „Wesdechod-2“. das der Panzerhauptverwaltung (GWTU) des Verteidigungsministeriums am 19.01.1917 vorgelegt wurde. Man schlug die Verstärkung der MG-Bewaffnung (bis zu 3x7,62 mm) und ein neues Laufwerk mit vier Stützrädern und einer breiten, zentralen Kette vor.

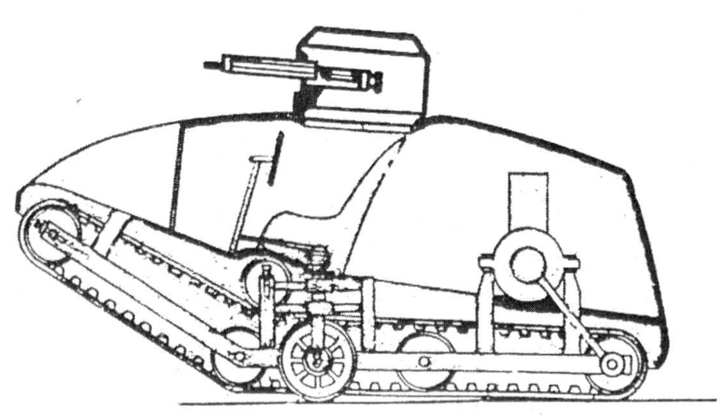

Geländegängiger Kettenpanzer „Wesdechod“

Panzer M
(KS „Krasnoe Sormowo")

Baujahr: ....in Bewaffnung Anfang 1920
Entwickler.......Firma „Renault" (Frankreich)
Hersteller ....Werk „Roter Sormowo"
Produktion ....in Serie 1920-22
Kampfmasse, t.......................................7,0
Länge, mm
- mit Kanone..............................5000(4100)
- der Wanne..4000
Breite, mm..1750
Höhe, Turnspitze mm...........................2250
Bodenfreiheit, mm.................................420
Mittl. Bodendruck kg/cm^2 0,7
überwindbare Hindernisse
- Anstieg, Grad...................................38
- Querneigung, Grad...........................28
- Graben, m.......................................2,0
- Mauer, m...0,6
- Watfähigkeit, m...............................0,5

Motortyp................................Vergaser AMO
Max. Leistung, PS..................................33,5
Spezifische Leistung, PS/t.........................4,5
Treibstoffvorrat, l.....................................90
Maximale Geschwindigkeit, km/h.........8-8,5
Reichweite, km..60
Panzerung, mm
- Wannenstirnwand....................................16
- Turmstirnwand..16
Mannschaft, Mitglieder 2
Bewaffnung:
- Zahl x Kaliber, mm und Typ
Geschütz.....................37 mm „Gotschkis"
(Kampfsatz, Stück)....................(250-260)
- Zahl x Kaliber, mm und Typ
MG`s.....................................7,62 mm DT
(Kampfsatz, Stück)..........................(2016)
Ziel...mechanisch
Funkstation..keine

Zusatzinformation: Als Prototyp diente der französische Beutepanzer M17. Er wurde als Renault-Russki bezeichnet und besaß einen Fiatmotor. Die Wanne war als Karkasse gebaut und mit Stahlblech verkleidet. Der Turm war eckig und aus gewalztem Panzerblech genietet. Auf verschiedenen Panzern waren Kanonen, auf anderen lediglich MG`s, die letzten Versuchsmuster hatten beide Waffen. Die Produktion umfaßte 15 Panzer und jeder hatte einen Namen z. B.: „Pariser Kommune", „Proletariat", „Sturm", „Sieg", „Roter Kämpfer", „Ilja Muromez", „Freiheitskämpfer Genosse Lenin". Die Panzer wurden im Bürgerkrieg eingesetzt.

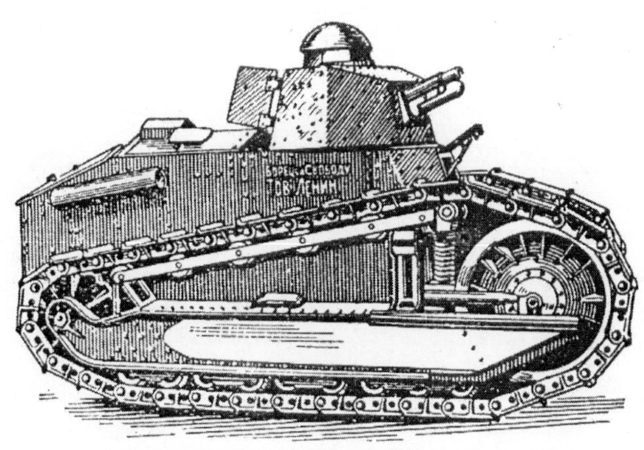

Panzer M

Leichter Panzer MS-1
(T-18, Kleiner Begleiter)

Baujahr: ....in Bewaffnung Anfang 1927
Entwickler.................................STB GUWT
Hersteller ....Werk „Bolschewik“
Produktion ....in Serie ab 1927
Kampfmasse, t.....................…..........5,5-5,9
Länge, mm
- mit Kanone...............................4500(3500)
- der Wanne..3500
Breite, mm..1800
Höhe, Turnspitze mm...........................2200
Bodenfreiheit, mm............................305-315
Mittl. Bodendruck kg/cm^2......................0,37
überwindbare Hindernisse
- Anstieg, Grad....................................35
- Querneigung, Grad............................30
- Graben, m...1,8
- Mauer, m...0,55
- Watfähigkeit, m................................0,8

Motortyp.................................Vergaser T-18
Max. Leistung, PS....................................35
Spezifische Leistung, PS/t.........................6,0
Treibstoffvorrat, l.....................................110
Maximale Geschwindigkeit, km/h.....16,4-22
Reichweite, km................................100-120
Panzerung, mm
- Wannenstirnwand.....................................16
- Turmstirnwand..16
Mannschaft, Mitglieder 2
Bewaffnung:
- Zahl x Kaliber, mm und Typ
  Geschütz......................37 mm „Gotschkis“
  (Kampfsatz, Stück).............................(104)
- Zahl x Kaliber, mm und Typ
  MG`s.................................2 x 7,62 mm DT
  (Kampfsatz, Stück)............................(2016)
Ziel..mechanisch
Funkstation...keine

Zusatzinformation: Ursprünglich entstand der Panzer T-16 als Fünftonner, der nach der Erprobung im Sommer 1927 und konstruktiven Veränderungen unter der Bezeichnung MS-1 oder T-18 in die Bewaffnung aufgenommen wurde. Auf verschiedenen Panzern installierte man anstelle der MG`s DT zwei zweiläufige MG`s Fedorow 6,5 mm. Zur Verbesserung der Geländegängigkeit durch Wasserläufe und Gräben wurde das Heck des Panzers mit einem Schwanz ausgerüstet (als Verlängerung der Wanne). Die Wanne und der Turm bestanden aus Panzerblech. Die Kanone und ein MG befanden sich im Turm, ein zweites MG zur Reserve. Im Jahre 1929 wurde der Panzer modernisiert und das Reserve-MG entfernt. Im Jahre 1938 wurde der Panzer zum letzten Male modernisiert (T-18). Die Produktion umfaßte insgesamt 950 Panzer. Die MS-1 wurden 1929 im Krieg um die Chinesisch-Östliche Eisenbahn eingesetzt.

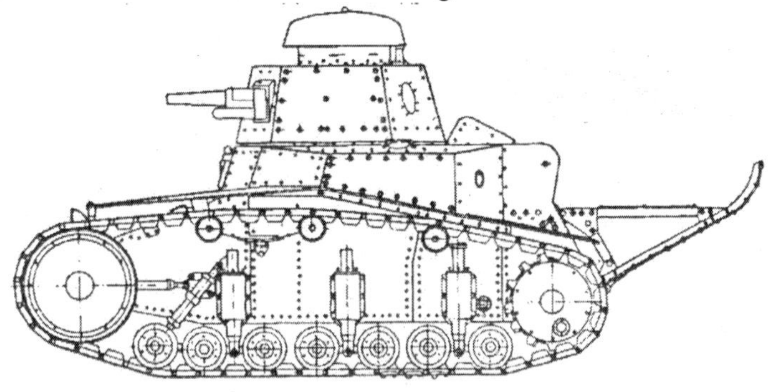

Leichter Panzer MS-1

Kleinpanzer T-17 „Liliput“

Tanketka

Baujahr: 1928
Entwickler....................................TKB OAT
Hersteller ....Leningrader Werk
Produktion ....in kleiner Serie
Kampfmasse, t...2,4
Länge mit Kanone, mm ....ca. 3500
Breite, mm..1800
Bodenfreiheit, mm...................................305
Mittl. Bodendruck kg/cm² 0,3
überwindbare Hindernisse
- Anstieg, Grad...................................35
- Querneigung, Grad............................30
- Graben, m..1,8
- Mauer, m.......................................0,55
- Watfähigkeit.....................................0,8

Motortyp..Vergaser
Max. Leistung, PS................................18-20
Spezifische Leistung, PS/t...................7,5-8,3
Maximale Geschwindigkeit, km/h.........16-18
Panzerung, mm
- Wannenstirnwand....................................14
Mannschaft, Mitglieder 1
Bewaffnung
- Zahl x Kaliber, mm und Typ
MG`s......................................7,62 mm DT
(Kampfsatz, Stück).................................(-)
Ziel...mechanisch
Funkstation...keine

Zusatzinformation: Er wurde mit Hilfe von Bauteilen des T-16 vom technischen KB des Waffenartillerie Trusts (OAT) entwickelt. Die Wanne wurde aus Panzerblech genietet. Rechts in der Wanne waren verkleidet ein oder zwei MG`s installiert. Der Panzer war mit gummierten Metallketten bestückt. Zur Überwindung von Hindernissen im Wasser war im Heck ein „Schwanz“ (Konsole) angebracht. Auf der Basis des T-17 wurden die Kleinpanzer T-23 und T-25 entwickelt. Der T-25 hatte eine Masse von 2 t, die Panzerung war 10 mm stark. Er besaß ein MG. Die Mannschaft umfaßte zwei Mitglieder. Der Motor hatte eine Leistung von 30 PS. Die Geschwindigkeit betrug bis zu 35 km/h.

Kleinpanzer T-17

Kleinpanzer T-23

Tanketka

Baujahr:	1931	Max. Leistung, PS	60
Entwickler	TKB OAT	Spezifische Leistung, PS/t	17,1
Hersteller	Leningrader Werk	Maximale Geschwindigkeit, km/h	35
Produktion	kleine Serie	Reichweite, km	100
Kampfmasse, t	3,5	Panzerung, mm	
Länge der Wanne, mm	3700	- Wannenstirnwand	6-10
Breite, mm	1800	Mannschaft, Mitglieder	2
Bodenfreiheit, mm	310	**Bewaffnung:**	
Mittl. Bodendruck kg/cm²	0,4	- Zahl x Kaliber, mm und Typ	
überwindbare Hindernisse		MG`s	7,62 mm DT
- Anstieg, Grad	35	(Kampfsatz, Stück)	(-)
- Watfähigkeit, m	0,8	Ziel	mechanisch
Motortyp	Vergaser	Funkstation	keine

Zusatzinformation: Wurde auf der Grundlage des T-17 gebaut. Die Wanne ist als Karkasse angelegt. Die Form ist eckig. Motor und Getriebe befinden sich im Heck. Auf dem Panzer wird eine kammartig verzahnte, metallische Kette eingesetzt. Beim Einsatz des T-23 zeigte die Kette Tendenzen zum Abfallen. Der Panzer wurde in kleiner Stückzahl gebaut und nicht weiterentwickelt.

Kleinpanzer T-23

Kleinpanzer T-27

Tanketka

Baujahr: ....in Bewaffnung Anfang 1931
Entwickler..............................KB Werk N37
Hersteller ....Werk N37
Produktion ....in Serie 1931-33
Kampfmasse, t......................................2,7
Länge, mm
- mit Kanone...2600
- der Wanne..2600
Breite, mm...1825
Höhe, Turnspitze mm...........................1443
Bodenfreiheit, mm..........................230-340
Mittl. Bodendruck kg/cm^2......................0,7
überwindbare Hindernisse
- Anstieg, Grad...................................30
- Querneigung, Grad...........................30
- Mauer, m...0,5
- Graben, m...1,2
- Watfähigkeit, m................................0,5
Motortyp.......................Vergaser „Ford-AA“
Max. Leistung, PS....................................40
Spezifische Leistung, PS/t......................14,8
Treibstoffvorrat, l......................................46
Maximale Geschwindigkeit, km/h........40-42
Reichweite, km...............................110-120
Panzerung, mm
- Wannenstirnwand...................................10
Mannschaft, Mitglieder 2
Bewaffnung:
MG`s.....................................7,62 mm DT
(Kampfsatz, Stück)..........................(2500)
Ziel..mechanisch
Funkstation..keine

Zusatzinformation: Der Chefkonstrukteur war N.A. Kosyrew. Die Wanne ist aus gewalztem Panzerblech genietet. An einigen Stellen wurden Bolzen zur Befestigung eingesetzt. Der Motor befindet sich in der Wannenmitte. Das Getriebe stammt vom Auto GAS-AA. Die mechanisierten Abteilungen der RKKA wurden mit dem T-27 ausgerüstet. Der T-27 konnte mit dem schweren Bomber TB-3 in der Luft transportiert werden und mit Fallschirmen landen. Der T-27 wurde in der Wüste Karakum bei der Liquidierung der basmatischen Banden eingesetzt. Man benutzte ihn auch als Stabspanzer zur Begleitung der Kavallerie. Auf der Basis des T-27 wurde in der Sowjetunion in den Jahren 1930-1932 der erste Flammpanzer entwickelt.

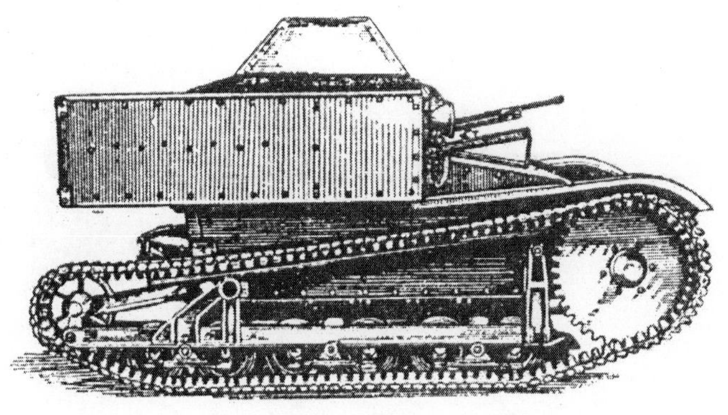

Kleinpanzer T-27

Kleinpanzer PPG
(Objekt 217, mobiles MG-Nest)
Tanketka

Baujahr: ... 1940	Motortyp ... Vergaser LMS
Entwickler ... KB LKS	Max. Leistung, PS ... 16
Hersteller ... LKS	Spezifische Leistung, PS/t ... 9,4
Produktion ... Versuchsmuster	Maximale Geschwindigkeit, km/h ... 18
Kampfmasse, t ... 1,7	Panzerung, mm
Länge, mm	- Wannenstirnwand ... 20
- mit Kanone ... 2500	Mannschaft, Mitglieder ... 2
- der Wanne ... 2500	**Bewaffnung:**
Breite, mm ... 1720	- Zahl x Kaliber, mm und Typ
Höhe, Turnspitze mm ... 860	MG`s ... 2 x 7,62 mm DT
Bodenfreiheit, mm ... 300	(Kampfsatz, Stück) ... (1575)
überwindbare Hindernisse	Ziel ... MP
- Anstieg, Grad ... 35	Funkstation ... keine

Zusatzinformation: Die Wanne des PPG ist geschweißt. Sie besitzt einen rationellen Neigungswinkel. Auf der Stirnseite sind kugelblendengelagert zwei MG`s installiert. Für den Einstieg der Mannschaft ist auf dem Wannendach eine zweiflügelige Luke eingebaut. Der Motor befindet sich im Heck. Der Panzer PPG wurde auf einem LKW zum Schlachtfeld transportiert und dort als mobiles MG-Nest eingesetzt. Der Panzer war wenig beweglich und hatte schlechte Fahreigenschaften.

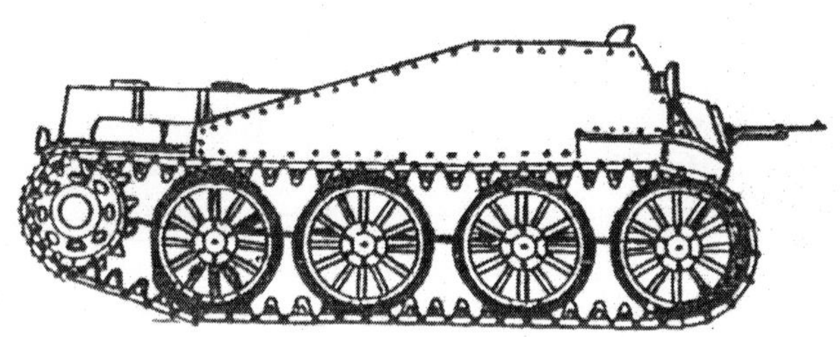

Kleinpanzer PPG

Leichter Panzer T-16

Baujahr: ....in Bewaffnung Anfang 1925	Motortyp.................................Vergaser T-18
Entwickler.................................STB GUWP	Max. Leistung, PS...................................35
Hersteller ....Werk „Bolschewik“	Spezifische Leistung, PS/t.......................7,0
Produktion ....Versuchsmuster	Maximale Geschwindigkeit, km/h..........16,4
Kampfmasse, t...5,0	Reichweite, km......................................100
Länge, mm	Panzerung, mm
- mit Kanone..3500	- Wannenstirnwand................................8-16
- der Wanne...3500	- Turmstirnwand.....................................8-16
Breite, mm..1800	Mannschaft, Mitglieder 2
Höhe, Turnspitze mm..........................2200	**Bewaffnung:**
Bodenfreiheit, mm...................................305	- Zahl x Kaliber, mm und Typ
Mittl. Bodendruck kg/cm^2 0,34	Geschütz.......................37 mm „Gotschkis”
überwindbare Hindernisse	(Kampfsatz, Stück)..............................(104)
- Anstieg, Grad...................................35	- Zahl x Kaliber, mm und Typ
- Querneigung, Grad...........................30	MG`s.................................2 x 7,62 mm DT
- Mauer, m.......................................0,55	(Kampfsatz, Stück)............................(2016)
- Graben, m..1,8	Ziel...mechanisch
- Watfähigkeit, m...............................0,8	Funkstation..keine

Zusatzinformation: Er wurde im Jahre 1925 entwickelt und bis zum Sommer 1927 erprobt. Nach Verbesserungen kam er unter der Bezeichnung MS-1 (T-18) in die Bewaffnung. Die Wanne war als Karkasse gebaut, das Material war gewalzt.

Leichter Panzer T-16

Leichter Panzer T-18M

Baujahr: ....Modifikation 1938
Entwickler.....................Werk „Bolschewik“
Hersteller ....Reparaturwerke
Produktion ....Modernisierung
Kampfmasse, t......................................5,8
Länge, mm
- mit Kanone...3520
- der Wanne..3520
Breite, mm..1720
Höhe, Turnspitze mm...........................2080
Bodenfreiheit, mm..................................300
Mittl. Bodendruck kg/cm² 0,37
überwindbare Hindernisse
- Anstieg, Grad...................................35
- Watfähigkeit, m...............................0,8
Motortyp.........................Vergaser GAS-M1
Max. Leistung, PS...................................50

Spezifische Leistung, PS/t........................8,6
Treibstoffvorrat, l....................................110
Maximale Geschwindigkeit, km/h.............24
Reichweite, km.......................................120
Panzerung, mm
- Wannenstirnwand...................................14
- Turmstirnwand.......................................14
Mannschaft, Mitglieder 2
Bewaffnung:
- Zahl x Kaliber, mm und Typ
Geschütz..............45 mm Muster 1932
..(Kampfsatz, Stück)........................112
MG`s.....................................7,62 mm DT
(Kampfsatz, Stück)...........................(1449)
Ziel...mechanisch
Funkstation..keine

Zusatzinformation: Es handelt sich um eine Variante des MS-1 nach seiner dritten Modernisierung. Im Ergebnis der Modernisierung wurde der Munitionsvorrat der Kanone erhöht. Ein neuer Motor wurde eingebaut, der Antrieb verstärkt und der „Schwanz“ entfernt. Die Geschwindigkeit des Panzers erhöhte sich zu Lasten seiner Zuverlässigkeit.

Leichter Panzer T-18M

Leichter Panzer T-19

Baujahr: 1930
Entwickler..................................STB GUWP
Hersteller ....Werk „Bolschewik"
Produktion ....Versuchsmuster
Kampfmasse, t.......................................9,0
Länge, mm
- mit Kanone..3800
- der Wanne...3800
Breite, mm...1800
Höhe, Turnspitze mm...........................2250
Bodenfreiheit, mm...................................320
Mittl. Bodendruck kg/cm² 0,4
überwindbare Hindernisse
- Anstieg, Grad....................................30
- Watfähigkeit, m..............................0,8
Motortyp..Vergaser
Max. Leistung, PS...................................60

Spezifische Leistung, PS/t........................6,7
Maximale Geschwindigkeit, km/h.............17
Reichweite, km...................................80-100
Panzerung, mm
- Wannenstirnwand...................................16
- Turmstirnwand..16
Mannschaft, Mitglieder 3
Bewaffnung:
- Zahl x Kaliber, mm und Typ
Geschütz......................37 mm „Gotschkis"
(Kampfsatz, Stück)..............................(104)
- Zahl x Kaliber, mm und Typ
MG`s.................................2 x 7,62 mm DT
(Kampfsatz, Stück)............................(2016)
Ziel..mechanisch
Funkstation...keine

Zusatzinformation: Er wurde auf der Grundlage des leichten Panzers T-18 entwickelt. Die Wanne ist geschweißt und nach hinten verlängert. Im Turm sind die Kanone und das MG untergebracht. Die Kanone wird mit einer Schulterstütze geführt. Der Motor befindet sich im Heck. Der Panzer T-19 war schwerer und hatte kompliziertere Mechanismen als der Serienpanzer MS-1 (T-18). Zu dieser Zeit besaß er keinerlei Vorteile und wurde deshalb nicht in Serie gebaut. Das zweite Versuchsmuster erhielt die Bezeichnung T-20.

Leichter Panzer T-19

Leichter Panzer T-20

Baujahr: 1930
Entwickler.................................STB GUWP
Hersteller ....Werk „Bolschewik“
Produktion ....Versuchsmuster
Kampfmasse, t.......................................9,0
Länge, mm
- mit Kanone..3800
- der Wanne..3800
Breite, mm..1800
Höhe, Turnspitze mm...........................2250
Bodenfreiheit, mm..................................320
Mittl. Bodendruck kg/cm^2 0,4
überwindbare Hindernisse
- Anstieg, Grad..................................30
- Querneigung, Grad............................30
- Mauer, m.......................................0,55
- Watfähigkeit, m...............................1,8
Motortyp.......................................Vergaser

Max. Leistung, PS....................................60
Spezifische Leistung, PS/t........................6,7
Maximale Geschwindigkeit, km/h.............17
Reichweite, km..................................80-100
Panzerung, mm
- Wannenstirnwand...................................16
- Turmstirnwand..16
Mannschaft, Mitglieder 3
Bewaffnung:
- Zahl x Kaliber, mm und Typ
Geschütz........................37 mm „Gotschkis”
(Kampfsatz, Stück)..............................(104)
- Zahl x Kaliber, mm und Typ
MG`s.......................................7,62 mm DT
(Kampfsatz, Stück)............................(2016)
Ziel...mechanisch
Funkstation...keine

Zusatzinformation: Er wurde auf der Basis des T-18 entwickelt und ist das zweite Muster des Versuchspanzers T-19. Er unterscheidet sich in verschiedenen Merkmalen vom T-19. Er wurde nicht in Serie produziert.

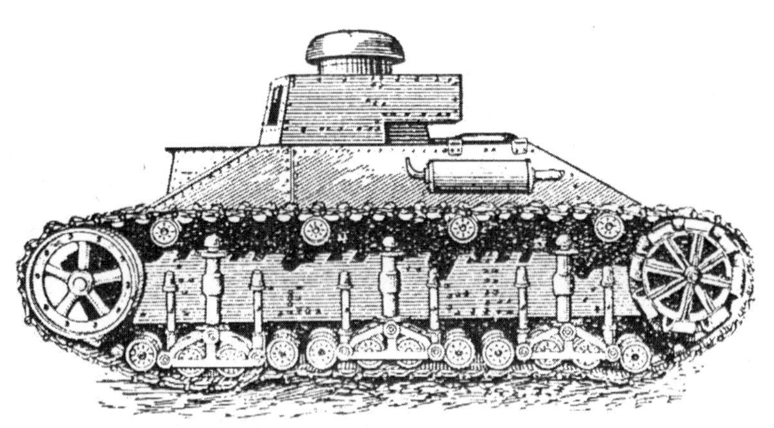

Leichter Panzer T-20

Leichter Radkettenpanzer BT-2

Baujahr: ....in Bewaffnung 1931
Entwickler..............KB Chark. Lokomotivw.
Hersteller ...Chark. Lokomotivw. Komintern
Produktion ....in Serie 1932-33
Kampfmasse, t...............................10,5-11,3
Länge, mm
- mit Kanone.................................5350-5500
- der Wanne..................................5350-5500
Breite, mm..2230
Höhe, Turnspitze mm...................2160-2200
Bodenfreiheit, mm...................................350
Mittl. Bodendruck kg/cm² 0,63
überwindbare Hindernisse
- Anstieg, Grad....................................42
- Watfähigkeit, m................................1,0
Motortyp................Vergaser „Liberti" (M-5)
Max. Leistung, PS...................................400

Spezifische Leistung, PS/t.......................36,4
Maximale Geschwindigkeit, km/h
- auf Rädern...72
- auf Ketten..52
Reichweite, km.................................200/120
Panzerung, mm
- Wannenstirnwand....................................13
- Turmstirnwand...13
Mannschaft, Mitglieder 3
Bewaffnung
- Zahl x Kaliber, mm und Typ
Geschütz...37 mm Muster 1930(„Gotschkis")
(Kampfsatz, Stück)............................(92-96)
- Zahl x Kaliber, mm und Typ
MG's...7,62 mm DT
(Kampfsatz, Stück).............................(2709)
Ziel...Teleskop
Funkstation...keine

Zusatzinformation: Er wurde auf der Basis des in den USA gekauften Panzers „Christi" entwickelt. Die Wanne ist genietet und hat einen kastenförmigen Querschnitt. Die Einstiegsluke für den Fahrer befindet sich oben in der Wannenstirnwand. Der zylindrische Turm ist genietet. In ihm befinden sich die Kanone und ein MG. Die Umstellung von Ketten auf Radbetrieb dauert ca. 30 Minuten. Auf der Grundlage des BT-2 wurde im Jahre 1937 ein Brückenlegepanzer mit einer zu verlegenden Brücke mit einer Nutzlast von 15 t und einer Länge von 9,2 m entwickelt. Es wurden ca. 500 Panzer BT-2 produziert. Auf Basis des BT-2 entstanden im weiteren: BT-5, BT-7, BT-7M, BTG-8 u.a. Die Panzer wurden in den Kämpfen um den Chalchin-Gol eingesetzt.

Leichter Radkettenpanzer BT-2

Leichter Radkettenpanzer BT-5

Baujahr: ....i. d. Bewaffnung 1933
Entwickler......KB Charkower Lokomotivw.
Hersteller ....Charkower Lokomotivw.
Produktion ....in Serie 1933-34
Kampfmasse, t....................................11,5
Länge, mm
- mit Kanone..5350
- der Wanne...5350
Breite, mm..2230
Höhe, Turnspitze mm...........................2200
Bodenfreiheit, mm..................................350
Mittl. Bodendruck kg/cm² 0,65
überwindbare Hindernisse
- Anstieg, Grad..............................37-42
- Querneigung, Grad.......................30-35
- Mauer, m..0,55
- Graben, m..................................1,8-2,0
- Watfähigkeit, m..........................0,9-1,0
Motortyp.................................Vergaser M-5

Max. Leistung, PS..................................400
Spezifische Leistung, PS/t......................34,8
Maximale Geschwindigkeit, km/h
- auf Rädern...72
- auf Ketten..52
Reichweite, km...............................200/120
Panzerung, mm
- Wannenstirnwand...................................13
- Turmstirnwand.......................................13
Mannschaft, Mitglieder 3
Bewaffnung:
- Zahl x Kaliber, mm und Typ
Geschütz......................45 mm Muster 1932
(Kampfsatz, Stück)..............................(72)
- Zahl x Kaliber, mm und Typ
MG`s......................................7,62 mm DT
(Kampfsatz, Stück)............................(2709)
Ziel..TSMF, PT-1
Funkstation.......................................71-TK-1

Zusatzinformation: Entwickelt auf der Basis des BT-2. Im Turm ist eine neu konstruierte Kanone und ein durch eine Kugelblende geschütztes MG untergebracht. Der Munitionsvorrat für die Kanone betrug in den Panzern ohne Funkgerät 115 Schuß. Die Produktion umfaßte ca. 1900 Panzer. Die Panzer nahmen an den Kämpfen um den Chalchin-Gol teil. Im Jahre 1934 ersetzte man den Panzer BT-5 in der Serienproduktion durch die verbesserte Modifikation BT-7.

Leichter Radkettenpanzer BT-5

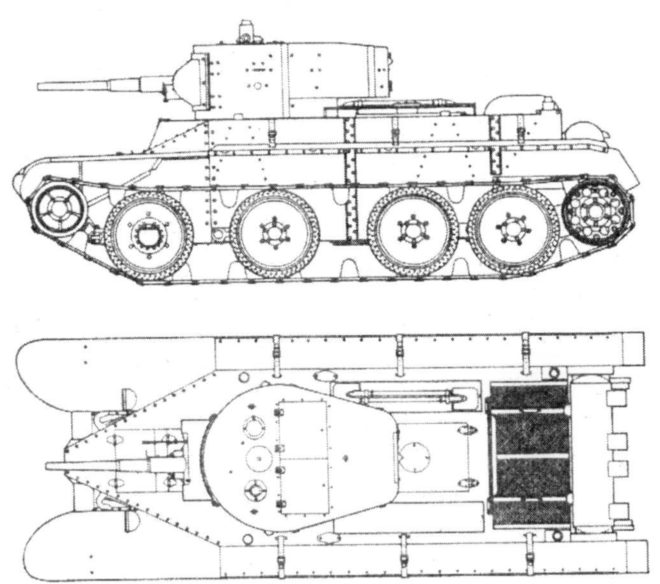

Projekt des leichten Radkettenpanzers BT-5

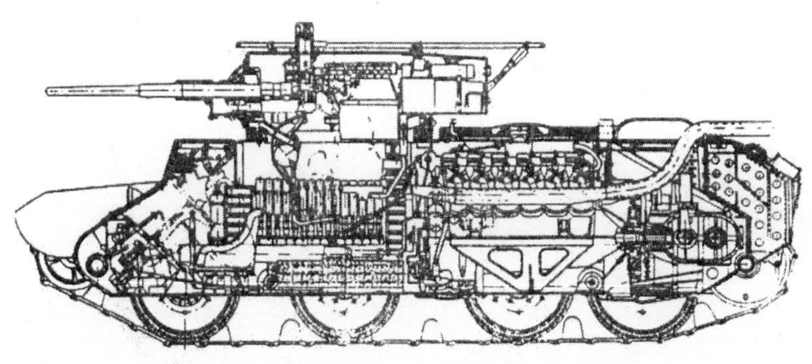

Querschnitt des Panzers BT-5

Leichter Radkettenpanzer BT-7

Baujahr: ....i. d. Bewaffnung 1935
Entwickler......KB Charkower Lokomotivw.
Hersteller ....Charkower Lokomotivwerk Komintern
Produktion ....in Serie 1935-39
Kampfmasse, t...................................13,8
Länge, mm
- mit Kanone...5660
- der Wanne..5660
Breite, mm..2230
Höhe, Turnspitze mm...........................2700
Bodenfreiheit, mm..................................400
Mittl. Bodendruck kg/cm^2 0,65
überwindbare Hindernisse
- Anstieg, Grad....................................42
- Watfähigkeit, m................................1,0
Motortyp............................Vergaser M-17T
Max. Leistung, PS...........................400-500

Spezifische Leistung, PS/t......................36,0
Maximale Geschwindigkeit, km/h
- auf Rädern..72
- auf Ketten...52
Reichweite, km...............................500/350
Panzerung, mm
- Wannenstirnwand..................................22
- Turmstirnwand.......................................13
Mannschaft, Mitglieder 3
Bewaffnung:
- Zahl x Kaliber, mm und Typ
Geschütz......................45 mm Muster 1934
(Kampfsatz, Stück)......................(132-146)
- Zahl x Kaliber, mm und Typ
MG`s................................2 x 7,62 mm DT
(Kampfsatz, Stück)............................(2394)
Ziel..................................Teleskop, Periskop
Funkstation.......................................71-TK-1

Zusatzinformation: Entwicklung auf der Basis des Panzers BT-5. Die Konfiguration der Wanne wurde verbessert. Ein Teil der Wanne war geschweißt, der zylindrische Turm ebenfalls. Den Panzer rüstete man mit dem Fla-MG P-40 aus. Der Munitionsvorrat der Kanone betrug 172 bis 178 Schuß, wenn keine Funkstation vorhanden war. Man stellte 4600 Panzer BT-7 her. Auf der Basis des BT-7 entwickelte man 1940 den Flammpanzer OT-7.

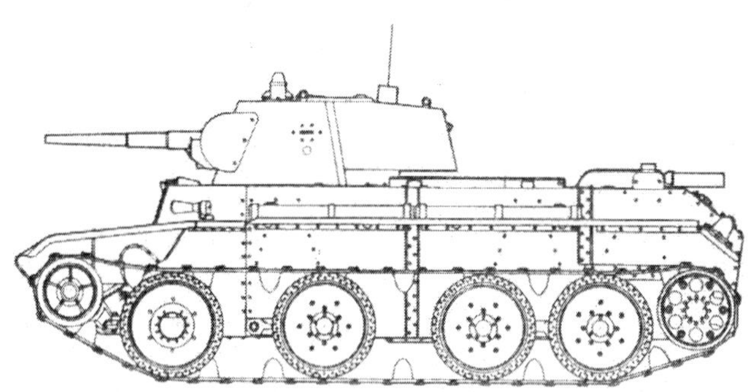

Leichter Radkettenpanzer BT-7

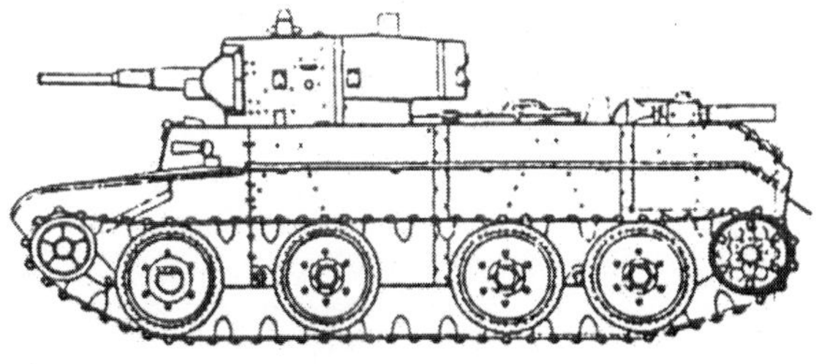

Radkettenpanzer BT-7 (Herstellung 1935)

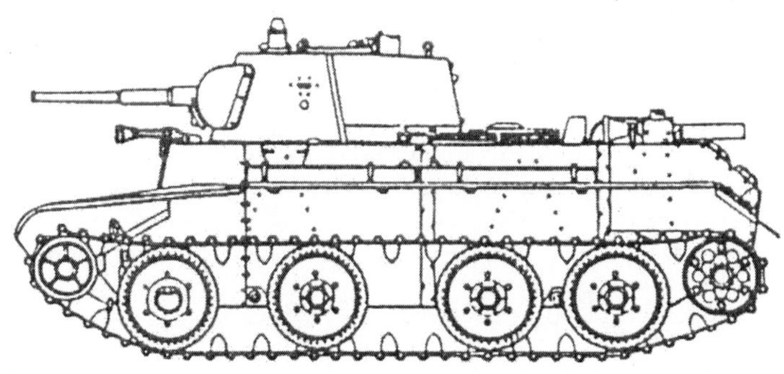

Radkettenpanzer BT-7 (Herstellung 1937)

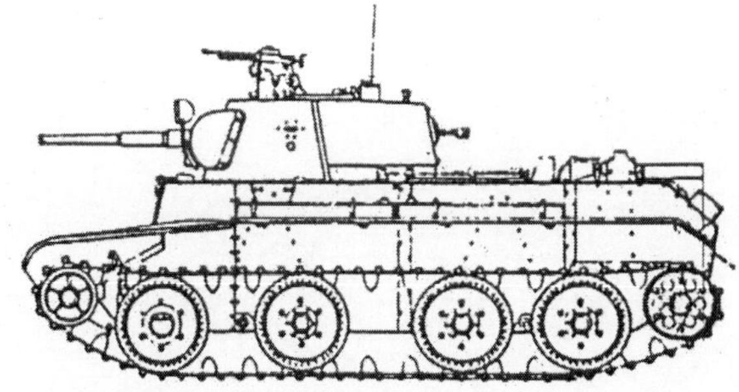

Radkettenpanzer BT-8TU (Herstellung 1939)

Leichter Radekettenpanzer BT-7A

Baujahr: 1934
Entwickler......KB Charkower Lokomotivw.
Hersteller ....Charkower Lokomotivwerk
Produktion ....kleine Serie
Kampfmasse, t.......................................14,5
Länge, mm
- mit Kanone..5660
- der Wanne...5660
Breite, mm...2290
Höhe, Turnspitze mm...........................2500
Bodenfreiheit, mm...................................390
Mittl. Bodendruck kg/cm² 0,67
überwindbare Hindernisse
- Anstieg, Grad...................................35
- Watfähigkeit, m...............................1,0
Motortyp............................Vergaser M-17T
Max. Leistung, PS..................................400
Spezifische Leistung, PS/t.....................27,6

Maximale Geschwindigkeit, km/h
- auf Rädern..70
- auf Ketten...50
Reichweite, km...............................350/500
Panzerung, mm
- Wannenstirnwand...................................22
- Turmstirnwand.......................................13
Mannschaft, Mitglieder 3
Bewaffnung
- Zahl x Kaliber, mm und Typ
Geschütz................................76,2 mm KT
(Kampfsatz, Stück)..............................(50)
- Zahl x Kaliber, mm und Typ
MG`s................................3 x 7,62 mm DT
(Kampfsatz, Stück)...........................(3335)
Ziel................................Teleskop, Periskop
Funkstation..keine

Zusatzinformation: Man entwickelte ihn auf der Basis des BT-7. Er erhielt einen neuen Turm mit einer 76 mm Kanone, zwei MGs und ein Fla-MG P-40. Dieser Panzer erhielt einen differentiellen Mechanismus zur horizontalen Führung mit einem kombinierten manuellen und elektrischen Antrieb. Der Panzer wurde in kleiner Serie hergestellt.

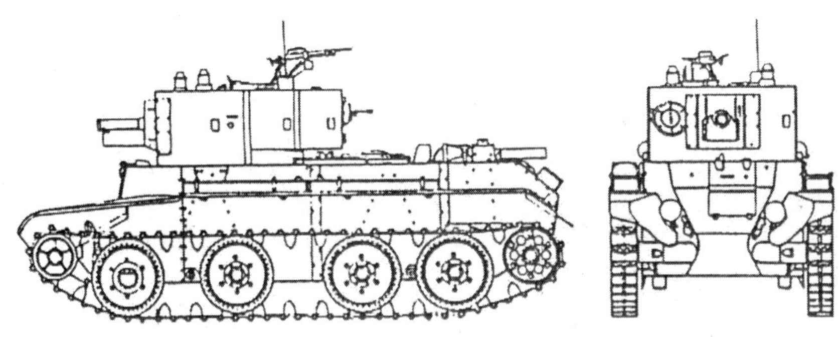

Leichter Radkettenpanzer BT-7A

Leichter Radkettenpanzer BT-IS

Baujahr: 1937
Entwickler.......KB Charkower Lokomotivw.
Hersteller ....Charkower Lokomotivwerk
Produktion ....Versuchsmuster
Kampfmasse, t.....................................13,0
Länge, mm
- mit Kanone..5600
- der Wanne...5600
Breite, mm..2680
Höhe, Turnspitze mm...........................2310
Bodenfreiheit, mm...................................410
Mittl. Bodendruck kg/cm² 0,70
überwindbare Hindernisse
- Anstieg, Grad.....................................25
- Watfähigkeit, m.................................0,5
Motortyp...................................Vergaser M-5
Max. Leistung, PS....................................400
Spezifische Leistung, PS/t.......................30,8

Maximale Geschwindigkeit, km/h
- auf Rädern..75
- auf Ketten...52
Reichweite, km................................450/250
Treibstoffvorrat, l....................................605
Panzerung, mm
- Wannenstirnwand...................................13
- Turmstirnwand..15
Mannschaft, Mitglieder 3
Bewaffnung:
- Zahl x Kaliber, mm und Typ
Geschütz......................45 mm Muster 1934
(Kampfsatz, Stück)................................(75)
- Zahl x Kaliber, mm und Typ
MG`s..7,62 mm DT
(Kampfsatz, Stück)............................(2703)
Ziel...................................Teleskop, Periskop
Funkstation..71-TK-1

Zusatzinformation: Wurde mit Hilfe von Bauteilen des Panzers BT-5 entwickelt. Zur Verbesserung der Fahreigenschaften wurden drei Paar Stützrollen angetrieben. Es war möglich, bei Ausfall einer Kette während der Fahrt auf Radbetrieb umzustellen. Im Vergleich zum Basismodell besaß der BT-IS bessere Manövriereigenschaften bei der Fahrt auf Rädern, wobei allerdings die Zuverlässigkeit des Räderantriebs unzureichend war.

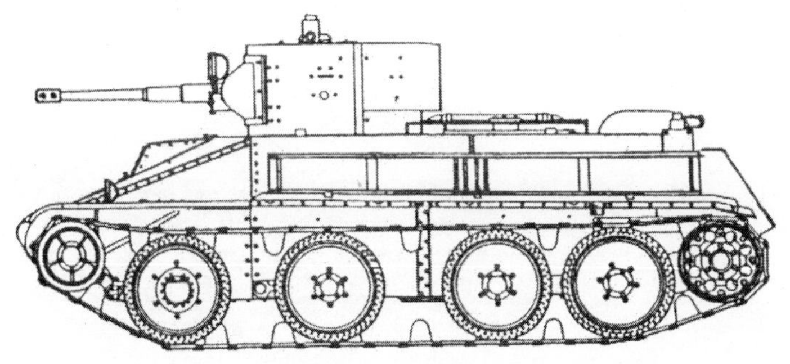

Radkettenpanzer BT-IS

Leichter Radkettenpanzer BT-SW-2

Baujahr: 1937
Entwickler.....KB Charkower Lokomotivw.
Hersteller ....Charkower Lokomotivwerk
Produktion ....Versuchsmuster
Kampfmasse, t.....................13,11
Länge, mm
- mit Kanone...5620
- der Wanne..5620
Breite, mm...2500
Höhe, Turnspitze mm...........................2175
Bodenfreiheit, mm..................................485
Mittl. Bodendruck kg/cm² 0,75
überwindbare Hindernisse
- Anstieg, Grad...................................32
- Watfähigkeit, m...............................1,2
Motortyp.............................Vergaser M-17T
Max. Leistung, PS..................................500
Spezifische Leistung, PS/t........................38

Treibstoffvorrat, l...................................380
Maximale Geschwindigkeit, km/h
- auf Rädern..86
- auf Ketten...62
Panzerung, mm
- Wannenstirnwand...................................25
- Turmstirnwand.......................................25
Mannschaft, Mitglieder 4
Bewaffnung:
- Zahl x Kaliber, mm und Typ
Geschütz.....................45 mm Muster 1934
(Kampfsatz, Stück)............................(115)
- Zahl x Kaliber, mm und Typ
MG`s.....................................7,62 mm DT
(Kampfsatz, Stück)..........................(2016)
Ziel.................................Teleskop, Periskop
Funkstation.......................................71-TK-1

Zusatzinformation: Man entwickelte ihn als vereinfachte Variante des BT-5 und bezeichnete ihn als BT-SW. Er wurde nicht in Serie produziert. Im weiteren wurde auf der Basis von Bauteilen des BT-7 der Panzer BT-SW-2 entwickelt. Zur Verbesserung des Kugelschutzes der Wanne wurde die Panzerung verstärkt und der Neigungswinkel der Panzerung verbessert. Bei der Fahrt auf Rädern wurden ein Paar Stützrollen angetrieben.

Radkettenpanzer BT-SW-2

Leichter Radkettenpanzer BT-7M

Baujahr: ....in Bewaffnung 1939
Entwickler......KB Charkower Lokomotivw.
Hersteller ....Charkower Lokomotivw. Komintern
Produktion ....Serie 1939-40
Kampfmasse, t.................................14,65
Länge, mm
- mit Kanone...5660
- der Wanne..5660
Breite, mm...2290
Höhe, Turnspitze mm...........................2450
Bodenfreiheit, mm...................................390
Mittl. Bodendruck kg/cm² 0,68
überwindbare Hindernisse
- Anstieg, Grad....................................42
- Watfähigkeit, m................................1,0
Motortyp.......................................Diesel V-2
Max. Leistung, PS...................................500

Spezifische Leistung, PS/t......................34,1
Maximale Geschwindigkeit, km/h
- auf Rädern...86
- auf Ketten..65
Reichweite, km...............................700/350
Panzerung, mm
- Wannenstirnwand..................................22
- Turmstirnwand.......................................15
Mannschaft, Mitglieder 3
Bewaffnung
- Zahl x Kaliber, mm und Typ
Geschütz.....................45 mm Muster 1934
(Kampfsatz, Stück)............................(188)
- Zahl x Kaliber, mm und Typ
MG`s................................3 x 7,62 mm DT
(Kampfsatz, Stück)..........................(2394)
Ziel..TOS
Funkstation...9R

Zusatzinformation: Er wurde auf der Grundlage des BT-7 entwickelt und erhielt den neuen Dieselmotor V-2. Dadurch veränderte sich die Konstruktion der Antriebssektion. Der Panzer besitzt drei MG`s: ein koaxiales MG zur Kanone, ein zweites im Heckteil des Turms, das dritte ist ein Fla-MG. Die Reichweite des Panzers erhöhte sich. Durch den eingebauten neuen Dieselmotor ergaben sich Vibrationsprobleme mit der Wanne, weil diese nicht fest genug war. 700 Panzer BT-7M wurden hergestellt. Im Jahre 1940 stellte man die Produktion des BT-7M ein.

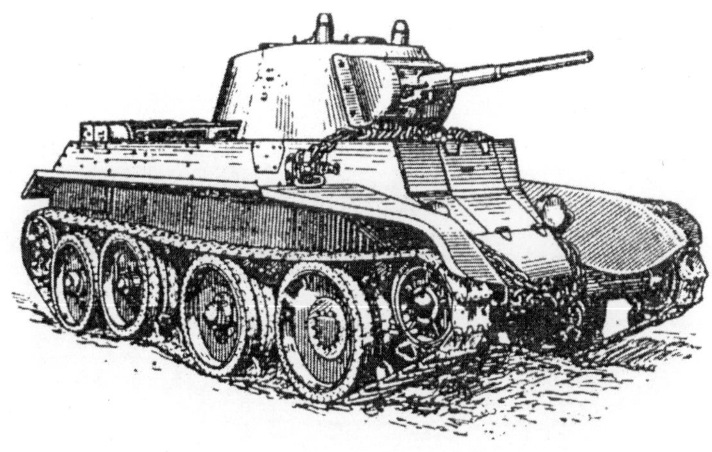

Leichter Radkettenpanzer BT-7M

Radketten-Flammpanzer
OT-7 (BT-7)

Baujahr: 1940
Entwickler.....KB Charkower Lokomotivw.
Hersteller ....Charkower Lokomotivwerk Komintern
Produktion ....Versuchsmuster
Kampfmasse, t....................................14,3
Länge, mm
- mit Kanone..5660
- der Wanne...5660
Breite, mm...2230
Höhe, Turnspitze mm...........................2700
Bodenfreiheit, mm...................................400
Mittl. Bodendruck kg/cm^2 0,72
überwindbare Hindernisse
- Anstieg, Grad......................................42
- Watfähigkeit, m.................................1,0
Motortyp..............................Vergaser M-17T
Max. Leistung, PS...................................400
Spezifische Leistung, PS/t..........................28

Maximale Geschwindigkeit, km/h
- auf Rädern..70
- auf Ketten...52
Reichweite, km...............................350/500
Panzerung, mm
- Wannenstirnwand...................................22
- Turmstirnwand.......................................22
Mannschaft, Mitglieder 3
Bewaffnung
- Zahl x Kaliber, mm und Typ
Geschütz....................45 mm Muster 1938
(Kampfsatz, Stück)............................(132)
- Zahl x Kaliber, mm und Typ
MG`s................................2 x 7,62 mm DT
(Kampfsatz, Stück)...........................(2394)
- Flammenwerfer...............................KS-63
..(Zahl der Schüsse)..........................(10-15)
Ziel.................................Teleskop, Periskop
Funkstation......................................71-TK-1

Zusatzinformation: Die Herstellung des Panzers erfolgte mit Hilfe von Bauteilen des BT-5. Zur Verbesserung der Fahreigenschaften bei Radbetrieb wurden drei Paar Stützrollen angetrieben. Der Panzer konnte ohne Halt bei Verlust einer Kette auf Radbetrieb umschalten. Im Vergleich zu den Basismodellen war der Panzer BT-IS bei Radbetrieb besser manövrierfähig. Der Radbetrieb war aber weniger zuverlässig.

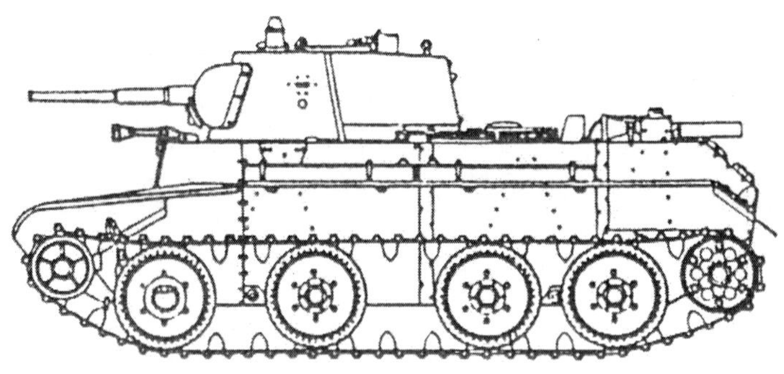

Flammpanzer OT-7

Leichter Schützenpanzer T-26

Baujahr: ....in Bewaffnung 1931
Entwickler.......................Werk Woroschilow
Hersteller ....Werk Woroschilow
Produktion ....in Serie 1931-33
Kampfmasse, t.................................8,0-8,2
Länge, mm
- mit Kanone.................................4620-4650
- der Wanne..................................4620-4650
Breite, mm...2440
Höhe, Turnspitze mm............................2190
Bodenfreiheit, mm...................................380
Mittl. Bodendruck kg/cm^2 0,75
überwindbare Hindernisse:
- Anstieg, Grad...................................35
- Graben, m..0,8

Motortyp................................Vergaser T-26
Max. Leistung, PS.....................................90
Treibstoffvorrat, l....................................182
Spezifische Leistung, PS/t.....................11,2
Maximale Geschwindigkeit, km/h............30
Reichweite, km................................100-140
Panzerung, mm
- Wannenstirnwand....................................13
- Turmstirnwand...13
Mannschaft, Mitglieder 3
Bewaffnung:
- Zahl x Kaliber, mm und Typ
MG`s................................2 x 7,62 mm DT
(Kampfsatz, Stück)...........................(6489)
Ziel..MP
Funkstation..keine

Zusatzinformation: Chefkonstrukteur war M.A. Sigel. Der Panzer wurde auf der Grundlage der im Ausland gekauften englischen Panzer „Vickers“ entwickelt. Die kastenförmige Wanne war aus gewalzten Panzerblechen genietet. Auf dem Drehgestell unter dem Turm wurden zwei zylindrische Türme installiert, in denen je ein kugelblendengelagertes MG untergebracht war. Auf der Basis des T-26 entstanden verschiedene Modifikationen: Der Panzer TMM-1, selbstfahrende Artillerielafetten sowie die Flammpanzer OT-26 und T-130. Der Panzer wurde in den Kämpfen am Fluß Chalchin-Gol eingesetzt. Bis zum Jahre 1941 wurden ca. 11.000 Panzer T-26 verschiedener Modifikation hergestellt.

Leichter Schützenpanzer T-26

Leichter Panzer TMM-1

Baujahr: 1931
Entwickler.....................Werk Woroschilow
Hersteller ....Werk Woroschilow
Produktion ....Versuchsmuster
Kampfmasse, t.......................................8,0
Länge, mm
- mit Kanone..4610
- der Wanne...4610
Breite, mm..2256
Höhe, Turnspitze mm............................2085
Bodenfreiheit, mm...................................352
Mittl. Bodendruck kg/cm^2 0,56
überwindbare Hindernisse
- Anstieg, Grad....................................36
- Watfähigkeit, m................................0,8
Motortyp........................Vergaser „Herkules“
Max. Leistung, PS....................................95

Spezifische Leistung, PS/t.....................11,9
Maximale Geschwindigkeit, km/h.............30
Reichweite, km..169
Panzerung, mm
- Wannenstirnwand...................................10
- Turmstirnwand.......................................13
Mannschaft, Mitglieder 4
Bewaffnung:
- Zahl x Kaliber, mm und Typ
MG`s.....................................7,62 mm DT
(Kampfsatz, Stück)..................................(-)
- Zahl x Kaliber, mm und Typ
MG`s.....................2 x 7,62 mm „Vickers“
(Kampfsatz, Stück).................................(-)
Ziel..MP
Funkstation...keine

Zusatzinformation: Es handelt sich um eine modernisierte Variante des T-26. Er besaß zwei Drehtürme, in denen je ein MG vom Typ „Vickers“ untergebracht war. Das dritte MG vom Typ DT war rechts in der Stirnwand kugelblendengelagert montiert. Im Jahre 1932 wurde die Variante TMM-2 entwickelt. Dieser Panzer besaß in einem der Türme eine 37-mm-Kanone. Das Bug-MG wurde entfernt. Die Mannschaft verminderte sich auf drei Mitglieder. Beide Varianten wurden nicht in Serie produziert.

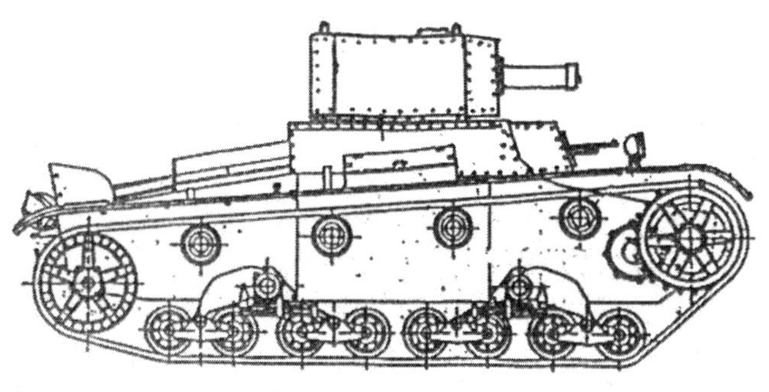

Leichter Panzer TMM-1

Leichter Schützenpanzer T-26

Baujahr: ....i. d. Bewaffnung 1931
Entwickler......................Werk Woroschilow
Hersteller ....Werk Woroschilow
Produktion ....in Serie 1932-33
Kampfmasse, t.......................................8,4
Länge, mm
- mit Kanone..4620
- der Wanne..4620
Breite, mm..2440
Höhe, Turnspitze mm...........................2190
Bodenfreiheit, mm..................................380
Mittl. Bodendruck kg/cm² 0,76
überwindbare Hindernisse:
- Anstieg, Grad....................................35
- Watfähigkeit, m................................0,8
Motortyp................................Vergaser T-26
Max. Leistung, PS....................................90

Spezifische Leistung, PS/t.......................10,7
Treibstoffvorrat..180
Maximale Geschwindigkeit, km/h............30
Reichweite, km..160
Panzerung, mm
- Wannenstirnwand...................................10
- Turmstirnwand.......................................13
Mannschaft, Mitglieder 3
Bewaffnung
- Zahl x Kaliber, mm und Typ
Geschütz.............37 mm „Gotschkis“ (B-3)
(Kampfsatz, Stück).............................(113)
- Zahl x Kaliber, mm und Typ
MG`s......................................7,62 mm DT
(Kampfsatz, Stück)...........................(3087)
Ziel..MP
Funkstation...keine

Zusatzinformation: Es handelt sich um eine Variante des T-26, der in einem der Türme eine 37-mm-Kanone mit Schulterstütze besitzt. Der horizontale Schußwinkel beider Türme beträgt jeweils 270 Grad. Der Turm wird manuell mit Hilfe eines Planetengetriebes gedreht.

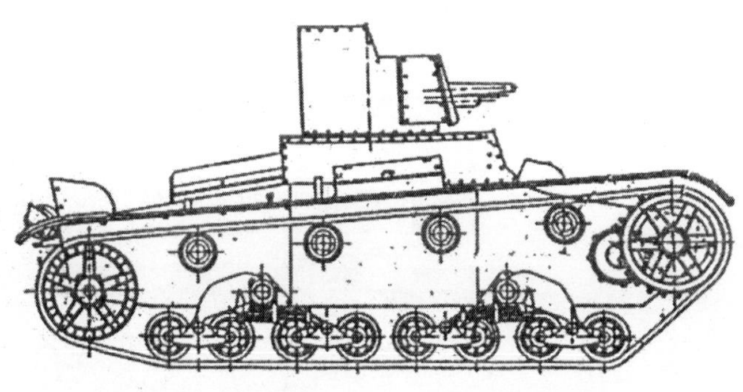

Leichter Schützenpanzer T-26

Flammpanzer OT-26

Baujahr: ....i. d. Bewaffnung 1933
Entwickler......................Werk Woroschilow
Hersteller ....Werk Woroschilow
Produktion ....kleine Serie
Kampfmasse, t...9,0
Länge, mm
- mit Kanone..4650
- der Wanne...4650
Breite, mm...2440
Höhe, Turnspitze mm............................2190
Bodenfreiheit, mm..................................380
Mittl. Bodendruck kg/cm² 0,79
überwindbare Hindernisse
- Anstieg, Grad.....................................35
- Watfähigkeit, m..................................0,8
Motortyp................................Vergaser T-26
Max. Leistung, PS.....................................90

Spezifische Leistung, PS/t.........................10
Treibstoffvorrat.......................................182
Maximale Geschwindigkeit, km/h............45
Reichweite, km...............................100-110
Panzerung, mm
- Wannenstirnwand...................................15
- Turmstirnwand.......................................15
Mannschaft, Mitglieder 3
Bewaffnung:
- Zahl x Kaliber, mm und Typ
Geschütz............................Flammenwerfer
(Kampfsatz, Stück).............................(300)
- Zahl x Kaliber, mm und Typ
MG`s......................................7,62 mm DT
(Kampfsatz, Stück)..........................(1512)
Ziel...MP
Funkstation..keine

Zusatzinformation: Er wurde auf der Basis des zweitürmigen T-26 entwickelt.. Den linken Turm entfernte man und baute an seiner Stelle eine überdachte Luke ein. Im zylindrischen Turm wurde der pneumatische Flammenwerfer und ein koaxiales MG untergebracht. Der Flammenwerfer ist auf der linken Panzerseite untergebracht. Er besteht aus dem Tank für das Flammengemisch, drei Druckluftflaschen 135 l, (150 atü), einem kleinen Benzinbehälter (0,7 l), einem Strahlrohr und einem Zündmechanismus. Die Reichweite des Flammenwerfers betrug 35 m. Es konnte 70 Mal gefeuert werden. Der Panzer wurde in einer kleinen Serie hergestellt.

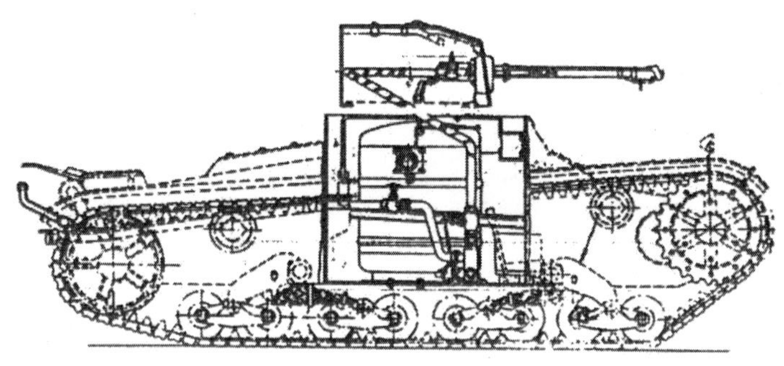

Flammpanzer OT-26

Leichter Schützenpanzer T-26

Baujahr: ....i. d. Bewaffnung 1931
Entwickler....................Werk Woroschilow
Hersteller ....Werk Woroschilow
Produktion ....in Serie 1933-36
Kampfmasse, t.....................................9,4
Länge, mm
- mit Kanone...4620
- der Wanne..4620
Breite, mm..2440
Höhe, Turnspitze mm...........................2330
Bodenfreiheit, mm..................................380
Mittl. Bodendruck kg/cm² 0,65
überwindbare Hindernisse
- Anstieg, Grad....................................35
- Watfähigkeit, m...............................0,8
Motortyp................................Vergaser T-26
Max. Leistung, PS....................................90

Spezifische Leistung, PS/t........................9,6
Maximale Geschwindigkeit, km/h.............30
Reichweite, km.......................................130
Panzerung, mm
- Wannenstirnwand..................................16
- Turmstirnwand......................................25
Mannschaft, Mitglieder 3
Bewaffnung:
- Zahl x Kaliber, mm und Typ
Geschütz....................45 mm Muster 1932
(Kampfsatz, Stück)............................(136)
- Zahl x Kaliber, mm und Typ
MG`s.....................................7,62 mm DT
(Kampfsatz, Stück)..........................(2848)
Ziel..TOP
Funkstation...................................(71-TK-1)

Zusatzinformation: Es handelt sich um eine Modifikation des Panzers T-26, auf dem ein zylindrischer Turm mit einer 45-mm-Kanone anstelle der zwei ursprünglich vorhandenen Türme eingesetzt wurde. Die Wanne ist geschweißt. Bei Einbau eines Funkgerätes wurde der Munitionsvorrat der Kanone auf 96 Schuß vermindert. Die Funkstation besitzt eine Rundantenne. Von 1935 an wurde der Panzer mit einer geschweißten Wanne gefertigt, die Kampfmasse wuchs auf 9,6 t. Der Munitionsvorrat der Kanone betrug 122 Schuß und verminderte sich bei Einbau eines Funkgerätes auf 82. Bei dieser Panzervariante wurde das Fassungsvermögen der Treibstofftanks erhöht.

Leichter Schützenpanzer T-26

Leichter Schützenpanzer T-26

Baujahr: ....i. d. Bewaffnung 1931
Entwickler.....................Werk Woroschilow
Hersteller ....Werk Woroschilow
Produktion ....in Serie 1936-37
Kampfmasse, t.......................................9,65
Länge, mm
- mit Kanone..4620
- der Wanne..4620
Breite, mm..2440
Höhe, Turnspitze mm...........................2330
Bodenfreiheit, mm...................................380
Mittl. Bodendruck kg/cm² 0,68
überwindbare Hindernisse
- Anstieg, Grad.....................................35
- Watfähigkeit, m.................................0,8
Motortyp................................Vergaser T-26
Max. Leistung, PS.....................................90
Spezifische Leistung, PS/t........................9,3
Maximale Geschwindigkeit, km/h.............30
Reichweite, km.......................................150
Panzerung, mm
- Wannenstirnwand...................................16
- Turmstirnwand.......................................25
Mannschaft, Mitglieder 3
Bewaffnung:
- Zahl x Kaliber, mm und Typ
Geschütz.....................45 mm Muster 1932
(Kampfsatz, Stück).............................(102)
- Zahl x Kaliber, mm und Typ
MG`s...............................2 x 7,62 mm DT
(Kampfsatz, Stück)...........................(2772)
Ziel...TOP
Funkstation...................................(71-TK-1)

Zusatzinformation: Es handelt sich um eine Panzervariante auf der eine abnehmbare Bandage der Ketten eingeführt und der Spannmechanismus verändert wurde. Man installierte ein zusätzliches MG in einer Nische hinten am Turm. Von 1937 an wurde auf einem Teil der Panzer ein drehkranzgelagertes Fla-MG, die Wechselsprechanlage TPU-3 sowie eine Scheinwerferlampe eingeführt. Der Munitionsvorrat der Kanone betrug 107 und der Patronenvorrat des MG`s 3021 Schuß. Auf den Panzern ohne Fla-MG betrug der Vorrat an Kanonenmunition 111 Schuß und 2772 Patronen für das MG. Den Motor hatte man auf 95 PS verstärkt. Alle Panzer waren mit dem Funkgerät 71-TK-3 ausgerüstet. Die Kampfmasse wuchs auf 9,75 t an. Der Panzer T-26 wurde im Zeitraum von 1933-1937 hergestellt. Er wurde in den Kämpfen am Fluß Chalchin-Gol eingesetzt.

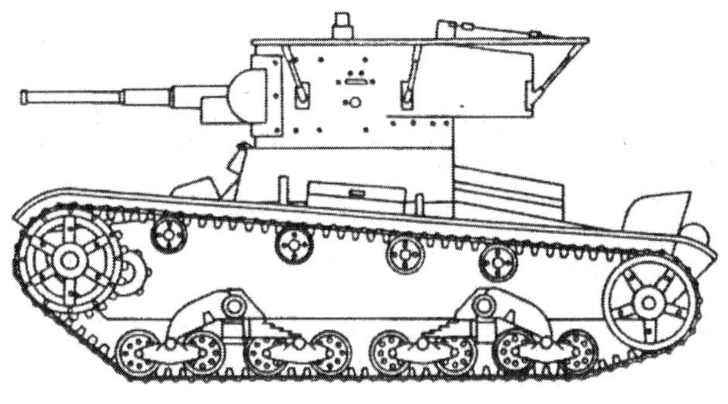

Leichter Schützenpanzer T-26

Leichter Panzer T-26-4

Baujahr: ....i. d. Bewaffnung 1937-38
Entwickler.....................Werk Woroschilow
Hersteller ....Werk Woroschilow
Produktion ....kleine Serie
Kampfmasse, t.....................................9,7
Länge, mm
- mit Kanone...4620
- der Wanne..4620
Breite, mm..2445
Höhe, Turnspitze mm..........................2500
Bodenfreiheit, mm..................................380
Mittl. Bodendruck kg/cm² 0,66
überwindbare Hindernisse
- Anstieg, Grad.....................................35
- Watfähigkeit, m.................................0,8
Motortyp.................................Vergaser T-26
Max. Leistung, PS.....................................95

Spezifische Leistung, PS/t.........................9,8
Maximale Geschwindigkeit, km/h.......28-30
Reichweite, km.......................................200
Panzerung, mm
- Wannenstirnwand...................................16
- Turmstirnwand.......................................25
Mannschaft, Mitglieder 3
Bewaffnung:
- Zahl x Kaliber, mm und Typ
Geschütz................................7,62 mm KT
(Kampfsatz, Stück)...............................(48)
- Zahl x Kaliber, mm und Typ
MG`s............................2-3 x 7,62 mm DT
(Kampfsatz, Stück)...........................(2772)
Ziel..Periskop
Funkstation....................................(71-TK-1)

Zusatzinformation: Er entstand auf der Grundlage eines Versuchsmusters des Panzers T-26. Anstelle der 45-mm-Kanone wurde im Turm eine Kanone von 76,2 mm installiert. Insgesamt stellte man 23 Serien dieses Panzers mit drei verschiedenen Motorserien her. Auf der Basis des T-26 wurden die Selbstfahrlafetten SU-1, AT-1, SU-6, SU-5, der SPW TR-4, ein Brückenpanzer, eine Zugmaschine u.a. Technik hergestellt.

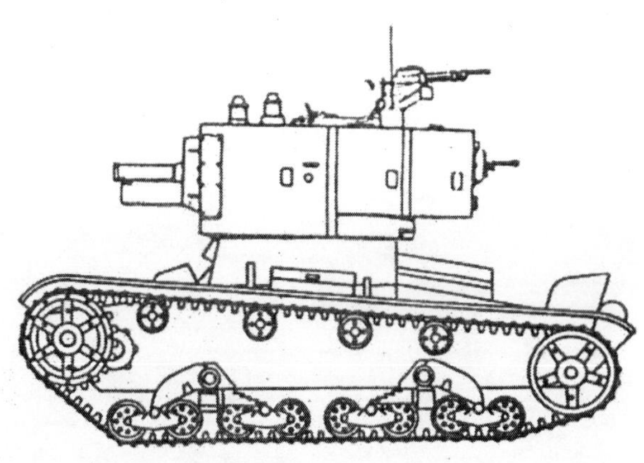

Leichter Panzer T-26-4

Leichter Schützenpanzer T-26

Baujahr: ....i. d. Bewaffnung 1931
Entwickler.....................Werk Woroschilow
Hersteller ....Werk Woroschilow
Produktion ....in Serie 1938-40
Kampfmasse, t..........................10,25-10,3
Länge, mm
- mit Kanone..4620
- der Wanne..4620
Breite, mm..2445
Höhe, Turnspitze mm............................2330
Bodenfreiheit, mm...................................380
Mittl. Bodendruck kg/cm² 0,80
überwindbare Hindernisse
- Anstieg, Grad......................................35
- Watfähigkeit, m..................................0,8
Motortyp.................................Vergaser T-26
Max. Leistung, PS.....................................95

Spezifische Leistung, PS/t........................9,5
Treibstoffvorrat, l.....................................290
Maximale Geschwindigkeit, km/h........28-30
Reichweite, km................................225-240
Panzerung, mm
- Wannenstirnwand...................................16
- Turmstirnwand.......................................25
Mannschaft, Mitglieder 3
Bewaffnung
- Zahl x Kaliber, mm und Typ
Geschütz................45 mm Muster 1934-38
(Kampfsatz, Stück).............................(107)
- Zahl x Kaliber, mm und Typ
MG`s................................3 x 7,62 mm DT
(Kampfsatz, Stück)...........................(2772)
Ziel.................................TOP-1(TOC), PT-1
Funkstation......................................71-TK-1

Zusatzinformation: Es handelt sich um eine Variante des T-26 mit einem neuen, konisch geschweißten Turm. Im Wannenboden war eine Einstiegsluke eingelassen. Die Rundantenne wurde durch eine Stabantenne ersetzt. Die im Jahre 1939 hergestellte Variante hatte das hintere MG nicht. Dadurch konnte der Munitionsvorrat der Kanone auf 205 Schuß und der der MG`s auf 3654 Patronen erhöht werden (auf den Varianten ohne Funkgerät entsprechend 165 Schuß und 3087 Patronen). Die Leistung des Motors stieg auf 97 PS. Im Jahre 1940 während des Finnischen Krieges erhielt der Panzer Seitenblenden, einen neuen Turmdrehkranz u. a. Die Kampfmasse des Panzers wuchs auf über 12 t an. Der Panzer wurde im 2. Weltkrieg eingesetzt.

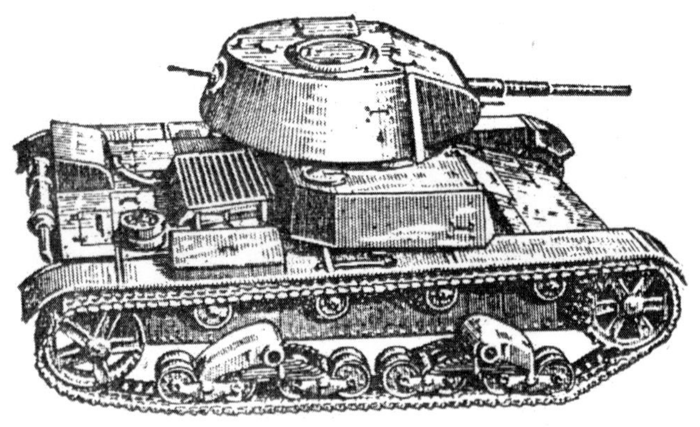

Leichter Schützenpanzer T-26

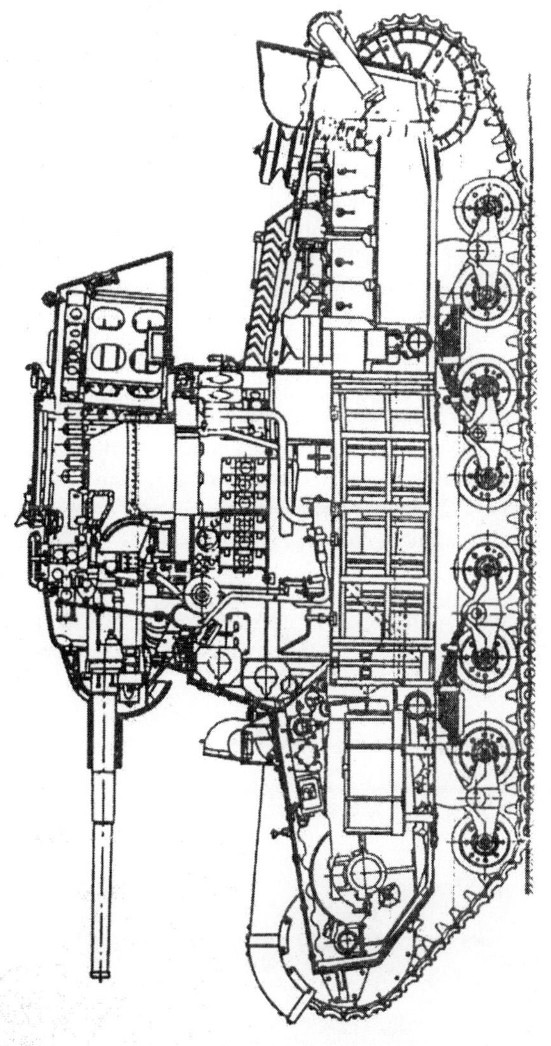

Querschnitt des leichten Schützenpanzers T-26

Flammpanzer OT-130

Baujahr: ....i. d. Bewaffnung 1938
Entwickler.....................Werk Woroschilow
Hersteller ....Werk Woroschilow
Produktion ....in Serie 1938-39
Kampfmasse, t............................10,0-11,5
Länge, mm
- mit Kanone..4660
- der Wanne...4660
Breite, mm...2440
Höhe, Turnspitze mm............................2330
Bodenfreiheit, mm..................................380
Mittl. Bodendruck kg/cm^2 0,69
überwindbare Hindernisse
- Anstieg, Grad....................................35
- Watfähigkeit, m................................0,8
Motortyp................................Vergaser T-26

Max. Leistung, PS......................................95
Spezifische Leistung, PS/t.................9,5-8,3
Maximale Geschwindigkeit, km/h.............30
Reichweite, km...130
Panzerung, mm
- Wannenstirnwand...................................15
- Turmstirnwand.......................................15
Mannschaft, Mitglieder 3
Bewaffnung:
- Zahl x Kaliber, mm und Typ
Geschütz.................................7,62 mm DT
(Kampfsatz, Stück)..........................(2898)
- Flammenwerfer.......................................1
(Schußanzahl).......................................(40)
Ziel..Periskop
Funkstation...keine

Zusatzinformation: Er wurde auf der Basis des leichten Panzers T-26 entwickelt. Im Turm wurde anstelle der Kanone der Flammenwerfer installiert. Die Reichweite des Flammenwerfers betrug 35 bis 50 m. Die Flammenwerfergeräte wurden im Kampfraum untergebracht (2 Tanks für 400 l Flammengemisch). Die Wanne des Panzers hatte einen kastenförmigen Querschnitt und war aus gewalztemPanzerblech genietet. Der Turm war zylinderförmig. Der Panzer wurde in den Kämpfen am Chalchin-Gol eingesetzt. Im weiteren wurden modifizierte Flammpanzervarianten entwickelt: OT-131, OT-132, OT-133.

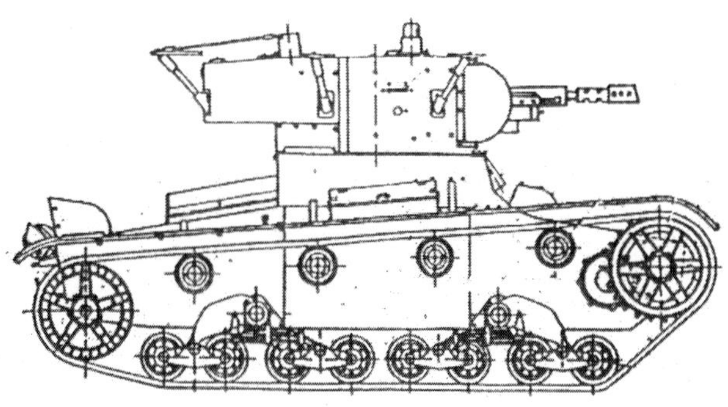

Flammpanzer OT-130

Flammpanzer T-133

Baujahr: ....i. d. Bewaffnung 1939
Entwickler....................Werk Woroschilow
Hersteller ....Werk Woroschilow
Produktion ....in Serie
Kampfmasse, t..10,5
Länge, mm
- mit Kanone..4660
- der Wanne...4660
Breite, mm...2440
Höhe, Turnspitze mm............................2330
Bodenfreiheit, mm....................................380
Mittl. Bodendruck kg/cm^2 0,69
überwindbare Hindernisse
- Anstieg, Grad.....................................35
- Watfähigkeit, m.................................0,8
Motortyp.................................Vergaser T-26

Max. Leistung, PS.....................................95
Spezifische Leistung, PS/t.........................9,0
Maximale Geschwindigkeit, km/h.............30
Reichweite, km..120
Panzerung, mm
- Wannenstirnwand...................................15
- Turmstirnwand..15
Mannschaft, Mitglieder 3
Bewaffnung:
- Zahl x Kaliber, mm und Typ
Geschütz...........................3 x 7,62 mm DT
(Kampfsatz, Stück).....................(ca. 4000)
- Flammenwerfer..1
(Schußanzahl).......................................(40)
Ziel..Periskop
Funkstation...keine

Zusatzinformation: Er wurde auf der Basis des leichten Panzers T-26 entwickelt und besaß einen konischen Turm, in dem der Flammenwerfer mit einer Reichweite von 35 bis 50 Meter untergebracht war. Der T-133 mit einer verstärkten Panzerung wurde im Finnischen Krieg 1939-40 zur Niederhaltung hartnäckiger MG-Nester und Erd-Holz-Feuerpunkte an der Mannerheimlinie eingesetzt. Zur Realisierung dieses Zieles fuhren die Panzer dicht an diese Punkte heran und feuerten das Flammengemisch direkt in die Schießscharten.

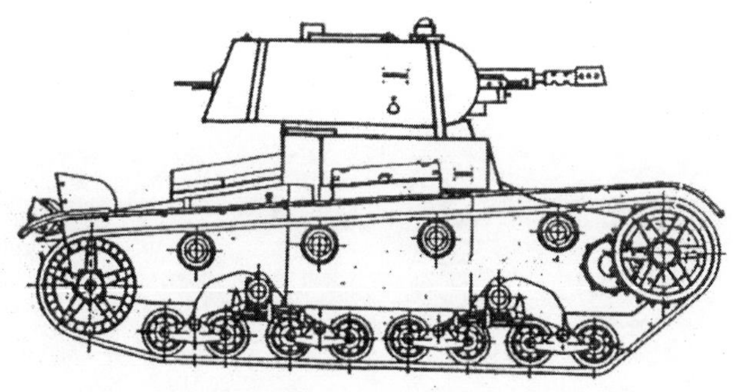

Flammpanzer T-133

Flammpanzer T-134

Baujahr: 1940
Entwickler......................Werk Woroschilow
Hersteller ....Werk Woroschilow
Produktion ....Versuchsmuster
Kampfmasse, t..10,8
Länge, mm
- mit Kanone..4660
- der Wanne...4660
Breite, mm...2440
Höhe, Turnspitze mm.............................2330
Bodenfreiheit, mm....................................380
Mittl. Bodendruck kg/cm² 0,71
überwindbare Hindernisse
- Anstieg, Grad.......................................35
- Watfähigkeit, m.................................0,8
Motortyp.................................Vergaser T-26
Max. Leistung, PS.......................................90

Spezifische Leistung, PS/t.........................8,9
Maximale Geschwindigkeit, km/h.............30
Reichweite, km..120
Panzerung, mm
- Wannenstirnwand...................................15
- Turmstirnwand..15
Mannschaft, Mitglieder 3
Bewaffnung:
- Zahl x Kaliber, mm und Typ
Geschütz.....................45 mm Muster 1938
(Kampfsatz, Stück).................................(-)
- Zahl x Kaliber, mm und Typ
MG`s.................................2 x 7,62 mm DT
(Kampfsatz, Stück)..................................(-)
- Flammenwerfer...1
(Schußanzahl)..................................(15-18)
Ziel...Periskop

Zusatzinformation: Er wurde auf der Basis des leichten Panzers T-26 entwickelt und besaß in den letzten Herstellungsjahren einen konischen Turm. Die Grundbewaffnung des Panzers blieb unverändert, d. h. im Turm war eine Kanone, ein Zwillings- und ein Fla-MG. Der Flammenwerfer mit einer Masse von 568 kg wurde im Kampf- und Fahrerraum links vom Panzerfahrer untergebracht. Der Tank für das Flammengemisch faßte 140 l. Ein pneumatischer Flammenwerfer war kugelblendengelagert an der Stirnwand der Wanne in einem Kasten unter dem Turm untergebracht. Die Reichweite des Flammenwerfers betrug 50 m.

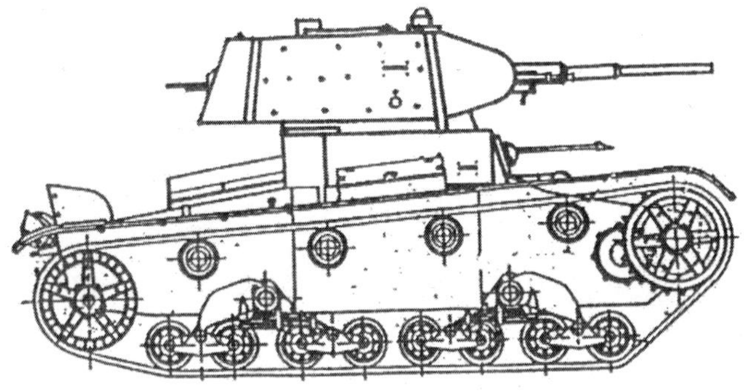

Flammpanzer T-134

Leichter Radketten-Schwimmpanzer
PT-1

Baujahr: 1932
Entwickler........OKMO Werk „Bolschewik“
Hersteller ....Werk „Bolschewik“
Produktion ....Versuchsmuster
Kampfmasse, t.....................................14,2
Länge, mm
- mit Kanone...7100
- der Wanne..7100
Breite, mm...2990
Höhe, Turnspitze mm...........................2690
Bodenfreiheit, mm...................................425
Mittl. Bodendruck kg/cm^2 0,60
überwindbare Hindernisse
- Anstieg, Grad.......................................33
- Watfähigkeit, m.............schwimmfähig
Motortyp..............................Vergaser M-17F
Max. Leistung, PS..................................500
Spezifische Leistung, PS/t......................35,2
Treibstoffvorrat, l...................................400

Maximale Geschwindigkeit, km/h
- auf Räder..90
- auf Ketten...62
- schwimmend...6
Reichweite, km.................................280/183
Panzerung, mm
- Wannenstirnwand....................................10
- Turmstirnwand..10
Mannschaft, Mitglieder 4
Bewaffnung:
- Zahl x Kaliber, mm und Typ
Geschütz.....................45 mm Muster 1932
(Kampfsatz, Stück)................................(88)
- Zahl x Kaliber, mm und Typ
MG`s.................................4 x 7,62 mm DT
(Kampfsatz, Stück)...........................(3402)
Ziel..Teleskop
Funkstation.....................................71-TK-1

Zusatzinformation: Chefkonstrukteur war N.A Astrow. Die Wanne des Panzers hattet eine Form, die dem Panzer hohe Stabilität und gute Schwimmeigenschaften verlieh (geringer Wasserwiderstand). Die Außenseiten erhielten zusätzliche Behälter zur Erhöhung der Schwimmfähigkeit und zur Bewegung auf dem Wasser zwei Schiffschrauben. Im Turm war eine Kanone und ein koaxiales MG untergebracht. Auf der Basis des PT-1 entstand die verbesserte Variante PT-1A.
(OKMO – Versuchskonstruktionsabteilung des Maschinenbaus)

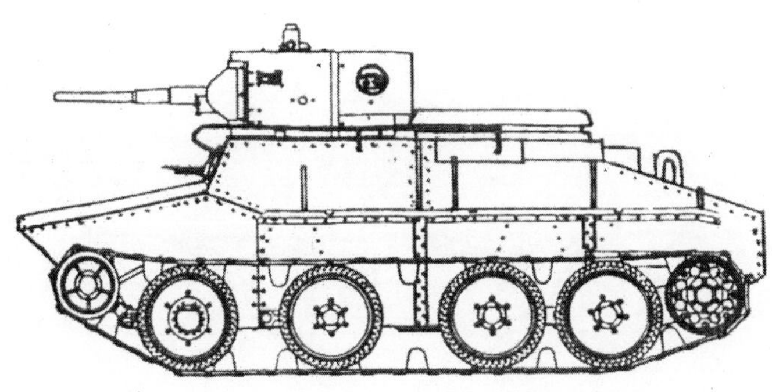

Leichter Radketten-Schwimmpanzer PT-1

Leichter Radketten-Schwimmpanzer
PT-1A

Baujahr: 1932
Entwickler.........OKMO Werk „Bolschewik“
Hersteller ....Werk „Bolschewik"
Produktion ....Versuchsmuster
Kampfmasse, t...................................15,0
Länge, mm
- mit Kanone....................................ca. 7900
- der Wanne.....................................ca. 7900
Breite, mm.......................................ca. 3000
Höhe, Turnspitze mm..........................2690
Bodenfreiheit, mm.................................425
Mittl. Bodendruck kg/cm^2 0,62
überwindbare Hindernisse
- Anstieg, Grad....................................33
- Watfähigkeit, m..............schwimmfähig
Motortyp...............................Vergaser M-17F
Max. Leistung, PS..................................500
Spezifische Leistung, PS/t......................33,3

Maximale Geschwindigkeit, km/h
- auf Rädern..83
- auf Ketten...62
- schwimmend...10
Reichweite, km..200
Panzerung, mm
- Wannenstirnwand..............................10-15
- Turmstirnwand...................................10-15
Mannschaft, Mitglieder 4
Bewaffnung:
- Zahl x Kaliber, mm und Typ
Geschütz.....................45 mm Muster 1932
(Kampfsatz, Stück)..............................(96)
- Zahl x Kaliber, mm und Typ
MG`s................................2 x 7,62 mm DT
(Kampfsatz, Stück)..........................(4851)
Ziel..Teleskop
Funkstation.......................................71-TK-1

Zusatzinformation: Chefkonstrukteur war N.A. Astrow. Der Panzer entstand auf der Grundlage des PT-1. Er erhielt eine verlängerte, verbesserte, geschützte Wanne und besaß nur eine Schiffsschraube. Auch andere konstruktive Veränderungen wurden durchgeführt und die Zuverlässigkeit des Panzers erhöht. Wegen nicht ausreichender Schwimmfähig- und Geländegängigkeit beim Radbetrieb wurden die Panzer PT-1 und PT-1A nicht weiterentwickelt.

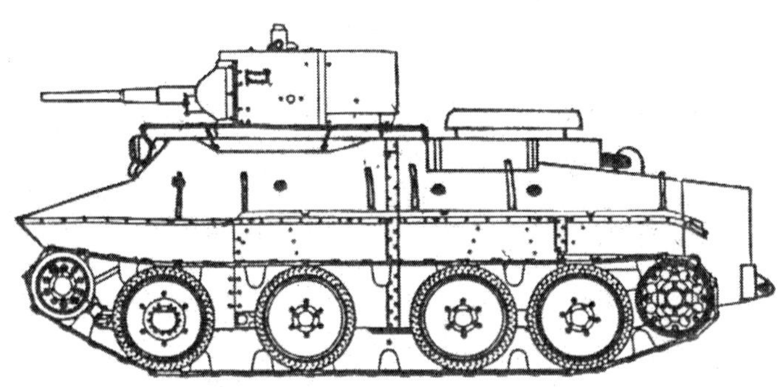

Leichter Radketten-Schwimmpanzer PT-1A

Kleiner Schwimmpanzer T-33

Baujahr: 1932
Entwickler....... OKMO Werk „Bolschewik“
Hersteller .... Werk „Bolschewik“
Produktion .... Versuchspartie
Kampfmasse, t... 3,0
Länge, mm
- mit Kanone.. 3750
- der Wanne... 3750
Breite, mm... 1840
Höhe, Turnspitze mm........................... 1840
Bodenfreiheit, mm.................................. 260
Mittl. Bodendruck kg/cm^2 0,39
überwindbare Hindernisse
- Anstieg, Grad.................................... 30
- Watfähigkeit, m............ schwimmfähig
Motortyp...................... Vergaser „Ford-AA“
Max. Leistung, PS................................... 40
Spezifische Leistung, PS/t..................... 13,3
Treibstoffvorrat, l.................................. 110
Maximale Geschwindigkeit, km/h............ 45
Schwimmgeschwindigkeit, km/h............ 5-6
Reichweite, km...................................... 230
Panzerung, mm
- Wannenstirnwand.................................. 9
- Turmstirnwand...................................... 10
Mannschaft, Mitglieder 2
Bewaffnung:
- Zahl x Kaliber, mm und Typ
MG`s..................................... 7,62 mm DT
(Kampfsatz, Stück)......................... (2140)
Ziel... MP
Funkstation... keine

Zusatzinformation: Chefkonstrukteur war N.A Astrow. Der Panzer entstand auf der Grundlage des von der UdSSR gekauften englischen Panzers „Vickers-Carden-Lloyd“. Die Wanne des Panzers war genietet, und es waren hermetisch auf beiden Seiten zur Verbesserung der Schwimmfähigkeit über den Ketten Schwimmer angebracht, die mit Kork oder anderen Schwimmstoffen (getrocknete Algen) gefüllt waren. Im manuell drehbaren gepanzerten Turm war ein kugelblendengelagertes MG untergebracht. Verschiedene Panzer wurden mit dem Motor GAS-AA ausgerüstet. Der Panzer T-33 war ein erstes Muster russischer Schwimmpanzer. Er wurde in geringer Stückzahl hergestellt. Später lösten die Schwimmpanzer T-37 und T-37A den T-33 ab.

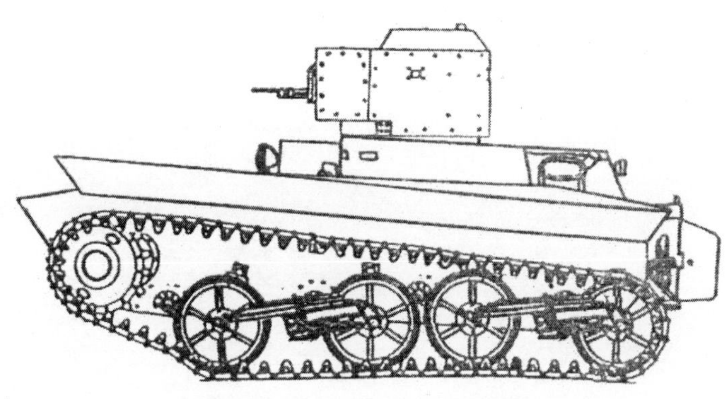

Kleiner Schwimmpanzer T-33

Versuchsschwimmpanzer T-41

Baujahr: 1932
Entwickler............................KB Werk N37
Hersteller ....KB Werk N37
Produktion ....Versuchsmuster
Kampfmasse, t.....................................3,2
Länge, mm
- mit Kanone.......................................3670
- der Wanne..3670
Breite, mm..1900
Höhe, Turnspitze mm...........................1977
Bodenfreiheit, mm.................................240
Mittl. Bodendruck kg/cm² 0,74
überwindbare Hindernisse
- Anstieg, Grad....................................23
- Watfähigkeit, m............schwimmfähig
Motortyp.........................Vergaser GAS-AA

Max. Leistung, PS...................................40
Spezifische Leistung, PS/t.......................11,4
Treibstoffvorrat, l...................................120
Maximale Geschwindigkeit, km/h............40
Schwimmgeschwindigkeit, km/h.............4,5
Reichweite, km..150
Panzerung, mm
- Wannenstirnwand....................................9
- Turmstirnwand...9
Mannschaft, Mitglieder 2
Bewaffnung:
- Zahl x Kaliber, mm und Typ
MG`s.....................................7,62 mm DT
(Kampfsatz, Stück)..................................(-)
Ziel...MP
Funkstation..keine

Zusatzinformation: Es wurden zwei Versuchsmuster des Panzers hergestellt. Der erste Panzer besaß eine gute Schwimmfähigkeit und war hoch gebaut, ließ sich jedoch auf dem Wasser schlecht steuern, weil die Schrauben nicht umgesteuert werden konnten und die Ruder falsch plaziert waren. Auf dem zweiten Panzer waren diese Mängel beseitigt, dadurch hatte jedoch die Schwimmfähigkeit gelitten. Der Bug des Panzers verschwand unter Wasser, weil die Wanne schlecht geformt und die Schwerpunktlage des Panzers unzureichend war.

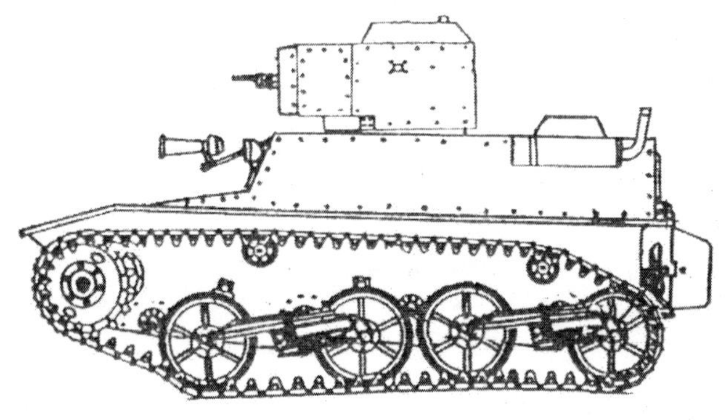

Versuchsschwimmpanzer T-41

Kleiner Schwimmpanzer T-37

Baujahr: ....i. d. Bewaffnung 11. Aug. 1933
Entwickler.......OKMO Werk „Bolschewik“
Hersteller ....Werk „Bolschewik"
Produktion ....nicht in Serie hergestellt
Kampfmasse, t.....................................2,9
Länge, mm
- mit Kanone..3600
- der Wanne...3600
Breite, mm...1940
Höhe, Turnspitze mm..........................1840
Bodenfreiheit, mm.................................280
Mittl. Bodendruck kg/cm² 0,5
überwindbare Hindernisse
- Anstieg, Grad...................................35
- Watfähigkeit, m............schwimmfähig

Motortyp..........................Vergaser GAS-AA
Max. Leistung, PS....................................40
Spezifische Leistung, PS/t......................13,8
Maximale Geschwindigkeit, km/h
- auf Ketten..36
- schwimmend..6
Panzerung, mm
- Wannenstirnwand.......................................9
- Turmstirnwand...9
Mannschaft, Mitglieder 2
Bewaffnung
- Zahl x Kaliber, mm und Typ
MG`s.......................................7,62 mm DT
(Kampfsatz, Stück)...........................(2140)
Ziel...MP
Funkstation..keine

Zusatzinformation: Die Wanne des Panzers war genietet und wasserdicht. Auf der Grundlage des T-37 wurde im Moskauer Werk N37 die Variante T-37A entwickelt und in Serie produziert.

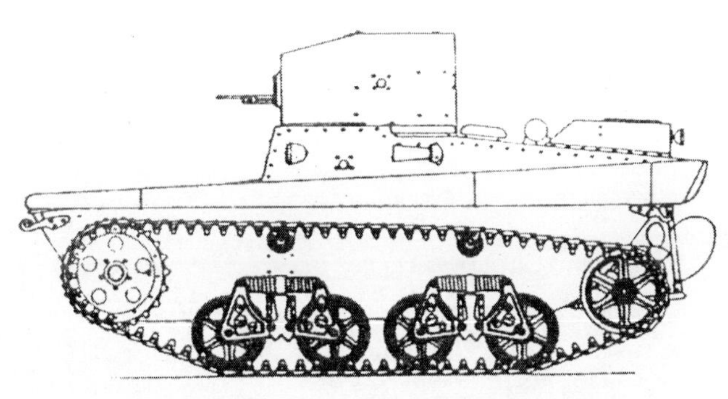

Kleiner Schwimmpanzer T-37

Kleiner Schwimmpanzer T-37A

Baujahr: ....i. d. Bewaffnung 1933
Entwickler............................KB Werk N37
Hersteller ....Werk N37
Produktion ....in Serie 1933-36
Kampfmasse, t.......................................3,2
Länge, mm
- mit Kanone.......................................3730
- der Wanne..3730
Breite, mm...1940
Höhe, Turnspitze mm..........................1840
Bodenfreiheit, mm.................................285
Mittl. Bodendruck kg/cm^2 0,55
überwindbare Hindernisse
- Anstieg, Grad...................................35
- Watfähigkeit, m............schwimmfähig
Motortyp........................Vergaser GAS-AA

Max. Leistung, PS....................................40
Spezifische Leistung, PS/t.....................12,5
Treibstoffvorrat, l...................................125
Reichweite, km...............................185-230
Maximale Geschwindigkeit, km
- auf Rädern.......................................38-40
- schwimmend...6
Panzerung, mm
- Wannenstirnwand.................................8-9
- Turmstirnwand......................................8-9
Mannschaft, Mitglieder 2
Bewaffnung
- Zahl x Kaliber, mm und Typ
MG`s.....................................7,62 mm DT
(Kampfsatz, Stück)..........................(2140)
Ziel..MP
Funkstation..keine

Zusatzinformation: Man baute ihn auf der Grundlage des T-37. Die Wanne war aus gewalztem Panzerblech genietet (oder geschweißt) und wasserdicht. Zur Verbesserung der Schwimmfähigkeit waren rechts und links über den Ketten Schwimmer angebracht und mit Kork gefüllt. Die Bewegung auf dem Wasser erfolgte durch Antrieb mit einer Schiffsschraube, gesteuert wurde mit einem Ruder. Der Panzer wurde in der Armee in Aufklärungseinheiten eingesetzt. Während der Serienproduktion wurden 1909 Stück T-37A und 643 Funkpanzer T-37TU sowie 75 chemische Panzer hergestellt. Auf der Grundlage des T-37A entstanden die Versuchspanzer T-37B, T-37W und der Versuchspanzer SAU mit der 45-mm-Kanone SU-37.

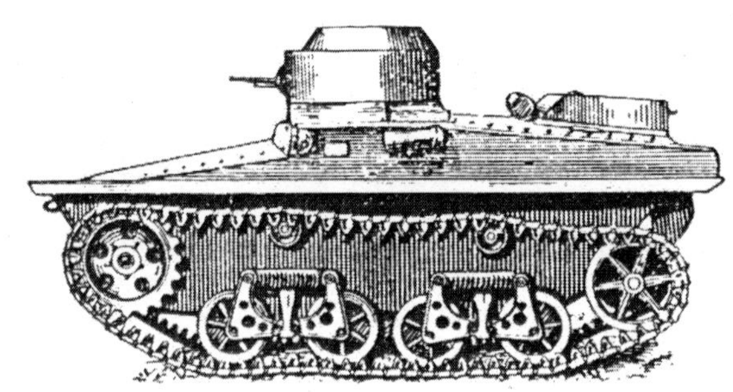

Kleiner Schwimmpanzer T-37A

Leichter Panzer T-34

Baujahr: 1934
Produktion .... Versuchsmuster
Kampfmasse, t....................................4,6
Länge, mm
- mit Kanone..3600
- der Wanne..3600
Breite, mm..2000
Höhe, Turnspitze mm..........................1850
Bodenfreiheit, mm.................................300
Mittl. Bodendruck kg/cm^2 0,38
überwindbare Hindernisse
- Anstieg, Grad...................................30
- Watfähigkeit, m...............................0,7
Motortyp.........................Vergaser AMO-3
Max. Leistung, PS....................................60

Spezifische Leistung, PS/t....................13,0
Treibstoffvorrat, l...................................130
Maximale Geschwindigkeit, km/h...........45
Reichweite, km.....................................180
Panzerung, mm
- Wannenstirnwand..................................10
- Turmstirnwand......................................10
Mannschaft, Mitglieder 2
Bewaffnung
- Zahl x Kaliber, mm und Typ
Geschütz............................20 mm Kanone
(Kampfsatz, Stück)............................(330)
Ziel...MP
Funkstation..keine

Zusatzinformation: Der Panzer besitzt eine genietete kastenförmige Wanne. Im Drehturm ist eine 20-mm-Kanone und das MG DT untergebracht (2600 Patronen Munitionsvorrat). Gleichzeitig mit dem MG wurde ein Scheinwerfer zur Ausleuchtung des Zieles während der Nacht installiert. Der Motor befindet sich im Heck der Wanne. Der Turm wird manuell gedreht.

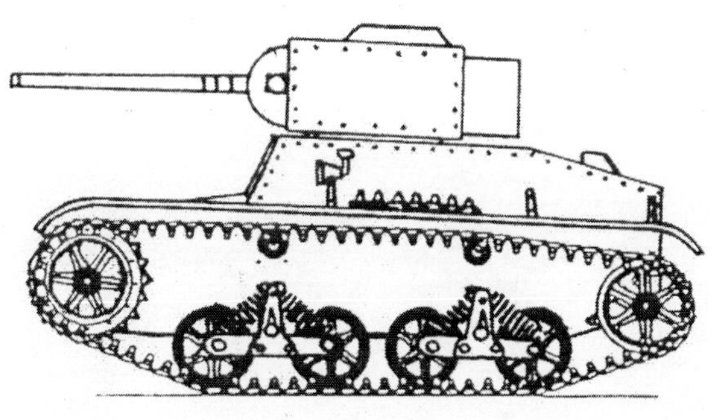

Leichter Panzer T-34

Leichter Schwimmpanzer T-43

Baujahr: 1934
Entwickler.......................Werk N185 Kirow
Hersteller ....KB Werk N185
Produktion ....Versuchsmuster
Kampfmasse, t.......................................3,6
Länge, mm
- mit Kanone....................................ca. 3500
- der Wanne.....................................ca. 3500
Breite, mm.......................................ca. 2000
Höhe, Turnspitze mm......................ca. 1500
Bodenfreiheit, mm..................................300
Mittl. Bodendruck kg/cm² 0,25
überwindbare Hindernisse
- Anstieg, Grad....................................30
- Watfähigkeit, m............schwimmfähig
Motortyp.........................Vergaser GAS-AA
Max. Leistung, PS..............................45-48
Spezifische Leistung, PS/t......................13,3
Treibstoffvorrat, l...................................120
Maximale Geschwindigkeit, km/h.
- auf Rädern...62
- auf Ketten..46
- schwimmend...4,5
Panzerung, mm
- Wannenstirnwand....................................9
- Turmstirnwand..9
Mannschaft, Mitglieder 2
Bewaffnung
- Zahl x Kaliber, mm und Typ
MG`s......................................7,62 mm DT
(Kampfsatz, Stück)...........................(2500)
Ziel...MP
Funkstation...keine

Zusatzinformation: Die Wanne ist aus gewalztem Panzerblech genietet. Im Drehturm befindet sich ein MG. Der Motor befindet sich im Heck der Wanne. Zum Schwimmen werden Schaufelräder eingesetzt. Auf der Grundlage dieses Panzers wurde ein Versuchsmuster mit einem Fla-MG und einer geringeren Zahl angetriebener Räder entwikkelt Er wurde nicht in die Bewaffnung aufgenommen,

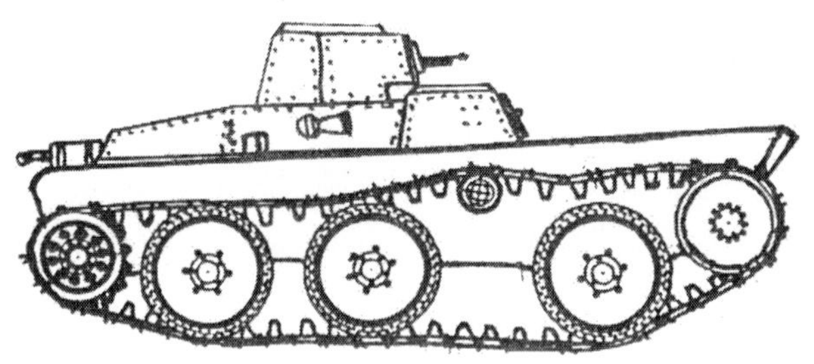

Leichter Schwimmpanzer T-43

Leichter Schwimmpanzer T-43

Baujahr: 1934
Entwickler .... Werk N37
Hersteller .... Werk N37
Produktion .... Versuchsmuster
Kampfmasse, t 4,4
Länge, mm
- mit Kanone 3710
- der Wanne 3710
Breite, mm 2150
Höhe, Turnspitze mm 1615
Bodenfreiheit, mm 300
Mittl. Bodendruck kg/cm^2 0,28
überwindbare Hindernisse
- Anstieg, Grad 33
- Watfähigkeit, m .... schwimmfähig
Motortyp .... Vergaser GAS-AA
Max. Leistung, PS 45-48

Spezifische Leistung, PS/t 10,9
Treibstoffvorrat, l 120
Maximale Geschwindigkeit, km/h.
- auf Rädern 40
- auf Ketten 35
- schwimmend 4,5
Reichweite, km 210
Panzerung, mm
- Wannenstirnwand 9
- Turmstirnwand 9
Mannschaft, Mitglieder 2
Bewaffnung:
- Zahl x Kaliber, mm und Typ
MG`s .... 7,62 mm DT
(Kampfsatz, Stück) .... (2500)
Ziel .... MP
Funkstation .... keine

Zusatzinformation: Die Wanne ist genietet. Im Drehturm ist ein MG untergebracht. Der Motor befindet sich im Heck der Wanne. Zum Schwimmen werden Schiffsschrauben eingesetzt. Auf der Grundlage dieses Panzers wurde das Versuchsmuster eines Panzers entwickelt, das mit einem Fla-MG und einer geringeren Zahl angetriebener Räder ausgestattet war. Wegen ungenügender Zuverlässigkeit der Konstruktion wurde der Panzer nicht in die Bewaffnung aufgenommen,

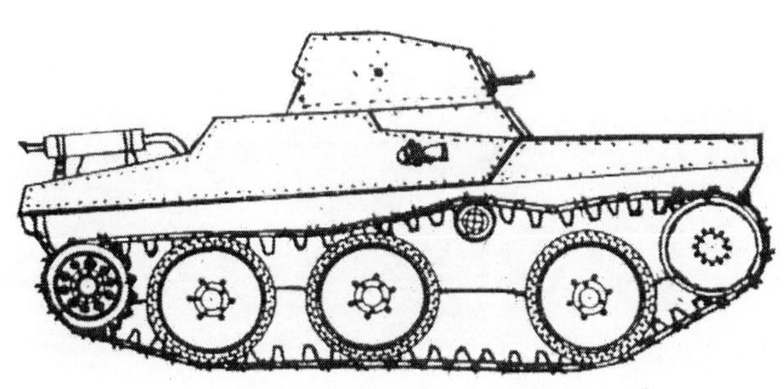

Leichter Schwimmpanzer T-43

Kleiner Schwimmpanzer TM
(Panzer Molotows)

Baujahr: ....Versuchsmuster 1936
Entwickler...GAS
Hersteller ....GAS
Produktion ....nicht in Serie
Kampfmasse, t.......................................4,5
Länge, mm
- mit Kanone...4400
- der Wanne..4400
Breite, mm...2240
Höhe, Turnspitze mm...........................1750
Bodenfreiheit, mm.................................280
Mittl. Bodendruck kg/cm² 0,44
überwindbare Hindernisse
- Anstieg, Grad....................................32
- Watfähigkeit, m.............schwimmfähig
Motortyp..........................Vergaser GAS-M1

Max. Leistung, PS....................................50
Spezifische Leistung, PS/t......................11,1
Treibstoffvorrat, l...................................185
Reichweite, km.......................................230
Maximale Geschwindigkeit, km
- auf Ketten..49
- schwimmend...3
Panzerung, mm
- Wannenstirnwand....................................9
- Turmstirnwand...9
Mannschaft, Mitglieder 2
Bewaffnung
- Zahl x Kaliber, mm und Typ
MG`s......................................7,62 mm DT
(Kampfsatz, Stück)..........................(2331)
Ziel...MP
Funkstation...keine

Zusatzinformation: Er wurde auf der Basis des Panzers T-37 entwickelt und hat eine verlängerte Wannenform. Der Motor befindet sich hinten links in der Wanne. Zum Schwimmen wird eine Schiffsschraube eingesetzt. Die Metallkette ist kleingliedrig. Während der Erprobung fiel die Kette häufig ab. Der Turm wird manuell gedreht. Weil der Panzer TM gegenüber dem T-38 keine wesentlichen Vorteile besaß, wurde er nicht in Serie produziert.

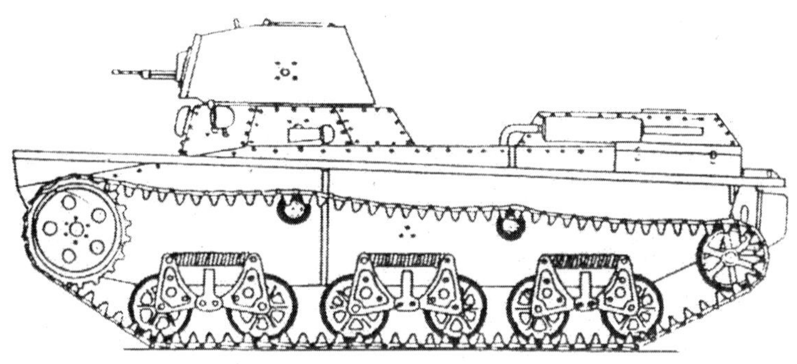

Kleiner Schwimmpanzer TM

Leichter Radketten-Flammpanzer T-46-1

Baujahr: 1936
Entwickler...........................KB Werk N185
Hersteller ....Werk N185
Produktion ....Versuchsmuster
Kampfmasse, t...................................17,2
Länge, mm
- mit Kanone..5400
- der Wanne...5400
Breite, mm...2650
Höhe, Turnspitze mm..........................2265
Bodenfreiheit, mm.................................400
Mittl. Bodendruck kg/cm^2 0,75
überwindbare Hindernisse
- Anstieg, Grad...................................30
- Watfähigkeit, m.................................1
Motortyp...........................Vergaser MT5-1
Max. Leistung, PS.................................330
Spezifische Leistung, PS/t....................19,2
Treibstoffvorrat, l..................................428

Maximale Geschwindigkeit, km/h
- auf Ketten...51
- auf Rädern..73
Reichweite, km...............................200/400
Panzerung, mm
- Wannenstirnwand..................................15
- Turmstirnwand.......................................15
Mannschaft, Mitglieder 3
Bewaffnung:
- Zahl x Kaliber, mm und Typ
Geschütz....................45 mm Muster 1934
(Kampfsatz, Stück)............................(101)
- Zahl x Kaliber, mm und Typ
MG`s...............................3 x 7,62 mm DT
(Kampfsatz, Stück)..........................(2709)
- Flammenwerfer...1
(Flammengemisch, l) ....(50)
Ziel................................Teleskop, Periskop
Funkstation..71-TK

Zusatzinformation: Im Jahre 1935 wurde der leichte Versuchspanzer T-46 mit einer Masse von 12-15 t entwickelt. Er fuhr auf Ketten 60 km/h und auf Rädern 80 km/h. Er war mit dem Motor MT-5 (300 PS) ausgerüstet. Auf seiner Basis wurde der Panzer T-46-1 entwickelt. Die Wanne ist aus gewalztem Panzerblech, der Turm ist zylindrisch mit einem verlängerten Heckteil. Im Turm ist die Kanone und ein koaxiales MG untergebracht und ein pneumatischer Flammenwerfer. Er besitzt eine Reichweite von 20 m und kann zwölfmal schießen.

Flammpanzer T-46-1

Kleiner Schwimmpanzer T-38

Baujahr: ....i. d. Bewaffnung 1936
Entwickler..............................KB Werk N37
Hersteller ....GAS, Werk N37
Produktion ....in Serie 1936-39
Kampfmasse, t.......................................3,3
Länge, mm
- mit Kanone...3780
- der Wanne..3780
Breite, mm..2234
Höhe, Turnspitze mm...........................1630
Bodenfreiheit, mm..........................280-300
Mittl. Bodendruck kg/cm² 0,44
überwindbare Hindernisse
- Anstieg, Grad.............................32-33
- Watfähigkeit, m............schwimmfähig
Motortyp.........................Vergaser GAS-AA

Max. Leistung, PS....................................40
Spezifische Leistung, PS/t......................12,1
Treibstoffvorrat, l...................................115
Reichweite, km...............................220-230
Maximale Geschwindigkeit, km
- auf Ketten..40
- schwimmend..6-7
Panzerung, mm
- Wannenstirnwand....................................9
- Turmstirnwand...9
Mannschaft, Mitglieder 2

Bewaffnung

- Zahl x Kaliber, mm und Typ
MG`s.......................................7,62 mm DT
(Kampfsatz, Stück)...........................(1512)
Ziel...MP
Funkstation....................................(71-TK-1)

Zusatzinformation: Chefkonstrukteur war N.A. Astrow. Die Wanne des Panzers ist genietet und geschweißt. Der zylindrische Turm ist in der Wanne näher zur linken Seite versetzt. Das im Turm vorhandene MG besitzt eine Schulterstütze. Der Motor befindet sich im Heckteil der Wanne. Das Laufwerk ist mit dem des T-37 identisch. Alle Panzer sind mit Funkgeräten ausgestattet. Man produzierte 1340 Panzer im Werk N37 in Ordshonokidse und 35 im GAS. Auf der Basis des T-38 wurde der Versuchspanzer T-38M1 und der Panzer T-38-M2 mit dem Motor GAS-M1 und einer Leistung von 50 PS entwickelt. Dieser Motor wurde serienmäßig produziert. Die Panzer waren den Aufklärungsabteilungen der Truppenteile zugeordnet und nahmen am zweiten Weltkrieg teil.

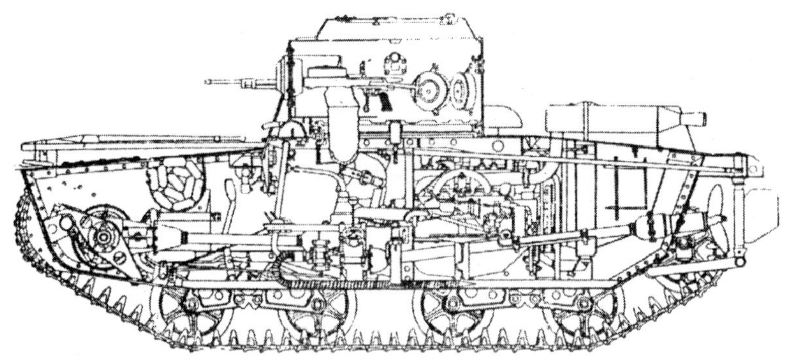

Kleiner Schwimmpanzer T-38

Kleiner Schwimmpanzer T-38

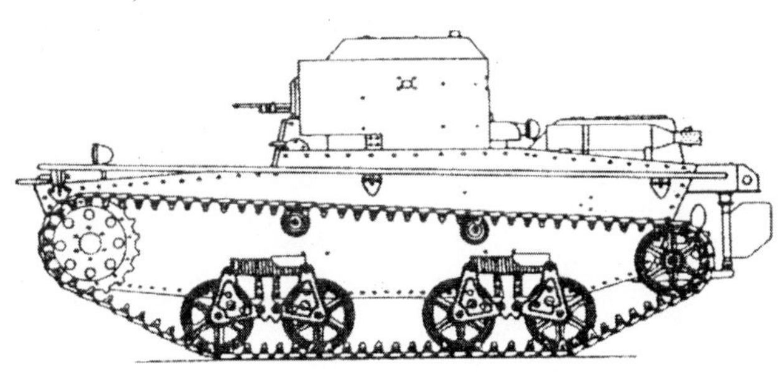

Kleiner Schwimmpanzer T-38

Leichter Radkettenpanzer T-25

Baujahr: 1939
Entwickler......KB Traktorenwerk Stalingrad
Hersteller ....Traktorenwerk Stalingrad
Produktion ....Versuchsmuster
Kampfmasse, t.......................................11,7
Länge, mm
- mit Kanone...4850
- der Wanne..4850
Breite, mm..2680
Höhe, Turnspitze mm..........................2370
Bodenfreiheit, mm..................................370
Mittl. Bodendruck kg/cm² 0,73
überwindbare Hindernisse
- Anstieg, Grad...27
- Watfähigkeit, m.....................................0,8
Motortyp...............................Vergaser T-26
Max. Leistung, PS...................................90

Spezifische Leistung, PS/t.........................7,7
Treibstoffvorrat, l...................................292
Reichweite, km...............................400/200
Maximale Geschwindigkeit, km/h............28
Panzerung, mm
- Wannenstirnwand...................................24
- Turmstirnwand..16
Mannschaft, Mitglieder 3
Bewaffnung:
- Zahl x Kaliber, mm und Typ
Geschütz......................45 mm Muster 1934
..(Kampfsatz, Stück) ....(108)
- Zahl x Kaliber, mm und Typ
MG`s...............................2 x 7,62 mm DT
(Kampfsatz, Stück)...........................(1953)
Ziel.................................Teleskop, Periskop
Funkstation......................................71-TK-1

Zusatzinformation: Es entstanden gleichzeitig zwei Varianten – der Radkettenpanzer T-25 und der Kettenpanzer ST-35. Der Panzer T-25 wurde auf der Grundlage von Bauteilen und Aggregaten der Panzer T-26 und BT entwickelt. Die verstärkte Panzerung des Vorderteils der Wanne ist rationell geneigt. Der Heckteil ist mit dem des T-26 identisch. Im Turm befindet sich eine Kanone mit einem entsprechenden koaxialen MG. Auf dem Dach ist ein Fla-MG installiert. Bei der Fahrt auf Ketten wurden an der Seite zwei Stützrollen angetrieben. Wegen seiner Kompliziertheit und Unzuverlässigkeit ging der Panzer nicht in Produktion.

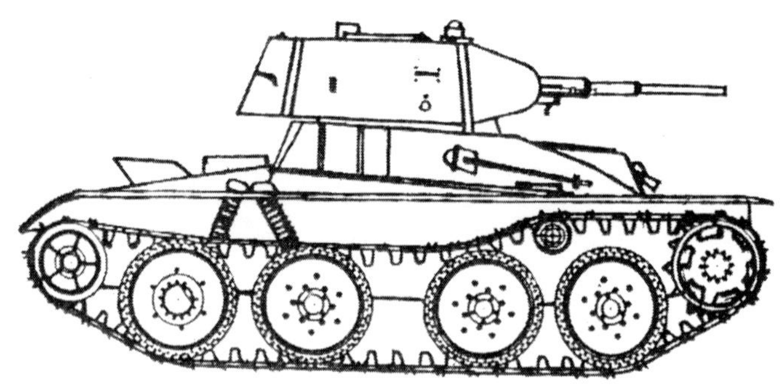

Leichter Radkettenpanzer T-25

Leichter Radkettenpanzer A-20

Baujahr: 1939
Entwickler.....KB Lokomotivwerk Charkow
Herst...Lokomotivwerk Charkow Komintern
Produktion ....Versuchsmuster
Kampfmasse, t.....................................18,0
Länge, mm
- mit Kanone...5760
- der Wanne..5760
Breite, mm...2650
Höhe, Turnspitze mm...........................2435
Bodenfreiheit, mm..................................400
Mittl. Bodendruck kg/cm² 0,61
überwindbare Hindernisse
- Anstieg, Grad...40
- Watfähigkeit, m....................................1,4
Motortyp....................................Diesel V-2
Max. Leistung, PS..................................500
Spezifische Leistung, PS/t....................27,8

Reichweite, km................................400/900
Maximale Geschwindigkeit, km/h
- auf Rädern...74,7
- auf Ketten...65
Panzerung, mm
- Wannenstirnwand...................................25
- Turmstirnwand.......................................25
Mannschaft, Mitglieder 4
Bewaffnung:
- Zahl x Kaliber, mm und Typ
Geschütz.....................45 mm Muster 1934
..(Kampfsatz, Stück).........................(192)
- Zahl x Kaliber, mm und Typ
MG`s................................2 x 7,62 mm DT
(Kampfsatz, Stück)...........................(2709)
Ziel.................................Teleskop, Periskop
Funkstation..keine

Zusatzinformation: Die Panzerung des A-20 ist rationell geneigt. Die Wanne ist ausgewalztem Panzerblech geschweißt, der Turm ist ebenfalls geschweißt. In ihm sind die Kanone und ein entsprechendes koaxiales MG untergebracht. Ein zweites MG ist kugelblendengelagert in der Stirnwand der Wanne installiert. Parallel mit dem A-20 wurde der Kettenpanzer A-32 geschaffen. Nach den Erprobungsergebnissen wurde er als besser eingeschätzt und unter der Bezeichnung T-34 in Serie produziert

Leichter Radkettenpanzer A-20

Leichter Panzer zur Deckung der Infanterie
T-126 SP

Baujahr: 1940
Entwickler................................Werk N174
Hersteller ....Werk N174
Produktion ....Versuchsmuster
Kampfmasse, t...................................17,0
Länge, mm
- mit Kanone.......................................4700
- der Wanne..4700
Breite, mm...2765
Höhe, Turnspitze mm..........................2330
Bodenfreiheit, mm................................380
Mittl. Bodendruck kg/cm² 0,60
überwindbare Hindernisse
- Anstieg, Grad.......................................35
- Watfähigkeit, m.....................................1,1
Motortyp.................................Diesel V-3
Max. Leistung, PS.................................270

Spezifische Leistung, PS/t.....................15,9
Treibstoffvorrat, l.....................................340
Reichweite, km...270
Maximale Geschwindigkeit, km/h............35
Panzerung, mm
- Wannenstirnwand....................................45
- Turmstirnwand..45
Mannschaft, Mitglieder 4
Bewaffnung:
- Zahl x Kaliber, mm und Typ
Geschütz....................45 mm Muster 1934
(Kampfsatz, Stück).......................(150)
- Zahl x Kaliber, mm und Typ
MG`s......................................7,62 mm DT
(Kampfsatz, Stück)..........................(4250)
Ziel...Teleskop
Funkstation.......................................71-TK-3

Zusatzinformation: Chefkonstrukteur war L. Trojanow. Die Wanne des Panzers wurde aus gewalztem Panzerblech der Stärken 20 und 45 mm geschweißt. Die Stirn, die Seiten und das Heck sind 40 bis 57° geneigt. Links oben in der Stirnwand ist ein MG kugelblendengelagert installiert, auf der rechten Seite befindet sich eine Luke für den Panzerfahrer. Es wurden zwei Versuchsmuster dieses Panzers hergestellt. Der zweite erhielt die Bezeichnung T-127. Er besaß kein Bug-MG und gummilose Stützrollen.

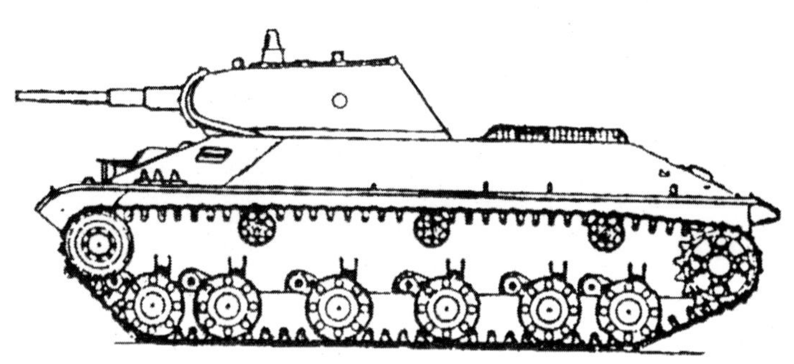

Leichter Panzer T-126SP

Leichter Panzer T-50
(Variante 1)

Baujahr: 1940
Entwickler...............................Werk N174
Hersteller ....Werk N174
Produktion ....in Serie 1941-42
Kampfmasse, t.....................................14,5
Länge, mm
- mit Kanone.......................................5200
- der Wanne.......................................5200
Breite, mm...2450
Höhe, Turnspitze mm.........................2165
Bodenfreiheit, mm.................................350
Mittl. Bodendruck kg/cm^2 0,57
überwindbare Hindernisse
- Anstieg, Grad...35
- Mauer, m...0,7
- Graben, m..2,2
- Watfähigkeit, m......................................0,9
Motortyp.................................Diesel V-4

Max. Leistung, PS.................................300
Spezifische Leistung, PS/t.....................20,0
Treibstoffvorrat, l....................................350
Reichweite, km.......................................344
Maximale Geschwindigkeit, km/h............50
Panzerung, mm
- Wannenstirnwand.................................37
- Turmstirnwand.....................................37
Mannschaft, Mitglieder 4
Bewaffnung:
- Zahl x Kaliber, mm und Typ
Geschütz...............45 mm TP Muster 1938
(Kampfsatz, Stück).......................(150)
- Zahl x Kaliber, mm und Typ
MG`s.....................................7,62 mm DT
(Kampfsatz, Stück)..........................(4000)
Ziel................................Teleskop, Periskop
Funkstation...9R

Zusatzinformation: Chefkonstrukteure waren S. Ginsburg und L. Trojanow. Mit diesem Panzer sollte der T-26 ersetzt werden. Der Panzer besaß eine rationell geformte Wanne und einen ebensolchen Turm, war gut gepanzert und vorteilhaft aufgebaut. Durch einen leistungsfähigen Motor war er gut manövrierfähig. Es wurde eine kleine Serie in dem nach Omsk evakuierten Betrieb N174 produziert (63 Stück) und im zweiten Weltkrieg eingesetzt. Auf der Grundlage des T-50 entstand die Variante eines Flammpanzers mit dem Flammenwerfer ATO-41.

Leichter Panzer T-50

Leichter Panzer T-50 Variante 2
(Objekt 211)

Baujahr: 1940
Entwickler..................................Werk N185
Hersteller ....Werk N185
Produktion ....Versuchsmuster
Kampfmasse, t....................................13,5
Länge, mm
- mit Kanone...5200
- der Wanne...5200
Breite, mm...2470
Höhe, Turnspitze mm..........................2165
Bodenfreiheit, mm.................................350
Mittl. Bodendruck kg/cm² 0,55
überwindbare Hindernisse
- Anstieg, Grad.......................................40
- Watfähigkeit, m....................................0,9
Motortyp...................................Diesel V-4
Max. Leistung, PS.................................300

Spezifische Leistung, PS/t............20,7-22,2
Treibstoffvorrat, l...................................350
Reichweite, km...............................300-340
Maximale Geschwindigkeit, km/h............64
Panzerung, mm
- Wannenstirnwand..................................37
- Turmstirnwand.......................................37
Mannschaft, Mitglieder 4
Bewaffnung:
- Zahl x Kaliber, mm und Typ
Geschütz....................45 mm Muster 1934
(Kampfsatz, Stück)........................(150)
- Zahl x Kaliber, mm und Typ
MG`s................................2 x 7,62 mm DT
(Kampfsatz, Stück)..........................(4095)
Ziel.................................Teleskop, Periskop
Funkstation......................................KRSTB

Zusatzinformation: Chefkonstrukteur war Sh.Ja. Kotin. Die Wanne und der Turm waren aus gewalztem Panzerblech geschweißt. Auf dem Turm war ein Kommandeursturm mit Sehschlitzen montiert. Im Turm befanden sich die Kanone und ein entsprechendes koaxiales MG. Die Kanone wurde mit einer Schulterstütze geführt. Zu Beginn des zweiten Weltkrieges liefen die Arbeiten an diesem Panzer aus.

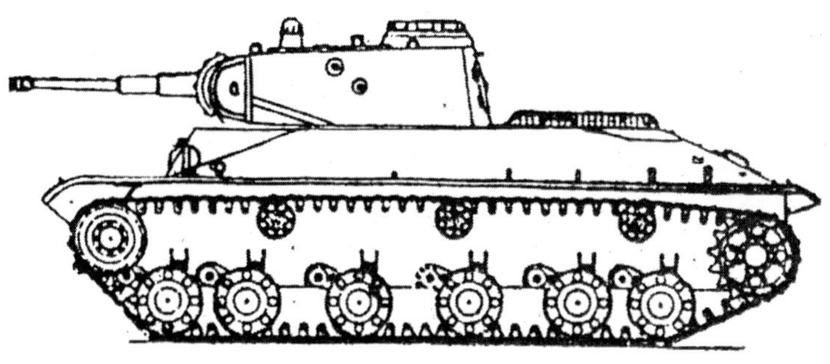

Leichter Panzer T-50

Leichter Schwimmpanzer T-40
(Objekt 020)

Baujahr: ....i. d. Bewaffnung 1940
Entwickler...................................Werk N37
Hersteller ....Werk N37
Produktion ....in Serie 1940-41
Kampfmasse, t.................................5,5-5,9
Länge, mm
- mit Kanone..4140
- der Wanne...4140
Breite, mm..2330
Höhe, Turnspitze mm..........................1905
Bodenfreiheit, mm.................................300
Mittl. Bodendruck kg/cm^2 0,42
überwindbare Hindernisse
- Anstieg, Grad...34
- Watfähigkeit, m.................schwimmfähig
Motortyp..........................Vergaser GAS-11
Max. Leistung, PS...................................85
Spezifische Leistung, PS/t............14,4-15,5

Treibstoffvorrat, l.....................................206
Reichweite, km..............................220-300
Maximale Geschwindigkeit, km/h
- auf Ketten...44-46
- schwimmend...5-6
Panzerung, mm
- Wannenstirnwand.................................13
- Turmstirnwand.......................................10
Mannschaft, Mitglieder 2
Bewaffnung:
- Zahl x Kaliber, mm und Typ
  Geschütz........................12,7 mm DSCHK
  (Kampfsatz, Stück)........................(500)
- Zahl x Kaliber, mm und Typ
  MG`s......................................7,62 mm DT
  (Kampfsatz, Stück)...........................(2016)
Ziel................................TMFP, mechanisch
Funkstation.....................................71-TK-3

Zusatzinformation: Chefkonstrukteur war N.A. Astrow. Der Panzer wurde 1939 entwickelt, die Wanne aus gewalztem Panzerblech geschweißt oder genietet. Der Motor war in der Mitte der Wanne angeordnet. Der Turm war gegenüber der Längsachse des Panzers nach links verschoben. Für das Schwimmen wurden mit vier Schaufeln bestückte Schrauben eingesetzt, zur Steuerung entsprechende Ruder. Die Erhöhung der Feuergeschwindigkeit des MG`s DSCHK wurde durch Einsatz eines Trommelmagazins erreicht. Man fertigte eine Variante mit einer 20-mm-Kanone TNSCH-20 (T-40S, 1941) mit einem Munitionsvorrat von 154 Schuß. Der Panzer T-40 sollte die Panzer T-37 und T-38 ersetzen. Es wurden insgesamt 668 Panzer T-40 gebaut (davon 181 T-40S). Die Panzer wurden im zweiten Weltkrieg eingesetzt.

Leichter Panzer T-40

Leichter Panzer T-30
(Objekt 030)

Baujahr: 1941
Entwickler.................................... Werk N37
Hersteller .... Werk N37
Produktion .... kleine Serie
Kampfmasse, t.. 5,5
Länge, mm
- mit Kanone.. 4110
- der Wanne.. 4110
Breite, mm.. 2330
Höhe, Turnspitze mm........................... 1905
Bodenfreiheit, mm.................................. 300
Mittl. Bodendruck kg/cm² 0,42
überwindbare Hindernisse
- Anstieg, Grad.. 34
- Watfähigkeit, m...................................... 1,1
Motortyp........................ Vergaser GAS-11A
Max. Leistung, PS..................................... 85
Spezifische Leistung, PS/t...................... 15,5
Reichweite, km... 300
Maximale Geschwindigkeit, km/h............ 45
Panzerung, mm
- Wannenstirnwand.................................. 15
- Turmstirnwand.. 15
Mannschaft, Mitglieder 2
Bewaffnung:
- Zahl x Kaliber, mm und Typ
Geschütz............................. 20 mm TNSCH
..(Kampfsatz, Stück)........................ (750)
- Zahl x Kaliber, mm und Typ
MG`s....................................... 7,62 mm DT
(Kampfsatz, Stück)........................... (1512)
Ziel.. TMFP-1

Zusatzinformation: Er wurde auf der Grundlage von Bauteilen und Aggregaten des Panzers T-40 entwickelt. Die Wanne ist aus gewalztem Panzerblech geschweißt. Motor und Getriebe befinden sich auf der rechten Seite. Zur Führung der Kanone nach oben und unten dient eine Schulterstütze. Die Kanone und ein koaxiales MG sind im Drehturm untergebracht. Beim Durchfahren angeschnittenen Geländes beginnt der Panzer stark zu schaukeln, weil er relativ kurz ist. Im Jahre 1941 wurde der Panzer in Serie, in geringer Stückzahl hergestellt und die Produktion wieder eingestellt. Im weiteren ersetzte der Panzer T-60 den Panzer T-30.

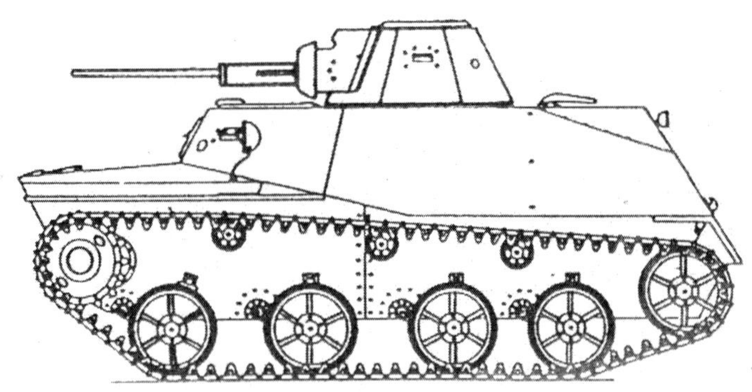

Leichter Panzer T-30

Leichter Panzer T-60

Baujahr: ....i. d. Bewaffnung 1941
Entwickler......................................KB GAS
Hersteller ....Werk NN37, 38, 264, GAS
Produktion ....in Serie 1941-42
Kampfmasse, t.................................5,8-6,4
Länge, mm
- mit Kanone..4100
- der Wanne...4100
Breite, mm...2392
Höhe, Turnspitze mm..........................1750
Bodenfreiheit, mm..................................300
Mittl. Bodendruck kg/cm² 0,53-0,63
überwindbare Hindernisse
- Anstieg, Grad...20
- Querneigung, Grad.................................35
- Watfähigkeit, m....................................0,9
Motortyp.........................Vergaser GAS-202

Max. Leistung, PS....................................70
Spezifische Leistung, PS/t.....................12,3
Treibstoffvorrat, l...................................320
Reichweite, km.......................................450
Maximale Geschwindigkeit, km/h............45
Panzerung, mm
- Wannenstirnwand..................................35
- Turmstirnwand.......................................25
Mannschaft, Mitglieder 2
Bewaffnung:
- Zahl x Kaliber, mm und Typ
Geschütz...20 mm SCHWAK-20 (TNSCH)
(Kampfsatz, Stück)........................(780)
- Zahl x Kaliber, mm und Typ
MG`s......................................7,62 mm DT
(Kampfsatz, Stück).............................(945)
Ziel...TMFP-1
Funkstation......................................71-TK-3

Zusatzinformation: Chefkonstrukteur war N.A. Astrow. Die Wanne ist aus gewalztem Panzerblech geschweißt. Die Kanone und ein koaxiales MG sind in dem kantigen Turm untergebracht. Ein Zahnradmechanismus zum Drehen und ein Schraubmechanismus zum Aufrichten der Kanone wurden eingesetzt. Die Führung der Kanone erfolgt manuell. Auf dem Serienpanzer kam zum ersten Mal im Winter ein Vorwärmer für die Kühlflüssigkeit des Motors zum Einsatz. Es wurden insgesamt 6045 T-60 hergestellt, davon 1230 im Werk N37 (Swerdlowsk), 537 im Werk N38 (Kirow), 1186 im Werk N264 und 3083 im Werk GAS. Im Jahre 1942 wurde auf der Basis des T-60 die selbstfahrende Versuchs-Fla-Lafette T-603 mit zwei 12,7 mm MG`s DSCHK entwickelt.

Leichter Panzer T-60

Leichter Panzer T-70

Baujahr: ....i. d. Bewaffnung 1942
Entwickler.......................................KB GAS
Hersteller ....GAS
Produktion ....Serie
Kampfmasse, t..9,2
Länge, mm
- mit Kanone...4285
- der Wanne..4285
Breite, mm..2420
Höhe, Turnspitze mm..........................2040
Bodenfreiheit, mm..................................300
Mittl. Bodendruck kg/cm^2 0,67
überwindbare Hindernisse
- Anstieg, Grad....................................30-34
- Watfähigkeit, m.....................................0,9
Motortyp........................Vergaser GAS-203
Max. Leistung, PS...............................2 x 70

Spezifische Leistung, PS/t......................15,2
Treibstoffvorrat, l....................................440
Reichweite, km.......................................350
Maximale Geschwindigkeit, km/h............45
Panzerung, mm
- Wannenstirnwand..................................45
- Turmstirnwand.......................................35
Mannschaft, Mitglieder 2
Bewaffnung:
- Zahl x Kaliber, mm und Typ
Geschütz................45 mm TP Muster 1938
(Kampfsatz, Stück)...........................(90)
- Zahl x Kaliber, mm und Typ
MG`s.......................................7,62 mm DT
(Kampfsatz, Stück).............................(945)
Ziel..........................TO (TOP oder TMF)
Funkstation...................................12-RT(9R)

Zusatzinformation: Der Panzer wurde aus Autoteilen gebaut. Die Wanne ist aus gewalzten Panzerblechen mit einer Stärke von 15, 25, 35 und 45 mm geschweißt. Der Turm ist kantig geschweißt, auf seinem Dach ist ein nicht drehbarer, kleiner, zylindrischer Turm mit Sehschlitzen angeordnet. Der Turm ist gegenüber der Längsachse des Panzers nach links verschoben. In ihm befindet sich eine Kanone und ein koaxiales MG, das mit einer gegossenen Blende verdeckt wird. Auf den ersten Serienpanzern war kein Funkgerät installiert. Später wurden die Führungspanzer mit den Funkgeräten 12-RT (9 R) ausgerüstet. Auf der Basis des T-70 entstand im September 1942 der Panzer T-70M.

Leichter Panzer T-70

Leichter Panzer T-70M

Baujahr: ....i. d. Bewaffnung 1942
Entwickler.......................................KB GAS
Hersteller ....GAS u. a. Betriebe
Produktion ....in Serie ab Sept. 1942
Kampfmasse, t..9,8
Länge, mm
- mit Kanone..4285
- der Wanne...4285
Breite, mm..2420
Höhe, Turnspitze mm...........................2045
Bodenfreiheit, mm..................................300
Mittl. Bodendruck kg/cm^2.....................0,67
überwindbare Hindernisse
- Anstieg, Grad..34
- Watfähigkeit, m.....................................0,9
Motortyp.........................Vergaser GAS-203
Max. Leistung, PS...............................2 x 85

Spezifische Leistung, PS/t......................14,3
Treibstoffvorrat, l...................................440
Reichweite, km..350
Maximale Geschwindigkeit, km/h............45
Panzerung, mm
- Wannenstirnwand..................................45
- Turmstirnwand.......................................35
Mannschaft, Mitglieder 2
Bewaffnung:
- Zahl x Kaliber, mm und Typ
Geschütz...............45 mm TP Muster 1938
(Kampfsatz, Stück)..........................(90)
- Zahl x Kaliber, mm und Typ
MG`s.....................................7,62 mm DT
(Kampfsatz, Stück)............................(945)
Ziel..TMF
Funkstation..12-RT

Zusatzinformation: Es handelt sich um eine modernisierte Variante des Panzers T-70. Sein Laufwerk verbesserte man. Die Breite eines Kettengliedes wurde von 260 auf 300 mm erweitert, außerdem die Stützrollen und der Antrieb an den Seiten verstärkt. Auf der Basis der Panzer T-70 und T-70M wurden die Selbstfahrlafetten Su-76, Su-76M, Su-76D, SSU-37, Su-85A, Su-85B, Su-71, Su-74, SSU-T-90 u. a. entwickelt. Auf der Basis des T-70M entstand der leichte Panzer T-80.

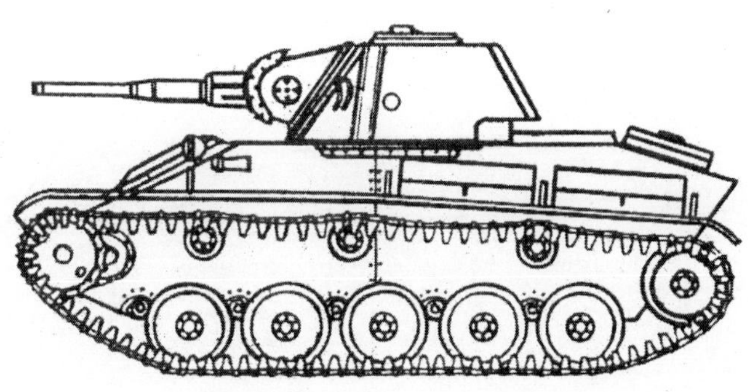

Leichter Panzer T-70M

Leichter Panzer T-80

Baujahr: ....i. d. Bewaffnung 1943
Entwickler..............Maschinenwerk Moskau
Hersteller ....Maschinenwerk Moskau
Produktion ....in Serie seit 1943
Kampfmasse, t...11,6
Länge, mm
- mit Kanone...4285
- der Wanne..4285
Breite, mm..2500
Höhe, Turnspitze mm...........................2170
Bodenfreiheit, mm..................................300
Mittl. Bodendruck kg/cm² 0,80
überwindbare Hindernisse
- Anstieg, Grad...34
- Watfähigkeit, m....................................0,9
Motortyp........................…Vergaser GAS-80
Max. Leistung, PS................................2x85

Spezifische Leistung, PS/t......................14,7
Treibstoffvorrat, l....................................440
Reichweite, km..350
Maximale Geschwindigkeit, km/h............45
Panzerung, mm
- Wannenstirnwand..................................45
- Turmstirnwand.......................................35
Mannschaft, Mitglieder 3
Bewaffnung:
- Zahl x Kaliber, mm und Typ
Geschütz...............45 mm TP Muster 1938
(Kampfsatz, Stück).........................(94)
- Zahl x Kaliber, mm und Typ
MG`s......................................7,62 mm DT
(Kampfsatz, Stück)...........................(1008)
Ziel.................................Periskop, Teleskop
Funkstation..12-RT

Zusatzinformation: Er wurde auf der Basis des T-70M entwickelt und ist besser gepanzert. Die Form und Maße der Wanne veränderte man etwas. Zum Schießen auf Luftziele wurde das Reflexvisier K-8T eingeführt. Die Erhöhung der Masse führte zur Verminderung der Zuverlässigkeit der Bauteile und Aggregate sowie zur Verschlechterung der Geländegängigkeit des Panzers.

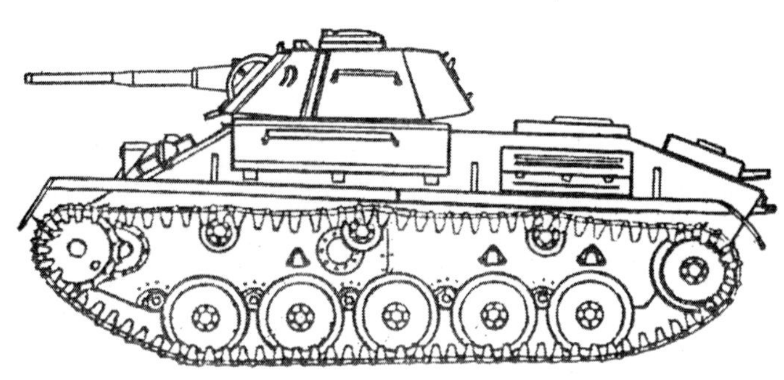

Leichter Panzer T-80

Leichter Versuchspanzer K-90

Baujahr: ....i. d. Bewaffnung 1950
Entwickler..........KB Leiter A. F. Kwarzow
Produktion ....Versuchsmuster
Kampfmasse, t.....................................10,0
Länge, mm
- mit Kanone..6750
- der Wanne...6750
Breite, mm...2940
Höhe, Turnspitze mm..........................2200
Bodenfreiheit, mm..........................300-400
Mittl. Bodendruck kg/cm² 0,5
überwindbare Hindernisse
- Anstieg, Grad...35
- Watfähigkeit, m..................schwimmfähig
Motortyp........................Vergaser GAS-201
Max. Leistung, PS..................................140
Spezifische Leistung, PS/t.....................14,0

Reichweite, km......................................250
Maximale Geschwindigkeit, km/h
- auf Ketten...43
- schwimmend...9,6
Panzerung, mm
- Wannenstirnwand..................................15
- Turmstirnwand.......................................15
Mannschaft, Mitglieder 3
Bewaffnung:
- Zahl x Kaliber, mm und Typ
Geschütz...........................76 mm LB-70G
(Kampfsatz, Stück)..........................(40)
- Zahl x Kaliber, mm und Typ
MG`s................................7,62 mm SGMT
(Kampfsatz, Stück)..........................(1000)
Ziel...TSCHK-66
Funkstation....................................10-RT-26

Zusatzinformation: Er wurde auf der Grundlage der Artilleriezugmaschine M-2 entwickelt. Die Wanne ist aus gewalzten Panzerblechen geschweißt. Der Turm ist geschweißt und hat eine konische Form. Der Motor befindet sich im Vorderteil der Wanne, der Kampfraum ist im Heck untergebracht. Für das Schwimmen werden Schiffsschrauben mit einem Durchmesser von 600 mm eingesetzt.

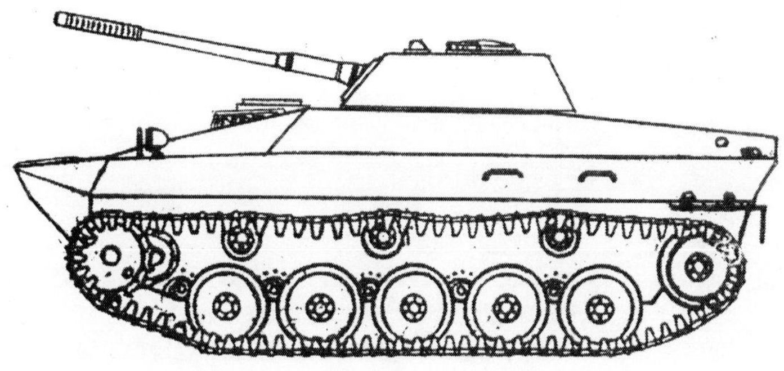

Leichter Versuchspanzer K-90

Leichter Schwimmpanzer PT-76
(Objekt 740)

Baujahr: ....i. d. Bewaffnung 1952
Entwickler...KB Tscheljabinsker Kirowwerk
Hersteller ....Stalingrader Traktorenwerk
Produktion ....in Serie seit 1951
Kampfmasse, t......................................14,0
Länge, mm
- mit Kanone..7625
- der Wanne...6910
Breite, mm...3140
Höhe, Turnspitze mm..........................2195
Bodenfreiheit, mm..........................370-400
Mittl. Bodendruck kg/cm^2 0,47
überwindbare Hindernisse
- Anstieg, Grad...38
- Querneidung, Grad.................................18
- Graben, m...2,8
- Mauer, m...1,1
- Watfähigkeit, m.................schwimmfähig
Motortyp.....................................Diesel V-6
Max. Leistung, PS.................................240
Spezifische Leistung, PS/t.....................17,1

Treibstoffvorrat, l..................................250
Reichweite, km...............................240-260
Maximale Geschwindigkeit, km/h............44
Schwimmgeschwindigkeit, km/h...........10,2
Panzerung, mm
- Wannenstirnwand.................................13
- Turmstirnwand......................................15
Mannschaft, Mitglieder 3
Bewaffnung:
- Zahl x Kaliber, mm und Typ
Geschütz....................1 x 76,2 mm D-56T
(Kampfsatz, Stück)..........................(40)
- Zahl x Kaliber, mm und Typ
MG`s.........................1 x 7,62 mm SGMT
(Kampfsatz, Stück)..........................(1000)
Ziel...TSCHK-66
Nachtziel...kein
Waffenstabilisator..................................kein
Funkstation...............................10-RT-26E
Navigationsgerät.............................GPK-48

Zusatzinformation: Der Panzer wurde in den Jahren 1949-51 entwickelt. Chefkonstrukteur war N.W. Schaschmurin. Zum erstenmal wurde ein speziell entwickelter Wasserstrahlantrieb eingesetzt. Während der Produktion modernisierte man den Panzer mehrfach (man ersetzte die Kanone durch eine D-56TM, das Funkgerät durch R-113, er erhielt ein Nachtsichtgerät, TDA u.a.). Auf der Grundlage dieses Panzers entstand der SPW BTR-50P sowie eine Abschußvorrichtung taktischer Raketen „Mars“ u. a.

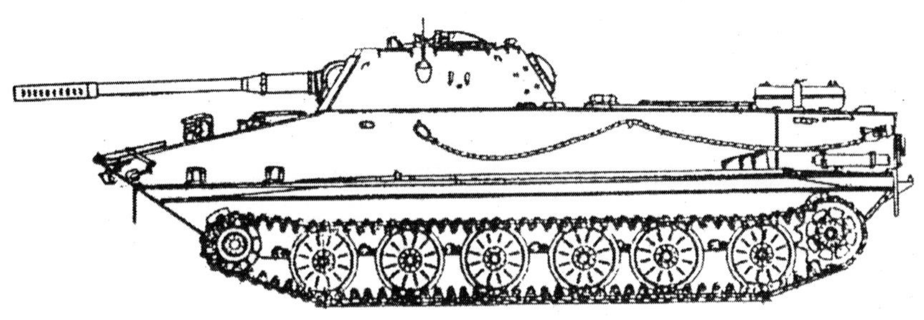

Leichter Schwimmpanzer PT-76 mit Kanone 56T

Leichter Schwimmpanzer PT-76B
(Objekt 740B)

Baujahr: ....i. d. Bewaffnung 1958
Entwickler..KB Stalingrader Traktorenwerk
Hersteller ....Stalingrader Traktorenwerk
Produktion ....in Serie seit 1959
Kampfmasse, t......................................14,2
Länge, mm
- mit Kanone...7634
- der Wanne..6910
Breite, mm...3140
Höhe, Turnspitze mm..........................2325
Bodenfreiheit, mm..................................370
Mittl. Bodendruck kg/cm^2 0,49
überwindbare Hindernisse
- Anstieg, Grad..38
- Querneidung, Grad.................................18
- Graben, m..2,8
- Mauer, m...1,1
- Watfähigkeit, m...................schwimmfähig
Motortyp.....................................Diesel V-6
Max. Leistung, PS...................................240
Spezifische Leistung, PS/t.....................16,9
Maximale Geschwindigkeit, km/h............44

Schwimmgeschwindigkeit, km/h...........10,2
Treibstoffvorrat, l...................................390
Reichweite, km..370
Panzerung, mm
- Wannenstirnwand.................................13
- Turmstirnwand.......................................15
Mannschaft, Mitglieder 3
Rauchvorhang..TDA
Kernwaffenschutz..................................PAS
Bewaffnung:
- Zahl x Kaliber, mm und Typ
Geschütz...................1 x 76,2 mm D-56TS
(Kampfsatz, Stück)..........................(40)
- Zahl x Kaliber, mm und Typ
MG`s..........................1 x 7,62 mm SGMT
(Kampfsatz, Stück)..........................(1000)
Ziel..TSCHK-2-66
Nachtziel...kein
Waffenstabilisator:
- Art..in 2 Ebenen
- Typ.................................STP-2P „Sarja“
Funkstation...R-113
Navigationsgerät............................GPK-48

Zusatzinformation: Es handelt sich um den modernisierten PT-76. Die Kanone D-56TS wurde mit einem Zweiflächenstabilisator ausgerüstet und die Geräte des Systems des Kernwaffenschutzes installiert. Die Höhe der Wanne wurde vergrößert, die Ausstattung mit Nachrichten-, Sicht- und Elektrogeräten verbessert. Der Panzer erhielt einen zusätzlichen inneren Treibstofftank. Die Arbeiten führte das KB des Serienproduktionsbetriebes durch. Als Leiter und Chekonstrukteur arbeitete I.W. Gawalow. Auf der Basis des Panzers wurde der SPW BTR-50PK, der Stabsführungspanzer BTR-50 PU sowie die Startvorrichtung für taktische Raketen „Luna“ entwickelt.

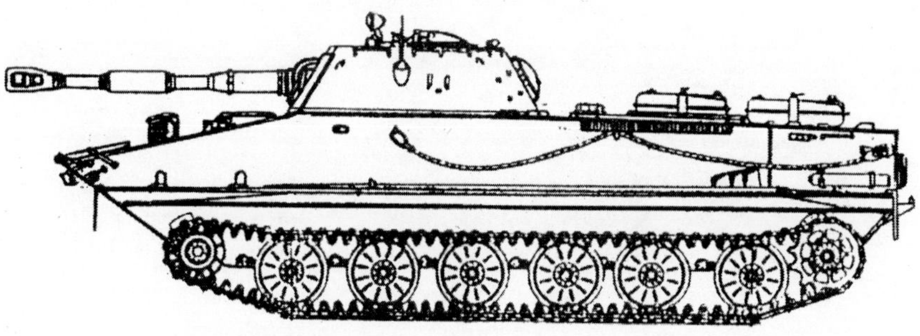

Leichter Schwimmpanzer PT-76B

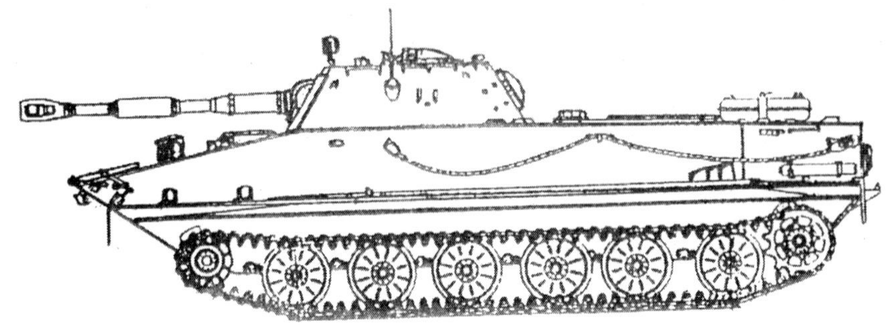

Leichter Schwimmpanzer PT-76 mit Kanone D-56TM

Leichter Schwimmpanzer PT-76B

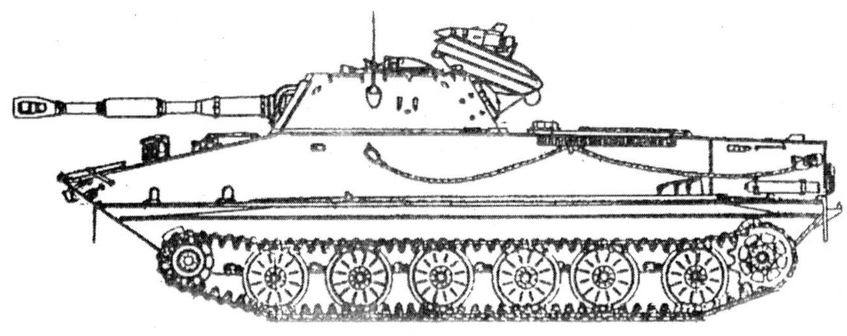

Panzer PT-76B mit Panzerabwehrrakete „Maljutka" als zusätzliche Waffe

Leichter Schwimmpanzer PT-76M
(Objekt 740M)

Baujahr: ....Versuchsmuster 1959
Entwickler..KB Stalingrader Traktorenwerk
Hersteller ....Stalingrader Traktorenwerk
Produktion ....nicht in Serie hergestellt
Kampfmasse, t.....................................14,7
Länge, mm
- mit Kanone.......................................7634
- der Wanne...6910
Breite, mm..3140
Höhe, Turnspitze mm..........................2255
Bodenfreiheit, mm.................................370
Mittl. Bodendruck kg/cm^2 0,50
überwindbare Hindernisse
- Anstieg, Grad...38
- Querneidung, Grad.................................18
- Graben, m..2,8
- Mauer, m..1,1
- Watfähigkeit, m.................schwimmfähig
Motortyp.................................Diesel V-6M
Max. Leistung, PS...................................300
Spezifische Leistung, PS/t.....................20,1
Maximale Geschwindigkeit, km/h............45

Schwimmgeschwindigkeit, km/h...........11,2
Treibstoffvorrat, l..................................300
Reichweite, km.......................................400
Panzerung, mm
- Wannenstirnwand...................................13
- Turmstirnwand..15
Rauchvorhang......................................TDA
Kernwaffenschutz..................................PAS
Mannschaft, Mitglieder 3
Bewaffnung:
- Zahl x Kaliber, mm und Typ
Geschütz..................1 x 76,2 mm D-56TS
(Kampfsatz, Stück).........................(40)
- Zahl x Kaliber, mm und Typ
MG`s.........................1 x 7,62 mm SGMT
(Kampfsatz, Stück).........................(1000)
Ziel...TSCHK-2-66
Nachtziel......................................„Luna-2“
Waffenstabilisator:
- Art..2 Ebenen
- Typ...................................STP-2P „Sarja“
Funkstation...R-113
Navigationsgerät............................GPK-48

Zusatzinformation: Es handelt sich um eine Variante des Panzers PT-76 mit verbesserten Schwimmeigenschaften und einem verbesserten Motor. Er ist mit einem Nachtsichtgerät und Kernwaffenschutz ausgerüstet. Die Arbeiten wurden vom KB des Sibirischen Panzerwerkes unter der Leitung des Konstrukteurs I.W. Gawalow ausgeführt. Der Panzer wurde nicht weiterentwickelt.

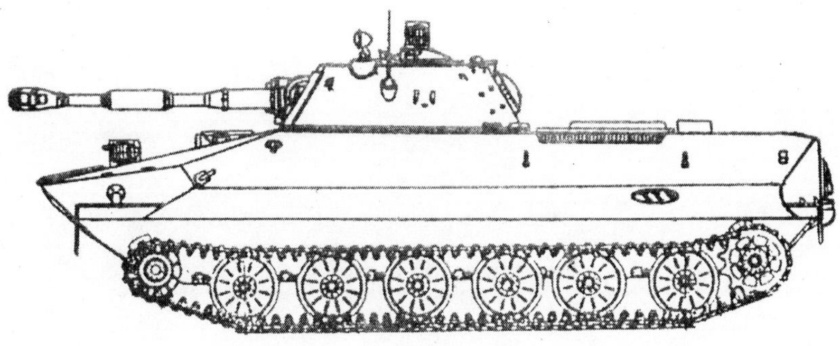

Leichter Schwimmpanzer PT-76M

Leichter Versuchsschwimmpanzer PT-85
(Objekt 906)

Baujahr: 1963
Entwickler........Stalingrader Traktorenwerk
Hersteller ....Stalingrader Traktorenwerk
Produktion ....Versuchsmuster
Kampfmasse, t......................................15,0
Länge, mm
- mit Kanone...8500
- der Wanne..7600
Breite, mm..2900
Höhe, Turnspitze mm...........................2220
Bodenfreiheit, mm.................................400
Mittl. Bodendruck kg/cm² 0,465
überwindbare Hindernisse
- Anstieg, Grad...35
- Watfähigkeit, m..................schwimmfähig
Motortyp...........................Diesel D-6-300M
Max. Leistung, PS..................................300
Spezifische Leistung, PS/t.....................20,0
Maximale Geschwindigkeit, km/h
- auf Ketten..75
- schwimmend....................................10-12
Treibstoffvorrat, l..................................500
Reichweite, km.......................................500
Panzerung...................................kugelsicher
Rauchvorhang......................................TDA
Mannschaft, Mitglieder 3
Bewaffnung:
- Zahl x Kaliber, mm und Typ
Geschütz................................85 mm D-58
(Kampfsatz, Stück).........................(40)
- Zahl x Kaliber, mm und Typ
MG`s...............................7,62 mm SGMT
(Kampfsatz, Stück)..........................(2000)
Ziel..Teleskop
Waffenstabilisator........................„Zyklon“
Funkstation..R-123

Zusatzinformation: Der Panzer besitzt eine Wanne aus gewalzten, aluminiumlegierten Panzerblechen. Der Turm ist aus Stahl. Der Motor und das Getriebe sind im Heck der Wanne untergebracht. Die Kanone ist mit einem Transportladeautomaten und einem Munitionsvorrat von 15 Schuß ausgestattet. Es wurden zwei Versuchsmuster hergestellt und 1962 im Werk erprobt. Auf der Basis des PT-85 sollten entwickelt werden: der Stabsführungspanzer Objekt 909 mit der UKW-Funkstation „Bant“ (1962), der Schwimmpanzer PT-90 mit einer glattläufigen Kanone und eine Variante des Panzers Objekt 906B.

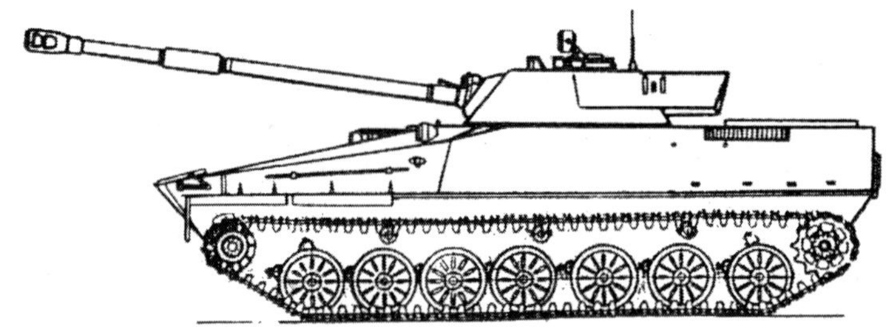

Leichter Schwimmpanzer PT-85

Leichter Versuchspanzer PT-90
(Objekt 906)

Baujahr: ....Projekt
Entwickler........Stalingrader Traktorenwerk
Hersteller ....Stalingrader Traktorenwerk
Produktion ....nicht hergestellt
Kampfmasse, t.......................................15,0
Länge, mm
- mit Kanone..8500
- der Wanne..7600
Breite, mm...2900
Höhe, Turnspitze mm..........................2220
Bodenfreiheit, mm..................................400
Mittl. Bodendruck kg/cm² 0,465
überwindbare Hindernisse
- Anstieg, Grad...35
- Watfähigkeit, m..................schwimmfähig
Motortyp............................Diesel D-6-300M
Max. Leistung, PS..................................300
Spezifische Leistung, PS/t.....................20,0

Maximale Geschwindigkeit, km/h
- auf Ketten...75
- schwimmend....................................10-12
Treibstoffvorrat, l..................................500
Reichweite, km.......................................500
Panzerung..................................kugelsicher

Rauchvorhang.......................................TDA
Mannschaft, Mitglieder 3
Bewaffnung:
- Zahl x Kaliber, mm und Typ
  Geschütz................................90 mm D-62
  (Kampfsatz, Stück)..........................(40)
- Zahl x Kaliber, mm und Typ
  MG`s...............................7,62 mm SGMT
  (Kampfsatz, Stück)..........................(2000)
Ziel..Teleskop
Waffenstabilisator........................„Zyklon“
Funkstation..R-123

Zusatzinformation: Es handelt sich um eine Variante des Panzers PT-85. Er erhielt eine 90-mm-Kanone mit glattem Lauf und einem Ladeautomaten. Der Panzer wurde nicht gebaut.

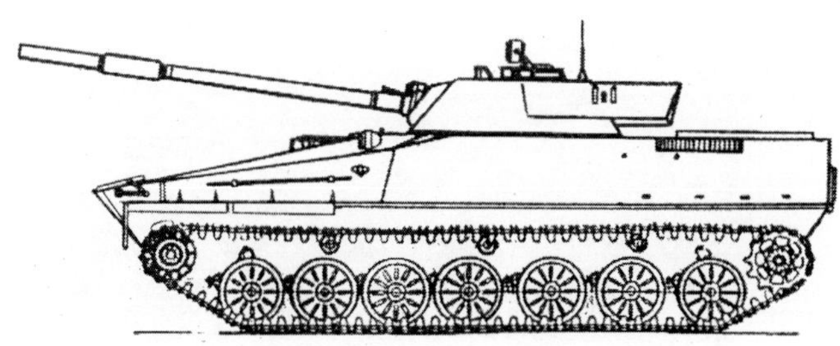

Leichter Versuchspanzer PT-90

Leichter Versuchspanzer
(Objekt 906B)

Baujahr: ....Projekt 1962
Entwickler.......Wolgograder Traktorenwerk
Hersteller ....Wolgograder Traktorenwerk
Produktion ....nicht hergestellt
Kampfmasse, t......................................13,0
Länge, mm
- mit Kanone...8900
- der Wanne..6475
Breite, mm..2900
Höhe, Turnspitze mm...........................1770
Bodenfreiheit, mm...........................120-400
Mittl. Bodendruck kg/cm² 0,46
überwindbare Hindernisse
- Anstieg, Grad..35
- Querneigung..30
- Watfähigkeit, m..................schwimmfähig
Motortyp..............................Diesel UTD-20
Max. Leistung, PS..................................300

Spezifische Leistung, PS/t.....................22,8
Maximale Geschwindigkeit, km/h
- auf Ketten...80
- schwimmend...8-10
Treibstoffvorrat, l...................................622
Reichweite, km...600
Panzerung...................................kugelsicher
Mannschaft, Mitglieder 2
Bewaffnung:
- Zahl x Kaliber, mm und Typ
Geschütz................................85 mm D-58
(Kampfsatz, Stück).........................(40)
- Zahl x Kaliber, mm und Typ
MG`s...............................7,62 mm SGMT
(Kampfsatz, Stück)..........................(2000)
Ziel...Teleskop
Waffenstabilisator.........................„Zyklon“
Funkstation...R-123

Zusatzinformation: Es handelt sich um den leichten Versuchsschwimmpanzer Objekt 902.

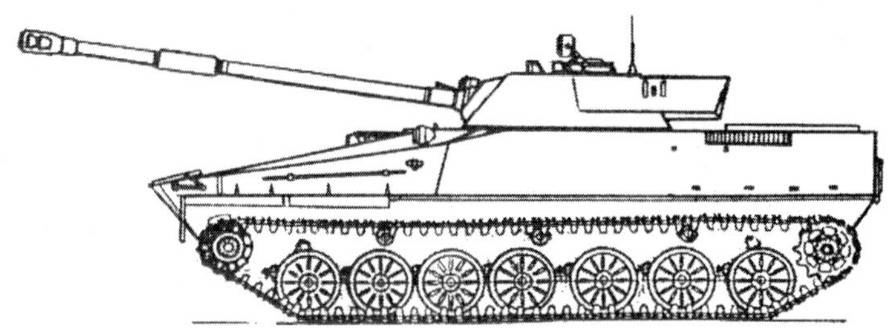

Leichter Versuchspanzer Objekt 902B

Leichter Versuchsschwimmpanzer
(Objekt 685)

Baujahr: 1975
Entwickler...........Kurganer Maschinenwerk
Hersteller ....Kurganer Maschinenwerk
Produktion ....Versuchsmuster
Kampfmasse, t......................................16,5
Länge, mm
- mit Kanone...9451
- der Wanne..7200
Breite, mm...3150
Höhe, Turnspitze mm...........................2250
Bodenfreiheit, mm.................................450
Mitttl. Bodendruck kg/cm^2 0,56
überwindbare Hindernisse
- Anstieg, Grad..30
- Watfähigkeit, m..................schwimmfähig
Motortyp.............................Diesel Viertakter
Max. Leistung, PS...................................400
Spezifische Leistung, PS/t.....................24,2

Maximale Geschwindigkeit, km/h
- auf Ketten..70
- schwimmend..10
Reichweite, km.......................................600
Panzerung..................................kugelsicher
Rauchvorhang.....................TDA, 8 x 902W
Mannschaft, Mitglieder 3
Bewaffnung:
- Zahl x Kaliber, mm und Typ
Geschütz...............100 mm 2A48(2A48-1)
(Kampfsatz, Stück)..........................(40)
- Zahl x Kaliber, mm und Typ
MG`s...................................7,62 mm PKT
(Kampfsatz, Stück)..........................(2000)
- PSRK..„Strela-3“
(Kampfsatz, Stück)...............................(4)
Ziel...Teleskop
Funkstation.....................................R-123M

Zusatzinformation: Chefkonstrukteur war A.A. Blagonrawow. Die Wanne des Panzers wurde aus gewalzten Panzerblechen geschweißt und der Turm aus Titanlegierungen. Der Motor und das Getriebe sind im Heck des Panzers angeordnet. Die Kanone ist in zwei Ebenen stabilisiert und besitzt einen Ladeautomaten. Der Panzer wurde mit einem Laserentfernungsmesser und einem Nachtzielgerät ausgerüstet. Zum Schwimmen wird ein Wasserstrahltriebwerk eingesetzt.

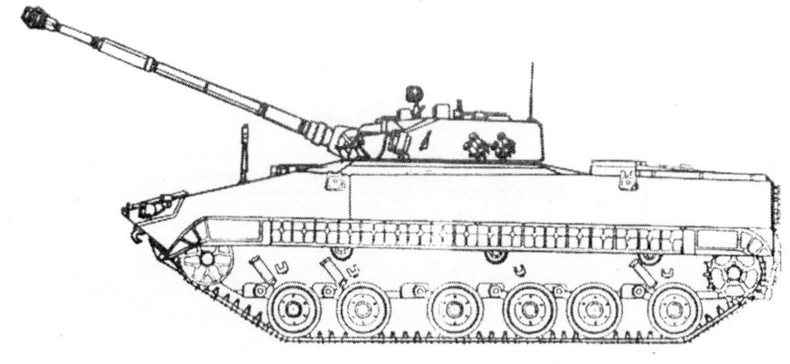

Leichter Schwimmpanzer Objekt 685

Leichter Versuchsschwimmpanzer
(Objekt 934)

Baujahr: 1975
Entwickler.......Wolgograder Traktorenwerk
Hersteller ....Wolgograder Traktorenwerk
Produktion ....Versuchsmuster
Kampfmasse, t.....................................17,5
Länge, mm
- mit Kanone..9430
- der Wanne..
Breite, mm...3150
Höhe, Turnspitze mm..........................2250
Bodenfreiheit, mm.................................420
Mittl. Bodendruck kg/cm² 0,70
überwindbare Hindernisse
- Anstieg, Grad...36
- Watfähigkeit, m..................schwimmfähig
Motortyp...................................Turbodiesel
Max. Leistung, PS..................................400
Spezifische Leistung, PS/t.....................22,8

Maximale Geschwindigkeit, km/h
- auf Ketten...70
- schwimmend...10
Reichweite, km.......................................600
Panzerung..................................kugelsicher
Rauchvorhang....................TDA, 6 x 902W
Mannschaft, Mitglieder 3
Bewaffnung:
- Zahl x Kaliber, mm und Typ
Geschütz.............................100 mm 2A48
(Kampfsatz, Stück).........................(40)
- Zahl x Kaliber, mm und Typ
MG`s..................................7,62 mm PKT
(Kampfsatz, Stück).........................(2000)
Ziel..Teleskop
Waffenstabilisator...................in.2 Ebenen
Funkstation....................................R-123M

Zusatzinformation: Die Panzer besitzt eine aus Aluminiumlegierungen geschweißte Wanne und einen entsprechenden Turm. Im Turm sind an der Stirnseite stählerne Verstärkungen eingearbeitet. Motor und Getriebe befinden sich im Heckteil der Wanne. Die Kanone besitzt einen Lademechanismus. Beim Einsatz der Kanone wird ein Ballistikrechner und ein optischer Weitenmesser verwendet. Zum Eingraben des Panzers ist dieser mit hydraulisch betriebenen Geräten ausgerüstet. Der Panzer ist als Landepanzer zum Abwurf vom Flugzeug aus vorgesehen.

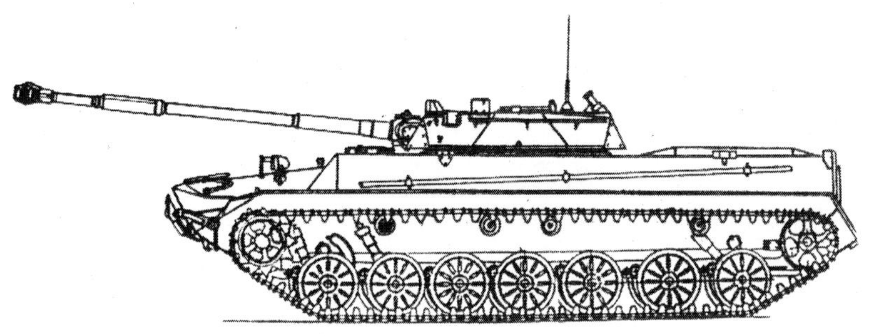

Leichter Schwimmpanzer Objekt 934

Mittlere und Standardpanzer

20-Tonnen-Panzer

Baujahr: ....Projekt 1915
Entwickler...........................Rybinsker Werk
Produktion ....nicht hergestellt
Kampfmasse, t......................................20,0
Länge der Wanne, mm.........................5000
Höhe, Turnspitze mm...........................2000
Motortyp..Vergaser
Max. Leistung, PS.................................200
Spezifische Leistung, PS/t........................10
Maximale Geschwindigkeit, km/h.............7
Panzerung, mm
- Wannenstirnwand..............................10-12

Mannschaft, Mitglieder 4
Bewaffnung:
- Zahl x Kaliber, mm und Typ
Geschütz..........................107-mm-Kanone
(Kampfsatz, Stück)............................(-)
- Zahl x Kaliber, mm und Typ
MG`s.....................................7,62 mm DT
(Kampfsatz, Stück)................................(-)
Ziel..mechanisch

Zusatzinformation: Ein Panzer, auf der Basis eines Traktors. Die Wanne ist als Karkasse in Form eines Kastens konstruiert. Das MG ist im Heckteil des Fahrzeugs untergebracht.

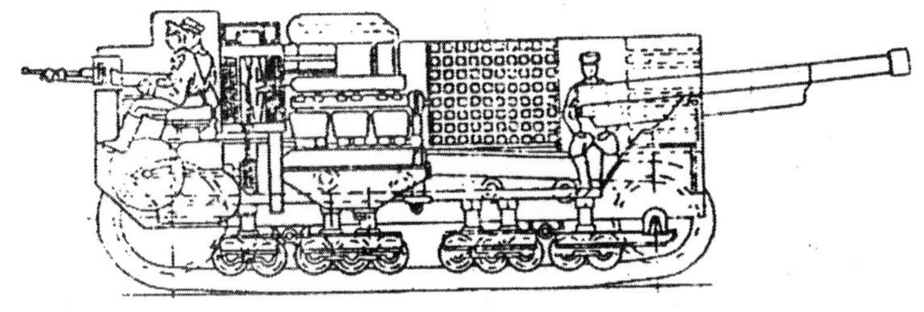

20-Tonnen-Panzer

Mittlerer Panzer GUWP
(Variante 1)

Baujahr: ....Projekt 1924
Entwickler.........................Panzerbüro OAT
Produktion ....nicht hergestellt
Kampfmasse, t......................................17,0
Länge, mm
- mit Kanone...6570
- mit Wanne..6570
Höhe, Turnspitze mm...........................2540
Maximale Geschwindigkeit, km/h...........20
Panzerung, mm
- Wannenstirnwand..................................13
- Turmstirnwand......................................13

Mannschaft, Mitglieder 6
Bewaffnung:
- Zahl x Kaliber, mm und Typ
Geschütz................................76,2 mm TP
..(Kampfsatz, Stück)............................(-)
- Zahl x Kaliber, mm und Typ
MG`s.....................................6 x 7,62 mm
(Kampfsatz, Stück)................................(-)
Ziel...mechanisch
Funkstation..keine

Zusatzinformation: Chefkonstrukteur ist S.P. Schukalow. Im Mittelteil des Panzers war eine Kasematte angeordnet. Im Vorderteil der Wanne befand sich ein zylindrischer Turm mit einem Geschütz. Die MG`s sicherten eine Zielbekämpfung von 360°.

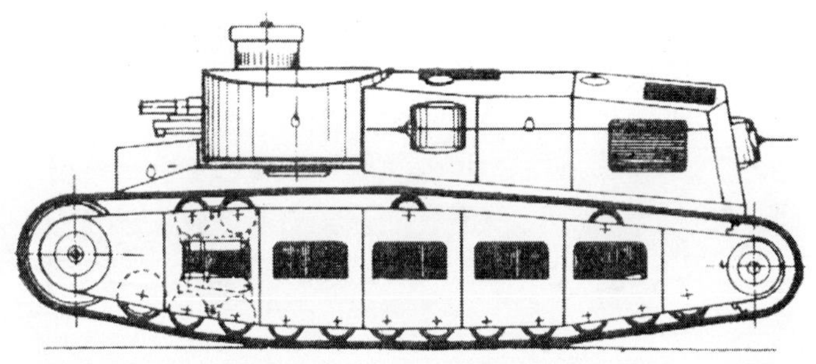

Mittlerer Panzer GUWP

Mittlerer Panzer GUWP
(Variante 2)

Baujahr 1924
Entwickler Moskauer Panzerbüro OAT
Produktion ....nicht hergestellt
Kampfmasse, t...............................16,0
Länge, mm
- mit Kanone 6100
- Wanne...6100
Höhe, bis zur Turmspitze mm........2540
Max. Geschwindigkeit km/h.............20
Panzerung, mm:
- Wannenstirnwand...........................22
- Turmstirnwand...............................22

Mannschaft, Mitglieder......................5
Bewaffnung:
- Zahl x Kaliber, mm und Typ
Geschütz............................45 mm TP
(Kampfsatz, Stück).........................(-)
- Zahl x Kaliber, mm und Typ
MG`s..............................4 x 7,62 mm
(Kampfsatz, Stück).........................(-)
Ziel...................................mechanisch
Funkstation..................................keine

Zusatzinformation: Chefkonstrukteur war S.P. Schukalow. Es handelt sich um die Kopie des französischen Panzers 2S. Der Panzer besitzt zwei zylindrische Türme, der vordere ist mit einer 45-mm-Rundum-Kanone bestückt, der zweite – der Heckturm – mit einem MG.

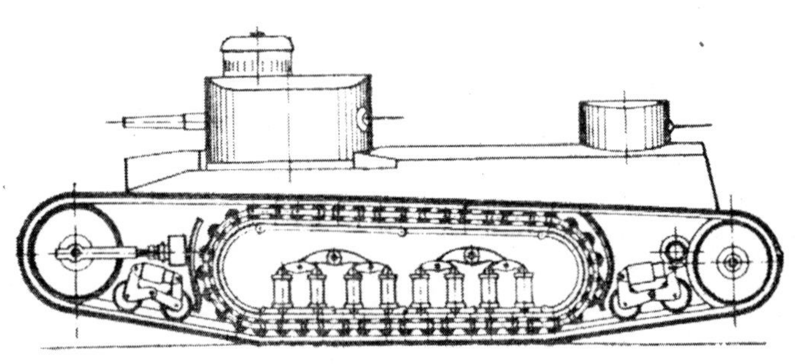

Mittlerer Panzer GUWP

Mittlerer Panzer T-12

Baujahr 1930
Entwickler..Charkower Lokomotivwerk
Hersteller....Charkower Lokomotivwerk
Produktion....................Versuchsmuster
Kampfmasse, t...........................16-19,5
Länge, mm
- von der Kanone vorn...................6560
- Länge der Wanne........................5870
Breite, mm....................................2810
Höhe, bis zur Turmspitze mm.......2950
Bodenfreiheit, mm................................
Mittl. Bodendruck, kg/cm^2 0,45
überwindbare Hindernisse:
- Anstieg, Grad................................40
- Graben, m...................................2,05
Motortyp..........Vergaser „Ispano" M-6

Max. Geschwindigkeit km/h................26
Max. Leistung, PS.......................180-200
Spez. Leistung PS/t...........................10,3
Panzerung, mm:
- Wannenstirnwand.........................12-22
- Turmstirnwand.............................12-22
Mannschaft, Mitglieder..........................4
Bewaffnung:
- Zahl x Kaliber, mm und Typ
Geschütz................................45 mm TP
(Kampfsatz, Stück)........................(100)
- Zahl x Kaliber, mm und Typ
MG`s...........3 x 2 x 7,62 mm Fjodorow
(Kampfsatz, Stück)......................(4000)
Ziel..TOP
Funkstation.....................................keine

Zusatzinformation: Es handelt sich um den Prototyp des ersten sowjetischen mittleren Panzers T-24. Bei der Erprobung gab es viel Beanstandungen. Der Panzer wurde weiterentwickelt und serienmäßig unter der Bezeichnung T-24 produziert.

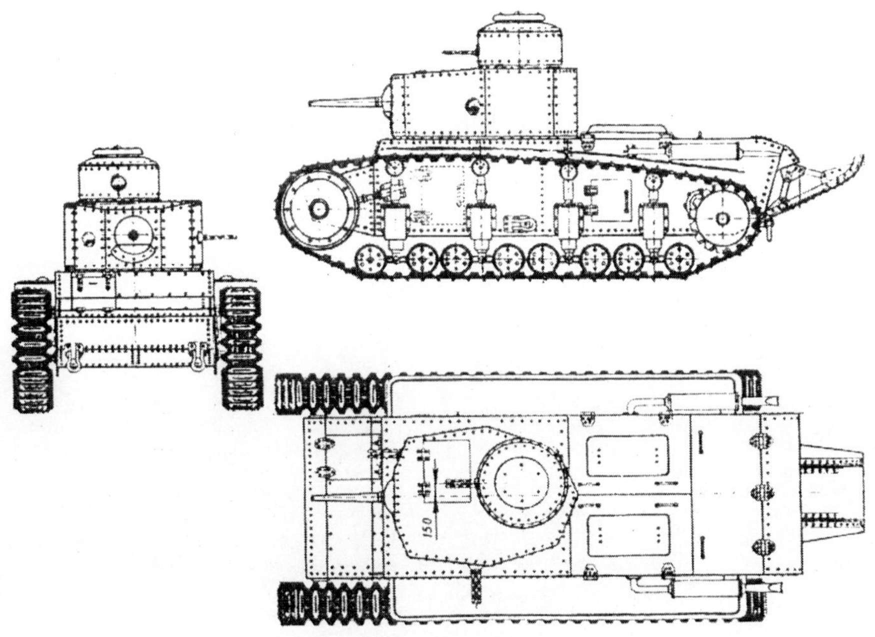

Mittlerer Panzer T-12

Mittlerer Panzer T-24

Baujahr....................in Bewaffnung seit 1930
Entwickler...KB Charkower Lokomotivwerk
Hersteller...........Charkower Lokomotivwerk
Produktion ....Serie seit 1930
Kampfmasse, t..................................18-18,5
Länge, mm
- mit Kanone...5680
- Wanne..5680
Breite, mm..2840
Höhe bis Turm mm..............................3040
Bodenfreiheit, mm...................................500
Mittl. Bodendruck kg/cm^{2}......................0,51
überwindbare Hindernisse:
- Anstieg, Grad....................................35
- Querneigung Grad.............................25
- Graben, m..2,1
- Mauer, m...0,9
- Watfähigkeit, m.................................1,5

Motortyp..........................Vergaser M-6
Max. Leistung, PS..........................300
Spezif. Leistung, PS/t......................16,2
Reichweite, km...............................120
Max. Geschwindigkeit, km/h.............22
Treibstoffvorrat, l............................460
Panzerung, mm
- Wannenstirnwand............................20
- Turmstirnwand................................20
Mannschaft, Mitglieder.......................5
Bewaffnung:
- Zahl x Kaliber, mm u. Typ
  Geschütz.............................45 mm TP
  (Kampfsatz, Stück)........................(89)
- Zahl x Kaliber, mm u. Typ
  MG`s................................4 x 7,62 DT
  (Kampfsatz, Stück)....................(8000)
Ziel..TOP
Funkstation...................................keine

Zusatzinformation: Chefkonstrukteur war I.N. Alexeenko. Der Panzer wurde auf der Grundlage des Versuchspanzers T-12 entwickelt. Die Wanne war aus gewalztem Panzerblech der Stärke 8-20 mm genietet. Der genietete Turm mit einer Kanone und einem MG hatte eine zylindrische Form. Auf dem Dach des Hauptturms befand sich ein kleiner Zusatzturm mit einem MG. Mit „Schwanz" hatte der Panzer eine Länge von 6500 mm. Es wurden 25 Stück gefertigt. Im Jahr 1931 stellte man die Produktion des T-24 ein. Das Werk ging zur Fertigung der BT-Panzer über. Verschiedene Bauelemente dieses Typs kamen bei der Fertigung der Artilleriezugmaschine „Komintern" zum Einsatz.

Mittlerer Panzer T-24

Mittlerer Panzer TG
(Panzer Grotte)

Baujahr 1931
Entwickler AWO-5 Werk „Bolschewik“
Hersteller.................Werk „Bolschewik“
Produktion ....Versuchsmuster
Kampfmasse, t....................................25
Länge, mm
- von der Kanone vorn....................5882
- Länge der Wanne..........................5882
Breite, mm.....................................2200
Höhe, bis zur Turmspitze mm........2210
Bodenfreiheit, mm...........................340
Mittl. Bodendruck, kg/cm^2 0,76
Motortyp..........................Vergaser M-6
Max. Geschwindigkeit km/h.............35
Max. Leistung, PS............................300
Spez. Leistung PS/t...........................12
Panzerung, mm:
- Wannenstirnwand............................50
- Turmstirnwand.................................50
Mannschaft, Mitglieder......................11
Bewaffnung:
- Zahl x Kaliber, mm und Typ
Geschütz..........................76,2 mm TP
(Kampfsatz, Stück)..........................(.)
- Zahl x Kaliber, mm und Typ
Geschütz.............................37 mm TP
(Kampfsatz, Stück)..........................(.)
- Zahl x Kaliber, mm und Typ
MG`s................3 x 7,62 mm „Maxim“
(Kampfsatz, Stück)..........................(.)
- Zahl x Kaliber, mm und Typ
MG`s.........................2 x 7,62 mm DT
(Kampfsatz, Stück)..........................(.)
Ziel...Teleskop
Funkstation...................................keine

Zusatzinformation: Chefkonstrukteur war der deutsche Ingenieur E. Grotte. Der Panzer besitzt eine verlängerte Wanne. der Turm ist zum Heck versetzt. Er ist kugelförmig und stützt sich auf einen hohen, unter dem Turm gelegenen Korb. Zu den Nachteilen des Panzers zählt der geringe Schußwinkel der Kanone und die geringe Zuverlässigkeit der pneumatischen Steuerung des Panzers. Es wurde ein Versuchsmuster hergestellt. Die Erprobung begann am 27. Juni und endete am 1. Oktober 1931.

Mittlerer Panzer TG

Mittlerer Panzer T-29

Baujahr ....i. d. Bewaffnung seit 1936
Entwickler................KB Werk N 185
Hersteller......Leningrader Kirowwerk
Produktion 1937
Kampfmasse, t.............................28,8
Länge, mm
- von der Kanone vorn................7374
- Länge der Wanne......................7374
Breite, mm.........................3180-3220
Höhe, b. Turmspitze mm...2820-2850
Bodenfreiheit, mm.................475-500
Mittl. Bodendruck, kg/cm^2 0,76
überwindbare Hindernisse:
- Anstieg, Grad................................35
- Graben, m....................................3,3
- Mauer, m...............................1,0-1,2
- Watfähigkeit................................1,1
Motortyp...................Benzin M-17F

Max. Geschwindigkeit km/h..............55
Max. Leistung, PS.............................500
Spez. Leistung PS/t.........................17,4
Treibstoffvorrat. l.............................660
Reichweite, km.........................230-330
Panzerung, mm:
- Wannenstirnwand............................30
- Turmstirnwand.................................20
Mannschaft, Mitglieder.........................5
Bewaffnung:
- Zahl x Kaliber, mm und Typ
Geschütz................1 x 76,2L-10 (LS-3
(Kampfsatz, Stück)........................(67)
- Zahl x Kaliber, mm und Typ
MG`s................................5 x 7,62 DT
(Kampfsatz, Stück)....................(6930)
Ziel.......................................TOP, POP
Funkstation...............................71-TK-1

Zusatzinformation: Es handelt sich um einen Radkettenpanzer, bestückt mit drei Türmen. Er wurde unter der Bezeichnung IT-3 als Entwurfsprojekt von der Vereinigten Staatlichen Politischen Verwaltung (OGPU) entwickelt. Die Versuchsmuster T-29-4 und T-29 wurden 1934 vom Betrieb N185 hergestellt. Als Chefkonstrukteur arbeitete N.W. Zeiz. Die Maximalgeschwindigkeit auf Rädern betrug 80 km/h. Die Serienproduktion wurde nach Auslieferung von zwei Panzern im Jahre 1937 eingestellt.

Mittlerer Radketten-Panzer T-29 in Radbetrieb

Mittlerer Panzer T-28

Baujahr ....i. d. Bewaffnung seit 1933
Entwickler.................KB Werk N174
Hersteller.....Werk „Roter Putilowez“
Produktion ....in Serie 1933-40
Kampfmasse, t.............................25,2
Länge, mm
- von der Kanone vorn................7360
- Länge der Wanne......................7360
Breite, mm..................................2870
Höhe, b. Turmspitze mm............2620
Bodenfreiheit, mm........................560
Mittl. Bodendruck, kg/cm^2 0,66
überwindbare Hindernisse:
- Anstieg, Grad................................45
- Querneigung, Grad.......................30
- Graben, m...................................2,5
- Mauer, m..............................0,9-1,0
- Watfähigkeit................................1,0
Motortyp.....................Benzin M-17L

Max. Geschwindigkeit km/h..........37-40
Max. Leistung, PS............................500
Spez. Leistung PS/t.........................19,8
Treibstoffvorrat................................660
Reichweite, km................................180
Panzerung, mm:
- Wannenstirnwand.............................30
- Turmstirnwand..................................20
Rauchvorhang..............................TDP-3
Mannschaft, Mitglieder.........................6
Bewaffnung:
- Zahl x Kaliber, mm und Typ
Geschütz..............1 x 76,2KT-28 (PS-3
(Kampfsatz, Stück)....................(69-70)
- Zahl x Kaliber, mm und Typ
MG`s.................................3 x 7,62 DT
(Kampfsatz, Stück).....................(7938)
Ziel..TOP, POP
Funkstation................................71-TK-1

Zusatzinformation: Es handelt sich um einen Panzer mit drei Türmen. Die Ingenieure S.A. Ginsburg und N.W. Zeiz entwickelten ihn 1931. Im Jahre 1932 fertigte das Werk N174 ein Versuchsmuster (mit einer 45-mm-Kanone). Insgesamt wurden 500 Panzer produziert. Von 1938 an wurde die 76,2-mm-Kanone L-10 eingesetzt. Die Variante T-28 E mit verstärkter Panzerung und einer Masse von 32 t fertigte man seit Dezember 1939. (Die Wannenstirnwand des Turmes hatte eine Stärke von 50–80 mm). Die Panzer der letzten Serie (1940) besaßen einen konischen Hauptturm. Auf der Grundlage des T-28 entwickelte man Versuchsmuster zur Überwindung von Wasserhindernissen in einer Tiefe von vier Metern sowie einen Minenräumpanzer, den Brückenpanzer IT-28 und eine Reihe anderer.

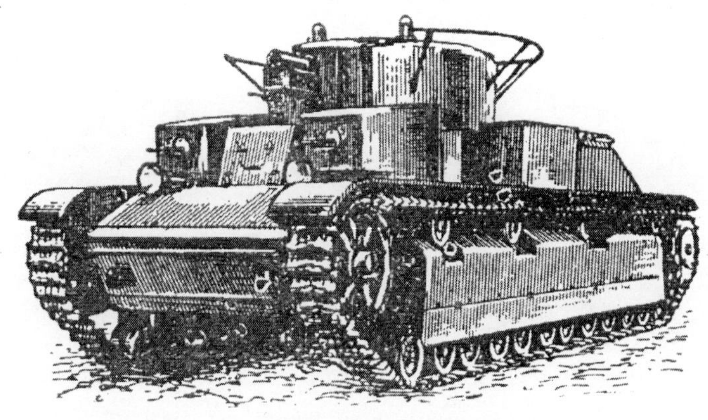

Mittlerer Panzer T-28

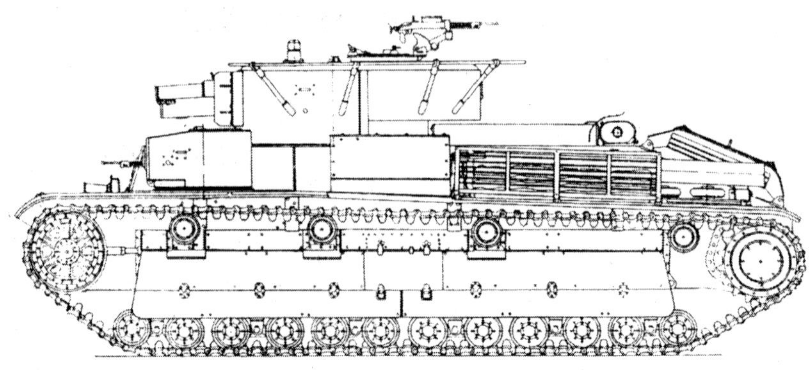

Mittlerer Serienpanzer T-28

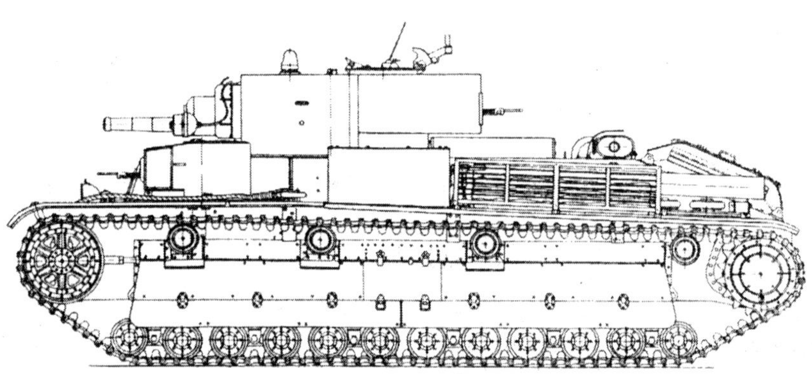

Mittlerer Panzer T-28E

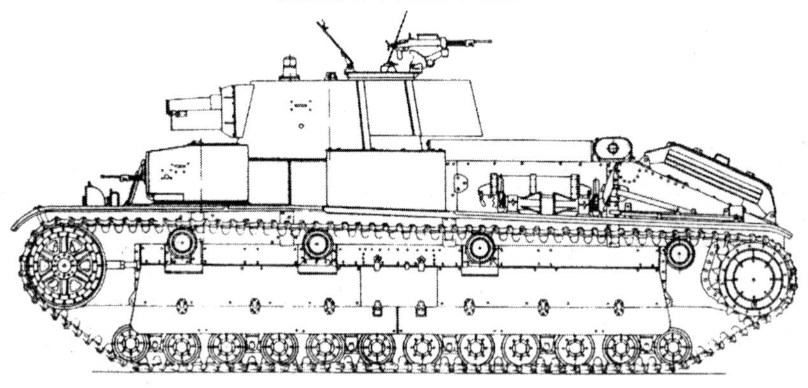

Mittlerer Panzer T-28 mit konischem Turm

Mittlerer Radkettenpanzer IT-3

Baujahr ....Entwurfsprojekt 1930
Kampfmasse, t...............................19,0
Motortyp...................Vergaser M-17B
Max. Leistung, PS...........................500
Spezif. Leistung PS/t......................26,3
Max. Geschwindigkeit km/h
- auf Ketten..60
- auf Rädern.......................................80
Panzerung, mm:
- Wannenstirnwand...........................20
- Turmstirnwand................................15
Mannschaft, Mitglieder......................4

Bewaffnung:
- Zahl x Kaliber, mm und Typ
Geschütz..................76 mm Muster 1927
(Kampfsatz, Stück).............................(50)
- Zahl x Kaliber, mm und Typ
MG`s..12,7 mm
(Kampfsatz, Stück).........................(1500)
- Zahl x Kaliber, mm und Typ
MG`s..............................2 x 7,62 mm DT
(Kampfsatz, Stück).........................(7000)
Funkstation...keine

Zusatzinformation: Der Jagdpanzer IT-3 verfügte über einen Turm sowie eine Wanne aus verschiedenen geschmiedeten Teilen. Das Fahrwerk bestand aus 4 Laufrollen, alle Räder wurden angetrieben, wobei die vorderen und hinteren steuerbar waren.

Mittlerer Radkettenpanzer Objekt 115

Baujahr ....Projekt von 1937-38
Entwickler Leningrader Versuchswerk
Produktion ....nicht hergestellt
Kampfmasse, t............................32-33
Mittl. Bodendruck, kg/cm^2 0,79
Motortyp...................Vergaser M-17F
Max. Leistung, PS..........................715
Spezif. Leistung PS/t.....................21,5
Max. Geschwindigkeit km/h............50
Panzerung, mm:
- Wannenstirnwand..........................50
- Turmstirnwand.................................40
Mannschaft, Mitglieder.........................6

Bewaffnung:
- Zahl x Kaliber, mm und Typ
Geschütz...........................76 mm L-10
(Kampfsatz, Stück).........................(76)
- Zahl x Kaliber, mm und Typ
MG`s.................................4 x 7,62 DT
(Kampfsatz, Stück)...........................(..)
Funkstation....................................keine

Zusatzinformation: Es handelt sich um eine der letzten Varianten eines Radkettenpanzers in der UdSSR. Der Panzer besaß drei Türme. In einem Turm war die Kanone und ein koaxiales MG untergebracht, ein weiteres MG befand sich im Heckteil des Turms. In den anderen beiden Türmen war jeweils ein MG installiert. Das Fahrwerk bestand aus fünf Laufrollen, von denen drei angetrieben wurden und die vordere auf jeder Seite steuerbar war.

Kleiner Panzer mit schwerer Panzerung T-46-5
(Objekt 111)

Baujahr 1938
Entwickler und Hersteller...........Leningrader Versuchsmaschinenwerk Kirow
Produktion ....Versuchsmuster
Kampfmasse, t.............................28-32
Länge, mm
- von der Kanone vorn..................5260
- Länge der Wanne........................5260
Breite, mm....................................3110
Höhe, bis Turmspitze mm............2416
Bodenfreiheit, mm..........................400
Mittl. Bodendruck, kg/cm^2...........0,80
überwindbare Hindernisse:
- Anstieg, Grad.................................35
- Watfähigkeit..................................1,2
Motortyp...............Vergaser MT5-1
Max. Leistung, PS.................300-330

Max. Geschwindigkeit km/h...............30
Spezif. Leistung PS/t........................10,3
Reichweite, km.................................150
Panzerung, mm:
- Wannenstirnwand.............................60
- Turmstirnwand..................................60
Mannschaft, Mitglieder.........................3
Bewaffnung:
- Zahl x Kaliber, mm und Typ
Geschütz.................45mm Muster 1938
(Kampfsatz, Stück)........................(121)
- Zahl x Kaliber, mm und Typ
MG`s....................................3x7,62 DT
(Kampfsatz, Stück)......................(3000)
Ziel...TOP
Funkstation................................71-TK-1

Zusatzinformation: Es ist der erste sowjetische Panzer mit kugelsicherer Panzerung. Der Panzer besitzt einen konischen Turm in der Wannenmitte. Von den drei MG`s war eins als koaxiales zur Kanone angeordnet, ein zweites befand sich im Heckteil des Turms, ein drittes diente zur Flugabwehr. Hinsichtlich der Feuerkraft und der Qualität der Panzerung übertraf der T-46-5 gleichwertige ausländische Muster. Es wurden zwei Versuchsmuster hergestellt.

Kleiner Panzer mit schwerer Panzerung T-46-5

Mittlerer Versuchspanzer A-32

Baujahr ....Entwicklung 1939
Entwickler..KB Lokomotivw. Charkow
Hersteller.......Lokomotivwerk Charkow Komintern
Produktion ....Versuchsmuster
Kampfmasse, t...............................19,0
Länge, mm
- von der Kanone vorn.................5960
- Länge der Wanne......................5900
Breite, mm..................................3000
Höhe, b. Turmspitze mm.............2400
Bodenfreiheit, mm.........................400
Mittl. Bodendruck, kg/cm^2 0,59
überwindbare Hindernisse:
- Anstieg, Grad...............................30
- Watfähigkeit................................1,3
Motortyp.................................Diesel V-2

Max. Leistung, PS...........................500
Max. Geschwindigkeit km/h..............65
Spez. Leistung PS/t........................26,3
Reichweite, km................................425
Panzerung, mm:
- Wannenstirnwand.......................20-30
- Turmstirnwand................................25
Mannschaft, Mitglieder.........................4
Bewaffnung:
- Zahl x Kaliber, mm und Typ
Geschütz..........45 mm TP Muster 1938
(Kampfsatz, Stück)............................(.)
- Zahl x Kaliber, mm und Typ
MG`s...........................2 x 7,62 mm DT
(Kampfsatz, Stück)......................(1638)
Ziel............................Teleskop, Periskop
Funkstation.....................................keine

Zusatzinformation: Chefkonstrukteur war M.I. Koschkin. Die Herstellung des Panzers erfolgte parallel zu dem leichten Radkettenpanzer A-20. Die Wanne wurde aus rationell geneigten Stirn- und Seitenblechen geschweißt. Im geschweißten Turm wurde die Kanone und ein MG untergebracht. Ein zweites MG befand sich in der Stirnwand des Panzers. Während der Erprobung stellte man fest, daß beide Panzer, A-20 und A-32, die an sie gestellten Anforderungen erfüllen und genutzt werden können. Im weiteren wurde nur der Panzer A-32 weiterentwickelt, weil seine Panzerung noch verbessert werden konnte.

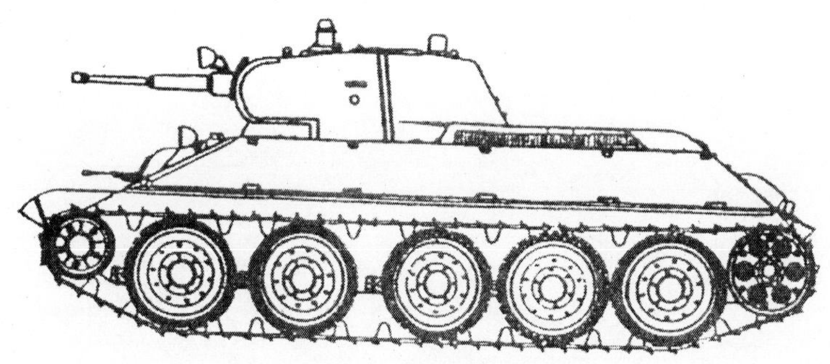

Mittlerer Versuchspanzer A-32

Mittlerer Versuchspanzer A-32
(T-32)

Baujahr ....Entwicklung 1939
Entwickler..KB Lokomotivw. Charkow
Hersteller .....Lokomotivwerk Charkow Komintern
Produktion ....Versuchsmuster
Kampfmasse, t.........................24-25,83
Länge, mm
- von der Kanone vorn..................5900
- Länge der Wanne........................5900
Breite, mm...................................3000
Höhe, b. Turmspitze mm..............2400
Bodenfreiheit, mm..........................400
Mittl. Bodendruck, kg/cm^2 0,75
überwindbare Hindernisse:
- Querneigung, Grad.........................30
- Watfähigkeit.................................1,3
Motortyp...........................Diesel V-2
Max. Leistung, PS..........................500

Max. Geschwindigkeit km/h..........55-60
Spezif. Leistung PS/t........................26,3
Treibstoffvorrat, l..............................460
Reichweite, km.................................300
Panzerung, mm:
- Wannenstirnwand.................45(20-30)
- Turmstirnwand..................................25
Mannschaft, Mitglieder.........................4
Bewaffnung:
- Zahl x Kaliber, mm und Typ
Geschütz............................76 mm L-10
(Kampfsatz, Stück)..........................(72)
- Zahl *Kaliber, mm und Typ
MG`s..........................2 x 7,62 mm DT
(Kampfsatz, Stück).....................(1638)
Ziel...TOP, POP
Funkstation.....................................keine

Zusatzinformation: Der Chefkonstrukteur war M.I. Koschkin. Die Variante des Versuchspanzers A-32 mit verbesserter Panzerung und Bewaffnung wurde durch Umkonstruierung des A-32 mit der 45-mm-Kanone erreicht. Es wurde eine 76-mm-Kanone eingesetzt. Auf der Basis dieses Panzers wurden im März 1940 zwei Panzer mit verstärkter Panzerung und der 76-mm-Kanone L-11 hergestellt. Nach erfolgreicher Erprobung ging dieser Panzer dann in Serie. Er wurde zum wichtigsten Panzer des zweiten Weltkrieges.

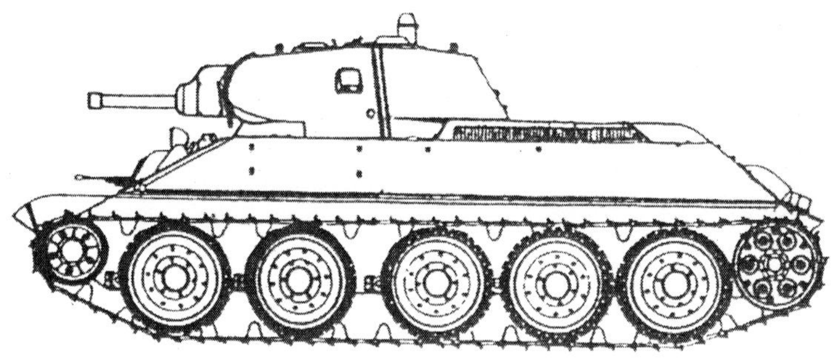

Mittlerer Versuchspanzer A-32

Mittlerer Panzer T-34
(Produktion 1940)

Baujahr ..i. d. Bewaffnung 19.12.1939
Entwickler KB Lokomotivw. Charkow
Hersteller ....Lokomotivwerk Charkow Komintern
Produktion ....in Serie 1940-41
Kampfmasse, t..................................26
Länge, mm
- von der Kanone vorn.................5920
Länge der Wanne.........................5920
Breite, mm....................................3000
Höhe, b. Turmspitze mm.............2400
Bodenfreiheit, mm..........................400
Mittl. Bodendruck, kg/cm^2 0,64
überwindbare Hindernisse:
- Anstieg, Grad................................35
- Mauer..0,73
- Graben, m....................................2,5
- Watfähigkeit.................................1,3
Motortyp Diesel V-2

Max. Geschwindigkeit km/h................55
Max. Leistung, PS.............................500
Spez. Leistung PS/t..........................19,2
Treibstoffvorrat, l.......................460+134
Reichweite, km..........................300-400
Panzerung
- Wannenstirnwand............................45
- Turmstirnwand.................................45
Mannschaft, Mitglieder..........................4
Bewaffnung:
- Zahl x Kaliber, mm und Typ
Geschütz.........................76,2 mm L-11
(Kampfsatz, Stück).........................(77)
- Zahl x Kaliber, mm und Typ
MG`s...........................2 x 7,62 mm DT
(Kampfsatz, Stück)....................(2898)
Ziel....................................TOD-6, PT-6
Funkstation...............................71-TK-3

Zusatzinformation: Er wurde auf der Basis des mittleren Versuchspanzers A-32 entwickelt. Seine Wanne wurde unter einem günstigen Winkel aus gewalzten Panzerblechen zusammengeschweißt. Der geschweißte Turm besitzt geneigte Wände mit einer Kanone und einem MG. Ein zweites MG ist in der Stirnwand auf einem Kugelblendenlager installiert. Der Turm läßt sich elektrisch und manuell drehen. Die Kanone läßt sich manuell mit einem entsprechenden Mechanismus aufrichten. Der Panzer wurde in der Folgezeit ständig modernisiert. Auf seiner Basis entwickelte man: die Selbstfahrlafette SU-85, SU-100, SU 122, Zugmaschinen, Kräne, Flammpanzer, Brückenlegepanzer und andere.

Mittlerer Panzer T-34

Mittlerer Panzer T-34 (Produktion 1940)

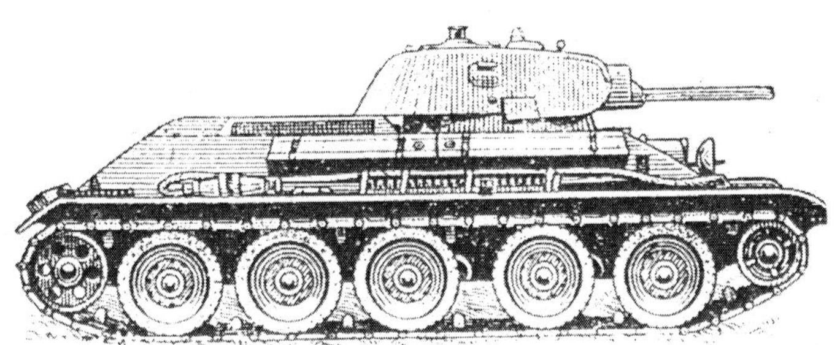

Mittlerer Panzer T-34 (Produktion 1940)

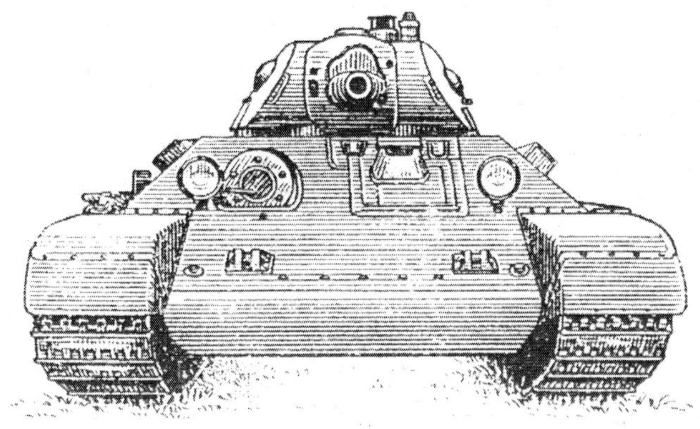

Mittlerer Panzer T-34 (Produktion 1940)

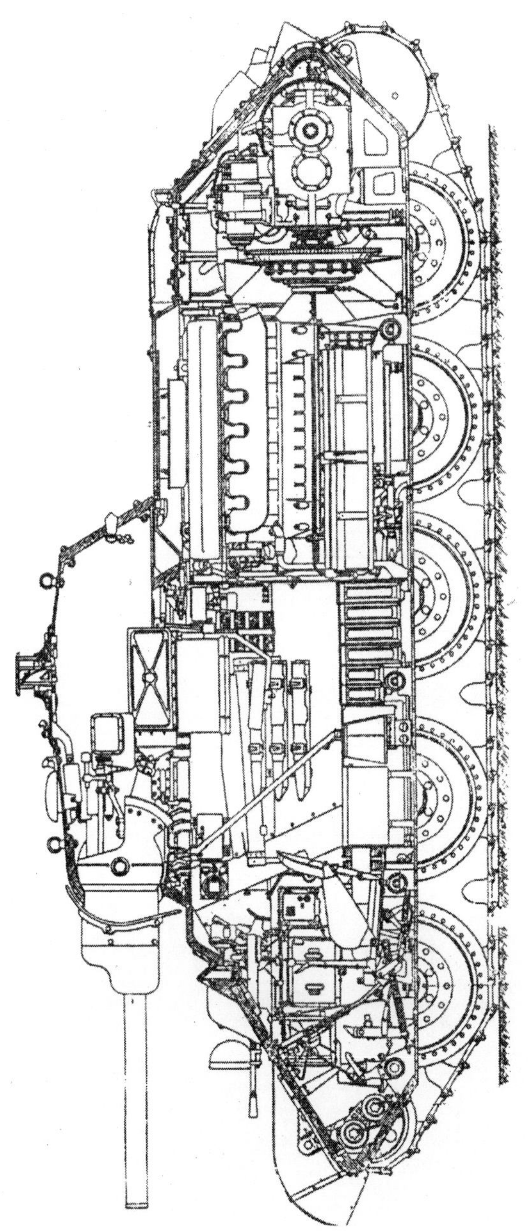

Außenmaße des Panzers T-34 (Herstellung1940)

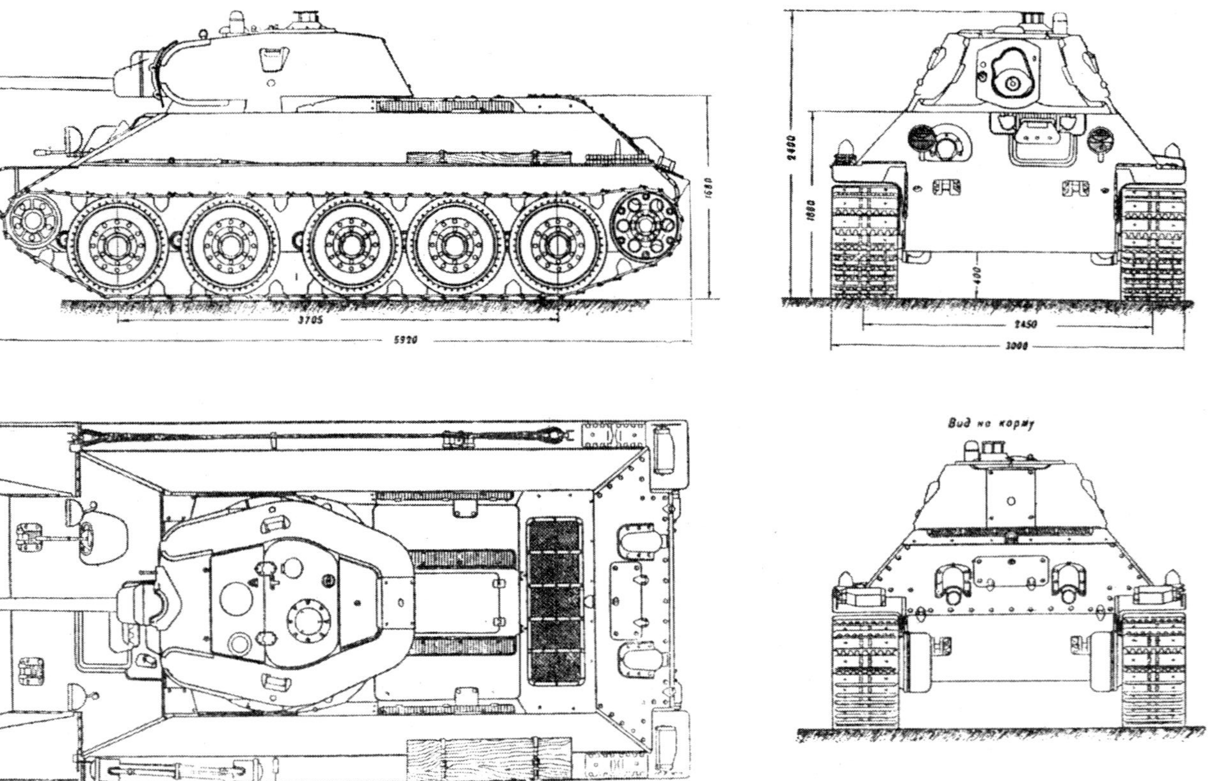

Außenmaße des Panzers T-34 (Herstellung 1940)

Mittlerer Panzer T-34

Baujahr ....i. d. Bewaffnung seit 1939
Entwickler KB Lokomotivw. Charkow
Hersteller......Lokomotivwerk Charkow
Produktion ....kleine Serie
Kampfmasse, t................................26,0
Länge, mm
- von der Kanone vorn..................5920
- Länge der Wanne........................5920
Breite, mm....................................3000
Höhe, b. Turmspitze mm..............2400
Bodenfreiheit, mm..........................400
Mittl. Bodendruck, kg/cm^2 0,64
überwindbare Hindernisse:
- Anstieg, Grad.................................35
- Watfähigkeit..................................1,3
Motortyp.....…………........Diesel V-2
Max. Leistung, PS..........................500

Max. Geschwindigkeit km/h................55
Spez. Leistung PS/t...........................19,2
Treibstoffvorrat, l.......................460+134
Reichweite, km...........................300-400
Panzerung
- Wannenstirnwand..............................45
- Turmstirnwand..................................45
Mannschaft, Mitglieder...........................4
Bewaffnung:
- Zahl x Kaliber, mm und Typ
Geschütz................45 mm Muster 1938
(Kampfsatz, Stück).............................(..)
- Zahl x Kaliber, mm und Typ
MG`s..................................2 x 7,62 DT
(Kampfsatz, Stück)......................(2848)
Ziel.............................Periskop, Teleskop
Funkstation.................................71-TK-3

Zusatzinformationen: Eine Variante dieses Panzers wurde im Jahre 1940 mit einer 45-mm-Kanone hergestellt, weil es nicht genügend 76,5-mm-Kanonen F-32 gab. Es ist möglich, daß diese Variante nicht produziert wurde, aber den Beschluß zu seiner Produktion faßte man.

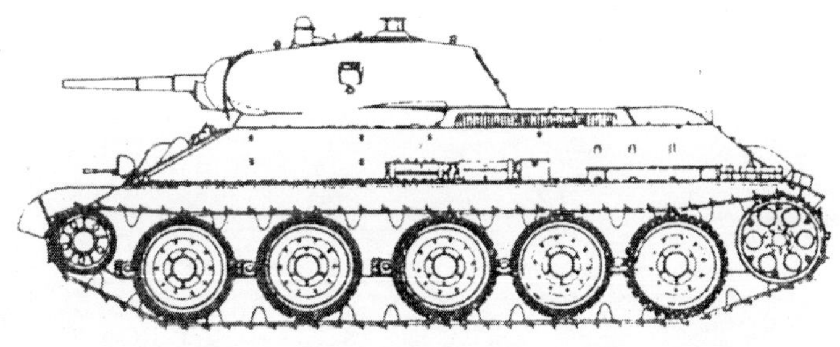

Mittlerer Panzer T-34

Mittlerer Panzer T-34M

Baujahr ....Projekt 1940-41
Entwickler KB Lokomotivw. Charkow
Produktion ....nicht hergestellt
Kampfmasse, t...............................32,0
Länge, mm
- von der Kanone vorn..................6430
 Länge der Wanne.........................5925
Breite, mm...................................2750
Höhe, b. Turmspitze mm.............2288
Bodenfreiheit, mm..........................460
Mittl. Bodendruck, kg/cm^2 0,89
überwindbare Hindernisse:
- Anstieg, Grad.................................35
- Querneigung, Grad..........................30
- Graben, m.......................................2,5
- Watfähigkeit...................................1,3
Motortyp.....…………….....Diesel V-2K
Max. Leistung, PS...........................600

Max. Geschwindigkeit km/h...........49,6
Spez. Leistung PS/t..........................16,6
Treibstoffvorrat, l.............................500
Reichweite, km.................................250
Panzerung
- Wannenstirnwand............................75
- Turmstirnwand.................................90
Mannschaft, Mitglieder........................3
Bewaffnung:
- Zahl x Kaliber, mm und Typ
 Geschütz.........................76,2 mm F-32
 (Kampfsatz, Stück).......................(100)
- Zahl x Kaliber, mm und Typ
 MG`s.................................2 x 7,62 DT
 (Kampfsatz, Stück)...........................(..)
Ziel...............................TPFD-7, PG-4-7
Funkstation...............................71-TK-3

Zusatzinformation: Es handelt sich um eine Modernisierungsvariante des Panzers T-34 mit verbesserter Panzerung, stärkerem Motor und größerem Munitionsvorrat. Auf dem Panzer wurde ein achtstufiges Schaltgetriebe eingesetzt. Im Fahrwerk wurden zusätzliche Stützrollen verwendet. In diesen Jahren entstanden Varianten des Panzers T-44 mit Massen von 36, 40 und 50 t und einer Panzerung mit einer Stärke von 75, 90 und 120 mm sowie 57-, 76- und 107-mm-Kanonen. Als der 2. Weltkrieg begann, wurden die Arbeiten an diesem Panzer eingestellt.

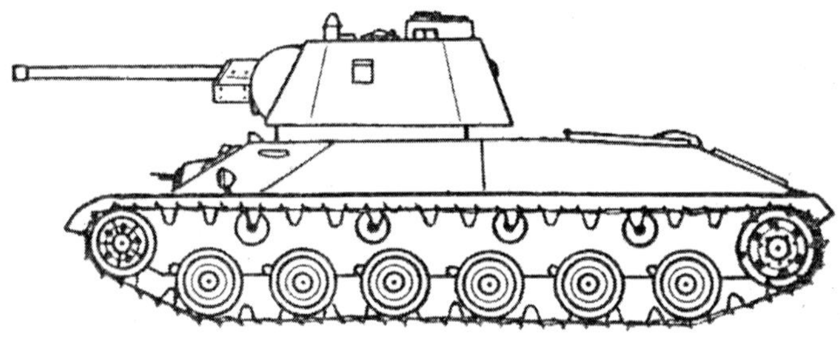

Mittlerer Panzer T-34M

Mittlerer Panzer T-34
(Produktion des Jahres 1941)

Baujahr ......i. d. Bewaffnung seit 1939
Entwickler...................KB Werk N183
Hersteller N112, 183, STW, TSCHKW
Produktion ....in Serie
Kampfmasse, t..............................28,5
Länge, mm
- von der Kanone vorn.................6680
Länge der Wanne........................6100
Breite, mm...................................3000
Höhe, b. Turmspitze mm.............2450
Bodenfreiheit, mm.........................400
Mittl. Bodendruck, kg/cm^2 0,65
überwindbare Hindernisse:
- Anstieg, Grad................................35
- Mauer...0,73
- Graben, m....................................2,5
- Watfähigkeit...............................1,3
Motortyp.....…………..Diesel V-2-34

Max. Geschwindigkeit km/h..........54-55
Max. Leistung, PS.............................500
Spez. Leistung PS/t..........................18,9
Treibstoffvorrat, l......................468+134
Reichweite, km.........................300-400
Panzerung
- Wannenstirnwand........................40-45
- Turmstirnwand.................................52
Mannschaft, Mitglieder.........................4
Bewaffnung:
- Zahl x Kaliber, mm und Typ
Geschütz.........................76,2 mm F-32
(Kampfsatz, Stück).........................(77)
- Zahl x Kaliber, mm und Typ
MG`s.................................2 x 7,62 DT
(Kampfsatz, Stück).....................(3906)
Ziel....................................TOD-3, PT-3
Funkstation.........................71-TK-3(9P)

Zusatzinformation: Es handelt sich um eine Variante mit einem gegossenen Turm und einer neuen 76-mm-Kanone F-32. Außer einer breiten Luke im hinteren Teil des Turmdachs besaß der Turm eine weitere Luke, die mit einem gepanzerten Deckel und einer Scharte zum Schießen aus Handfeuerwaffen versehen war. Auf verschiedenen Panzern wurden Stützrollen mit innerer Stoßdämpfung eingesetzt. Die Breite der Kettenglieder wurde auf 500 mm vermindert.
(STW – Stalingrader Traktorenwerk, TSCHKW – Tscheljabinsker Kirowwerk)

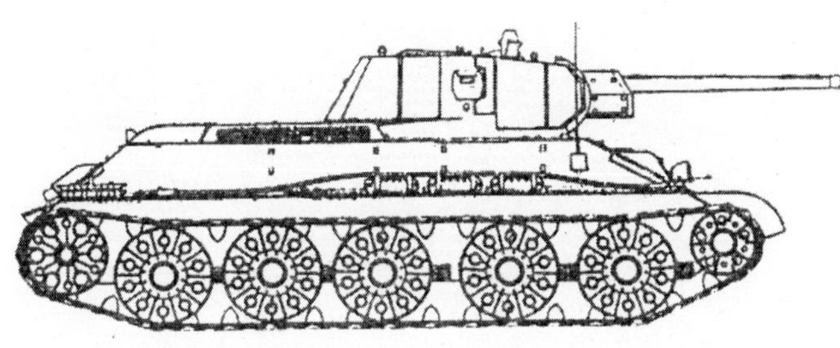

Mittlerer Panzer T-34 (Produktion 1941)

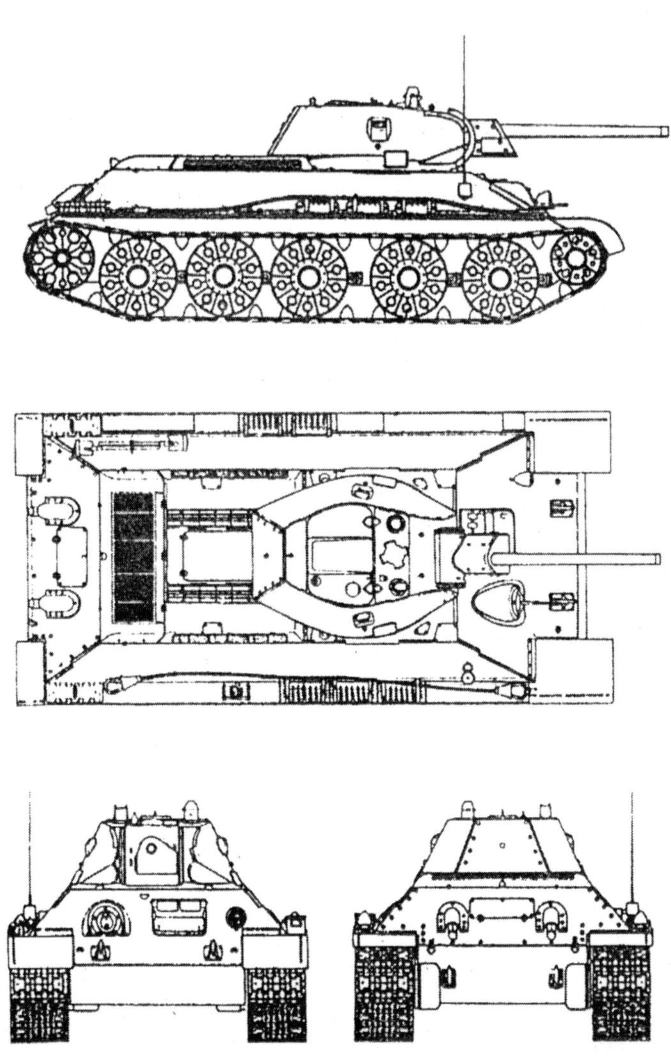

Mittlerer Panzer T-34 (Produktion 1941) Stalingrader Traktorenwerk

Flammpanzer OT-34

Baujahr .....i. d. Bewaffnung seit 1942
Entwickler..................KB Werk N183
Hersteller..........................Werk N183
Produktion ....in Serie 1942-43
Kampfmasse, t..............................26,6
Länge, mm
- von der Kanone vorn................6680
Länge der Wanne........................6100
Breite, mm..................................3000
Höhe, b. Turmspitze mm............2450
Bodenfreiheit, mm........................400
Mittl. Bodendruck, kg/cm^2 0,65
überwindbare Hindernisse:
- Anstieg, Grad................................35
- Querneigung, Grad........................30
- Mauer...0,73
- Graben, m...................................2,5
- Watfähigkeit.................................1,3

Motortyp..........................Diesel V-2-34
Max. Geschwindigkeit km/h................54
Max. Leistung, PS..............................500
Spez. Leistung PS/t...........................18,8
Panzerung
- Wannenstirnwand..............................45
- Turmstirnwand...................................52
Mannschaft, Mitglieder...........................4
Bewaffnung:
- Zahl x Kaliber, mm und Typ
Geschütz..........................76,2 mm F-34
(Kampfsatz, Stück).............................(..)
- Zahl x Kaliber, mm und Typ
MG`s.................................7,62 mm DT
- Flammenwerfer........................ATO-41
(Menge Flammengemisch, l).........(100)
Ziel..TOD-6
Funkstation.................................71-TK-3

Zusatzinformation: Es handelt sich um eine Variante des T-34, auf dem das serienmäßig verwendete MG durch den Flammenwerfer ATO-41 ersetzt wurde.

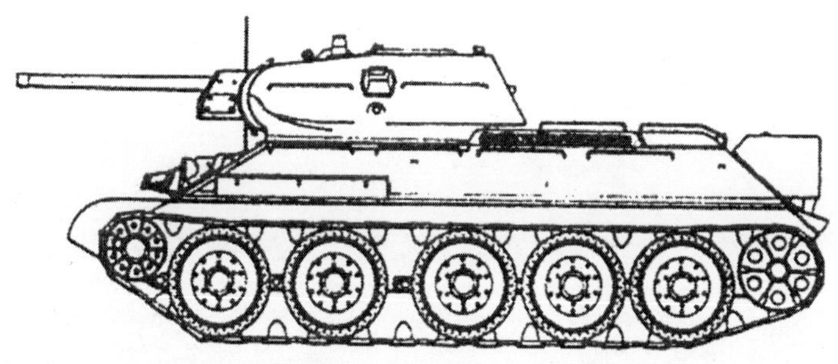

Flammpanzer OT-34

Mittlerer Panzer T-34
(Produktion des Jahres 1942)

Baujahr .....i. d. Bewaffnung seit 1939
Entwickler..................KB Werk N183
Hersteller....................Werk N183 u.a.
Produktion ....in Serie 1942-43
Kampfmasse, t..............................28,5
Länge, mm
- von der Kanone vorn................6680
 Länge der Wanne........................6100
Breite, mm..................................3000
Höhe, b. Turmspitze mm............2450
Bodenfreiheit, mm........................400
Mittl. Bodendruck, kg/cm^2 0,76
überwindbare Hindernisse:
- Anstieg, Grad................................35
- Mauer...0,73
- Graben, m....................................2,5
- Watfähigkeit................................1,3
Motortyp..................Diesel V-2-34

Max. Geschwindigkeit km/h..............55
Max. Leistung, PS............................500
Spez. Leistung PS/t.........................18,9
Treibstoffvorrat, l.............................610
Reichweite, km.................................465
Panzerung
- Wannenstirnwand.............................45
- Turmstirnwand..................................65
Mannschaft, Mitglieder.........................4
Bewaffnung:
- Zahl x Kaliber, mm und Typ
 Geschütz...............76,2 mm F-34(F-32)
 (Kampfsatz, Stück).......................(100)
- Zahl x Kaliber, mm und Typ
 MG`s..........................2 x 7,62 mm DT
 (Kampfsatz, Stück)......................(2235)
Ziel..................................TMFD, PT-4-7
Funkstation..9R

Zusatzinformation: Es handelt sich um eine Variante des T-34 mit einem neuen gegossenen Turm in verlängerter Form. Im Turmdach befanden sich zwei Luken mit abnehmbaren Deckeln. Auf dem Panzer waren die Kanonen F-32 oder F-34. Der Winkel der unteren Stirnplatte der Wanne wurde von 53 auf 60° erhöht. Ein Teil der Panzer wurde mit dem Flammenwerfer ATO-41 ausgerüstet (Variante OT-.34). Im weiteren erhöhte sich das Fassungsvermögen der Treibstofftanks und ein Fünfstufenschaltgetriebe wurde eingeführt.

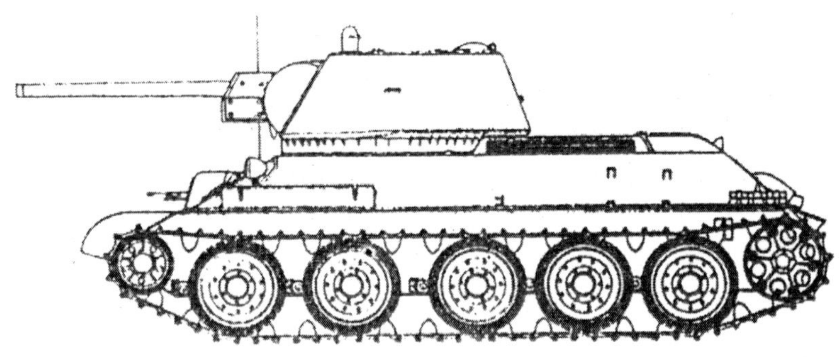

Mittlerer Panzer T-34 (Produktion 1942)

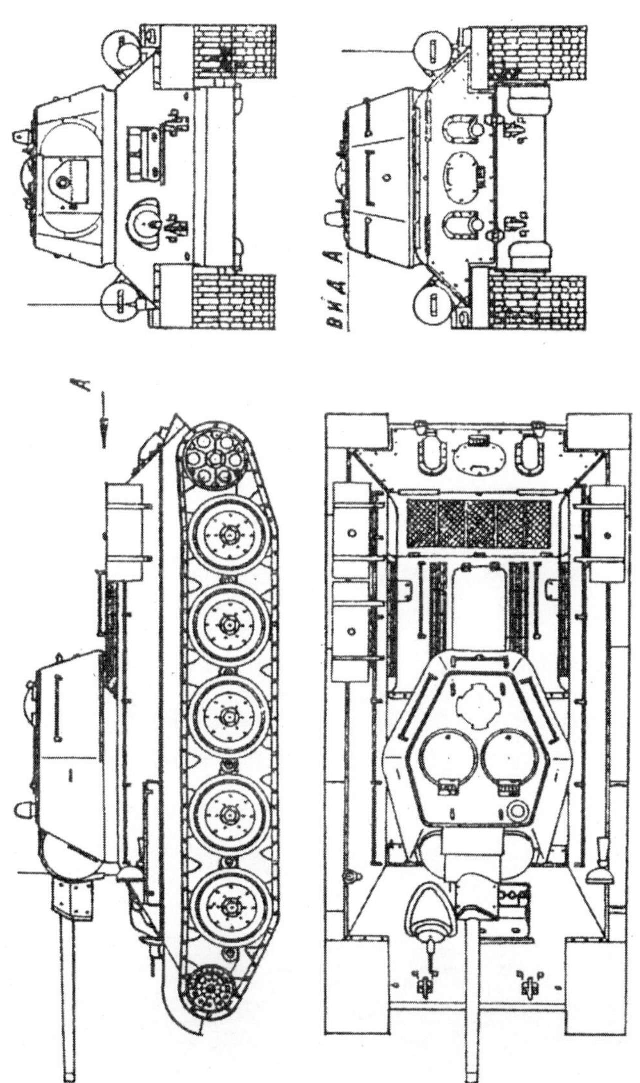

Mittlerer Panzer T-34 (Herstellung 1942)

Mittlerer Panzer T-34
(Produktion des Jahres 1943)

Baujahr ....i. d. Bewaffnung seit 1939
Entwickler.................KB Werk N183
Hersteller..................Werk N183 u. a.
Produktion ....in Serie 1943-44
Kampfmasse, t............................30,9
Länge, mm
- von der Kanone vorn................6750
- Länge der Wanne......................6100
Breite, mm.................................3000
Höhe, b. Turmspitze mm............2600
Bodenfreiheit, mm........................320
Mittl. Bodendruck, kg/cm^2 0,83
überwindbare Hindernisse:
- Anstieg, Grad................................35
- Mauer...0,73
- Graben, m....................................2,5
- Watfähigkeit................................1,3
Motortyp....................Diesel V-2-34

Max. Geschwindigkeit km/h..............55
Max. Leistung, PS............................500
Spez. Leistung PS/t.........................16,2
Treibstoffvorrat, l.............................610
Reichweite, km.................................465
Panzerung
- Wannenstirnwand.............................70
- Turmstirnwand..................................70
Mannschaft, Mitglieder.........................4
Bewaffnung:
- Zahl x Kaliber, mm und Typ
Geschütz.........................76,2 mm F-34
(Kampfsatz, Stück).......................(100)
- Zahl x Kaliber, mm und Typ
MG`s..........................2 x 7,62 mm DT
(Kampfsatz, Stück)....................(2275)
Ziel..................................TMFD, PTK-5
Funkstation...9R

Zusatzinformation: Es handelt sich um eine Variante des T-34 mit einem unbeweglichen zusätzlichen Kommandeursturm, er hat Sichtschlitze und ein zusätzliches Periskop. Verschiedene Panzer waren mit einem geschmiedeten geschweißten Turm ausgerüstet.

Mittlerer Panzer T-34 (Produktion des Jahres 1943)

Flammpanzer OT-34

Baujahr .....i. d. Bewaffnung seit 1943
Entwickler..................KB Werk N183
Hersteller..........................Werk N183
Produktion ....in Serie 1943
Kampfmasse, t.............................31,0
Länge, mm
- von der Kanone vorn................6750
- Länge der Wanne.......................6100
Breite, mm.................................3000
Höhe, b. Turmspitze mm............2600
Bodenfreiheit, mm........................320
Mittl. Bodendruck, kg/cm^2 0,83
überwindbare Hindernisse:
- Anstieg, Grad...............................35
- Watfähigkeit.................................1,3
Motortyp....................Diesel V-2-34
Max. Leistung, PS.........................500

Max. Geschwindigkeit km/h................55
Spez. Leistung PS/t...........................16,1
Panzerung
- Wannenstirnwand.............................70
- Turmstirnwand..................................70
Mannschaft, Mitglieder.........................4
Bewaffnung:
- Zahl x Kaliber, mm und Typ
Geschütz.........................76,2 mm F-34
(Kampfsatz, Stück)...........................(..)
- Zahl x Kaliber, mm und Typ
MG`s................................7,62 mm DT
(Kampfsatz, Stück)........................(100)
- Flammenwerfer.......ATO-41 (ATO-42)
Menge des Flammengemisches.....(100)
Ziel..TOD-6
Funkstation...9R

Zusatzinformation: Es handelt sich um eine Variante des T-34 aus dem Jahre 1943. Hier wurde das MG an der Stirnseite der Wanne durch die Pulverflammenwerfer ATO-41 oder ATO-42 ersetzt. Die Reichweite des Flammenwerfers betrug 60 bis 65 Meter, bei Verwendung von Spezialpulver 80 bis 100 Meter. Die Feuergeschwindigkeit des Flammenwerfers betrug 3 Schuß in 10 Sekunden.

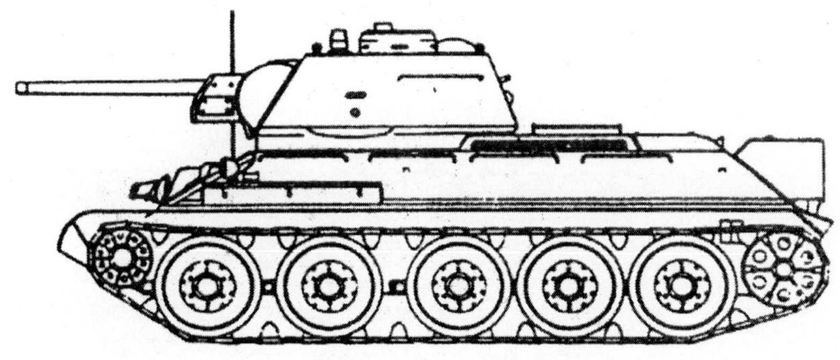

Flammpanzer OT-34

Mittlerer Panzer T-34-85

Baujahr...i. d. Bewaffnung ab Jan. 1944
Entwickler....................KB Werk N183
Hersteller.............................Werk N18
Produktion ....nicht in Serie
Kampfmasse, t................................32,0
Länge, mm
- von der Kanone vorn...................8150
Länge der Wanne..........................6190
Breite, mm....................................3000
Höhe, b. Turmspitze mm..............2743
Bodenfreiheit, mm...........................380
Mittl. Bodendruck, kg/cm^2 0,83
überwindbare Hindernisse:
- Anstieg, Grad.............................30-35
- Mauer...0,73
- Graben, m.....................................2,5
- Watfähigkeit.................................1,3
Motortyp.....…….......Diesel V-2-34M

Max. Geschwindigkeit, km/h..............55
Max. Leistung, PS.............................500
Spez. Leistung PS/t..........................15,6
Treibstoffvorrat, l..............................755
Reichweite, km..........................350-420
Panzerung
- Wannenstirnwand.............................90
- Turmstirnwand..................................90
Mannschaft, Mitglieder.........................5
Rauchvorhang...........................MDSCH
Bewaffnung:
- Zahl x Kaliber, mm und Typ
Geschütz....................85 mm D-5-T85
(Kampfsatz, Stück)..........................(56)
- Zahl x Kaliber, mm und Typ
MG`s.........................2x7,62 mm DTM
(Kampfsatz, Stück).....................(1953)
Ziel...........................TSCH-15, Periskop
Funkstation.......................................9RS

Zusatzinformation: Er wurde auf der Grundlage des mittleren Panzers T-34 gebaut. Zu dieser Zeit wurden verschiedene Varianten von 85-mm-Panzerkanonen der Typen D-5T, LB-1, S-50 und S-53 entwickelt. Das Werk „Roter Sormowo“ stellte Versuchspanzer mit diesen Kanonen her, das Uralsker Panzerwerk produzierte ebenfalls Panzer mit diesen Kanonen und dazu mit einem neuen Turm. Nach der Erprobung wurde der Panzer mit der Kanone S-53 in die Bewaffnung aufgenommen, aber in Serie baute man den Panzer T-34-85 mit der Kanone D-5 und zwar von Januar bis März des Jahres 1944. Die Kanone S-53 war nicht fertig entwickelt. Nach Abschluß ihrer Entwicklung und Erprobung erhielt sie den Index SIS-S-53 und war die Hauptwaffe des Panzers T-34-85.

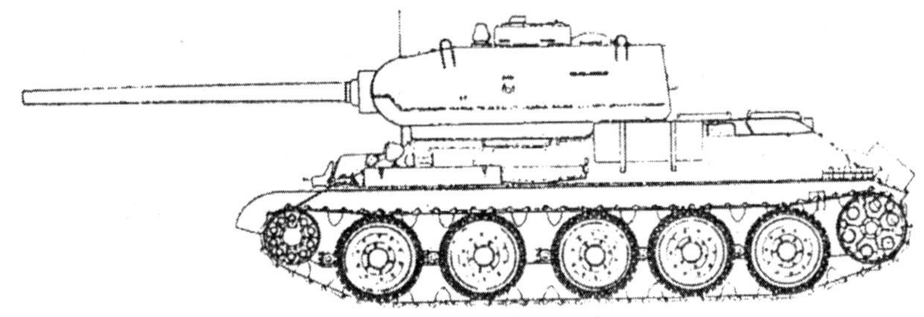

Mittlere Panzer T-34-85

Mittlerer Panzer T-34-85

Baujahr .....i. d. Bewaffnung seit 1944
Entwickler..................KB Werk N183
Hersteller..................Werk N183 u. a.
Produktion ....in Serie 1944-46
Kampfmasse, t............................32,0
Länge, mm
- von der Kanone vorn...............8100
- Länge der Wanne......................6100
Breite, mm..................................3000
Höhe, b. Turmspitze mm............2720
Bodenfreiheit, mm........................400
Mittl. Bodendruck, kg/cm^2 0,83
überwindbare Hindernisse:
- Anstieg, Grad..........................30-35
- Mauer..0,73
- Graben, m..................................2,5
- Watfähigkeit...............................1,3
Motortyp....…….…..Diesel V-2-34M

Max. Geschwindigkeit km/h..............55
Max. Leistung, PS...........................500
Spez. Leistung PS/t........................15,6
Treibstoffvorrat, l....................545+270
Reichweite, km...............................350
Panzerung
- Wannenstirnwand............................90
- Turmstirnwand.................................90
Mannschaft, Mitglieder.........................5
Rauchvorhang..........................MDSCH
Bewaffnung:
- Zahl x Kaliber, mm und Typ
Geschütz.....................85 mm SIS-S-53
(Kampfsatz, Stück)..........................(56)
- Zahl x Kaliber, mm und Typ
MG`s..........................2x,62 mm DTM
(Kampfsatz, Stück).....................(1920)
Ziel..TSCH-16
Funkstation.......................................9RS

Zusatzinformation: Er wurde auf der Grundlage des mittleren Panzers T-34 gebaut und erhielt einen neuen gegossenen Turm mit einem vergrößerten Durchmesser des Drehkranzes, 1600 mm anstelle von bisher 1420 mm. Auf dem Turmdach wurde ein kleiner stationärer Kommandeursturm mit einem Sichtgerät installiert. Auf den ersten serienmäßig hergestellten Panzern war eine 85-mm-Kanone des Typs D-5T eingebaut, die später durch die Kanone SIS-S-53 ersetzt wurde. Der Panzer wurde ständig modernisiert, zum letzten Mal 1969. Außer in der UdSSR wurde der Panzer in Polen und in der CSSR serienmäßig hergestellt.

Mittlerer Panzer T-34-85

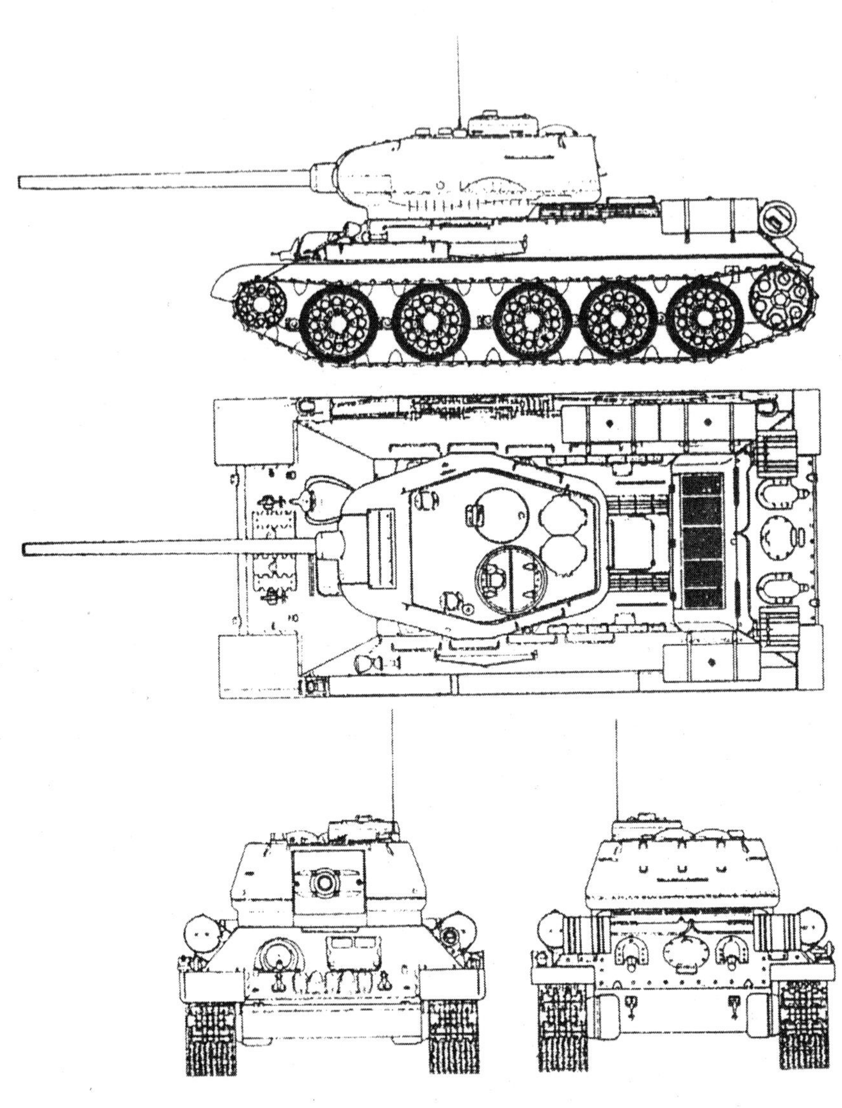

Mittlerer Panzer T-34-85 mit Kanone SIS-S-53

Flammpanzer OT-34-85

Baujahr ....i. d. Bewaffnung seit 1944
Entwickler.................KB Werk N183
Hersteller.........................Werk N183
Produktion ....in Serie 1944-46
Kampfmasse, t.............................32,0
Länge, mm
- von der Kanone vorn................8100
 Länge der Wanne.......................6100
Breite, mm.................................3000
Höhe, b. Turmspitze mm............2743
Bodenfreiheit, mm........................380
Mittl. Bodendruck, kg/cm^2 0,83
überwindbare Hindernisse:
- Anstieg, Grad...............................35
- Watfähigkeit................................1,3
Motortyp....…….…...Diesel V-2-34M
Max. Leistung, PS.........................500

Max. Geschwindigkeit km/h................55
Spez. Leistung PS/t...........................15,6
Panzerung
- Wannenstirnwand..............................90
- Turmstirnwand..................................90
Mannschaft, Mitglieder.........................5
Bewaffnung:
- Zahl x Kaliber, mm und Typ
 Geschütz.....................85 mm SIS-S-53
 (Kampfsatz, Stück)...........................(..)
- Zahl x Kaliber, mm und Typ
 MG`s.................................7,62 mm DT
 (Kampfsatz, Stück)............................(..)
- Flammenwerfer Typ.................ATO-42
..(Menge d. Flammengemisches......(200)
Ziel...TSCH-16
Funkstation..9RS

Er wurde auf der Grundlage des serienmäßigen Panzers T-34-85 gebaut. Anstelle des Bugmaschinengewehrs wurde der Pulverflammenwerfer ATO-42 eingesetzt. Diese Lage des Flammenwerfers machte den Panzer von einem gewöhnlichen Panzer nicht unterscheidbar. Der Feuerstrahl wurde durch ein Benzingemisch gezündet und dieses durch einen Funken. Der Flammenwerfer hatte eine Reichweite von 60 bis 70 Meter, bei Einsatz von Spezialpulver von 100 bis 130 Meter. Die Feuergeschwindigkeit betrug 30 Schuß pro Minute.

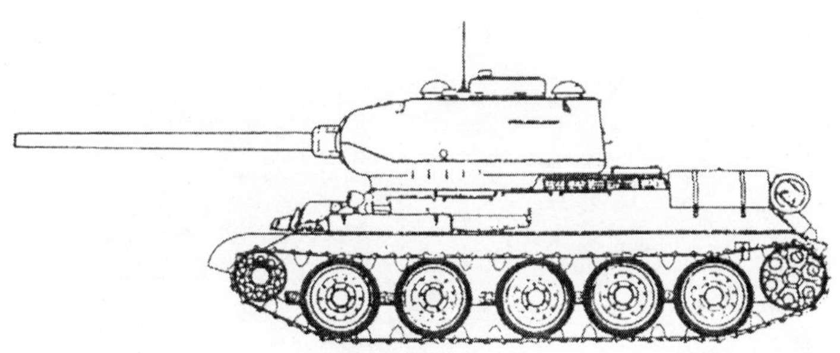

Flammpanzer OT-34-85

Mittlerer Panzer T-34-85

Baujahr ....i. d. Bewaffnung seit 1944
Entwickler.................KB Werk N183
Hersteller..........Panzerwerke des VM
Produktion nach dem Stand von 1960
Kampfmasse, t.............................32,0
Länge, mm
- von der Kanone vorn................8100
- Länge der Wanne......................6100
Breite, mm..................................3000
Höhe, b. Turmspitze mm............2700
Bodenfreiheit, mm........................400
Mittl. Bodendruck, kg/cm^2 0,83
überwindbare Hindernisse:
- Anstieg, Grad...........................30-35
- Mauer..0,73
- Graben, m....................................2,5
- Watfähigkeit................................1,3
Motortyp..............Diesel V-34-M11

Max. Leistung, PS.............................500
Spez. Leistung PS/t..........................15,6
Treibstoffvorrat, l......................545+180
Max. Geschwindigkeit km/h..............60
Reichweite, km..........................300-400
Panzerung
- Wannenstirnwand.............................90
- Turmstirnwand.................................90
Mannschaft, Mitglieder.........................5
Nebelvorhang.............................BDSCH
Bewaffnung:
- Zahl x Kaliber, mm und Typ
Geschütz.....................85 mm SIS-S-53
(Kampfsatz, Stück).........................(55)
- Zahl x Kaliber, mm und Typ
MG`s........................2x7,62 mm DTM
(Kampfsatz, Stück)....................(1890)
Ziel..TSCH-16
Funkstation...........................10-RT-26E

Zusatzinformation: Es handelt sich um eine modernisierte Variante des Serienpanzers T-34-85. Die gepanzerte Wanne und die Bewaffnung wurden gegenüber dem Jahre 1944 nicht verändert. Der Panzer erhielt zusätzlich zwei Nebelvorrichtungen BDSCH und ein Nachtsichtgerät des Typs BWN mit dem Scheinwerfer FG-100 für den Fahrer. Der Motor wurde modernisiert und eine Funkstation eingesetzt. Im Jahre 1969 erfolgte noch einmal eine Modernisierung des Panzers mit modernen Nachtsichtgeräten und einer neuer Funkstation R-123. (VM – Verteidigungsministerium)

Mittlerer Panzer T-34-85

Mittlerer Panzer T-34-100

Baujahr ......i. d. Bewaffnung seit 1945
Entwickler...................KB Werk N183
Hersteller............................Werk N183
Produktion ....Versuchsmuster
Kampfmasse, t...............................33,0
Länge der Wanne.........................6100
Breite, mm...................................3000
Höhe, b. Turmspitze mm........ca. 2500
Bodenfreiheit, mm.........................400
Mittl. Bodendruck, kg/cm^2...........0,84
überwindbare Hindernisse:
- Anstieg, Grad................................30
- Watfähigkeit.................................1,3
Motortyp..................Diesel V-2-34
Max. Leistung, PS.........................500
Spez. Leistung PS/t.......................15,2

Max. Geschwindigkeit km/h................48
Reichweite, km..................................300
Panzerung
- Wannenstirnwand.............................45
- Turmstirnwand..................................90
Mannschaft, Mitglieder..........................4
Bewaffnung:
- Zahl x Kaliber, mm und Typ
  Geschütz........................100 mm D-10T
  (Kampfsatz, Stück)........................(100)
- Zahl x Kaliber, mm und Typ
  MG`s.................................7,62 mm DT
  (Kampfsatz, Stück)................(ca..1500)
Ziel...TSCH
Funkstation..9RS

Zusatzinformation: Er ist eine Modernisierungsvariante des Panzers T-34-85. Es wurde ein neuer Turm mit einer 100 mm Kanone und einem koaxialen MG installiert. In der gegebenen Variante fehlt das Bug-MG. Im Vergleich zum T-34-85 wurde der Durchmesser des Drehkranzes auf 1700 mm erhöht, die Turmhöhe vermindert und die Treibstofftanks getrennt gesteuert. Auch das Fahrwerk wurde verändert. Wegen der großen Kanone war es nicht möglich, im Fahren zu schießen. Man entwickelte verschiedene Versuchsmuster des Panzers T-34-100.

Mittlerer Panzer T-34-100

Mittlerer Panzer KW-13

Baujahr 1942
Entwickler..KB Kiroww. Tscheljabinsk
Hersteller......Kirowwerk Tscheljabinsk
Produktion ....Versuchsmuster
Kampfmasse, t...............................31,0
Länge, mm
- von der Kanone vorn..................6990
Länge der Wanne..........................6036
Breite, mm.....................................3070
Höhe, b. Turmspitze mm...............2500
Bodenfreiheit, mm...........................450
Mittl. Bodendruck, kg/cm² 0,8
überwindbare Hindernisse:
- Anstieg, Grad.................................30
- Watfähigkeit..................................1,3
Motortyp.........................Diesel V-2K
Max. Leistung, PS..........................600
Max. Geschwindigkeit km/h..............55
Spez. Leistung PS/t.........................19,4
Reichweite, km.........................300-400
Panzerung
- Wannenstirnwand...........................120
- Turmstirnwand.................................85
Mannschaft, Mitglieder.........................5
Bewaffnung:
- Zahl x Kaliber, mm und Typ
Geschütz.......................76,2 mm SIS-5
(Kampfsatz, Stück)..........................(65)
- Zahl x Kaliber, mm und Typ
MG`s............................2 x 7,62 mm DT
(Kampfsatz, Stück)........................(945)
Ziel................................10T-13, PT4-13
Funkstation.......................................10R

Zusatzinformation: Die Chefkonstrukteure waren N.W. Zeiz und N.F: Schaschmurin. Der Panzer wurde auf der Basis von Bauteilen und Aggregaten der schweren Panzer KW entwickelt. Der Turm, der vordere und hintere Teil der Panzerwanne und der Turmunterbau waren gegossen. Im Turm installierte man auf Kugelblendenlagern die Kanone und ein koaxiales MG. Das zweite MG war ein Fla-MG (Reserve). Der Motor war entsprechend der Konzeption der KW-Panzer aufgebaut. Das Fahrwerk wurde zum Einsatz von Ketten dem T-34 und dem KW-Panzer angepaßt. Während der Erprobung wurden die Laufrollen und die Kettenglieder zerstört, d. h., die Zuverlässigkeit war unzureichend.

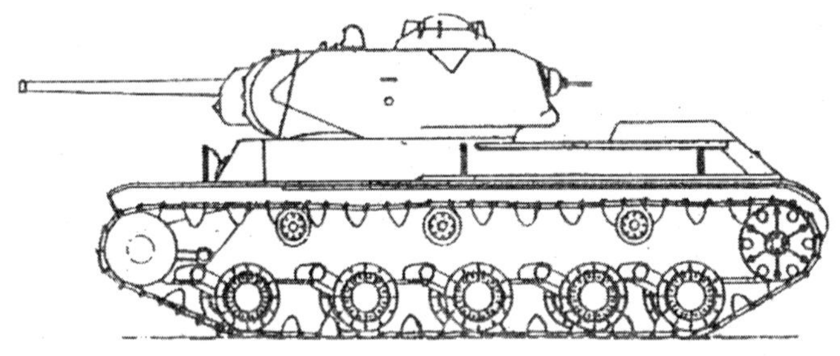

Mittlerer Panzer KW-13

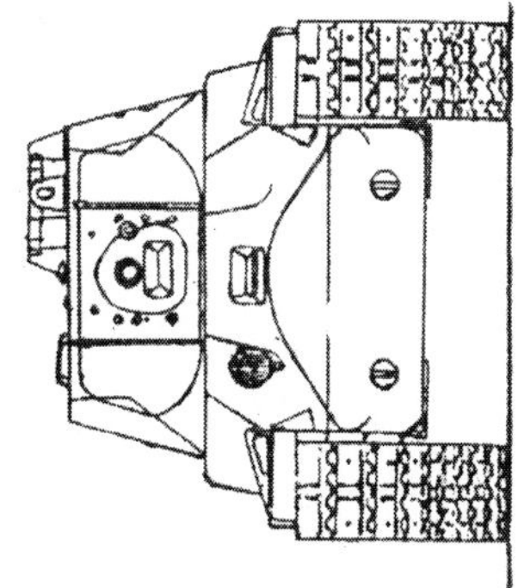

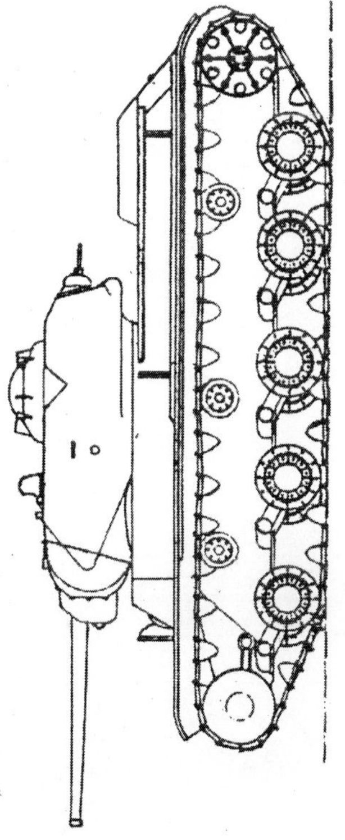

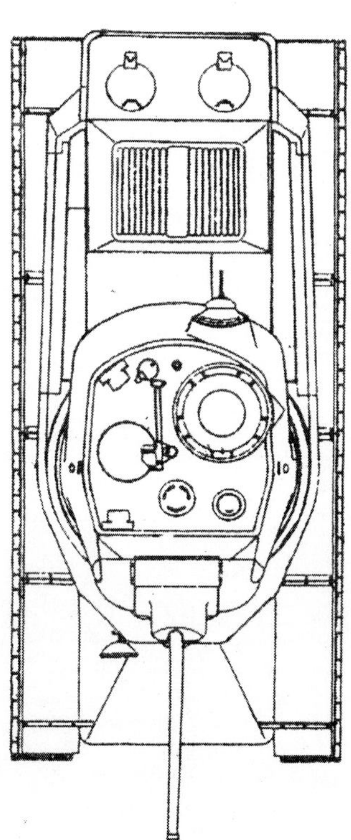

Projekt des Panzers KW-13 (1943)

Mittlerer Panzer KW-13

Baujahr ....Projekt 12. 1942
Entwickler KB Kiroww.Tscheljabinsk
Hersteller....................nicht hergestellt
Kampfmasse, t..............................37,5
Länge, mm
- von der Kanone vorn................6950
Länge der Wanne.......................6164
Breite, mm.................................3030
Höhe, b. Turmspitze mm............2795
Bodenfreiheit, mm........................450
Mittl. Bodendruck, kg/cm^2 0,76
überwindbare Hindernisse:
- Anstieg, Grad................................43
- Querneigung, Grad.......................30
- Graben, m...................................2,5
- Watfähigkeit................................1,3
Motortyp.....................Diesel V-2K
Max. Leistung, PS........................600
Spez. Leistung PS/t..........................16,0
Treibstoffvorrat, l..............................500
Max. Geschwindigkeit km/h............53,5
Reichweite, km.................................250
Panzerung
- Wannenstirnwand....................100-120
- Turmstirnwand.................................100
Mannschaft, Mitglieder.........................4
Bewaffnung:
- Zahl x Kaliber, mm und Typ
Kanone............................76,2 mm F-34
(Kampfsatz, Stück).........................(86)
- Zahl x Kaliber, mm und Typ
MG`s..........................2 x 7,62 mm DT
(Kampfsatz, Stück)....................(2016)
Ziel..............................TMFD-3, PG4-7
Funkstation.......................................10R

Zusatzinformation: Die Projektierung des Panzers KW-13 wurde bis zum Jahre 1942 fortgesetzt. Oben sind die technischen Parameter einer der letzten Varianten dieses Panzers angeführt.

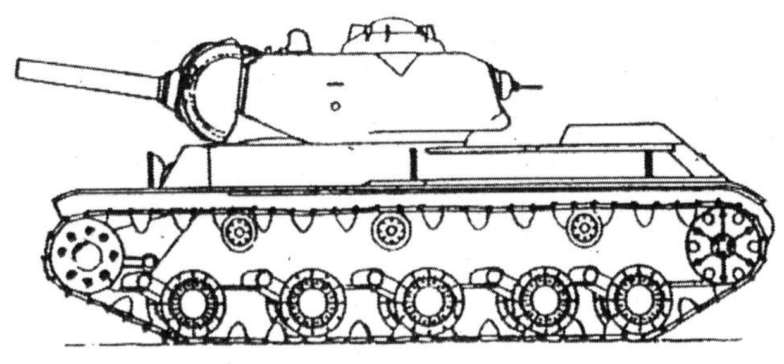

Mittlerer Panzer KW-13

Mittlerer Panzer KW-13

Baujahr 1942
Entwickler KB Kiroww.Tscheljabinsk
Hersteller....Kirowwerk Tscheljabinsk
Produktion ....Versuchsmuster
Kampfmasse, t........................34-35,0
Länge, mm
- von der Kanone vorn................6050
Länge der Wanne........................6050
Breite, mm..................................3070
Höhe, b. Turmspitze mm............2800
Bodenfreiheit, mm........................450
Mittl. Bodendruck, kg/cm^2 0,8
überwindbare Hindernisse:
- Anstieg, Grad................................30
- Watfähigkeit.................................1,3
Motortyp.....................Diesel V-2K
Max. Leistung, PS.........................600

Max. Geschwindigkeit km/h................50
Spez. Leistung PS/t..................17,6-17,1
Reichweite, km...................................300
Panzerung
- Wannenstirnwand.............................120
- Turmstirnwand...................................85
Mannschaft, Mitglieder.......................3-4
Bewaffnung:
- Zahl x Kaliber, mm und Typ
Geschütz....................122 mm Haubitze
(Kampfsatz, Stück)............................(..)
- Zahl x Kaliber, mm und Typ
MG`s.............................2x7,62 mm DT
(Kampfsatz, Stück)........................(940)
Ziel............................Teleskop, Periskop
Funkstation...10R

Zusatzinformation: Es handelt sich um das zweite Versuchsmuster des Panzers KW-13. Er war mit einer 122-mm-Haubitze bewaffnet, die sonst auf dem Panzer KW-9 eingesetzt wurde. Die Projektierung des Panzers KW-13 wurde eingestellt. An seine Stelle trat der schwere Panzer KW-1s, der in Serie produziert wurde. Bei seiner Konstruktion übernahm man verschiedene technische Lösungen des Panzers KW-13.

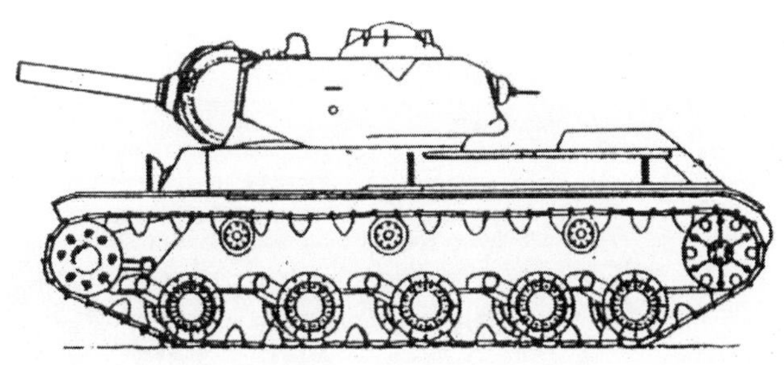

Mittlerer Panzer KW-13

Mittlerer Panzer T-43

Baujahr ....März 1943
Entwickler.................KB Werk N183
Hersteller..........................Werk N183
Produktion ....Versuchsmuster
Kampfmasse, t...............................34,1
Länge der Wanne, mm................5925
Breite, mm...................................3000
Höhe, b. Turmspitze mm.............2583
Bodenfreiheit, mm..........................450
Mittl. Bodendruck, kg/cm^2 0,78
überwindbare Hindernisse:
- Anstieg, Grad................................30
- Watfähigkeit............................,.....1,3
Motortyp......................Diesel V-2-34
Max. Leistung, PS..........................500
Spez. Leistung PS/t.......................15,6

Max. Geschwindigkeit km/h................48
Reichweite, km..................................318
Treibstoffvorrat..........................545+270
Panzerung
- Wannenstirnwand..............................75
- Turmstirnwand..................................90
Mannschaft, Mitglieder..........................4
Bewaffnung:
- Zahl x Kaliber, mm und Typ
Kanone...........................76,2 mm F-34
(Kampfsatz, Stück)...........................(98)
- Zahl x Kaliber, mm und Typ
MG`s............................2 x 7,62 mm DT
(Kampfsatz, Stück).......................(2770)
Ziel................................TMFD-7, PT-4-7
Funkstation..9RS

Zusatzinformation: Als Chefkonstrukteur arbeitete A.A. Morosow. Dieser T-43 wurde mit Hilfe von Bauteilen und Aggregaten des mittleren Panzers T-34 gebaut. Die Form der Wanne blieb grundsätzlich erhalten. Die Panzerung an den Seiten, an der Stirn und im Heckteil sowie des Turms wurde verstärkt und die Luke für den Panzerfahrer nach rechts verschoben. Im März des Jahres 1943 wurde der Panzer erprobt. Die Versuchsstrecke betrug 3000 km. Das zweite Versuchsmuster des Panzers T-43 wurde im Jahre 1943 gefertigt. Es besaß einen neuen Turm mit einer 85-mm-Kanone. Die Masse des Panzers wuchs an.

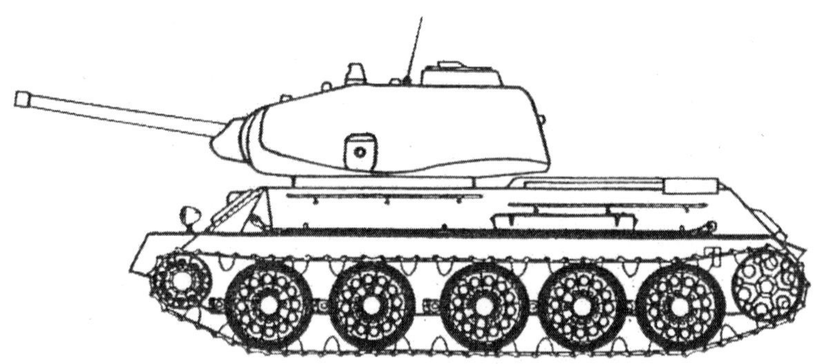

Mittlerer Panzer T-43

Mittlerer Panzer T-44

Baujahr. In Bewaffnung..............1944
Entwickler..................KB Werk N183
Hersteller............................Werk N75
Produktion ....von 1944-1946
Kampfmasse, t.........................31-31,5
Länge, mm
- von der Kanone vorn................7650
- Länge der Wanne......................6070
Breite, mm.................................3100
Höhe, b. Turmspitze mm............2400
Bodenfreiheit, mm.................430-455
Mittl. Bodendruck, kg/cm^2..........0,83
überwindbare Hindernisse:
- Anstieg, Grad................................30
- Querneigung, Grad........................32
- Graben, m....................................2,5
- Watfähigkeit................................1,3
- Mauer, m....................................0,73
Motortyp.....................Diesel V-44

Max. Leistung, PS..............................500
Max. Geschwindigkeit km/h................45
Spez. Leistung PS/t...................15,6-15,8
Treibstoffvorrat, l.......................500+150
Reichweite, km.................................235
Panzerung
- Wannenstirnwand............................120
- Turmstirnwand..................................90
Mannschaft, Mitglieder...........................4
Bewaffnung:
- Zahl x Kaliber, mm und Typ
Geschütz.......................85 mm SIS-S53
(Kampfsatz, Stück)............................(58)
- Zahl x Kaliber, mm und Typ
MG`s.........................2 x 7,62 mm DTM
(Kampfsatz, Stück).......................(2750)
Ziel...TSCH-16
Funkstation...9RS

Zusatzinformation: Als Chefkonstrukteur arbeitete A.A. Morosow. Der T-44 wurde mit Hilfe von Bauteilen und Aggregaten der mittleren Panzer T-34 und T-43 gebaut. Durch Querlage des Motors verminderte sich der benötigte Raum für das Antriebsaggregat. Und es gelang, den Kampfraum des Panzers zu erhöhen. Der Munitionsvorrat erhöhte sich und die Arbeitsbedingungen der Besatzung verbesserten sich. In den Jahren 1944-1946 wurden verschiedene Versuchsmuster des Panzers mit Kanonen der Kaliber: 85 mm, 100 mm und 122 mm gebaut. Im Zeitraum von 1944-1945 wurden 655 Panzer produziert.

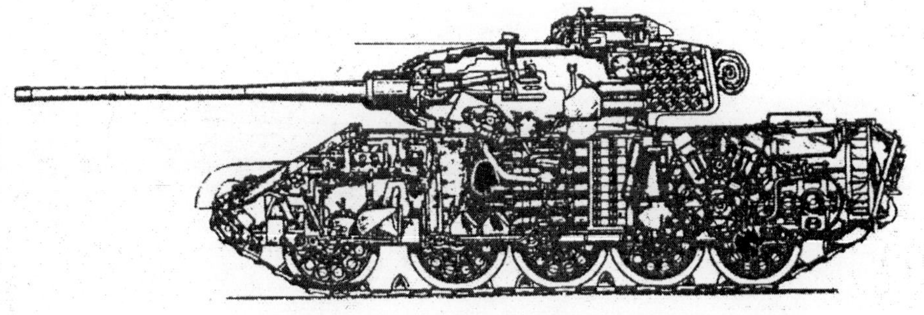

Mittlerer Panzer T-44

Ansicht des mittleren Panzers T-44

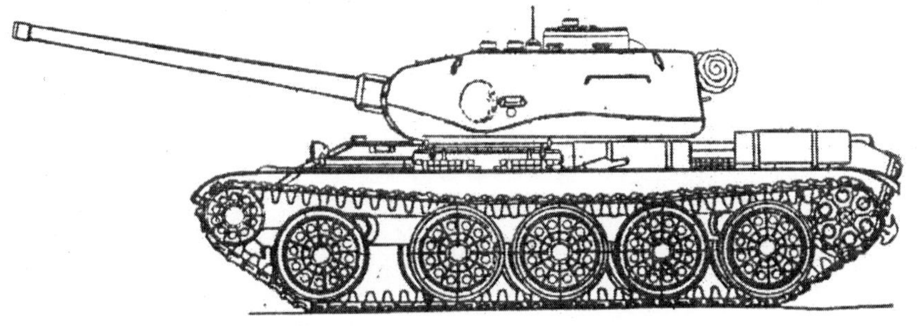

Mittlerer Panzer T-44 mit der Kanone SIS-S-53

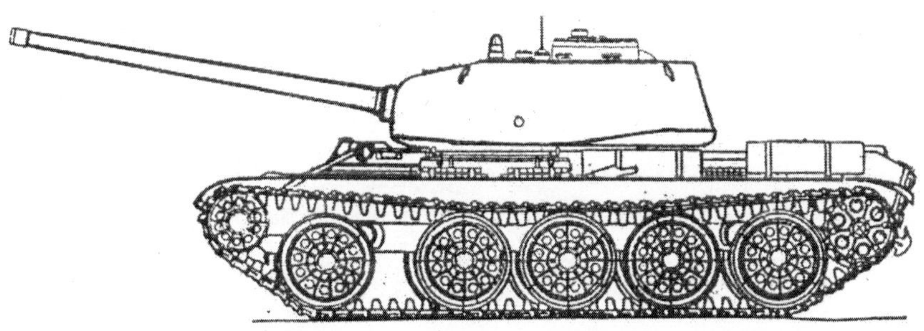

Versuchspanzer T-44 mit der 85 mm Kanone D-5T

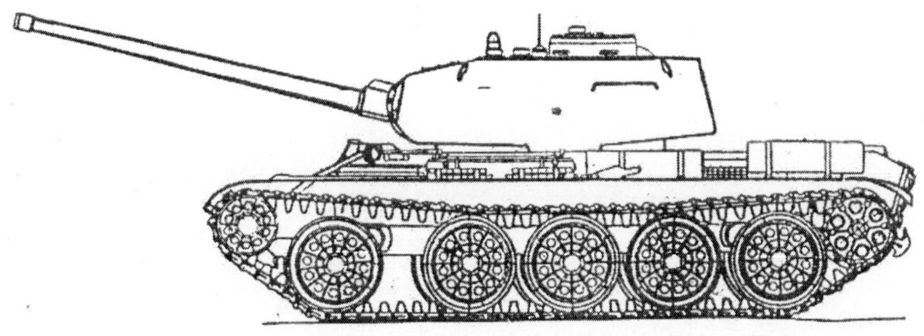

Versuchspanzer T-44 (Variante)

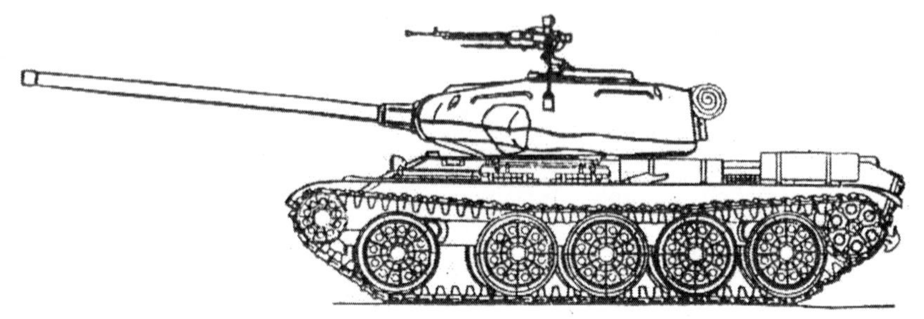

Versuchspanzer T-44 mit der 100 mm Kanone D-10 T

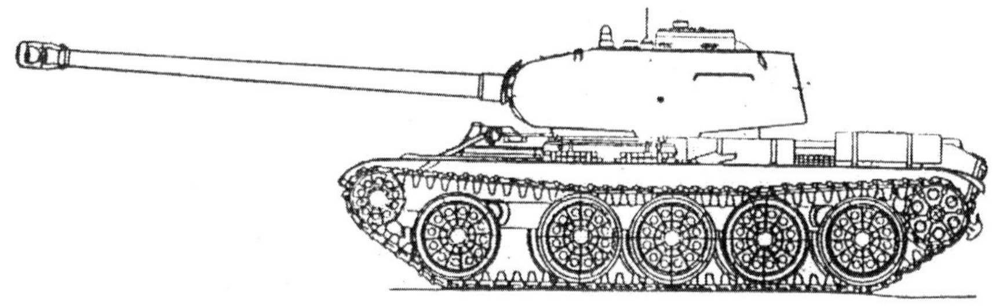

Versuchspanzer T-44 mit der 122 mm Kanone D-25

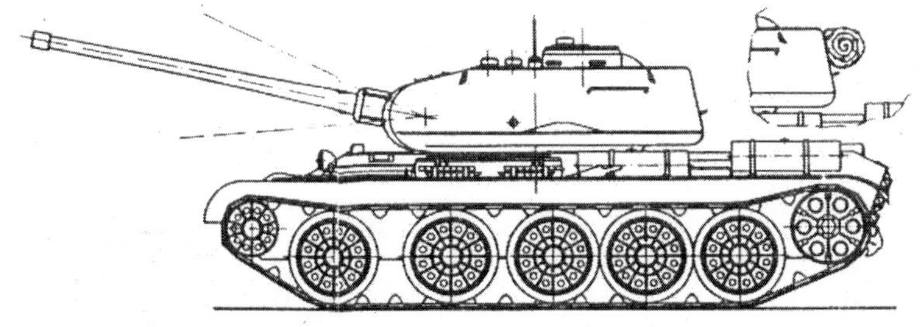

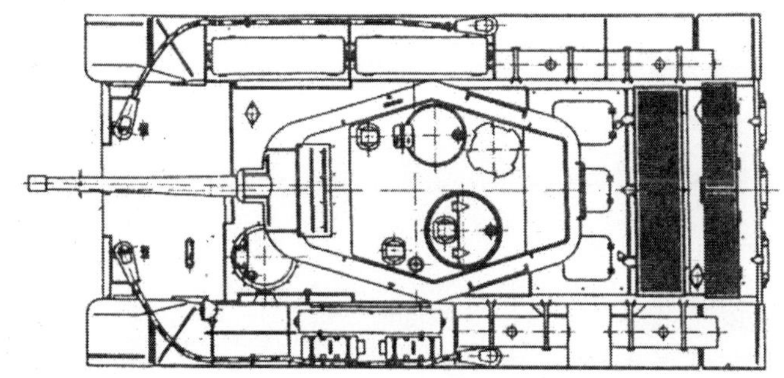

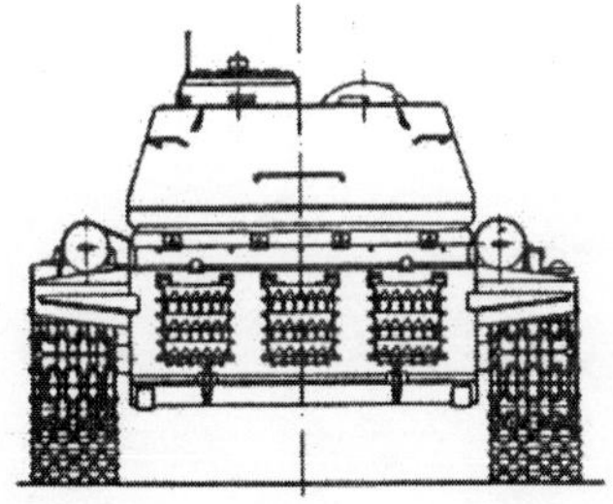

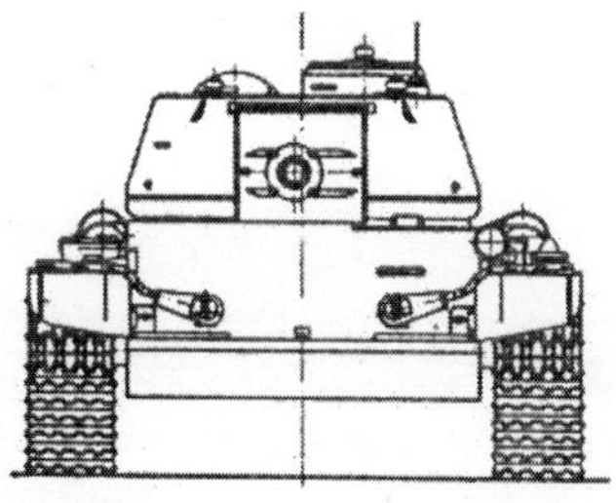

Mittlerer Panzer T-44

Mittlerer Panzer T-44-100

Baujahr 1945
Entwickler.................. KB Werk N183
Hersteller........................... Werk N183
Produktion .... Versuchsmuster
Kampfmasse, t................................. 34
Länge, mm
- von der Kanone vorn................ 8570
Länge der Wanne........................ 6200
Breite, mm................................. 3200
Höhe, b. Turmspitze mm............ 2200
Bodenfreiheit, mm........................ 430
Mittl. Bodendruck, kg/cm^2 0,88
überwindbare Hindernisse:
- Anstieg, Grad................................ 30
- Querneigung, Grad........................ 30
- Graben, m.................................... 2,5
- Mauer, m...................................... 0,7
- Watfähigkeit................................. 1,3
Motortyp..................... Diesel V-44

Max. Leistung, PS.............................. 500
Max. Geschwindigkeit km/h................. 55
Spez. Leistung PS/t........................... 14,7
Panzerung, mm:
- Wannenstirnwand............................. 100
- Turmstirnwand................................ 100
Mannschaft, Mitglieder.......................... 4
Bewaffnung:
- Zahl x Kaliber, mm und Typ
Geschütz........... 100 mm LB-1 (D-10T)
(Kampfsatz, Stück)......................... (36)
- Zahl x Kaliber, mm und Typ
Geschütz.................... 12,7 mm DSCHK
(Kampfsatz, Stück)....................... (200)
- Zahl x Kaliber, mm und Typ
MG`s........... 2 x 7,62 mm DTM (GWG)
(Kampfsatz, Stück)...................... (2000)
Ziel.. Teleskop
Funkstation.. 9RS

Zusatzinformation: Er wurde auf der Basis des Panzers T-44 entwickelt und erhielt einen neuen Turm mit einer 100-mm-Kanone. Auf dem Dach der Ladeschützenluke wurde ein Fla-MG DSCHK, gelagert auf einer Drehkranzlafette, installiert. Die Seiten des Panzers und das Laufwerk waren durch Hohlschutzblenden geschützt. Der Panzer erwies sich als sehr unzuverlässig. Es wurden zwei Versuchsmuster gefertigt.

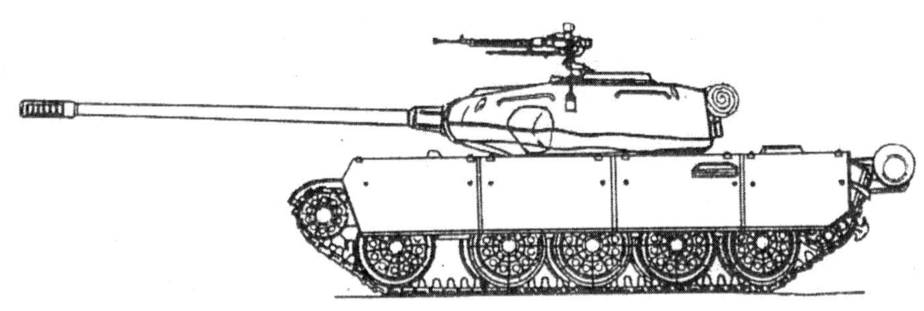

Mittlerer Panzer T-44-100

Mittlerer Panzer T-44M

Baujahr..............Modernisierung 1961
Entwickler..................KB Werk N183
Hersteller............Reparaturwerke VM
Produktion ....Modernisierung
Kampfmasse, t.........................32-32,5
Länge, mm
- von der Kanone vorn................7640
- Länge der Wanne......................6235
Breite, mm..................................3250
Höhe, b. Turmspitze mm............2455
Bodenfreiheit, mm........................475
Mittl. Bodendruck, kg/cm^2 0,864
überwindbare Hindernisse:
- Anstieg, Grad................................28
- Querneigung, Grad........................32
- Graben, m....................................2,5
- Mauer...0,73
- Watfähigkeit.................................1,3

Motortyp..........................Diesel V-54
Max. Leistung, PS..............................520
Max. Geschwindigkeit km/h................57
Spez. Leistung PS/t..........................16,2
Treibstoffvorrat, l.......................500+285
Reichweite, km..........................420-440
Panzerung, mm
- Wannenstirnwand...............................90
- Turmstirnwand.................................120
Mannschaft, Mitglieder..........................4
Bewaffnung:
- Zahl x Kaliber, mm und Typ
Geschütz........................85 mm SIS-S53
(Kampfsatz, Stück)...........................(61)
- Zahl x Kaliber, mm und Typ
MG`s.........................2 x 7,62 mm DTM
(Kampfsatz, Stück).......................(2016)
Ziel...TSCH-16
Funkstation.....................................R-113

Zusatzinformation: Es handelt sich um eine modernisierte Variante des Panzers T-44, auf der Motor, Getriebe und Laufwerk des Panzers T-54 eingesetzt wurden. Im Unterschied zum Basismodell erhöhte sich der Munitionsvorrat und man führte Nachtsichtgeräte für den Kommandeur und den Fahrer ein. Die Wanne und der Turm wurden unverändert übernommen. Auf seiner Grundlage wurde der Führungspanzer T-44MK und die Zugmaschine BTS-4 entwickelt. Im Jahre 1966 erhielt der Panzer einen Zweiebenenwaffenstabilisator für die Kanone.

Mittlerer Panzer T-44M

Führungspanzer T-44MK

Baujahr ....Muster 1963
Entwickler........KB Ural. Waggonwerk
Hersteller.............Reparaturwerke VM
Produktion ....Modernisierung
Kampfmasse, t..............................32,5
Länge, mm
- von der Kanone vorn................7640
Länge der Wanne.......................6235
Breite, mm..................................3250
Höhe, b. Turmspitze mm............2455
Bodenfreiheit, mm........................475
Mittl. Bodendruck, kg/cm^2 0,86
überwindbare Hindernisse:
- Anstieg, Grad................................28
- Querneigung, Grad........................32
- Graben, m....................................2,5
- Mauer, m....................................0,73
- Watfähigkeit.................................1,3
Motortyp..........................Diesel V-54

Max. Leistung, PS............................520
Max. Geschwindigkeit km/h..............57
Spez. Leistung PS/t..........................16,2
Treibstoffvorrat, l.....................500+285
Reichweite, km..........................420-440
Panzerung
- Wannenstirnwand.............................90
- Turmstirnwand...............................120
Mannschaft, Mitglieder.........................4
Bewaffnung:
- Zahl x Kaliber, mm und Typ
Geschütz......................85 mm SIS-S53
(Kampfsatz, Stück)...........................(46)
- Zahl x Kaliber, mm und Typ
MG`s...............................7,62 mm DTM
(Kampfsatz, Stück).......................(1575)
Ziel..TSCH-16
Funkstation..........................R-113, R-112

Zusatzinformation: Er wurde auf der Basis des Panzers T-44M entwickelt. Er erhielt ein zusätzliches Funkgerät sowie ein Ladegerät AB-1-P/30 zum Nachladen der Batterien. Im Ergebnis wurde der Munitionsvorrat für die Kanone und das MG vermindert und das Bug-MG entfernt.

Mittlerer Panzer T-44MK

Mittlerer Panzer T-54 (T-54-1)
(Objekt 137)

Baujahr..............i.d. Bewaffnung 1950
Entwickler...................KB Werk N183
Hersteller...........................Werk N183
Produktion ....in Serie von 1947-49
Kampfmasse, t.................................36
Länge, mm
- von der Kanone vorn................9000
Länge der Wanne........................6270
Breite, mm.................................3270
Höhe, b. Turmspitze mm............2400
Bodenfreiheit, mm........................425
Mittl. Bodendruck, kg/cm^2 0,93
überwindbare Hindernisse:
- Anstieg, Grad................................30
- Querneigung, Grad........................30
- Graben, m....................................2,7
- Watfähigkeit.................................1,4
Motortyp...........................Diesel V-54
Max. Leistung, P S..........................520
Max. Geschwindigkeit km/h............50

Spez. Leistung PS/t...........................14,4
Treibstoffvorrat, l................................520
Reichweite, km..................................330
Panzerung
- Wannenstirnwand............................120
- Turmstirnwand................................200
Rauchvorhang............................MDSCH
Mannschaft, Mitglieder..........................4
Bewaffnung:
- Zahl x Kaliber, mm und Typ
Geschütz.......................100 mm D-10T
(Kampfsatz, Stück)..........................(34)
- Zahl x Kaliber, mm und Typ
Geschütz....................12,7 mm DSCHK
(Kampfsatz, Stück)........................(200)
- Zahl x Kaliber, mm und Typ
MG`s.......................3 x 7,62 mm SG-43
(Kampfsatz, Stück)......................(4500)
Ziel..TSCH-20
Funkstation...............................10-RT-26

Zusatzinformation: Chefkonstrukteur war A.A. Morosow. Manchmal identifiziert man diesen T-54 mit dem Versuchsmuster des Jahres 1946. Der Panzer wurde auf der Basis der Wanne, des Getriebes und anderer technischer Lösungen des mittleren Panzers T-44 gebaut. Die Wanne wurde aus gewalztem Panzerblech geschweißt. Die Stirnwand war monolithisch. Der Panzer besaß einen gegossenen Turm, der unten auf der gesamten Fläche schräg nach innen geneigt war. Darin befand sich die Kanone mit einem entsprechenden koaxialen MG. Zwei Bug-MG`s waren in gepanzerten Kästen auf den Schutzblechen seitlich angebracht. Der Panzer wurde ständig modernisiert. Auf seiner Basis entstand der Hebekran SPK-12G sowie die Artillerie-Selbstfahrlafette SU-122-54, der Brückenlegepanzer MTU-12 und andere Technik.

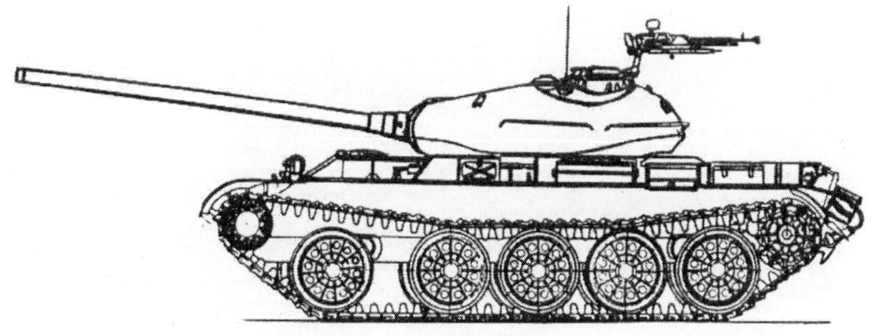

Mittlerer Panzer T-54 (T-54-1)

Mittlerer Panzer T-54 (T-54-2)
(Objekt 137)

Baujahr ....i.d. Bewaffnung 1950
Entwickler..................KB Werk N183
Hersteller...........................Werk N183
Produktion ....Serie von 1949-1951
Kampfmasse, t..............................35,5
Länge, mm
- von der Kanone vorn................9000
Länge der Wanne........................6270
Breite, mm..................................3270
Höhe, b. Turmspitze mm............2400
Bodenfreiheit, mm........................425
Mittl. Bodendruck, kg/cm^2 0,81
überwindbare Hindernisse:
- Anstieg, Grad................................30
- Querneigung, Grad........................30
- Graben, m....................................2,7
- Mauer...0,8
- Watfähigkeit..................................1,4
Motortyp.....................Diesel V-54
Max. Leistung, PS..........................520

Max. Geschwindigkeit km/h.................50
Spez. Leistung PS/t............................14,4
Reichweite, km..................................330
Panzerung, mm
- Wannenstirnwand.............................100
- Turmstirnwand.................................200
Rauchvorhang.............................MDSCH
Mannschaft, Mitglieder............................4
Bewaffnung:
- Zahl x Kaliber, mm und Typ
Geschütz........................100 mm D-10T
(Kampfsatz, Stück)...........................(34)
- Zahl x Kaliber, mm und Typ
Geschütz.................12,7 mm DSCH-M
(Kampfsatz, Stück).........................(200)
- Zahl x Kaliber, mm und Typ
MG`s.......................2 x 7,62 mm SG-43
(Kampfsatz, Stück)......................(3500)
Ziel...TSCH-20
Funkstation...............................10-RT-26

Zusatzinformation: Chefkonstrukteur war A.A. Morosow. Manchmal identifiziert man den T-54 mit dem Panzermuster des Jahres 1949. Auf diesem Panzer wurde ein neuer gegossener Turm ohne zusätzliche Rückwärtsneigung mit einer verbesserten Form des Stirnteiles und einer in einer engen Schießscharte gelegenen Kanone eingeführt. Auf dem Panzer wurde eine andere Drehlafette für das Fla-MG verwendet. Anstelle von zwei Bug-MG`s erhielt er ein MG im Fahrerraum. Dieser Panzer hatte eine neue verbreiterte Kette (580 mm). Der Panzer wurde modernisiert und erhielt einen Zweiebenen-Waffenstabilisator „Zyklon“, neue Nachrichtengeräte und einen neuen Motor V 55 u. a.

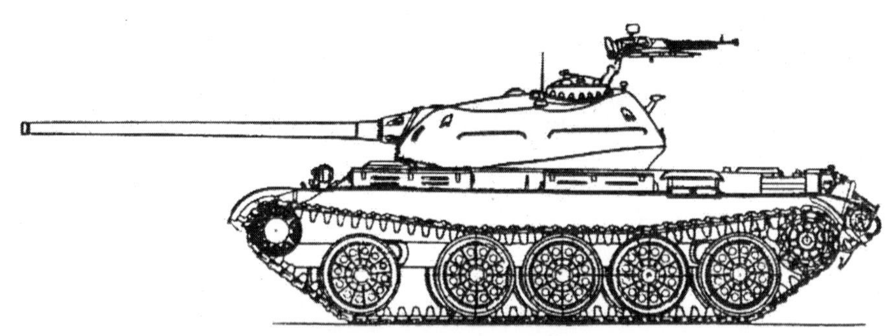

Mittlerer Panzer T-54 (T-54-2)

Mittlerer Panzer T-54- (T-54-3)
(Objekt 137)

Baujahr ....i. d. Bewaffnung 1946
Entwickler..................KB Werk N183
Hersteller...........................Werk N183
Produktion ....Serie von 1952-1955
Kampfmasse, t........................35,5-36
Länge, mm
- von der Kanone vorn................9000
Länge der Wanne.......................6040
Breite, mm.................................3270
Höhe, b. Turmspitze mm...........2400
Bodenfreiheit, mm........................425
Mittl. Bodendruck, kg/cm^2 0,81
überwindbare Hindernisse:
- Anstieg, Grad................................30
- Querneigung, Grad........................30
- Graben, m....................................2,7
- Mauer..0,8
- Watfähigkeit..................................1,4
Motortyp...................Diesel V-54
Max. Leistung, PS.........................520

Max. Geschwindigkeit km/h.................50
Spez. Leistung PS/t....................14,4-14,6
Treibstoffvorrat, l................................532
Reichweite, km.............................360-400
Panzerung
- Wannenstirnwand.............................100
- Turmstirnwand.................................200
Rauchvorhang....................2 x BDSCH-5
Mannschaft, Mitglieder...........................4
Bewaffnung:
- Zahl x Kaliber, mm und Typ
Geschütz..........................100 mm D-10T
(Kampfsatz, Stück)...........................(34)
- Zahl x Kaliber, mm und Typ
..Geschütz...............12,7 mm D SCHK-M
„Kampfsatz, Stück)..........................(200)
- Zahl x Kaliber, mm und Typ
MG`s.....................2 x 7,62 mm SG-43
(Kampfsatz, Stück).......................(3500)
Ziel..TSCH-2-22
Funkstation...............................10-RT-26

Zusatzinformation: Manchmal identifiziert man diesen T-54 mit dem Panzermuster des Jahres 1951. Chefkonstrukteur war A.A. Morosow. Auf diesem Panzer wurde ein gegossener halbkugelförmiger Turm ohne Rückneigung mit einem besser abgedichteten Drehkranz verwendet. Der Panzer erhielt eine Vorrichtung zur Befestigung eines Minenräumgerätes. Man modernisierte den Panzer ständig in den Panzerreparaturwerkstätten des Verteidigungsministeriums. Er erhielt ein Nachtzielgerät, Nachtsichtgeräte, ein Funkgerät R-113, einen Zweiebenenwaffenstabilisator „Zyklon“ und vieles andere.

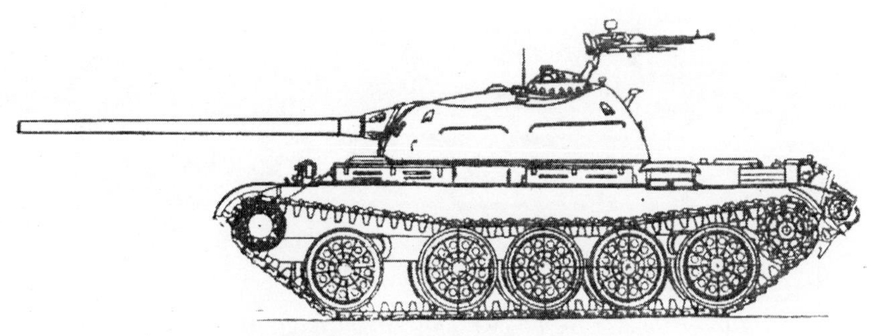

Mittlerer Panzer T-54 (T-54-3)

Mittlerer Panzer T-54 (1951) mit Nachtzielgerät (Vorderansicht)

Mittlerer Panzer T-54 (1951) mit Nachtzielgerät(Hinteransicht)

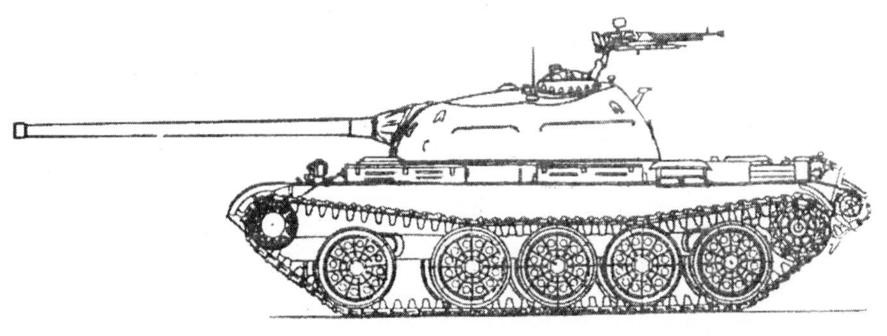

Modernisierte Variante des Panzers T-54 mit Waffenstabilisator (1951)

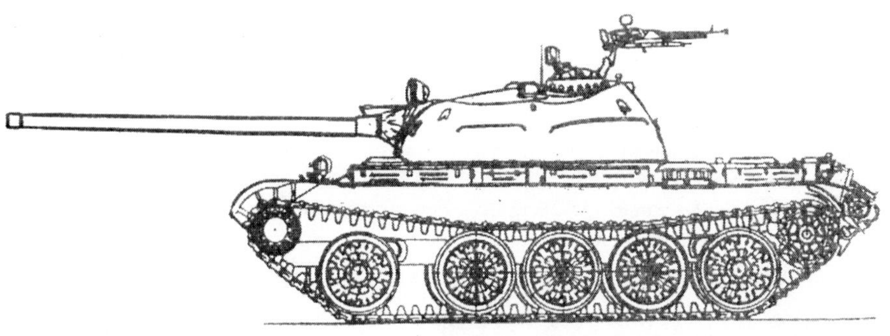

Modernisierte Variante des Panzers T-54 mit Nachtzielgerät (1954)

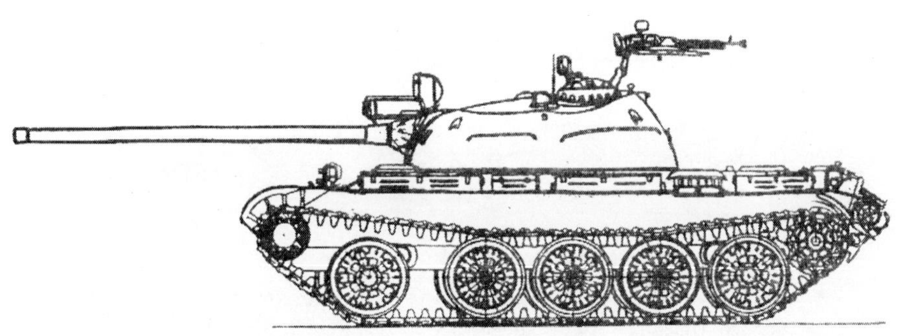

Modernisierte Variante des Panzers T-54 mit Laserentfernungsmesser KDT-1 (1951)

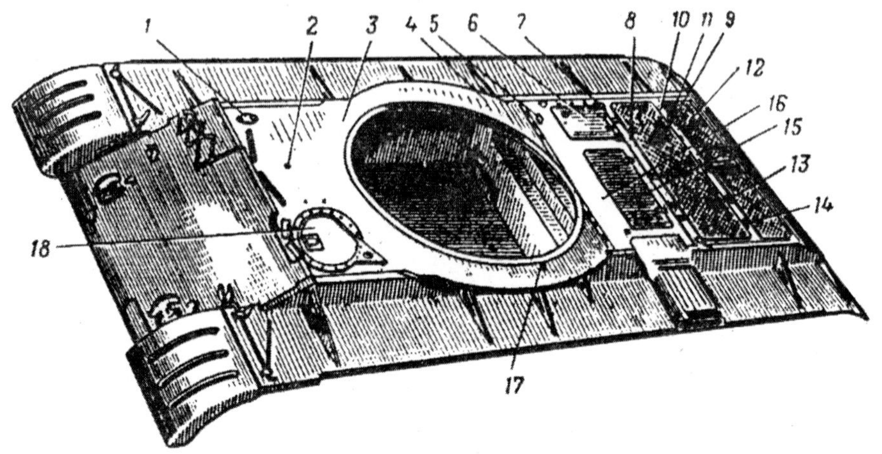

Wanne des Panzers T-54 (Draufsicht)

1 – Einfüllöffnung zum Betanken der vorderen Tanks, 2 – Bolzen, 3 – unter dem Turm gelegenes Blech, 4 – Befestigungsstift für den abnehmbaren Belag, 5 – Einfüllöffnung zum Betanken der mittleren Tanks, 6 – Lukendach des Luftreinigers, 7 – Verriegelung, 8 – Torsionsabdeckung über dem Radiator, 9 – Netz über der Jalousie, 10 – Abdeckung über dem Radiator, 11 – Einfüllöffnung zum Befüllen der Kühlung, 12 – Netz, 13 – Federsperre, 14 – Einfüllöffnung zum Betanken des Öltanks, 15 – Motorabdeckung, 16 – Abnehmbare Motorabdeckung, 17 – Halterung für die Turmverriegelung, 18 – Lukenabdeckung des Fahrers.

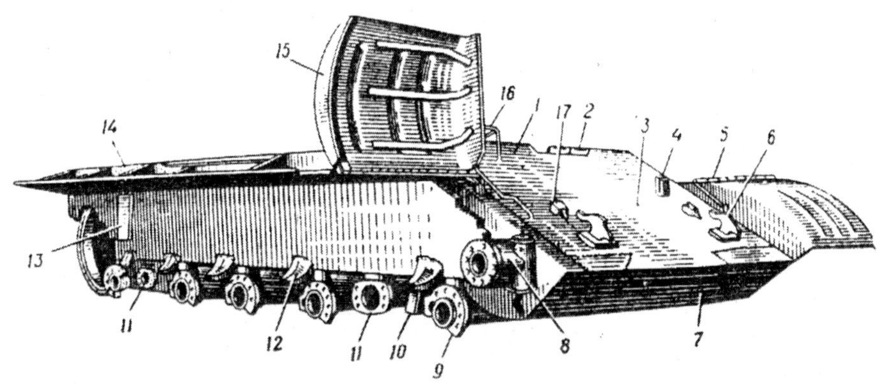

Wanne des Panzers T-54 (Vorderansicht)

1 – Oberes geneigtes Blech, 2 – Geräteabdeckung für den Fahrer, 3 – Öffnung für das Bug-MG, 4 – Bretthalterung, 5 – Torsionsaufhängung des vorderen Schutzbleches, 6 – Abschlepphaken, 7 – Unteres geneigtes Blech, 8 – Konsole für die Halterung des Leitrades, 9 – Konsole des Schwinghebels des Stützrades, 10 – Begrenzer, 11 – Befestigungsflansch des Stoßdämpfers, 12 – Anschlag des Schwinghebels, 13 – Kettenbolzenabweiser, 14 – Brett, 15 – Vorderes Schutzblech, 16 – Scheinwerferhalterung, 17 – Sperre des Abschlepphakens.

A – Fahrerraum, B – Kampfraum, C – Motor- und Getrieberaum.

1 – Kanone, 2 – Kanonenblende, 3 – Scheinwerfer für Nachtfahrten, 4 – Mechanismus für die vertikale Führung der Kanone, 5 – Teleskopziel, 6 – Großkalibriges MG, 7 – Sichtgerät, 8 – Antenne, 9 – Sitz des Kommandeurs, 10 – Luke des Panzerkommandeurs, 11 – Motor, 12 – planetengetriebenes Turmdrehwerk, 13 – Getriebe, 14 – angetriebenes Rad, 15 – Kette, 16 – Stützrollen, 17 – Leitrad, 18 – Sichtgeräte des Fahrers, 19 – Fahrersitz, 20 – Steuerhebel, 21 – Schießscharte für das MG.

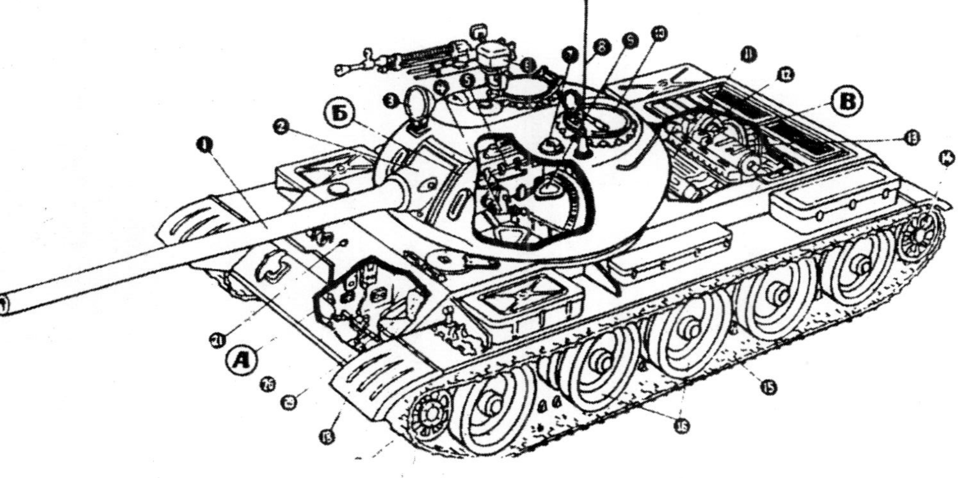

Schematische Aufbau des mittleren Panzers T-54

Führungspanzer T-54K

Baujahr ....i.d. Bewaffnung 1958
Entwickler..................KB Werk N183
Hersteller...........................Werk N183
Produktion ....Kleine Serie
Kampfmasse, t................................36
Länge, mm
- von der Kanone vorn................9000
Länge der Wanne.......................6040
Breite, mm..................................3270
Höhe, b. Turmspitze mm............2400
Bodenfreiheit, mm........................425
Mittl. Bodendruck, kg/cm^2 0,81
überwindbare Hindernisse:
- Anstieg, Grad...............................30
- Querneigung, Grad........................30
- Watfähigkeit.................................1,4
Motortyp......................Diesel V-54
Max. Leistung, PS..........................520
Treibstoffvorrat, l...........................532

Max. Geschwindigkeit km/h................50
Spez. Leistung PS/t..........................14,4
Reichweite, km.................................400
Panzerung
- Wannenstirnwand...........................100
- Turmstirnwand...............................200
Rauchvorhang...........................BDSCH
Mannschaft, Mitglieder.........................4
Bewaffnung:
- Zahl x Kaliber, mm und Typ
Geschütz.......................100 mm D-10T
(Kampfsatz, Stück)...........................(..)
- Zahl x Kaliber, mm und Typ
MG`s...................12,7 mm DSCHK-M
Kampfsatz, Stück).........................(200)
- Zahl x Kaliber, mm und Typ
MG`s...........................7,62 mm SGMT
(Kampfsatz, Stück)...........................(..)
Ziel...TSCH-2-22
Funkstation.........................R-113, R-112

Zusatzinformation: Er wurde auf der Basis des Serienpanzers T-54 entwickelt. Er erhielt ein zusätzliches Funkgerät, einen Navigationsapparat sowie ein Ladegerät. Der Munitionsvorrat der Kanone verringerte sich dadurch etwas.

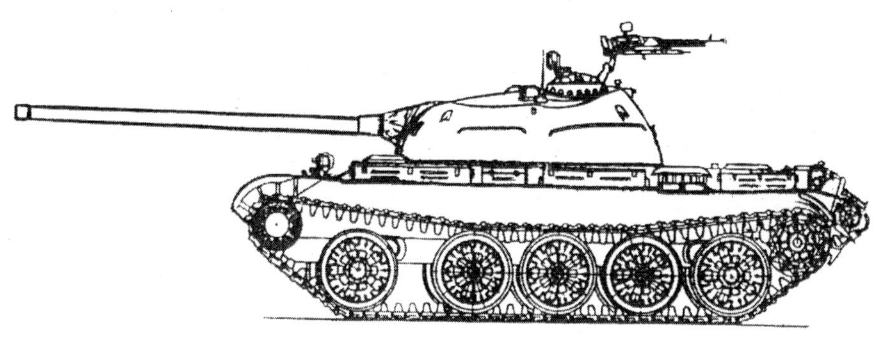

Führungspanzer T-54K

Flammpanzer OT-54
(Objekt 481)

Baujahr ....i. d. Bewaffnung 1954
Entwickler .KB Lokomotivw. Charkow
Hersteller......Lokomotivwerk Charkow
Produktion ....Serie
Kampfmasse, t...............................36,5
Länge, mm
- von der Kanone vorn..................9000
- Länge der Wanne........................6040
Breite, mm...................................3270
Höhe, b. Turmspitze mm.............2400
Bodenfreiheit, mm..........................425
Mittl. Bodendruck, kg/cm^2 0,82
überwindbare Hindernisse:
- Anstieg, Grad.................................30
- Watfähigkeit..................................1,4
Motortyp.........................Diesel V-54
Max. Leistung, PS..........................520
Spez. Leistung PS/t.......................14,2
Max. Geschwindigkeit km/h............50

Reichweite, km.................................400
Panzerung
- Wannenstirnwand............................100
- Turmstirnwand................................200
Rauchvorhang.............................BDSCH
Mannschaft, Mitglieder.........................4
Bewaffnung:
- Geschützțyp....Flammenwerfer ATO-1
(Flammengemisch, l.....................(460)
- Zahl x Kaliber, mm und Typ
Geschütz.......................100 mm D-10T
(Kampfsatz, Stück).........................(19)
- Zahl x Kaliber, mm und Typ
Geschütz.............12,7 mm DSCHK-M
Kampfsatz, Stück).......................(200)
- Zahl x Kaliber, mm und Typ
MG`s..........................7,62 mm SG-43
(Kampfsatz, Stück)...................(1500)
Ziel.....................................TSCH-2-22
Funkstation............................10-RT-26

Zusatzinformation: Er wurde auf der Grundlage des mittleren Panzers T-54 entwickelt. Das koaxiale MG des Turms wurde durch den automatischen Pulverflammenwerfer ATO-1 ersetzt. Die Geräte des Flammenwerfers wurden im Kampf- und Fahrerraum des Panzers untergebracht. Im Bug der Wanne fand anstelle der Munition und des Treibstofftanks der Tank für das Flammengemisch AP-7 Platz. Der Panzer konnte 160 Meter weit schießen und 15 bis 20 Flammenstöße in der Minute abgeben.

Flammpanzer OT-54

Mittlerer Versuchspanzer T-54M
(Objekt 139)

Baujahr 1954
Entwickler..................KB Werk N183
Hersteller..........................Werk N183
Produktion ....Versuchsmuster
Kampfmasse, t..............................36,0
Länge, mm
- von der Kanone vorn...........ca. 9400
- Länge der Wanne.......................6040
Breite, mm..................................3270
Höhe, b. Turmspitze mm............2400
Bodenfreiheit, mm........................425
Mittl. Bodendruck, kg/cm^2 0,81
überwindbare Hindernisse:
- Anstieg, Grad................................30
- Watfähigkeit................................1,4
Motortyp.....................Diesel V-54-6
Max. Leistung, PS................520(580)
Treibstoffvorrat.....................695+285
Max. Geschwindigkeit km/h...........50

Reichweite, km.................................400
Panzerung
- Wannenstirnwand............................100
- Turmstirnwand................................200
Rauchvorhang. ....BDSCH
Mannschaft, Mitglieder.........................4
Bewaffnung:
- Zahl x Kaliber, mm und Typ
Geschütz.......................100 mm D-54T
(Kampfsatz, Stück).........................(50)
- Zahl x Kaliber, mm und Typ
MG`s...........................14,5 mm KPWT
Kampfsatz, Stück).........................(200)
- Zahl x Kaliber, mm und Typ
MG`s.....................2 x 7,62 mm SGMT
(Kampfsatz, Stück)......................(3500)
Ziel.......... ....TSCH-2
Nachtziel.......................................TPN-1
Funkstation..............................10-RT-26

Zusatzinformation: Dieser Panzer wurde auf der Grundlage der Wanne des Panzers T-54 entwickelt. Auf dem Panzer wurden leichtere Stützrollen und neue Antriebsräder, eine neue leistungsfähige Kanone eingesetzt, sowie ein Nachtsichtgerät des Typs TWN-1 für den Fahrer und ein Nachtzielgerät installiert. Elemente des Laufwerkes des Panzers T-54M wurden später bei der Konstruktion des Panzers T-55 verwendet.

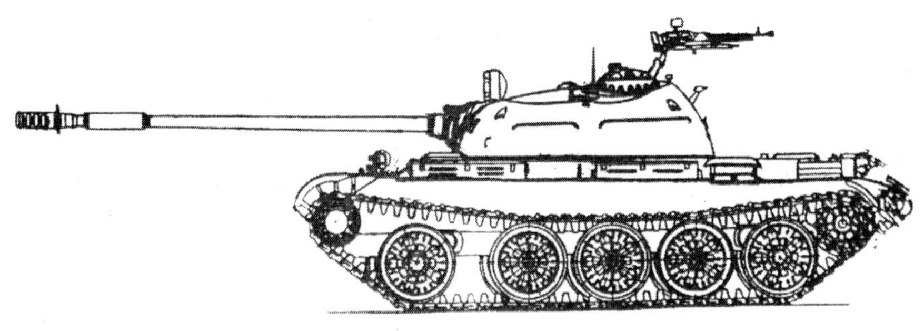

Mittlerer Versuchspanzer T-54M

Mittlerer Panzer T-54-A
(Objekt 137G)

Baujahr ....i.d. Bewaffnung 1955
Entwickler..................KB Werk N183
Hersteller...........................Werk N183
Produktion ....Serie 1955-57
Kampfmasse, t..............................36,4
Länge, mm
- von der Kanone vorn................9000
- Länge der Wanne...........6040(6310)
Breite, mm.................................3270
Höhe, b. Turmspitze mm............2400
Bodenfreiheit, mm........................425
Mittl. Bodendruck, kg/cm^2 0,81
überwindbare Hindernisse:
- Anstieg, Grad...............................30
- Querneigung, Grad.......................30
- Graben..2,7
- Mauer...0,8
- Watfähigkeit.................................1,4
Motortyp......................Diesel V-54
Max. Leistung, PS........................520
Treibstoffvorrat, l.................580+280

Max. Geschwindigkeit km/h................50
Spez. Leistung PS/t..........................14,3
Reichweite, km..................................440
Panzerung
- Wannenstirnwand............................100
- Turmstirnwand................................200
Rauchvorhang ....BDSCH
Mannschaft, Mitglieder.........................4
Bewaffnung:
- Zahl x Kaliber, mm und Typ
Geschütz....................100 mm D-10TG
(Kampfsatz, Stück).........................(34)
- Zahl x Kaliber, mm und Typ
MG`s........................12,7 mm DSCHK
Kampfsatz, Stück)........................(200)
- Zahl x Kaliber, mm und Typ
MG`s.....................2 x 7,62 mm SG-43
(Kampfsatz, Stück)....................(3500)
Ziel....................................TSCH-2A-22
Funkstation....................................R-113
Waffenstabilisator..........................STP-1

Zusatzinformation: Chefkonstrukteur war L. N. Karzew. Hier handelt es sich um eine modernisierte Variante des Panzers T-54. Auf dem Panzer wurde eine verbesserte Kanone mit einem Ejektor zum Ausblasen des Rohrkanals eingesetzt sowie ein elektrohydraulischer vertikaler Waffenstabilisator „Horizont“, ein neues Zielgerät u.a. Der Panzer wurde mit dem Nachtsichtgerät TWN-1 für den Panzerfahrer ausgerüstet. Er wurde in den Panzerreparaturwerkstätten des Verteidigungsministeriums modernisiert und erhielt die Bezeichnung T-54AM. Der Führungspanzer T-54AK kam im Jahre 1958 in die Bewaffnung.

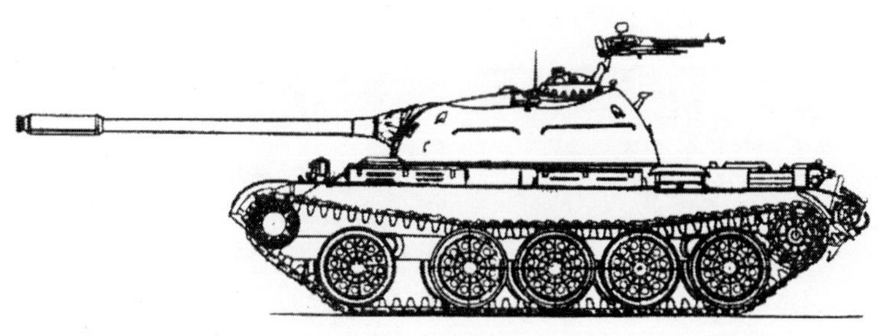

Mittlerer Panzer T-54A

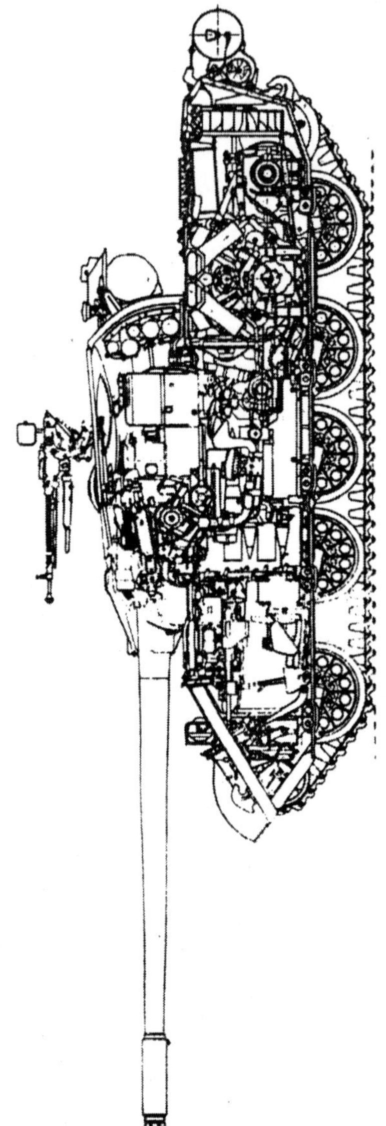

Querschnitt durch den Panzer T-54A

Führungspanzer T-54AK

Baujahr ....i.d. Bewaffnung 1958
Entwickler..................KB Werk N183
Hersteller........Reparaturwerkstatt VM
Produktion ....Modernisierung
Kampfmasse, t..............................36,4
Länge, mm
- von der Kanone vorn................9000
Länge der Wanne.......................6040
Breite, mm.................................3270
Höhe, b. Turmspitze mm............2400
Bodenfreiheit, mm........................425
Mittl. Bodendruck, kg/cm^2 0,81
überwindbare Hindernisse:
- Anstieg, Grad...............................30
- Watfähigkeit.........1,4 (m. OPWT-5)
Motortyp.......................Diesel V-54
Max. Leistung, PS.........................520
Treibstoffvorrat, l..................580+280
Spez. Leistung PS/t......................14,3
Max. Geschwindigkeit km/h..........50

Reichweite, km.................................400
Panzerung
- Wannenstirnwand...........................100
- Turmstirnwand...............................200
Rauchvorhang ....BDSCH
Mannschaft, Mitglieder.........................4
Bewaffnung:
- Zahl x Kaliber, mm und Typ
Geschütz....................100 mm D-10TG
(Kampfsatz, Stück)...........................(..)
- Zahl x Kaliber, mm und Typ
MG`s....................12,7 mm DSCHK-M
(Kampfsatz, Stück)........................(200)
- Zahl x Kaliber, mm und Typ
MG`s.....................2 x 7,62 mm SGMT
(Kampfsatz, Stück).....................(3500)
Ziel.....................................TSCH-2A-22
Nachtziel..TPN-1
Waffenstabilisator.........................STP-1
Funkstation.......................R-113, R-112

Zusatzinformation: Er wurde auf der Grundlage des Serienpanzers T-54A entwickelt und erhielt ein zusätzliches Kurzwellenfunkgerät, ein Navigationsgerät TNA-2 und ein Ladegerät AB-1-P/30. Im Ergebnis verminderte sich der Munitionsvorrat der Kanone etwas.

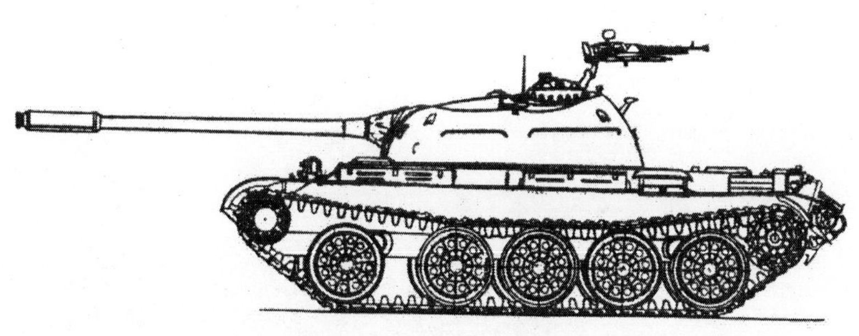

Führungspanzer T-54AK

Mittlerer Panzer T-54B
(Objekt 137G2)

Baujahr ....i.d. Bewaffnung 1956
Entwickler..................KB Werk N183
Hersteller...........................Werk N183
Produktion ....in Serie 1957-59
Kampfmasse, t.........................36-36,5
Länge, mm
- von der Kanone vorn.................9000
- Länge der Wanne......................6040
Breite, mm..................................3270
Höhe, b. Turmspitze mm.............2400
Bodenfreiheit, mm........................468
Mittl. Bodendruck, kg/cm² ..0,81-0,82
überwindbare Hindernisse:
- Anstieg, Grad................................30
- Querneigung, Grad........................30
- Graben, m....................................2,7
- Mauer, m.......................................0,8
- Watfähigkeit.......1,4 (m. OPWT-5m)
Motortyp.......................Diesel V-54B
Max. Leistung, PS..........................520
Treibstoffvorrat, l...................510+285

Max. Geschwindigkeit km/h............48-50
Spez. Leistung PS/t....................14,2-14,5
Reichweite, km............................360-400
Panzerung, mm
- Wannenstirnwand..............................100
- Turmstirnwand...........................115-190
Rauchvorhang BDSCH-5
Mannschaft, Mitglieder...........................4
Bewaffnung:
- Zahl x Kaliber, mm und Typ
Geschütz.....................100 mm D-10T2S
(Kampfsatz, Stück)...........................(34)
- Zahl x Kaliber, mm und Typ
MG`s..........................12,7 mm DSCHK
Kampfsatz, Stück)..........................(200)
- Zahl x Kaliber, mm und Typ
MG`s......................2 x 7,62 mm SGMT
(Kampfsatz, Stück).......................(3500)
Ziel.............TSCH-2A-22 (TSCH-2B-22
Nachtziel..........................TPN-1-22A-11
Funkstation.......................................R-113
Waffenstabilisator............STP-2 „Zyklon“

Zusatzinformation: Chefkonstrukteur war L.N. Karzew. O. g. Panzer wurde auf der Grundlage des mittleren Panzers T-54A entwickelt. Auf dem Panzer wurde ein Zweiebenenwaffenstabilisator eingebaut. Der Panzer hatte einen Drehboden im Kampfraum und eine Übergabeeinrichtung. Etwas später erhielt er ein Nachtzielgerät, anschließend einen neuen Motor V-55 und ein neues Funkgerät R-123 sowie die Stützrollen des T-55 und gummierte Metallketten. Der Munitionsvorrat für die Kanone u. a. wurden verändert. Seit Januar 1965 installierte man auf dem Panzer die Zielvorrichtung TSCH2B-32 (TSCH2B-32P). Der Führungspanzer T-54BK kam 1958 in die Bewaffnung.

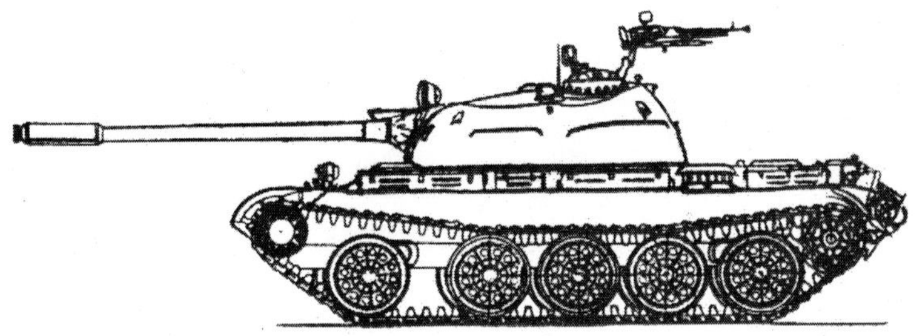

Mittlerer Panzer T-54B

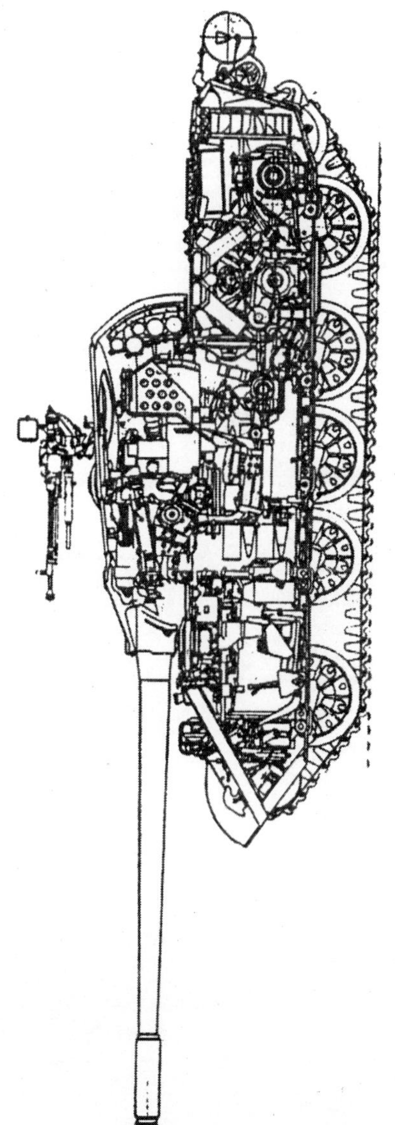

Querschnitt durch den mittleren Panzer T-54B

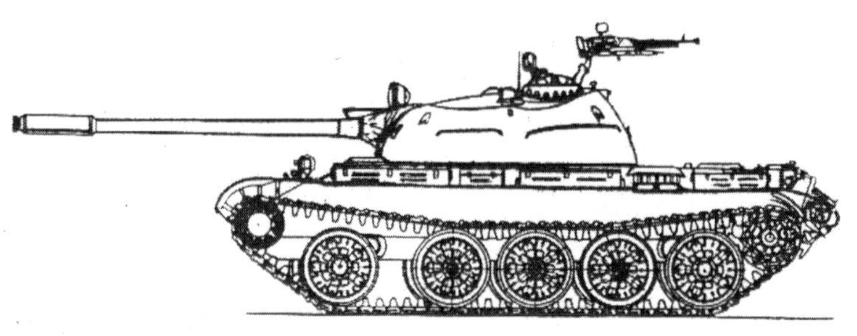

Mittlerer Panzer T-54B mit den Stützrollen des Panzers T-55

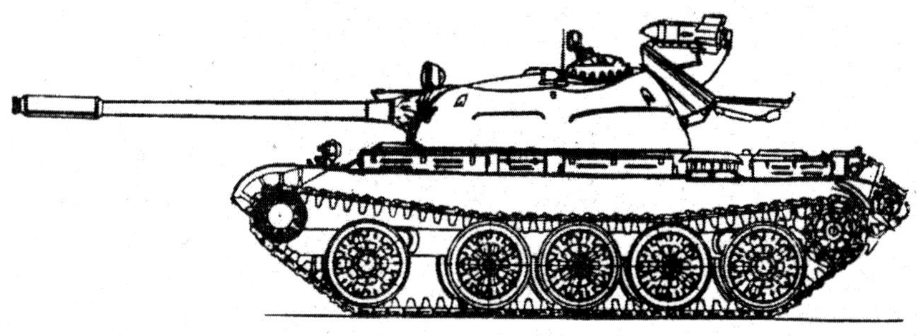

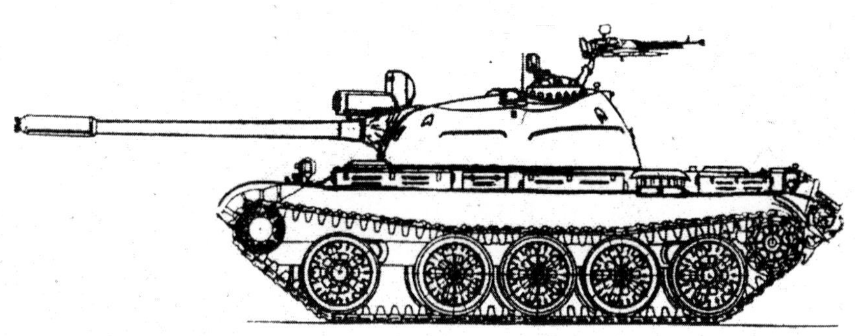

Führungspanzer T-54BK

Baujahr ....i. d. Bewaffnung 1958
Entwickler..................KB Werk N183
Hersteller...........................Werk N183
Produktion ....Serie
Kampfmasse, t...............................36,5
Länge, mm
- von der Kanone vorn................9000
- Länge der Wanne......................6040
Breite, mm..................................3270
Höhe, b. Turmspitze mm............2400
Bodenfreiheit, mm........................468
Mittl. Bodendruck, kg/cm^2 0,82
überwindbare Hindernisse:
- Anstieg, Grad.................................30
- Watfähigkeit, m.....1,4 (m. OPWT-5)
Motortyp.....................Diesel V-54B
Max. Leistung, PS..........................520
Treibstoffvorrat, l...................510+285
Max. Geschwindigkeit km/h............50
Spez. Leistung PS/t......................14,2

Reichweite, km.................................400
Panzerung, mm
- Wannenstirnwand............................100
- Turmstirnwand................................192
Rauchvorhang BDSCH-5
Mannschaft, Mitglieder.........................4
Bewaffnung:
- Zahl x Kaliber, mm und Typ
Geschütz...................100 mm D-10T2S
(Kampfsatz, Stück)............................(..)
- Zahl x Kaliber, mm und Typ
MG`s..........................12,7 mm DSCHK
Kampfsatz, Stück)..........................(200)
- Zahl x Kaliber, mm und Typ
MG`s........................2x7,62 mm SGMT
(Kampfsatz, Stück)......................(3500)
Ziel......................................TSCH-2B-22
Nachtziel...........................TPN-1-22A-11
Funkstation..........................R-113, R-112
Waffenstabilisator...........................STP-2

Zusatzinformation: Er wurde auf der Basis des Serienpanzers T-54B entwickelt. Er erhielt zusätzlich ein Kurzwellenfunkgerät, ein Navigationsgerät TNA-2 und ein Ladegerät AB-1-P/30. Durch die Aufnahme dieser Geräte wurde der Munitionsvorrat für die Kanone vermindert.

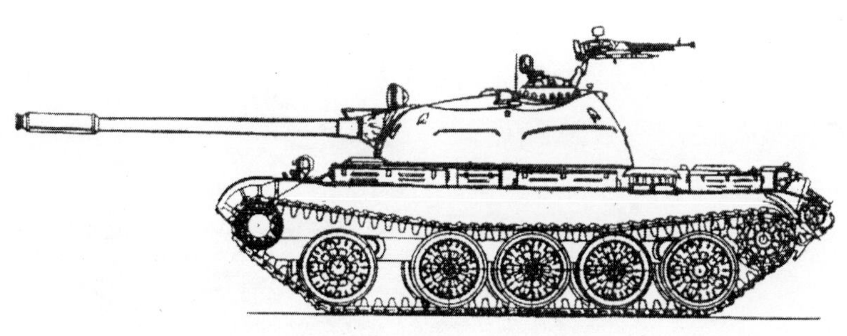

Führungspanzer T-54BK

Mittlerer Panzer T-54AM

Baujahr ....i.d. Bewaffnung 60er Jahre
Entwickler..........KB Uralwaggonwerk
Hersteller........Reparaturwerk des VM
Produktion ....Modernisierung
Kampfmasse, t................................36
Länge, mm
- von der Kanone vorn................9000
- Länge der Wanne......................6040
Breite, mm.................................3270
Höhe, b. Turmspitze mm...........2400
Bodenfreiheit, mm........................425
Mittl. Bodendruck, kg/cm^2 0,81
überwindbare Hindernisse:
- Anstieg, Grad................................30
- Querneigung, Grad.......................30
- Graben, m...................................2,7
- Mauer, m.....................................0,8
- Watfähigkeit, m....1,4 (m. OPWT-5)
Motortyp..........................Diesel V-55
Max. Leistung, PS........................580
Spez. Leistung PS/t 16,1

Max. Geschwindigkeit km/h.................50
Reichweite, km...................................400
Panzerung, mm
- Wannenstirnwand.............................100
- Turmstirnwand..........................160-192
Rauchvorhang.............................BDSCH
Mannschaft, Mitglieder..........................4
Bewaffnung:
- Zahl x Kaliber, mm und Typ
Geschütz.....................100 mm D-10TG
(Kampfsatz, Stück)...........................(43)
- Zahl x Kaliber, mm und Typ
MG`s...................212,7 mm DSCHK-M
Kampfsatz, Stück)..........................(200)
- Zahl x Kaliber, mm und Typ
MG`s..........................2 x 7,62 mm PKT
(Kampfsatz, Stück).......................(3500)
Ziel......................................TSCH-2B-32
Nachtziel..TPN-1
Funkstation......................................R-123
Waffenstabilisator...........................STP-2

Zusatzinformation: Es handelt sich um eine modernisierte Variante des T-54A. Die Lagerung der Munition wurde verändert. Hier sind 9 Einheiten gelagert. Ein neuer Motor V-55 und neue Funkgeräte wurden eingebaut. Außerdem fanden die leichteren Laufrollen des T-55 und gummierten Metallketten Verwendung. Der Panzer wurde mit einem Nachtziel- und einem Nachtsichtgerät ausgerüstet. Das System der Unterwassersteuerung des Panzers wurde modernisiert.

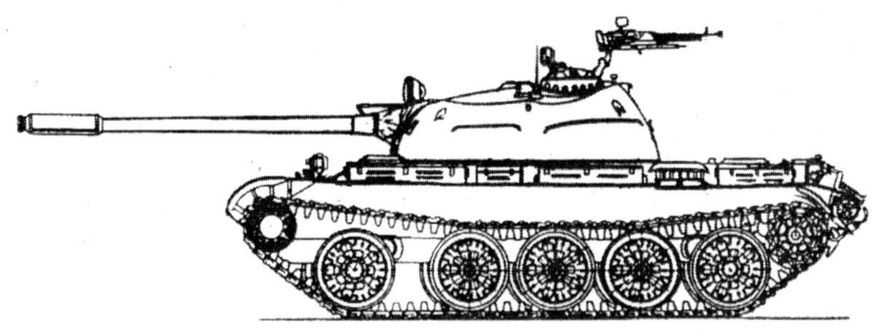

Führungspanzer T-54AM

MittlererPanzer T-54M
(Objekt 137M)

Baujahr ....i.d. Bewaffnung 1977
Entwickler.......................KB Uralsker Schwermaschinenbau
Hersteller........Reparaturwerk des VM
Produktion ....Modernisierung
Kampfmasse, t.................................36
Länge, mm
- von der Kanone vorn................9000
- Länge der Wanne.......................6040
Breite, mm.................................3270
Höhe, b. Turmspitze mm............2400
Bodenfreiheit, mm........................425
Mittl. Bodendruck, kg/cm^2 0,81
überwindbare Hindernisse:
- Anstieg, Grad................................30
- Querneigung, Grad........................30
- Graben, m...................................2,7
- Mauer, m.....................................0,8
- Watfähigkeit, m....1,4 (m. OPWT-5)
Motortyp...……….........Diesel V-55
Max. Leistung, PS..........................580
Spez. Leistung PS/t.......................16,1

Max. Geschwindigkeit km/h................50
Reichweite, km...................................400
Panzerung, mm
- Wannenstirnwand............................100
- Turmstirnwand.........................160-192
Rauchvorhang.............................BDSCH
Mannschaft, Mitglieder..........................4
Bewaffnung:
- Zahl x Kaliber, mm und Typ
Geschütz........................100 mm D-10T
(Kampfsatz, Stück)...........................(43)
- Zahl x Kaliber, mm und Typ
MG`s.....................12,7 mm DSCHK-M
Kampfsatz, Stück).........................(200)
- Zahl x Kaliber, mm und Typ
MG`s..........................2 x 7,62 mm PKT
(Kampfsatz, Stück)......................(3500)
Ziel....................................TSCH-2B-32
Nachtziel.......................................TPN-1
Funkstation.........................R-123 (R-113
Waffenstabilisator..........................STP-2

Zusatzinformation: Es handelt sich um eine modernisierte Variante des Panzers T-54. Es wurde ein Nachtzielgerät, ein neues Funkgerät und ein neuer Motor V-55 eingebaut. Der Munitionsvorrat der Kanone erhöhte sich. Das System der Unterwassersteuerung und die Lüftung wurden verbessert. Er erhielt gummierte Metallketten. Der Panzer schied 1994 aus der Bewaffnung aus.

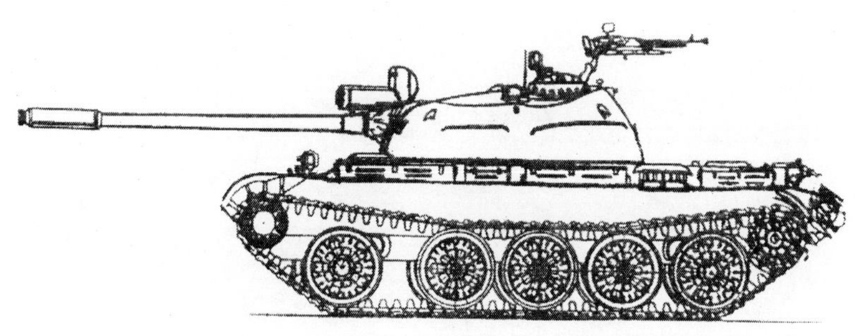

Mittlerer Panzer T-54M

Führungspanzer T-54MK

Baujahr ....i. d. Bewaffnung 1977
Entwickler..................KB Werk N183
Hersteller........Reparaturwerk des VM
Produktion ....Modernisierung
Kampfmasse, t.................................36
Länge, mm
- von der Kanone vorn.................9000
- Länge der Wanne.........................6040
Breite, mm..................................3270
Höhe, b. Turmspitze mm.............2400
Bodenfreiheit, mm.........................425
Mittl. Bodendruck, kg/cm^2 0,81
überwindbare Hindernisse:
- Anstieg, Grad................................30
- Watfähigkeit, m....1,4 (m. OPWT-5)
Motortyp....................Diesel V-55
Max. Leistung, PS.........................580
Spez. Leistung PS/t......................16,1
Max. Geschwindigkeit km/h............50

Reichweite, km..................................400
Panzerung, mm
- Wannenstirnwand............................100
- Turmstirnwand.........................160-192
Rauchvorhang ....BDSCH
Mannschaft, Mitglieder..........................4
Bewaffnung:
- Zahl x Kaliber, mm und Typ
Geschütz.......................100 mm D-10T
(Kampfsatz, Stück)..........................(37)
- Zahl x Kaliber, mm und Typ
MG`s...................12,7 mm DSCHK-M
Kampfsatz, Stück)..........................(200)
- Zahl x Kaliber, mm und Typ
MG`s.......................2x7,62 mm SGMT
(Kampfsatz, Stück)......................(2000)
Ziel.....................................TSCH-2B-32
Nachtziel..TPN-1
Funkstation............R-113 (R-123), R-112
Waffenstabilisator...........................STP-2

Zusatzinformation: Er wurde auf der Grundlage des Panzers T-54M gebaut. Er ist zusätzlich mit einem Kurzwellenfunkgerät, einem Navigationsgerät TNA-2 und einem Ladegerät ausgestattet.

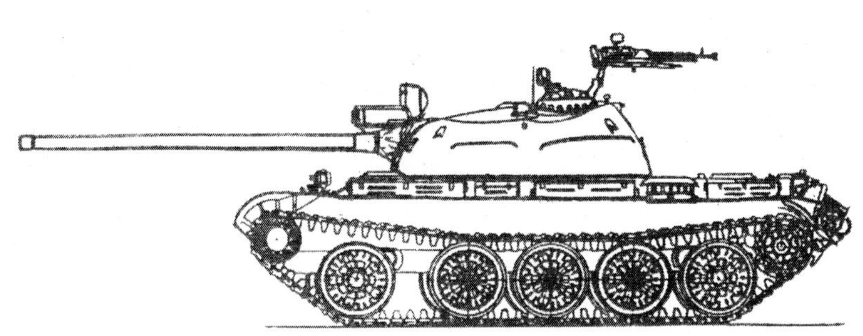

Führungspanzer T-54MK

Flammpanzer
(Objekt 483)

Baujahr 1959
Entwickler......KB Schwermaschinenbau Charkow
Hersteller.................Werk Malyschew
Produktion ....Versuchsmuster
Kampfmasse, t..................................35
Länge der Wanne , mm...............6017
Breite, mm...................................3270
Höhe, b. Turmspitze mm.............2400
Bodenfreiheit, mm........................425
Mittl. Bodendruck, kg/cm^2 0,8
überwindbare Hindernisse:
- Anstieg, Grad.................................30
- Watfähigkeit, m............................1,4
Motortyp.......................Diesel V-54
Max. Leistung, PS.........................520

Spez. Leistung PS/t...........................14,9
Max. Geschwindigkeit km/h................50
Reichweite, km..................................500
Panzerung, mm
- Wannenstirnwand.............................100
- Turmstirnwand.................................200
Rauchvorhang...................................TDA
Mannschaft, Mitglieder..........................4
Bewaffnung:
- Flammenwerfer........................OM-250
- Zahl x Kaliber, mm und Typ
MG`s............................7,62 mm SGMT
(Kampfsatz, Stück)......................(1750)
Ziel...optisch
Funkstation....................................R-113

Zusatzinformation: Chefkonstrukteur war F.A. Mostowoj. Der Flammpanzer wurde mit Hilfe der Wanne und des Laufwerkes des Serienpanzers T-54B gebaut. Im Drehturm kam an die Stelle der 100-mm-Kanone ein automatischer Panzerflammenwerfer auf den Zapfen der Stirnwand. Zum Aufrichten diente ein elektrischer horizontal geführter Spindelmechanismus. Ein MG wurde in der Stirnwand der Wanne installiert. Die Entwicklung des Panzers endete im Jahre 1962.

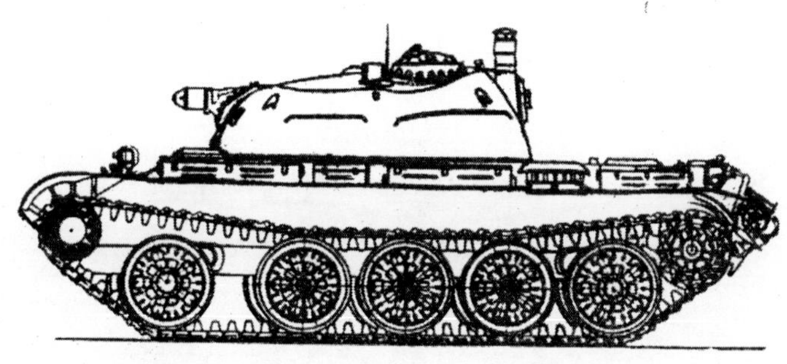

Flammpanzer Objekt 483

Mittlerer Versuchspanzer
Objekt 140

Baujahr 1977
Entwickler..................KB Werk N183
Hersteller...........................Werk N183
Produktion ....Versuchsmuster
Kampfmasse, t..............................37,6
Länge, mm
- von der Kanone vorn...........ca. 9000
- Länge der Wanne................ca. 6040
Breite, mm.............................ca. 3270
Höhe, b. Turmspitze mm.......ca. 2400
Bodenfreiheit, mm........................425
Mittl. Bodendruck, kg/cm^2 0,83
überwindbare Hindernisse:
- Anstieg, Grad................................30
- Watfähigkeit, m............................1,4
Motortyp.....................Diesel V-36
Max. Leistung, PS..........................700
Spez. Leistung PS/t.......................18,6

Max. Geschwindigkeit km/h...............64
Reichweite, km..........................400-500
Panzerung, mm
- Wannenstirnwand...........................100
- Turmstirnwand...............................240
Rauchvorhang ....TDA
Mannschaft, Mitglieder..........................4
Bewaffnung:
- Zahl x Kaliber, mm und Typ
Geschütz......... ....100 mm D-54TS
(Kampfsatz, Stück).........................(50)
- Zahl x Kaliber, mm und Typ
MG`s........................2x7,62 mm SGMT
(Kampfsatz, Stück)......................(3500)
Ziel..TSCH-2
Nachtziel..TPN-1
Funkstation.....................................R-113
Waffenstabilisator..“Metel“(Schneesturm)

Zusatzinformation: Chefkonstrukteur war L.N. Karzew. Er entwickelte einen völlig neuen mittleren Panzer, mit einem neuen Laufwerk, einem neuen Motor und einer neuen Wanne. Zum ersten Mal wurde ein in Öl gelagertes mechanisches Planetengetriebe mit hydraulischer Servosteuerung eingesetzt. Im weiteren wurden Elemente des Laufwerkes dieses Panzers im Objekt 167 verwendet.

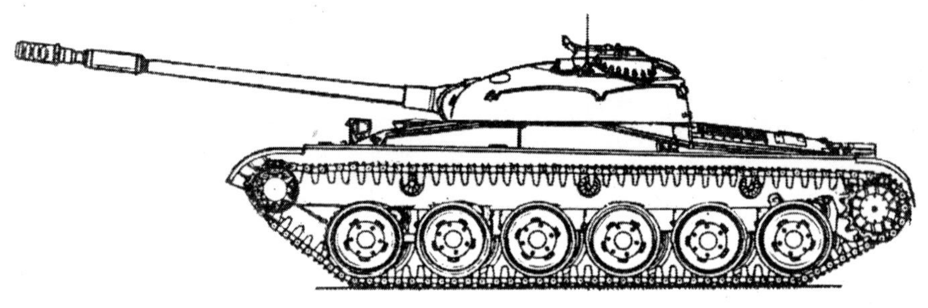

Mittlerer Versuchspanzer Objekt 140

Mittlerer Panzer T-55
(Objekt 155)

Baujahr..i. d. Bewaffnung 8. Mai 1958
Entwickler..................KB Werk N183
Hersteller...........................Werk N183
Produktion ....in Serie 1958-62
Kampfmasse, t.........................36-36,5
Länge, mm
- von der Kanone vorn.................9000
- Länge der Wanne...........(6200) 6040
Breite, mm..................................3270
Höhe, b. Turmspitze mm.............2218
Bodenfreiheit, mm..................425-500
Mittl. Bodendruck, kg/cm^2 0,81
überwindbare Hindernisse:
- Anstieg, Grad...............................32
- Querneigung, Grad........................30
- Graben, m....................................2,7
- Wand, m.......................................0,8
- Watfähigkeit, m.....1,4(m. OPWT-5)
Motortyp.........................Diesel V-55
Max. Leistung, PS..........................580

Treibstoffvorrat, l......................680+285
Spez. Leistung PS/t..........................16,1
Max. Geschwindigkeit km/h..........48-50
Reichweite, km..........................480-500
Panzerung, mm
- Wannenstirnwand...........................100
- Turmstirnwand.........115-160(105-200)
Mannschaft, Mitglieder..........................4
Bewaffnung:
- Zahl x Kaliber, mm und Typ
Geschütz...................100 mm D-10T2S
(Kampfsatz, Stück).........................(43)
- Zahl x Kaliber, mm und Typ
MG`s........................2x7,62 mm SGMT
(Kampfsatz, Stück)......................(3500)
Ziel....................................TSCH-2A(B)
Nachtziel............................TPN-1-22-11
Funkstation....................................R-113
Waffenstabilisator...................„Zyklon“
Kreiselhalbkompaß.....................GPK-48

Zusatzinformation: Er wurde auf der Basis des Panzers T-54-B entwickelt. Beim T-55 wurde der Munitionsvorrat der Kanone erhöht und ein stärkerer Motor eingesetzt. Das Fassungsvermögen der Treibstofftanks vergrößerte sich. Der Panzer erhielt einen Kernwaffenschutz. Er wurde mit verbesserten Nachtsichtgeräten und mit einer hermetisch abgeschlossenen Auspuffanlage ausgestattet. Die Serienproduktion begann im Juni 1958 und endete im Juli 1962. Diese Serie war eine modifizierte Variante des Panzers T-54A. Im Jahre 1959 wurde der Führungspanzer T-55K in die Bewaffnung aufgenommen. Zu Beginn der 60er Jahre wurde ein Versuchspanzer T-55 mit einer Fernsehanlage „Uran“ an Bord zur taktischen Erkundung des Gefechtsfeldes eingesetzt. Zu diesem Komplex gehörte ebenfalls der BTR-50PU mit einer Fernsehaufnahmeapparatur und dem YAS-69 (Jeep) mit einem transportablen Sichtgerät. Die Reichweite der Fernsehübertragungen betrug 10 bis 30 km. In diesen Jahren erfolgte auch die Erprobung des T-55 mit einem Gasturbinenmotor GTD-3T und einer Leistung von 700 PS (Entwickler war das OKB-29 in Omsk). In den Jahren 1962-1965 wurden im OKB-29 des Omsker Werkes drei Versuchsmuster des Panzers T-55 (Objekt 612) mit automatischer Umschaltung auf elektrohydraulischen Antrieb erprobt. Die Erprobung verlief negativ. Zu Beginn der 60er Jahre wurde der Panzer T-55 mit der Panzerabwehrrakete „Maljutka“ ausgerüstet. Drei Raketen dieses Typs befanden sich außen am Turm auf den Abschußvorrichtungen. Im Jahre 1983 wurde der Panzer modernisiert, er erhielt Lenkwaffen. Diese Variante erhielt die Bezeichnung T-55M, und man stellte sie in verschiedenen Modifikationen her.

Er wurde auf der Grundlage des Panzers T-54B entwickelt. In Erfüllung eines Beschlusses des ZK der KPdSU und des sowjetischen Ministerrates wurde dieser Panzer als neue Errungenschaft der Panzertechnik entwickelt. Das Projekt wurde in neun Monaten des Jahres 1957 erfüllt. Drei Versuchsmuster des Panzers wurden im Verlaufe eines halben Jahres erprobt. Danach wurde der Panzer im Jahre 1958 in die Bewaffnung aufgenommen. Er unterscheidet sich vom T-54B durch Vergrößerung des Munitionsvorrates der Kanone und durch einen leistungsfähigeren Motor (der Motor wurde unter Umgehung des Chefkonstrukteurs Traschutin für Dieselmotoren modernisiert). Mit seinem Stellvertreter und Werksdirektor war ein entsprechender Vertrag abgeschlossen worden). Der Tank war vergrößert worden. Es wurde ein Kernwaffenschutz eingeführt, sowie ein verbessertes Nachtsichtgerät und ein thermisch verbesserter Auspuff (dabei wurden die Nebelkörper entfernt, wodurch der Treibstoffvorrat um 200 l anstieg). Des weiteren wurde ein Luftkompressor installiert und die Luftversorgung des Motors beim Anlassen war gesichert.
Ursprünglich wurde der Flugzeugkompressor AK-150 eingesetzt. Dieser mußte jedoch wegen der Staubbelastung umkonstruiert werden und erhielt die Bezeichnung AK-150T . Ein neues Planetengetriebe und der Kreiselhalbkompaß GPK-48 wurden ein- und das FlA-MG abgebaut, die Garantiefrist für den Panzer erhöht sich. Die Serienproduktion wurde im Juni 1958 begonnen und im Juli 1962 beendet. Der Panzer T-55A ging in Serie. Die Panzerkanone vermittelt der Panzergranate eine Anfangsgeschwindigkeit von 895 m/s und einer Unterkalibergranate eine solche von 1415 m/s. Die Panzergranate durchschlägt eine Panzerung bis zu 125 mm, eine Unterkalibergranate bis zu 290 mm und eine Hohlladungsgranate bis zu 390 mm. Der Panzer ist in der Lage, Wasserhindernisse bis zu einer Tiefe von 5m mit einer Geschwindigkeit bis zu 1,5m /s und einer Breite von 700 m zu überwinden.
In den Jahren 1955 bis 1962 wurde eine große Zahl von Schwimmausrüstungen des Projektes K-4183 in den Werken „Oka" in Nawaschinsk, „Krasnoe Sormowo" in Gorki, in der Schiffswerft in Cherson und im Betrieb „61. Kommunara" in Nikolaew hergestellt. Die Panzerschwimmausrüstung PST-55 (militärische Bezeichnung) für den mittleren Panzer T-55 hatte eine Schwimmreichweite von 80 bis 100 km bei einer Geschwindigkeit von 10 Knoten. Außer dem Panzer wurden zusätzlich bis zu sieben Kämpfer mit ihren persönlichen Waffen transportiert. Dies waren nach der Dienstvorschrift im Divisionsmaßstab bis zu 187 Einheiten.
Im Jahre 1959 wurde der Führungspanzer T-55K in die Bewaffnung aufgenommen. Auf der Grundlage des T-55 wurden verschiedene Versuchsmuster zur Erprobung der Waffen, der Motoren und des Laufwerkes gebaut.
Während seiner Nutzungszeit wurde er mit neuen Gräten und Waffen ausgerüstet.
Zu Beginn der 60er Jahre erprobte man den T-55 mit der Fernsehübertragungsanlage „Uran" t. Diese wurde zur taktischen Aufklärung des Gefechtsfeldes eingesetzt. Zu dieser Anlage zählte auch der SPW BTR 50 PU (Führungspanzer) mit einer Apparatur für Fernsehaufnahmen sowie ein WAS-69 (Jeep) mit einem transportablen Sichtgerät.
Zu Beginn der 60er Jahre wurde das im Omsker KBTM hergestellte Versuchsmuster des Panzers T-55 erprobt. Er war mit einem modernisierten Hubschraubergasturbinentriebwerk GTD-3T mit einer Leistung von 700 PS ausgerüstet. Dies hatte das Omsker

OKB-29 entwickelt. Weil der Motor nicht fertig entwickelt werden konnte und weil neue andere sowjetische Panzer erschienen, wurden diese Arbeiten eingestellt.
Im Rahmen der Entwicklung der Raketenpanzer wurde zu Beginn der 60er Jahre der Panzer T-55 mit der Panzerabwehrrakete „Maljutka“ erprobt. Drei Raketen dieses Typs befanden sich außen am Turm auf einer Startvorrichtung in einem speziell gepanzerten Behälter. Die Raketen dienten zur Vernichtung gepanzerter gegnerischer Ziele in einer Entfernung von 2 bis 3 km. Der Einsatz einer Kanone wäre hier weniger effektiv. Vor dem Start wurde die Startvorrichtung mit den Raketen aus dem Behälter genommen und in Startposition gebracht. Der Komplex bestand aus der Startvorrichtung, der Lenkvorrichtung und zwei bis drei Raketen. Zur Führung der Raketen wurde die vorhandene optische Zieleinrichtung des Panzers verwendet. Die Rakete „Maljutka“ wurde manuell gelenkt wobei die Befehle drahtgebunden vom Infanteriekomplex 9K11 übertragen wurden. Wegen der geringen Zuverlässigkeit der Raketenlenkung bei ihrem Einsatz vom Panzer aus und des geringen Schutzes der Raketen bei ihrem Transport wurden diese Arbeiten nicht weiter verfolgt.
Im Jahre 1960 wurden die universellen Schwimmvorrichtungen für die Panzer T-55, T-54B und die Artillerielafette SSU-57-2 mit den Transportmitteln in die Bewaffnung aufgenommen. Seit Ende der 50er Jahre wurde parallel zur wassergebundenen Landetechnik (Panzer fährt auf dem Grund) Schwimmlandetechnik mit dynamischen Unterstützungsprinzipien entwickelt (Panzer schwimmt auf Boot).
Seit 1958 entwickelte das ZKB für Tragflügelboote und das SKB des Schiffbauwerkes in Nawaschinsk schnelle Schwimmausrüstungen für das Projekt 80 mit montierbaren Unterwasserflügeln. Die komplexe Schwimmausrüstung bestand aus zwei Booten mit einer Wasserverdrängung von 12 t. Dadurch war es möglich, einen mittleren Panzer mit einer Geschwindigkeit bis zu 30 Knoten auf eine Entfernung von 400 km bei einer Wellenstärke bis zu 5 Punkten zu befördern. Der transportierte Panzer konnte selbständig in das Wasser und an das Ufer fahren und dabei feuern. Dadurch erhöhte sich die Gefechtsstärke der Landetruppen.
1961 schuf man einen Versuchskomplex. In den Jahren 1967 bis 1968 wurde diese Technik erprobt und mit der Serienproduktion begonnen.
Im Jahre 1969 wurden die Schwimmausrüstungen PST-63M für die Panzer T-64, T-62 und T-55A (T-55) in die Bewaffnung aufgenommen. Einige T-55, die zur Nutung der Schwimmausrüstungen bestimmt waren, befinden sich im Gebietslehrzentrum in Sertolowo im Leningrader Gebiet.
Seit 1983 wurden die Panzer der Serie T-55 modernisiert. Sie wurden mit Lenkwaffen ausgerüstet und als T-55M bezeichnet. Es gab verschiedene Modifikationen.
Durch den Befehl Nr.: 0235 vom 12.09.1962 des Verteidigungsministeriums wurden die Spurminenräumgeräte KMT-4M und KMT-5M für die Panzer T-54, T-55 und T-62 eingeführt.

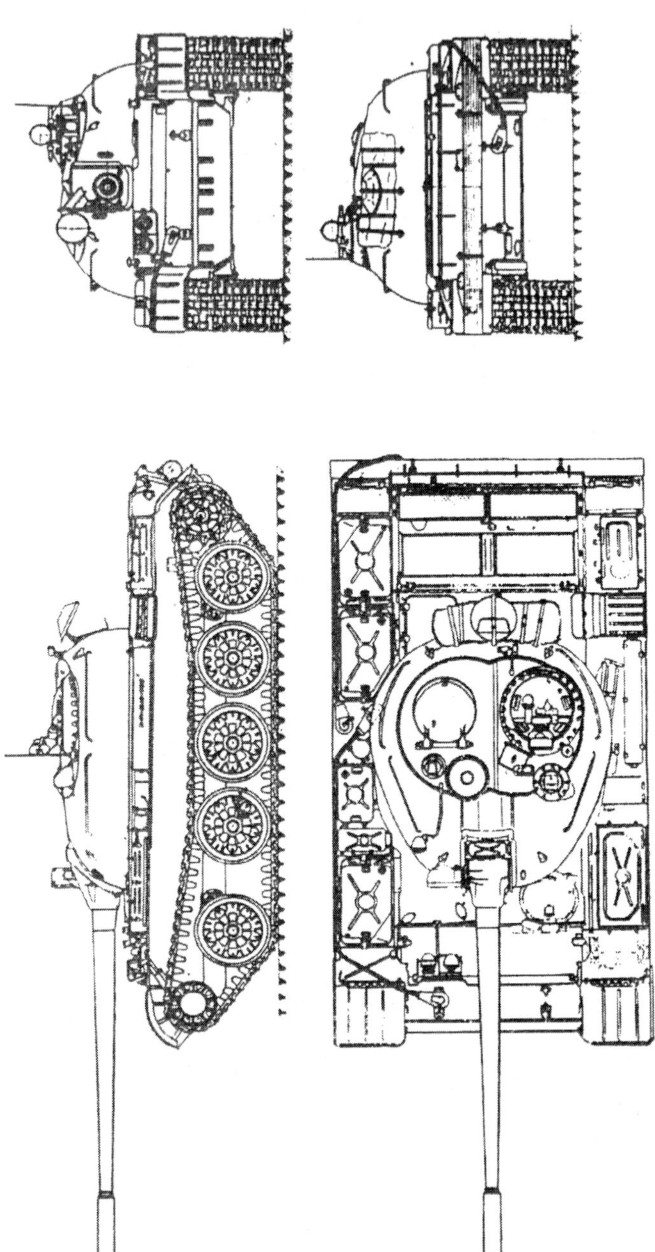

Mittlerer Panzer T-55 (nach dem Projekt)

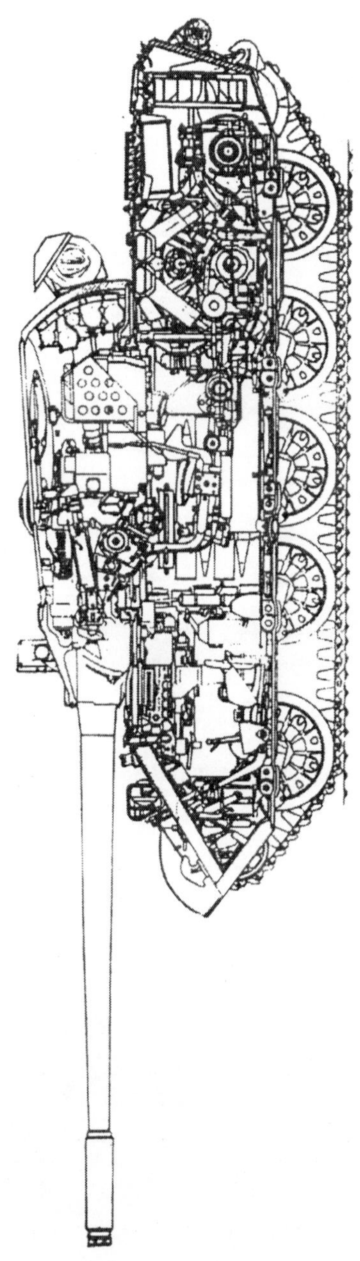

Mittlerer Panzer T-55

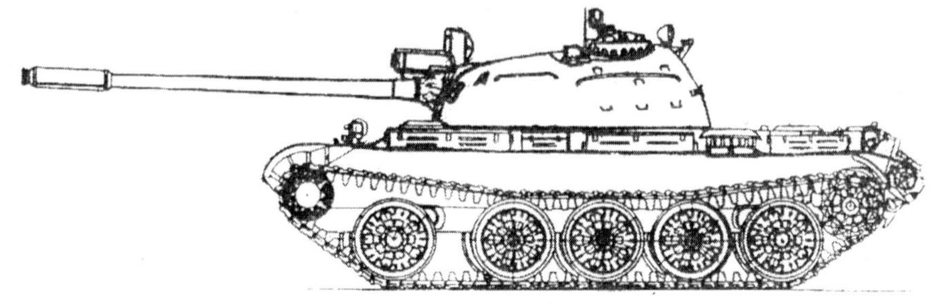

Mittlerer Panzer T-55

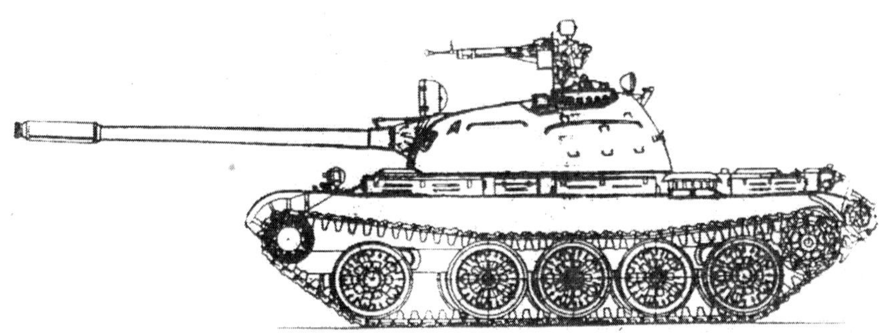

Mittlerer Panzer T-55 mit DSCHK-M

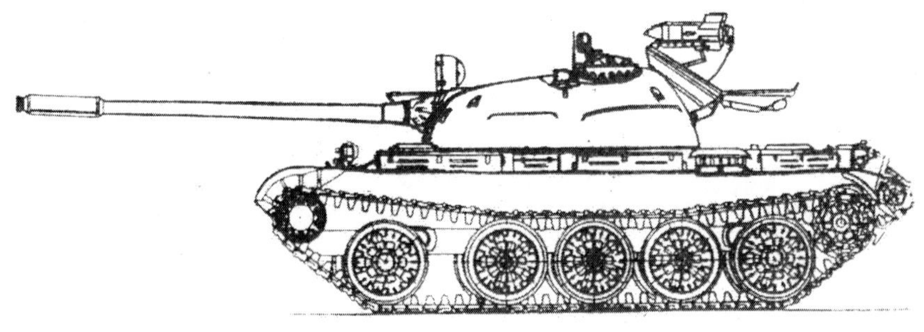

Mittlerer Panzer T-55 mit Panzerabwehrrakete „Maljutka"

Mittlerer Panzer T-55
(dem Standard von 1981 entsprechend)

Baujahr ....i.d. Bewaffnung 1958
Entwickler KB Uralsker Waggonwerk
Hersteller.........Uralsker Waggonwerk
Produktion ..Modernisierung 1970-75
Kampfmasse, t............................36-37
Länge, mm
- von der Kanone vorn................9000
- Länge der Wanne......................6200
Breite, mm.................................3270
Höhe, b. Turmspitze mm............2350
Bodenfreiheit, mm........................425
Mittl. Bodendruck, kg/cm^2 0,81
überwindbare Hindernisse:
- Anstieg, Grad...............................32
- Querneigung, Grad.......................30
- Graben, m...................................2,7
- Mauer, m......................................0,8
- Watfähigkeit, m....1,4 (m. OPWT-5)
Motortyp........................Diesel V-55W
Max. Leistung, PS.........................580
Treibstoffvorrat, l...........................960

Spez. Leistung PS/t.....................15,8-16,0
Max. Geschwindigkeit km/h..................50
Reichweite, km.............................485-500
Panzerung, mm
- Wannenstirnwand..............................100
- Turmstirnwand..................................200
Rauchvorhang ....TDA
Bewaffnung:
- Zahl x Kaliber, mm und Typ
Geschütz.....................100 mm D-10T2S
(Kampfsatz, Stück)...........................(43)
- Zahl x Kaliber, mm und Typ
MG`s.......................12,7 mm DSCHK-M
Kampfsatz, Stück)...........................(400)
- Zahl x Kaliber, mm und Typ
MG`s..........................2 x 7,62 mm PKT
(Kampfsatz, Stück).......................(3500)
Ziel........TSCHS-32PWM(TSCH2B-32P)
Nachtziel..................................TNP-1-22-11
Funkstation.......................R-123M(R-123
Waffenstabilisator......................."Zyklon"
Laserentfernungsmesser....KTD-1(KTD-2)

Zusatzinformation: Der Panzer T-55 wurde während der Serienproduktion und während des Gefechtseinsatzes ständig modernisiert. Er erhielt die neue Zieleinrichtung TSCH-2B-32P. Seit 1960 verwendete man den neuen Halbkreiselkompaß GPK-59. Im Jahr 1959 wurde auf einem Teil der Panzer das Minenräumgerät PT-55 eingesetzt. Später erhielt ein Teil dieser Panzer eine neue Planierraupenausrüstung BTU mit einer Masse von 2,3 t oder eine BTU mit einer Masse von 1,4 t. Von 1970 an wurde der Panzer mit dem Fla-MG DSCHK-M (oder KPWT) ausgerüstet und von 1974 an mit dem Laserentfernungsmesser KTD-1 (oder KTD-2). Während dieser Zeit wurde das Laufwerk und die mechanischen Teile sowie die Nachrichtenmittel des Panzers ständig vervollkommnet.

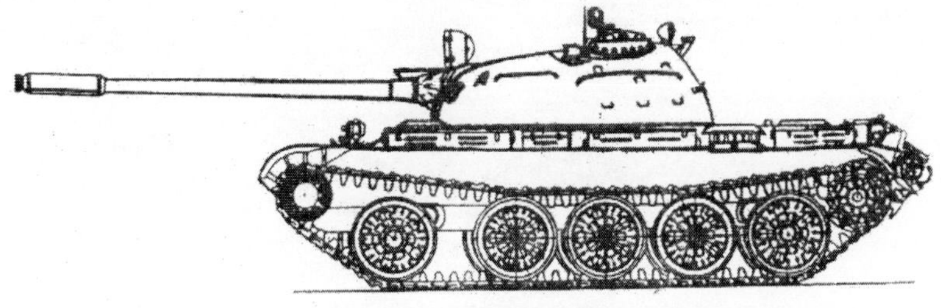

Mittlerer Panzer T-55 (Standard von 1981)

Führungspanzer T-55K
(Objekt 155K)

Baujahr	i. d. Bewaffnung 1959
Entwickler	KB Werk N183
Hersteller	Werk N183
Produktion	in Serie
Kampfmasse, t	36,5
Länge, mm	
- von der Kanone vorn	9000
- Länge der Wanne	6040
Breite, mm	3270
Höhe, b. Turmspitze mm	2218
Bodenfreiheit, mm	500
Mittl. Bodendruck, kg/cm^2	0,82
überwindbare Hindernisse:	
- Anstieg, Grad	30
- Watfähigkeit, m	1,4 (m. OPWT-5)
Motortyp	Diesel V-55
Max. Leistung, PS	580
Treibstoffvorrat, l	680+285
Spez. Leistung PS/t	16,0
Max. Geschwindigkeit km/h	48
Reichweite, km	450
Panzerung, mm	
- Wannenstirnwand	100
- Turmstirnwand	115-160
Rauchvorhang.	TDA
Mannschaft, Mitglieder	4
Bewaffnung:	
- Zahl x Kaliber, mm und Typ	
Geschütz	100 mm D-10T2S
(Kampfsatz, Stück)	(37)
- Zahl x Kaliber, mm und Typ	
MG`s	7,62 mm SGMT
(Kampfsatz, Stück)	(2000)
Ziel	TSCH-2B
Nachtziel	TPN-1-22-11
Funkstation	R-113, R-112
Waffenstabilisator	"Zyklon"

Zusatzinformation: Er wurde auf der Basis des Serienpanzers T-55 entwickelt. Er erhielt ein zusätzliches Funkgerät und eine Batterieladestation AB-1-P/30. Der Munitionsvorrat der Kanone verminderte sich und das Bug-MG sparte man ein.

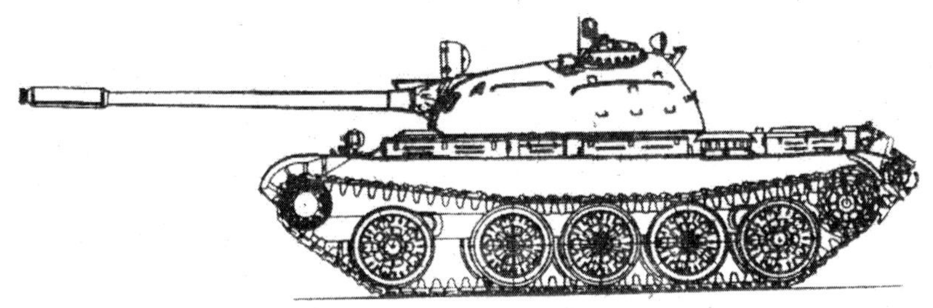

Führungspanzer T-55K

Mittlerer Versuchspanzer T-55
mit dem Komplex „Almas“

Baujahr ....i. d. Bewaffnung 1961
Produktion ....Versuchsmuster
Kampfmasse, t............................36,00
Länge, mm
- von der Kanone vorn................9000
 Länge der Wanne........................6200
Breite, mm..................................3270
Höhe, b. Turmspitze mm............2350
Bodenfreiheit, mm........................425
Mittl. Bodendruck, kg/cm² 0,81
überwindbare Hindernisse:
- Anstieg, Grad................................32
- Querneigung, Grad.......................30
- Graben, m...................................2,7
- Mauer, m.....................................0,8
- Watfähigkeit, m....1,4 (m. OPWT-5)
Motortyp......................Diesel V-55

Max. Leistung, PS.............................580
Spez. Leistung PS/t.............................16
Max. Geschwindigkeit km/h................50
Reichweite, km.................................500
Panzerung, mm
- Wannenstirnwand............................100
- Turmstirnwand................................200
Besatzung, Mitglieder...........................3
Bewaffnung:
- Zahl x Kaliber, mm und Typ
 Geschütz...................100 mm D-10T2S
 (Kampfsatz, Stück)..........................(31)
- Zahl *Kaliber, mm und Typ
 MG`s............................7,62 mm SGMT
 (Kampfsatz, Stück).......................(1250)
Ziel.................Fernsehkomplex „Almas“
Funkstation......................................R-113

Zusatzinformation: Im Jahre 1961 wurde ein Panzerfernsehkomplex auf dem T-55 erprobt. Fragen des Fernseheinsatzes zur Gefechtsführung und zum Schießen aus dem Panzer unter solchen Bedingungen wurden erprobt, daß gewöhnliche optische Geräte nicht eingesetzt werden können (Unterwasserfahrten, Verdunkelung des Gefechtsfeldes nach Kernwaffenangriffen usw.). Auf dem Panzer wurden drei Fernsehkameras eingesetzt: eine in der Wanne für den Panzerfahrer und zwei im Turm zum Zielen und zur Beobachtung. Die Bilder wurden auf Videokontrolldisplayanlagen der Mannschaftsmitglieder übertragen. Der Fernsehkomplex erlaubte, das Gefechtsfeld zu beobachten und unter Tagesbedingungen auf eine Entfernung von 1500-2000 m zu schießen. Gegenüber dem gewöhnlichen T-55 wurde die Unterbringung der Mannschaft verändert: der Panzerfahrer erhielt links und der Kommandeur rechts im Vorderteil der Wanne einen Platz anstelle der Treibstofftanks und des MGs. Wegen nicht ausreichender Zuverlässigkeit wurde der Panzer T-55 mit dem Komplex „Almas“ nicht in die Bewaffnung aufgenommen.

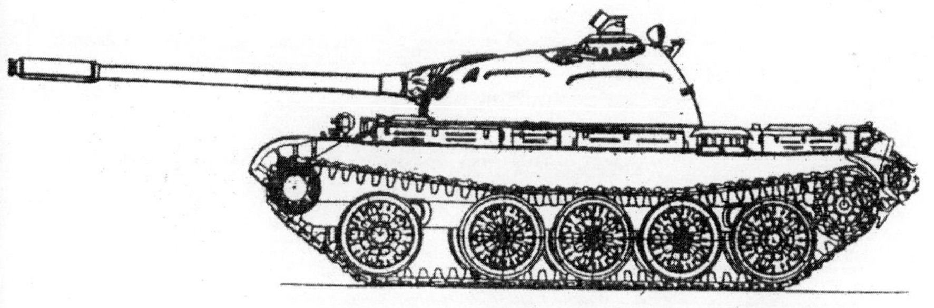

Mittlerer Versuchspanzer T-55 mit dem Komplex „Almas“

Der Flammpanzer TO-55
(Objekt 482)

Baujahr ....i.d. Bewaffnung 1960
Entwickler...KB Lokomotivwerk Charkow, KB Schwermaschinenbau Omsk
Hersteller........Werk Oktoberrevolution
Produktion ....in Serie 1957-1962
Kampfmasse, t...................................36
Länge, mm
- von der Kanone vorn..................9000
- Länge der Wanne.........................6200
Breite, mm....................................3270
Höhe, b. Turmspitze mm..............2350
Bodenfreiheit, mm..........................425
Mittl. Bodendruck, kg/cm^2 0,81
überwindbare Hindernisse:
- Anstieg, Grad.................................32
- Querneigung, Grad.........................30
- Graben, m......................................2,7
- Mauer, m......................................0,81
- Watfähigkeit, m......1,4 (m. OPWT-5)

Motortyp..........................Diesel V-55
Max. Leistung, P.S..............................580
Spez. Leistung PS/t............................16,0
Max. Geschwindigkeit km/h.................50
Reichweite, km..................................375
Panzerung, mm
- Wannenstirnwand.............................100
- Turmstirnwand.................................200
Besatzung, Mitglieder.............................4
Bewaffnung:
- Zahl x Kaliber, mm und Typ
Geschütz....................100 mm D-10T2S
(Kampfsatz, Stück)..........................(25)
- Zahl *Kaliber, mm und Typ
MG`s.............................7,62 mm SGMT
(Kampfsatz, Stück).........................(750)
- Flammenwerfer.......................ATO-200
..(Flammenwerfen, l)........................(460)
Waffenstabilisator...........................STP-2

Zusatzinformation: Er wurde im Jahre 1957 auf der Basis des Serienpanzers T-55 entwickelt. Im Vorderteil der Wanne installierte man anstelle der Treibstofftanks den Tank für den Flammenwerfer. Eine Betankungsöffnung war in der Nähe des Turms in die Wanne eingelassen. Im Boden unter dem Flammenwerfertank war eine Ablaßschraube eingearbeitet. Der automatische Flammwerfer wurde anstelle des koaxialen MG`s im Turm des Panzers installiert. Er wurde 1993 aus der Bewaffnung genommen

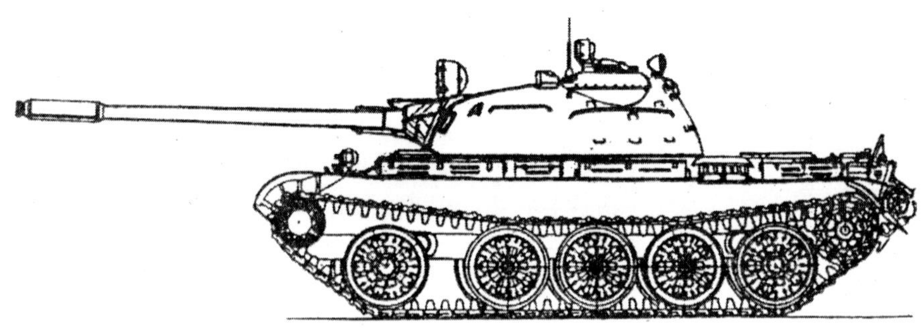

Flammpanzer TO-55

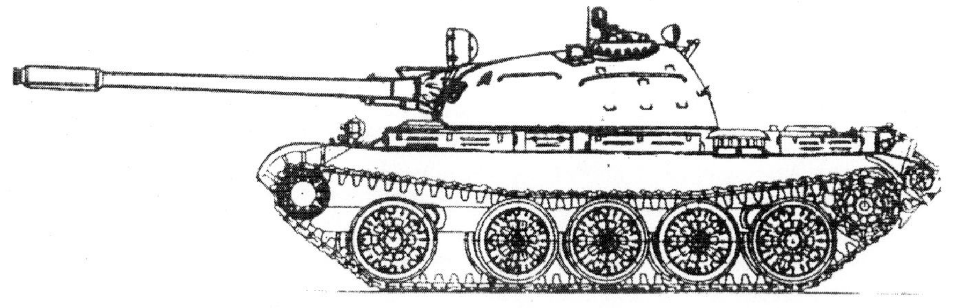

Versuchsflammpanzer Objekt 482

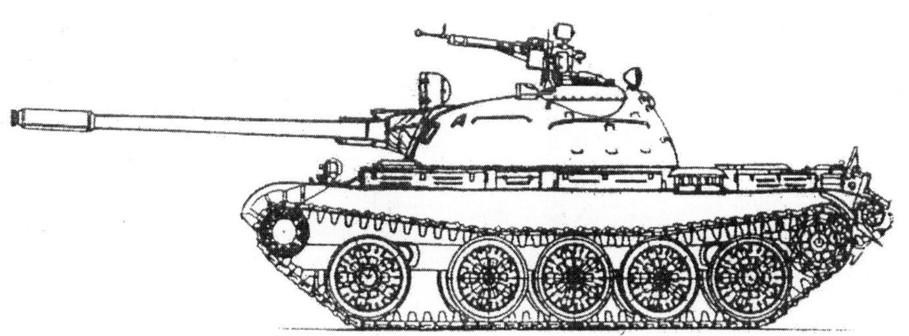

Flammpanzer TO-55 (auf der Basis v. T-55A) mit dem MG DSCHK-M

Mittlerer Panzer T-55A

Baujahr ....i. d. Bewaffnung 1962
Entwickler ....KB Werk N183
Hersteller............................Werk N183
Produktion ....in Serie 1963-77
Kampfmasse, t..........................36,5-38
Länge, mm
- von der Kanone vorn.................9000
- Länge der Wanne.......................6200
Breite, mm..................................3270
Höhe, b. Turmspitze mm............2350
Bodenfreiheit, mm.........................425
Mittl. Bodendruck, kg/cm^2 0,81
überwindbare Hindernisse:
- Anstieg, Grad................................30
- Querneigung, Grad.......................32
- Graben..2,7
- Mauer, m......................................0,8
- Watfähigkeit, m.....1,4 (m. OPWT-5)
Motortyp...........................Diesel V-55

Max. Leistung, PS..............................580
Spez. Leistung PS/t...........................15,9
Max. Geschwindigkeit km/h.................50
Reichweite, km..................................500
Panzerung, mm
- Wannenstirnwand............................100
- Turmstirnwand.................................200
Rauchvorhang...................................TDA
Mannschaft, Mitglieder..........................4
Bewaffnung:
- Zahl x Kaliber, mm und Typ
Geschütz.....................100 mm D-10T2S
(Kampfsatz, Stück)...........................(43)
- Zahl x Kaliber, mm und Typ
MG`s...........................2x7,62 mm PKT
(Kampfsatz, Stück).......................(2750)
Ziel......................................TSCH-32PW
Nachtziel..............................TPN-1-22-11
Funkstation......................................R-113
Waffenstabilisator......................"Zyklon"

Zusatzinformation: Er wurde auf der Basis des mittleren Panzers T-55 durch Verstärkung des Kernwaffenschutzes entwickelt und mehrfach modernisiert. Im Jahre 1970 erhielt er das Fla-MG DSCHK-M und im Jahre 1975 einen Laserentfernungsmesser. Zu Beginn der 80er Jahre wurde der Panzer komplex modernisiert (T-55AM).

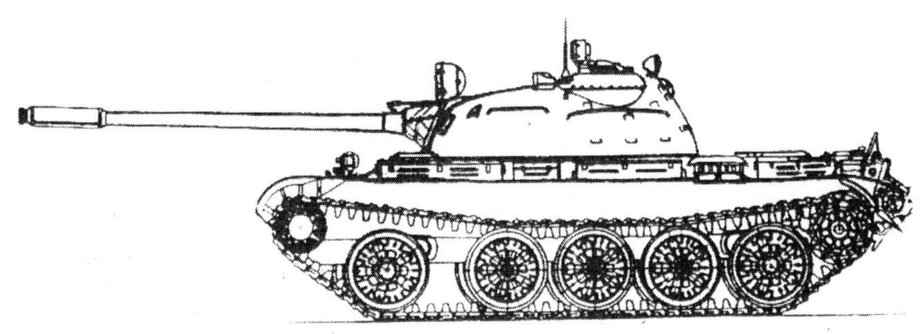

Mittlerer Panzer T-55A

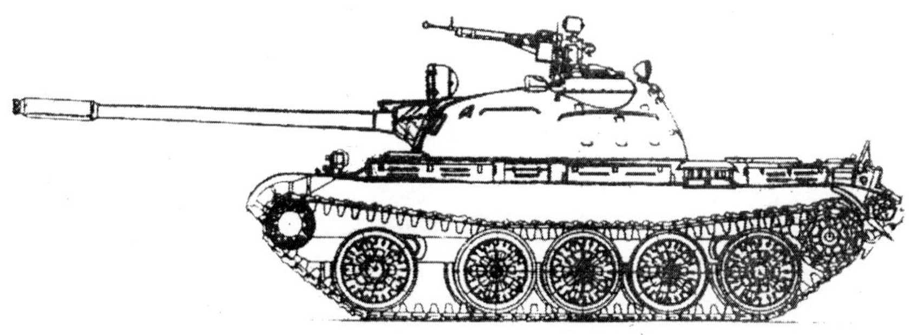

Mittlerer Panzer T-55A mit DSCHK-M

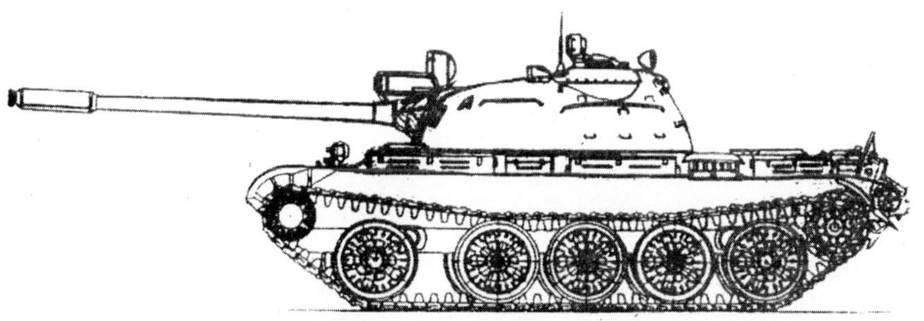

Mittlerer Panzer T-55 (der Jahre 1975 –77) mit dem Laserentfernungsmesser KTD-1

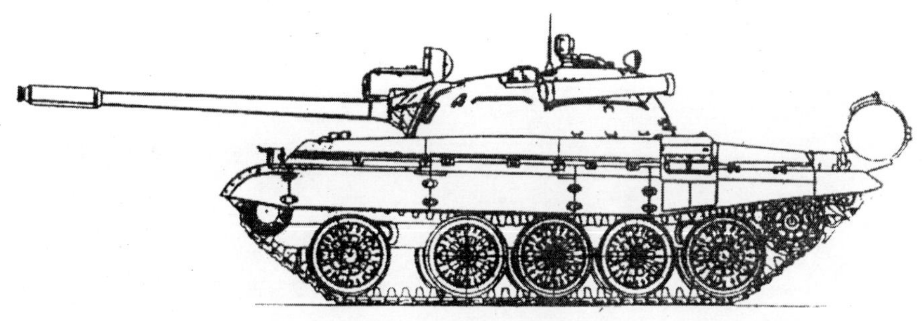

Mittlerer Panzer T-55A mit dem Entfernungsmesser KTD-1 und Seitenblenden

Mittlerer Panzer T-55M

Baujahr ....i. d. Bewaffnung 1983
Entwickler..KB Traktorenwerk (Omsk)
Hersteller........Reparaturwerke des VM
Produktion....................Modernisierung
Kampfmasse, t.................................40,9
Länge, mm
- von der Kanone vorn..................8618
Breite, mm.....................................3526
Höhe, b. Turmspitze mm..............2350
Bodenfreiheit, mm..........................352
Mittl. Bodendruck, kg/cm^2 0,92
überwindbare Hindernisse:
- Anstieg, Grad.................................30
- Watfähigkeit, m.....1,4 (m. OPWT-5)
Motortyp...…………..........Diesel V-55U
Max. Leistung, PS..........................620
Treibstoffvorrat, l...........................450
Max. Geschwindigkeit km/h............54
Panzerung, mm:
- Wannenstirnwand............................250
- Turmstirnwand................................490
Rauchvorhang.................TDA, 8 x 902B
Bewaffnung:
- Zahl x Kaliber, mm und Typ
Geschütz...................100 mm D-10T2S
(Kampfsatz, Stück).........................(43)
- Zahl x Kaliber, mm und Typ
Geschütz...............12,7 mm DSCHK-M
Kampfsatz, Stück).........................(300)
- Zahl x Kaliber, mm und Typ
MG`s...............................7,62 mm PKT
(Kampfsatz, Stück).......................(2250)
Lenkwaffe....................9K116 „Bastion“
Waffenstabilisator.................“Zyklon“M1
Laserentfernungsmesser..KTD-2(KTD-1)
Ziel......................TSCHSM-32PW, 1K13
Nachtziel..............................TPN-1-22-11
Funkstation......................................R-173

Zusatzinformation: Er wurde auf der Grundlage des Panzers T-55 durch umfassende Modernisierung entwickelt. Auf dem Panzer wurden mehrschichtige kombinierte Panzerbleche zum Schutze des Turms eingesetzt und der Boden des Panzers zusätzlich gepanzert. Die Variante T-55-M-1 ist mit dem Motor V-46-5M und einer Leistung von 690 PS ausgerüstet. Auf dem Panzer wurde der Ballistikrechner BW-55 installiert.

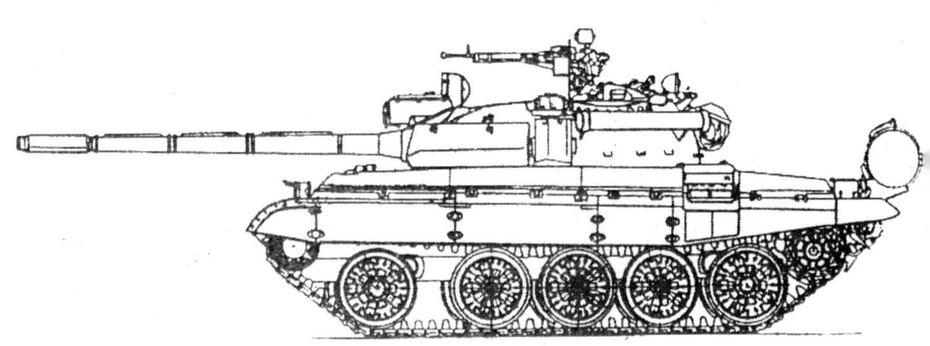

Mittlerer Panzer T-55M

Mittlerer Panzer T-55AM

Baujahr ....i. d. Bewaffnung 1983
Entwickler...................KBSM (Omsk)
Hersteller...........Panzerwerke des VM
Produktion....Modernisierung ab 1981
Kampfmasse, t.............................41,5
Länge, mm
- von der Kanone vorn................8618
Breite, mm..................................3526
Höhe, b. Turmspitze mm............2350
Bodenfreiheit, mm........................352
Mittl. Bodendruck, kg/cm^2 0,93
überwindbare Hindernisse:
- Anstieg, Grad.................................30
- Watfähigkeit, m....1,4 (m. OPWT-5)
Motortyp.....Diesel V-55U (V-46-5M)
Max. Leistung, PS................620(690)
Spez. Leistung, PS/t........................15
Treibstoffvorrat, l...........................680
Max. Geschwindigkeit km/h...........50

Reichweite, km...................................290
Panzerung, mm
- Wannenstirnwand..............30+120+100
- Turmstirnwand...................60+230+200
Rauchvorhang..................TDA, 8 x 902B
Bewaffnung:
- Zahl x Kaliber, mm und Typ
Geschütz....................100 mm D-10T2S
(Kampfsatz, Stück)..........................(42)
- Zahl x Kaliber, mm und Typ
MG`s.......12,7 mm DSCHK-M(NSWT)
Kampfsatz, Stück)..........................(300)
- Zahl x Kaliber, mm und Typ
MG`s................................7,62 mm PKT
(Kampfsatz, Stück).......................(3000)
- Lenkwaffe....................9K116 „Bastion“
Waffenstabilisator................„Zyklon M1“
Laserentfernungsmesser..KTD-2(KTD-1)
Ziel......................TSCHSM-32PW, 1K13
Funkstation......................................R-173

Zusatzinformation: Es handelt sich um die modernisierte Variante des Panzers T-55A. Seine Entwicklung erfolgte auf der Grundlage eines Regierungsbeschlusses vom 25.07.81. Der Turm wurde durch mehrschichtige Spezialbleche gepanzert und die Stirnseite der Wanne ebenso geschützt. Der Wannenboden war an der Stelle des Panzerfahrers zusätzlich gepanzert. Der Panzer hatte an der Seite gummierte Blenden als Schutz. Die Variante mit dem Motor V-46-5M wurde als T-55AM-1 bezeichnet.

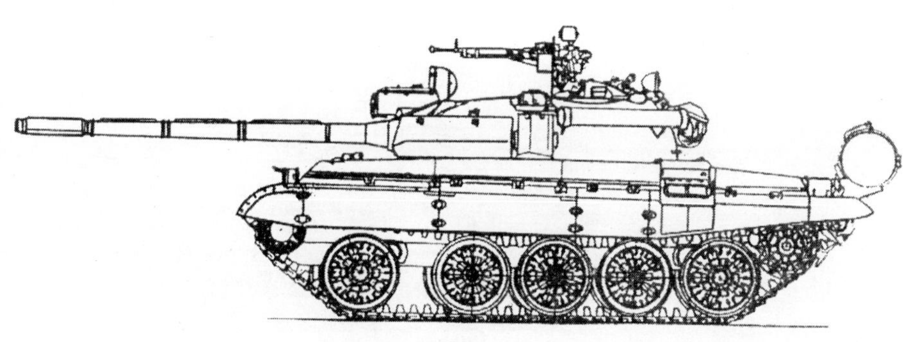

Mittlerer Panzer T-55AM

Mittlerer Panzer T-55AD

Baujahr ....i.d. Bewaffnung 1983
Entwickler..................KBSM (Omsk)
Hersteller.......Reparaturwerk des VM
Produktion.................Modernisierung
Kampfmasse, t.............................41,5
Länge, mm
- von der Kanone vorn................8618
Breite, mm..................................3526
Höhe, b. Turmspitze mm............2350
Bodenfreiheit, mm........................392
Mittl. Bodendruck, kg/cm^2..........0,93
überwindbare Hindernisse:
- Watfähigkeit, m....1,4 (m. OPWT-5)
Motortyp......Diesel V-55U(V-46-5M)
Max. Leistung, PS................620(690)
Spez. Leistung, PS/t........................15
Max. Geschwindigkeit km/h...........50
Reichweite, km..............................290
Rauchvorhang.............TDA, 8 x 902B

Panzerung, mm
- Wannenstirnwand............................250
- Turmstirnwand.................................460
Mannschaft, Mitglieder.........................4
Bewaffnung:
- Zahl x Kaliber, mm und Typ
Geschütz....................100 mm D-10T2S
(Kampfsatz, Stück)..........................(43)
- Zahl x Kaliber, mm und Typ
MG`s.....................12,7 mm DSCHK-M
Kampfsatz, Stück).........................(300)
- Zahl x Kaliber, mm und Typ
MG`s................................7,62 mm PKT
(Kampfsatz, Stück).......................(3000)
- Lenkwaffe...............................„Bastion“
Waffenstabilisator...............„Zyklon M1“
Laserentfernungsmesser..KTD-2(KTD-1)
Ziel......................TSCHSM-32PW, 1K13
Funkstation.......................................R-173

Zusatzinformation: Es handelt sich um die modernisierte Variante des Panzers T-55A. Die Wanne und der Boden des Panzers wurden zusätzlich gepanzert und ein Komplex zur reaktiven Sicherheitssprengung des Panzers im Sektor 40 Grad zur Horizontalen eingeführt. Hierzu gehört das Geschoß SUOF14. Der Panzer wurde mit dem Ballistikrechner BW-55 ausgerüstet. Die Variante mit dem Dieselmotor V-46-5M erhielt die Bezeichnung T-55AD-1.

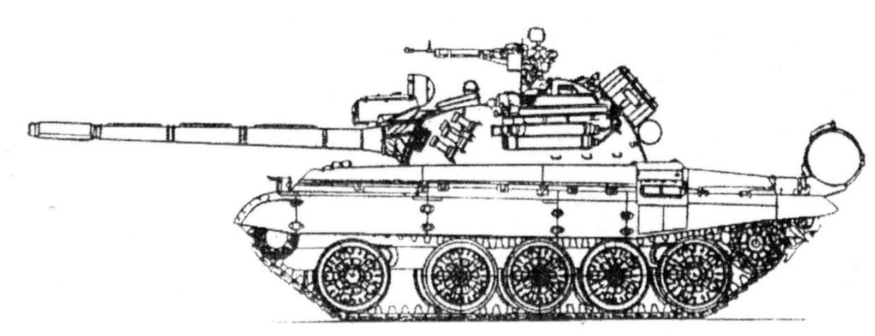

Mittlerer Panzer T-55AD

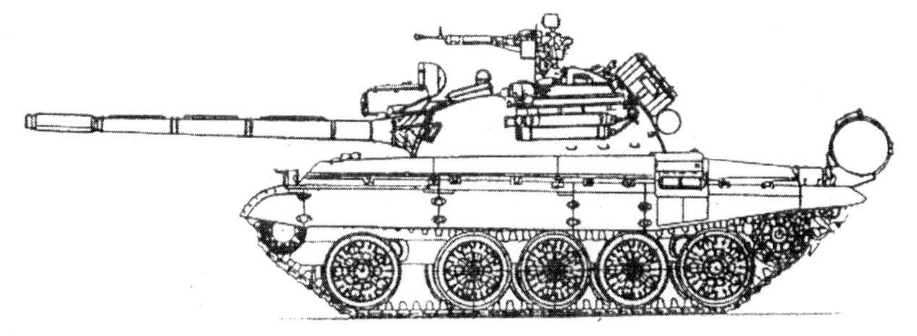

Variante des Panzers T-55AD ohne Nebelgeräte

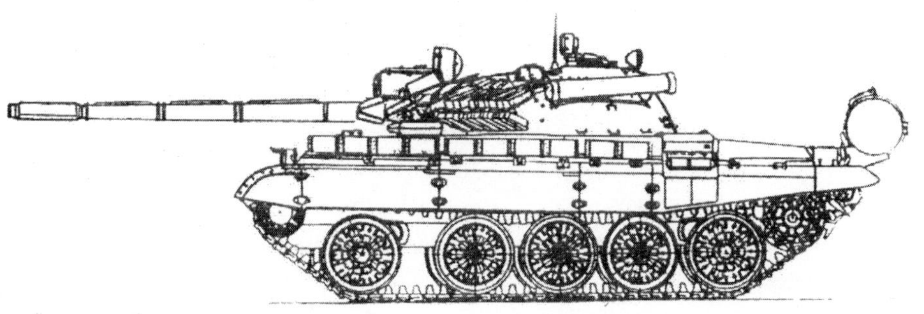

Mittlerer Panzer T-55AMW ohne reaktiven Sicherheitssprengschutz

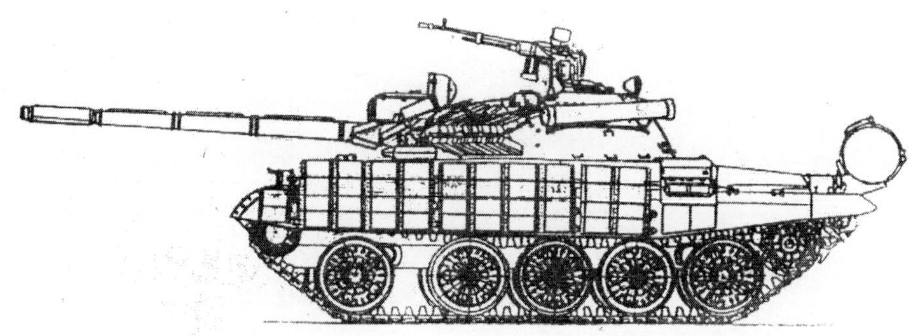

Mittlerer Panzer T-55AMW mit einem Fla-MG

Mittlerer Panzer T-55AMW

Baujahr ....i.d. Bewaffnung 1985
Entwickler ....KB SM (Omsk)
Hersteller..........Reparaturwerk d. VM
Produktion ....Modernisierung
Kampfmasse, t..............................37,4
Länge, mm
- von der Kanone vorn................8618
Breite, mm..................................3526
Höhe, b. Turmspitze mm............2350
Bodenfreiheit, mm........................392
Mittl. Bodendruck, kg/cm^2 0,81
überwindbare Hindernisse:
- Anstieg, Grad................................30
- Watfähigkeit, m....1,4 (m. OPWT-5)
Motortyp...................Diesel V-55U
Max. Leistung, PS.........................620
Spez. Leistung PS/t......................15,8
Max. Geschwindigkeit km/h...........50
Reichweite, km.............................290

Panzerung, mm
- Wannenstirnwand............................250
- Turmstirnwand................................200
Rauchvorhang....................TDA, 8x902B
Mannschaft, Mitglieder..........................4
Bewaffnung:
- Zahl x Kaliber, mm und Typ
Geschütz....................100 mm D-10T2S
(Kampfsatz, Stück)..........................(43)
- Zahl x Kaliber, mm und Typ
..MG`s.....................12,7 mm DSCHK-M
- (Kampfsatz, Stück)........................(300)
- Zahl x Kaliber, mm und Typ
MG`s................................7,62 mm PKT
(Kampfsatz, Stück).......................(3000)
- Lenkwaffe....................9K116 „Bastion“
Ziel......................TSCHSM-32PW, 1K13
Funkstation......................................R-173
Waffenstabilisator................“Zyklon M1“
Laserentfernungsmesser...KTD-2(KTD-1)

Zusatzinformation: Es handelt sich um eine modernisierte Variante des Panzers T-55A. Er wurde mit reaktiver Sicherheitssprengtechnik, mit seitlichen, gummierten Blenden, einem Komplex von Lenkwaffen und der Lenkwaffe vom Typ „Wolna“ sowie dem Ballistikrechner BW-55 u. a. ausgestattet.

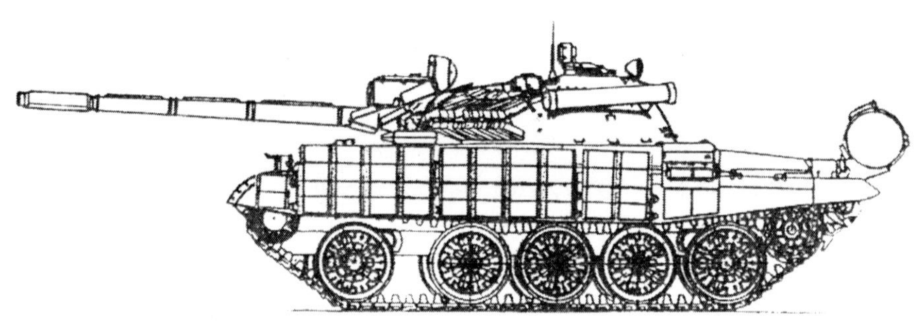

Mittlerer Panzer T-55AMW

Mittlerer Panzer T-55MW

Baujahr ....i. d. Bewaffnung 1985
Entwickler ....KB SM (Omsk)
Hersteller.......Reparaturwerke d. VM
Produktion ....Modernisierung
Kampfmasse, t..............................37,4
Länge, mm
- von der Kanone vorn................8618
Breite, mm..................................3526
Höhe, b. Turmspitze mm............2350
Bodenfreiheit, mm.........................392
Mittl. Bodendruck, kg/cm^2 0,92
überwindbare Hindernisse:
- Anstieg, Grad.................................30
- Watfähigkeit, m......,4 (m. OPWT-5)
Motortyp.......Diesel V-55U(V-46-5M
Max. Leistung, PS................620(690)
Spez. Leistung PS/t......................15,8
Max. Geschwindigkeit km/h...........54
Reichweite, km..............................450

Panzerung, mm
- Wannenstirnwand............................250
- Turmstirnwand.................................200
Rauchvorhang...................TDA, 8x902B
Mannschaft, Mitglieder..........................4
Bewaffnung:
- Zahl x Kaliber, mm und Typ
Geschütz....................100 mm D-10T2S
(Kampfsatz, Stück)..........................(43)
- Zahl x Kaliber, mm und Typ
der MG`s...............12,7 mm DSCHK-M
- (Kampfsatz, Stück)........................(300)
- Zahl x Kaliber, mm und Typ
MG`s................................7,62 mm PKT
(Kampfsatz, Stück).......................(3000)
- Lenkwaffe....................9K116 „Bastion“
Ziel......................TSCHSM-32PW, 1K13
Funkstation.......................................R-173
Waffenstabilisator................“Zyklon M1“

Zusatzinformation: Es handelt sich um eine modernisierte Variante des Panzers T-55. Der Turm wurde zusätzlich durch reaktive Sprengtechnik geschützt und die Wanne sowie der Wannenboden zusätzlich gepanzert. Er erhielt Seitenblenden. Der Panzer wurde mit dem Laserentfernungsmesser BW-55 u. a. ausgerüstet. Der Panzer mit dem Dieselmotor V-56-5 wurde als Variante T-55-MW-1 bezeichnet.

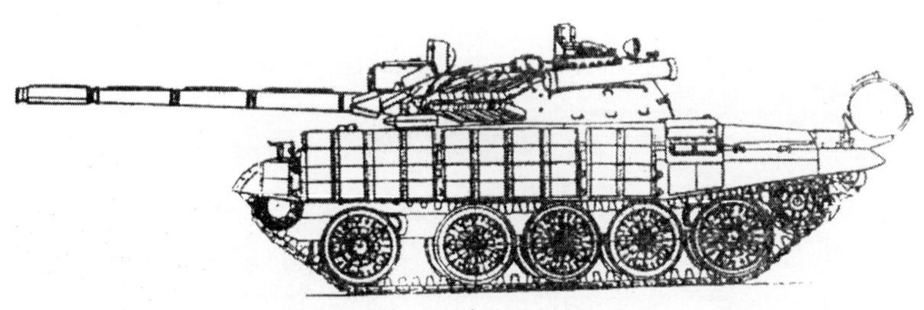

Mittlerer Panzer T-55MW

Mittlerer Versuchspanzer
(Objekt 166)

Baujahr ....Herstellung 1959-60
Entwickler ....KB Werk N183
Hersteller..........................Werk N183
Produktion ....Versuchsmuster
Kampfmasse, t..............................36,5
Länge, mm
- von der Kanone vorn................9578
- Wanne.......................................6640
Breite, mm..................................3310
Höhe, b. Turmspitze mm.............2395
Bodenfreiheit, mm.........................430
Mittl. Bodendruck, kg/cm^2 0,75
überwindbare Hindernisse:
- Anstieg, Grad...............................32
- Querneigung, Grad........................30
- Graben, m..................................2,75
- Mauer, m.....................................0,8
- Watfähigkeit, m....1,4 (m. OPWT-5)
Motortyp.........................Diesel V-55

Max. Leistung, PS.............................580
Spez. Leistung PS/t.........................15,85
Max. Geschwindigkeit km/h...............50
Reichweite, km..........................450-500
Panzerung, mm
- Wannenstirnwand............................100
- Turmstirnwand.................................200
Rauchvorhang..................................TDA
Mannschaft, Mitglieder..........................4
Bewaffnung:
- Zahl x Kaliber, mm und Typ
Geschütz........................115 mm U5-TS
(Kampfsatz, Stück)..........................(43)
- Zahl x Kaliber, mm und Typ
MG`s...........................2x7,62 mm PKT
(Kampfsatz, Stück).......................(2500)
Ziel......................................TSCH-2-41A
Waffenstabilisator....................."Kometa"
Funkstation.....................................R-113

Zusatzinformation: Chefkonstrukteur war L.N. Karzew. Der Panzer wurde mit Hilfe von Bauteilen und Aggregaten des T-55 gebaut und erhielt eine neue Kanone mit einem glatten Lauf und einen neuen gegossenen Turm. Nach der Erprobung in den Jahren 1960-1961 wurde er unter der Bezeichnung T-62 in die Bewaffnung aufgenommen.

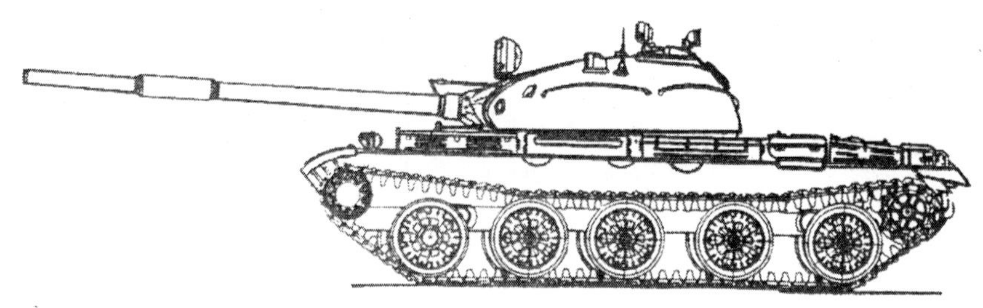

Mittlerer Versuchspanzer Ob. 166

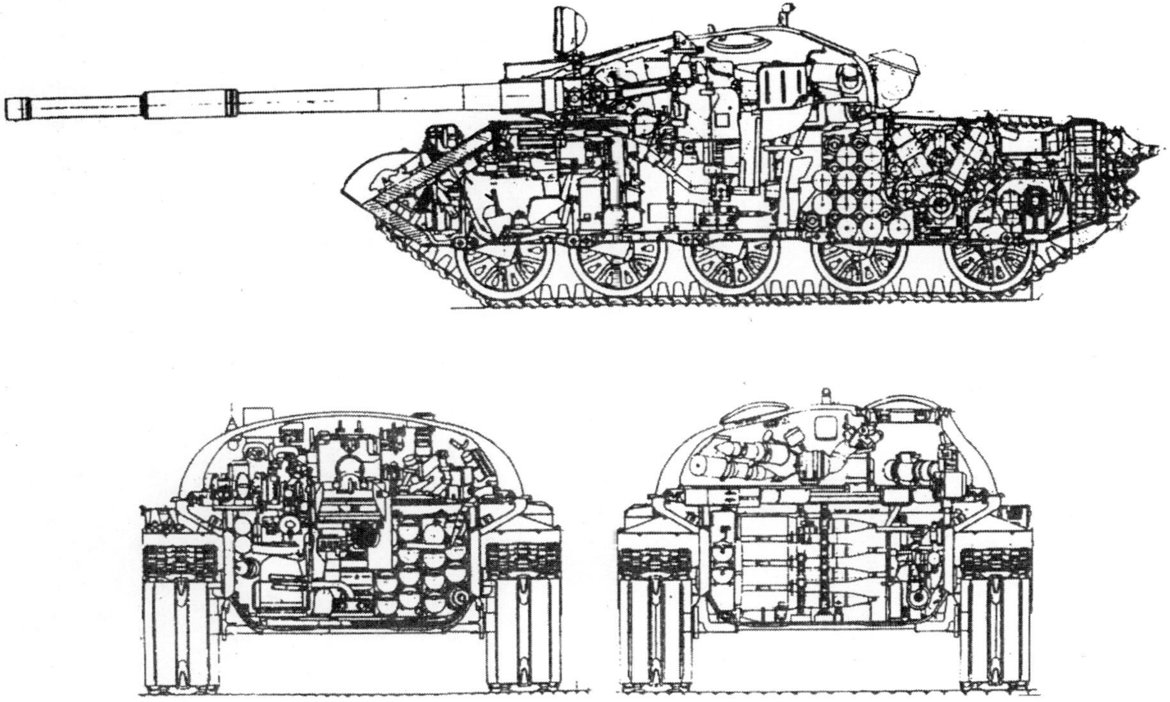

Querschnitt durch den Versuchspanzer Objekt 166

Mittlerer Panzer T-62
(Objekt 166)

Baujahr ....i. d. Bewaffnung 1961
Entwickler ....KB Werk N183
Hersteller............................Werk N183
Produktion ....in Serie 1961-72
Kampfmasse, t..........................37-37,5
Länge, mm
- von der Kanone vorn..................9335
- Wanne..6630
Breite, mm....................................3300
Höhe, b. Turmspitze mm..............2395
Bodenfreiheit, mm..........................430
Mittl. Bodendruck, kg/cm^2 ...0,75-0,77
überwindbare Hindernisse:
- Anstieg, Grad.................................30
- Querneigung, Grad.........................32
- Graben, m...................................2,85
- Mauer, m.......................................0,8
- Watfähigkeit, m.....1,4 (m. OPWT-5)
Motortyp....................Diesel V-55W
Max. Leistung, PS..........................580

Treibstoffvorrat, l.........................675+285
Spez. Leistung PS/t....................15,4-15,7
Max. Geschwindigkeit km/h.................50
Reichweite, km....................................450
Panzerung, mm
- Wannenstirnwand.............................100
- Turmstirnwand.................................242
Rauchvorhang...................................TDA
Mannschaft, Mitglieder..........................4
Bewaffnung:
- Zahl x Kaliber, mm und Typ
Geschütz.............115 mm U5-TS(2A20)
(Kampfsatz, Stück)..........................(40)
- Zahl x Kaliber, mm und Typ
MG`s.................7,62 mm PKT(SGMT)
(Kampfsatz, Stück).......................(2500)
Ziel................TSCH-2B-41(TSchS-41U)
Nachtziel..............................TPN-1-41-11
Waffenstabilis......„Meteor"(„Meteor-M")
Funkstation.............R-113(R-123, -123M)
Navigationsausrüstung.................GPK-59

Zusatzinformation: Chefkonstrukteur war L.N. Karzew. Im Jahre 1955 begann die weitere Vervollkommnung des Panzers T-55 und daraus entstand der Panzer T-62. Er erhielt einen neuen gegossenen Turm und eine Kanone mit gezogenem glattem Lauf. Zur Entfernung der leeren Kartuschen installierte man einen Auswurfautomaten durch eine Luke im Heckteil des Panzers. Im Jahre 1967 entfernte man die Luke mit dem aufgesetzten Dach vom Panzer. Im Jahre 1972 wurde auf dem veränderten Turm ein Fla-MG 12,7 mm des Typs DSCHK-M installiert. Ab 1975 erhielt der Panzer T-62 mit einem Laserentfernungsmesser des Typs KTD-1 (KTD-2). Zu Beginn der 80er Jahre wurde der Panzer T-62 modernisiert. Das Ziel der Modernisierung bestand darin, die technischen Parameter der Standardpanzer T-64A und T-72 zu erreichen. Auf der Basis des Panzers T-62 wurde der Führungspanzer T-62K entwickelt.

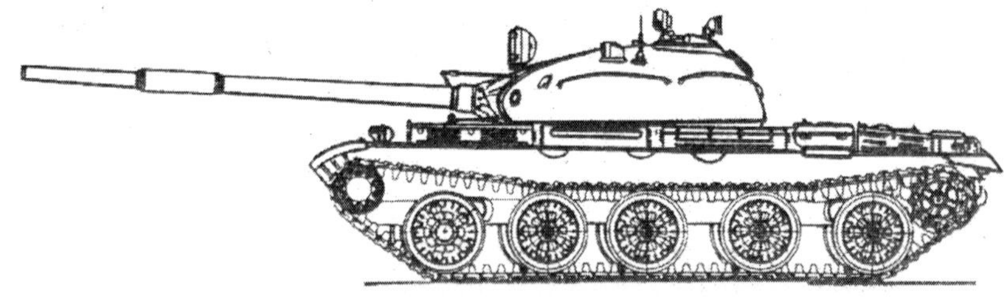

Mittlerer Panzer T-62

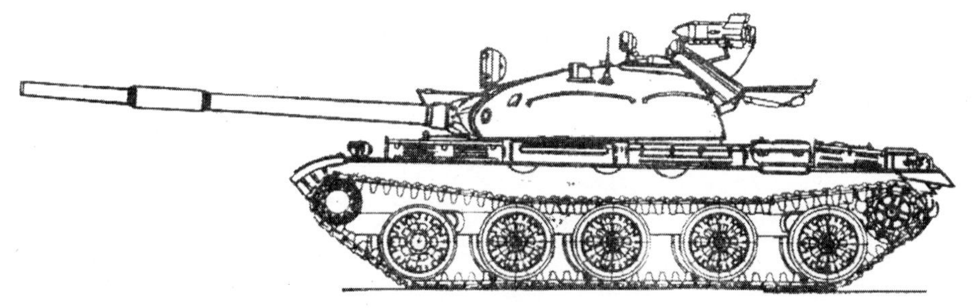

Mittlerer Panzer T-62 mit der Panzerabwehrrakete „Maljutka"

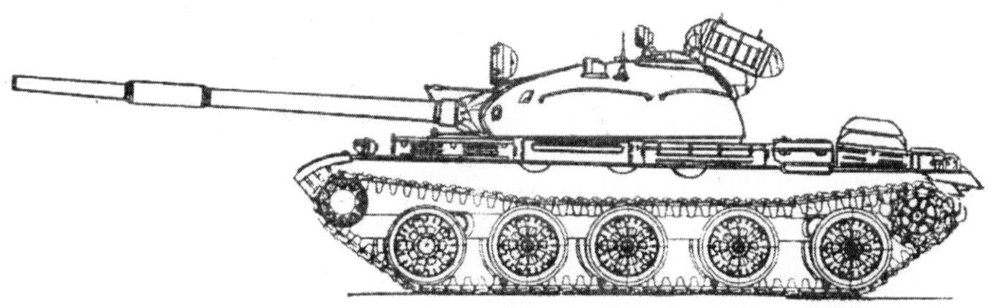

Mittlerer Panzer T-62 mit der Panzerabwehrrakete „Maljutka"

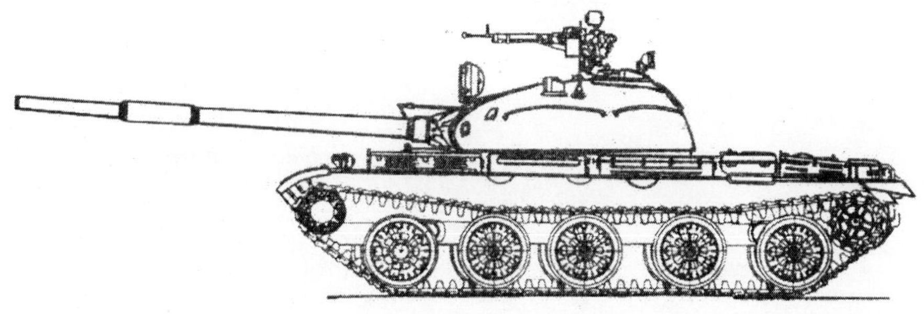

Mittlerer Panzer T-62 mit dem Fla-MG DSCHK-M" (seit 1972)

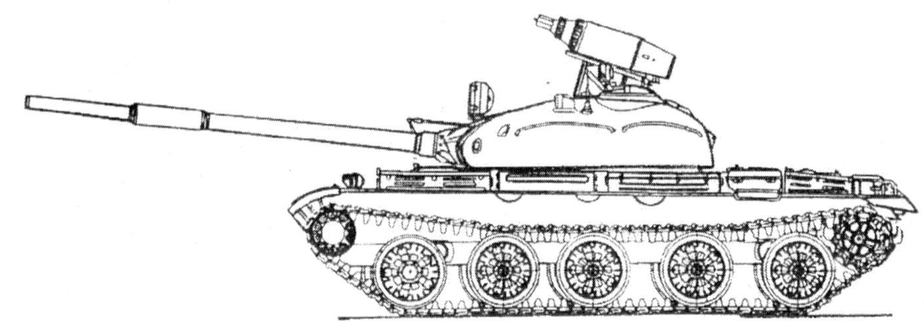

Variante des mittleren Panzers T-62 mit auf dem Turmdach installierten 3 Blöcken der nicht lenkbaren Raketen UB-32

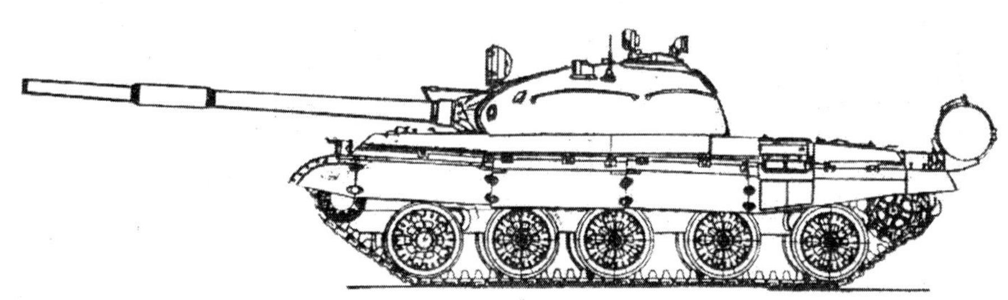

Variante des mittleren Panzers T-62 mit Seitenblenden (seit Beginn der 80er Jahre)

Mittlerer Panzer T-62
(Objekt 166)

Baujahr ....i. d. Bewaffnung 1961
Entwickler ....KB Ural. Waggonwerk
Hersteller................Ural. Waggonwerk
Produktion ....Stand v. 1978
Kampfmasse, t...............................37,5
Länge, mm
- von der Kanone vorn.................9335
- Wanne...6630
Breite, mm...................................3300
Höhe, b. Turmspitze mm.............3000
Bodenfreiheit, mm..........................430
Mittl. Bodendruck, kg/cm^2 0,77
überwindbare Hindernisse:
- Anstieg, Grad.................................32
- Querneigung, Grad.........................30
- Graben, m....................................2,85
- Mauer, m.......................................0,8
- Watfähigkeit, m..1,4 (m. OPWT-5m)
Motortyp.....................Diesel V-55W
Max. Leistung, PS..........................580
Treibstoffvorrat, l...................675+285
Spez. Leistung PS/t.......................15,4

Max. Geschwindigkeit km/h.................50
Reichweite, km..................................450
Panzerung, mm
- Wannenstirnwand............................102
- Turmstirnwand................................242
Rauchvorhang.................................TDA
Mannschaft, Mitglieder..........................4
Bewaffnung:
- Zahl x Kaliber, mm und Typ
Geschütz........................115 mm U5-TS
(Kampfsatz, Stück)..........................(40)
- Zahl x Kaliber, mm und Typ
MG`s.....................12,7 mm DSCHK-M
(Kampfsatz, Stück)........................(300)
- Zahl x Kaliber, mm und Typ
MG`s...............................7,62 mm PKT
(Kampfsatz, Stück).....................(2500)
Ziel...................................TSCHSM-41U
Nachtziel.............................TPN-1-41-11
Waffenstabilisator....................."Meteor"
Funkstation.....................R-123M(R-123)
Laserentfernungsmeßgerät............KDT-1
Navigationsgerät..........................GPK-59

Zusatzinformation: Chefkonstrukteur war L.N. Karzew. Der Panzer wurde mehrfach modernisiert und im Jahre 1978 hatte er die oben angegebenen Parameter. In den Jahren 1983-1985 wurde der Panzer umfassend modernisiert und erhielt die Bezeichnung T-62M.

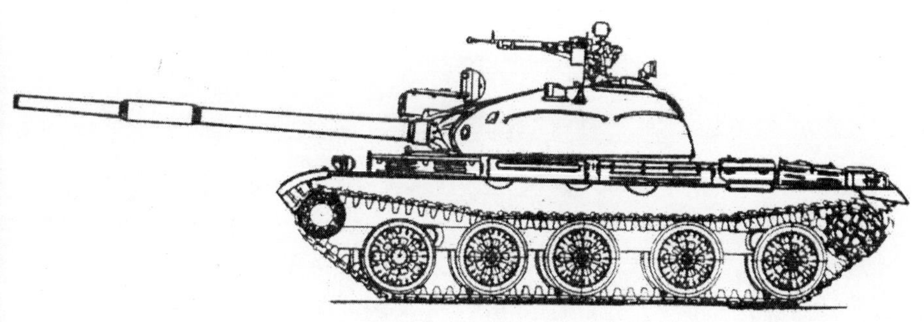

Mittlerer Panzer T-62

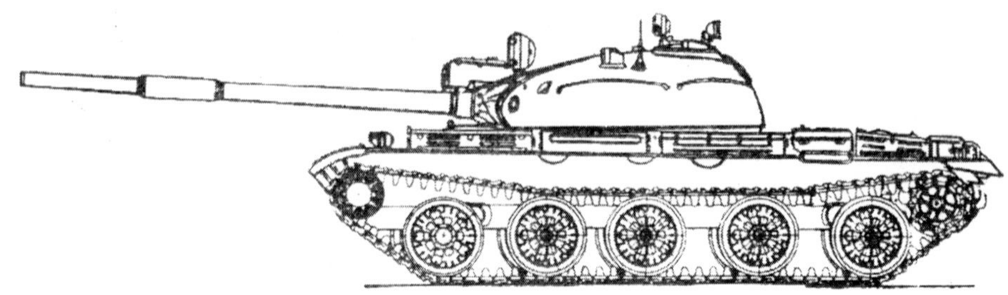

Mittlerer Panzer T-62 mit dem Laserentfernungsmesser KTD-1

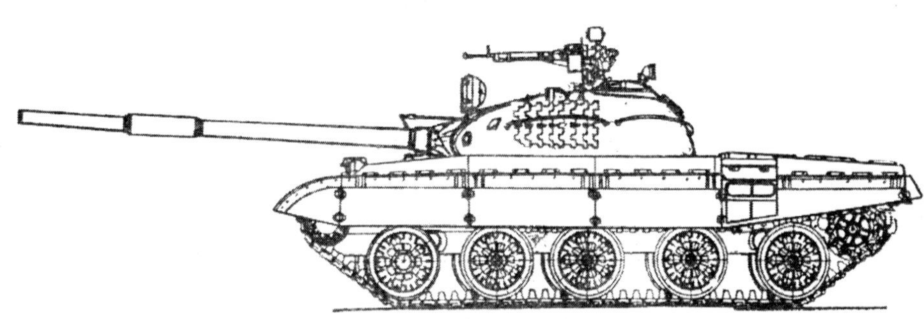

Mittlerer Panzer T-62 mit Seitenblenden (entwickelt im Afghanistankrieg 1982-85)

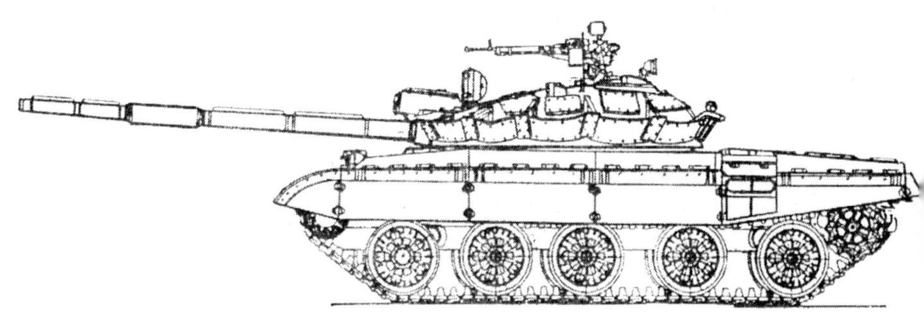

Versuchspanzer T-62 mit zusätzlichen Seitenblenden um den Turm

Mittlerer Panzer T-62A
(Objekt 165)

Baujahr ....i. d. Bewaffnung 1962
Entwickler ....KB Werk N183
Hersteller.............................Werk N183
Produktion ....kleine Serie
Kampfmasse, t..................................36,8
Länge, mm
- von der Kanone vorn..................9422
- Wanne...6665
Breite, mm....................................3318
Höhe, b. Turmspitze mm.............2352
Bodenfreiheit, mm..........................430
Mittl. Bodendruck, kg/cm^2 0,755
überwindbare Hindernisse:
- Anstieg, Grad.................................32
- Querneigung, Grad.........................30
- Graben, m...................................2,85
- Mauer, m.......................................0,8
- Watfähigkeit, m....1,4 (m. OPWT-5)
Motortyp.........................Diesel V-55

Max. Leistung, PS..............................580
Treibstoffvorrat, l...............................960
Spez. Leistung PS/t.........................15,75
Max. Geschwindigkeit km/h................50
Reichweite, km...........................450-500
Panzerung, mm
- Wannenstirnwand............................100
- Turmstirnwand.................................240
Rauchvorhang..................................TDA
Mannschaft, Mitglieder..........................4
Bewaffnung:
- Zahl x Kaliber, mm und Typ
Geschütz......................100 mm D-54TS
(Kampfsatz, Stück)...........................(40)
- Zahl x Kaliber, mm und Typ
MG`s.........................2x7,62 mm SGMT
(Kampfsatz, Stück).......................(2500)
Ziel................... ....TSCH-2-41
Waffenstabilisator......................"Meteor"
Funkstation.......................................R-113

Zusatzinformation: Chefkonstrukteur war L.N. Karzew. Der T-62A wurde mit Hilfe von Bauteilen und Aggregaten des Panzers T-55 entwickelt. Die Arbeiten begannen im Jahre 1957 und verliefen parallel zum Objekt 166 (T-62): Der Panzer erhielt einen neuen gegossenen Turm und eine neue 100-mm-Kanone mit gezogenem Lauf und verbesserten Parametern gegenüber der D-10T2S. Zur Entfernung der leeren Kartuschen wurde ein Auswurfmechanismus durch den Heckteil des Turms installiert. Der Panzer wurde in die Bewaffnung aufgenommen, jedoch nicht in Serie produziert.

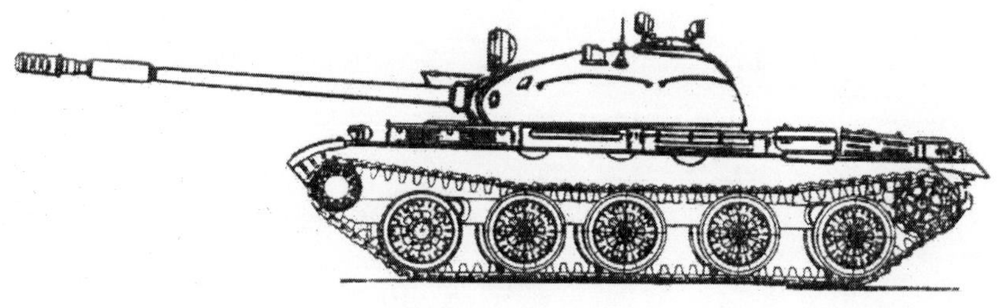

Mittlerer Panzer T62A

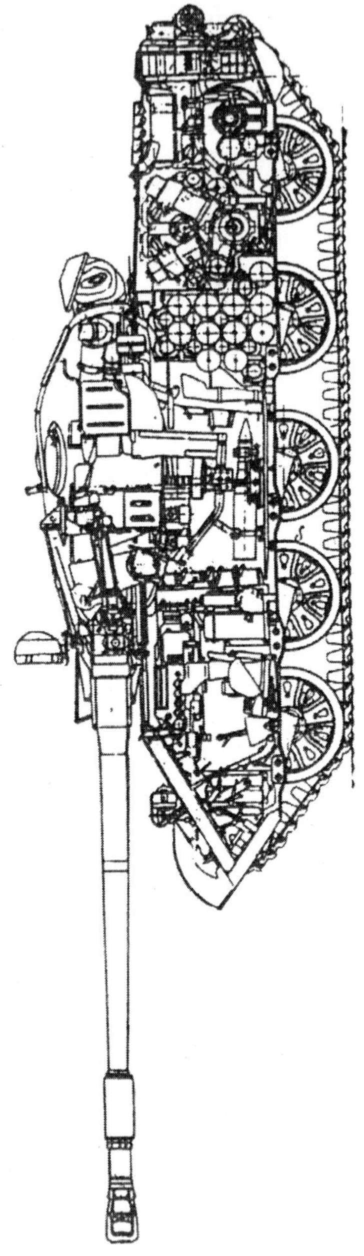

Längsschnitt durch den Panzer T-62A

Mittlerer Versuchspanzer
(Objekt 166M)

Baujahr ....i. d. Bewaffnung 1963
Entwickler ....KB Ural-Waggonwerk
Hersteller................Ural-Waggonwerk
Produktion ....Versuchsmuster
Kampfmasse, t..............................36,7
Länge, mm
- von der Kanone vorn................9335
- Wanne..6630
Breite, mm..................................3300
Höhe, b. Turmspitze mm............2393
Bodenfreiheit, mm.........................470
Mittl. Bodendruck, kg/cm^2 0,81
überwindbare Hindernisse:
- Anstieg, Grad................................32
- Querneigung, Grad........................30
- Graben, m...................................2,85
- Mauer, m......................................0,8
- Watfähigkeit, m.1,4 (m. OPWT-5m)
Motortyp.....................Diesel V-36F

Max. Leistung, PS..............................640
Spez. Leistung PS/t.........................17,44
Max. Geschwindigkeit km/h................55
Reichweite, km...........................400-500
Panzerung, mm
- Wannenstirnwand.............................100
- Turmstirnwand.................................200
Rauchvorhang...................................TDA
Mannschaft, Mitglieder..........................4
Bewaffnung:
- Zahl x Kaliber, mm und Typ
Geschütz........................115 mm U5-TS
(Kampfsatz, Stück)..........................(40)
- Zahl x Kaliber, mm und Typ
MG`s................................7,62 mm PKT
(Kampfsatz, Stück)......................(2500)
Ziel.......................................TSCHS-41U
Nachtziel...TPN-1
Funkstation.....................................R-123

Zusatzinformation: Chefkonstrukteur war L.N. Karzew. Es handelt sich um eine modernisierte Variante des Panzers T-62 mit einem verbesserten Laufwerk. Elemente des Objektes 167 sowie ein neuer leistungsfähiger Motor kamen zum Einsatz. Der Panzer durchlief Lauf- und andere Erprobungen und wurde nicht in die Bewaffnung aufgenommen.

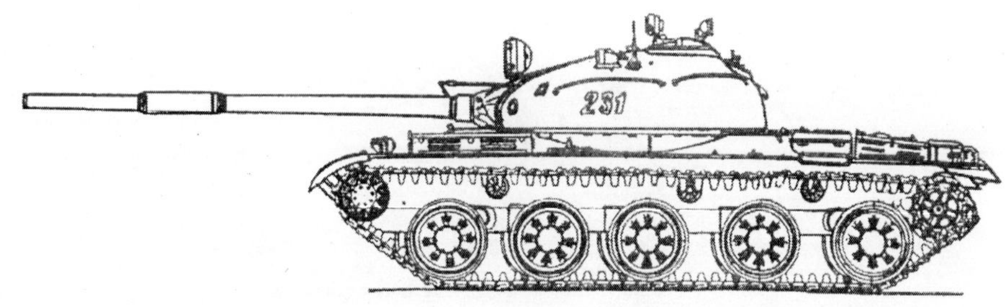

Mittlerer Versuchspanzer Objekt 166M

Führungspanzer T-62K

Baujahr ....i. d. Bewaffnung 1964
Entwickler ....KB Ural-Waggonwerk
Hersteller.................Ural-Waggonwerk
Produktion ....i. Serie 1964
Kampfmasse, t.......................36,5-37,5
Länge, mm
- von der Kanone vorn..................9335
- Wanne...6630
Breite, mm....................................3300
Höhe, b. Turmspitze mm..............2395
Bodenfreiheit, mm..........................430
Mittl. Bodendruck, kg/cm^2 0,75-077
überwindbare Hindernisse:
- Anstieg, Grad................................32
- Querneigung, Grad.........................30
- Graben, m...................................2,85
- Mauer, m.......................................0,8
- Watfähigkeit, m.....1,4 (m. OPWT-5)
Motortyp..........................Diesel V-55
Max. Leistung, PS..........................580

Treibstoffvorrat, l........................675+285
Spez. Leistung PS/t....................15,7-15,9
Max. Geschwindigkeit km/h.................50
Reichweite, km..................................450
Panzerung, mm
- Wannenstirnwand.............................102
- Turmstirnwand................................242
Rauchvorhang..................................TDA
Mannschaft, Mitglieder..........................4
Bewaffnung:
- Zahl x Kaliber, mm und Typ
Geschütz.........................115 mm U5-TS
(Kampfsatz, Stück)...........................(36)
- Zahl x Kaliber, mm und Typ
MG`s................................7,62 mm PKT
(Kampfsatz, Stück).......................(1750)
Ziel.......................................TSCHS-41U
Nachtziel...............................TPN-1-41-1
Waffenstabilisator......................“Meteor“
Funkstation........................R-113 (R-112)

Zusatzinformation: Er wurde auf der Grundlage des serienmäßig produzierten Panzers T-62 entwickelt. Er wurde mit einem Navigationsgerät TNA-2 ausgestattet und erhielt ein Kurzwellenfunkgerät sowie eine Ladestation zur Versorgung der Geräte bei langer stationärer Arbeit. Der Munitionsvorrat der Kanone und des MG`s verringerte sich. Die Unterbringung der Ersatzteile wurde verlagert.

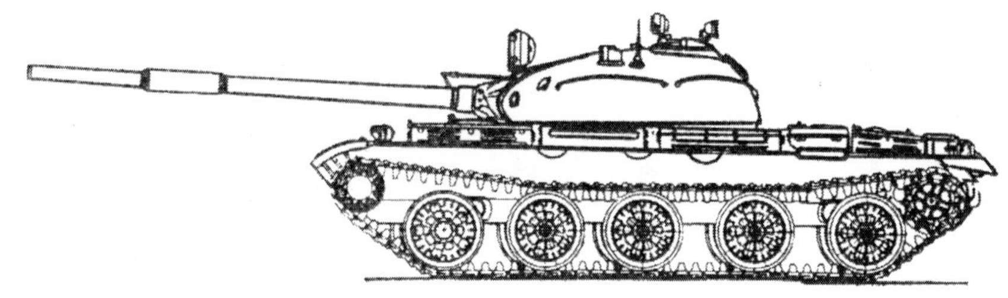

Führungspanzer T-62K

Mittlerer Panzer T-62D

Baujahr ....i. d. Bewaffnung 1983
Entwickler ....KB Ural-Waggonwerk
Hersteller.................Ural-Waggonwerk
Produktion ....Modernisierung
Kampfmasse, t....................................40
Länge, mm
- von der Kanone vorn.................9335
- Wanne...6630
Breite, mm...................................3566
Höhe, b. Turmspitze mm..............3039
Bodenfreiheit, mm..........................397
Mittl. Bodendruck, kg/cm^2 0,85
überwindbare Hindernisse:
- Anstieg, Grad................................32
- Querneigung, Grad........................30
- Graben, m.................................2,85
- Mauer, m.......... 0,8
- Watfähigkeit, m..1,4 (m. OPWT-5m)
Motortyp...……….........Diesel V-55U
Max. Leistung, PS..........................620

Spez. Leistung PS/t...........................15,5
Max. Geschwindigkeit km/h...............50
Reichweite, km.................................450
Panzerung, mm
- Wannenstirnwand.............30+120+102
- Turmstirnwand.................................242
Rauchvorhang.................................TDA
Mannschaft, Mitglieder..........................4
Bewaffnung:
- Zahl x Kaliber, mm und Typ
Geschütz........................115 mm U5-TS
(Kampfsatz, Stück)..........................(42)
- Zahl x Kaliber, mm und Typ
MG`s................................7,62 mm PKT
(Kampfsatz, Stück).......................(3000)
Ziel...................................TSCHSM-41U
Nachtziel..TPN-1
Waffenstabilisator......................"Meteor"
Funkstation......................R-123M(R-173)

Zusatzinformation: Es handelt sich um eine modernisierte Variante des Panzers T-62. Die Wanne, der Turm und der Boden erhielten zusätzliche Panzerung. Es wurden gummierte Seitenblenden eingeführt sowie der Komplex „Drosd“ zur reaktiven Sicherheitssprengung (aktive Verteidigung). Die Variante mit dem Motor V-46-5M wird als T-62D-1 bezeichnet.

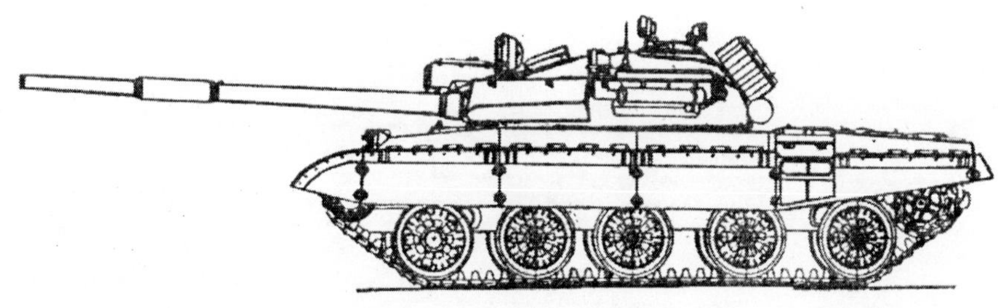

Mittlerer Panzer T-62D

Mittlerer Panzer T-62M
(Objekt 166M)

Baujahr ....i. d. Bewaffnung 1983
Entwickler ....KB Ural-Waggonwerk
Hersteller..............Panzerreparaturwerk
Produktion ....Modernisierung
Kampfmasse, t..........................41,5-42
Länge, mm
- von der Kanone vorn..................9335
- Wanne..6630
Breite, mm...................................3566
Höhe, b. Turmspitze mm..............3039
Bodenfreiheit, mm..........................397
Mittl. Bodendruck, kg/cm^2 0,85
überwindbare Hindernisse:
- Anstieg, Grad................................32
- Querneigung, Grad.........................30
- Graben, m...................................2,85
- Mauer, m........... 0,8
- Watfähigkeit, m..1,4 (m. OPWT-5m)
Motortyp.......Diesel V-46-5M(V-55U)
Max. Leistung, PS.................690(620)
Spez. Leistung PS/t.......................16,5

Max. Geschwindigkeit km/h................50
Reichweite, km...................................450
Panzerung, mm
- Wannenstirnwand............300+120+102
- Turmstirnwand...................60+230+242
Rauchvorhang...................8 x 902B,TDA
Mannschaft, Mitglieder..........................4
Bewaffnung:
- Zahl x Kaliber, mm und Typ
Geschütz........................115 mm U5-TS
(Kampfsatz, Stück)..........................(42)
- Zahl x Kaliber, mm und Typ
MG`s.....................12,7 mm DSCHK-M
(Kampfsatz, Stück)........................(300)
- Zahl x Kaliber, mm und Typ
MG`s................................7,62 mm PKT
(Kampfsatz, Stück).......................(3000)
Ziel........................TSCHM-41U, 1K13-1
Waffenstabilisator...............“Meteor M1“
Funkstation......................................R-173
Lenkwaffenkomplex..............“Scheksna“

Zusatzinformation: Der T-62 wurde Anfang der 80er Jahre modernisiert. Der Turm, die Wanne und der Boden wurden zusätzlich gepanzert. Er wurde mit doppelwandigen Seitenblenden ausgerüstet. Der Turm erhielt einen Neutronenschutz. Der Panzer erhielt die Ketten des T-72, einen Laserentfernungsmesser KTD-2 (KTD-1) sowie den Ballistikrechner BW-62. Das Kanonenrohr erhielt eine wärmeschützende Verkleidung. Die mit dem Motor V-46-5M ausgerüstete Variante wurde als T-62-M-1 bezeichnet, ohne Lenkwaffen als T-62M1 (mit dem Motor V-46-5M als T-62M1-1), ohne Lenkwaffen und ohne zusätzliche Panzerung der Wanne als T-62M1-2. (mit dem Motor V-46-5M als T-62M1-2-1).

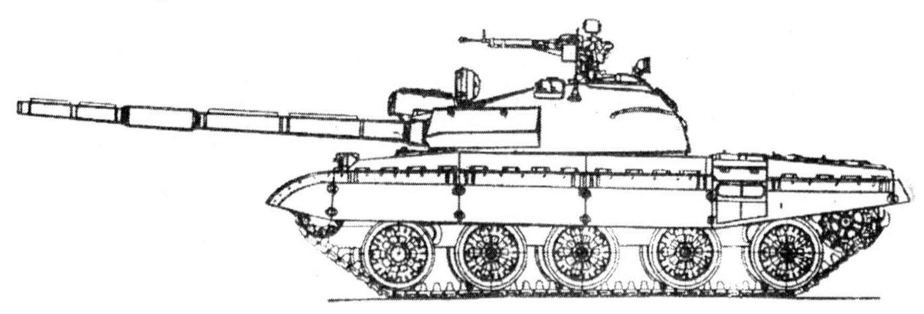

Mittlerer Panzer T-62M

Mittlerer Panzer T-62 MW

Baujahr ....i. d. Bewaffnung 1985
Entwickler ....KB Ural-Waggonwerk
Hersteller..Panzerreparaturwerk d. VM
Produktion ....Modernisierung
Kampfmasse, t..............................38,4
Länge, mm
- von der Kanone vorn.................9335
- Wanne...6630
Breite, mm...................................3566
Höhe, b. Turmspitze mm.............3039
Bodenfreiheit, mm..........................397
Mittl. Bodendruck, kg/cm^2 0,81
überwindbare Hindernisse:
- Anstieg, Grad................................32
- Querneigung, Grad........................30
- Graben, m.................................2,85
- Mauer, m.....................................0,8
- Watfähigkeit, m..1,4(m. OPWT-5m)
Motortyp.......Diesel V-55U (V-46-5M
Max. Leistung, PS................620(690)
Spez. Leistung PS/t...............16,15-18

Max. Geschwindigkeit km/h.................50
Reichweite, km..................................450
Panzerung, mm
- Wannenstirnwand............................102
- Turmstirnwand................................242
Rauchvorhang..................8 x 902B,TDA
Mannschaft, Mitglieder.........................4
Bewaffnung:
- Zahl x Kaliber, mm und Typ
Geschütz.......................115 mm U5-TS
(Kampfsatz, Stück)..........................(40)
- Zahl x Kaliber, mm und Typ
MG`s.....................12,7 mm DSCHK-M
(Kampfsatz, Stück)........................(300)
- Zahl x Kaliber, mm und Typ
MG`s...............................7,62 mm PKT
(Kampfsatz, Stück)......................(3000)
Ziel.....................TSCHSM-41U, 1K13-1
Waffenstabilisator.............."Meteor M1"
Funkstation....................................R-173
Lenkwaffenkomplex............."Scheksna"

Zusatzinformation: Es handelt sich um eine modernisierte Variante des Panzers T-62. Der Panzer erhielt einen reaktiven Sicherheitssprengschutz, ein wärmegeschütztes Kanonenrohr, einen zusätzlich gepanzerten Wannenboden und 10 mm starke, gummierte Seitenblenden. Der Panzer mit dem Dieselmotor V-46-5M erhielt die Bezeichnung T-62MW-1. Auf dem Panzer T-62MW (T-62MW-1) wurden das Feuerleitsystem „Wolna", der Laserentfernungsmesser KTD-2 und der Ballistikrechner BW-62 installiert.

Mittlerer Panzer T-62MW

Mittlerer Versuchspanzer
(Objekt 430)

Baujahr 1960
Entwickler ....KB CHWTM
Hersteller................................CHWTM
Produktion ....Versuchsmuster
Kampfmasse, t.............................35,48
Länge, mm
- von der Kanone vorn..................8785
- Wanne...6048
Breite, mm....................................3120
Höhe, b. Turmspitze mm...............2160
Bodenfreiheit, mm..................435-445
Mittl. Bodendruck, kg/cm^2 0,75
überwindbare Hindernisse:
- Anstieg, Grad.................................30
- Watfähigkeit, m.....1,4 (m. OPWT-5)
Motortyp............................Diesel 5TD
Max. Leistung, PS..................580-600
Treibstoffvorrat, l ....850+350
Spez. Leistung PS/t.......................16,5
Max. Geschwindigkeit km/h............55

Reichweite, km...........................450-600
Panzerung, mm
- Wannenstirnwand............................120
- Turmstirnwand..........................189-240
Rauchvorhang..................................TDA
Mannschaft, Mitglieder..........................4
Bewaffnung:
- Zahl x Kaliber, mm und Typ
Geschütz.....................100 mm D-54TS
(Kampfsatz, Stück)..........................(50)
- Zahl x Kaliber, mm und Typ
MG`s...........................14,5 mm KPWT
(Kampfsatz, Stück).......................(300)
- Zahl x Kaliber, mm und Typ
MG`s......................2 x 7,62 mm SGMT
(Kampfsatz, Stück)......................(3000)
Ziel...TPD-43B
Nachtziel.......................................TPN-1
Waffenstabilisator..(Schneesturm)"Metel"
Funkstation.....................................R-113

Zusatzinformation: Die Entwicklung des Panzers begann im Jahre 1958. Chefkonstrukteur war A.A. Morosow. Der Panzer besitzt eine aus gewalzten Panzerblechen geschweißte Wanne und einen gegossenen, stromlinienförmigen Turm mit einer engen Aussparung zur Installation der Kanone. Die Stirnseite des Turms und die Wanne besitzen eine dreischichtige kombinierte Panzerung. Der Panzer besitzt einen Auswurfmechanismus zum Entfernen der leeren Kartuschen. Das Laufwerk wurde in den Serienpanzern T-64, T-64A u. a. eingesetzt.
(CHWTM – Charkower Werk des Transportmaschinenbaus)

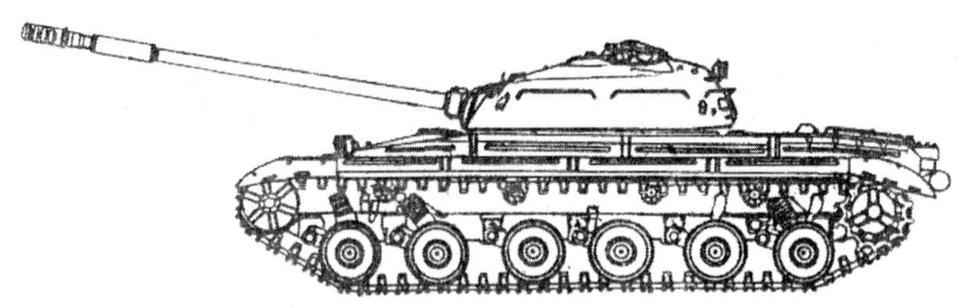

Mittlerer Versuchspanzer Objekt 430

Mittlerer Panzer T-64
(Objekt 432)

Baujahr ....i. d. Bewaffnung 1967
Entwickler ....KB CHWTM
Hersteller...............................CHWTM
Produktion ....in Serie 1964-69
Kampfmasse, t.........................36-36,7
Länge, mm
- von der Kanone vorn.................8750
- Wanne..6300
Breite, mm...................................3190
Höhe, b. Turmspitze mm.............2154
Bodenfreiheit, mm.......................476,5
Mittl. Bodendruck, kg/cm^2 0,8
überwindbare Hindernisse:
- Anstieg, Grad..................................30
- Watfähigkeit, m......1,4 (m. OPWT-5)
Motortyp..........................Diesel 5TDF
Max. Leistung, PS..........................700
Spez. Leistung PS/t.......................19,5

Treibstoffvorrat, l.........................815+330
Max. Geschwindigkeit km/h..................70
Reichweite, km....................................600
Panzerung............kugelsicher, kombiniert
Rauchvorhang...................................TDA
Mannschaft, Mitglieder..........................3
Bewaffnung:
- Zahl x Kaliber, mm und Typ
Geschütz...........................115 mm D-68
(Kampfsatz, Stück)..........................(40)
- Zahl x Kaliber, mm und Typ
MG`s...............................7,62 mm PKT
(Kampfsatz, Stück).......................(2000)
Zielweitenmesser.......................TPD-43B
Nachtzielgerät.........................TPN-1-432
Waffenstabilisator.............................2E18
Funkstation.......................................R-123
Navigationsgerät..........................GPK-59

Zusatzinformation: Das Projekt entstand im Jahre 1963. Chefkonstrukteur war A.A. Morosow. Der Panzer wurde auf der Grundlage des Versuchspanzers Objekt 431 entwickelt. Er erhielt eine neue Kanone mit einem glatten Lauf und eine getrennte automatische Ladevorrichtung. An den Wannenseiten wurden jeweils drei Hohlblenden eingesetzt. Der Panzer T-64 wurde in einer geringen Stückzahl hergestellt. Er wurde weiterentwickelt und erreichte das technische Niveau des T-64A. Er erhielt die Bezeichnung T-64R.

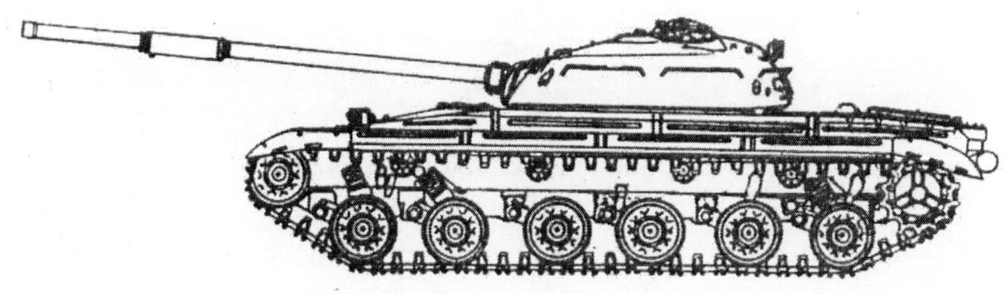

Mittlerer Panzer T-64

Mittlerer Versuchspanzer T-64T

Baujahr ....i. d. Bewaffnung 1963
Entwickler ....KB CHWTM
Hersteller................................CHWTM
Produktion ....Versuchsmuster
Kampfmasse, t................................36,7
Länge, mm
- von der Kanone vorn...................8750
- Wanne..6300
Breite, mm.....................................3190
Höhe, b. Turmspitze mm...............2154
Bodenfreiheit, mm...........................475
Mittl. Bodendruck, kg/cm^2 0,8
überwindbare Hindernisse:
- Anstieg, Grad..................................30
- Watfähigkeit, m.......1,4 (m. OPWT-5)
Motortyp.............Gasturbine GTD-3TL
Max. Leistung, PS............................700

Spez. Leistung PS/t...........................19,5
Max. Geschwindigkeit, km/h...............70
Reichweite, km.................................500
Panzerung...........kugelsicher, kombiniert
Rauchvorhang..................................TDA
Mannschaft, Mitglieder..........................3
Bewaffnung:
- Zahl x Kaliber, mm und Typ
Geschütz...........................115 mm D-68
(Kampfsatz, Stück)..........................(40)
- Zahl x Kaliber, mm und Typ
MG`s................................7,62 mm PKT
(Kampfsatz, Stück).......................(2000)
Zielweitenmesser.......................TPD-43B
Nachtzielgerät.........................TPN-1-432
Waffenstabilisator.............................2E18
Funkstation......................................R-123

Zusatzinformation: Chefkonstrukteur war A.A. Morosow. Es handelt sich um einen Panzer mit einem Hubschraubergasturbinentriebwerk. Der Panzer wurde in den Jahren 1963-1965 erprobt und nicht in die Bewaffnung aufgenommen.

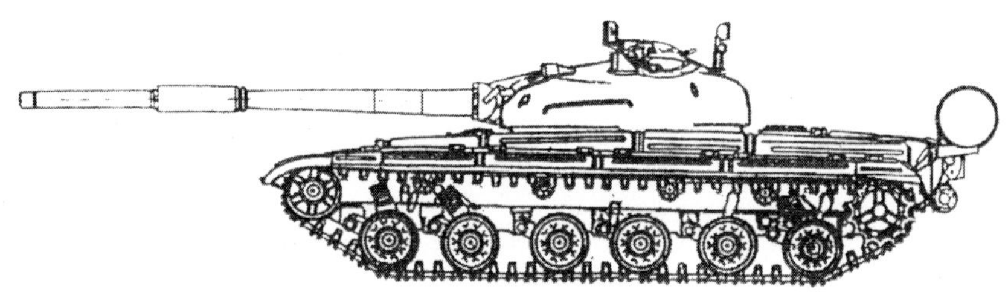

Mittlerer Versuchspanzer T-64T

Mittlerer Versuchspanzer
(Objekt 437)

Baujahr 1966
Entwickler ....KB CHWTM
Hersteller...............................CHWTM
Produktion ....Versuchsmuster
Kampfmasse, t...............................35,5
Länge, mm
- von der Kanone vorn.................8948
- Wanne...6300
Breite, mm...................................3190
Höhe, b. Turmspitze mm.............2155
Bodenfreiheit, mm..........................445
Mittl. Bodendruck, kg/cm^2 0,75
überwindbare Hindernisse:
- Anstieg, Grad..................................30
- Watfähigkeit, m......1,4 (m. OPWT-5)
Motortyp............................Diesel 5TD
Max. Leistung, PS..........................700
Spez. Leistung PS/t......................19,7
Max. Geschwindigkeit km/h.................60
Reichweite, km...................................600
Panzerung.............kugelsicher kombiniert
Rauchvorhang...................................TDA
Mannschaft, Mitglieder..........................4
Bewaffnung:
- Zahl x Kaliber, mm und Typ
Geschütz..........................125 mm D-85
(Kampfsatz, Stück)...........................(37)
- Zahl x Kaliber, mm und Typ
MG`s................................7,62 mm PKT
(Kampfsatz, Stück).......................(2000)
Zielweitenmesser.......................TPD-43B
Nachtzielgerät.................................TPN-1
Waffenstabilisator.........................„Metel"
Funkstation.....................................R-123

Zusatzinformation: Der Panzer wurde auf der Grundlage der Wanne und des Chassis des Versuchspanzers Objekt 434 entwickelt. Anstelle der 125-mm-Kanone D-81 wurde die 125-mm-Kanone D-85 installiert. Sie besitzt einen neuen kugelförmigen Verschluß. Ein Versuchsmuster des Panzers wurde erprobt. Er wurde nicht in die Bewaffnung aufgenommen.

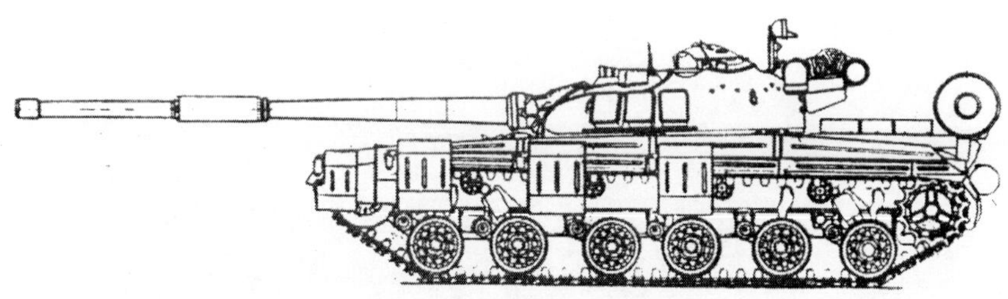

Mittlerer Versuchspanzer Objekt 437

Mittlerer Versuchspanzer
(Objekt 445)

Baujahr 1966
Entwickler ....KB CHWTM
Hersteller................................CHWTM
Produktion ....Versuchsmuster
Kampfmasse, t................................37,5
Länge, mm
- von der Kanone vorn.................9250
- Wanne...6590
Breite, mm...................................3415
Höhe, b. Turmspitze mm.............2194
Bodenfreiheit, mm..........................450
Mittl. Bodendruck, kg/cm^2 0,81
überwindbare Hindernisse:
- Anstieg, Grad..................................30
- Watfähigkeit, m......1,4 (m. OPWT-5)
Motortyp............................Diesel V-45
Max. Leistung, PS..........................780
Spez. Leistung PS/t.......................21,1
Max. Geschwindigkeit km/h............60
Reichweite, km..............................500

Panzerung, mm
- Wannenstirnwand................80+105+20
- Turmstirnwand..........................450-460
Rauchvorhang..................................TDA
Mannschaft, Mitglieder..........................3
Bewaffnung:
- Zahl x Kaliber, mm und Typ
Geschütz...........................125 mm D-81
(Kampfsatz, Stück)..........................(37)
- Zahl x Kaliber, mm und Typ
MG`s................................7,62 mm PKT
(Kampfsatz, Stück).......................(2000)
- Zahl x Kaliber, mm Typ
MG`s......................12,7 mm DSCHK-M
(Kampfsatz, Stück).........................(300)
Ziel...TPD-2-49
Nachtzielgerät......................TPN-1-49-23
Waffenstabilisator............................2E23
Funkstation.....................................R-123

Zusatzinformation: Er wurde auf der Grundlage des Versuchspanzers T-64A (Objekt 434) entwickelt und erhielt einen anderen Dieselmotor. Ähnliche Arbeiten wurden auch im KB des „Uralwaggonwerkes“ durchgeführt. Dort wurde das Objekt 172 entwickelt.

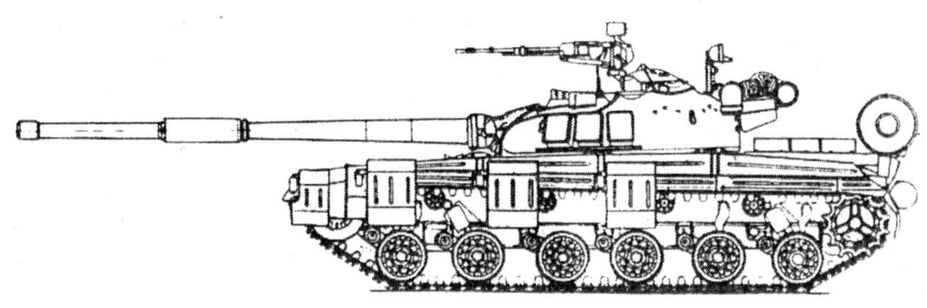

Mittlerer Versuchspanzer Objekt 445

Standardpanzer T-64A
(Objekt 434)

Baujahr ....i. d. Bewaffnung 1969
Entwickler ....Charkow KB TM
Hersteller..................Werk Malyschew
Produktion ....in Serie 1969
Kampfmasse, t...................37/37,3/38
Länge, mm
- von der Kanone vorn.................9225
- Wanne...6540
Breite, mm..................................3415
Höhe, b. Turmspitze mm.....2170-2194
Bodenfreiheit, mm..................450-500
Mittl. Bodendruck, kg/cm^2......0,8-0,84
überwindbare Hindernisse:
- Anstieg, Grad.................................30
- Graben, m...................................2,85
- Mauer, m.......................................0,8
- Watfähigkeit, m......1,8 (m. OPWT-5)
Motortyp..........................Diesel 5TDF
Max. Leistung, PS..........................700
Treibstoffvorrat, l...................738+355

Spez. Leistung PS/t....................18,2-18,6
Max. Geschwindigkeit km/h..............60,5
Reichweite, km....................................66
Panzerung............kugelsicher, kombiniert
Rauchvorhang..................................TDA
Mannschaft, Mitglieder..........................3
Bewaffnung:
- Zahl x Kaliber, mm und Typ
Geschütz..........................125 mm D-81
(Kampfsatz, Stück)..........................(37)
- Zahl x Kaliber, mm und Typ
MG`s....................12,7 mm DSCHK-M
(Kampfsatz, Stück).......................(300)
- Zahl x Kaliber, mm und Typ
MG`s...............................7,62 mm PKT
(Kampfsatz, Stück).......................(2000)
Zielweitenmesser......................TPD-2-49
Nachtzielgerät......................TPN-1-49-23
Waffenstabilisator.............................2E23
Funkstation..................R-123M (R123M)

Zusatzinformation: Die Entwicklung des Panzers begann im Jahre 1962 auf der Grundlage des Panzers T-64 (Objekt 432). Das Objekt 434 erhielt eine neue 125-mm-Kanone mit glattem Lauf, automatischer Ladevorrichtung und anderen Systemen.
1964 wurde eine erste Partie von 20 Panzern dieses Typs hergestellt. Der T-64 war der erste Serienpanzer der dritten Generation.
1971 wurde eine neue Funkstation R-123M installiert, im Jahre 1972 das Fla-MG NSWT-12,7 und im Jahre 1973 der Minensucher KMT-6.
1974 wurde die Panzerung des Turms verstärkt. Es wurde ein System zur direkten Überquerung von Wasserhindernissen bis zu einer Tiefe von 1,8 m eingeführt, außerdem installierte man ein Signalisierungssystem für den Straßenverkehr.
1975 erhielt er einen zusätzlichen Treibstofftank und ein wärmegeschütztes Kanonenrohr.
1976 entwickelte man auf der Basis des T-64A den Panzer T-64 mit dem Lenkwaffenkomplex „Kobra“.
1979 wurde der Panzer T-64A mit dem Startsystem für Nebelgranaten „Tutscha“ ausgerüstet, und im Jahre 1980 erhielt er gummierte Seitenblenden.

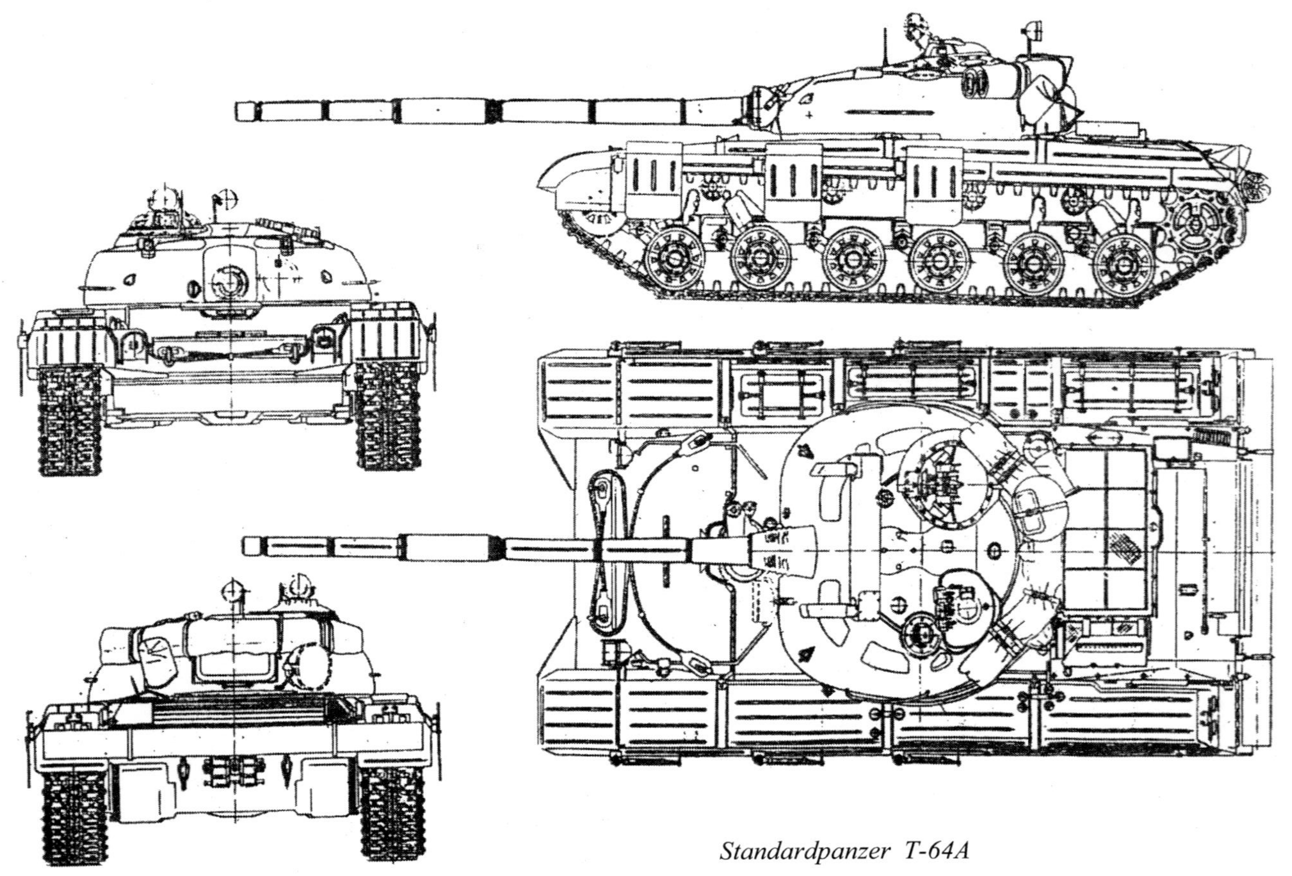

Standardpanzer T-64A

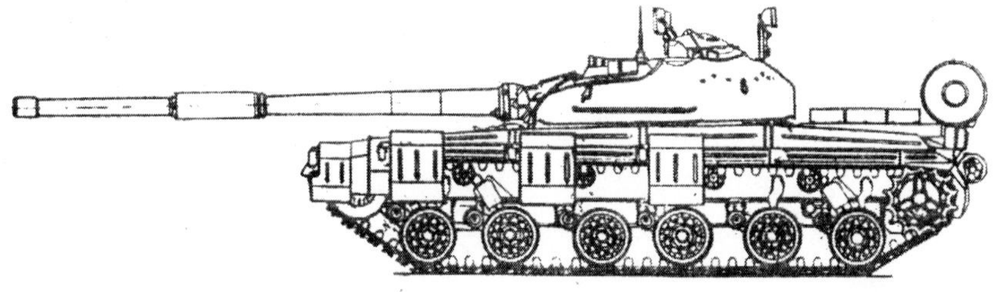

Standardpanzer T-64A der ersten Serie

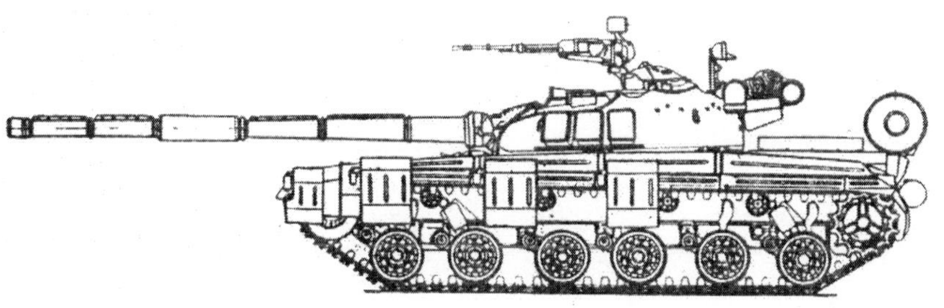

Standardpanzer T-64A (Variante)

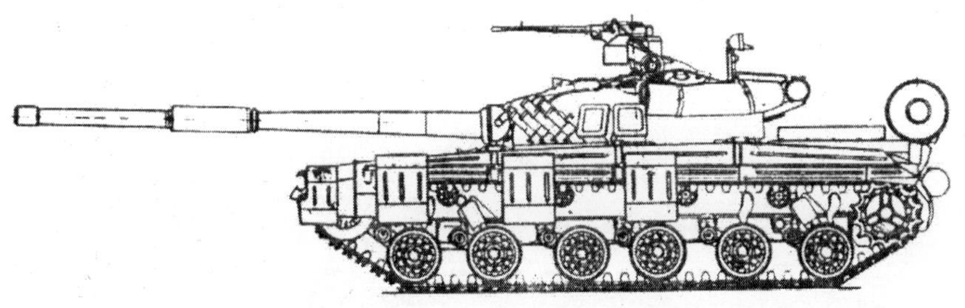

Standardpanzer T-64A mit Nebelsystem „Tutscha“

Standardpanzer T-64A
(Objekt 434)

Baujahr ....i. d. Bewaffnung 1969
Entwickler ....Charkow KB TM
Hersteller...................Werk Malyschew
Produktion ....in Serie 1969
Kampfmasse, t................................38,5
Länge, mm
- von der Kanone vorn.................9225
- Wanne...6540
Breite, mm...................................3270
Höhe, b. Turmspitze mm.............2170
Bodenfreiheit, mm..........................450
Mittl. Bodendruck, kg/cm^2 0,84
überwindbare Hindernisse:
- Anstieg, Grad.................................30
- Watfähigkeit, m......1,4 (m. OPWT-5)
Motortyp.........................Diesel 5TDF
Max. Leistung, PS..........................700
Treibstoffvorrat, l..................738+355
Spez. Leistung PS/t.......................18,2

Max. Geschwindigkeit km/h..................65
Reichweite, km............................450-500
Panzerung.............kugelsicher kombiniert
Rauchvorhang.................TDA 12 x 902A
Mannschaft, Mitglieder..........................3
Bewaffnung:
- Zahl x Kaliber, mm und Typ
Geschütz.......................125 mm 2A46-1
(Kampfsatz, Stück)..........................(37)
- Zahl x Kaliber, mm und Typ
MG`s............................12,7 mm NSWT
(Kampfsatz, Stück).........................(300)
- Zahl x Kaliber, mm und Typ
MG`s...............................7,62 mm PKT
(Kampfsatz, Stück)......................(2000)
Zielweitenmesser......TPD-2-49(TPD-K1)
Nachtzielgerät......................TPN-1-49-23
Waffenstabilisator.......................2E28M2
Funkstation.................................R-123M

Zusatzinformation: Es handelt sich um eine während der Serienproduktion modernisierte Variante des T-64A mit allen Veränderungen und Modernisierungen. Auf dem Panzer wurde zusätzlich ein Startsystem für Nebelgranaten, gummierte Seitenblenden sowie eine wärmegeschützte Kanone installiert.

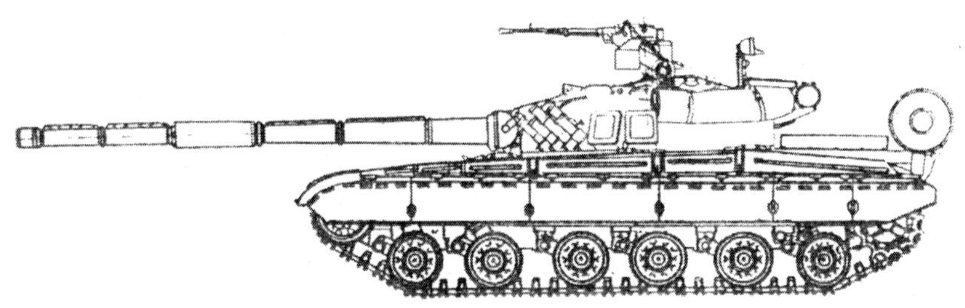

Standardpanzer T-64A

Führungspanzer T-64AK

Baujahr ....i. d. Bewaffnung 1973
Entwickler ....KB CHWTM
Hersteller................................CHWTM
Produktion ....Serie
Kampfmasse, t................................38,5
Länge, mm
- von der Kanone vorn..................9225
- Wanne..6540
Breite, mm....................................3415
Höhe, b. Turmspitze mm..............2170
Bodenfreiheit, mm..........................450
Mittl. Bodendruck, kg/cm^2 0,83
überwindbare Hindernisse:
- Anstieg, Grad..................................30
- Watfähigkeit, m......1,8 (m. OPWT-5)
Motortyp...........................Diesel 5TDF
Max. Leistung, PS...........................700
Treibstoffvorrat, l....................738+395
Spez. Leistung PS/t.........................18,6
Max. Geschwindigkeit km/h...........60,5

Reichweite, km....................................600
Panzerung.............kugelsicher kombiniert
Rauchvorhang...................................TDA
Mannschaft, Mitglieder...........................3
Bewaffnung:
- Zahl x Kaliber, mm und Typ
Geschütz...........................125 mm D-81
(Kampfsatz, Stück)..........................(28)
- Zahl x Kaliber, mm und Typ
MG`s................................7,62 mm PKT
(Kampfsatz, Stück).......................(1000)
- Zahl x Kaliber, mm und Typ
..MG`s.............................12,7 mm NSWT
..(Kampfsatz, Stück).........................(300)
Ziel..TPD-2-49
Nachtzielgerät.................................TPN-1
Waffenstabilisator.............................2E23
Navigationsgerät............................TNA-3
Funkstation......................R-123M, R-130

Zusatzinformation: Es handelt sich um den modernisierten Serienpanzer T-64A. Er erhielt zusätzlich ein Funkgerät, ein Navigationsgerät, eine mit Benzinmotor angetriebene Ladestation AB-1 P/30 sowie ein Artillerieperiskop des Typs PAB-2A.

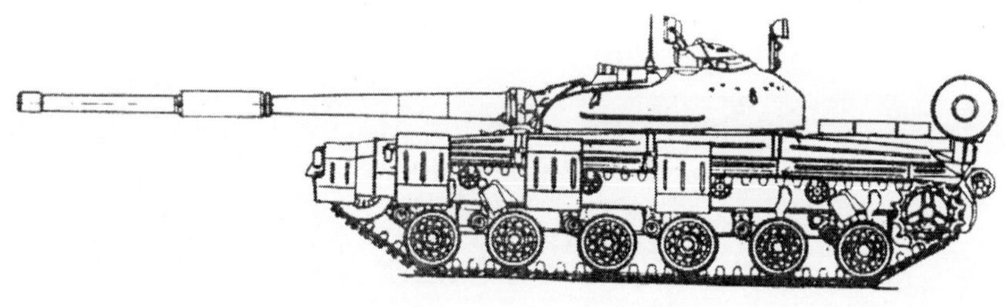

Führungspanzer T-64AK

Standardpanzer T-64AM

Baujahr .....i. d. Bewaffnung Dez. 1983
Entwickler ....KBM A.A. Morosow
Hersteller.....................Panzerwerk VM
Produktion ....Modernisierung
Kampfmasse, t..................................40
Länge, mm
- von der Kanone vorn.................9524
- Wanne...6540
Breite, mm...................................3581
Höhe, b. Turmspitze mm.............2210
Bodenfreiheit, mm..........................500
Mittl. Bodendruck, kg/cm^2 0,87
überwindbare Hindernisse:
- Anstieg, Grad.................................30
- Watfähigkeit, m....1,8(m. OPWT-5m)
Motortyp............................Diesel 6DT
Max. Leistung, PS.........................1000
Spez. Leistung PS/t.......................25,0
Max. Geschwindigkeit km/h............65
Reichweite, km....................................600
Panzerung..............kugelsicher kombiniert
Rauchvorhang...................TDA, 12x902A
Mannschaft, Mitglieder...........................3
Bewaffnung:
- Zahl x Kaliber, mm und Typ
Geschütz...........................125 mm D-81
(Kampfsatz, Stück)..........................(37)
- Zahl x Kaliber, mm und Typ
MG`s............................12,7 mm NSWT
Kampfsatz, Stück).........................(300)
- Zahl x Kaliber, mm und Typ
MG`s...............................7,62 mm PKT
(Kampfsatz, Stück).......................(2000)
Zielweitenmesser......................TPD-2-49
Nachtzielgerät.......................TPN1-49-23
Waffenstabilisator.............................2E23
Funkstation..................................R-123M

Zusatzinformation: Es handelt sich um eine modernisierte Variante des T-64A, der einen neuen leistungsfähigen Dieselmotor 6TD erhielt. Der Panzer erhielt einen gegossenen Turm mit einem keramischen Füllstoff.

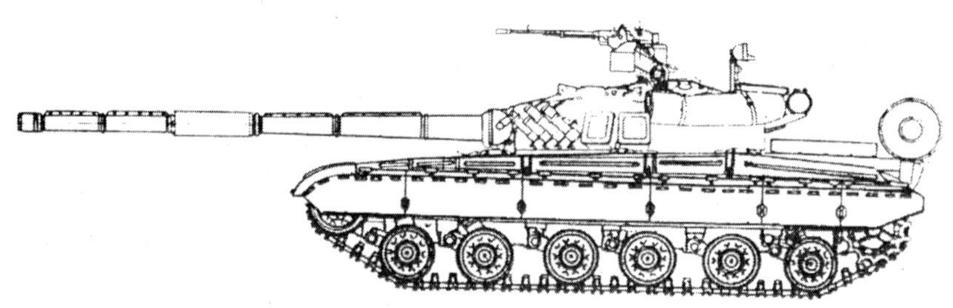

Standardpanzer -T64AM

Führungspanzer T-64AKM

Baujahr .....i. d. Bewaffnung Dez. 1983
Entwickler ....KB Charkower TMW
Hersteller..............Panzerreparaturwerk
Produktion ....Modernisierung
Kampfmasse, t...................................40
Länge, mm
- von der Kanone vorn..................9224
- Wanne...6540
Breite, mm...................................3581
Höhe, b. Turmspitze mm..............2210
Bodenfreiheit, mm..........................500
Mittl. Bodendruck, kg/cm^2 0,87
überwindbare Hindernisse:
- Anstieg, Grad..................................30
- Watfähigkeit, m.......1,8(m. OPWT-5)
Motortyp.............................Diesel 6TD
Max. Leistung, PS.........................1000
Spez. Leistung PS/t........................25,0
Max. Geschwindigkeit km/h.............65

Reichweite, km....................................600
Panzerung..............kugelsicher kombiniert
Rauchvorhang...................TDA, 12x902A
Mannschaft, Mitglieder...........................3
Bewaffnung:
- Zahl x Kaliber, mm und Typ
Geschütz............................125 mm D-81
(Kampfsatz, Stück)...........................(28)
- Zahl x Kaliber, mm und Typ
MG`s.............................12,7 mm NSWT
(Kampfsatz, Stück).........................(300)
- Zahl x Kaliber, mm und Typ
MG`s.................................7,62 mm PKT
(Kampfsatz, Stück)........................(1000)
Zielweitenmesser.......................TPD-2-49
Nachtzielgerät.................................TNA-3
Waffenstabilisator.............................2E23
Funkstation..................R-123M, R-130M

Zusatzinformation: Es ist eine Modifikation des Führungspanzers T-64AK. Er erhielt einen leistungsfähigeren Dieselmotor 6TD.

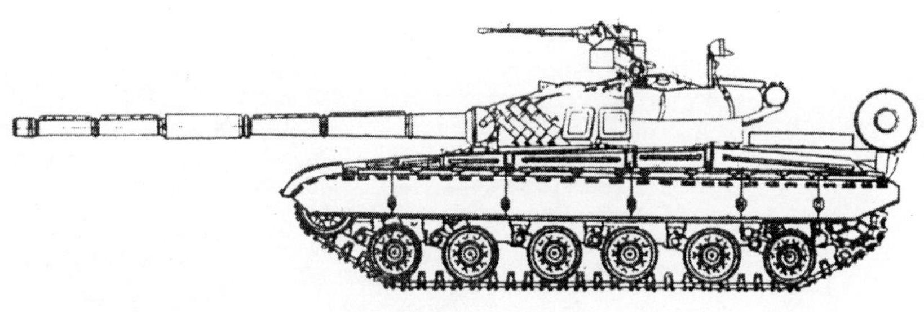

Führungspanzer T-64AKM

Versuchsstandardpanzer
(Objekt 476)

Baujahr 1975
Entwickler ....KBM Charkow
Hersteller....................Werk Malyschew
Produktion ....Versuchsmuster
Kampfmasse, t................................40,5
Länge, mm
- von der Kanone vorn.................9524
- Wanne...6540
Breite, mm...................................3581
Höhe, b. Turmspitze mm.............2210
Bodenfreiheit, mm..........................500
Mittl. Bodendruck, kg/cm^2 0,88
überwindbare Hindernisse:
- Anstieg, Grad.................................30
- Watfähigkeit, m....1,8(m. OPWT-5m)
Motortyp.............................Diesel 6TD
Max. Leistung, PS.........................1000
Treibstoffvorrat, l..........................1430
Spez. Leistung PS/t.......................24,7

Max. Geschwindigkeit km/h.............65-70
Reichweite, km....................................600
Panzerung..............kugelsicher kombiniert
Rauchvorhang...................................TDA
Mannschaft, Mitglieder...........................3
Bewaffnung:
- Zahl x Kaliber, mm und Typ
Geschütz............................125 mm D-81
(Kampfsatz, Stück)............................(42)
- Zahl x Kaliber, mm und Typ
MG`s.............................12,7 mm KPWT
Kampfsatz, Stück)...........................(300)
- Zahl x Kaliber, mm und Typ
MG`s................................7,62 mm PKT
(Kampfsatz, Stück).......................(1500)
Zielweitenmesser..............................1G21
Waffenstabilisator.............................2E23
Funkstation...................................R-123M

Zusatzinformation: Drei Panzer wurden zur Erprobung des Motors 6TD gebaut. Man verwendete auf diesen Panzern neue gegossene Türme mit einer kombinierten Panzerung im Stirnteil. Zwischen zwei Stahlwänden wurden Füllkörper aus gepanzerten Stahlplatten gesetzt, in deren Zellen sich Polyurethane befanden. Später verwendete man diese Türme auf dem Objekt 478.

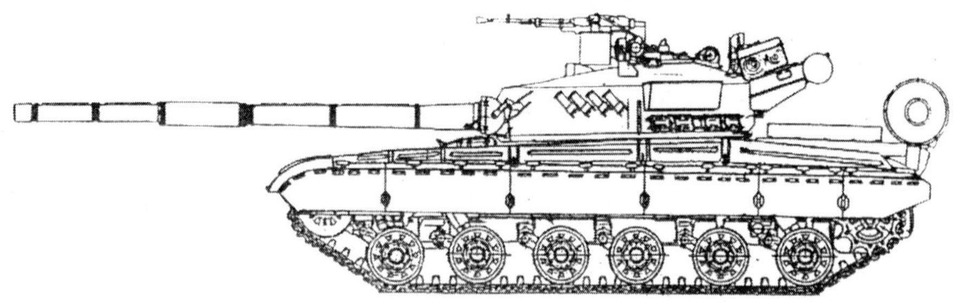

Objekt 476

Versuchsstandardpanzer T-64A
mit dem Lenkwaffenkomplex „Kobra“ (Objekt 447)

Baujahr 1975
Entwickler ....KB Charkower TMW
Hersteller...................Charkower TMW
Produktion ....Versuchsmuster
Kampfmasse, t................................38,5
Länge, mm
- von der Kanone vorn.................9225
- Wanne...6540
Breite, mm....................................3415
Höhe, b. Turmspitze mm..............2170
Bodenfreiheit, mm..........................477
Mittl. Bodendruck, kg/cm^2 0,84
überwindbare Hindernisse:
- Anstieg, Grad..................................30
- Watfähigkeit, m..............(OPWT-5m)
Motortyp...........................Diesel 5TDF
Max. Leistung, PS...........................700
Spez. Leistung PS/t........................18,2
Max. Geschwindigkeit km/h............65

Reichweite, km...................................600
Panzerung.............kugelsicher kombiniert
Rauchvorhang...................................TDA
Mannschaft, Mitglieder..........................3
Bewaffnung:
- Zahl x Kaliber, mm und Typ
Geschütz.......................125 mm D-81K
(Kampfsatz, Stück).........................(35)
- Zahl x Kaliber, mm und Typ
MG`s...........................12,7 mm „Utes“
Kampfsatz, Stück).......................(300)
- Zahl x Kaliber, mm und Typ
MG`s...............................7,62 mm PKT
(Kampfsatz, Stück).......................(1250)
Zielweitenmesser..............................1G21
Waffenstabilisator............................2E26
Funkstation.................................R-123M
Lenkwaffenkomplex....................„Kobra“

Zusatzinformation: Der Panzer wurde auf der Grundlage des T-64A zur Erprobung des Lenkwaffensystems „Kobra“ entwickelt. Nach der Vollendung der Erprobung wurde dieser Komplex weiterentwickelt und im Jahre 1976 auf dem Panzer T-64B in die Bewaffnung aufgenommen. Im Jahre 1978 wurde er ebenfalls auf dem Panzer T-80B eingesetzt.

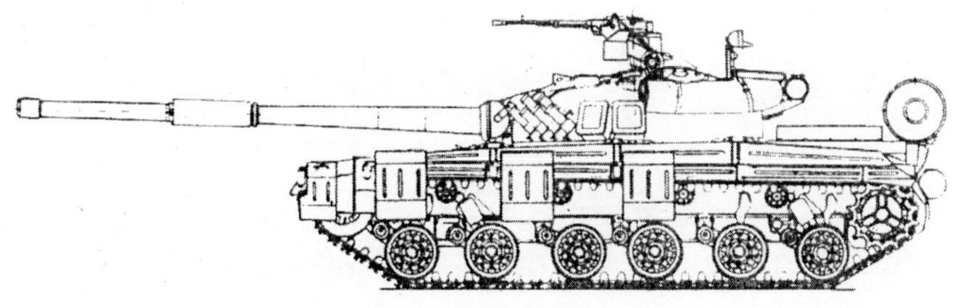

Versuchsstandardpanzer T-64A mit Lenkwaffenkomplex „Kobra“

Standardpanzer T-64B
(Objekt 447A)

Baujahr 1976
Entwickler ....KB Charkower TMW
Hersteller..................Charkower TMW
Produktion ....in Serie 1976-85
Kampfmasse, t...............................39,0
Länge, mm
- von der Kanone vorn.................9225
- Wanne..6540
Breite, mm...................................3415
Höhe, b. Turmspitze mm.............2170
Bodenfreiheit, mm..........................500
Mittl. Bodendruck, kg/cm^2 0,86
überwindbare Hindernisse:
- Anstieg, Grad.................................30
- Watfähigkeit, m....1,8(m. OPWT-5m)
Motortyp...........................Diesel 5TDF
Max. Leistung, PS...........................700
Treibstoffvorrat, l...................730+540
Spez. Leistung PS/t.......................17,9
Max. Geschwindigkeit km/h..........60,5

Reichweite, km....................................600
Panzerung..............kugelsicher kombiniert
Rauchvorhang.....................TDA, 8x902B
Mannschaft, Mitglieder............................3
Bewaffnung:
- Zahl x Kaliber, mm und Typ
Geschütz........................125 mm 2A46-2
(Kampfsatz, Stück)............................(36)
- Zahl x Kaliber, mm und Typ
MG`s............................12,7 mm NSWT
Kampfsatz, Stück)...........................(300)
- Zahl x Kaliber, mm und Typ
MG`s................................7,62 mm PKT
(Kampfsatz, Stück).......................(1250)
Zielweitenmesser..............................1G42
Waffenstabilisator.........................2E26M
Nachtzielgerät......................TPN-1-49-23
Navigationsgerät..........................GPK-59
Funkstation.................................R-123M
Lenkwaffenkomplex..................9K112-1

Zusatzinformation: Der Panzer wurde auf der Grundlage des Serienpanzers T-64A entwickelt. Auf ihm wurde das Lenkwaffensystem „Kobra" sowie das Feuerleitsystem 1A33 u. a. eingesetzt. Die neue Ausrüstung wurde auf dem Objekt 447 erprobt. Auf dem Panzer setzte man ein Gerät zum Eingraben und eine Vorrichtung zur Installation eines Minenräumgerätes ein.

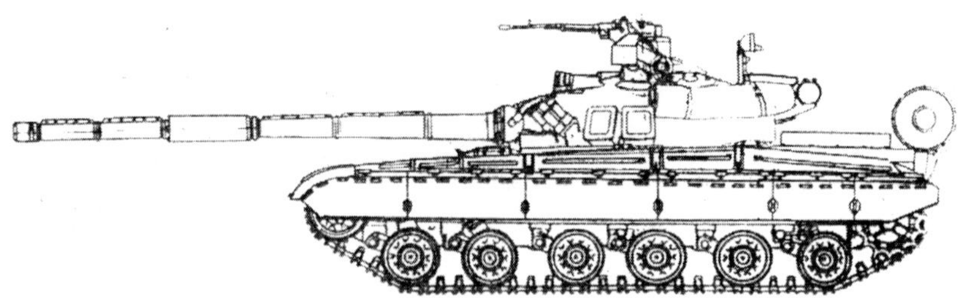

Standardpanzer T-64B

Der Standardpanzer T-64B1
(Objekt 437A)

Baujahr 1976
Entwickler ....KB Charkower TMW
Hersteller..................Charkower TMW
Produktion ....in Serie
Kampfmasse, t...............................39,0
Länge, mm
- von der Kanone vorn.................9225
- Wanne..6540
Breite, mm..................................3415
Höhe, b. Turmspitze mm.............2170
Bodenfreiheit, mm.........................500
Mittl. Bodendruck, kg/cm^2 0,86
überwindbare Hindernisse:
- Anstieg, Grad.................................30
- Watfähigkeit, m....1,8(m. OPWT-5m)
Motortyp..........................Diesel 5TDF
Max. Leistung, PS..........................700
Treibstoffvorrat, l...................730+540
Spez. Leistung PS/t.......................17,9
Max. Geschwindigkeit km/h..........60,5

Reichweite, km..................................600
Panzerung............kugelsicher kombiniert
Rauchvorhang....................TDA, 8x902B
Mannschaft, Mitglieder..........................3
Bewaffnung:
- Zahl x Kaliber, mm und Typ
Geschütz......................125 mm 2A46-2
(Kampfsatz, Stück).........................(36)
- Zahl x Kaliber, mm und Typ
MG`s..............................7,62 mm PKT
(Kampfsatz, Stück).......................(1250)
- Zahl x Kaliber, mm und Typ
MG`s.............................12,7 mm NSWT
Kampfsatz, Stück).........................(300)
Zielweitenmesser..............................1G42
Waffenstabilisator.........................2E26M
Nachtzielgerät......................TPN-1-49-23
Navigationsgerät..........................GPK-59
Funkstation.................................R-123M

Zusatzinformation: Der Panzer wurde auf der Grundlage des T-64B entwickelt. Er unterscheidet sich von diesem durch das Fehlen des Lenkwaffenkomplexes 9K112-1.

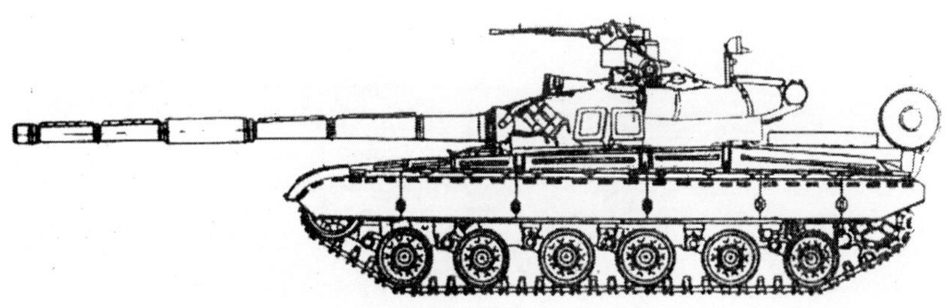

Mittlerer Panzer T-64B1

Führungspanzer T-64BK

Baujahr ....i. d. Bewaffnung 1976
Entwickler ....KB Charkower TMW
Hersteller...................Charkower TMW
Produktion ....in Serie 1976
Kampfmasse, t................................39,0
Länge, mm
- von der Kanone vorn.................9225
- Wanne...6540
Breite, mm...................................3415
Höhe, b. Turmspitze mm.............2170
Bodenfreiheit, mm..........................500
Mittl. Bodendruck, kg/cm^2 0,86
überwindbare Hindernisse:
- Anstieg, Grad.................................30
- Watfähigkeit, m....1,8(m. OPWT-5m)
Motortyp..........................Diesel 5TDF
Max. Leistung, PS..........................700
Treibstoffvorrat, l...................730+540
Spez. Leistung PS/t.......................17,9
Max. Geschwindigkeit km/h.........60,0

Reichweite, km...................................500
Panzerung............kugelsicher kombiniert
Rauchvorhang....................TDA, 8x902B
Mannschaft, Mitglieder..........................3
Bewaffnung:
- Zahl x Kaliber, mm und Typ
Geschütz.......................125 mm 2A46-2
(Kampfsatz, Stück)..........................(28)
- Zahl x Kaliber, mm und Typ
MG`s...........................12,7 mm NSWT
Kampfsatz, Stück).......................(300)
- Zahl x Kaliber, mm und Typ
MG`s...............................7,62 mm PKT
(Kampfsatz, Stück).......................(1000)
Zielweitenmesser.............................1G42
Waffenstabilisator........................2E26M
Nachtzielgerät......................TPN-1-49-23
Navigationsgerät...........................TNA-3
Funkstation..................R-123M, R-130M

Zusatzinformation: Es handelt sich um eine Modifikation des Serienpanzers T-64B. Er ist zusätzlich mit einem Kurzwellenfunkgerät sowie einem Navigationsgerät und einer Ladestation AB-1P/30 ausgerüstet.

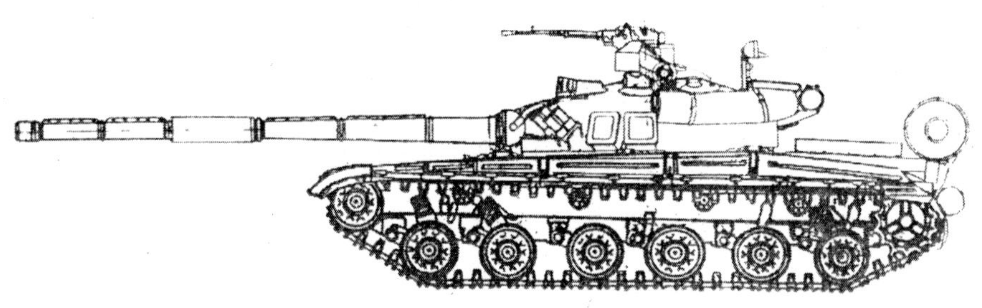

Führungspanzer T-64BK

Standardpanzer T-64BM

Baujahr ....i. d. Bewaffnung 1983
Entwickler ....KBM A.A. Morosow
Hersteller...................Charkower TMW
Produktion ....in Serie 1983-85
Kampfmasse, t.................................40,0
Länge, mm
- von der Kanone vorn..................9524
- Wanne..6540
Breite, mm....................................3581
Höhe, b. Turmspitze mm..............2210
Bodenfreiheit, mm..........................500
Mittl. Bodendruck, kg/cm^2 0,87
überwindbare Hindernisse:
- Anstieg, Grad.................................30
- Watfähigkeit, m....1,8(m. OPWT-5m)
Motortyp.............................Diesel 6TD
Max. Leistung, PS.........................1000
Spez. Leistung PS/t...........................25
Max. Geschwindigkeit km/h............65
Reichweite, km................................600

Panzerung..kugelsicher kombiniert
Rauchvorhang......................TDA, 8x902B
Mannschaft, Mitglieder............................3
Bewaffnung:
- Zahl x Kaliber, mm und Typ
Geschütz.........................125 mm 2A46-2
(Kampfsatz, Stück)............................(36)
- Zahl x Kaliber, mm und Typ
MG`s..............................12,7 mm NSWT
Kampfsatz, Stück)...........................(300)
- Zahl x Kaliber, mm und Typ
MG`s................................7,62 mm PKT
(Kampfsatz, Stück).......................(1250)
Zielweitenmesser..............................1G42
Waffenstabilisator.........................2E26M
Nachtzielgerät......................TPN-1-49-23
Navigationsgerät..........................GPK-59
Lenkwaffenwaffenkomplex........9K112-1
Funkstation.................................R-123M

Zusatzinformation: Es handelt sich um eine Variante des T-64B. Er wurde mit einem neuen leistungsfähigen Motor 6TD ausgerüstet. Man modernisierte ihn während der Serienproduktion im Charkower Transportmaschinenwerk sowie in den Panzerreparaturwerkstätten des Verteidigungsministeriums während der Reparatur.

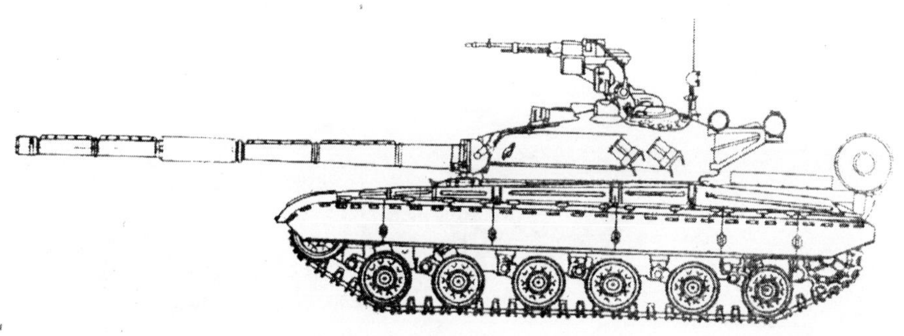

Standardpanzer T-64BM

Standardpanzer T-64B1M

Baujahr ....i. d. Bewaffnung 1983
Entwickler ....KBM A.A. Morosow
Hersteller...................Charkower TMW
Produktion ....in Serie 1983
Kampfmasse, t................................40,0
Länge, mm
- von der Kanone vorn.................9524
- Wanne...6540
Breite, mm....................................3581
Höhe, b. Turmspitze mm..............2210
Bodenfreiheit, mm...........................500
Mittl. Bodendruck, kg/cm^2 0,87
überwindbare Hindernisse:
- Anstieg, Grad.................................30
- Watfähigkeit, m....1,8(m. OPWT-5m)
Motortyp............................Diesel 6DT
Max. Leistung, PS.........................1000
Spez. Leistung PS/t..........................25
Max. Geschwindigkeit km/h............65

Reichweite, km....................................600
Panzerung..............kugelsicher kombiniert
Rauchvorhang......................TDA, 8x902B
Mannschaft, Mitglieder...........................3
Bewaffnung:
- Zahl x Kaliber, mm und Typ
Geschütz.........................125 mm 2A46-2
(Kampfsatz, Stück)............................(37)
- Zahl x Kaliber, mm und Typ
MG`s.............................12,7 mm NSWT
Kampfsatz, Stück)...........................(300)
- Zahl x Kaliber, mm und Typ
MG`s................................7,62 mm PKT
(Kampfsatz, Stück).......................(1250)
Zielweitenmesser..............................1G42
Waffenstabilisator.........................2E26M
Nachtzielgerät......................TPN-1-43-23
Navigationsgerät..........................GPK-59
Funkstation..................................R-123M

Zusatzinformation: Es handelt sich um eine Variante des Standardpanzers T-64B1. Er erhielt einen leistungsfähigeren Dieselmotor und unterscheidet sich von der Variante T-64BM durch das Fehlen der Lenkwaffen 9K112-1.

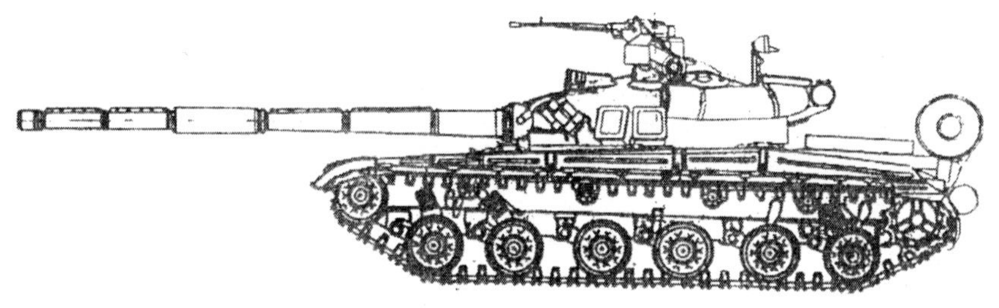

Standardpanzer T-64B1M

Standardpanzer T-64BW

Baujahr ....i. d. Bewaffnung 1985
Entwickler ....KB Charkower TMW
Hersteller...................Charkower TMW
Produktion ....in Serie 1985-87
Kampfmasse, t................................42,4
Länge, mm
- von der Kanone vorn..................9225
- Wanne...6540
Breite, mm....................................3415
Höhe, b. Turmspitze mm..............2190
Bodenfreiheit, mm..........................500
Mittl. Bodendruck, kg/cm^2 0,92
überwindbare Hindernisse:
- Anstieg, Grad.................................30
- Graben, m....................................2,85
- Mauer, m..0,8
- Watfähigkeit, m....1,8(m. OPWT-5m)
Motortyp...........................Diesel 5DTF
Max. Leistung, PS...........................700
Treibstoffvorrat, l..........................1270
Spez. Leistung PS/t........................16,5

Max. Geschwindigkeit km/h.................60
Reichweite, km...................................500
Panzerung.............kugelsicher kombiniert
Rauchvorhang.....................TDA, 8x902B
Mannschaft, Mitglieder...........................3
Bewaffnung:
- Zahl x Kaliber, mm und Typ
Geschütz...................125 mm 2A46M-1
(Kampfsatz, Stück)...........................(36)
- Zahl x Kaliber, mm und Typ
MG`s............................12,7 mm NSWT
Kampfsatz, Stück).........................(300)
- Zahl x Kaliber, mm und Typ
MG`s................................7,62 mm PKT
(Kampfsatz, Stück)........................(1250)
Zielweitenmesser..............................1G42
Waffenstabilisator.............2E26M (2E42)
Nachtzielgerät...........................TPN-3-49
Komplex v. Lenkwaffen.............9K112-1
Funkstation.................................R-123M

Zusatzinformation: Chefkonstrukteur war N.A. Schomin. Entwicklungsgrundlage ist der Serienpanzer T-64B. Die Wanne und der Turm wurden durch den aktiven Sprengschutz gesichert. Der Panzer erhielt eine vielschichtige Panzerung und einen aktiven Sprengschutz, der aus 179 metallischen Containern bestand. Verschiedene Panzer T-64B wurden während der Reparatur und der Modernisierung mit einem Sprengschutz ausgestattet. Auf verschiedenen Panzern wurde eine 125-mm-Kanone des Typs 2A46-2 eingesetzt.

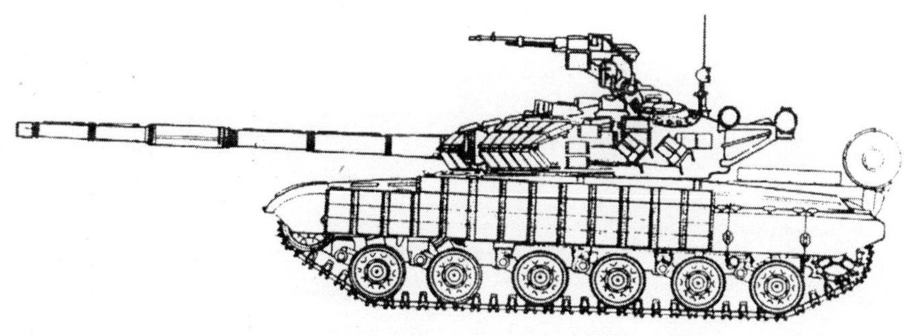

Standardpanzer T-64BW

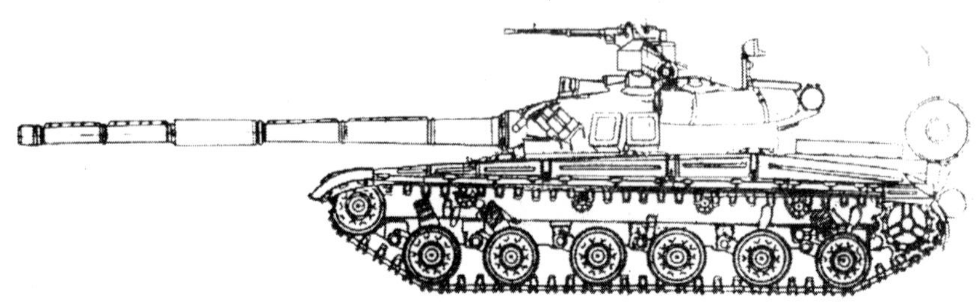

Versuchspanzer T-64B (eine Variante)

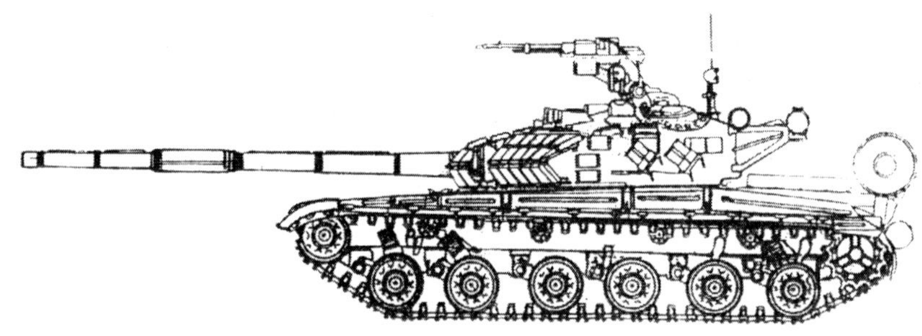

Standardpanzer T-64BW ohne Seitenblenden

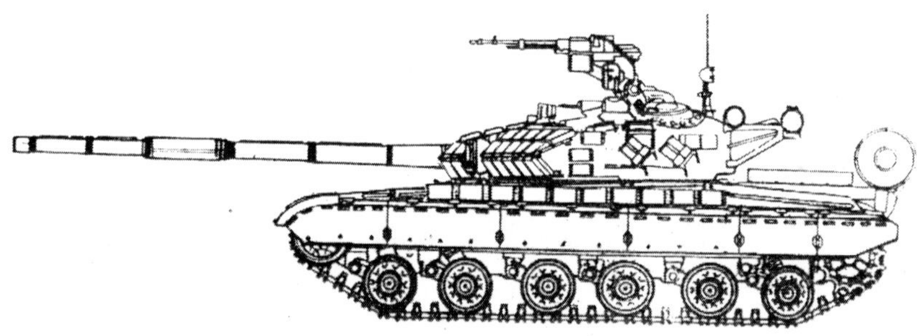

Standardpanzer T-64BW ohne Sicherheitssprengschutz

Mittlerer Versuchspanzer
(Objekt 167)

Baujahr 1961
Entwickler ....KB Uralwaggonwerk
Hersteller...................Uralwaggonwerk
Produktion ....Versuchsmuster
Kampfmasse, t...............................36,7
Länge, mm
- von der Kanone vorn.................9335
- Wanne...6068
Breite, mm...................................3300
Höhe, b. Turmspitze mm.............2395
Bodenfreiheit, mm..........................470
Mittl. Bodendruck, kg/cm^2 0,81
überwindbare Hindernisse:
- Anstieg, Grad..................................30
- Watfähigkeit, m......1,4 (m. OPWT-5)
Motortyp.............................Diesel V-26
Max. Leistung, PS...........................700
Spez. Leistung PS/t.......................19,07

Max. Geschwindigkeit km/h.................64
Reichweite, km..................................550
Panzerung, mm:
- Wannenstirnwand............................100
- Turmstirnwand................................190
Rauchvorhang..................................TDA
Mannschaft, Mitglieder..........................4
Bewaffnung:
- Zahl x Kaliber, mm und Typ
Geschütz.........................115 mm U5-TS
(Kampfsatz, Stück)..........................(40)
- Zahl x Kaliber, mm und Typ
MG`s.............................7,62 mm SGMT
(Kampfsatz, Stück).......................(2500)
Ziel..................................TSCH-2, TPN-1
Waffenstabilisator......................„Meteor“
Funkstation......................................R-113

Zusatzinformation: Chefkonstrukteur war L.N. Karzew. Der Panzer wurde auf der Grundlage von Bauteilen des T-64 entwickelt. Die Wanne war geschweißt, der Turm gegossen, darin war die Kanone und ein koaxiales MG untergebracht. Der Panzer besaß einen Kartuschenauswurfmechanismus. Es wurden Versuchsmuster des Objektes 167 gebaut. Mit der Panzerabwehrrakete „Maljutka“ und einem Gasturbinenmotor ausgerüstet, wurde er als Objekt 167T bezeichnet. Im weiteren wurde das Chassis des Objektes 167 im Serienpanzer T-72 eingesetzt.

Mittlerer Versuchspanzer Objekt 167T

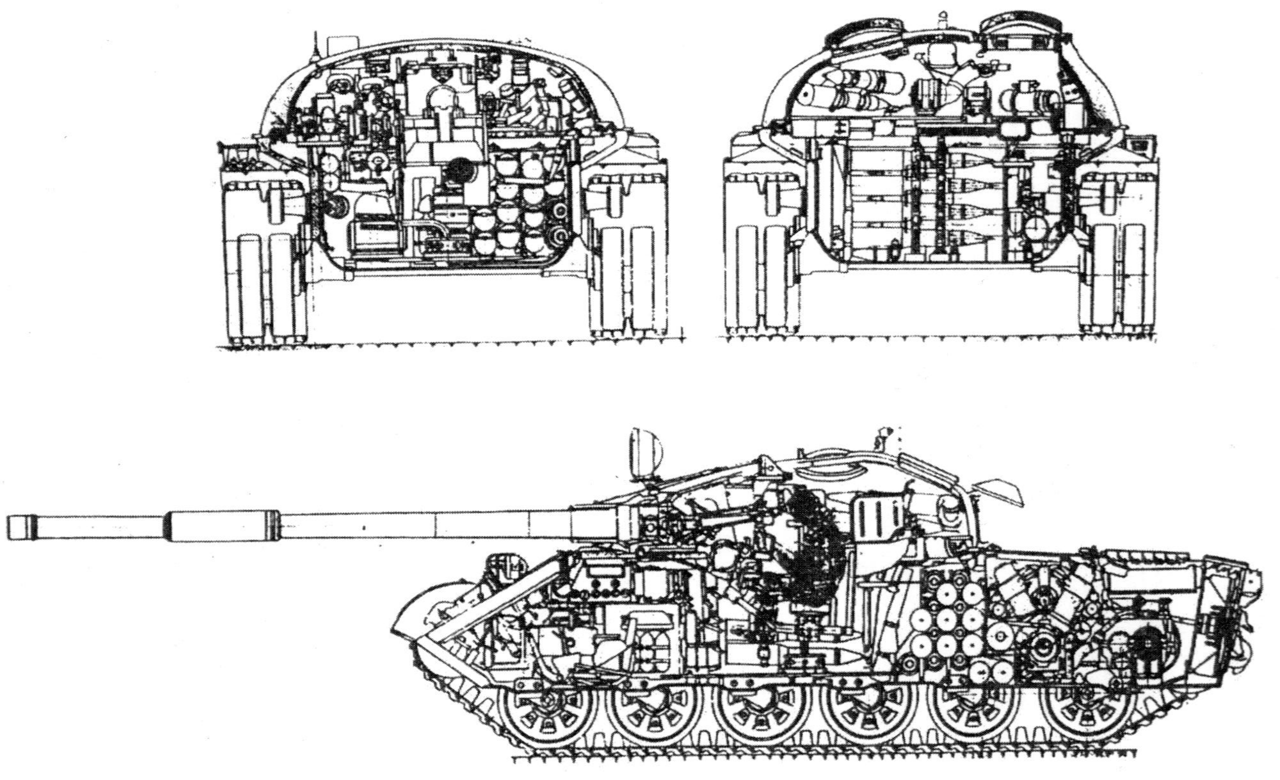

Mittlerer Versuchspanzer Objekt 167 (Querschnitt)

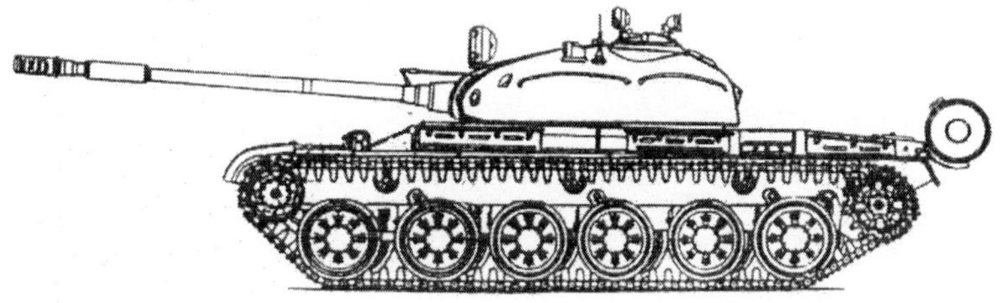

Mittlerer Versuchspanzer Objekt 167 mit 100-mm-Kanone D-54

Mittlerer Versuchspanzer
(Objekt 167) mit Panzerabwehrrakete

Baujahr 1961
Entwickler ....KB Uralwaggonwerk
Hersteller...................Uralwaggonwerk
Produktion ....Versuchsmuster
Kampfmasse, t................................36,7
Länge, mm
- von der Kanone vorn.................9335
- Wanne..6068
Breite, mm....................................3300
Höhe, b. Turmspitze mm.............2305
Bodenfreiheit, mm..........................470
Mittl. Bodendruck, kg/cm^2 0,80
überwindbare Hindernisse:
- Anstieg, Grad..................................30
- Watfähigkeit, m......1,4 (m. OPWT-5)
Motortyp.............................Diesel V-26
Max. Leistung, PS...........................700
Spez. Leistung PS/t.......................19,10
Max. Geschwindigkeit km/h.............64

Reichweite, km...................................550
Panzerung, mm:
- Wannenstirnwand.............................100
- Turmstirnwand.................................190
Rauchvorhang...................................TDA
Mannschaft, Mitglieder..........................4
Bewaffnung:
- Zahl x Kaliber, mm und Typ
Geschütz........................115 mm U5-TS
(Kampfsatz, Stück)..........................(40)
- Zahl x Kaliber, mm und Typ
MG`s.............................7,62 mm SGMT
(Kampfsatz, Stück).......................(2500)
- 3 PT Panzerabwehrraketen....„Maljutka"
(Kampfsatz)..(6)
Ziel..................................TSCH-2, TPN-1
Waffenstabilisator......................„Meteor"
Funkstation......................................R-113

Zusatzinformation: Er wurde mit Hilfe von Bauteilen und Aggregaten des T-64 entwickelt. Die Wanne wurde aus gewalzten Stahlblechen geschweißt, der Turm mit variabler Wandstärke gegossen. Im Turm war die Kanone und ein koaxiales MG untergebracht. Ein Kartuschenauswurfmechanismus war vorhanden. Außen am Turm war im Heckteil die Abschußvorrichtung für die Panzerabwehrrakete „Maljutka" installiert. Das Nachladen erfolgte manuell.

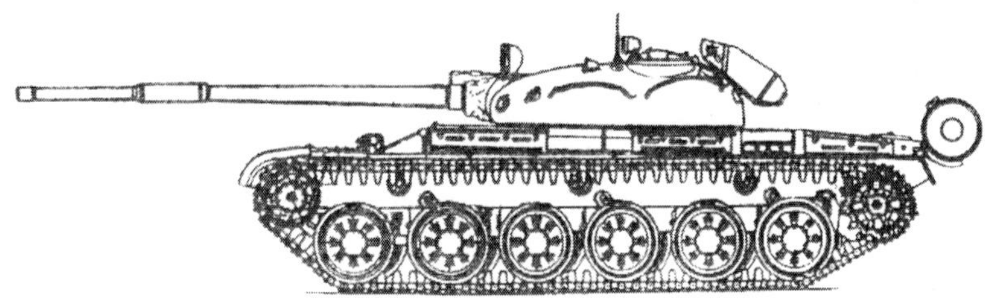

Mittlerer Versuchspanzer Objekt 167 mit Panzerabwehrraketen

Mittlerer Versuchspanzer
(Objekt 167 T)

Baujahr 1963
Entwickler ....KB Uralwaggonwerk
Hersteller...................Uralwaggonwerk
Produktion ....Versuchsmuster
Kampfmasse, t................................36,7
Länge, mm
- von der Kanone vorn.................9335
- Wanne..6070
Breite, mm....................................3300
Höhe, b. Turmspitze mm.............2395
Bodenfreiheit, mm..........................470
Mittl. Bodendruck, kg/cm^2 0,81
überwindbare Hindernisse:
- Anstieg, Grad..................................30
- Watfähigkeit, m......1,4 (m. OPWT-5)
Motortyp...............Gasturbine GTD-3T
Max. Leistung, PS...........................800
Spez. Leistung PS/t......................21,79

Max. Geschwindigkeit km/h................64
Reichweite, km.................................450
Panzerung, mm:
- Wannenstirnwand............................100
- Turmstirnwand................................190
Rauchvorhang..................................TDA
Mannschaft, Mitglieder..........................4
Bewaffnung:
- Zahl x Kaliber, mm und Typ
Geschütz........................115 mm U5-TS
(Kampfsatz, Stück)..........................(40)
- Zahl x Kaliber, mm und Typ
MG`s.............................7,62 mm SGMT
(Kampfsatz, Stück).......................(2500)
Ziel..................................TSCH-2, TPN-1
Waffenstabilisator......................„Meteor“
Funkstation......................................R-113

Zusatzinformation: Er wurde auf der Grundlage des Objektes 167 entwickelt. Er erhielt einen Gasturbinenmotor. Der allgemeine Aufbau und die Bewaffnung sind mit dem Objekt 167 identisch.

Mittlerer Versuchspanzer Objekt 167T

Mittlerer Versuchspanzer
(Objekt 172)

Baujahr 1970
Entwickler ....ZKB SMB
Hersteller...................Uralwaggonwerk
Produktion ....Versuchsmuster
Kampfmasse, t................................41,0
Länge, mm
- von der Kanone vorn..................9530
Breite, mm....................................3370
Höhe, b. Turmspitze mm..............2190
Bodenfreiheit, mm..........................500
Mittl. Bodendruck, kg/cm^2 0,90
überwindbare Hindernisse:
- Anstieg, Grad.................................30
- Watfähigkeit, m......1,2 (m. OPWT-5)
Motortyp.............................Diesel V-45
Max. Leistung, PS...........................780
Spez. Leistung PS/t......................19,00
Max. Geschwindigkeit km/h.............60
Reichweite, km................................650

Panzerung, mm:
- Wannenstirnwand............................205
- Turmstirnwand.........................400-410
Rauchvorhang...................................TDA
Mannschaft, Mitglieder..........................3
Bewaffnung:
- Zahl x Kaliber, mm und Typ
Geschütz.......................125 mm D-81-T
(Kampfsatz, Stück)..........................(39)
- Zahl x Kaliber, mm und Typ
MG's............................12,7 mm NSWT
(Kampfsatz, Stück).........................(300)
- Zahl x Kaliber, mm und Typ
MG`s................................7,62 mm PKT
(Kampfsatz, Stück).......................(2000)
Zielentfernungsmesser.............TPD-2-49
Nachtzielgerät.................................TNP-1
Waffenstabilisator.............................2E28
Funkstation.....................................R-123

Zusatzinformation: Er wurde auf der Basis des T-64A entwickelt. Er erhielt den Dieselmotor V-45 und wurde in den Jahren 1968-1969 erprobt. Im Jahre 1969 erhielt er den Dieselmotor V-46. Die Wanne war aus Walzblechen geschweißt. Die obere Stirnseite war aus kombiniertem Material gefertigt. Der Turm war gegossen und die Stirnseite kombiniert gepanzert.

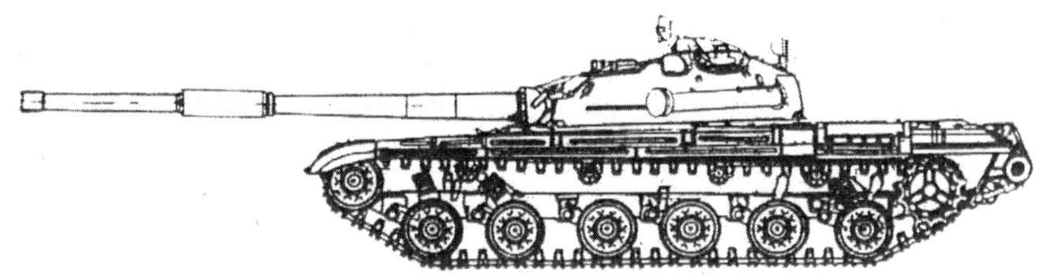

Mittlerer Versuchspanzer Objekt 172

Mittlerer Versuchspanzer
(Objekt 172M)

Baujahr 1971
Entwickler ....ZKB SMB
Hersteller.....................Uralwaggonwerk
Produktion ....Versuchsmuster
Kampfmasse, t.................................42,0
Länge, mm
- von der Kanone vorn....................9530
Breite, mm......................................3370
Höhe, b. Turmspitze mm................2200
Bodenfreiheit, mm............................470
Mittl. Bodendruck, kg/cm^2 0,85
überwindbare Hindernisse:
- Anstieg, Grad...................................30
- Watfähigkeit, m......1,2 (m. OPWT-5)
Motortyp.............................Diesel V-46
Max. Leistung, PS...........................780
Spez. Leistung PS/t.......................18,60
Max. Geschwindigkeit km/h..............60
Reichweite, km................................650

Panzerung, mm:
- Wannenstirnwand.............................205
- Turmstirnwand..........................400-410
Rauchvorhang...................................TDA
Mannschaft, Mitglieder..........................3
Bewaffnung:
- Zahl x Kaliber, mm und Typ
Geschütz........................125 mm D-81T
(Kampfsatz, Stück)..........................(45)
- Zahl x Kaliber, mm und Typ
MG's............................12,7 mm NSWT
(Kampfsatz, Stück)..........................(300)
- Zahl x Kaliber, mm und Typ
MG`s................................7,62 mm PKT
(Kampfsatz, Stück).......................(2000)
Zielentfernungsmesser..............TPD-2-49
Nachtzielgerät.................................TNP-1
Waffenstabilisator.............................2E28
Funkstation......................................R-123

Zusatzinformation: Wurde auf der Basis des Versuchsmusters des Objektes 172 entwickelt. Ein neues Laufwerk basiert ebenfalls auf dem Objekt 167. Er war mit einem Ladeautomaten der Kanone ausgerüstet, wobei die Ladung und die Kartusche getrennt zugeführt werden. Die Wanne war aus Walzblechen geschweißt und der obere Stirnteil aus kombiniertem Material gefertigt. Der Turm war gegossen, und die Stirnseite kombiniert gepanzert. Auf der Basis des Objektes 172M entwickelte man den Serienpanzer T-72.

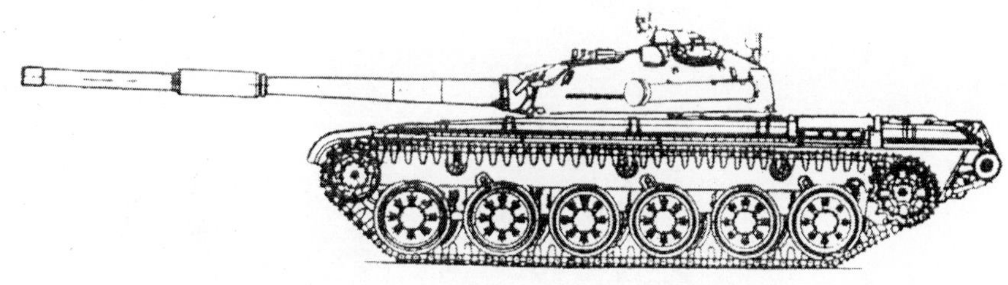

Mittlerer Versuchspanzer Objekt 172M

Standardpanzer T-72 „Ural“
(Objekt 172M)

Baujahr ....i. d. Bewaffnung 1973
Entwickler ....KB Uralwaggonwerk
Hersteller..................Uralwaggonwerk
Produktion ....in Serie 1974-76
Kampfmasse, t...............................41,0
Länge, mm
- von der Kanone vorn.................9530
- Wanne...6860
Breite, mm...................................3460
Höhe, b. Turmspitze mm.............2190
Bodenfreiheit, mm..........................470
Mittl. Bodendruck, kg/cm^2 0,83
überwindbare Hindernisse:
- Anstieg, Grad.................................25
- Querneigung, Grad..........................30
- Graben, m...............................2,6-2,8
- Mauer, m.....................................0,85
- Watfähigkeit, m......1,2 (m. OPWT-5)
Motortyp............................Diesel V-46
Max. Leistung, PS..........................780
Treibstoffvorrat, l...................705+495

Spez. Leistung PS/t...............................19
Max. Geschwindigkeit km/h.................60
Reichweite, km...................................500
Panzerung.............kugelsicher kombiniert
Rauchvorhang....................................TDA
Mannschaft, Mitglieder..........................3
Bewaffnung:
- Zahl x Kaliber, mm und Typ
Geschütz....................125 mm D-81TM
(Kampfsatz, Stück)..........................(39)
- Zahl x Kaliber, mm und Typ
MG’s............................12,7 mm NSWT
(Kampfsatz, Stück).........................(300)
- Zahl x Kaliber, mm und Typ
MG`s................................7,62 mm PKT
(Kampfsatz, Stück).......................(2000)
Zielentfernungsmesser.............TPD-2-49
Nachtzielgerät.....................TNP-1-49-23
Waffenstabilisator..........................2E28M
Navigationsgerät..........................GPK-59
Funkstation..................................R-123M

Zusatzinformation: Er wurde zu Beginn des Jahres 1967 entwickelt. Chefkonstrukteur war W. N. Wenediktow. Der Panzer wurde auf der Grundlage des Laufwerkes des Versuchspanzers Objekt 167 entwickelt. Die Wanne wurde aus 70,80 und 85 mm starken Walzblechen geschweißt. Die obere Stirnplatte besteht aus dreischichtigem Material: Stahl – Glasverbundstoff – Stahl, Der Turm ist monolithisch gegossen und hat unterschiedliche Wandstärken. Der Panzer wurde mit einer Vorrichtung zum Eingraben und zur Installation eines Minenräumgerätes des Typs KMT-6 ausgerüstet. Der T-72 besitzt einen elektro-mechanischen Ladeautomaten. Auf der Basis des T-72 wurden die Varianten T-72K, T-72A, T-72AK und T-72B entwickelt sowie ein Bergungs- und Reparaturpanzer BREM-1 und ein Panzerbrückenleger MTU-72 u. a. Technik.

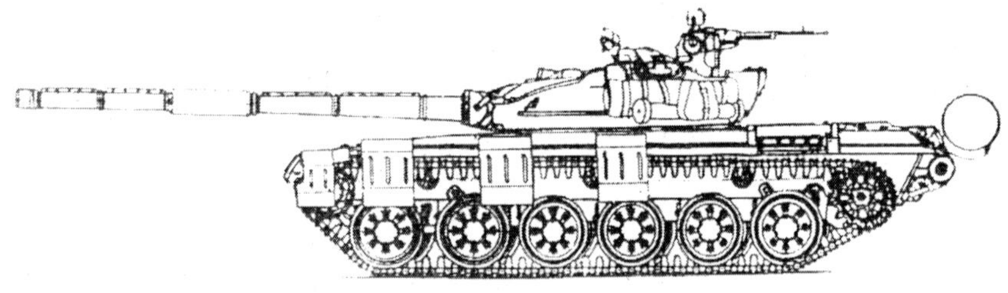

Standardpanzer T-72 „Ural

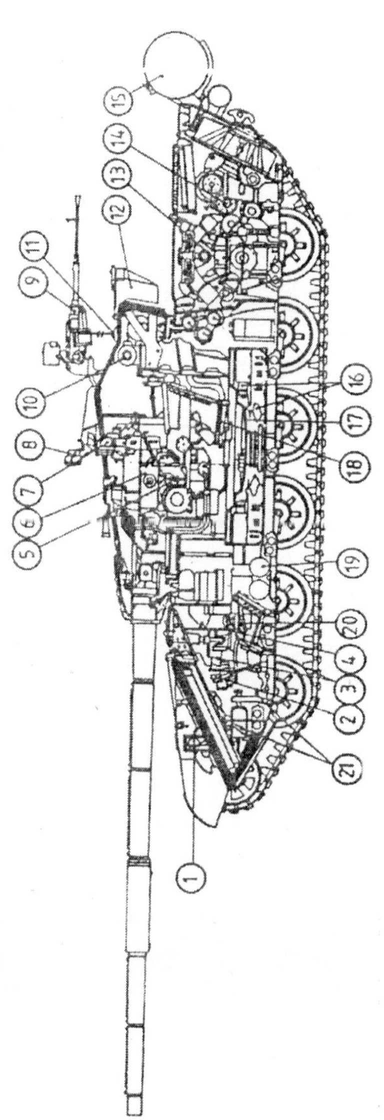

1 – Scheinwerfer FG-125 des Nachtsichtgerätes Panzerfahrers, 2 – Wendehebel, 3 – Apparat des Systems zum Kernwaffenschutz, 4 – Hebel zum Einschalten des Getriebes, 5 – Aufrichtmechanismus der Kanone, 6 – Zielentfernungsmesser TPD-2, 7 – Nachtzielgerät TPN1-49-23, 8 – Scheinwerfer des Beobachters TKN-3, 9 – Fla-MG, 10 – Aufrichtmechanismus für die Kassetten, 11 – Antennenbuchse, 12 – Kasten zur Unterwasserführung des Panzers, 13 – Motor, 14 – Zwischengetriebe 15 – Treibstoffaß, 16 – Ladung und Geschoß in den Transportkassetten, 17 – Drehtransporter, 18 – Richtschützensitz, 19 – chemischer Schutz, 20 – Panzerfahrersitz, 21 – Antrieb der Bergbremse, 22 – Ersatzteilekasten, 23 – Handhebel zur Bewegung des Turms, 24 – Azimutindikator, 25 – Kanonenkeilverschluß, 26 – koaxiales MG PKT, 27 – Kommandeursbeobachtungsgerät, 28 – Seitenblende, 29 – MG-Magazintrommeln, 30 – Funkgerät, 31 – Turmdrehhydraulik,

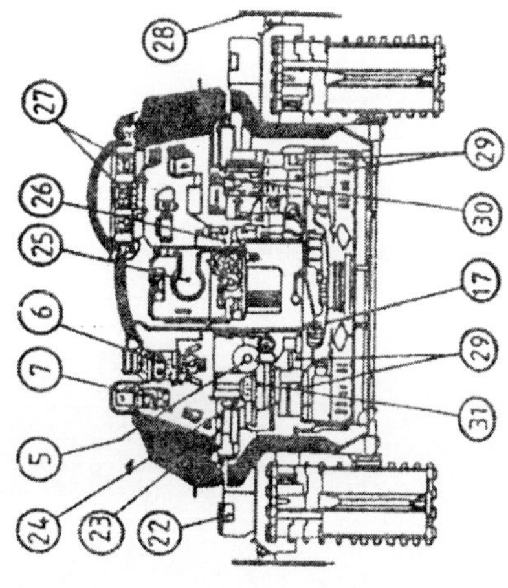

Standardpanzer T-72 „Ural

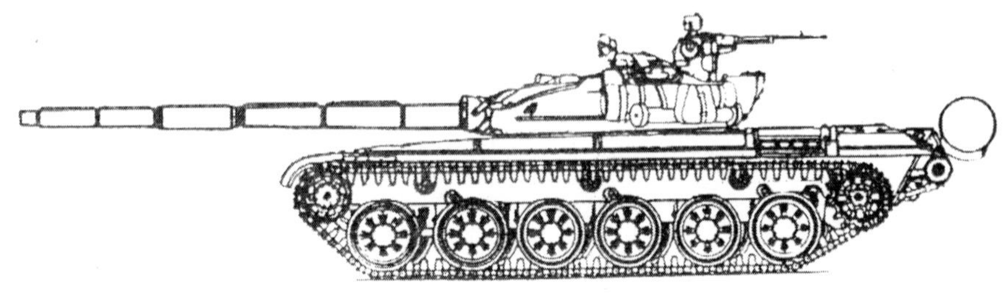

Standardpanzer T-72 ohne Schutz gegen Hohlladungsgeschosse

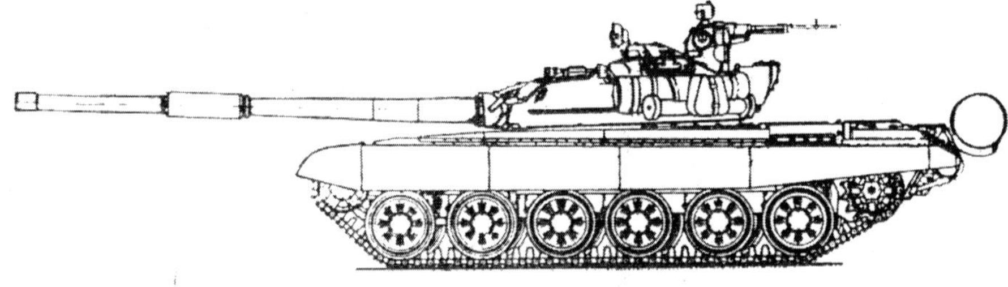

Standardpanzer T-72 mit gummierten Seitenblenden (Forschungsinstitut für Panzertechnik Kubinka)

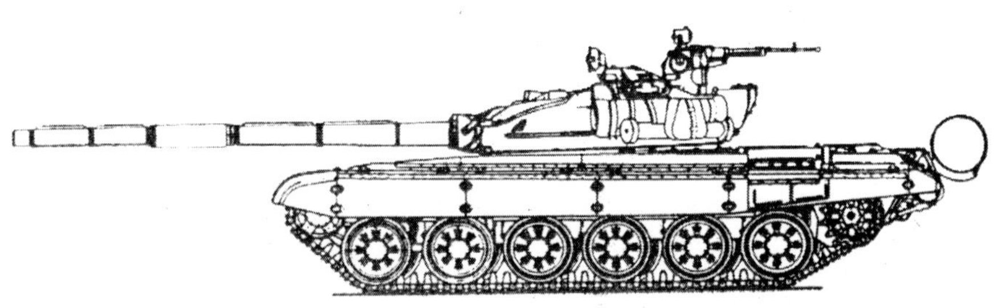

Standardpanzer T-72 mit gummierten Seitenblenden

Standardpanzer T-72 „Ural-1“
(Objekt 172M1)

Baujahr ....i. d. Bewaffnung 1973
Entwickler ....KB Uralwaggonwerk
Hersteller...................Uralwaggonwerk
Produktion ....in Serie 1975-79
Kampfmasse, t...............................41,5
Länge, mm
- von der Kanone vorn.................9530
- Wanne...6860
Breite, mm...................................3466
Höhe, b. Turmspitze mm.............2190
Bodenfreiheit, mm.........................470
Mittl. Bodendruck, kg/cm^2 0,83
überwindbare Hindernisse:
- Anstieg, Grad..................................30
- Watfähigkeit, m......1,2 (m OPWT-5)
Motortyp..........................Diesel V-46-6
Max. Leistung, PS...........................780
Treibstoffvorrat, l.....................705+495
Spez. Leistung PS/t.........................18,8
Max. Geschwindigkeit km/h.............60

Reichweite, km...................................500
Panzerung.............kugelsicher kombiniert
Rauchvorhang...................................TDA
Mannschaft, Mitglieder..........................3
Bewaffnung:
- Zahl x Kaliber, mm und Typ
Geschütz.....................125 mm D-81TM
(Kampfsatz, Stück)..........................(39)
- Zahl x Kaliber, mm und Typ
MG's............................12,7 mm NSWT
(Kampfsatz, Stück).........................(300)
- Zahl x Kaliber, mm und Typ
MG`s................................7,62 mm PKT
(Kampfsatz, Stück).......................(2000)
Zielentfernungsmesser...............TPD-2-49
Nachtzielgerät.......................TNP-1-49-23
Waffenstabilisator...........................2E28M
Navigationsgerät...........................GPK-59
Funkstation...................................R-123M

Zusatzinformation: Es handelt sich um eine verbesserte Variante des Panzers T-72 (Objekt 172M). Die Panzerung der Wanne und des Turms wurden verbessert. Die Anordnung des Scheinwerfers des Nachtsichtgerätes veränderte man.

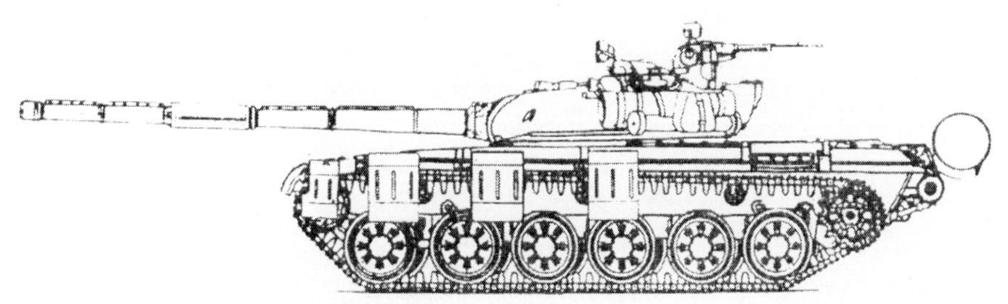

Standardpanzer T-72 „Ural-1“

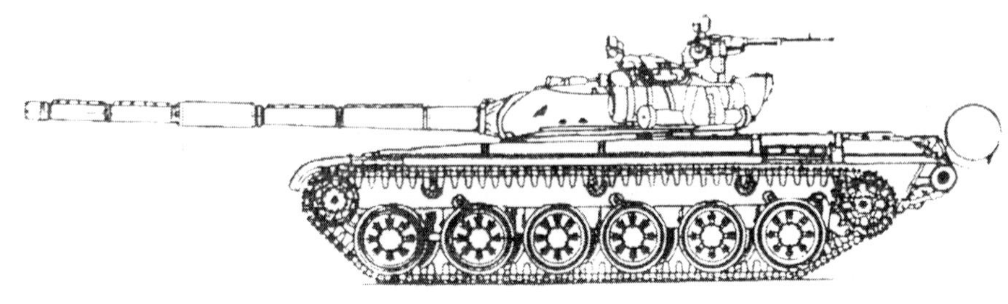

Standardpanzer T-72 „Ural-1“(Variante)

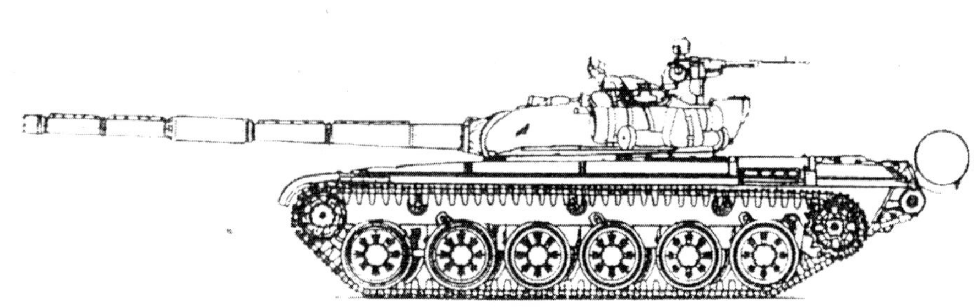

Standardpanzer T-72 „Ural-1“(Variante)

Führungspanzer T-72K „Ural-K“
(Objekt 172MK)

Baujahr ....i. d. Bewaffnung 1974
Entwickler ....KB Uralwaggonwerk
Hersteller..................Uralwaggonwerk
Produktion ....in Serie
Kampfmasse, t................................41,0
Länge, mm
- von der Kanone vorn.................9530
- Wanne...6860
Breite, mm...................................3460
Höhe, b. Turmspitze mm.............2190
Bodenfreiheit, mm..........................470
Mittl. Bodendruck, kg/cm^2 0,83
überwindbare Hindernisse:
- Anstieg, Grad.................................30
- Watfähigkeit, m......1,2 (m. OPWT-5)
Motortyp.............................Diesel V-46
Max. Leistung, PS...........................780
Treibstoffvorrat, l....................765+495
Spez. Leistung PS/t.........................19,0
Max. Geschwindigkeit km/h.............60

Reichweite, km..................................500
Panzerung............. ugelsicher kombiniert
Rauchvorhang..................................TDA
Mannschaft, Mitglieder..........................3
Bewaffnung:
- Zahl x Kaliber, mm und Typ
Geschütz.....................125 mm D-81TM
(Kampfsatz, Stück)..........................(31)
- Zahl x Kaliber, mm und Typ
MG’s............................12,7 mm NSWT
(Kampfsatz, Stück).........................(300)
- Zahl x Kaliber, mm und Typ
MG`s................................7,62 mm PKT
(Kampfsatz, Stück).......................(2000)
Zielentfernungsmesser.............TPD-2-49
Nachtzielgerät......................TNP-1-49-23
Waffenstabilisator..........................2E28M
Navigationsgerät............................TNA-3
Funkstation.......................R-123, R-130M

Zusatzinformation: Es handelt sich um den modernisierten Panzer T-72. Er erhielt ein zusätzliches Kurzwellenfunkgerät, ein Navigationssystem und eine Ladestation AB-1.

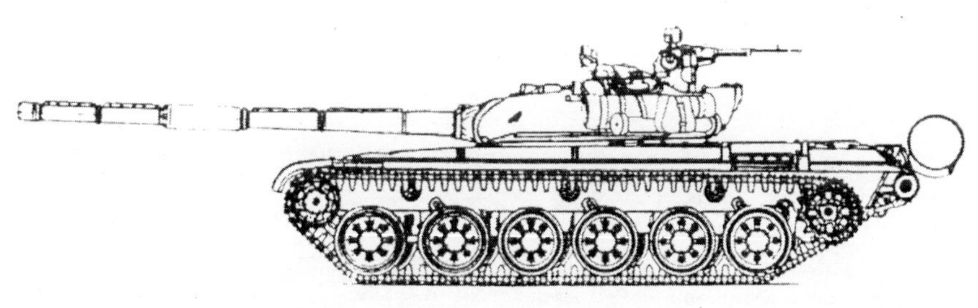

Führungspanzer T-72K

Standardpanzer T-72
(Exportvariante)

Baujahr ....exportiert 1975
Entwickler ....KB Uralwaggonwerk
Hersteller....................Uralwaggonwerk
Produktion ....in Serie 1975
Kampfmasse, t................................41,5
Länge, mm
- von der Kanone vorn.................9530
- Wanne..6860
Breite, mm...................................3570
Höhe, b. Turmspitze mm.............2208
Bodenfreiheit, mm..........................469
Mittl. Bodendruck, kg/cm^2 0,83
überwindbare Hindernisse:
- Anstieg, Grad..................................30
- Watfähigkeit, m......1,2 (m. OPWT-5)
Motortyp..........................Diesel V-46-6
Max. Leistung, PS...........................780
Spez. Leistung PS/t.........................18,8
Max. Geschwindigkeit km/h.............60

Reichweite, km..................................500
Panzerung, mm:
- Wannenstirnwand............................205
- Turmstirnwand..........................400-410
Rauchvorhang..................................TDA
Mannschaft, Mitglieder..........................3
Bewaffnung:
- Zahl x Kaliber, mm und Typ
Geschütz........................125 mm D-81T
(Kampfsatz, Stück)..........................(44)
- Zahl x Kaliber, mm und Typ
MG's............................12,7 mm NSWT
(Kampfsatz, Stück)........................(300)
- Zahl x Kaliber, mm und Typ
MG`s................................7,62 mm PKT
(Kampfsatz, Stück).......................(2000)
Zielentfernungsmesser.............TPD-2-49
Nachtzielgerät......................TNP-1-49-23
Waffenstabilisator..........................2E28M
Funkstation..................................R-123M

Zusatzinformation: Der Panzer unterscheidet sich vom Standard T-72 durch die Konstruktion der Panzerung der Turmstirnwand, durch den Kernwaffenschutz und die mitgeführte Munition.

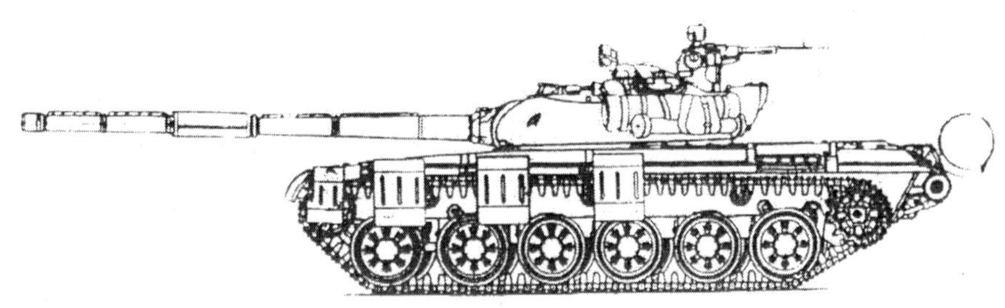

Standardpanzer T-72

Standardpanzer T-72A
(Objekt 176)

Baujahr ....i. d. Bewaffnung 1979
Entwickler ....KB Uralwaggonwerk
Hersteller...................Uralwaggonwerk
Produktion ....in Serie 1979-85
Kampfmasse, t........................41-41,50
Länge, mm
- von der Kanone vorn.................9530
- Wanne...6860
Breite, mm....................................3590
Höhe, b. Turmspitze mm.............2190
Bodenfreiheit, mm...................470-495
Mittl. Bodendruck, kg/cm^2 0,84
überwindbare Hindernisse:
- Anstieg, Grad..................................30
- Querneigung, Grad..........................25
- Mauer, m......................................0,85
- Graben, m................................2,6-2,8
- Watfähigkeit, m......1,2 (m. OPWT-5)
Motortyp..........................Diesel V-46-6
Max. Leistung, PS...........................780
Treibstoffvorrat, l...................705+1045
Spez. Leistung PS/t................18,8-19,0

Max. Geschwindigkeit km/h.................60
Reichweite, km............................460-650
Panzerung............kugelsicher kombiniert
Rauchvorhang..................TDA, 12x902A
Mannschaft, Mitglieder..........................3
Bewaffnung:
- Zahl x Kaliber, mm und Typ
Geschütz..........................125 mm 2A46
(Kampfsatz, Stück)..........................(44)
- Zahl x Kaliber, mm und Typ
MG's............................12,7 mm NSWT
(Kampfsatz, Stück).........................(300)
- Zahl x Kaliber, mm und Typ
MG's................................7,62 mm PKT
(Kampfsatz, Stück).......................(2000)
Zielentfernungsmesser.................TPD-K1
Nachtzielgerät............................TNP-3-49
Waffenstabilisator..........................2E28M
Feuerleitgerät...................................1A40
Navigationsgerät...........................GPK-59
Funkstation..................................R-123M

Zusatzinformation: Wurde auf der Grundalge des Regierungsbeschlusses vom 16.12.1976 entwickelt. Es handelt sich um die Weiterentwicklung des T-72 (Objekt 172M1). Er wurde mit einem Laserziel- und Entfernungsmeßgerät ausgestattet. Von 1982 an wurde ein Waffenstabilisator 2E42-2 eingesetzt. Er besaß einen gegossenen Turm mit Sandstäben als Füllmaterial zur Panzerung und außerdem eine Vorrichtung zum Eingraben und zur Installation eines Minenräumgerätes KMT-6.

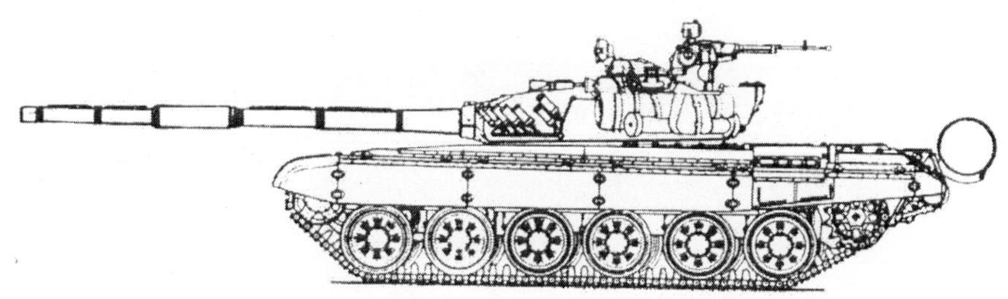

Standardpanzer T-72A

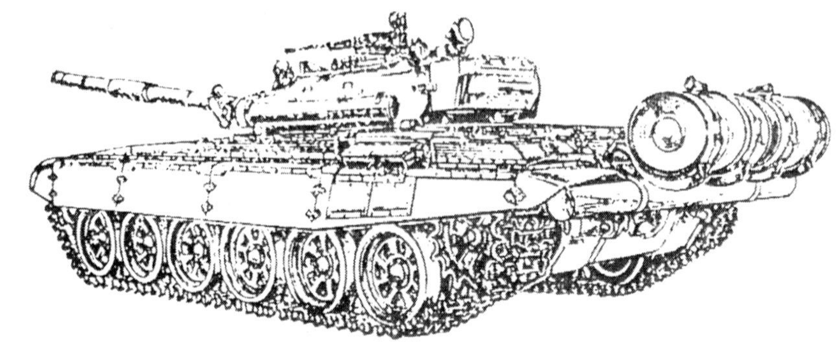

Standardpanzer T-72A (Hinteransicht)

Standardpanzer T-72A (Vorderansicht)

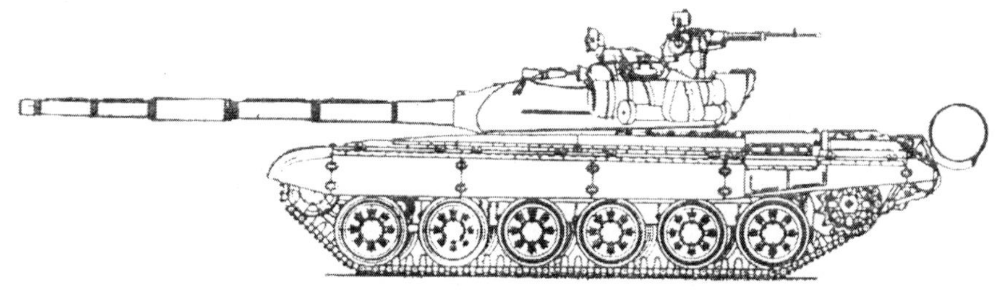

Standardpanzer T-72A der ersten Serie

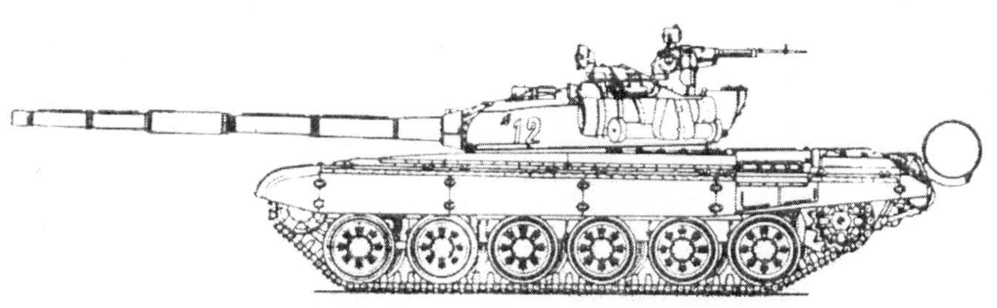

Standardpanzer T-72A während der Übung „Sapad-81"

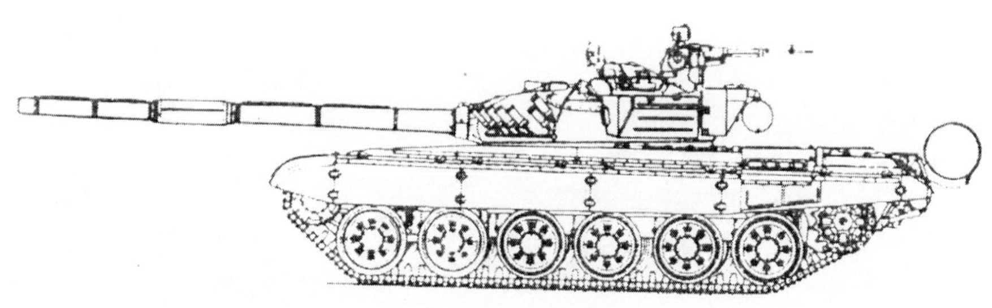

Standardpanzer T-72A der letzten Serien

Führungspanzer T-72AK
(Objekt 176K)

Baujahr ....i. d. Bewaffnung 1979
Entwickler ....KB Uralwaggonwerk
Hersteller...................Uralwaggonwerk
Produktion ....in Serie
Kampfmasse, t.................................41
Länge, mm
- von der Kanone vorn.................9530
- Wanne...6860
Breite, mm...................................3590
Höhe, b. Turmspitze mm.............2190
Bodenfreiheit, mm..........................470
Mittl. Bodendruck, kg/cm^2 0,84
überwindbare Hindernisse:
- Anstieg, Grad.................................30
- Mauer, m.....................................0,85
- Graben, m......................................2,8
- Watfähigkeit, m.......1,2 (m. OPWT-5)
Motortyp.........................Diesel V-46-6
Max. Leistung, PS...........................780
Treibstoffvorrat, l..................705+1045
Spez. Leistung PS/t................18,8-19,0

Max. Geschwindigkeit km/h.................60
Reichweite, km....................................50
Panzerung.............kugelsicher kombiniert
Rauchvorhang..................TDA, 12x902A
Mannschaft, Mitglieder..........................3
Bewaffnung:
- Zahl x Kaliber, mm und Typ
Geschütz...........................125 mm 2A46
(Kampfsatz, Stück)...........................(36)
- Zahl x Kaliber, mm und Typ
MG's............................12,7 mm NSWT
(Kampfsatz, Stück).........................(300)
- Zahl x Kaliber, mm und Typ
MG`s...............................7,62 mm PKT
(Kampfsatz, Stück).......................(2000)
Zielentfernungsmesser.................TPD-K1
Nachtzielgerät............................TNP-3-49
Waffenstabilisator..........................2E28M
Feuerleitgerät....................................1A40
Navigationsgerät............................TNA-3
Funkstation....................R-123M, R-130M

Zusatzinformation: Er wurde auf der Basis des Serienpanzers T-72A entwickelt. Er erhielt zusätzlich ein Kurzwellenfunkgerät, eine Ladestation und ein Navigationsgerät.

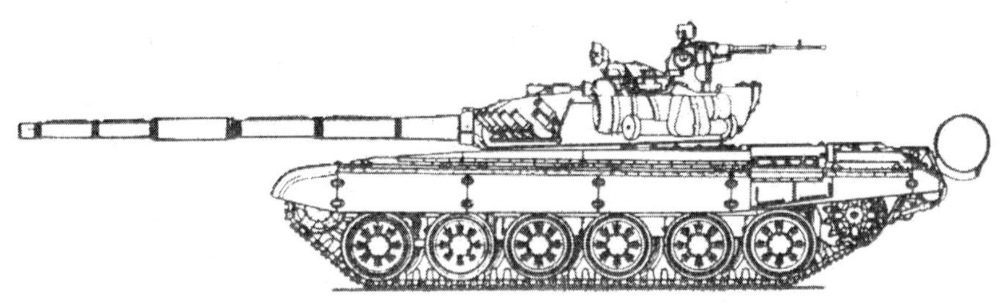

Führungspanzer T-72AK

Standardpanzer T-72M
(Exportvariante)

Baujahr ....hergestellt 1980
Entwickler ....KB Uralwaggonwerk
Hersteller....................Uralwaggonwerk
Produktion ....in Serie
Kampfmasse, t................................41,0
Länge, mm
- von der Kanone vorn..................9530
- Wanne..6860
Breite, mm....................................3590
Höhe, b. Turmspitze mm..............2190
Bodenfreiheit, mm..........................470
Mittl. Bodendruck, kg/cm^2 0,84
überwindbare Hindernisse:
- Anstieg, Grad.................................30
- Watfähigkeit, m......1,2 (m. OPWT-5)
Motortyp............................Diesel V-46
Max. Leistung, PS...........................780
Spez. Leistung PS/t.........................19,0
Max. Geschwindigkeit km/h..............60
Treibstoffvorrat, l.................705+1045

Reichweite, km....................................500
Panzerung, mm:
- Wannenstirnwand.................60+105+50
- Turmstirnwand..................................450
Rauchvorhang...................TDA, 12x902A
Mannschaft, Mitglieder...........................3
Bewaffnung:
- Zahl x Kaliber, mm und Typ
Geschütz...........................125 mm D-81
(Kampfsatz, Stück)...........................(44)
- Zahl x Kaliber, mm und Typ
MG's............................12,7 mm NSWT
(Kampfsatz, Stück).........................(300)
- Zahl x Kaliber, mm und Typ
MG`s................................7,62 mm PKT
(Kampfsatz, Stück).......................(2000)
Zielentfernungsmesser................TPD-K1
Nachtzielgerät...........................TNP-3-49
Waffenstabilisator.........................2E28M
Funkstation...................................R-123M

Zusatzinformation: Wurde auf der Basis des Panzers T-72A entwickelt. Er unterscheidet sich von diesem durch die Panzerung des Turms und das kollektive Sicherheitssystem sowie die Munitionsbevorratung.

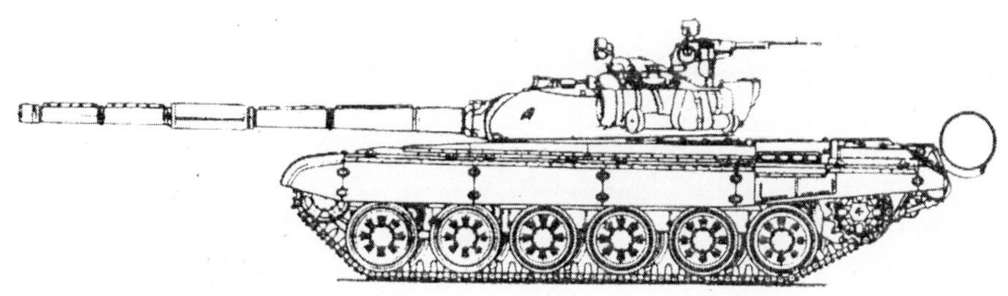

Standardpanzer T-72M

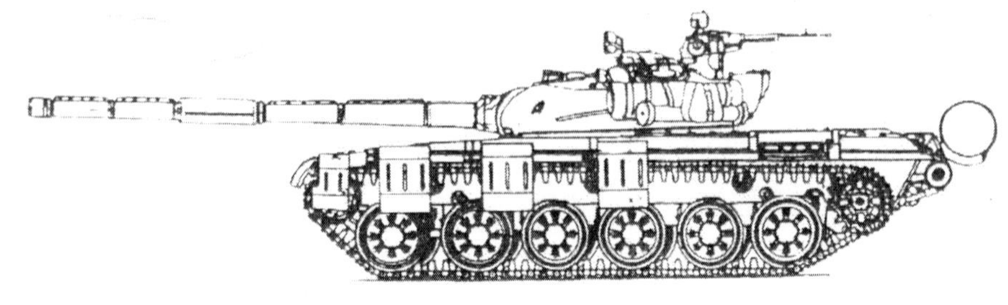

Standardpanzer T-72M (Variante)

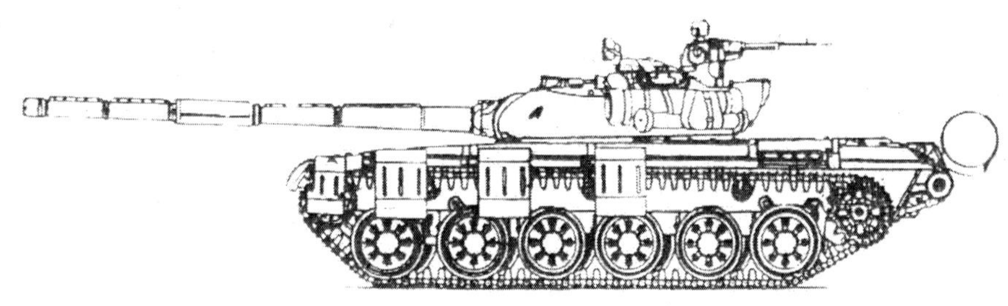

Standardpanzer T-72M (Variante)

Der Standardpanzer T-72M1
(Exportvariante)

Baujahr ....hergestellt 1982
Entwickler ....KB Uralwaggonwerk
Hersteller...................Uralwaggonwerk
Produktion ....in Serie
Kampfmasse, t................................41,5
Länge, mm
- von der Kanone vorn.................9530
- Wanne...6860
Breite, mm...................................3590
Höhe, b. Turmspitze mm.............2190
Bodenfreiheit, mm..........................470
Mittl. Bodendruck, kg/cm^2 0,85
überwindbare Hindernisse:
- Anstieg, Grad..................................30
- Watfähigkeit, m......1,2 (m. OPWT-5)
Motortyp.............................Diesel V-46
Max. Leistung, PS...........................780
Treibstoffvorrat, l..................705+1045
Spez. Leistung PS/t...........................19
Max. Geschwindigkeit km/h.............60

Reichweite, km...................................500
Panzerung, mm:
- Wannenstirnwand...........60+105+50+16
- Turmstirnwand.................................530
Rauchvorhang..................TDA, 12x902A
Mannschaft, Mitglieder...........................3
Bewaffnung:
- Zahl x Kaliber, mm und Typ
Geschütz...........................125 mm 2A46
(Kampfsatz, Stück)..........................(44)
- Zahl x Kaliber, mm und Typ
MG's............................12,7 mm NSWT
(Kampfsatz, Stück).........................(300)
- Zahl x Kaliber, mm und Typ
MG`s................................7,62 mm PKT
(Kampfsatz, Stück).......................(2000)
Zielentfernungsmesser................TPD-K1
Nachtzielgerät...........................TNP-3-49
Waffenstabilisator.........................2E28M
Funkstation..................................R-123M

Zusatzinformation: Es handelt sich um den modernisierten Panzer T-72M. Die Panzerung im Oberteil der Wannenstirnwand wurde durch ein zusätzliches Blech um 16 mm verstärkt. Auf dem Panzer wurde eine kombinierte Panzerung unter Einsatz von Sandstäben als Füllmittel realisiert.

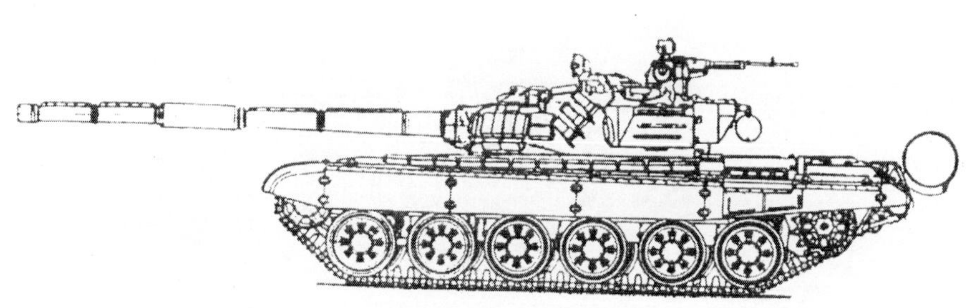

Standardpanzer T-72M1

Standardpanzer T-72AW

Baujahr ....i. d. Bewaffnung 1985
Entwickler ....KB Uralwaggonwerk
Hersteller............Reparaturwerk d. VM
Produktion ....Modernisierung
Kampfmasse, t................................43,0
Länge, mm
- von der Kanone vorn..................9530
- Wanne...6860
Breite, mm....................................3590
Höhe, b. Turmspitze mm..............2140
Bodenfreiheit, mm..........................470
Mittl. Bodendruck, kg/cm^2 0,87
überwindbare Hindernisse:
- Anstieg, Grad.................................30
- Watfähigkeit, m......1,2 (m. OPWT-5)
Motortyp.........................Diesel V-46-6
Max. Leistung, PS...........................780
Treibstoffvorrat, l..................705+1045
Spez. Leistung PS/t........................18,1
Max. Geschwindigkeit km/h............55

Reichweite, km....................................500
Panzerung kugelsicher, kombiniert mit reaktiver Sicherheitssprengung
Rauchvorhang....................TDA, 8x902B
Mannschaft, Mitglieder...........................3
Bewaffnung:
- Zahl x Kaliber, mm und Typ
Geschütz...........................125 mm 2A46
(Kampfsatz, Stück)..........................(44)
- Zahl x Kaliber, mm und Typ
MG's.............................12,7 mm NSWT
(Kampfsatz, Stück).........................(300)
- Zahl x Kaliber, mm und Typ
MG`s.................................7,62 mm PKT
(Kampfsatz, Stück).......................(2000)
Zielentfernungsmesser................TPD-K1
Nachtzielgerät...........................TNP-3-49
Waffenstabilisator.........................2E28M
Feuerleitgerät...................................1A40
Funkstation.................................R-123M

Zusatzinformation: Es handelt sich um eine Variante des Panzers T-72A. Die Wanne und der Turm wurden durch den reaktiven Sprengschutz aktiv gesichert.

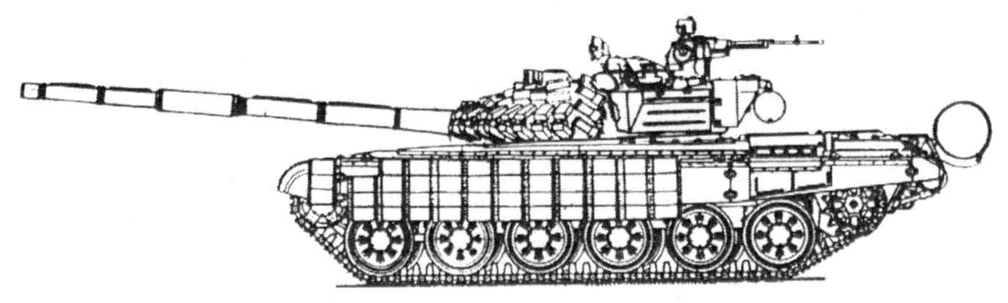

Standardpanzer T-72AW

Der Standardpanzer T-72B

Baujahr ....i. d. Bewaffnung 1985
Entwickler ....KB Uralwaggonwerk
Hersteller....................Uralwaggonwerk
Produktion ....in Serie 1985
Kampfmasse, t................................44,5
Länge, mm
- von der Kanone vorn..................9530
- Wanne..6860
Breite, mm...................................3460
Höhe, b. Turmspitze mm..............2226
Bodenfreiheit, mm..........................470
Mittl. Bodendruck, kg/cm^2 0,90
überwindbare Hindernisse:
- Anstieg, Grad.................................30
- Watfähigkeit, m......1,2 (m. OPWT-5)
Motortyp.........................Diesel V-84-1
Max. Leistung, PS...........................840
Treibstoffvorrat, l.................1200+400
Spez. Leistung PS/t.........................18,9
Max. Geschwindigkeit km/h.............60

Reichweite, km...................................500
Panzerung kugelsicher, kombiniert mit reaktiver Sicherheitssprengung
Rauchvorhang...................TDA, 8x902B
Mannschaft, Mitglieder...........................3
Bewaffnung:
- Zahl x Kaliber, mm und Typ
Geschütz.......................125 mm 2A46M
(Kampfsatz, Stück)..........................(45)
- Zahl x Kaliber, mm und Typ
MG's............................12,7 mm NSWT
(Kampfsatz, Stück).........................(300)
- Zahl x Kaliber, mm und Typ
MG`s................................7,62 mm PKT
(Kampfsatz, Stück).......................(2000)
Zielentfernungsmesser................1K13-49
Waffenstabilisator...........................2E42-2
Feuerleitsystem..............................1A40-1
Lenkwaffenkomplex.......................9K120
Funkstation.......................................R-173

Zusatzinformation: Der Panzer wurde auf der Grundlage des Standardpanzers T-72A entwickelt. Er erhielt den Lenkwaffenkomplex „Swir“ und 227 Sprengschutzcontainer (davon 61 auf der Wanne). Auf seiner Grundlage wurde die Exportvariante T-72S entwickelt. Der Panzer ist mit einem Gerät zum Eingraben und einer Vorrichtung zur Installation des Minenräumgerätes KMT-6 ausgestattet. Im Jahre 1988 wurde der Panzer modernisiert. Er wurde mit reaktiven Sprengschutz ausgestattet.

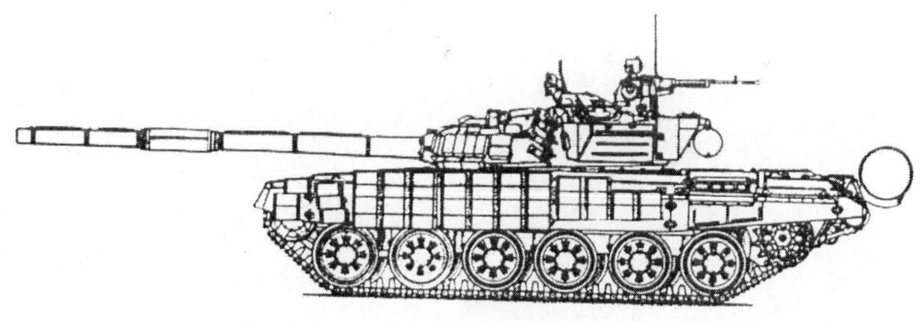

Standardpanzer T-72B

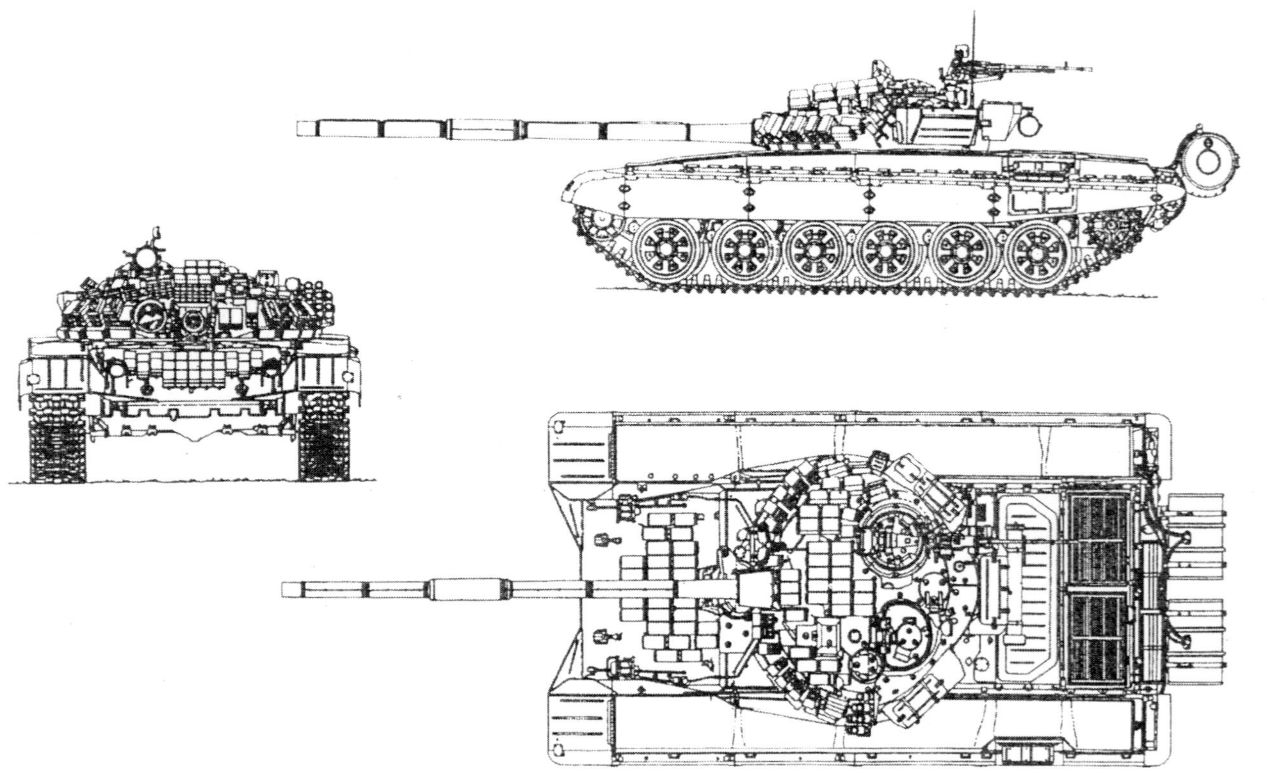

Standardpanzer T-72B (1988)

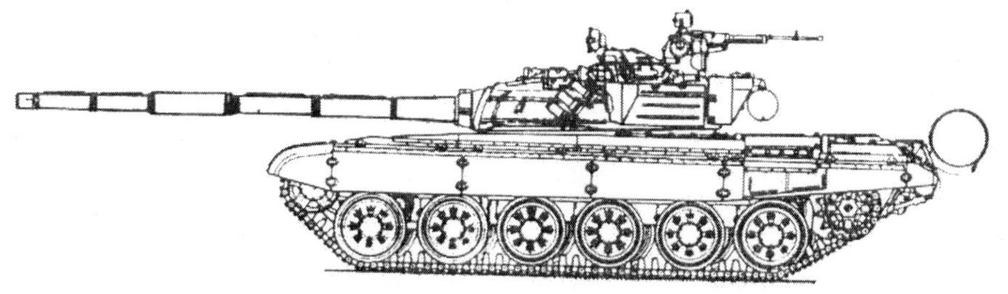

Standardpanzer T-72B der ersten Serien

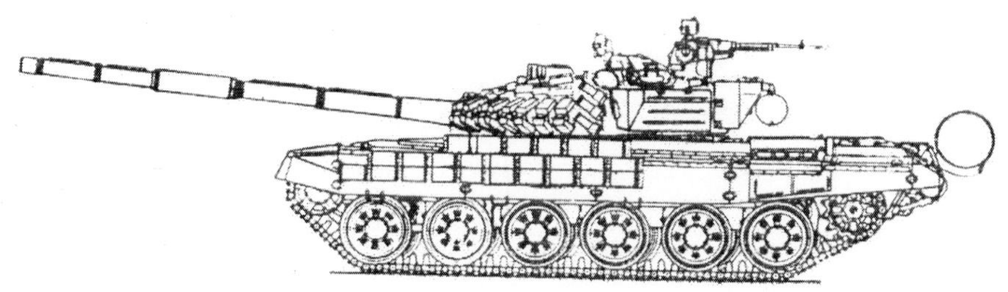

Versuchspanzer T-72B

Der Standardpanzer T-72B1

Baujahr ....i. d. Bewaffnung 1985
Entwickler ....KB Uralwaggonwerk
Hersteller....................Uralwaggonwerk
Produktion ....in Serie 1985
Kampfmasse, t................................44,5
Länge, mm
- von der Kanone vorn..................9530
- Wanne..6860
Breite, mm....................................3460
Höhe, b. Turmspitze mm.............2226
Bodenfreiheit, mm..........................470
Mittl. Bodendruck, kg/cm^2 0,90
überwindbare Hindernisse:
- Anstieg, Grad.................................30
- Watfähigkeit, m......1,2 (m. OPWT-5)
Motortyp.........................Diesel V-84-1
Max. Leistung, PS...........................840
Treibstoffvorrat, l..................1200+400
Spez. Leistung PS/t........................18,9
Max. Geschwindigkeit km/h.............60

Reichweite, km.....................................500
Panzerung: kugelsicher, kombiniert mit reaktiver Sicherheitssprengung
Rauchvorhang....................TDA, 8x902B
Mannschaft, Mitglieder...........................3
Bewaffnung:
- Zahl x Kaliber, mm und Typ
Geschütz.......................125 mm 2A46M
(Kampfsatz, Stück)..........................(45)
- Zahl x Kaliber, mm und Typ
MG's............................12,7 mm NSWT
(Kampfsatz, Stück).........................(300)
- Zahl x Kaliber, mm und Typ
MG`s................................7,62 mm PKT
(Kampfsatz, Stück).......................(2000)
Zielentfernungsmesser......................1K13
Waffenstabilisator..........................2E42-2
Feuerleitsystem..............................1A40-1
Funkstation.....................................R-173

Zusatzinformation: Es handelt sich um eine Variante des T-72B, wobei bestimmte Elemente der Lenkwaffen nicht montiert wurden.

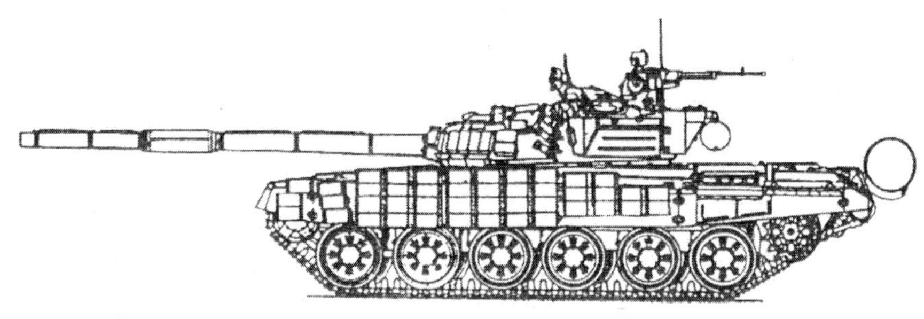

Standardpanzer T-72B1

Standardpanzer T-72S

Baujahr 1987
Entwickler ....KB Uralwaggonwerk
Hersteller....................Uralwaggonwerk
Produktion ....in Serie
Kampfmasse, t...............................44,5
Länge, mm
- von der Kanone vorn.................9530
- Wanne...6860
Breite, mm...................................3560
Höhe, b. Turmspitze mm.............2222
Bodenfreiheit, mm..........................490
Mittl. Bodendruck, kg/cm^2 0,90
überwindbare Hindernisse:
- Anstieg, Grad.................................30
- Querneigung, Grad..........................25
- Mauer, m.....................................0,85
- Watfähigkeit, m......1,2 (m. OPWT-5)
Motortyp............................Diesel V-84
Max. Leistung, PS..........................840

Spez. Leistung PS/t..........................18,85
Max. Geschwindigkeit km/h.................60
Reichweite, km...................................600
Panzerung: kugelsicher, kombiniert mit reaktiver Sicherheitssprengung
Rauchvorhang..................TDA, 8x902B
Mannschaft, Mitglieder..........................3
Bewaffnung:
- Zahl x Kaliber, mm und Typ
Geschütz.......................125 mm 2A46M
(Kampfsatz, Stück)..........................(45)
- Zahl x Kaliber, mm und Typ
MG's............................12,7 mm NSWT
(Kampfsatz, Stück).........................(300)
- Zahl x Kaliber, mm und Typ
MG`s...............................7,62 mm PKT
(Kampfsatz, Stück).......................(2000)
Ziel..1K-13-49
Funkstation.....................................R-173

Zusatzinformation: Es handelt sich um die Exportvariante des Panzers T-72B. Während seiner Entwicklung wurde er als T-72M1M bezeichnet. Der Panzer wurde mit 155 Containern des reaktiven Sprengschutzes ausgestattet. Er besitzt eine Planierraupenausrüstung zum Eingraben und eine Vorrichtung zur Installation eines Minenräumgerätes.

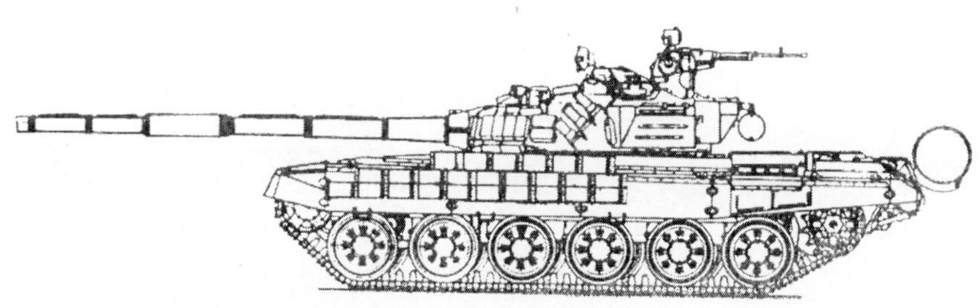

Standardpanzer T-72S

Führungspanzer T-72BK

Baujahr ....i. d. Bewaffnung 1987
Entwickler ....KB Uralwaggonwerk
Hersteller....................Uralwaggonwerk
Produktion ....in Serie 1987
Kampfmasse, t................................44,5
Länge, mm
- von der Kanone vorn.................9530
- Wanne...6860
Breite, mm...................................3460
Höhe, b. Turmspitze mm.............2226
Bodenfreiheit, mm..........................470
Mittl. Bodendruck, kg/cm^2 0,90
überwindbare Hindernisse:
- Anstieg, Grad.................................30
- Watfähigkeit, m......1,2 (m. OPWT-5)
Motortyp..........................Diesel V-84-1
Max. Leistung, PS............................840
Treibstoffvorrat, l...................1200+400
Spez. Leistung PS/t.........................18,9
Max. Geschwindigkeit km/h.............60

Reichweite, km...................................500
Panzerung............kugelsicher, kombiniert
mit reaktiver Sicherheitssprengung
Rauchvorhang..................TDA, 8x902A
Mannschaft, Mitglieder..........................3
Bewaffnung:
- Zahl x Kaliber, mm und Typ
Geschütz.........................125 mm 2A46
(Kampfsatz, Stück).............................(-)
- Zahl x Kaliber, mm und Typ
MG's............................12,7 mm NSWT
(Kampfsatz, Stück).........................(300)
- Zahl x Kaliber, mm und Typ
MG`s................................7,62 mm PKT
(Kampfsatz, Stück).......................(2000)
Zielentfernungsmesser................1K33-49
Waffenstabilisator.........................2E42-2
Feuerleitsystem..............................1A40-1
Navigationsgerät............................TNA-3
Funkstation...........................R-113, R-130

Zusatzinformation: Er wurde auf der Grundlage des Serienstandardpanzers T-72B entwickelt und mit einem Kurzwellenfunkgerät, dem Navigationsgerät TNA-4 und dem Ladegerät AB-1 ausgerüstet.

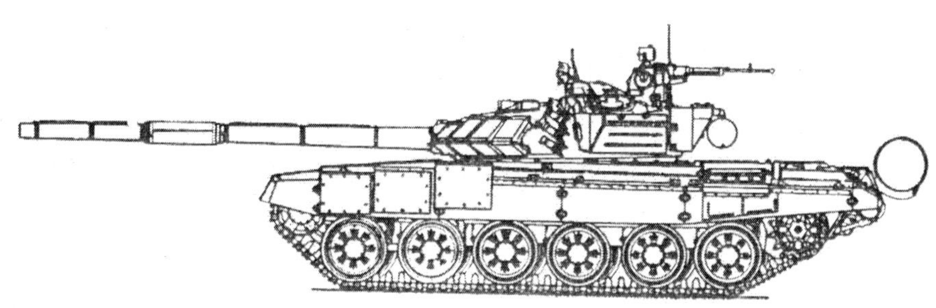

Führungspanzer T-72BK

Standardpanzer T-72B(M)

Baujahr ....i. d. Bewaffnung 1985
Entwickler ....KB Uralwaggonwerk
Hersteller....................Uralwaggonwerk
Produktion ....in Serie 1988
Kampfmasse, t................................44,5
Länge, mm
- von der Kanone vorn..................9530
- Wanne...6860
Breite, mm...................................3460
Höhe, b. Turmspitze mm.............2226
Bodenfreiheit, mm..........................470
Mittl. Bodendruck, kg/cm^2 0,90
überwindbare Hindernisse:
- Anstieg, Grad.................................30
- Graben, m.....................................2,8
- Mauer, m......................................0,85
- Watfähigkeit, m......1,2 (m. OPWT-5)
Motortyp..........................Diesel V-84-1
Max. Leistung, PS............................840
Treibstoffvorrat, l..................1200+400
Spez. Leistung PS/t......................18,90

Max. Geschwindigkeit km/h................60
Reichweite, km..................................500
Panzerung kugelsicher, kombiniert mit reaktiver Sicherheitssprengung
Rauchvorhang..................TDA, 8x902B
Mannschaft, Mitglieder..........................3
Bewaffnung:
- Zahl x Kaliber, mm und Typ
Geschütz.......................125 mm 2A46M
(Kampfsatz, Stück)..........................(45)
- Zahl x Kaliber, mm und Typ
MG's............................12,7 mm NSWT
(Kampfsatz, Stück).........................(300)
- Zahl x Kaliber, mm und Typ
MG`s...............................7,62 mm PKT
(Kampfsatz, Stück).......................(2000)
Ziel..1K13-49
Waffenstabilisator..........................2E42-2
Lenkwaffenkomplex.......................9K120
Feuerleitgerät.................................1A40-1
Funkstation......................................R-173

Zusatzinformation: Es handelt sich um eine modernisierte Variante des T-72B. Auf dem Panzer wurde, wie auf dem T-80U, die reaktive Sicherheitssprengung als Schutzmaßnahme eingesetzt. Der Panzer T-72B wurde bis zur Aufnahme des Panzers T-90 in die Bewaffnung in Serie produziert.

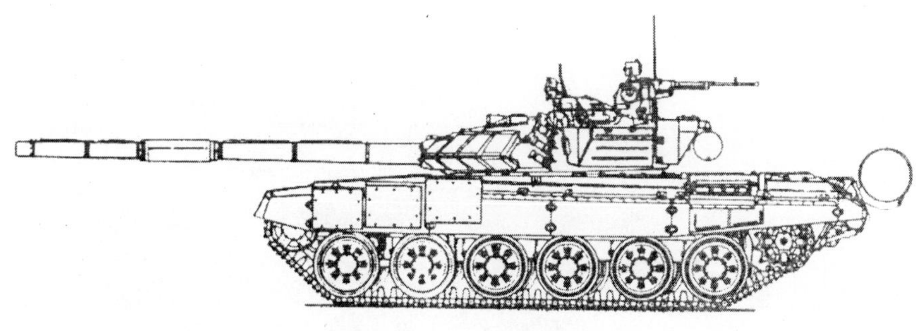

Standardpanzer T-72B(M)

Standardpanzer T-80
(Objekt 219sp2)

Baujahr ...i. d. Bewaffnung 06.07.1976
Entwickler..............SKB-2 Leningrader Kirowwerk
Hersteller...................PO „Kirowwerk“
Produktion ....in Serie 1976-78
Kampfmasse, t................................42,0
Länge, mm
- von der Kanone vorn........9469(9656)
- Wanne..6780
Breite, mm....................................3525
Höhe, b. Turmspitze mm....2300(2195)
Bodenfreiheit, mm..................459(451)
Mittl. Bodendruck, kg/cm^2 0,83
überwindbare Hindernisse:
- Querneigung, Grad..........................30
- Watfähigkeit, m.......1,2 (m. OPWT-5)
Motortyp..........Gasturbine GTD-1000T
Max. Leistung, PS..........................1000
Treibstoffvorrat, l...................1140+700
Spez. Leistung PS/t.........................23,8
Max. Geschwindigkeit km/h....................70
Reichweite, km...............................335-500
Panzerung...............kugelsicher, kombiniert
Rauchvorhang.......................................TDA
Mannschaft, Mitglieder..............................3
Bewaffnung:
- Zahl x Kaliber, mm und Typ
Geschütz............125 mm 2A46-1(2A46-2)
(Kampfsatz, Stück)..............................(40)
- Zahl x Kaliber, mm und Typ
MG’s...............................12,7 mm NSWT
(Kampfsatz, Stück)............................(300)
- Zahl x Kaliber, mm und Typ
MG`s...................................7,62 mm PKT
(Kampfsatz, Stück)..........................(2000)
Zielentfernungsmesser.TPD-2-49(TPD-K1)
Nachtziel.................................TPN-1-49-23
Waffenstabilisator...........................2E28M2
Funkstation..........................R-123M(R-123)

Zusatzinformation: Der Panzer wurde auf der Grundlage des Beschlusses des ZK der KPdSU und des sowjetischen Ministerrates vom 16.04.68 entwickelt. Er wurde als Panzer T-64 mit einem Gasturbinenmotor projektiert und als mittlerer Panzer T-80 in die Bewaffnung aufgenommen. Der Panzer erhielt einen hydro-elektromechanischen Ladeautomaten der Kanone analog zum T-64A. Auf der Grundlage des Panzers T-80 wurden die Modifikationen T-80B(BW), Objekt 219RD u. a. entwickelt.

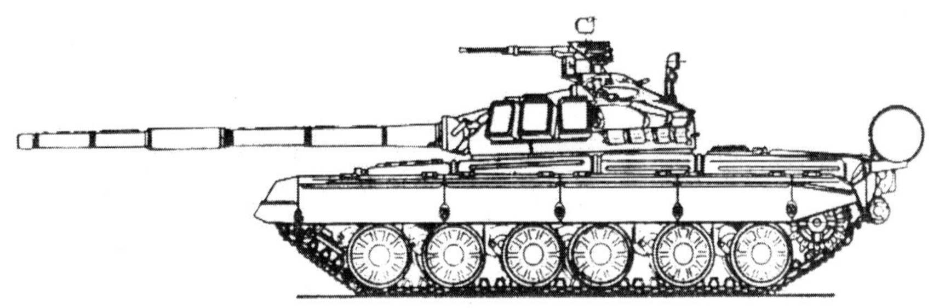

Standardpanzer T-80

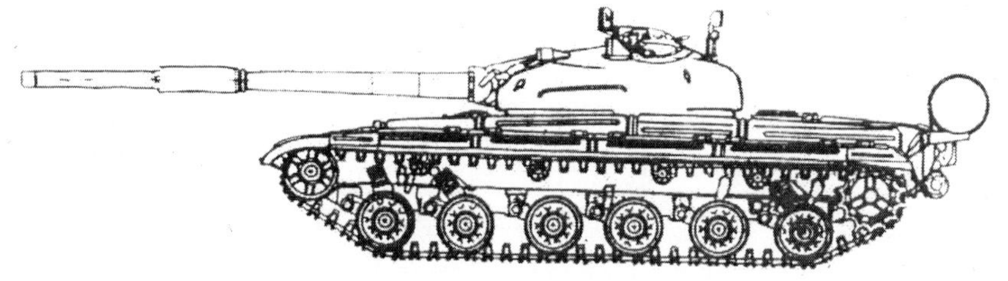

Versuchspanzer Objekt 219 sp1

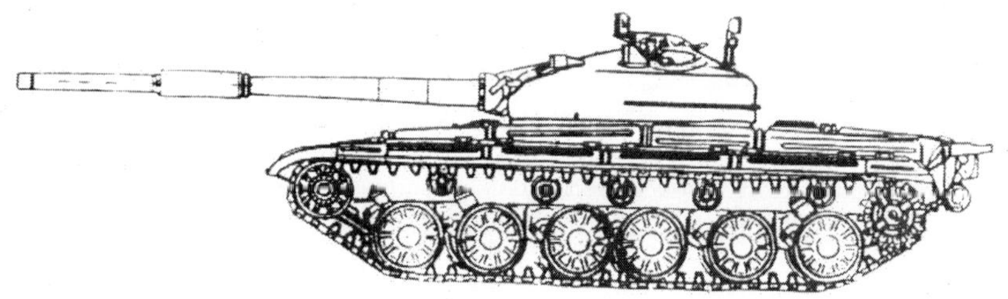

Versuchspanzer Objekt 219 sp2

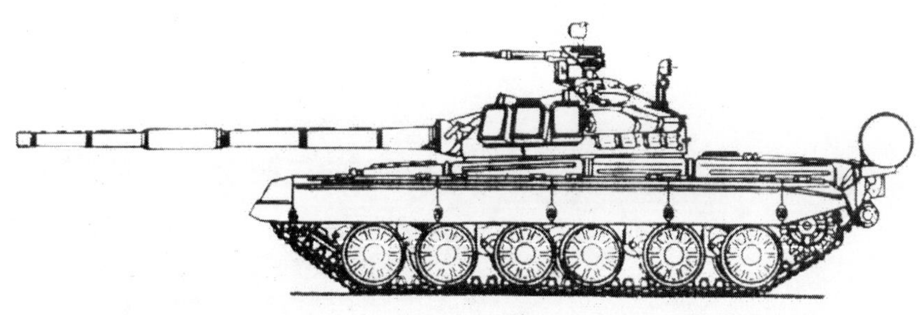

Standardpanzer T-80 mit Zielweitenmesser TPD-K1

Versuchsstandardpanzer
(Objekt 219RD)

Baujahr 1975-76
Entwickler .... SKB-2 Leningrader Kirowwerk
Hersteller.......................... „Kirowwerk"
Produktion .... Versuchsmuster
Kampfmasse, t............................... 43,9
Länge, mm
- von der Kanone vorn.................. 9730
- Wanne... 7055
Breite, mm.................................... 3589
Höhe, b. Turmspitze mm.............. 2219
Bodenfreiheit, mm.......................... 451
Mittl. Bodendruck, kg/cm^2 0,90
überwindbare Hindernisse:
- Anstieg, Grad................................. 35
- Querneigung, Grad.......................... 25
- Graben, m.................................... 2,85
- Mauer, m....................................... 1,0
- Watfähigkeit, m.... 1,2 (m. OPWT-5m)
Motortyp....... Diesel A-53-2 (2W-16-2)
Max. Leistung, PS......................... 1000
Treibstoffvorrat, l.......................... 1317
Spez. Leistung PS/t........................ 26,8

Max. Geschwindigkeit km/h.................... 70
Reichweite, km....................................... 600
Panzerung, mm
- Wannenstirnwand................................ 205
- Turmstirnwand............................ 450-460
Rauchvorhang........................ TDA, 8x902B
Mannschaft, Mitglieder............................... 3
Bewaffnung:
- Zahl x Kaliber, mm und Typ
Geschütz.......... 125 mm 2A46-2(2A46M1)
(Kampfsatz, Stück).............................. (38)
- Zahl x Kaliber, mm und Typ
MG`s.................................. 7,62 mm PKT
(Kampfsatz, Stück).......................... (1250)
- Zahl x Kaliber, mm und Typ
MG's.............................. 12,7 mm NSWT
(Kampfsatz, Stück)............................ (300)
Zielentfernungsmesser......................... 1G42
Nachtziel...................................... TPN-3-49
Waffenstabilisator................. 2E26M(2E42)
Funkstation.. R-123
Lenkwaffenkomplex....................... 9K112-1
Feuerleitsystem.................................. 1A33

Zusatzinformation: Er wurde auf der Grundlage des Standardserienpanzers T-80B (Objekt 219R) entwickelt. Er erhielt einen Dieselmotor anstelle des Gasturbinenmotors. Die Bewaffnung wurde nicht verändert.

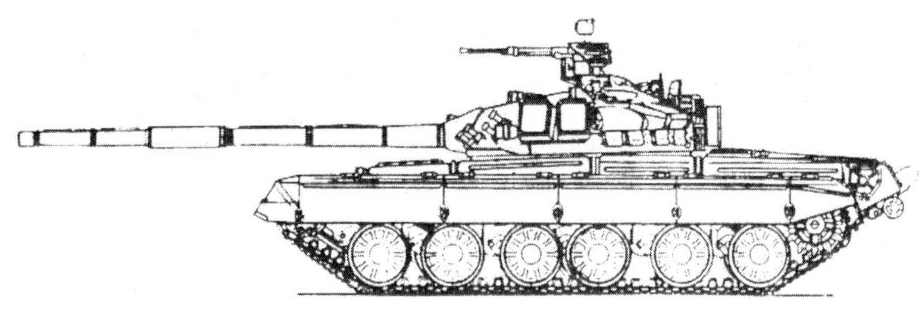

Versuchsstandardpanzer Objekt 219RD

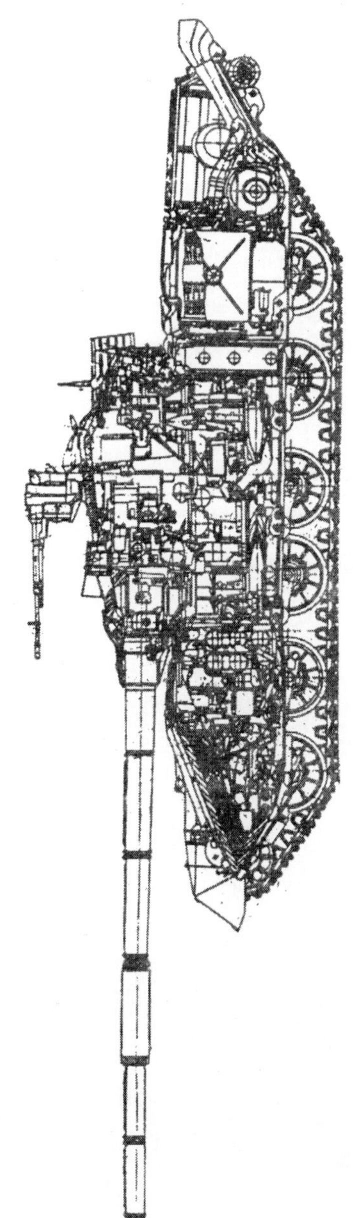

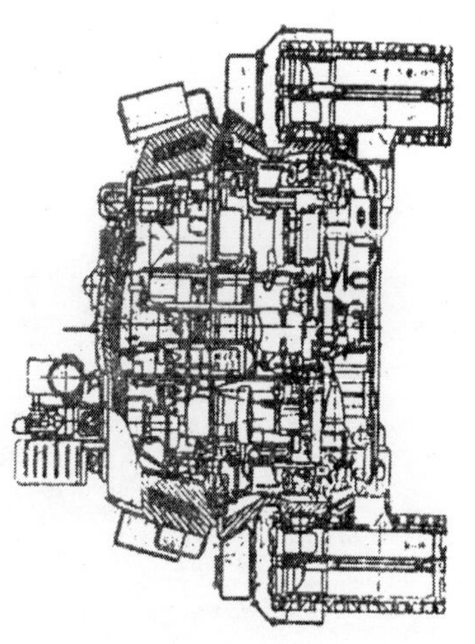

Querschnitt des Versuchspanzers Objekt 219 RD

Der Standardpanzer T-80B
(Objekt 219R)

Baujahr ....i. d. Bewaffnung 1978
Entwickler ....SKB-2 Leningrader Kirowwerk
Hersteller....................PO „Kirowwerk“
Produktion ....in Serie 1978
Kampfmasse, t...............................42,5
Länge, mm
- von der Kanone vorn...................9651
- Wanne..6982
Breite, mm....................................3582
Höhe, b. Turmspitze mm...............2219
Bodenfreiheit, mm..........................451
Mittl. Bodendruck, kg/cm^2 0,865
überwindbare Hindernisse:
- Anstieg, Grad.................................32
- Querneigung, Grad..........................30
- Graben, m....................................2,85
- Mauer, m.......................................1,0
- Watfähigkeit, m......1,2 (m. OPWT-5)
Motortyp..........Vergaser GTD-1000TF
Max. Leistung, PS.........................1100
Treibstoffvorrat, l.................1100+700
Spez. Leistung PS/t..............................25,8
Max. Geschwindigkeit km/h....................70
Reichweite, km...............................500-600
Panzerung ....kugelsicher kombiniert
Rauchvorhang.........................TDA, 8x902B
Mannschaft, Mitglieder..............................3
Bewaffnung:
- Zahl x Kaliber, mm und Typ
Geschütz.......................125 mm 2A46M-1
(Kampfsatz, Stück)..............................(38)
- Zahl x Kaliber, mm und Typ
MG's...............................12,7 mm NSWT
(Kampfsatz, Stück)............................(300)
- Zahl x Kaliber, mm und Typ
MG`s..................................7,62 mm PKT
(Kampfsatz, Stück)..........................(1250)
Zielentfernungsmesser........................1G42
Nachtziel.....................................TPN-3-49
Waffenstabilisator............................2E26M
Funkstation....................................R-123M
Lenkwaffenkomplex.......................9K112-1
Feuerleitsystem....................................1A33

Zusatzinformation: Es handelt sich um eine Variante des T-80. Auf ihm wurde das Lenkwaffensystem „Kobra“, das Feuerleitsystem 1A33 und ein hydromechanischer Ladeautomat mit einer Kapazität von 28 Schuß u. a. eingesetzt.

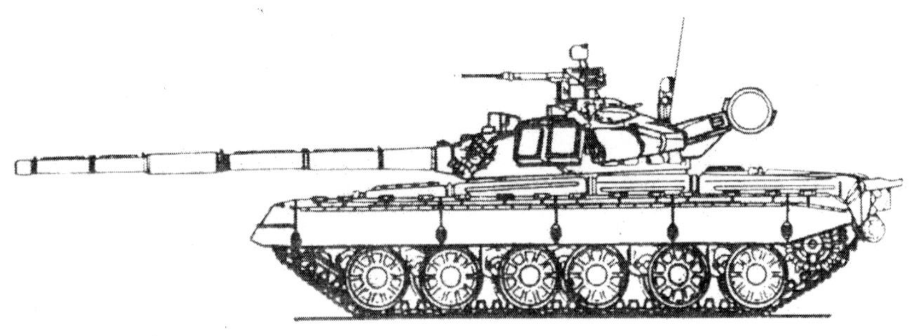

Standardpanzer T-80B

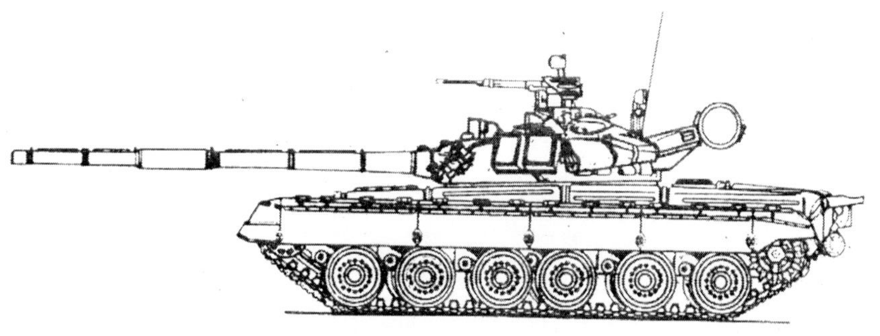

Standardpanzer T-80B mit neuen Stützrollen

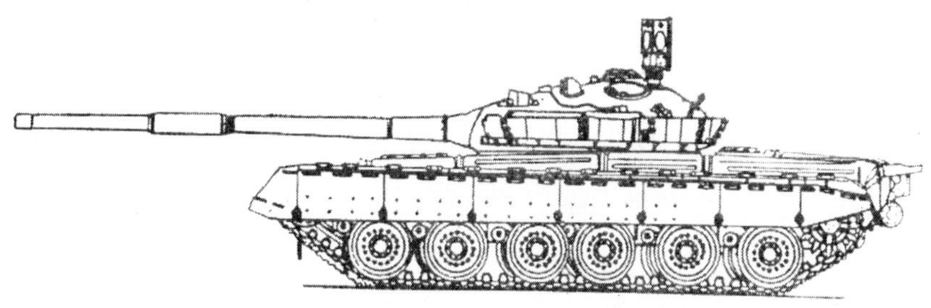

Standardpanzer T-80B mit reaktiver Sicherheitssprengtechnik

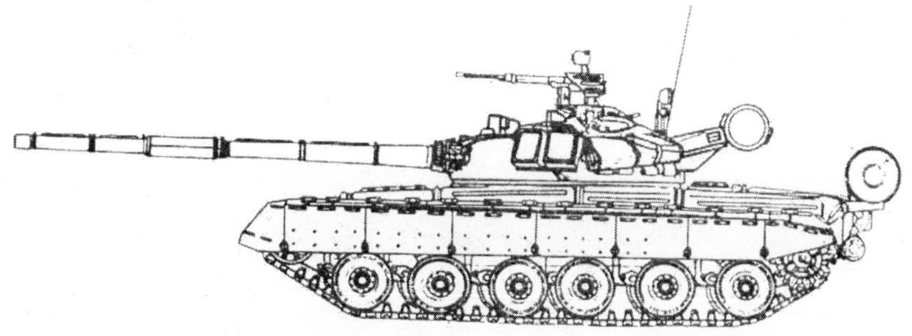

Versuchspanzer Objekt 219E (Variante mit dem Komplex „SCHTORA-1“ und einem Wärmebildnachtzielgerät)

Standardpanzer T-80BW
(Objekt 219RW)

Baujahr ....i. d. Bewaffnung 1985
Entwickler ....SKB-2 Leningrader Kirowwerk
Hersteller....................PO „Kirowwerk“
Produktion .....in Serie, Modernisierung
Kampfmasse, t................................43,7
Länge, mm
- von der Kanone vorn...................9651
- Wanne...6982
Breite, mm....................................3582
Höhe, b. Turmspitze mm...............2219
Bodenfreiheit, mm...........................451
Mittl. Bodendruck, kg/cm^2 0,865
überwindbare Hindernisse:
- Anstieg, Grad.................................32
- Querneigung, Grad..........................30
- Graben, m....................................2,85
- Mauer, m.......................................1,0
- Watfähigkeit, m......1,2 (m. OPWT-5)
Motortyp.......Gasturbine GTD-1000TF
Max. Leistung, PS.........................1100
Treibstoffvorrat, l...........................1840
Spez. Leistung PS/t............................25,17
Max. Geschwindigkeit km/h....................70
Reichweite, km...............................335-370
Panzerung................kugelsicher kombiniert
Rauchvorhang........................TDA, 8x902B
Mannschaft, Mitglieder..............................3
Bewaffnung:
- Zahl x Kaliber, mm und Typ
Geschütz.......................125 mm 2A46M-1
(Kampfsatz, Stück)..............................(38)
- Zahl x Kaliber, mm und Typ
MG's...............................12,7 mm NSWT
(Kampfsatz, Stück)............................(300)
- Zahl x Kaliber, mm und Typ
MG`s..................................7,62 mm PKT
(Kampfsatz, Stück)..........................(1250)
Feuerleitsystem....................................1A33
Zielentfernungsmesser........................1G42
Nachtziel......................................TPN-3-49
Waffenstabilisator............................2E26M
Funkstation.....................................R-123M
Lenkwaffenkomplex.......................9K112-1

Zusatzinformation: Es handelt sich um eine Variante des T-80B. Auf ihm wurde das Sicherheitssprengsystem eingesetzt. Die Panzerung der Wannen- und Turmstirnwand besteht aus mehrschichtigen kombinierten Materialien sowie dem Sicherheitssprengschutz. Der Rest der Panzerung von Wanne und Turm ist monolithisch aus Stahl geschweißt. Ein Teil der Panzer T-80B wurde während der Reparatur in den Panzerwerkstätten des Verteidigungsministeriums mit dem Sicherheitssprengsystem ausgestattet.

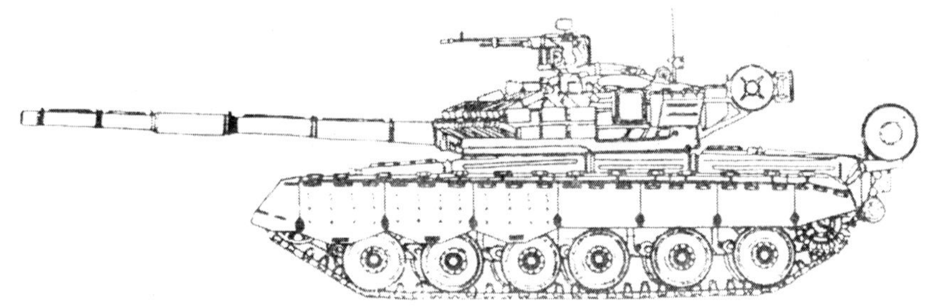

Standardpanzer T-80BW

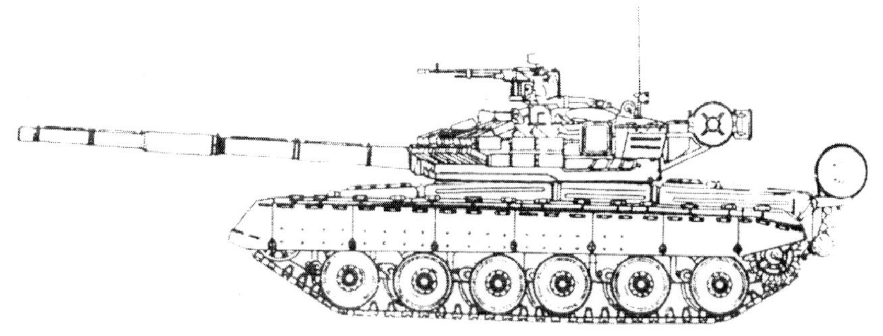

Standardpanzer T-80BW (Variante)

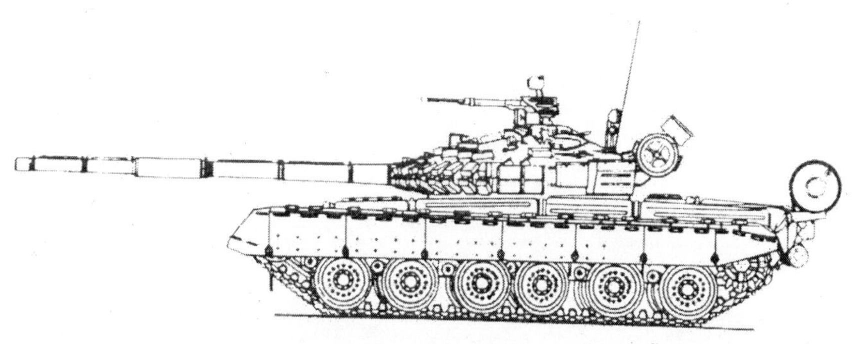

Standardpanzer T-80BW (Variante)

Versuchsstandardpanzer
(Objekt 219W)

Baujahr 1983
Entwickler ....SKB-2 Leningrader Kirowwerk
Hersteller......Leningrader „Kirowwerk“
Produktion ....Versuchsmuster
Kampfmasse, t...............................42,5
Länge, mm
- von der Kanone vorn..................9651
- Wanne.......................................6982
Breite, mm...................................3582
Höhe, b. Turmspitze mm..............2219
Bodenfreiheit, mm..........................451
Mittl. Bodendruck, kg/cm^2 0,865
überwindbare Hindernisse:
- Anstieg, Grad.................................32
- Watfähigkeit, m.......1,2 (m. OPWT-5)
Motortyp........Gasturbine GTD-1000TF
Max. Leistung, PS..........................1100
Treibstoffvorrat, l..................1100+700
Spez. Leistung PS/t........................25,8

Max. Geschwindigkeit km/h....................70
Reichweite, km.......................................500
Panzerung................kugelsicher kombiniert
Rauchvorhang.......................TDA, 8x902B
Mannschaft, Mitglieder..............................3
Bewaffnung:
- Zahl x Kaliber, mm und Typ
Geschütz........................125 mm 2A46M1
(Kampfsatz, Stück)..............................(38)
- Zahl x Kaliber, mm und Typ
MG’s..............................12,7 mm NSWT
(Kampfsatz, Stück)............................(300)
- Zahl x Kaliber, mm und Typ
MG`s..................................7,62 mm PKT
(Kampfsatz, Stück)..........................(1250)
Ziel..“Irtysch“
Nachtziel..TPN-4
Waffenstabilisator................................2E42
Funkstation...R-173
Lenkwaffenkomplex.......................“Reflex“

Zusatzinformation: Es handelt sich um eine Variante des Panzers T-80B mit dem neuen Lenkwaffensystem „Irtysch“ und dem Lenkwaffenkomplex „Reflex“, der später auf dem Panzer T-80U (Objekt 219 AS und Objekt 478 B) eingesetzt wurde.

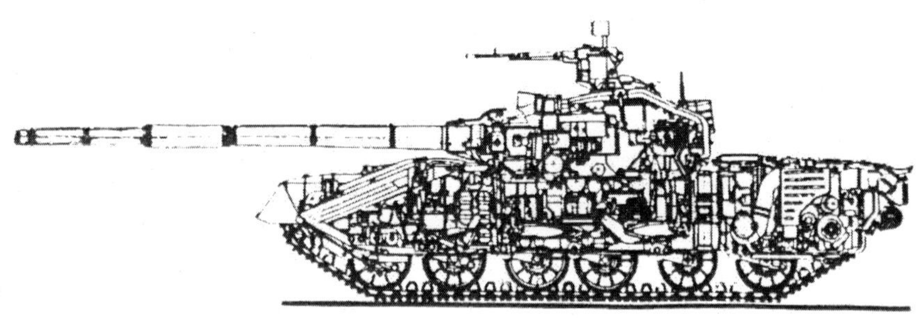

Versuchsstandardpanzer Objekt 219W

Standardpanzer
(Objekt 478)

Baujahr ....i. d. Bewaffnung 1976
Entwickler ..KB Maschinenb.Charkow
Hersteller.........Werk W.A. Malyschew
Kampfmasse, t...................41,6 (43,26)
Länge, mm
- von der Kanone vorn...................9648
- Wanne...7007
Breite, mm....................................3580
Höhe, b. Turmspitze mm...............2223
Bodenfreiheit, mm..........................514
Mittl. Bodendruck, kg/cm^2 0,85
überwindbare Hindernisse:
- Anstieg, Grad................................32
- Querneigung, Grad.........................30
- Graben, m.....................................2,8
- Mauer, m.......................................0,8
- Watfähigkeit, m.....2,0 (m. OPWT-5)
Motortyp................Diesel 6TD (124N)
Max. Leistung, PS.............1000 (1250)
Treibstoffvorrat, l.................1430/1330
Spez. Leistung PS/t.....................24-29

Max. Geschwindigkeit km/h....................70
Reichweite, km................................677/572
Panzerung.................kugelsicher kombiniert
Rauchvorhang....................TDA, „Tutscha“
Mannschaft, Mitglieder.............................3
Bewaffnung:
- Zahl x Kaliber, mm und Typ
Geschütz.........125 mm D-81-3 (2A46M1)
(Kampfsatz, Stück)..............................(42)
- Zahl x Kaliber, mm und Typ
MG’s...............................12,7 mm NSWT
(Kampfsatz, Stück)............................(450)
- Zahl x Kaliber, mm und Typ
MG`s..................................7,62 mm PKT
(Kampfsatz, Stück)..........................(1500)
Zielentfernungsmesser.........................1A42
Nachtziel.................................“Kristall-PA“
Waffenstabilisator........................“Vektor-4“
Funkstation...............................“Absaz R/P“
Lenkwaffenkomplex.......................“Kobra“

Zusatzinformation: Die Entwicklung des Panzers begann Mitte der 70er Jahre. Ziel war es, die technischen und militärischen Parameter des Panzers T-80 zu erhöhen und einen Dieselmotor auf dem Panzer einzusetzen. Ein neuer auf dem Objekt 476 erprobter Turm sollte aufgesetzt werden. Im Ergebnis einer langen Entwicklung wurde der Panzer T-80UD (Objekt 478B) im Jahre 1987 in die Bewaffnung aufgenommen,

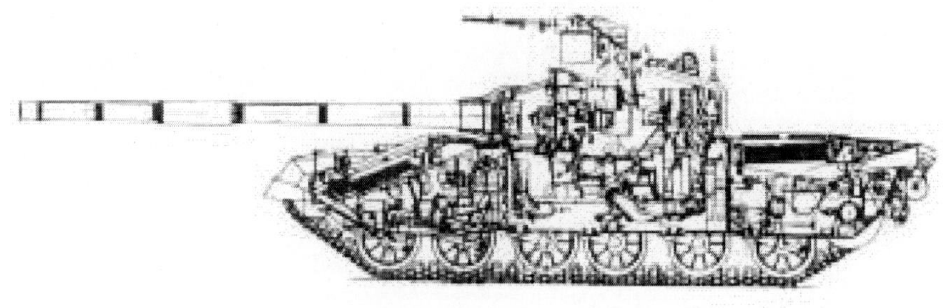

Standardpanzer Objekt 478

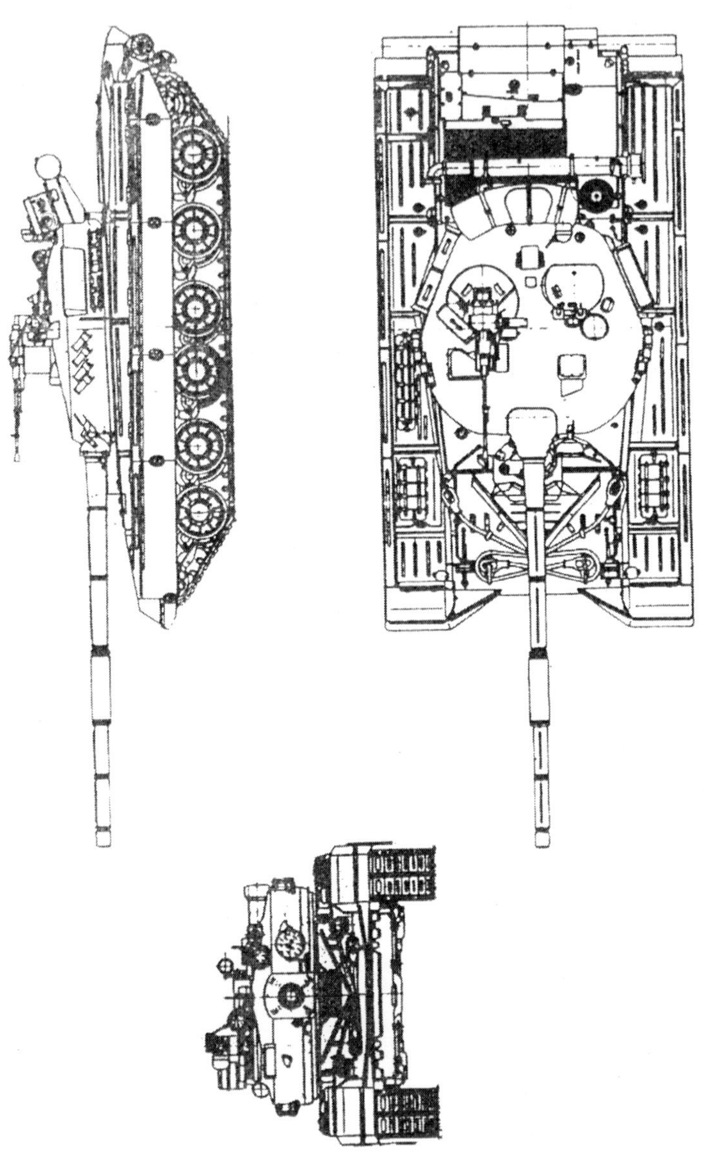

Außenansicht des Panzers Objekt 478 (Projekt)

Standardpanzer Objekt 478M

Baujahr ....Projekt 1976
Entwickler ...KB Maschinenb.Charkow
Kampfmasse, t...............................43,5
Länge, mm
- von der Kanone vorn..................9648
- Wanne..7007
Breite, mm...................................3580
Höhe, b. Turmspitze mm..............2223
Bodenfreiheit, mm..........................514
Mittl. Bodendruck, kg/cm^2 0,875
überwindbare Hindernisse:
- Anstieg, Grad.................................32
- Querneigung, Grad..........................30
- Graben, m.......................................2,8
- Mauer, m..0,8
- Watfähigkeit, m.......2,0 (m. OPWT-5)
Motortyp....................Diesel 124TSCH
Max. Leistung, PS.........................1500
Spez. Leistung PS/t........................34,5
Max. Geschwindigkeit km/h.........70-75

Reichweite, km......................................500
Panzerung...............kugelsicher kombiniert
Rauchvorhang....................TDA, „Tutscha“
Mannschaft, Mitglieder..............................3
Bewaffnung:
- Zahl x Kaliber, mm und Typ
Geschütz.........................125 mm 2A46M1
(Kampfsatz, Stück)..............................(42)
- Zahl x Kaliber, mm und Typ
MG’s..................................23 mm R-23M
(Kampfsatz, Stück)............................(300)
- Zahl x Kaliber, mm und Typ
MG`s...................................7,62 mm PKT
(Kampfsatz, Stück)..........................(1500)
Zielentfernungsmesser.............“Panorama“
Nachtziel.................................“Buran-PA“
Feuerleitgerät...............................„System“
Waffenstabilisator.......“Siren-7“ („Flieder")
Funkstation.............................“Absaz R/P“

Zusatzinformation: Zur Weiterentwicklung des Panzers Objekt 478 wurden weitere Projektierungsarbeiten durchgeführt. Auf dem Panzer wurde das Sicherheitssprengsystem „Schater“ eingesetzt. Es verteidigt einen Sektor von 200° des Panzers, verfügt über eine Kapazität von 20 Schüssen und besitzt eine Vernichtungswahrscheinlichkeit der Geschosse von 0,7 bis 0,8.

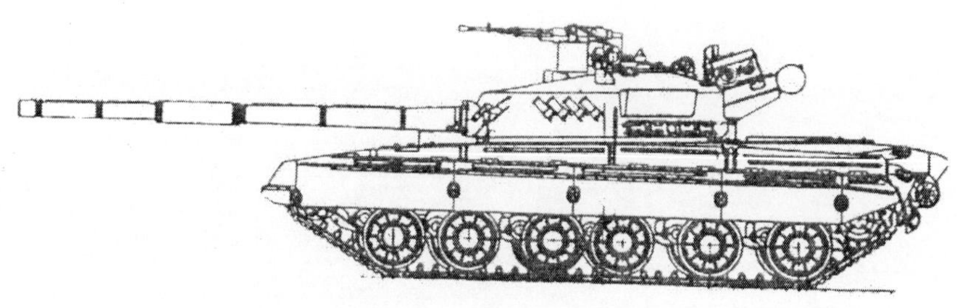

Standardpanzer Objekt 478M

Der Versuchsstandardpanzer T-80A
(Objekt 219A)

Baujahr 1982
Entwickler ....SKB-2 LKW
Hersteller........Leningrader Kirowwerk
Produktion..................Versuchsmuster
Kampfmasse, t..............................45,2
Länge, mm
- von der Kanone vorn..................9656
- Wanne..7012
Breite, mm...................................3589
Höhe, b. Turmspitze mm..............2215
Bodenfreiheit, mm..........................450
Mittl. Bodendruck, kg/cm^2 0,914
überwindbare Hindernisse:
- Anstieg, Grad.................................32
- Querneigung, Grad..........................30
- Graben, m...................................2,85
- Mauer, m.......................................1,0
- Watfähigkeit, m......1,2 (m. OPWT-5)
Motortyp........Gasturbine GTD-1000M
Max. Leistung, PS........................1200
Treibstoffvorrat, l................1100+700
Spez. Leistung PS/t.......................26,6

Max. Geschwindigkeit km/h....................70
Reichweite, km......................................500
Panzerung................kugelsicher, kombiniert
Rauchvorhang........................TDA, 8x902B
Mannschaft, Mitglieder..............................3
Bewaffnung:
- Zahl x Kaliber, mm und Typ
Geschütz........................125 mm 2A46M1
(Kampfsatz, Stück).............................(45)
- Zahl x Kaliber, mm und Typ
MG's..............................12,7 mm NSWT
(Kampfsatz, Stück)...........................(300)
- Zahl x Kaliber, mm und Typ
MG`s..................................7,62 mm PKT
(Kampfsatz, Stück).........................(1500)
Zielentfernungsmesser........................1G46
Nachtziel....................................TPN-49-23
Feuerleitkomplex.................................1A42
Lenkwaffenkomplex..........................9K119
Waffenstabilisator..............2E26M1 (2E42)
Funkstation..R-173

Zusatzinformation: Die Entwicklungsarbeiten wurden Mitte der 70er Jahre parallel zum Objekt 478 im Traktorenwerk Charkow durchgeführt. Die Verteidigungsfähigkeit und die Bewaffnung des Panzers sollten verbessert werden. Auf dem Panzer wurde ein hydro-mechanischer Ladeautomat der Kanone mit einer Kapazität von 28 Schuß je Kassette installiert. Eine eingebaute Planierraupenausrüstung ist vorhanden. Im Jahre 1984 erhielt der Panzer einen Sicherheitssprengschutz. Auf der Grundlage des Panzers T-80A entwickelte man den Panzer T-80U mit eingebauter Sicherheitssprengtechnik.

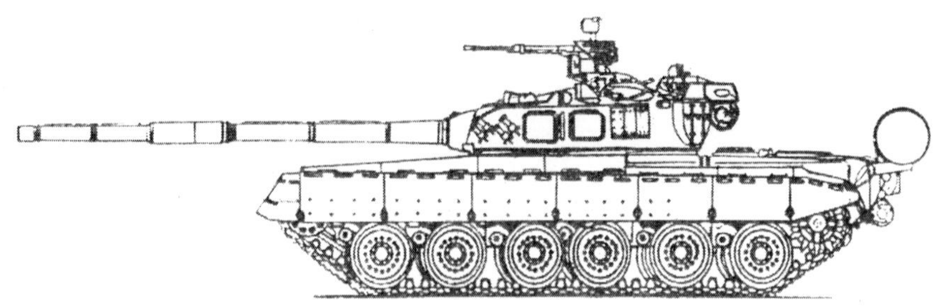

Versuchsstandardpanzer T-80A (Objekt 219A)

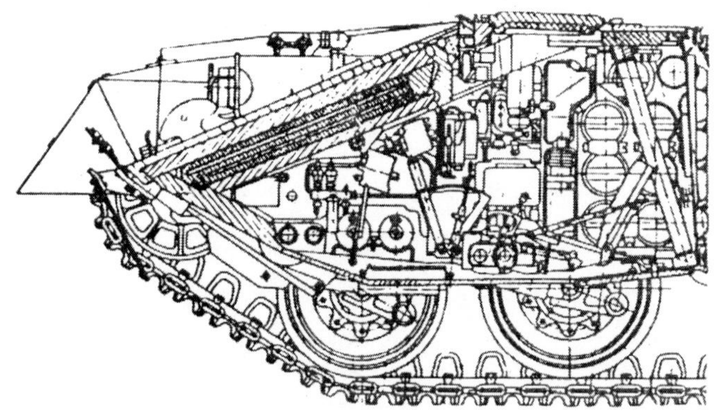

Vorderteil des Panzers Objekt 219A

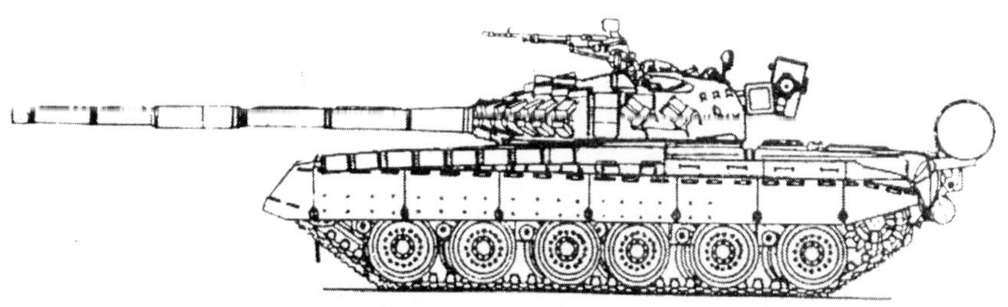

Versuchspanzer Objekt 219A mit reaktivem Sprengschutz (Kubinka)

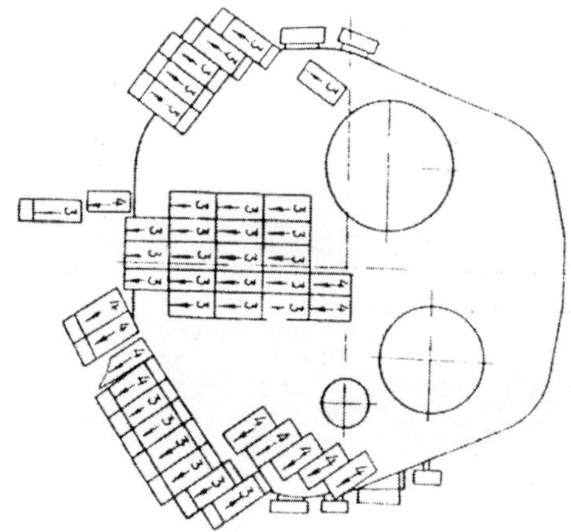

Anordnung der Sprengladungen auf dem Turm des Objektes 219A

Der Standardpanzer T-80U
(Objekt 219AS)

Baujahr ....i. d. Bewaffnung 1985
Entwickler ....SKB-2 LKW
Hersteller.........................LKW, OSTM
Produktion........................in Serie 1985
Kampfmasse, t...............................46,0
Länge, mm
- von der Kanone vorn...................9556
- Wanne..7012
Breite, mm....................................3603
Höhe, b. Turmspitze mm...2202 (2215)
Bodenfreiheit, mm...........................431
Mittl. Bodendruck, kg/cm^2 0,93
überwindbare Hindernisse:
- Anstieg, Grad.................................32
- Querneigung, Grad....................20-27
- Mauer, m.......................................1,0
- Watfähigkeit, m...1,2 (m. OPWT-5,5)
Motortyp..........Vergaser GTD-1000TF
Max. Leistung, PS.........................1100
Treibstoffvorrat, l..................1090+680
Spez. Leistung PS/t.......................21,74

Max. Geschwindigkeit km/h...............65-70
Reichweite, km................................400-450
Panzer Kugelsicher, kombiniert mit reaktiver Sicherheitssprengung
Rauchvorhang........................TDA, 8x902B
Mannschaft, Mitglieder...............................3
Bewaffnung:
- Zahl x Kaliber, mm und Typ
Geschütz.......................125 mm 2A46M-1
(Kampfsatz, Stück)..............................(45)
- Zahl x Kaliber, mm und Typ
MG`s...................................7,62 mm PKT
(Kampfsatz, Stück)..........................(1250)
- Zahl x Kaliber, mm und Typ
MG's...............................12,7 mm NSWT
(Kampfsatz, Stück)............................(500)
Ziel...1G46
Nachtziel...TPN-4
Waffenstabilisator...............................2E42
Lenkwaffenkomplex..........................9K119
Funkstation..R-173

Zusatzinformation: Er wurde auf der Grundlage des Versuchspanzers Objekt 219A entwickelt. Die Sicherheitssprengtechnik wurde installiert. Der Panzer besaß eine Vorrichtung zum Eingraben und einen anbaubaren Minenräumer. Im Jahre 1980 erhielt der Panzer einen neuen Gasturbinenmotor GTD-1250 mit einer Leistung von 1250 PS, die spezifische Leistung wuchs auf 27,2 PS/t.

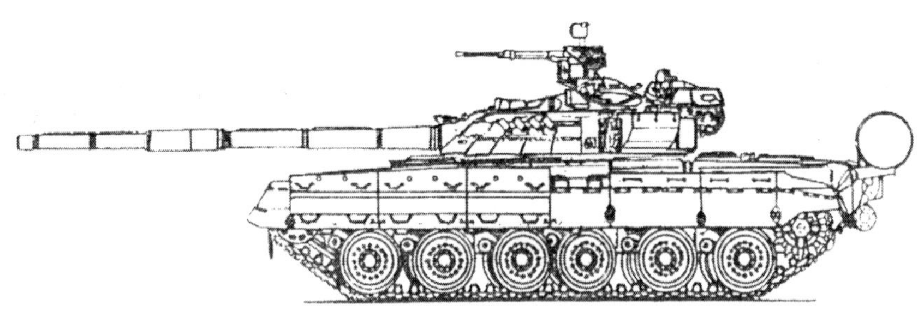

Standardpanzer T-80U

Versuchsstandardpanzer Objekt 478B

Baujahr 1985
Entwickler ....KBM Morosow
Hersteller...............................CHWTM
Produktion..................Versuchsmuster
Kampfmasse, t...............................46,0
Länge, mm
- von der Kanone vorn..................9664
- Wanne..7020
Breite, mm...................................3589
Höhe, b. Turmspitze mm..............2215
Bodenfreiheit, mm..........................529
Mittl. Bodendruck, kg/cm^2 0,93
überwindbare Hindernisse:
- Anstieg, Grad.................................32
- Querneigung, Grad.........................20
- Graben, m...................................2,85
- Mauer, m.......................................1,0
- Watfähigkeit, m......1,8 (m. OPWT-5)
Motortyp............................Diesel 6TD
Max. Leistung, PS........................1000
Treibstoffvorrat, l....................740+560
Spez. Leistung PS/t......................21,70
Max. Geschwindigkeit km/h.............60

Reichweite, km......................................560
Panzer kugelsicher, kombiniert mit reaktiver Sicherheitssprengung
Rauchvorhang.......................TDA, 8x902B
Mannschaft, Mitglieder...............................3
Bewaffnung:
- Zahl x Kaliber, mm und Typ
Geschütz......................125 mm 2A46M-1
(Kampfsatz, Stück).............................(45)
- Zahl x Kaliber, mm und Typ
MG's..............................12,7 mm NSWT
(Kampfsatz, Stück)............................(450)
- Zahl x Kaliber, mm und Typ
MG`s..................................7,62 mm PKT
(Kampfsatz, Stück).........................(1250)
Ziel..1G46
Nachtziel...TPN-4
Feuerleitkomplex.................................1A42
Waffenstabilisator...............................2E42
Lenkwaffenkomplex.........................9K119
Navigationsgerät.............................GPK-59
Funkstation..R-173

Zusatzinformation: Die Entwicklungsarbeiten begannen Mitte der 70er Jahre (Objekt 478) und wurden im Jahre 1987 mit der Aufnahme des Panzers T-80UD in die Bewaffnung beendet. Der Panzer ist mit einem Planierschild in einer Breite von 2140 mm ausgestattet. Es ist möglich, das Spurminenräumgerät KMT-6 einzusetzen

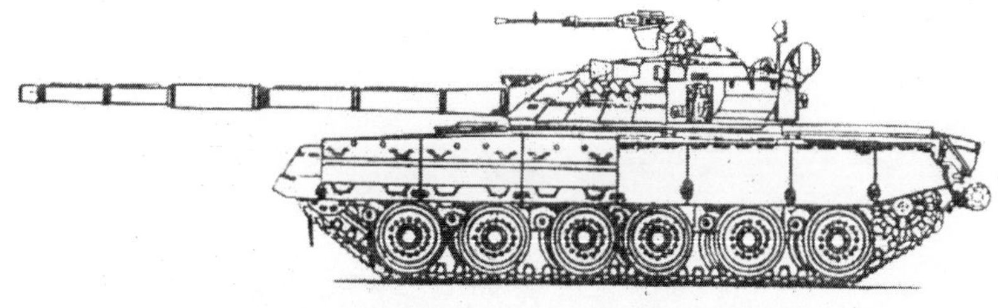

Versuchsstandardpanzer Objekt 478B

Standardpanzer T-80U mit dem Motor 6TD
(Objekt 478B)

Baujahr ....i. d. Bewaffnung 1985
Entwickler ....KBM Morosow
Hersteller................................CHTMW
Produktion........................in Serie 1987
Kampfmasse, t................................46,0
Länge, mm
- von der Kanone vorn..................9690
- Wanne...7085
Breite, mm....................................3755
Höhe, b. Turmspitze mm...............2285
Bodenfreiheit, mm...........................515
Mittl. Bodendruck, kg/cm^2 0,93
überwindbare Hindernisse:
- Anstieg, Grad.................................32
- Querneigung, Grad..........................30
- Graben, m....................................2,85
- Mauer, m.......................................1,0
- Watfähigkeit, m......1,8 (m. OPWT-5)
Motortyp............................Diesel 6TD
Max. Leistung, PS.........................1000
Treibstoffvorrat, l...................740+560
Spez. Leistung PS/t......................21,70
Max. Geschwindigkeit km/h............60

Reichweite, km......................................560
Panzer kugelsicher, kombiniert mit reaktiver Sicherheitssprengung
Rauchvorhang.........................TDA, 8x902B
Mannschaft, Mitglieder..............................3
Bewaffnung:
- Zahl x Kaliber, mm und Typ
Geschütz.........................125 mm 2A46M1
(Kampfsatz, Stück)..............................(45)
- Zahl x Kaliber, mm und Typ
MG's...............................12,7 mm NSWT
(Kampfsatz, Stück)............................(450)
- Zahl x Kaliber, mm und Typ
MG`s..................................7,62 mm PKT
(Kampfsatz, Stück)..........................(1250)
Ziel...1G46
Nachtziel..TPN-4
Feuerleitkomplex.................................1A45
Waffenstabilisator................................2E42
Lenkwaffenkomplex...........................9K119
Navigationsgerät..............................GPK-59
Funkstation...R-173

Zusatzinformation: Die Entwicklungsarbeiten begannen Mitte der 70er Jahre. Der Panzer T-80B wurde modernisiert und erhielt den Dieselmotor 6TD. Während der Entwicklung des Panzers wurde dieser mit dem Lenkwaffenkomplex „Reflex" und dem Feuerleitsystem 1A45 u. a. ausgestattet. Der Panzer wurde in den Jahren 1992-1993 von der Russischen Armee in die Bewaffnung aufgenommen. Er wird manchmal als T-80UD und in der Ukraine als T-84 bezeichnet.

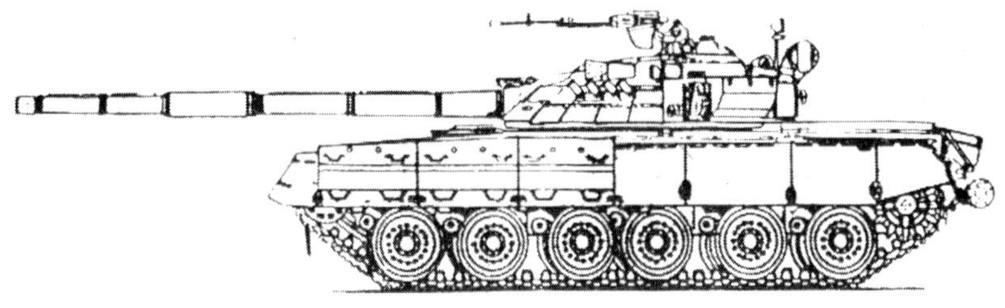

Versuchspanzer T-80U mit dem Motor 6TD

Standardpanzer T-80U(M)
(Objekt 219AS)

Baujahr ....i. d. Bewaffnung 1985
Entwickler ....KB LKW
Hersteller....Omsker Transportmaschinen
Produktion..........................in Serie 1992
Kampfmasse, t..................................46,0
Länge, mm
- von der Kanone vorn....................9651
- Wanne..6982
Breite, mm......................................3582
Höhe, b. Turmspitze mm................2202
Bodenfreiheit, mm.............................450
Mittl. Bodendruck, kg/cm^2 0,925
überwindbare Hindernisse:
- Anstieg, Grad....................................30
- Graben, m.......................................2,85
- Mauer, m..1,0
- Watfähigkeit, m........1,2 (m. OPWT-5)
Motortyp.............Gasturbine GTD-1250
Max. Leistung, PS...........................1250
Treibstoffvorrat, l............................1840
Spez. Leistung PS/t.......................27,20

Max. Geschwindigkeit km/h.....................70
Reichweite, km.......................................400
Panzer kugelsicher, kombiniert mit reaktiver Sicherheitssprengung
Rauchvorhang.......................TDA, 8x902B
Mannschaft, Mitglieder..............................3
Bewaffnung:
- Zahl x Kaliber, mm und Typ
Geschütz......................125 mm 2A46M-1
(Kampfsatz, Stück)..............................(45)
- Zahl x Kaliber, mm und Typ
MG`s...................................7,62 mm PKT
(Kampfsatz, Stück)..........................(1250)
- Zahl x Kaliber, mm und Typ
MG's...............................12,7 mm NSWT
(Kampfsatz, Stück)............................(450)
Ziel..Periskop
Nachtziel............................Wärmesichtgerät
Lenkwaffenkomplex.......................9K119M
Funkstation.................................R-163-50U

Zusatzinformation: Es handelt sich um eine Variante des T-80U mit einem neuen Waffensystem, das ein neues Nachtwärmebildzielgerät und die modernisierte Rakete 9M119M umfaßt.

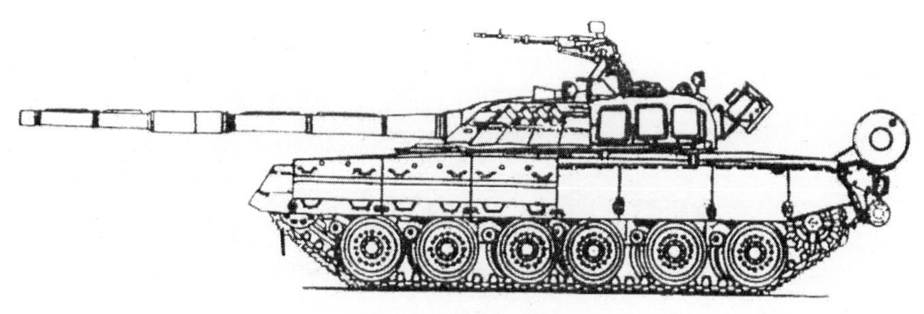

Standardpanzer T-80U(M)

Führungspanzer T-80UK

Baujahr .... i. d. Bewaffnung
............................Anfang der 90er Jahre
Entwickler ....KBTM (Omsk)
Hersteller....Omsker Transportmaschinen
Produktion..................................in Serie
Kampfmasse, t.................................46,0
Länge, mm
- von der Kanone vorn....................9651
- Wanne..6982
Breite, mm.....................................3582
Höhe, b. Turmspitze mm................2202
Bodenfreiheit, mm............................529
Mittl. Bodendruck, kg/cm^2 0,925
überwindbare Hindernisse:
- Anstieg, Grad..................................30
- Watfähigkeit, m.......1,2 (m. OPWT-5)
Motortyp.............Gasturbine GTD-1250
Max. Leistung, PS..........................1250
Treibstoffvorrat, l............................1840
Spez. Leistung PS/t.......................27,20
Max. Geschwindigkeit km/h..............70

Reichweite, km.......................................400
Panzer kugelsicher, kombiniert mit reaktiver Sicherheitssprengung
Rauchvorhang.......................TDA, 8x902B
Mannschaft, Mitglieder.............................3
Bewaffnung:
- Zahl x Kaliber, mm und Typ
Geschütz.......................125 mm 2A46M-1
(Kampfsatz, Stück)..............................(45)
- Zahl x Kaliber, mm und Typ
MG's...............................12,7 mm NSWT
(Kampfsatz, Stück)............................(450)
- Zahl x Kaliber, mm und Typ
MG`s...................................7,62 mm PKT
(Kampfsatz, Stück)............................(750)
Ziel....................................Wärmesichtgerät
Feuerleitsystem...................................1A42
Lenkwaffenkomplex.......................9K119M
Waffenstabilisator................................2E42
Navigationsgerät............................TNA-4-3
Funkstation..............R-163-50U, R-163-50K

Zusatzinformation: Der Führungspanzer T-80UK unterscheidet sich vom Basispanzer durch seine Ausrüstung mit einem elektronischen Kontaktfernzünder von Splitter-Spreng-Geschossen sowie einem optiko-elektronischen Niederhaltungssystem „Schtora“, einer Kurzwellenfunkstation, dem Navigationsapparat TNA-4-3, einer elektrischen Ladestation mit einer Leistung von 1 KW.

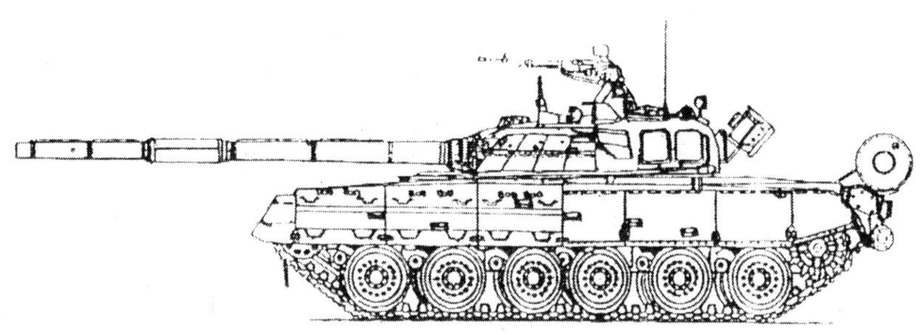

Führungspanzer T-80UK

Standardpanzer T-90S

Baujahr ....Anfang der 90er Jahre
Entwickler ....KB Uralwaggonwerk
Hersteller......................Uralwaggonwerk
Produktion...................................in Serie
Kampfmasse, t..................................46,5
Länge, mm
- von der Kanone vorn....................9530
- Wanne..6860
Breite, mm.....................................3460
Höhe, b. Turmspitze mm................2226
Bodenfreiheit, mm............................470
Mittl. Bodendruck, kg/cm^2 0,87
überwindbare Hindernisse:
- Anstieg, Grad..................................30
- Watfähigkeit, m.......1,2 (m. OPWT-5)
Motortyp........................Diesel V-84MS
Max. Leistung, PS............................840
Treibstoffvorrat, l............................1600
Spez. Leistung PS/t........................18,67
Max. Geschwindigkeit km/h 60
Reichweite, km...........................500-650

Panzer kugelsicher, kombiniert mit reaktiver Sicherheitssprengung
Rauchvorhang......................TDA, 12x902B
Mannschaft, Mitglieder..............................3
Bewaffnung:
- Zahl x Kaliber, mm und Typ
Geschütz...........................125 mm 2A46M
(Kampfsatz, Stück)..............................(43)
- Zahl x Kaliber, mm und Typ
MG's...............................12,7 mm NSWT
(Kampfsatz, Stück)............................(300)
- Zahl x Kaliber, mm und Typ
MG`s...................................7,62 mm PKT
(Kampfsatz, Stück)...........................(2000)
Ziel..1A43
Zielweitenmesser.................................1G46
Nachtziel.............TPN4-49-23 („Agawa-2")
Feuerleitsystem..................................1A45T
Lenkwaffenkomplex...........................9K119
Waffenstabilisator..............................2E42-4
Funkstation..................................R-163-50U

Zusatzinformation: Chefkonstrukteur war W.I. Potkin. Der Panzer wurde auf der Basis des Panzers T-72B entwickelt und mit dem optiko-elektronischen Komplex TSCHU-2 „Schtora" zur Abwehr elektronischer Maßnahmen des Gegners ausgerüstet, weiterhin mit dem Windsensor DWE-BS, dem Ballistikrechner 1W528-1, den Nachtsichtgeräten PNK-4S, TKN-4S, TWN-5 sowie einem System zur Steuerung des Fla-MG`s 1Z29, welches vertikal stabilisiert war.

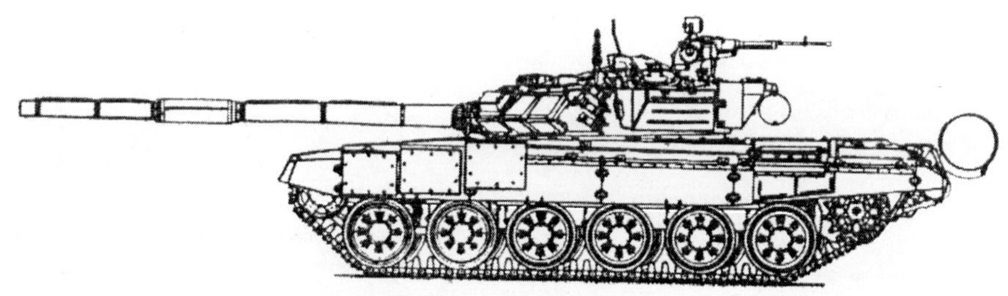

Standardpanzer T-90S

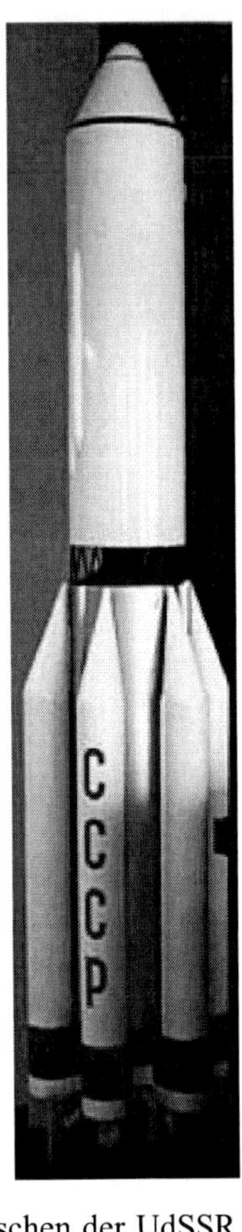

Raketen und Menschen

Eine Quadrologie von B. E.Tschertok

B.E. beschreibt in vier Büchern, die von ihm erlebte und mitgestaltete Geschichte der sowjetisch-russischen Weltraumfahrt von den Anfängen bis zur Gegenwart.

Im einzelnen handelt es sich um folgende Bücher:

1. **Raketen und Menschen, Bd.1: ISBN 3-9333395 -00-3, 494 S.; Preis: 25,60 Euro**

Dieses Buch beschreibt sehr drastisch die Geschichte des Abjagens der deutschen Raketen durch die Sowjets von 1945 bis 1956. Das Buch spielt zum großen Teil in Deutschland und ist Pflichtlektüre für alle jene, die sich mit der Geschichte des Nachkriegsdeutschland intensiv auseinandersetzen.

2. **Raketen und Menschen, Bd.2: „Der Sieg Koroljows", ISBN 3-933395-01-1, 438 S. Preis: 26,60 Euro**

Das Buch umfaßt den Zeitraum von 1956 bis 1961. Im Mittelpunkt steht der Chefkonstrukteur Sergej Koroljow und dessen erfolgreiche Arbeit bei der Entwicklung der ersten Trägerraketen und Sputniks.

3. **Raketen und Menschen, Bd. 3: „Heiße Tage des kalten Krieges", ISDBN 3-933395-02-X 55, 550 S., Preis: 31,20**

Das Buch befaßt sich ausführlich mit den Ereignissen des kalten Krieges und dem Raketen- und Kernwaffenwettrüsten zwischen der UdSSR und den USA. Die karibische Raketenkrise und der Sternenkrieg sind Gegentand des Berichtes des Autors.

4. **Raketen und Menschen, Bd. 4: „Die Jagd um den Mond" ISBN 3-933395-04-6. 542 S.; Preis: 31,70 Euro**

In diesem Buch werden alle Aktivitäten des sowjetischen Mondprogramms beschrieben. Die Hintergründe für das Scheitern des Mondprogramms werden ausführlich dargestellt. Das Buch ist eine Fundgrube für alle an Technikgeschichte interessierten Lesern. Es wird deutlich: Für das Scheitern dieses Programms ist das Fehlen der notwendigen Triebwerke das wichtigste Problem gewesen.

Schwere Panzer

Superschwerer Panzer Mendeleew

Baujahr	Projekt 1915
Entwickler	W.D. Mendeleew
Produktion	nicht hergestellt
Kampfmasse, t	170-172
Länge, mm	
- von der Kanone vorn	13000
- Wanne	10000
Breite, mm	4400
Bodenfreiheit, mm	700
Mittl. Bodendruck, kg/cm^2	2,5-2,8
Motortyp	Vergaser
Max. Leistung, PS	250
Spez. Leistung PS/t	1,5
Max. Geschwindigkeit km/h	24
Panzerung, mm	
- Wannenstirnwand	150
Mannschaft, Mitglieder	8
Bewaffnung:	
- Zahl x Kaliber, mm und Typ	
Geschütz	120 mm Kanone Kane
(Kampfsatz, Stück)	(51)
- Zahl x Kaliber, mm und Typ	
MG`s	7,62 mm „Maxim"
(Kampfsatz, Stück)	(-)

Zusatzinformation: Die Höhe des Panzer mit ausgezogenem Turm beträgt 4,45 m, mit eingezogenem Turm 3,5 m. Die Stärke der Panzerung des Turms beträgt 8 mm. Eine pneumatische Aufhängung ermöglichte es, den Panzer vor dem Schießen auf dem Boden aufzusetzen. Manchmal wird der Panzer Mendeleew in der Presse als „Gepanzerter Läufer" („Bronechod") bezeichnet.

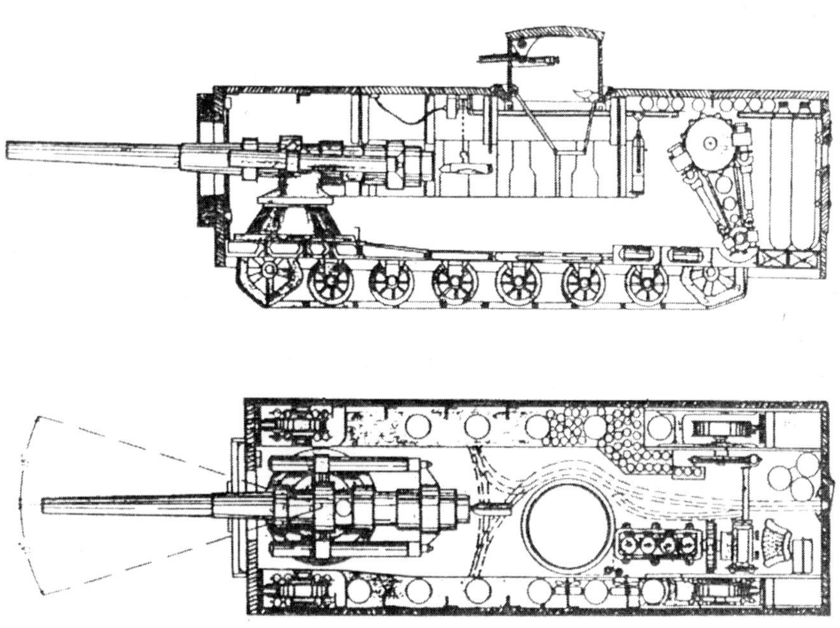

Superschwerer Panzer Mendeleew

Kampfmaschine von Lebedenko

Baujahr 1917	Höhe der Turmspitze, mm....................9000
Entwickler ....................N.N. Lebedenko	Motortyp....................Vergaser „Maibach“
Produktion....................Versuchsmuster	Max. Leistung, PS....................2x200
Kampfmasse, t....................40	Spez. Leistung PS/t....................10,0
Länge, mm....................ca. 17750	Max. Geschwindigkeit km/h....................20
Breite, mm....................ca. 12500	Panzerung, mm....................kugelgeschützt

Zusatzinformation: Diese Maschine besaß zwei angetriebene, fahrradähnliche Vorderräder mit einem Durchmesser von 9 Metern und ein hinteres steuerbares Stützrad. Die Waffen (Kanone und MG) sind in zentraler oberer und unterer Lage des Turms angeordnet. Es gibt Zeichnungen des Panzers mit zusätzlichen Türmen, die in der Stirnseite des Querbalkens der Wanne untergebracht sind. Der Panzer zeigte bei der Erprobung eine schlechte Geländegängigkeit und die Arbeiten wurden eingestellt. Der Panzer wurde im Jahre 1922 demontiert. Die Maschine Lebedenkos wird manchmal als „Zar-Panzer“ bezeichnet.

Kampfmaschine Lebedenko

Schwerer Panzer TG-5
(Panzer nach Grotte-5, T-42)

Baujahr ....Projekt 1930-32
Entwickler ....Werk „Bolschewik“
Produktion.......................nicht hergestellt
Kampfmasse, t.................................100,0
Motortyp...Diesel
Bewaffnung:
- Zahl x Kaliber, mm und Typ
  Geschütz....................................107 mm
  (Kampfsatz, Stück)...................................(-)
- Zahl x Kaliber, mm und Typ
  Geschütz..............................2 x 37 (45) mm
  (Kamppfsatz, Stück).................................(-)
- Zahl x Kaliber, mm und Typ
  MG`s..................................5 x 7,62 mm DT
  (Kampfsatz, Stück).................................(-)

Zusatzinformation: Chefkonstrukteur war der deutsche Ingenieur E. Grotte. Es war eine Variante seines superschweren Panzers mit fünf Türmen. Im Hauptturm war eine 107-mm-Kanone und ein koaxiales MG untergebracht. In den zwei vorderen Türmen waren eine 37-mm und eine 45-mm-Kanone vorhanden. In den zwei hinteren Türmen waren koaxiale MG`s angeordnet, die auf Luftziele schießen konnten.

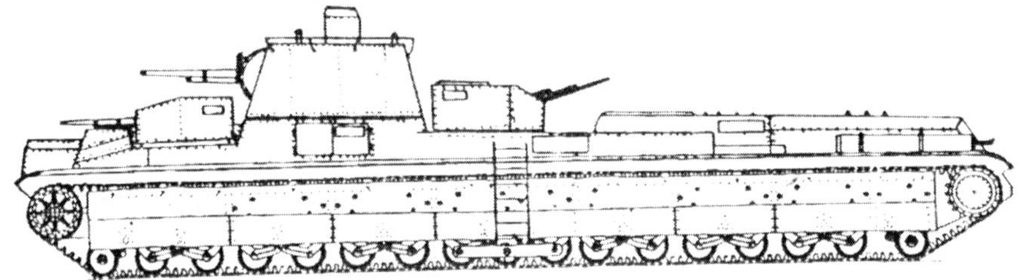

Schwerer Panzer TG-5 (T-42)

Superschwerer Sturmpanzer

Baujahr ....April 1934
Produktion....................................Projekt
Kampfmasse, t..................................300
Länge, mm
- von der Kanone vorn..................17500
- Wanne...17000
Breite, mm.......................................6520
Höhe der Turmspitze, mm..............5100
Motortyp......................................Dampf
Max. Leistung, PS.......................2x1500
Spez. Leistung PS/t..........................27,6
Panzerung, mm
- Wannenstirnwand...............................150
- Turmstirnwand...................................100
Mannschaft, Mitglieder............................3
Bewaffnung:
- Zahl x Kaliber, mm und Typ
  Geschütz............................203,2 mm B-4
  (Kampfsatz, Stück)...............................(-)
- Zahl x Kaliber, mm und Typ
  MG`s..................................4 x 152,4 mm
  (Kampfsatz, Stück)...............................(-)

Zusatzinformation: Der Panzer wurde aus drei Elementen zusammengesetzt. Es handelte sich um zwei Kettenhalbpanzer und eine querstehende Plattform mit dem bewaffneten Turm. Jeder Halbpanzer konnte sich selbständig bewegen.

Schwerer Panzer T-35

Baujahr ....i. d. Bewaffnung 1933
Entwickler...OKMO Werk „Bolschewik“
Hersteller.....................................CHPW
Produktion....................in Serie 1933-39
Kampfmasse, t....................................50
Länge, mm
- von der Kanone vorn....................9720
- Wanne..9720
Breite, mm......................................3200
Höhe, b. Turmspitze mm................5430
Bodenfreiheit, mm...........................530
Mittl. Bodendruck, kg/cm^2 0,78
überwindbare Hindernisse:
- Anstieg, Grad...................................35
- Graben, m...4
- Mauer, m..1,2
- Watfähigkeit, m........................1,2-1,7
Motortyp..........................Benzin M-17T

Max. Leistung, PS.................................500
Spez. Leistung PS/t...............................10,0
Max. Geschwindigkeit km/h....................30
Reichweite, km..............................150-200
Panzerung, mm
- Wannenstirnwand..................................30
- Turmstirnwand.......................................20
Mannschaft, Mitglieder.............................11
Bewaffnung:
- Zahl x Kaliber, mm und Typ
Geschütz........................1 x 76,2 mm LS-3
(Kampfsatz, Stück)..............................(96)
2 x 45 mm Muster 1932
(220)
- Zahl x Kaliber, mm und Typ
MG`s...............................5 x 7,62 mm DT
(Kampfsatz, Stück)........................(10080)
Ziel...POP, PT-1
Funkstation....................................71-TK-1

Zusatzinformation: Es handelt sich um einen fünftürmigen Spezialpanzer. Chefkonstrukteur war O.M. Iwanow. Das Versuchmuster von Juli 1932 aus dem Werk „Bolschewik“ besaß eine Masse von 42 t und unterschied sich in der Form des Hauptturms vom Serientank gleichen Typs. (Es waren eine 76,2-mm und zwei 37-mm-Kanonen sowie drei MG`s vorhanden), außerdem war die Panzerung bis auf 40 mm verstärkt und die Zahl der Laufrollen vermindert (sechs anstelle von acht an jeder Seite). Von 1937 an wurde eine Variante mit einer Masse von 52 t und einem Motor mit einer Leistung von 580 PS hergestellt. Die zuletzt produzierten Panzer besaßen eine Masse von 55 t und eine auf neun Mitglieder reduzierte Mannschaft. Sie hatten einen konischen Turm und neue Seitenblenden. Insgesamt wurden ca. 60 Panzer T-35 produziert.

Schwerer Panzer T-35

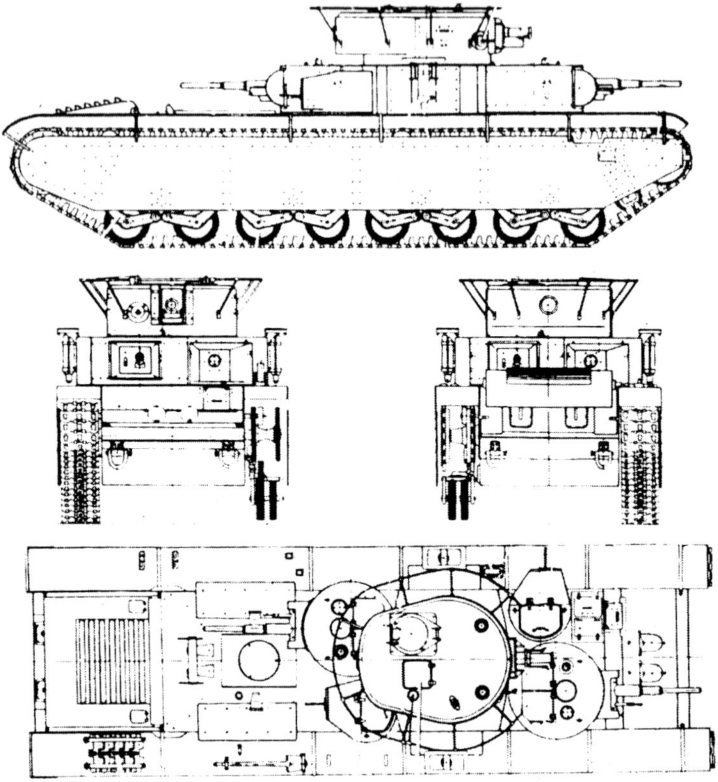

Schwerer Panzer T-35 hergestellt 1933

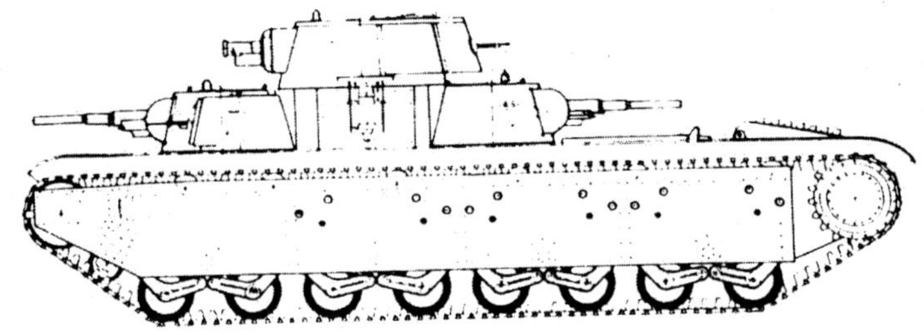

Schwerer Panzer T-35 mit konischen Türmen

Schwerer Sturmpanzer T-39

Baujahr ....Projekt 1938-40
Kampfmasse, t....................................95
Motortyp..Diesel
Max. Leistung, PS...........................1200
Max. Geschwindigkeit km/h..............25
Panzerung, mm
- Wannenstirnwand.............................50
- Turmstirnwand................................50
Bewaffnung:
- Zahl x Kaliber, mm und Typ
Geschütz...................................152 mm
(Kampfsatz, Stück).............................(-)
- Zahl x Kaliber, mm und Typ
Geschütz...................................107 mm
(Kampfsatz, Stück).............................(-)
- Zahl x Kaliber, mm und Typ
Geschütz.....................................45 mm
(Kampfsatz, Stück)..............................(-)

Superschwerer Panzer KW-5

Baujahr 1941
Entwickler..........................SKB-2 LKW
Produktion..................................Projekt
Kampfmasse, t.................................100
Max. Leistung, PS..........................1200
Spezifische Leistung, PS/t.................12
Max. Geschwindigkeit km/h................50
Panzerung, mm
- Wannenstirnwand....................170-180
Bewaffnung:
- Zahl x Kaliber, mm und Typ
Geschütz..107

Zusatzinformation: Die Entwicklung begann im April 1941, und bis zum 1. September 1941 sollte ein Versuchsmuster hergestellt werden. Das Laufwerk bestand an jeder Seite aus 8 Stützrollen. Die Arbeiten wurden im August 1941 nach der Evakuierung des Kirowwerkes beendet.

Schwerer Panzer IS

Baujahr ....Projekt 1940
Entwickler ....KB LKW
Produktion ....nicht hergestellt
Kampfmasse, t...................................50
Länge, mm
- von der Kanone vorn................10500
- Wanne..7400
Breite, mm...................................3270
Höhe, b. Turmspitze mm..............3150
Bodenfreiheit, mm..........................540
Motortyp..............................Diesel V-2
Max. Leistung, PS..........................500
Spez. Leistung PS/t..........................10
Max. Geschwindigkeit km/h......................
Panzerung, mm
- Wannenstirnwand............................100
- Turmstirnwand.................................110
Mannschaft, Mitglieder..........................4
Bewaffnung:
- Zahl x Kaliber, mm und Typ
Geschütz...............................152,4 mm
(Kampfsatz, Stück)............................(-)
- Zahl x Kaliber, mm und Typ
MG`s...........................2 x 7,62 mm DT
(Kampfsatz, Stück)............................(-)

Zusatzinformation: Es handelt sich um einen Panzer mit einem Turm. Die leistungsfähigen MG`s wurden auf zwei kleinen Türmen auf dem Dach des Hauptturms und der Wanne angeordnet. Eine zweite Bauvariante dieses Panzers hatte einen Kampfraum und einen Drehturm, der sich im Heck des Panzers befand. Die Panzerung an der Frontseite ging über Kimmbleche in die Seiten über.

Schwerer Panzer SMK
(Sergej Mironowitsch Kirow)

Baujahr ....Versuchsmuster hergestellt im Sommer 1939
Entwickler ....SKB-2 LKW
Hersteller.....................................LKW
Produktion ....nicht in Serie
Kampfmasse, t...............................55,0
Länge, mm
- von der Kanone vorn..................8750
- Wanne..8750
Breite, mm...................................3360
Höhe, b. Turmspitze mm.............3350
Bodenfreiheit, mm..........................500
Mittl. Bodendruck, kg/cm^2 0,70
überwindbare Hindernisse:
- Anstieg, Grad.................................40
- Querneigung, Grad.........................30
- Graben, m..3
- Watfähigkeit, m............................1,7
Motortyp.............Benzin GAM-34-BT
Max. Leistung, PS.............................850
Spez. Leistung PS/t..........................15,5
Max. Geschwindigkeit km/h................35
Reichweite, km..........................160-220
Panzerung, mm
- Wannenstirnwand.............................60
- Turmstirnwand.................................60
Mannschaft, Mitglieder.........................7
Bewaffnung:
- Zahl x Kaliber, mm und Typ
Kanone……...............1 x 7,62 mm L-11
(Kampfsatz, Stück)........................(150)
1 x 45 mm Muster 1932
(300)
- Zahl x Kaliber, mm und Typ
MG`s...........................3 x 7,62 mm DT
(Kampfsatz, Stück).....................(3969)
Ziel..POP
Funkstation................................71-TK-3

Zusatzinformation: Es handelt sich um einen zweitürmigen Panzer. Zunächst wurde eine Variante mit drei Türmen projektiert. Chefkonstrukteure waren N.W. Zeiz und A.S. Ermolaew. Bei der Konstruktion des Panzers wurden fortschrittliche technische Lösungen realisiert: Torsionsaufhängung, Stützrollen mit innerer Stoßdämpfung u.a. Ein Versuchsmuster wurde im Finnlandkrieg 1939-40 eingesetzt. Auf der Grundlage konstruktiver Lösungen, realisiert bei der Entwicklung des SMK, entwickelte man den schweren Panzer KW.

Schwerer Panzer SMK

Schwerer Panzer T-100
(Erzeugnis 100)

Baujahr ....Versuchsmuster hergestellt im Mai 1939
Entwickler ....KB Werk Nr. 174
Hersteller.......................Werk Nr. 174
Produktion ....nicht in Serie
Kampfmasse, t..............................58,0
Länge, mm
- von der Kanone vorn...........ca. 9000
- Wanne..................................ca. 9000
Breite, mm...................................3400
Bodenfreiheit, mm.........................455
Mittl. Bodendruck, kg/cm^{2} 0,67
Motortyp.............Benzin GAM-34-BT
Max. Leistung, PS..........................850
Spez. Leistung PS/t.......................14,7
Max. Geschwindigkeit km/h............38

Reichweite, km.................................200
Panzerung, mm
- Wannenstirnwand..............................60
- Turmstirnwand..................................60
Mannschaft, Mitglieder.........................6
Bewaffnung:
- Zahl x Kaliber, mm und Typ
Geschütz..................1 x 7,62 mm L-11
(Kampfsatz, Stück).......................(150)
1 x 45 mm Muster 1932
(300)
- Zahl x Kaliber, mm und Typ
MG`s...........................3 x 7,62 mm DT
(Kampfsatz, Stück).....................(3528)
Ziel..TOP
Funkstation.................................71-TK-3

Zusatzinformation: Es handelt sich um einen schweren Sturmpanzer mit zwei Türmen. Er wurde seit Sommer 1938 projektiert. Chefkonstrukteur war I.W. Gawalow. Ein Versuchsmuster wurde im Finnlandkrieg 1939-1940 eingesetzt. Die Türme waren konisch und gegossen. Auf der Grundlage des T-100 wurde die Artillerieselbstfahrlafette SU-100U mit einer 130-mm-Schiffskanone B-13 sowie das Gerät SU-1002 mit einer 152-mm-Kanone entwickelt.

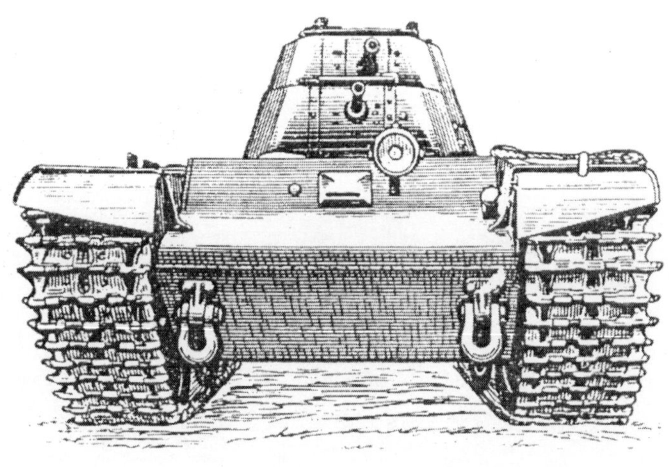

Schwerer Panzer T-100

Schwerer Panzer KW-1
(KB, Klim Woroschilow)

Baujahr ....i. d. Bewaffnung 1939
Entwickler ....SKB-2 LKW
Hersteller...................LKW, TSCHKW
Produktion ....in Serie 1940-42
Kampfmasse, t..........................47-47,5
Länge, mm
- von der Kanone vorn..................6750
- Wanne..6750
Breite, mm...................................3320
Höhe, b. Turmspitze mm.............2710
Bodenfreiheit, mm..........................450
Mittl. Bodendruck, kg/cm^2 0,77
überwindbare Hindernisse:
- Anstieg, Grad.................................36
- Querneigung, Grad........................30
- Graben, m....................................2,5
- Mauer, m......................................1,0
- Watfähigkeit, m............................1,6

Motortyp...............................Diesel V-2K
Max. Leistung, PS..............................600
Treibstoffvorrat, l................................615
Spez. Leistung PS/t...........................12,6
Max. Geschwindigkeit km/h................35
Reichweite, km..................................250
Panzerung, mm
- Wannenstirnwand..............................75
- Turmstirnwand..................................75
Mannschaft, Mitglieder.........................5
Bewaffnung:
- Zahl x Kaliber, mm und Typ
Geschütz...................1 x 7,62 mm L-11
(Kampfsatz, Stück).......................(111)
- Zahl x Kaliber, mm und Typ
MG`s..........................4 x 7,62 mm DT
(Kampfsatz, Stück)....................(3024)
Ziel....................................TOD-6, PT-6
Funkstation................................71-TK-3

Zusatzinformation: Es handelt sich um den ersten schweren sowjetischen Panzer mit einem Turm. Chefkonstrukteur war N.L. Duchow. Ein Versuchmuster wurde im September 1939 hergestellt. Der Serienpanzer unterschied sich durch das vorhandene Bug-MG. Er wurde mit zwei unterschiedlichen Türmen gefertigt: mit einem aus 75 mm starken geschweißten Blechen und einem gegossenen mit einer Wandstärke von 95 mm. Die Kanone L-11 wurde durch die 76,2-mm-Kanone F-32 ersetzt. Von 1941 an wurde der Panzer mit der 76,2-mm-Kanone SIS-5 mit einem Munitionsvorrat von 114 Granaten produziert. Die Panzerung der Wanne wurde durch 25 mm Zusatzbleche verstärkt. Die Wandstärke des gegossenen Turms erreichte 105 mm. Insgesamt wurden ca. 4800 Panzer KW unterschiedlicher Varianten hergestellt. Auf der Grundlage des KW-1 wurden die Panzer KW-2, KW-3, KW-8, KW-9 u.a. entwickelt. (LKW – Leningrader Kirowwerk, TSCHKW – Tscheljabinsker Kirowwerk)

Schwerer Panzer KW (Versuchsmuster)

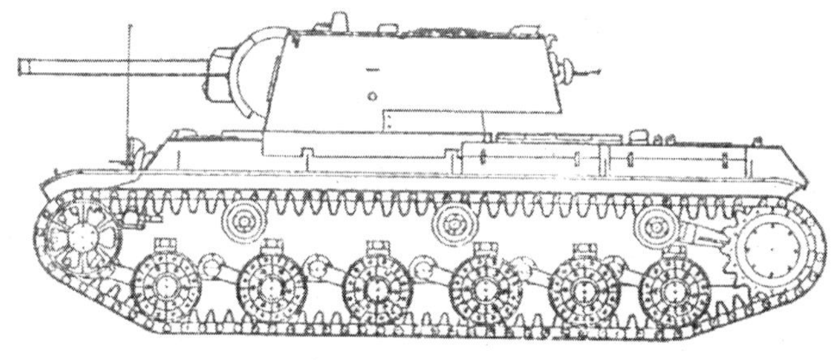

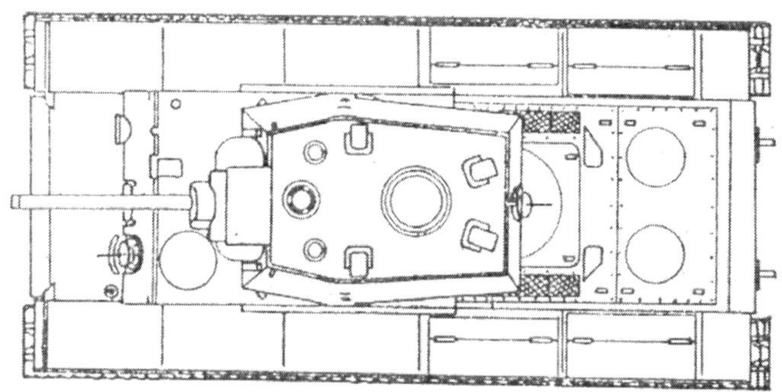

Schwerer Panzer KW-1 mit Kanone SIS-5 im geschweißtem Turm

Schwerer Panzer KW-1 mit Kanone SIS-5 im geschweißten Turm und zusätzlichen Blenden

Schwerer Panzer KW-2

Baujahr ....i. d. Bewaffnung 1940
Entwickler ....SKB-2 LKW
Hersteller......................................LKW
Produktion ....in Serie 1940-41
Kampfmasse, t.................................52
Länge, mm
- von der Kanone vorn................7100
- Wanne..6750
Breite, mm..................................3320
Höhe, b. Turmspitze mm............3240
Bodenfreiheit, mm........................430
Mittl. Bodendruck, kg/cm^2 0,84
überwindbare Hindernisse:
- Anstieg, Grad................................36
- Graben, m....................................2,5
- Watfähigkeit, m...........................1,6
Motortyp.........................Diesel V-2K
Max. Leistung, PS........................600

Treibstoffvorrat, l................................615
Spez. Leistung PS/t...........................11,5
Max. Geschwindigkeit km/h................34
Reichweite, km..................................250
Panzerung, mm
- Wannenstirnwand..............................75
- Turmstirnwand..................................75
Mannschaft, Mitglieder.........................6
Bewaffnung:
- Zahl x Kaliber, mm und Typ
Geschütz......................1 x 152 m M-10
(Kampfsatz, Stück).........................(36)
- Zahl x Kaliber, mm und Typ
MG`s..........................4 x 7,62 mm DT
(Kampfsatz, Stück).....................(3087)
Ziel................T-5, TP-5 (TOD-9, PT-9)
Funkstation................................71-TK-3

Zusatzinformation: Es handelt sich um eine Modifikation des KW-1 zum Bekämpfen hartnäckiger gegnerischer Widerstandsnester. Ein Versuchsmuster des Panzers, das im Februar 1940 hergestellt wurde, nahm am Finnlandkrieg teil. Es unterschied sich vom KW-1 durch die Form des Turmes und hatte kein Bug-MG. Insgesamt wurden ca. 330 Panzer KW-2 produziert.

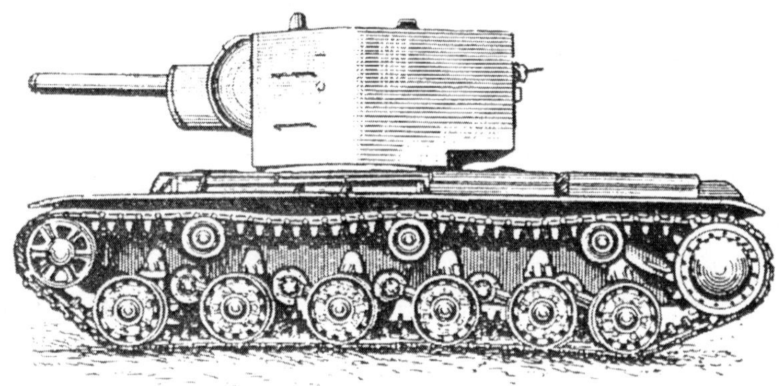

Schwerer Panzer KW-2

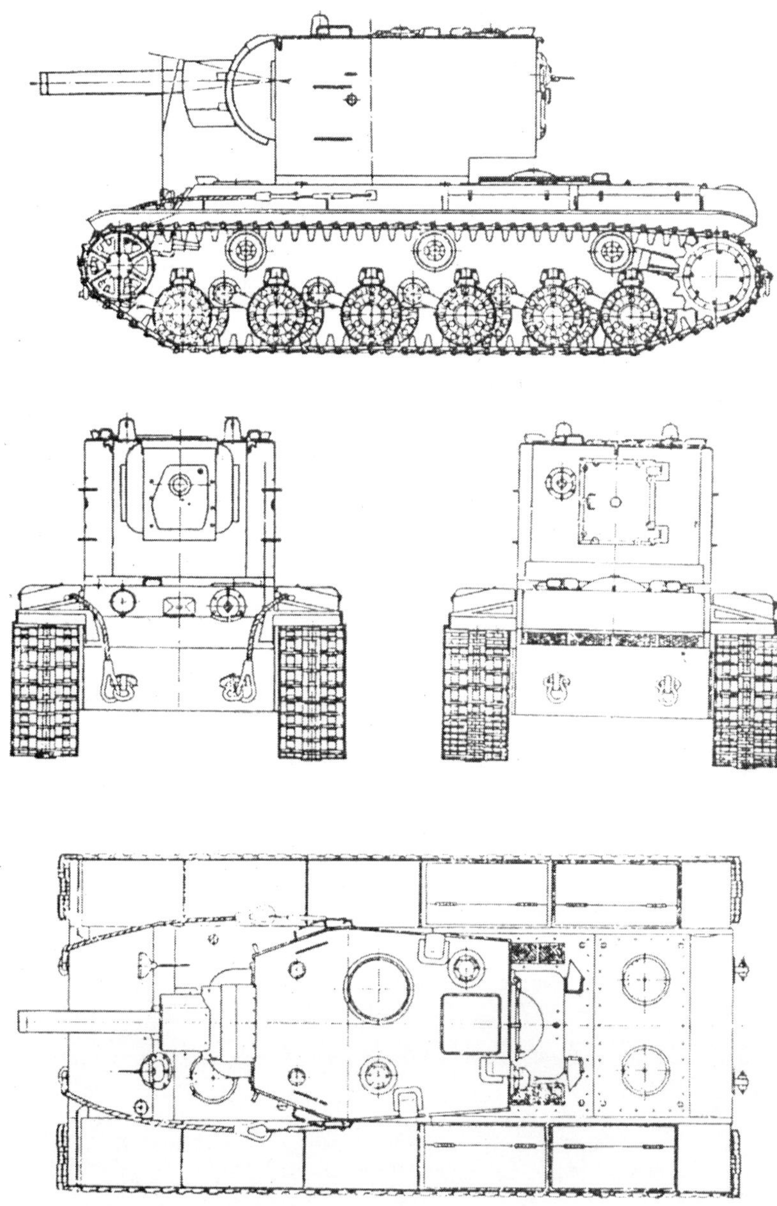

Schwerer Panzer KW-2

Schwere Panzer KW-3
(Objekt 222)

Baujahr ....Versuchsmuster 1941
Entwickler ....SKB-2 LKW
Hersteller.......................................LKW
Produktion.........................nicht in Serie
Kampfmasse, t.................................51,0
Länge, mm
- von der Kanone vorn...................6850
- Wanne..6750
Breite, mm.....................................3320
Höhe, b. Turmspitze mm...............2440
Bodenfreiheit, mm...........................430
Mittl. Bodendruck, kg/cm^2 0,83
überwindbare Hindernisse:
- Anstieg, Grad.................................35
- Querneigung, Grad..........................30
- Graben, m......................................2,5
- Mauer, m.......................................1,0
- Watfähigkeit, m.............................1,6

Motortyp..................................Diesel V-5
Max. Leistung, PS..............................700
Spez. Leistung PS/t...........................13,7
Max. Geschwindigkeit km/h................36
Panzerung, mm:
Wannenstirnwand.................................90
Turmstirnwand.....................................90
Mannschaft, Mitglieder..........................5
Bewaffnung:
- Zahl x Kaliber, mm und Typ
Geschütz..........................76,2 mm F-32
(Kampfsatz, Stück)........................(111)
- Zahl x Kaliber, mm und Typ
MG`s...........................4 x 7,62 mm DT
(Kampfsatz, Stück)......................(2875)
Ziel.....................................PT-8, TOD-8
Funkstation................................73-TK-3

Zusatzinformation: Es handelt sich um eine Modifikation des KW-1. Die Panzerung des Turms und der Wanne verbesserten sich durch Erhöhung der Wandstärke. Der Panzer erhielt ein Kommandeurskuppel sowie einen neuen leistungsfähigeren Motor. Das Laufwerk und das Getriebe blieben unverändert. Die durchgeführten Maßnahmen senkten die Zuverlässigkeit und Geländegängigkeit. Der Panzer wurde nicht in die Bewaffnung aufgenommen.

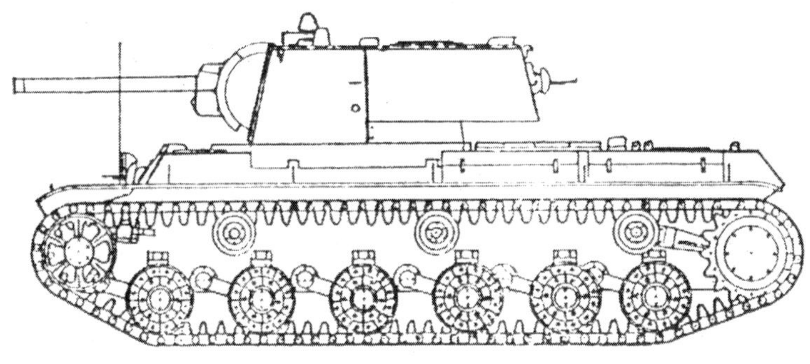

Schwere Panzer KW-3

Schwerer Panzer KW-220
(Objekt 220)

Baujahr ....Versuchsmuster 1941
Entwickler ....SKB-2 LKW
Hersteller...................................LKW
Produktion ....nicht in Serie
Kampfmasse, t.............................63,0
Länge, mm
- von der Kanone vorn................7800
Breite, mm..................................3410
Höhe, b. Turmspitze mm............2440
Bodenfreiheit, mm........................430
Mittl. Bodendruck, kg/cm^2 0,85
überwindbare Hindernisse:
- Anstieg, Grad...............................36
- Graben, m...................................3,0
- Watfähigkeit, m...........................1,6
Motortyp.......................Diesel V-2KF

Max. Leistung, PS..............................850
Spez. Leistung PS/t...........................13,5
Max. Geschwindigkeit km/h................33
Reichweite..200
Panzerung, mm
Wannenstirnwand...............................100
Turmstirnwand...................................100
Mannschaft, Mitglieder..........................6
Bewaffnung:
- Zahl x Kaliber, mm und Typ
Geschütz..........................76,2 mm F-30
(Kampfsatz, Stück)..........................(91)
- Zahl x Kaliber, mm und Typ
MG`s.................................7,62 mm DT
(Kampfsatz, Stück).....................(4032)
Ziel...PT-6, TO
Funkstation.............................71-TK-3M

Zusatzinformation: Für den KW-220 wurde auf der Grundlage von Bauteilen und Aggregaten des KW-1 ein neues Chassis entwickelt. Er erhielt leistungsfähigere Waffen und einen verbesserten Motor. Der Panzer übertraf in seinen technischen Parametern die Serienpanzer KW-1 und KW-2 sowie die entsprechenden ausländischen Erzeugnisse. Die gestiegene Masse des Panzers sowie die Unausgereiftheit der Konstruktion des Motors und des Getriebes erlaubten es nicht, ihn in Serie zu fertigen.

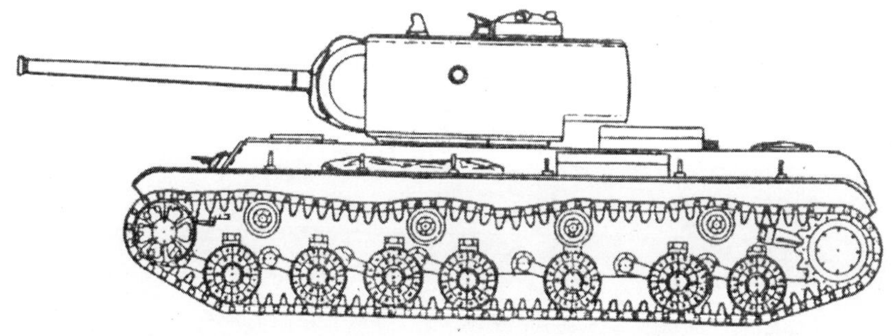

Schwerer Panzer KW-220

Schwerer Panzer KW-85

Baujahr ....i. d. Bewaffnung 1943
Entwickler ....KB TSCHKW
Hersteller.............................TSCHKW
Produktion ....in Serie 1943
Kampfmasse, t.................................46
Länge, mm
- von der Kanone vorn................8493
- Wanne.......................................6950
Breite, mm.................................3250
Höhe, b. Turmspitze mm...........2530
Bodenfreiheit, mm........................450
Mittl. Bodendruck, kg/cm^2 0,80
überwindbare Hindernisse:
- Anstieg, Grad................................40
- Querneigung, Grad.......................30
- Graben, m....................................2,5
- Mauer, m.....................................1,0
- Watfähigkeit, m............................1,6

Motortyp...............................Diesel V-2K
Max. Leistung, PS..............................600
Treibstoffvorrat, l..............................575
Spez. Leistung PS/t..........................13,0
Max. Geschwindigkeit km/h................42
Reichweite, km.................................230
Panzerung, mm
- Wannenstirnwand..............................75
- Turmstirnwand.................................100
Mannschaft, Mitglieder..........................4
Bewaffnung:
- Zahl x Kaliber, mm und Typ
Geschütz..................1 x 85 mm D5-T85
(Kampfsatz, Stück)..........................(70)
- Zahl x Kaliber, mm und Typ
MG`s............................3 x 7,62 mm DT
(Kampfsatz, Stück)......................(3276)
Ziel................................10T-15, PT-4-15
Funkstation..10R

Zusatzinformation: Er wurde auf der Grundlage des KW-1S wegen der Verzögerung bei der Entwicklung des IS-1 geschaffen. Er erhielt den für den IS-1 entwickelten Turm mit verstärktem Turmdrehkranz, verstärkter Panzerung und eine 85-mm-Kanone. Das Bug-MG kam auf die rechte Seite der Wanne. Die Mannschaft verkleinerte sich. Insgesamt wurden ca.130 Panzer hergestellt.

Schwerer Panzer KW-85

Schwerer Panzer KW-1S

Baujahr ....i. d. Bewaffnung 1942
Entwickler ....KB Versuchsbetrieb
Hersteller.............................TSCHKW
Produktion ....in Serie 1942-43
Kampfmasse, t..............................42,5
Länge, mm
- von der Kanone vorn................6950
- Wanne.......................................6950
Breite, mm.................................3250
Höhe, b. Turmspitze mm............2640
Bodenfreiheit, mm........................450
Mittl. Bodendruck, kg/cm^2 0,74
überwindbare Hindernisse:
- Anstieg, Grad................................40
- Querneigung, Grad.......................30
- Graben, m...................................2,5
- Mauer, m....................................1,0
- Watfähigkeit, m...........................1,6
Motortyp.........................Diesel V-2K

Max. Leistung, PS..............................600
Treibstoffvorrat, l...............................610
Spez. Leistung PS/t...........................14,1
Max. Geschwindigkeit km/h................43
Reichweite, km..................................250
Panzerung, mm
- Wannenstirnwand..............................75
- Turmstirnwand..................................82
Mannschaft, Mitglieder..........................5
Bewaffnung:
- Zahl x Kaliber, mm und Typ
Geschütz..................1 x 76,2 mm SIS-5
(Kampfsatz, Stück)..........................(90)
- Zahl x Kaliber, mm und Typ
MG`s............................4 x 7,62 mm DT
(Kampfsatz, Stück).......................(3000)
Ziel......................................9T-7, PT-4-7
Funkstation...10R

Zusatzinformation: Es handelt sich um eine weiterentwickelte Variante des KW-1. Er erhielt ein verbessertes Getriebe, eine leichtere Panzerung der Wanne und einen gegossenen Turm kleinerer Dimension. Während der Serienproduktion wurde der Munitionsvorrat des Panzers auf 114 Granaten erhöht. Es wurde auch eine Flammpanzervariante KW-8S entwickelt. Die Herstellung betrug mehr als 1230 Panzer des Typs KW-1S. Auf der Grundlage des KW-1S entwickelte man den Panzer KW-85 und die Artillerieselbstfahrlafette KW-14 (SU-152).

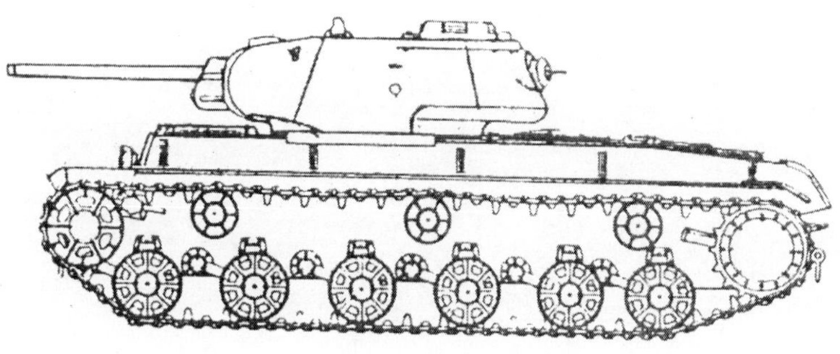

Schwerer Panzer KW-1S

Schwerer Flammpanzer KW-8

Baujahr ....i. d. Bewaffnung 1942
Entwickler ...KB-2 LKW (KB TSCHKW)
Hersteller...................................TSCHKW
Produktion ....in Serie 1942
Kampfmasse, t......................................47
Länge, mm
- von der Kanone vorn.......................6750
- Wanne..6750
Breite, mm.......................................3320
Höhe, b. Turmspitze mm.................2710
Bodenfreiheit, mm.............................450
Mittl. Bodendruck, kg/cm^2 0,77
überwindbare Hindernisse:
- Anstieg, Grad....................................35
- Querneigung, Grad............................30
- Graben, m...2,5
- Mauer, m..1,0
- Watfähigkeit, m................................1,6

Motortyp..............................Diesel V-2K
Max. Leistung, PS..............................600
Spez. Leistung PS/t..........................12,8
Max. Geschwindigkeit km/h................35
Reichweite, km..................................250
Panzerung, mm
- Wannenstirnwand............................110
- Turmstirnwand..................................75
Mannschaft, Mitglieder..........................4
Bewaffnung:
- Zahl x Kaliber, mm und Typ
Geschütz.....1 x 45 mm Muster 1932-38
(Kampfsatz, Stück).......................(116)
- Typ des Flammenwerfers.........ATO-41
Flammengemisch, l..........................670
- Zahl x Kaliber, mm und Typ
MG`s...........................4 x 7,62 mm DT
(Kampfsatz, Stück).....................(2772)
Funkstation.......................................10R

Zusatzinformation: Die Entwicklung wurde im Spezial-KB2 des Leningrader Kirowwerkes im November 1941 auf der Basis des KW-1 begonnen. Während der Serienproduktion erhöhte sich der Vorrat an Flammengemisch auf 960 l. Nach dem Ende der Serienproduktion des Panzers KW-1 wurde auf der Grundlage des KW-1S der Flammpanzer KW-8S entwickelt und 1943 in Serie produziert. Die Bewaffnung entsprach der des KW-8 mit Ausnahme des koaxialen MG`s. Während der Produktion des Panzers wurde ein neuer Flammenwerfer vom Typ ATO-42 installiert. Der Vorrat an Flammengemisch erhöhte sich von 600 auf 800 l. Die Masse des KW-8S betrug 43 t.

Schwerer Flammpanzer KW-8

Schwerer Panzer KW-9

Baujahr ....Versuchsmuster 1942
Entwickler ....KB TSCHKW
Hersteller................................TSCHKW
Produktion ....nicht in Serie hergestellt
Kampfmasse, t...................................47
Länge, mm
- von der Kanone vorn..................6750
- Wanne..6750
Breite, mm.....................................3320
Höhe, b. Turmspitze mm.........ca. 2800
Bodenfreiheit, mm...........................430
Mittl. Bodendruck, kg/cm^2 0,82
überwindbare Hindernisse:
- Anstieg, Grad.............................ca.38
- Graben, m.....................................2,5
- Watfähigkeit, m.............................1,6

Motortyp...............................Diesel V-2K
Max. Leistung, PS.............................600
Spez. Leistung PS/t..........................12,8
Max. Geschwindigkeit km/h................35
Panzerung, mm
- Wannenstirnwand............................135
Mannschaft, Mitglieder..........................4
Bewaffnung:
- Zahl x Kaliber, mm und Typ
Geschütz..............................1 x 122 mm
(Kampfsatz, Stück)..........................(48)
- Zahl x Kaliber, mm und Typ
MG`s............................4 x 7,62 mm DT
(Kampfsatz, Stück)......................(2646)
Ziel...TMFD

Zusatzinformation: Es handelt sich um eine Modifikation des KW-1. Die Projektierung begann im Dezember 1941. Im gegossenen Turm wurde eine 122-mm-Haubitze und ein koaxiales MG eingesetzt. Die Stirnseite der Wanne wurde durch eine Zusatzpanzerung von 60 mm verstärkt. Das Laufwerk entspricht dem KW-1S. Er wurde nicht in die Bewaffnung aufgenommen.

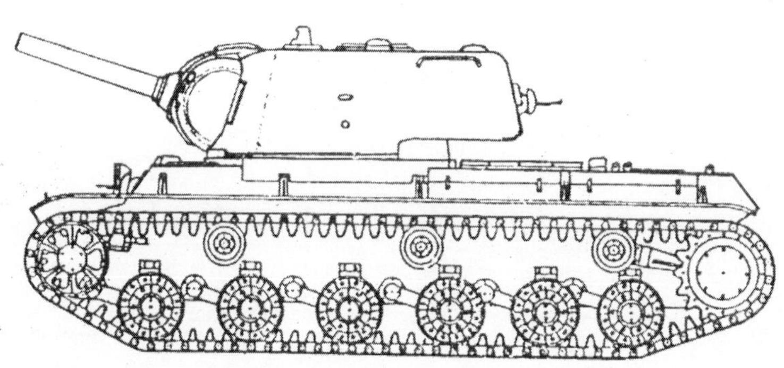

Schwerer Panzer KW-9

Schwerer Panzer KW-4
(Objekt 224)

Baujahr ....Versuchsmuster 1941
Entwickler ....SKB-2 LKW
Hersteller......................................LKW
Produktion ....nicht in Serie hergestellt
Kampfmasse, t...................................90
Länge, mm
- von der Kanone vorn..................8280
Breite, mm....................................4000
Höhe, b. Turmspitze mm..............3250
Bodenfreiheit, mm..........................550
überwindbare Hindernisse:
- Anstieg, Grad.................................30
- Graben, m......................................3,0
- Watfähigkeit, m.............................1,6
Motortyp.......................…Benzin M-40
Max. Leistung, PS........................1200

Spez. Leistung PS/t...........................13,3
Max. Geschwindigkeit km/h...........40-50
Panzerung, mm
- Wannenstirnwand.....................125-130
- Turmstirnwand.................................125
Mannschaft, Mitglieder..........................6
Bewaffnung:
- Zahl x Kaliber, mm und Typ
Geschütz..............................1 x 107 mm
(Kampfsatz, Stück).........................(100)
1 x 45 mm
(150)
- Zahl x Kaliber, mm und Typ
MG`s...........................2 x 7,62 mm DT
(Kampfsatz, Stück)........................(600)
Ziel..Periskop
Funkstation................................71-TK-3

Zusatzinformation: Im Verhältnis zum KW-1 handelt es sich um einen besser gepanzerten und leistungsfähigeren Panzer. Man entwickelte verschiedene Varianten, die sich hauptsächlich in der Bewaffnung unterscheiden (eine 45-mm-Kanone wurde durch eine 76,5-mm-Kanone ersetzt, ein Flammenwerfer wurde zusätzlich eingebaut). Man nahm ihn nicht in die Bewaffnung auf.

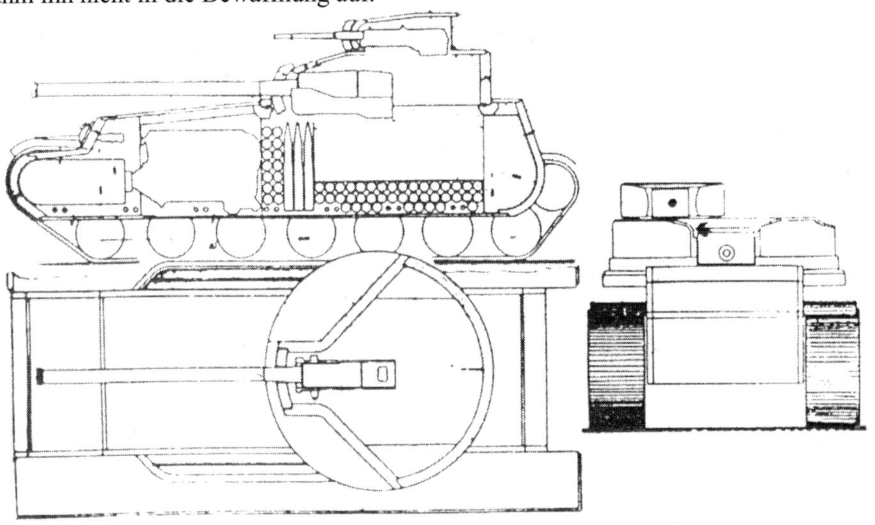

Schwerer Panzer KW-4 (Variante)

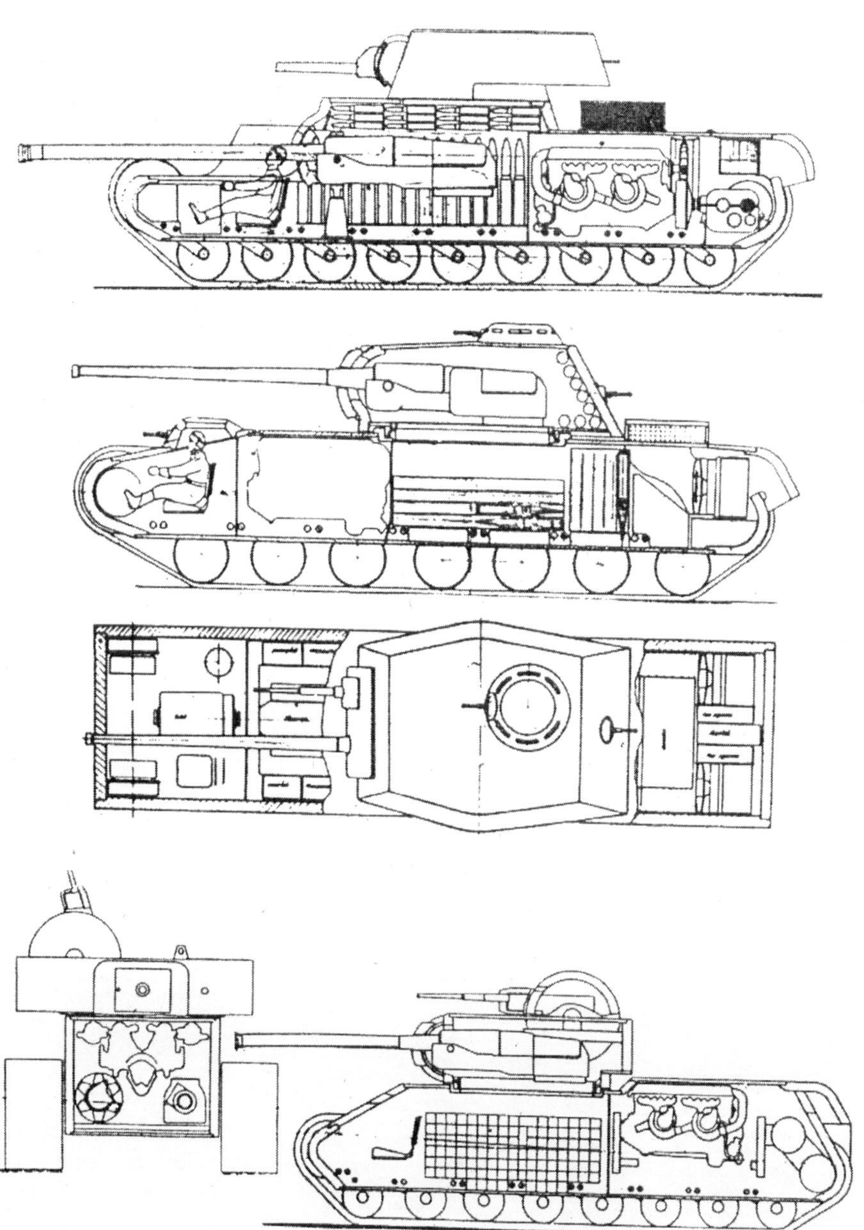

Schwerer Panzer KW-4 (Varianten)

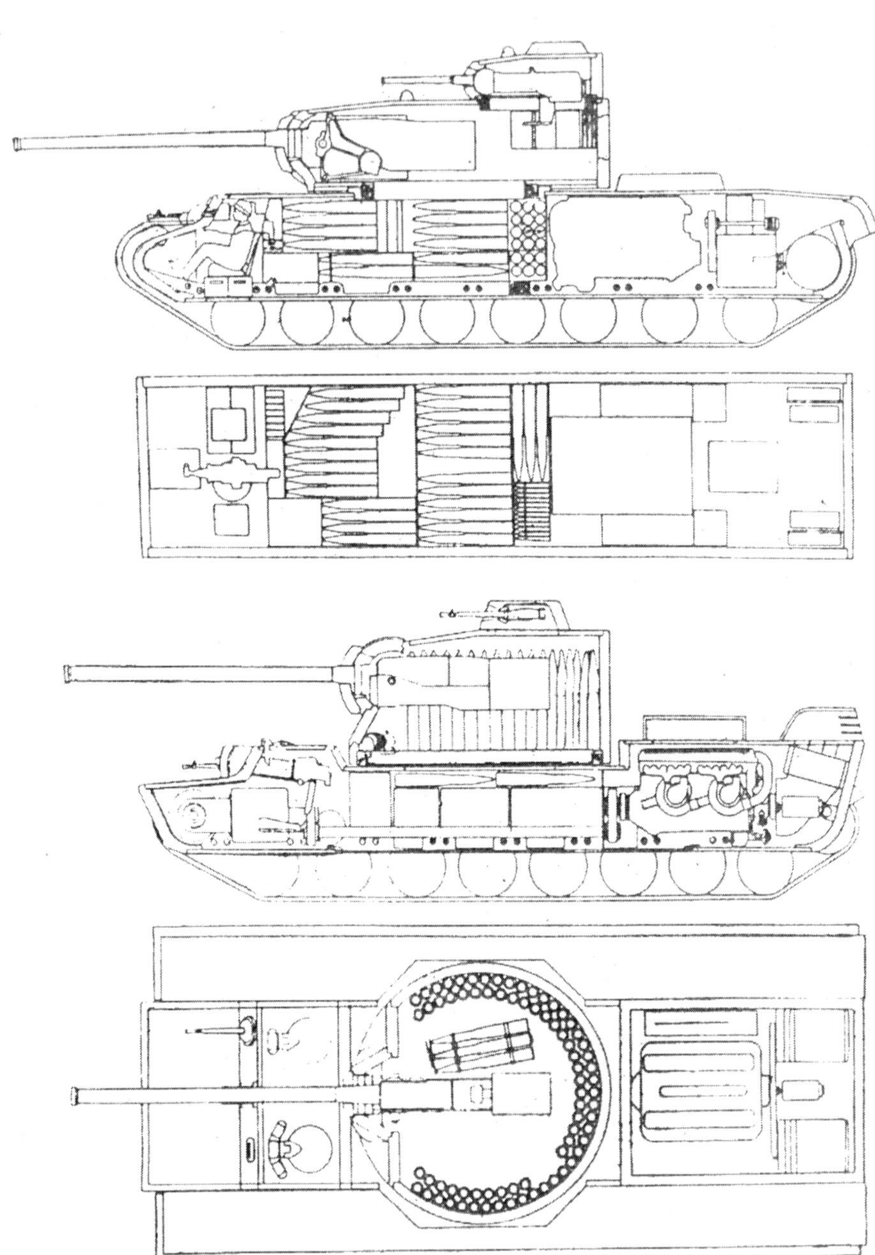

Schwerer Panzer KW-4 (Varianten)

Elektrischer Minenräumpanzer
(Objekt 218)

Baujahr ....Projektarbeiten 1940
Entwickler ....SKB-2 LKW
Hersteller.......................nicht hergestellt
Produktion ....nicht in Serie
Kampfmasse, t..............................ca. 52
Länge, mm
- von der Kanone vorn...................6750
- Wanne..6750
Breite, mm....................................3320
Höhe, b. Turmspitze mm..............2710
Bodenfreiheit, mm..........................450
Mittl. Bodendruck, kg/cm²............0,84
überwindbare Hindernisse:
- Anstieg, Grad.................................36
- Graben, m......................................2,5
- Watfähigkeit, m.............................1,6

Motortyp...............................Diesel V-2K
Max. Leistung, PS...............................600
Spez. Leistung PS/t...........................11,5
Max. Geschwindigkeit km/h................34
Panzerung, mm
- Wannenstirnwand...............................75
- Turmstirnwand...................................75
Mannschaft, Mitglieder..........................4
Bewaffnung:
- Zahl x Kaliber, mm und Typ
Geschütz...............................1 x 45 mm
(Kampfsatz, Stück)..........................(80)
- Zahl x Kaliber, mm und Typ
MG`s...........................3 x 7,62 mm DT
(Kampfsatz, Stück)......................(2400)
Ziel...Periskop

Zusatzinformation: Es handelt sich um einen elektrischen Minenräumer, der die Minen mit Hochfrequenzstrom zur Explosion bringt. Er wurde auf der Grundlage der Panzer KW-1 und KW-2 entwickelt (die Daten dieser Variante werden oben angeführt). Ein Versuchsmuster wurde nicht hergestellt. Er wurde nicht in die Bewaffnung aufgenommen.

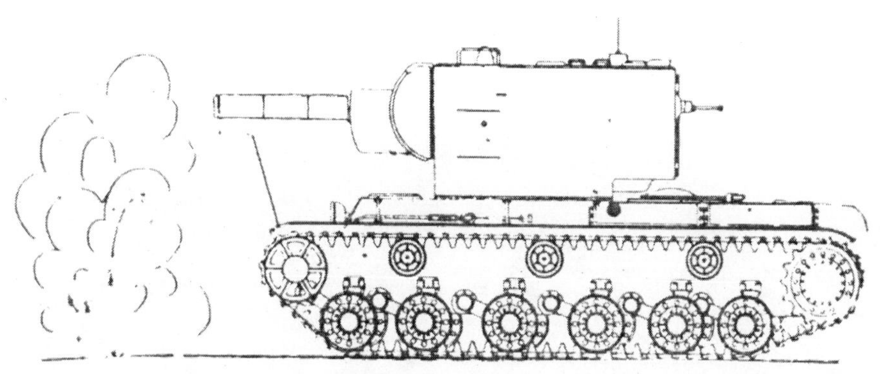

Elektrischer Minenräumpanzer Objekt 218 (auf der Basis des KW-2)

Schwerer Panzer IS-85
(IS-1, Iosif Stalin, Objekt 237)

Baujahr ....i. d. Bewaffnung 1943
Entwickler ....KB TSCHKW
Hersteller................................TSCHKW
Produktion ....kleine Serie 1943
Kampfmasse, t...................................44
Länge, mm
- von der Kanone vorn..................8560
- Wanne..6770
Breite, mm.....................................3070
Höhe, b. Turmspitze mm..............2735
Bodenfreiheit, mm...........................465
Mittl. Bodendruck, kg/cm².............0,78
überwindbare Hindernisse:
- Anstieg, Grad................................36
- Watfähigkeit, m.............................1,3
Motortyp........Diesel V-2-10 (V-2-IS)
Max. Leistung, PS.........................520

Treibstoffvorrat, l..................500+360
Spez. Leistung PS/t...........................11,8
Max. Geschwindigkeit km/h................40
Reichweite, km..................................150
Panzerung, mm
- Wannenstirnwand.............................120
- Turmstirnwand.................................100
Rauchvorhang.............................2 DSCH
Mannschaft, Mitglieder..........................4
Bewaffnung:
- Zahl x Kaliber, mm und Typ
Geschütz.................1 x 85 mm D5-T85
(Kampfsatz, Stück)..........................(59)
- Zahl x Kaliber, mm und Typ
MG`s............................3 x 7,62 mm DT
(Kampfsatz, Stück).......................(2520)
Ziel................................10T-15, PT-4-15
Funkstation..............................10-RK-26

Zusatzinformation: Es handelt sich um den ersten Panzer einer neuen Familie. Er erhielt eine verbesserte Panzerung, einen neuen Motor und ein neues Getriebe. Man realisierte technische Lösungen, die für den KW-13 entwickelt wurden. Der Prototyp wurde mit einer 85-mm-Kanone S-31 ausgerüstet. die in den Serienpanzern, die seit Herbst 1943 vom Band liefen, durch eine andere ersetzt wurde. Man stellte insgesamt 67 Panzer IS-85 her.

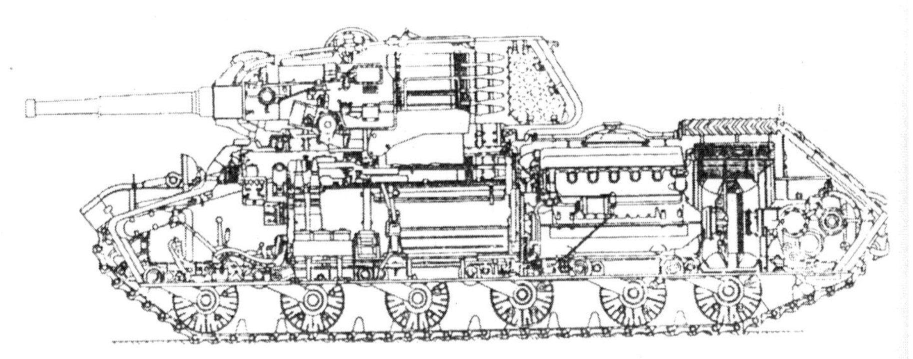

Schwerer Panzer IS-85 (Querschnitt)

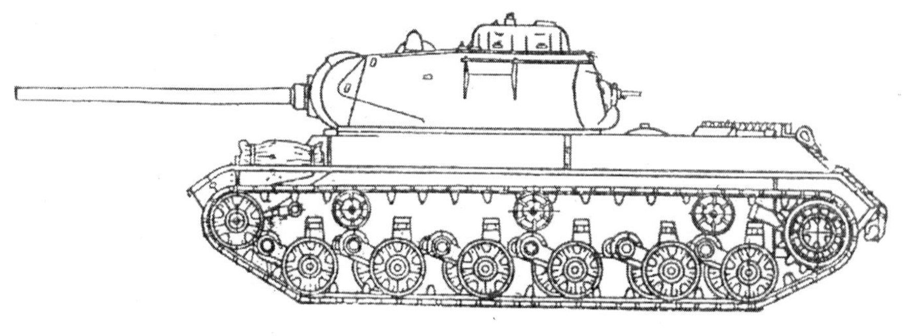

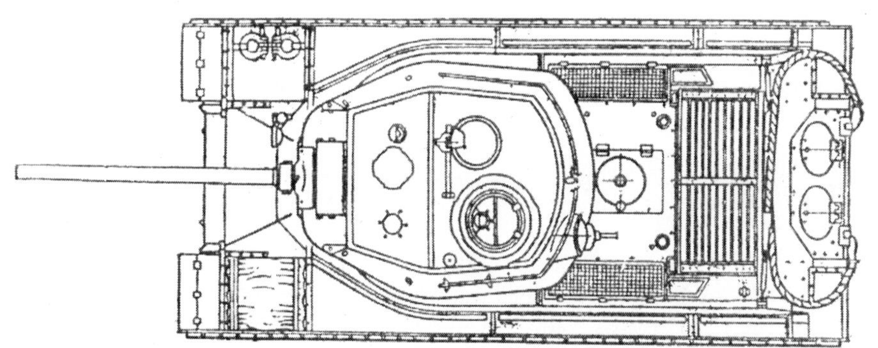

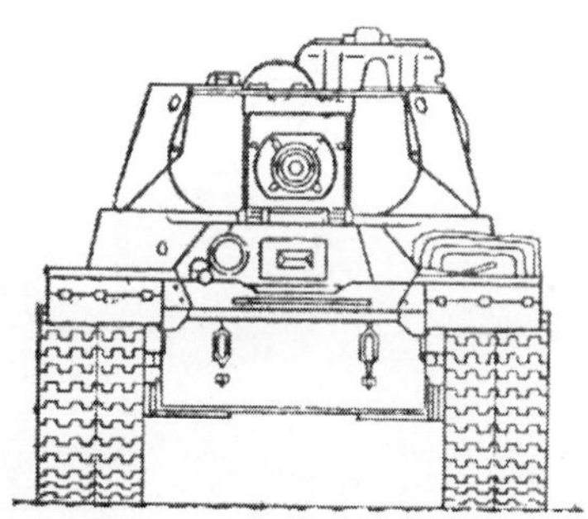

Schwerer Panzer IS-85

Schwerer Panzer IS-2
(Objekt 240)

Baujahr ....i. d. Bewaffnung 1943
Entwickler ....KB TSCHKW
Hersteller....................TSCHKW, LKW
Produktion ....Serie 1943-46
Kampfmasse, t..................................46
Länge, mm
- von der Kanone vorn..................9830
- Wanne..6770
Breite, mm....................................3070
Höhe, b. Turmspitze mm.............2730
Bodenfreiheit, mm..........................465
Mittl. Bodendruck, kg/cm².............0,82
überwindbare Hindernisse:
- Anstieg, Grad.................................36
- Watfähigkeit, m.............................1,3
Motortyp..........Diesel V-2-IS (V-2-10)
Max. Leistung, PS..........................520

Treibstoffvorrat, l..................520+270
Spez. Leistung PS/t............................11,3
Max. Geschwindigkeit km/h.................40
Reichweite, km....................................180
Panzerung, mm
- Wannenstirnwand..............................120
- Turmstirnwand..................................100
Rauchvorhang.............................2 DSCH
Mannschaft, Mitglieder..........................4
Bewaffnung:
- Zahl x Kaliber, mm und Typ
Geschütz.................1 x 122 mm D-25T
(Kampfsatz, Stück)..........................(28)
- Zahl x Kaliber, mm und Typ
MG`s............................3 x 7,62 mm DT
(Kampfsatz, Stück)......................(2331)
Ziel.................................TSCH-17, POP
Funkstation..............................10-RK-26

Zusatzinformation: Es handelt sich um eine Modifikation des IS-85 mit verstärkter Bewaffnung. Der Prototyp erhielt eine 122-mm-Kanone mit einem Kolbenverschluß. Er wurde seit 1944 mit veränderter Konstruktion des Stirnteiles der Wanne und einem 12,7-mm-Fla-MG des Typs DSCHK hergestellt, das auf dem Drehkranz des Kommandeursturmes montiert wurde. Insgesamt wurden ca. 3750 Panzer des Typs IS-2 hergestellt. Während der Modernisierung in der Nachkriegszeit (seit 1954) wurden der Motor, die Nachrichtenmittel sowie die Turmform verändert. Das Heck-MG wurde weggelassen, der Munitionsvorrat der Kanone auf 35 erhöht und ein Nachtsichtgerät installiert. Der modernisierte Panzer erhielt die Bezeichnung IS-2M.

Schwerer Panzer IS-2

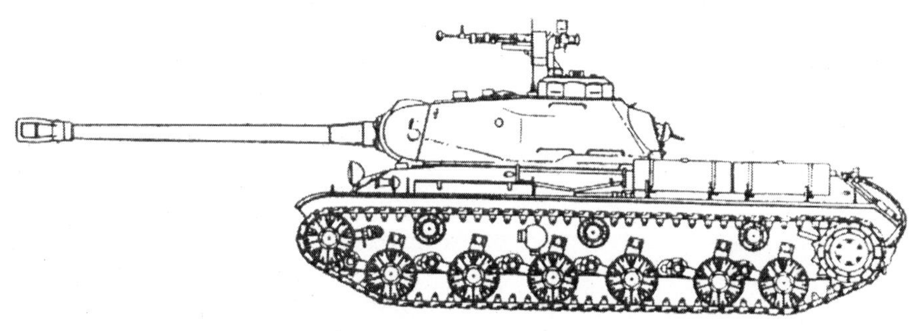

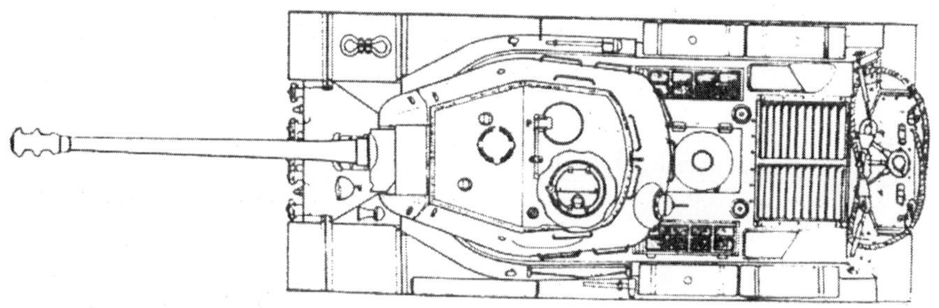

Schwerer Panzer IS-2 (aus 1944)

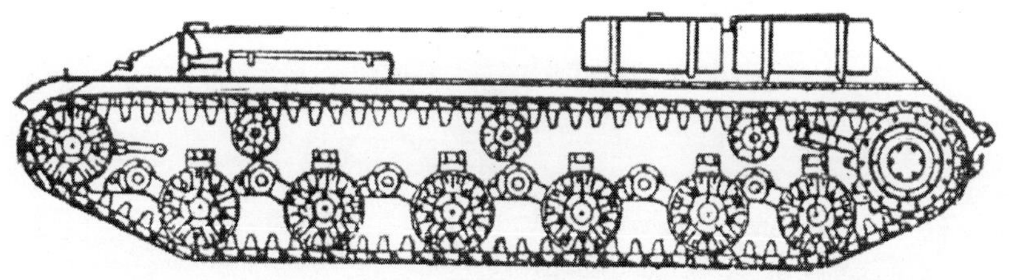

Panzerzugmaschine IS-2T auf der Grundlage des schweren Panzers IS-2

Schwerer Panzer IS-3 „Kirowez-1“
(Objekt 240)

Baujahr ....i. d. Bewaffnung 1945
Entwickler ....KB TSCHKW
Hersteller..............................TSCHKW
Produktion ....in Serie 1945
Kampfmasse, t..........................46-46,5
Länge, mm
- von der Kanone vorn................9850
- Wanne.......................................6900
Breite, mm.................................3150
Höhe, b. Turmspitze mm............2450
Bodenfreiheit, mm........................465
Mittl. Bodendruck, kg/cm^2 0,82
überwindbare Hindernisse:
- Anstieg, Grad...............................32
- Querneigung, Grad.......................30
- Graben, m...................................2,5
- Mauer, m....................................1,0
- Watfähigkeit, m..........................1,4
Motortyp................Diesel V-11-ISS
Max. Leistung, PS.......................520

Treibstoffvorrat, l.......................425+360
Spez. Leistung PS/t..........................11,2
Max. Geschwindigkeit km/h................40
Reichweite, km..................................340
Panzerung, mm
- Wannenstirnwand...........................120
- Turmstirnwand...............................250
Rauchvorhang.........................2 MDSCH
Mannschaft, Mitglieder..........................4
Bewaffnung:
- Zahl x Kaliber, mm und Typ
Geschütz.......................122 mm D-25T
(Kampfsatz, Stück).........................(28)
- Zahl x Kaliber, mm und Typ
MG`s........................12,7 mm DSCHK
(Kampfsatz, Stück).......................(250)
- Zahl x Kaliber, mm und Typ
MG`s.............................7,62 mm DTM
(Kampfsatz, Stück)........................(756)
Ziel..TSCH-17
Funkstation...............................10-RK-26

Zusatzinformation: Chefkonstrukteur war M.F. Balshi. In der Zeit von 1945-46 wurden vom Tscheljabinsker Kirowwerk insgesamt mehr als 2300 Panzer des Typs IS-3 produziert. In den Jahren 1948-52 wurde der Panzer modernisiert und die Festigkeit der Wanne erhöht. Während der im Jahre 1960 durchgeführten Modernisierung erhielt der Panzer die Bezeichnung IS-3M.

Schwerer Panzer IS-3 „Kirowez“

Schwere Panzer IS-3M
(Objekt 240M)

Baujahr ....i. d. Bewaffnung 1960
Entwickler ....KB TSCHKW
Hersteller.....................Reparaturwerke
Produktion ....Modernisierung 1960
Kampfmasse, t.................................49
Länge, mm
- von der Kanone vorn.................9850
- Wanne...6900
Breite, mm...................................3390
Höhe, b. Turmspitze mm.............2450
Bodenfreiheit, mm.........................450
Mittl. Bodendruck, kg/cm^2 0,87
überwindbare Hindernisse:
- Anstieg, Grad................................32
- Querneigung, Grad.......................30
- Graben, m...................................2,5
- Mauer, m.....................................1,0
- Watfähigkeit, m...........................1,4
Motortyp.................Diesel V-54K-IS
Max. Leistung, PS.......................520

Treibstoffvorrat, l...............................410
Spez. Leistung PS/t...........................10,6
Max. Geschwindigkeit km/h................40
Reichweite, km...................................450
Panzerung, mm
- Wannenstirnwand............................120
- Turmstirnwand.................................110
Rauchvorhang........................2 x BDSCH
Mannschaft, Mitglieder..........................4
Bewaffnung:
- Zahl x Kaliber, mm und Typ
Geschütz........................122 mm D-25T
(Kampfsatz, Stück)..........................(28)
- Zahl x Kaliber, mm und Typ
MG`s.......................12,7 mm DSCHKM
(Kampfsatz, Stück).........................(250)
- Zahl x Kaliber, mm und Typ
MG`s..............................7,62 mm DTM
(Kampfsatz, Stück).........................(950)
Ziel..TSCH-17
Funkstation......................................R-113

Zusatzinformation: Der modernisierte Panzer IS-3M unterscheidet sich vom IS-3 durch einen neuen Motor, ein neues Funkgerät und die Ausrüstung des Panzerfahrerplatzes mit dem Nachtsichtgerät TWN-2. Die Festigkeit der Wanne wurde durch Einbringen von Planken an der Heckseite und von Streben in den Boden verstärkt. Im Boden unter dem Turm wurde eine Luke angebracht, die durch einen drehbaren Deckel vom Kommandeur geschlossen werden konnte. Im Ergebnis der Modernisierung erhöhte sich die Zuverlässigkeit des Panzers.

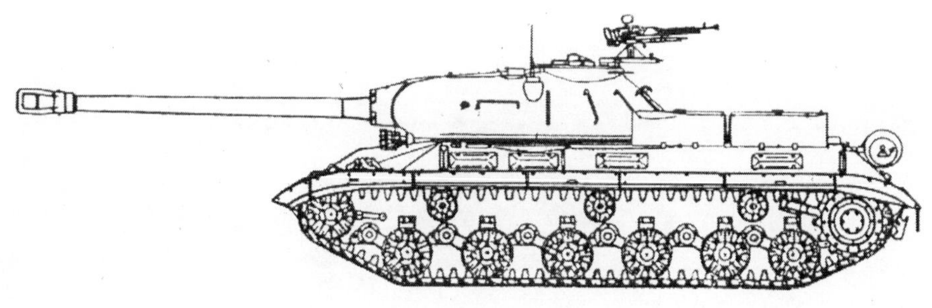

Schwerer Panzer IS-3M

Schwerer Panzer IS-4
(Objekt 701-6)

Baujahr ....i. d. Bewaffnung 1947
Entwickler ....KB TSCHKW
Hersteller.............................TSCHKW
Produktion ....in Serie 1947-49
Kampfmasse, t..................................60
Länge, mm
- von der Kanone vorn.................9790
- Wanne...6600
Breite, mm....................................3230
Höhe, b. Turmspitze mm..............2480
Bodenfreiheit, mm..........................410
Mittl. Bodendruck, kg/cm^2 0,9-0,93
überwindbare Hindernisse:
- Anstieg, Grad................................35
- Graben, m.....................................2,8
- Watfähigkeit, m.............................1,5
Motortyp............................Diesel V-12
Max. Leistung, PS.............................750
Treibstoffvorrat, l...............................770
Spez. Leistung PS/t...........................12,5
Max. Geschwindigkeit km/h................43
Reichweite, km..................................320
Panzerung, mm
- Wannenstirnwand.....................140-160
- Turmstirnwand................................250
Mannschaft, Mitglieder..........................4
Bewaffnung:
- Zahl x Kaliber, mm und Typ
Geschütz........................122 mm D-25T
(Kampfsatz, Stück)..........................(30)
- Zahl x Kaliber, mm und Typ
MG`s...................2 x 12,7 mm DSCHK
(Kampfsatz, Stück).......................(1000)
Ziel..TSCH-45
Funkstation.....................10RK-26(10RT)

Zusatzinformation: Er wurde auf der Grundlage des IS-3 entwickelt. Der Panzer besitzt eine geschweißte Wanne mit erhöhter Festigkeit und einen gegossenen Turm mit unterschiedlicher Wandstärke. Ein großkalibriges MG ist als koaxiales MG zur Kanone installiert, ein zweites ist als Fla-MG auf einem Drehkranz der Luke aufgestellt und mit einem Reflexvisier ausgerüstet. Die Kanone wird elektro-mechanisch geführt. Bis zu seiner Aufnahme in die Bewaffnung wurden einige Versuchsmuster des Panzers gefertigt. Eines war das Objekt 701-2 mit der 100-mm-Kanone S-34 und einer Stärke der Turmpanzerung von 160 mm (die Masse des Panzers betrug 55,9 t). Andere Versuchsmuster, das Objekt 701-5 und 701-6, waren mit der Kanone D-25 ausgestattet (die Masse des Panzers betrug 58,5 t). Nach Weiterentwicklung des Objektes 701-6 wurde der Panzer als IS-4 in die Bewaffnung aufgenommen. Nach Auslieferung einer kleinen Serie wurde die Produktion eingestellt.

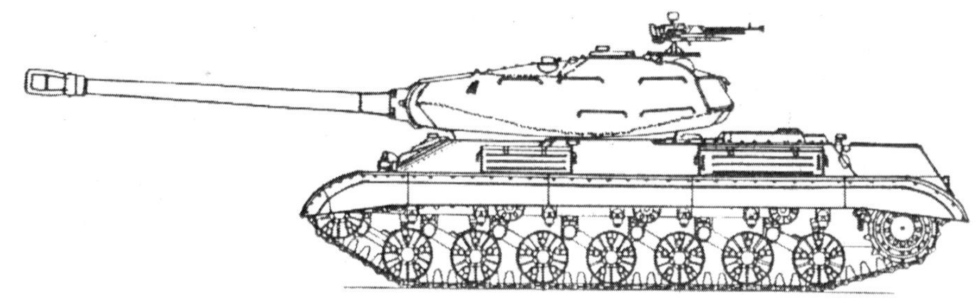

Schwerer Panzer IS-4

Schwerer Panzer IS-6
(Objekt 252)

Baujahr 1944
Entwickler ....KB Versuchswerk
Hersteller..............................TSCHKW
Produktion ....Versuchsmuster
Kampfmasse, t.................................54
Länge, mm
- von der Kanone vorn...............10070
Breite, mm...................................3430
Höhe, b. Turmspitze mm.............2530
Bodenfreiheit, mm........................500
Mittl. Bodendruck, kg/cm^2 0,90
überwindbare Hindernisse:
- Anstieg, Grad................................36
- Watfähigkeit, m............................1,5
Motortyp........................Diesel V-12U
Max. Leistung, PS.........................700
Treibstoffvorrat, l...........................640
Spez. Leistung PS/t.......................13,0

Max. Geschwindigkeit km/h................35
Reichweite, km...................................150
Panzerung, mm
- Wannenstirnwand............................120
- Turmstirnwand.................................150
Mannschaft, Mitglieder..........................4
Bewaffnung:
- Zahl x Kaliber, mm und Typ
Geschütz........................122 mm D-30T
(Kampfsatz, Stück)..........................(30)
- Zahl x Kaliber, mm und Typ
MG`s..........................12,7 mm DSCHK
(Kampfsatz, Stück).........................(500)
- Zahl x Kaliber, mm und Typ
MG`s.............................7,62 mm SGMT
(Kampfsatz, Stück).......................(1200)
Ziel..TBSCH
Funkstation..10R

Zusatzinformation: Zwei Versuchsmuster wurden gefertigt. Auf einem dieser Panzer wurde ein elektro-mechanischer Antrieb eingesetzt. Das Laufwerk bestand aus sechs Lauf- und drei Stützrollen. Auf einem anderen Versuchsmuster (Objekt 252) wurde ein mechanischer Antrieb genutzt und größere Laufrollen eingesetzt, während die Stützrollen fehlten. Diese Variante entwickelte eine Geschwindigkeit von 43 km/h und besaß eine Masse von 51,5 t. Wegen fehlender Zuverlässigkeit seiner Bauteile wurde der IS-6 nicht in die Bewaffnung aufgenommen

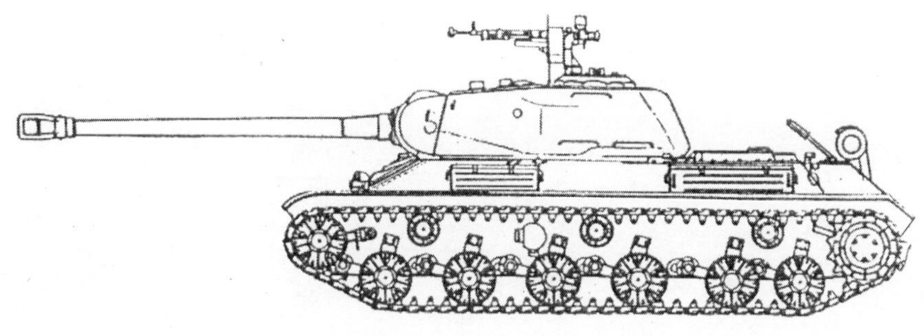

Schwerer Panzer IS-6

Schwerer Panzer IS-7
(Objekt 260)

Baujahr 1948
Entwickler ....KB LKW
Hersteller.............................TSCHTW
Produktion ....Versuchspartie
Kampfmasse, t.................................68
Länge, mm
- von der Kanone vorn..............10000
- Wanne.......................................7380
Breite, mm..................................3400
Höhe, b. Turmspitze mm............2480
Bodenfreiheit, mm........................450
Mittl. Bodendruck, kg/cm^2 0,90
überwindbare Hindernisse:
- Anstieg, Grad................................30
- Watfähigkeit, m............................1,5
Motortyp.........................Diesel M50T
Max. Leistung, PS.......................1050
Spez. Leistung PS/t......................15,4

Max. Geschwindigkeit km/h................55
Reichweite, km...................................300
Panzerung, mm
- Wannenstirnwand............................150
- Turmstirnwand.........................210-216
Mannschaft, Mitglieder..........................5
Bewaffnung:
- Zahl x Kaliber, mm und Typ
Geschütz...........................130 mm S-70
(Kampfsatz, Stück).....................(25-28)
- Zahl x Kaliber, mm und Typ
MG`s............................14,5 mm KPWT
(Kampfsatz, Stück)......................(1000)
- Zahl x Kaliber, mm und Typ
MG`s.............................7,62 mm SGMT
(Kampfsatz, Stück).......................(6000)
Ziel...TSCH, TP
Funkstation...............................10RK-26

Zusatzinformation: Er besaß eine geschweißte Wanne, die Seitenwände waren gekrümmt. Der Turm war gänzlich kugelförmig mit variierender Wandstärke und geneigten Kanten. Drei koaxiale MG`s waren zur Kanone vorhanden, vier befanden sich auf den Seiten der Wanne und des Turms in gepanzerten Scharten. Ein Fla-MG war auf dem Dach des Turms.

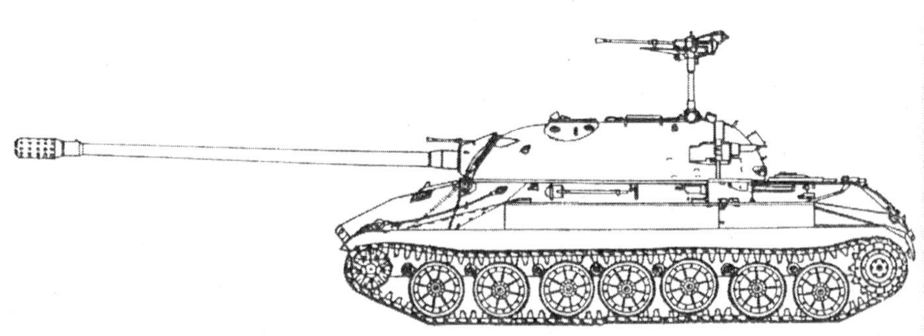

Schwerer Panzer IS-7

Schwerer Panzer T-10
(Objekt 730)

Baujahr ...i. d. Bewaffnung 28.11.1953
Entwickler ....KB TSCHKW
Hersteller.............................TSCHKW
Produktion ....in Serie 1953
Kampfmasse, t.................................50
Länge, mm
- von der Kanone vorn................9715
- Wanne.......................................7250
Breite, mm..................................3380
Höhe, b. Turmspitze mm............2460
Bodenfreiheit, mm........................456
Mittl. Bodendruck, kg/cm^2 0,74
überwindbare Hindernisse:
- Anstieg, Grad................................32
- Querneigung, Grad........................30
- Graben, m...................................2,7
- Mauer, m......................................0,8
- Watfähigkeit, m...........................1,5
Motortyp.......................Diesel V-12-5

Max. Leistung, PS.............................700
Treibstoffvorrat, l...............................930
Spez. Leistung PS/t..............................14
Max. Geschwindigkeit km/h.............43,1
Reichweite, km...........................180-200
Panzerung, mm
- Wannenstirnwand...........................120
- Turmstirnwand................................250
Rauchvorhang..........................BDSCH-5
Mannschaft, Mitglieder..........................4
Bewaffnung:
- Zahl x Kaliber, mm und Typ
Geschütz.....................122 mm D-25TA
(Kampfsatz, Stück)...........................(30)
- Zahl x Kaliber, mm und Typ
MG`s................2 x 12,7 mm DSCHKM
(Kampfsatz, Stück).......................(1000)
Ziel..TSCH2-27
Funkstation................10RT-26E (R-113)

Zusatzinformation: Die Entwicklungsarbeiten an diesem Panzer basieren auf einem Regierungsbeschluß vom 18.2.1949. Chefkonstrukteur war Sh.Ja. Kotin. Anfangs wurde der Panzer als IS-8 bezeichnet und später erhielt er den Index T-10. Die Erprobung des Panzers begann 1949 und zog sich bis Dezember 1952 hin. Die Wanne des Panzers ist geschweißt, seine Konstruktion weist geneigte Ober- und gekrümmte Seitenwände auf. Der Stirnteil ist als „Hechtnase" nach dem Vorbild des IS-3 ausgebildet. Der Turm ist stromlinienförmig und gegossen. Ein MG ist als koaxiales MG zur Kanone installiert, das zweite ist auf einer Drehlafette des Richtschützen montiert. Er wurde 1993 aus der Bewaffnung genommen.

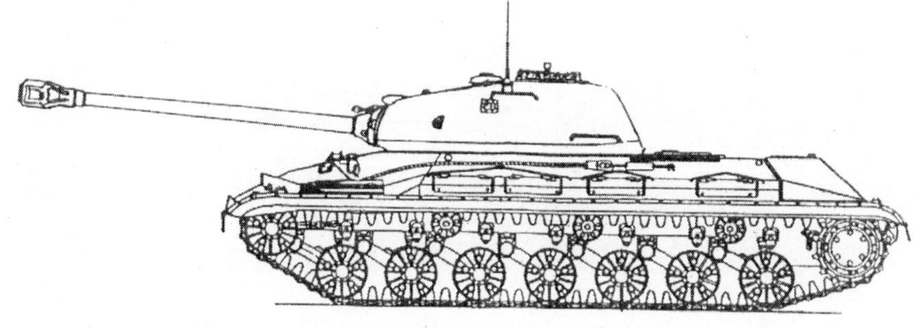

Schwerer Panzer T-10

Schwerer Panzer T-10A

Baujahr ...i. d. Bewaffnung 17.05.1956
Entwickler ....KB TSCHKW
Hersteller...............................TSCHKW
Produktion ....in Serie 1956
Kampfmasse, t..................................50
Länge, mm
- von der Kanone vorn.................9715
- Wanne..7250
Breite, mm...................................3380
Höhe, b. Turmspitze mm.............2500
Bodenfreiheit, mm.........................460
Mittl. Bodendruck, kg/cm^2 0,74
überwindbare Hindernisse:
- Querneigung, Grad........................30
- Anstieg, Grad...........................32-35
- Graben, m....................................2,7
- Mauer, m.....................................0,8
- Watfähigkeit, m............................1,5
Motortyp.......................Diesel V-12-5

Max. Leistung, PS.............................700
Treibstoffvorrat, l...............................930
Spez. Leistung PS/t..........................14,0
Max. Geschwindigkeit km/h................42
Reichweite, km..................................230
Panzerung, mm
- Wannenstirnwand...........................120
- Turmstirnwand................................200
Rauchvorhang............................BDSCH
Mannschaft, Mitglieder..........................4
Bewaffnung:
- Zahl x Kaliber, mm und Typ
Geschütz......................122 mm D-25TS
(Kampfsatz, Stück)..........................(30)
- Zahl x Kaliber, mm und Typ
MG`s....................2 x 12,7 mm DSCHK
(Kampfsatz, Stück).......................(1000)
Ziel..TPS-1, TUP
Funkstation.....................................R-113
Waffenstabilisator.......PUOT-1 „Uragan“

Zusatzinformation: Es handelt sich um eine modernisierte Variante des T-10. Er erhielt eine vertikal stabilisierte Kanone und eine elektronische Einrichtung zum Beblasen des Geschützrohres. Der Panzer T-10A wurde mit einem Nachtsichtgerät TWN-1 für den Panzerfahrer ausgerüstet. Er wurde 1993 aus der Bewaffnung genommen.

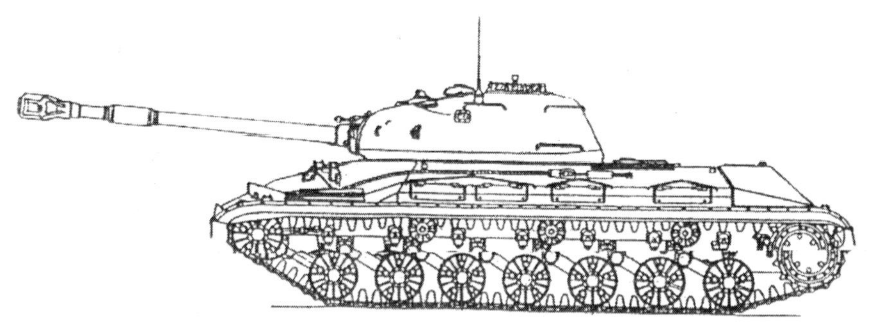

Schwerer Panzer T-10A

Schwerer Panzer T-10B

Baujahr ....i. d. Bewaffnung 1957
Entwickler ....KB TSCHKW
Hersteller..............................TSCHKW
Produktion ....in Serie
Kampfmasse, t..................................50
Länge, mm
- von der Kanone vorn.................9715
- Wanne.......................................7250
Breite, mm..................................3380
Höhe, b. Turmspitze mm.............2500
Bodenfreiheit, mm.........................460
Mittl. Bodendruck, kg/cm^2 0,74
überwindbare Hindernisse:
- Querneigung, Grad........................30
- Anstieg, Grad...........................32-35
- Graben, m....................................2,7
- Mauer, m.....................................0,8
- Watfähigkeit, m............................1,5
Motortyp........................Diesel V-12-5

Max. Leistung, PS..............................700
Treibstoffvorrat, l...............................930
Spez. Leistung PS/t...........................14,0
Max. Geschwindigkeit km/h................42
Reichweite, km...................................230
Panzerung, mm
- Wannenstirnwand............................120
- Turmstirnwand................................200
Rauchvorhang.............................BDSCH
Mannschaft, Mitglieder..........................4
Bewaffnung:
- Zahl x Kaliber, mm und Typ
Geschütz......................122 mm D-25TS
(Kampfsatz, Stück)..........................(30)
- Zahl x Kaliber, mm und Typ
MG`s...............2 x 12,7 mm DSCHK-M
(Kampfsatz, Stück).......................(1000)
Ziel..T2S-29-14
Funkstation......................................R-113
Waffenstabilisator..........PUST-2 „Grom“

Zusatzinformation: Es handelt sich um eine modernisierte Variante des T-10. Er erhielt einen Zweiebenen-Waffenstabilisator, der nach einem neuen Prinzip arbeitete. Er wurde 1993 aus der Bewaffnung genommen.

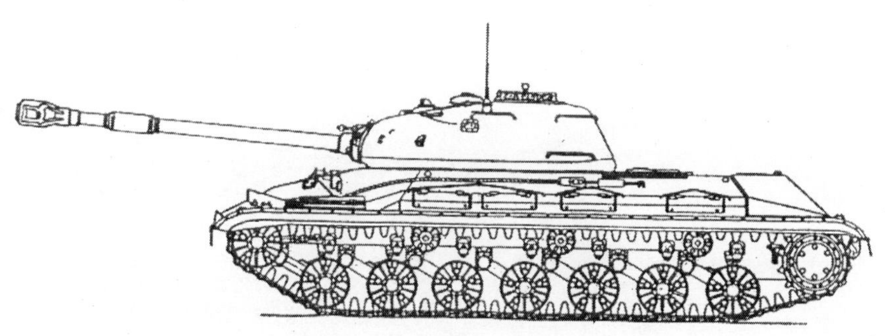

Schwerer Panzer T-10B

Schwerer Panzer T-10M
(Objekt 272)

Baujahr ....i. d. Bewaffnung 1957
Entwickler ....SKB LKW
Hersteller......................................LKW
Produktion ....in Serie 1957-66
Kampfmasse, t...............................51,5
Länge, mm
- von der Kanone vorn................10560
- Wanne...7250
Breite, mm...................................3380
Höhe, b. Turmspitze mm.............2345
Bodenfreiheit, mm..........................460
Mittl. Bodendruck, kg/cm^2 0,755
überwindbare Hindernisse:
- Querneigung, Grad........................30
- Anstieg, Grad................................35
- Graben, m....................................3,0
- Mauer, m.....................................0,9
- Watfähigkeit, m...1,5(m. OPWT-5M
Motortyp......................Diesel V12-6B

Max. Leistung, PS.............................750
Treibstoffvorrat, l...............................950
Spez. Leistung PS/t...........................14,6
Max. Geschwindigkeit km/h................53
Reichweite, km...................................280
Panzerung, mm
- Wannenstirnwand............................120
- Turmstirnwand.................................136
Rauchvorhang............................BDSCH
Mannschaft, Mitglieder..........................4
Bewaffnung:
- Zahl x Kaliber, mm und Typ
Geschütz......................122 mm M62T2
(Kampfsatz, Stück).........................(30)
- Zahl x Kaliber, mm und Typ
MG`s....................2 x 14,5 mm KPWT
(Kampfsatz, Stück).......................(744)
Ziel.....................................T2S, TPN-1
Funkstation...................................R-113
Waffenstabilisator.....................„Liwen“

Zusatzinformation: Im Unterschied zu allen bisherigen Varianten des T-10 besitzt der T-10M eine neue Kanone, Nachtsichtgeräte und ein Nachtziel. Er wurde in zwei Betrieben hergestellt: im Tscheljabinsker Traktorenwerk als Objekt 734 und im Leningrader Kirowwerk als Objekt 272. Im Jahre 1962 wurde nur noch der T-10M in Serie produziert (Objekt 272). Im Jahre 1963 wurde der Panzer mit einem Komplex zur Unterwasserfahrt ausgerüstet (OPWT – Geräte zur Unterwasserfahrt des Panzers). Der T-10M war der letzte in der UdSSR entwickelte Panzer. Er wurde 1993 aus der Bewaffnung genommen.

Schwerer Panzer T-10M (Objekt 272)

Schwerer Panzer T-10M

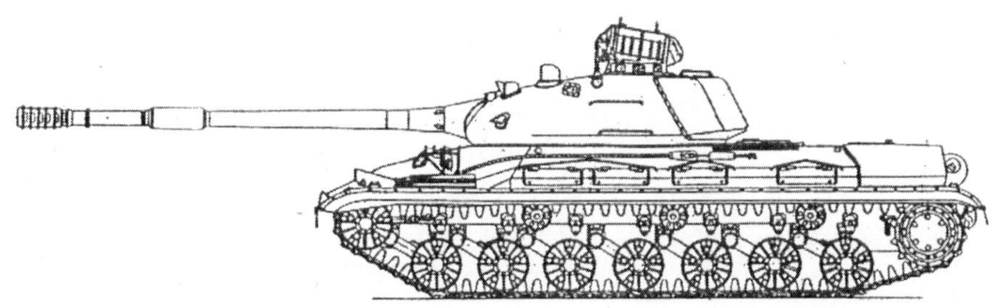

Schwerer Panzer T-10M mit Panzerabwehrrakete „Maljutka“

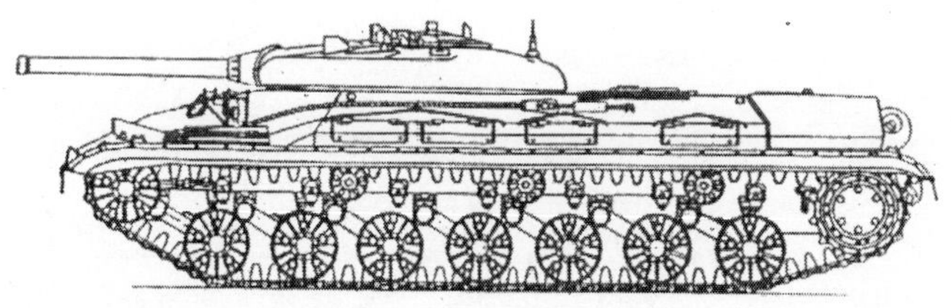

Panzer T-10M mit Turm des Objektes 775 (zur Erprobung)

Schwerer Panzer T-10M
(Objekt 734)

Baujahr ....i. d. Bewaffnung 1957
Entwickler ....KB TSCHTW
Hersteller...............................TSCHTW
Produktion ....in Serie 1957-62
Kampfmasse, t.................................50,0
Länge, mm
- von der Kanone vorn................10560
- Wanne...7250
Breite, mm....................................3380
Höhe, b. Turmspitze mm.............2585
Bodenfreiheit, mm..........................460
Mittl. Bodendruck, kg/cm^2 0,77
überwindbare Hindernisse:
- Querneigung, Grad.........................30
- Anstieg, Grad.................................32
- Graben, m.....................................3,0
- Mauer, m.......................................0,9
- Watfähigkeit, m............................1,5
Motortyp........................Diesel V12-6

Max. Leistung, PS.............................750
Treibstoffvorrat, l...............................940
Spez. Leistung PS/t...........................15,0
Max. Geschwindigkeit km/h................51
Reichweite, km...........................250-350
Panzerung, mm
- Wannenstirnwand............................120
- Turmstirnwand................................200
Rauchvorhang............................BDSCH
Mannschaft, Mitglieder...........................
Bewaffnung:
- Zahl x Kaliber, mm und Typ
Geschütz.....................122 mm M62-T2
(Kampfsatz, Stück)..........................(30)
- Zahl x Kaliber, mm und Typ
MG`s...........................14,5 mm KPWT
(Kampfsatz, Stück)........................(744)
Ziel..................T2S-29-14, TPN-1-29-14
Funkstation....................................R-113
Waffenstabilisator......................„Liwen“

Zusatzinformation: Es handelt sich um eine modernisierte Variante des T-10. Er erhielt eine neue leistungsfähige Kanone, Nachtsichtgeräte und ein Nachtziel. Er wurde in zwei Betrieben hergestellt: im Tscheljabinsker Traktorenwerk als Objekt 734 und im Leningrader Kirowwerk als Objekt 272. Im Jahre 1962 wurde nur noch der T-10M in Serie produziert (Objekt 272), während das Objekt 734 nicht mehr hergestellt wurde. Im Jahre 1993 wurde der Panzer aus der Bewaffnung genommen.

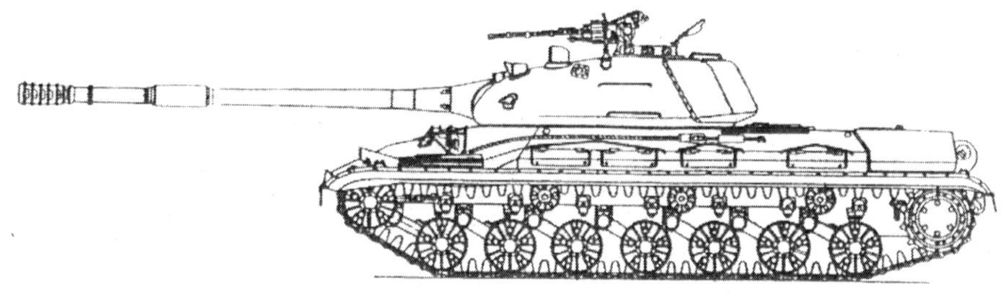

Schwerer Panzer T-10M

Schwerer Versuchspanzer
(Objekt 266)

Baujahr 1957
Entwickler ....SKB LKW
Hersteller.....................................LKW
Produktion ....Versuchsmuster
Kampfmasse, t.................................50
Länge, mm
- von der Kanone vorn.................9715
- Wanne.......................................7250
Breite, mm..................................3388
Höhe, b. Turmspitze mm.............2460
Bodenfreiheit, mm.........................450
Mittl. Bodendruck, kg/cm^2 0,737
überwindbare Hindernisse:
- Anstieg, Grad.................................35
- Watfähigkeit, m............................1,3
Motortyp.........................Diesel V12-5
Max. Leistung, PS.........................700

Spez. Leistung PS/t...........................14,0
Max. Geschwindigkeit km/h................42
Reichweite, km...................................200
Panzerung, mm
- Wannenstirnwand............................120
- Turmstirnwand.................................200
Rauchvorhang...
Mannschaft, Mitglieder..........................4
Bewaffnung:
- Zahl x Kaliber, mm und Typ
Geschütz.....................122 mm D-25TA
(Kampfsatz, Stück).........................(30)
- Zahl x Kaliber, mm und Typ
MG`s.........................12,7 mm DSCHK
(Kampfsatz, Stück)......................(1000)
Ziel...T2S
Funkstation.....................................R-113
Waffenstabilisator........................PUST-2

Zusatzinformation: Er wurde mit Hilfe von Bauteilen und Aggregaten des T-10 entwickelt. Die Wanne wurde aus gewalzten Panzerblechen geschweißt. Der Turm war gegossen, stromlinienförmig, mit variabler Wandstärke und geneigten Wänden. Der Panzer erhielt eine Zieleinrichtung mit unabhängiger Stabilisierung des Gesichtsfeldes.

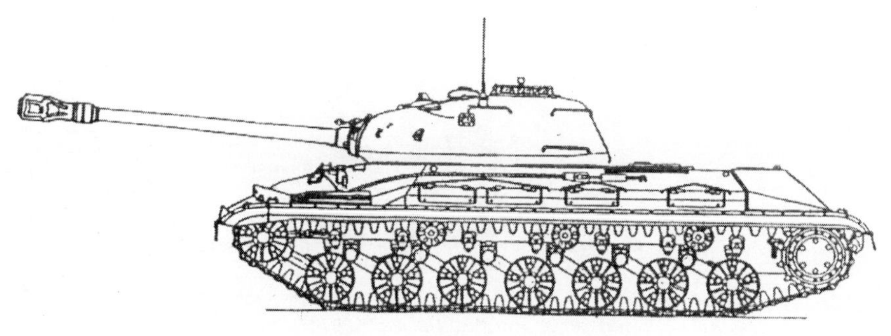

Schwerer Versuchspanzer Objekt 266

Schwerer Versuchspanzer
(Objekt 277)

Baujahr 1957
Entwickler ....SKB LKW
Hersteller.......................................LKW
Produktion ....Versuchsmuster
Kampfmasse, t..................................55
Länge, mm
- von der Kanone vorn...............11780
- Wanne...6990
Breite, mm..................................3380
Höhe, b. Turmspitze mm............2292
Bodenfreiheit, mm.........................435
Mittl. Bodendruck, kg/cm^2 0,75
überwindbare Hindernisse:
- Anstieg, Grad................................35
- Watfähigkeit, m..........................1,2
Motortyp.......................Diesel M-850
Max. Leistung, PS.......................1000
Treibstoffvorrat, l.......................1040

Spez. Leistung PS/t..........................18,2
Max. Geschwindigkeit km/h................55
Reichweite, km..................................300
Panzerung, mm
- Wannenstirnwand....................140-153
- Turmstirnwand...............................290
Rauchvorhang............................BDSCH
Mannschaft, Mitglieder.........................4
Bewaffnung:
- Zahl x Kaliber, mm und Typ
Geschütz.........................130 mm M-65
(Kampfsatz, Stück).........................(35)
- Zahl x Kaliber, mm und Typ
MG`s............................14,5 mm KPWT
(Kampfsatz, Stück)........................(804)
Zielweitenmesser............................TDPS
Nachtziel..TPN-1
Funkstation.....................................R-113
Waffenstabilisator........................"Grosa"

Zusatzinformation: Er wurde mit Hilfe von Bauteilen und Aggregaten des IS-7 und T-10 entwickelt. Die Wanne war geschweißt, die Seitenwände gekrümmt und unterschiedlich stark. Die Kanone ist mit einem Ejektorsystem zur Beblasung des Rohrs und einem elektrisch betriebenen, halbautomatischen Ladegerät ausgerüstet. Der Panzer Objekt 277 erhielt ein automatisch betriebenes Feuerleitsystem.

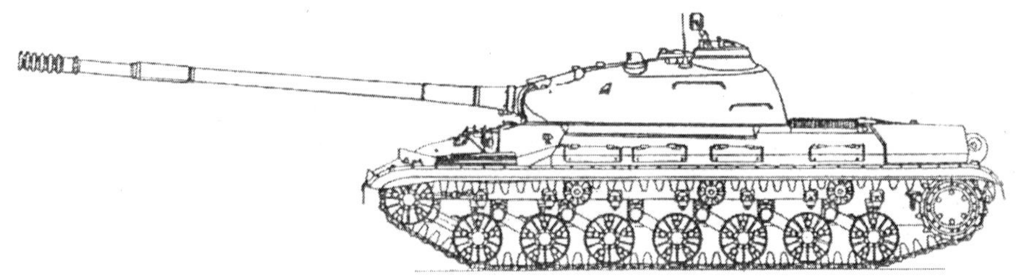

Schwerer Versuchpanzer Objekt 277

Schwerer Versuchspanzer
(Objekt 278)

Baujahr	1957
Entwickler	SKB LKW
Hersteller	LKW
Produktion	Versuchsmuster
Kampfmasse, t	53,5
Länge, mm	
- von der Kanone vorn	11780
- Wanne	6990
Breite, mm	3380
Höhe, b. Turmspitze mm	2292
Bodenfreiheit, mm	435
Mittl. Bodendruck, kg/cm^2	0,69
überwindbare Hindernisse:	
- Anstieg, Grad	35
- Watfähigkeit, m	1,2
Motortyp	Gasturbine GTD-1
Max. Leistung, PS	1000
Treibstoffvorrat, l	1950
Spez. Leistung PS/t	18,7
Max. Geschwindigkeit km/h	57,3
Reichweite, km	300
Panzerung, mm	
- Wannenstirnwand	140-153
- Turmstirnwand	290
Rauchvorhang	BDSCH
Mannschaft, Mitglieder	4
Bewaffnung:	
- Zahl x Kaliber, mm und Typ Geschütz	130 mm M-65
(Kampfsatz, Stück)	(35)
- Zahl x Kaliber, mm und Typ MG`s	14,5 mm KPWT
(Kampfsatz, Stück)	(800)
Zielweitenmesser	TDPS
Nachtziel	TPN-1
Funkstation	R-113
Waffenstabilisator	"Grosa"

Zusatzinformation: Es war der erste schwere Panzer mit einem Gasturbinenmotor. Er wurde mit Hilfe von Bauteilen und Aggregaten des IS-7 und T-10 und gleichzeitig mit den Objekten 277 und 279 entwickelt. Die Wanne war geschweißt, die Seitenwände waren gekrümmt und unterschiedlich stark. Die Kanone ist mit einem Ejektorsystem zum Beblasen des Rohrs ausgestattet und besitzt einen elektrisch betriebenen, halbautomatischen Ladeautomaten. Der Panzer erhielt ein automatisch betriebenes Feuerleitsystem.

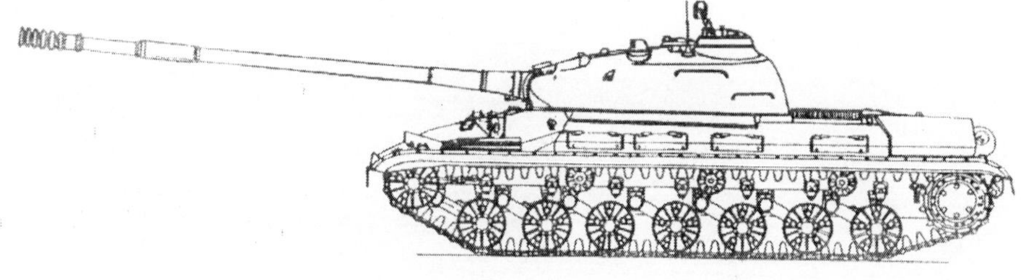

Schwerer Versuchspanzer Objekt 278

Schwerer Versuchspanzer Objekt 279
(zur speziellen Verwendung)

Baujahr 1957
Entwickler ....SKB LKW
Hersteller......................................LKW
Produktion ....Versuchsmuster
Kampfmasse, t..................................60
Länge, mm
- von der Kanone vorn................11085
- Wanne...6770
Breite, mm...................................3400
Höhe, b. Turmspitze mm..............2639
Bodenfreiheit, mm........................nicht
Mittl. Bodendruck, kg/cm^2 0,60
überwindbare Hindernisse:
- Anstieg, Grad................................35
- Watfähigkeit, m............................1,2
Motortyp.....................Diesel 2DG8-M
Max. Leistung, PS........................1000
Treibstoffvorrat, l.........................1320

Spez. Leistung PS/t...........................16,7
Max. Geschwindigkeit km/h................55
Reichweite, km..................................300
Panzerung, mm
- Wannenstirnwand............................269
- Turmstirnwand................................305
Rauchvorhang..................................TDA
Mannschaft, Mitglieder..........................4
Bewaffnung:
- Zahl x Kaliber, mm und Typ
Geschütz..........................130 mm M-65
(Kampfsatz, Stück)..........................(40)
- Zahl x Kaliber, mm und Typ
MG`s............................14,5 mm KPWT
(Kampfsatz, Stück).........................(800)
Zielweitenmesser..........................TPD-2S
Nachtziel...TPN-1
Funkstation......................................R-113
Waffenstabilisator........................“Grosa“

Zusatzinformation: Als Chefkonstrukteur arbeitete L. Trojanow. Die Wanne des Panzers war aus 4 gegossenen Blöcken geschweißt. Der Turm war gegossen. Er schützt die Mannschaft vor 90 mm Hohlgeschossen bei Einschlagswinkeln von +/- 90 Grad und vor 120 mm Panzergranaten bei einem Einschlagswinkel von +/- 45 Grad für die Wanne und von +/- 90 Grad für den Turm. Der Panzer Objekt 279 besitzt einen viersträngigen Gleiskettenkettenantrieb, einen halbautomatischen Ladeautomaten und ein automatisches Feuerleitsystem.

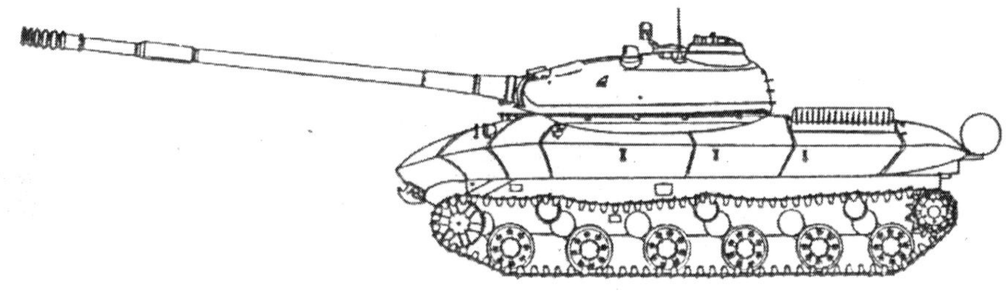

Schwerer Versuchspanzer Objekt 279

Schwerer Versuchspanzer
(Objekt 770)

Baujahr 1957
Entwickler ....KB TSCHTW
Hersteller..............................TSCHTW
Produktion ....Versuchsmuster
Kampfmasse, t.................................55
Länge, mm
- von der Kanone vorn................11333
- Wanne..7280
Breite, mm....................................3400
Höhe, b. Turmspitze mm..............2420
Bodenfreiheit, mm..........................430
Mittl. Bodendruck, kg/cm^2 0,795
überwindbare Hindernisse:
- Anstieg, Grad.................................35
- Watfähigkeit, m.............................1,0
Motortyp.....................Diesel DTM-10
Max. Leistung, PS........................1000
Treibstoffvorrat, l.........................1200

Spez. Leistung PS/t..........................18,2
Max. Geschwindigkeit km/h................55
Reichweite, km.................................300
Panzerung, mm
- Wannenstirnwand............................120
- Turmstirnwand................................290
Mannschaft, Mitglieder..........................4
Bewaffnung:
- Zahl x Kaliber, mm und Typ
Geschütz..........................130 mm M-65
(Kampfsatz, Stück)..........................(37)
- Zahl x Kaliber, mm und Typ
MG`s.............................14,5 mm KPWT
(Kampfsatz, Stück)..........................(250)
Zielweitenmesser.............................TDPS
Nachtziel..TPN-1
Funkstation......................................R-113
Waffenstabilisator........................"Grosa"

Zusatzinformation: Die Wanne des Panzers war geschweißt, der Bugteil gegossen. Er war in der Lage, vor 122-mm-Panzergranaten zu schützen, die mit einer Einschlagsgeschwindigkeit von 900 m/s auf die Stirnwand der Wanne auftrafen und mit 710 m/s auf die Seitenwände. Der Turm war mit einem erweiterten Stirnteil und einem verlängerten Heck gegossen. Die Kanone wurde mechanisch geladen. Der Panzer besaß ein automatisches Feuerleitsystem.

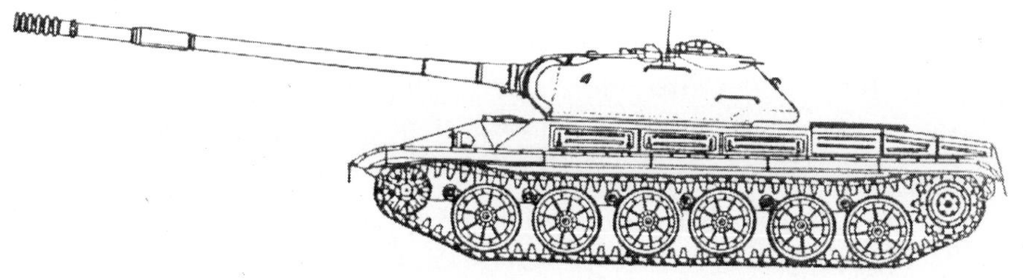

Schwerer Versuchpanzer Objekt 770

Der magische Flug

Die vorliegende Zeitschrift erschien 1993 bei Avico-Press in Moskau.
Sie enthält Fotomaterial, über die Entstehung der Bodeneffektfahrzeuge – der Ekranoplane – und wurde ergänzt durch die technische Beschreibung der einzelnen Fahrzeugtypen.
Sie wurde von einem Redaktionskollegium zusammengestellt.

ISBN-3-933395-09-7 für Germany
Preis 8,00 Euro

Raketenpanzer

Raketenversuchspanzer
(Objekt 282)

Baujahr 1961
Entwickler ....OKBT LKW
Hersteller....................................LKW
Produktion ....Versuchsmuster
Kampfmasse, t............................51,47
Länge der Kanone, mm..............7250
Breite, mm...................................3380
Höhe, b. Turmspitze mm............2100
Bodenfreiheit, mm.........................460
Mittl. Bodendruck, kg/cm^2 0,75
überwindbare Hindernisse:
- Anstieg, Grad.................................30
- Watfähigkeit, m...........................1,5
Motortyp.........................Diesel V12-6

Max. Leistung, PS.............................750
Spez. Leistung PS/t..........................14,6
Max. Geschwindigkeit km/h................53
Reichweite, km...................................300
Panzerung, mm
- Wannenstirnwand.............................120
- Turmstirnwand..................................90
Mannschaft, Mitglieder..........................3
Bewaffnung:
- Gelenkte und ungelenkte Raketen
(Kampfsatz, Stück).............................(-)
Ziel- und Führungsgerät
Funkstation.....................................R-113

Zusatzinformation: Er wurde mit Hilfe von Bauteilen und Aggregaten des T-10M entwickelt und mit lenkbaren und nichtlenkbaren Raketen ausgerüstet. Im Jahre 1961 wurde ein Versuchsmuster hergestellt und im Werk und auf dem Schießplatz erprobt. Das Laufwerk wurde getrennt getestet.

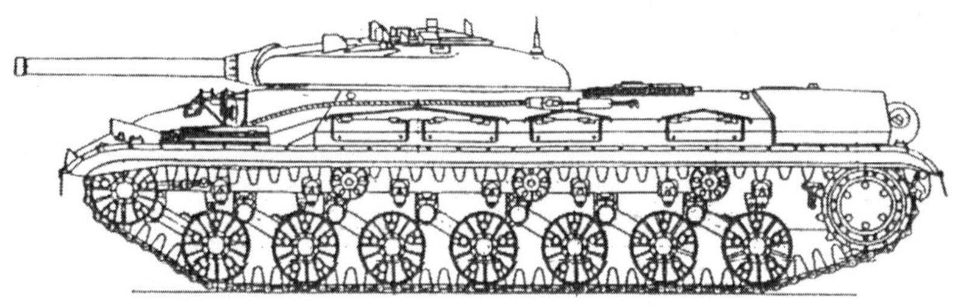

Raketenversuchspanzer Objekt 282

Raketenpanzer T-55

Baujahr ....Projekt 1961-63
Entwickler ....KB Uralwaggonwerk
Hersteller.......................nicht hergestellt
Produktion ....Modernisierung
Kampfmasse, t..................................36
Länge, mm
- von der Kanone vorn..................6040
Breite, mm....................................3270
Höhe, b. Turmspitze mm..............2218
Bodenfreiheit, mm..........................500
Mittl. Bodendruck, kg/cm^2 0,81
überwindbare Hindernisse:
- Querneigung, Grad.........................32
- Watfähigkeit, m.....1,4 (m. OPWT-5)
Motortyp............................Diesel V-55
Max. Leistung, PS..........................580
Treibstoffvorrat, l...................680+285
Spez. Leistung PS/t........................16,0
Max. Geschwindigkeit km/h.............48

Reichweite, km....................................450
Panzerung, mm
- Wannenstirnwand.............................100
- Turmstirnwand.................................160
Rauchvorhang...................................TDA
Mannschaft, Mitglieder..........................4
Bewaffnung:
- Zahl x Kaliber, mm und Typ
Geschütz.......Starteinrichtung Panzerabwehrrakete „Taifun“
(Kampfsatz, Stück)..........................(10)
- Zahl x Kaliber, mm und Typ
Geschütz........................73 mm „Grom“
(Kampfsatz, Stück)..........................(40)
- Zahl x Kaliber, mm und Typ
MG`s............................12,7 mm NSWT
(Kampfsatz, Stück)..........................(300)
Zielführungsgerät......................................
Funkstation.....................................R-113

Zusatzinformation: Es handelt sich um eine Modernisierungsvariante des T-55. Er wurde anstelle der Kanone D-10T2S mit dem Lenkraketensystem „Taifun“ (Panzerabwehrrakete) ausgerüstet. Die Arbeiten wurden abgebrochen.

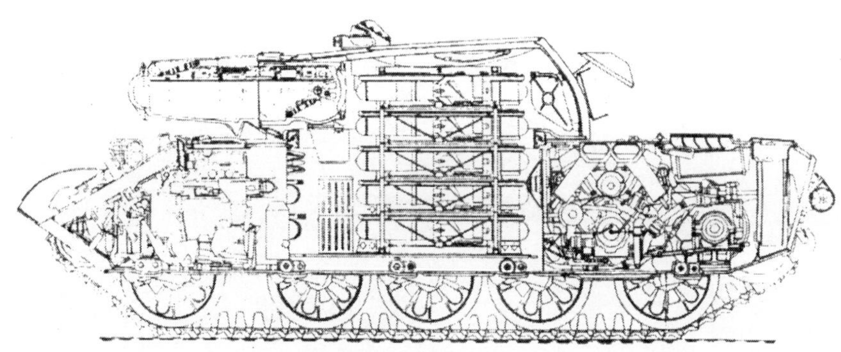

Raketenpanzer T-55

Raketenpanzer T-62

Baujahr ....Projekt 1961-63
Entwickler ....KB Uralwaggonwerk
Kampfmasse, t................................37,0
Länge, mm
- von der Kanone vorn...................6630
Breite, mm.....................................3300
Höhe, b. Turmspitze mm...............3000
Bodenfreiheit, mm............................430
Mittl. Bodendruck, kg/cm^2 0,76
überwindbare Hindernisse:
- Anstieg, Grad..................................32
- Watfähigkeit, m......1,4 (m. OPWT-5)
Motortyp.........................Diesel V-55W
Max. Leistung, PS............................580
Treibstoffvorrat, l....................675+285
Spez. Leistung PS/t.........................15,5
Max. Geschwindigkeit km/h.............50
Reichweite, km................................450

Panzerung, mm
- Wannenstirnwand.............................102
- Turmstirnwand.................................242
Rauchvorhang...................................TDA
Mannschaft, Mitglieder..........................4
Bewaffnung:
- Zahl x Kaliber, mm und Typ
Geschütz.......Starteinrichtung Panzerabwehrrakete „Taifun"
(Kampfsatz, Stück)..........................(10)
- Zahl x Kaliber, mm und Typ
Geschütz........................73 mm „Grom"
(Kampfsatz, Stück)..........................(40)
- Zahl x Kaliber, mm und Typ
MG`s............................12,7 mm NSWT
(Kampfsatz, Stück).........................(300)
Zielführungsgerät.....................................
Funkstation......................................R-123

Zusatzinformation: Es handelt sich um eine Modernisierungsvariante des T-62. Er wurde mit dem Lenkraketensystem „Taifun" ausgerüstet. Die Arbeiten wurden im Projektierungsstadium abgebrochen.

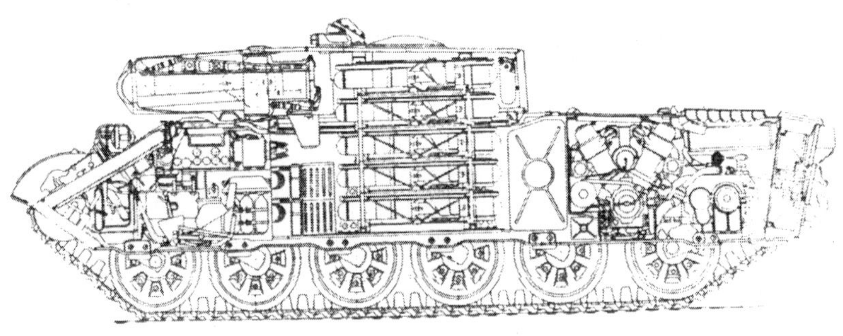

Raketenpanzer T-62

Raketenpanzer auf der Grundlage des Objektes 432

Baujahr ....Projekt 1962
Entwickler WNII-100
Produktion ....nicht hergestellt
Kampfmasse, t...................................32
Länge, mm
- von der Kanone vorn..................6700
- Wanne...5880
Höhe, d. Turmspitze mm...............1830
Bodenfreiheit, mm...........................475
Mittl. Bodendruck, kg/cm^2 0,76
überwindbare Hindernisse:
- Anstieg, Grad..................................30
- Watfähigkeit, m.............................1,4
Motortyp...........................Diesel 5TDF
Max. Leistung, PS...........................700
Spez. Leistung PS/t........................21,9

Max. Geschwindigkeit km/h.............65-70
Reichweite, km.....................................500
Panzerung, mm
- Wannenstirnwand...........420 (äquivalent)
Rauchvorhang.....................................TDA
Mannschaft, Mitglieder............................3
Bewaffnung:
- Startvorrichtung........152 mm ausfahrbar
(Kampfsatz, Stück)....(12 Panzerabwehr-raketen)
(Kampfsatz, Stück)...........(28 ungelenkte Flugabehrraketen)
- Zahl x Kaliber, mm und Typ
MG`s.................................7,62 mm PKT
(Kampfsatz, Stück).......................(2000)
Zielführungsgerät
Funkstation..................................R-123M

Zusatzinformation: Entwickelt auf der Basis des Objektes 432. Auf ihm wurden lenkbare und nicht lenkbare Raketen eingesetzt. Man erarbeitete Projekte.

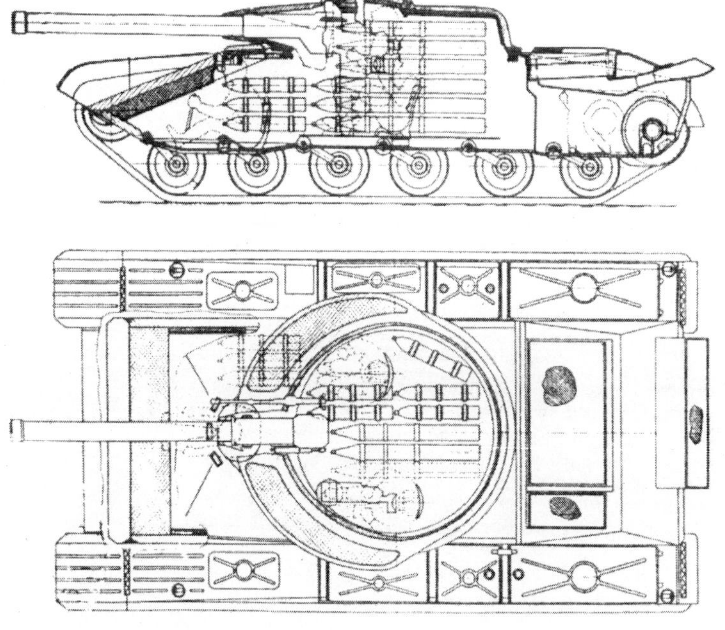

Raketenpanzer auf der Grundlage des Objektes 432

Raketenversuchspanzer
(Objekt 772)

Baujahr ....Exkursionsprojekt 1962
Entwickler ....KB TSCHKW
Produktion ....nicht hergestellt
Kampfmasse, t..................................35,0
Länge, mm
- von der Kanone vorn....................7200
- Wanne..6117
Breite, mm......................................3415
Höhe, b. Turmspitze mm...........ca. 1750
Bodenfreiheit, mm......................variabel
Mittl. Bodendruck, kg/cm^2 0,45
überwindbare Hindernisse:
- Anstieg, Grad..................................30
- Watfähigkeit, m.......1,4 (m. OPWT-5)
Motortyp............................Diesel 5DTF
Max. Leistung, PS............................700
Spez. Leistung PS/t............................20
Max. Geschwindigkeit km/h................65
Reichweite, km...................................500
Panzerung, mm
- Wannenstirnwand.............................200
- Turmstirnwand.................................400
Rauchvorhang...................................TDA
Mannschaft, Mitglieder..........................4
Bewaffnung:
- Zahl x Kaliber, mm und Typ
Geschütz...........Panzerabwehrr. „Lotos“
(Kampfsatz, Stück)..............................(-)
- Zahl x Kaliber, mm und Typ
Geschütz............73 mm halbautomatisch
(Kampfsatz, Stück)...........................(40)
Zielführungsgerät
Funkstation.....................................R-123

Zusatzinformation: Chefkonstrukteur war P.P. Isakow. Der Panzer wurde auf der Grundlage von Bauteilen und Aggregaten des T-64 nach dem gewöhnlichen Bauschema entwickelt. Die Startvorrichtungen der Panzerabwehrraketen „Lotos“ oder 301-P wurden auf dem gegossenen Turm installiert. Die Wanne war aus gewalzten Panzerblechen geschweißt, der Bugteil aus kombinierten dreischichtigen Panzerblechen. Varianten der offenen und der geschlossenen Anordnung der Startvorrichtungen wurden entwickelt.

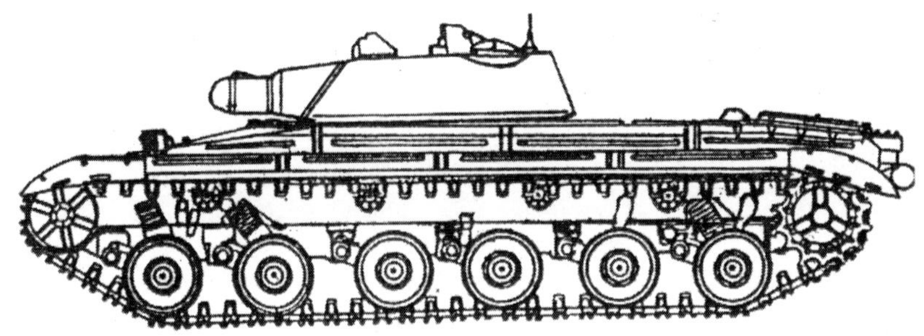

Raketenversuchspanzer Objekt 772

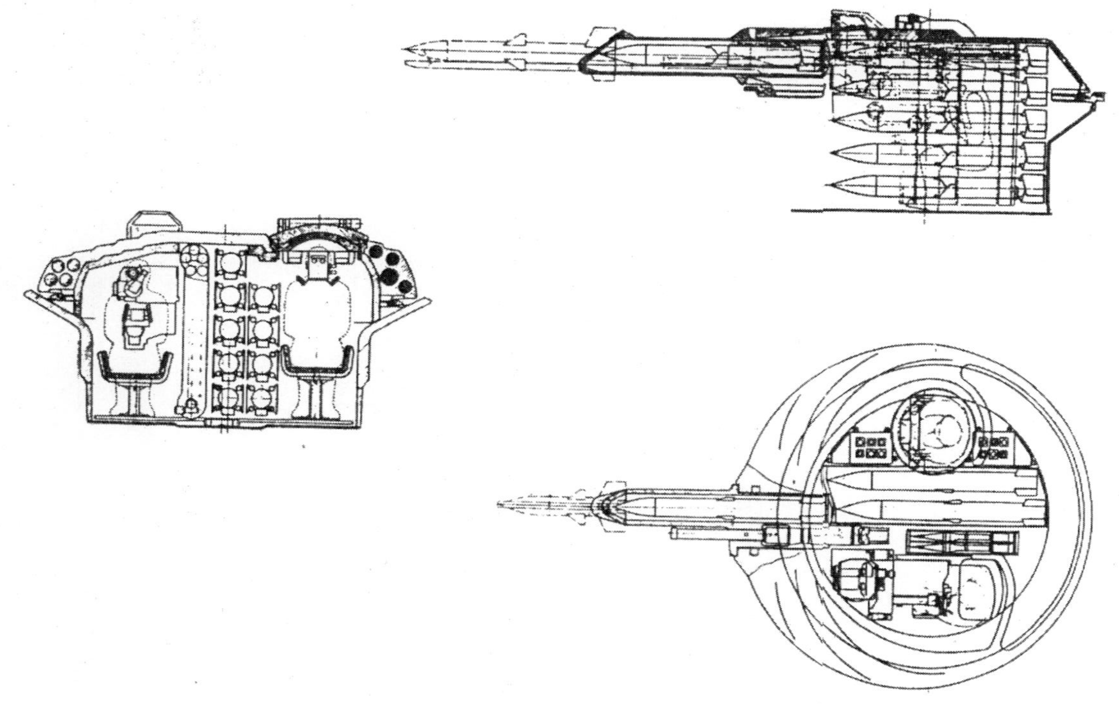

Aufbauschema des Kampfraumes des Objektes 772 mit der Lenkrakete „Lotos“

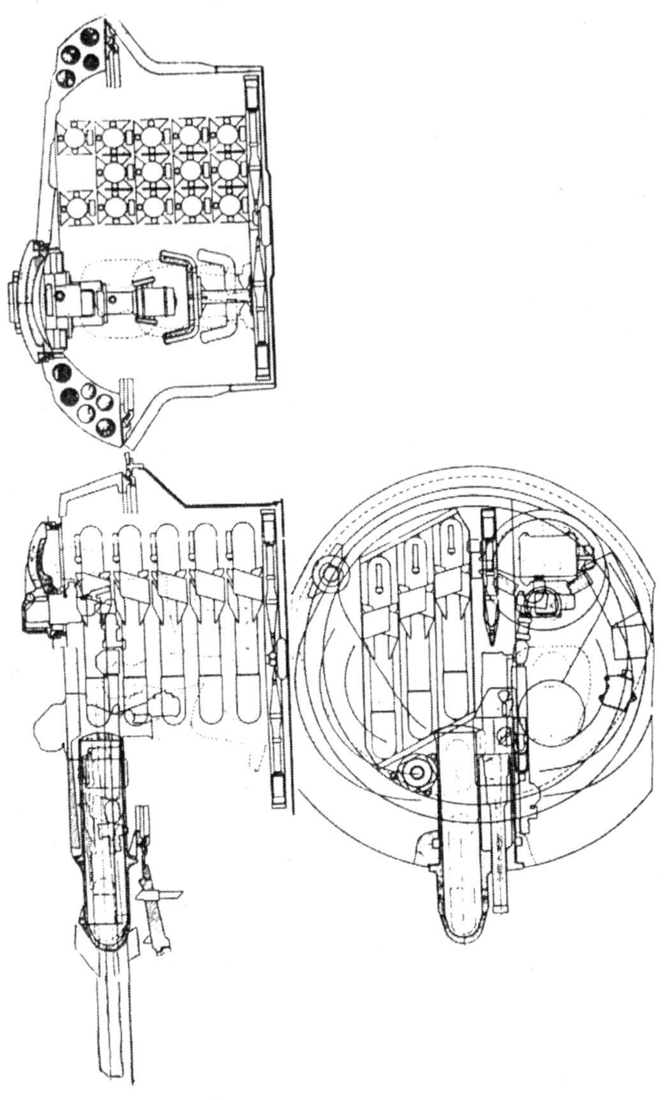

Aufbauschema des Kampfraumes des Objektes 772 mit der Lenkrakete „301P“

Raketenversuchspanzer Objekt 775
(Vorentwurfsprojekt)

Baujahr 1962
Entwickler .... KB TSCHTW
Hersteller............................... TSCHTW
Produktion................................. Modell
Kampfmasse, t.................................. 30
Länge der Wanne, mm................. 6000
Breite, mm.................................... 3160
Höhe, d. Turmspitze mm.............. 1100
Bodenfreiheit, mm.......................... 200
Mittlerer Bodendruck, kg/cm².........0,42
überwindbare Hindernisse:
- Anstieg, Grad.................................. 30
- Watfähigkeit, m....... 1,4 (m. OPWT-5)
Motortyp................ Diesel 5 DTF (457)
Max. Leistung, PS.......................... 700

Spez. Leistung PS/t............................... 23
Treibstoffvorrat, l......................... 835+275
Max. Geschwindigkeit km/h................. 65
Reichweite, km.................................. 500
Panzerung, mm
- Wannenstirnwand............................. 120
- Turmstirnwand.................................. 90
Rauchvorhang.................................. TDA
Mannschaft, Mitglieder.......................... 2
Bewaffnung:
- Startvorrichtung......................... 125 mm
(Kampfsatz, Stück)..(14 Panzerabwehrr.)
(Kampfsatz, Stück).....(17 nicht gelenkte Flugabwehrraketen)
Zielführungsgerät.....................................
Funkstation..................................... R-123

Zusatzinformation: Chefkonstrukteur war P.P. Isakow. Er wurde auf der Grundlage des Panzers Objekt 432 entwickelt. Es wurde ein Modell gebaut. Dieses wurde weiterentwickelt und ein Versuchsmuter hergestellt.

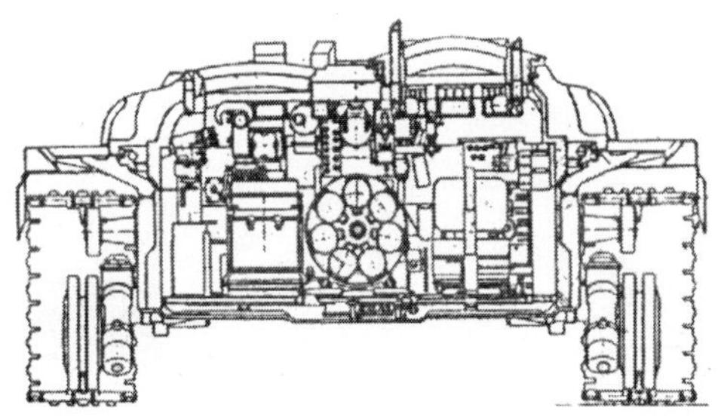

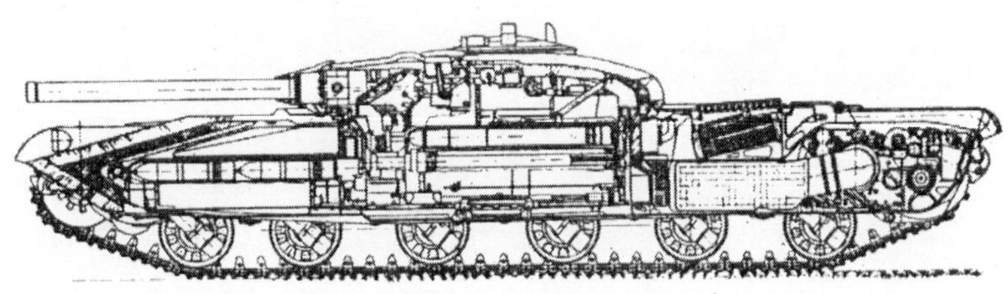

Raketenversuchspanzer Objekt 775

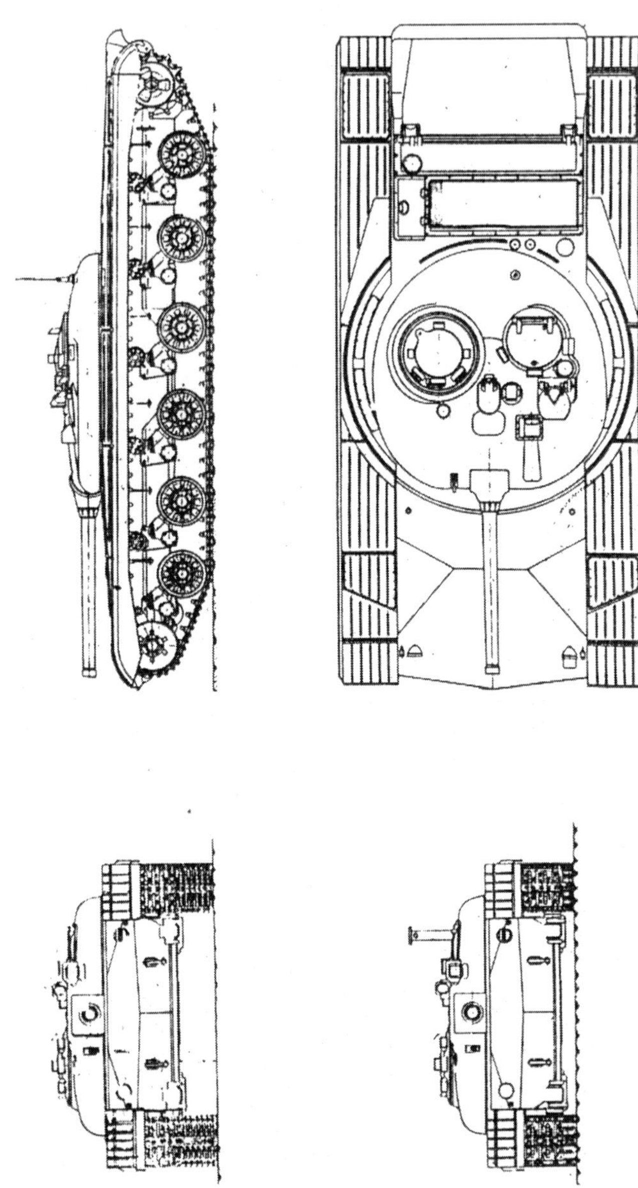

Raketenpanzer Objekt 775

Raketenversuchspanzer
(Objekt 775)

Baujahr 1962
Entwickler .... KB TSCHTW
Hersteller.............................. TSCHTW
Produktion...................... Versuchspartie
Kampfmasse, t................................... 36
Länge, mm:
- mit Kanone.................................. 7200
- Wanne... 6117
Breite, mm.................................... 3415
Höhe, d. Turmspitze mm.............. 1750
Bodenfreiheit, mm.................... variabel
überwindbare Hindernisse:
- Anstieg, Grad................................ 30
- Watfähigkeit, m...... 1,4 (m. OPWT-5)
Motortyp......................... Diesel 5 TDF
Max. Leistung, PS.......................... 700

Spez. Leistung PS/t........................... 19,4
Max. Geschwindigkeit km/h............ 66-70
Reichweite, km........................... 500-600
Panzerung, mm
- Wannenstirnwand....................... 80-120
- Turmstirnwand............................. 30-90
Rauchvorhang.................................. TDA
Mannschaft, Mitglieder.......................... 2
Bewaffnung:
- Startvorrichtung....... 125 mm ausfahrbar
(Kampfsatz, Stück)........... (15 Panzerabwehrraketen „Rubin)
(Kampfsatz, Stück)..... (22 nicht gelenkte Raketen „Bur")
Zielführungsgerät....................................
Waffenstabilisator............... auf 2 Ebenen
Funkstation..................................... R-113

Zusatzinformation: Chefkonstrukteur war P.P. Isakow. Der Panzer wurde auf der Grundlage von Bauteilen und Aggregaten des T-64 entwickelt. Die Wanne ist geschweißt, der Turm gegossen. Er erhielt eine Strahlenschutzplatte. Im Turm ist eine geschlossene Rohrstartvorrichtung installiert. Das Laden erfolgt halbautomatisch, ferngesteuert vom Arbeitsplatz des Ladeschützen aus. Die Mannschaft ist in einer isolierten Kabine im Turm untergebracht. Die Lenkraketen haben ein halbautomatisches Infrarotfeuerleitsystem und eine Schießreichweite von 3,3 km. Der Panzer Objekt 775 besitzt eine hydro-pneumatische Federung (Aufhängung) und eine veränderbare Bodenfreiheit. Der Raketenpanzer hatte eine Reihe von Nachteilen: Eine schlechte Sicht des Gefechtsfeldes, eine komplizierte Technik und geringe Zuverlässigkeit der Raketenleitsysteme. Der Panzer wurde nicht in die Bewaffnung aufgenommen. Auf seiner Grundlage entwickelte man den Raketenversuchspanzer Objekt 780.

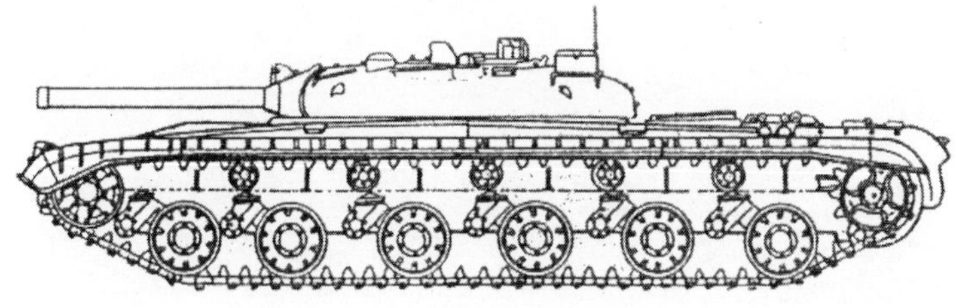

Raketenversuchspanzer Objekt 775

Raketenversuchspanzer
(Objekt 780)

Baujahr 1963
Entwickler ....KB TSCHTW
Hersteller.................................TSCHTW
Produktion.....................Versuchsmuster
Kampfmasse, t....................................36
Länge, mm:.
- mit Kanone...................................7200
- Wanne...6117
Breite, mm.....................................3415
Höhe, d. Turmspitze mm..........ca. 1900
Bodenfreiheit, mm.....................variabel
Mittl. Bodendruck, kg/cm^2............0,45
überwindbare Hindernisse:
- Anstieg, Grad..................................30
- Watfähigkeit, m......1,4 (m. OPWT-5)
Motortyp..........................Diesel 5 DTF

Max. Leistung, PS..............................700
Spez. Leistung PS/t............................19,4
Max. Geschwindigkeit km/h.................66
Reichweite, km...................................500
Panzerung, mm
- Wannenstirnwand.............................120
- Turmstirnwand...................................90
Rauchvorhang...................................TDA
Mannschaft, Mitglieder...........................3
Bewaffnung:
- Startvorrichtung.......125 mm ausfahrbar
(Kampfsatz, Stück)...........(15 Panzerabwehrraketen „Rubin)
(Kampfsatz, Stück).....(22 nicht gelenkte Raketen „Bur")
Zielführungsgerät.....................................
Funkstation......................................R-123

Zusatzinformation: Chefkonstrukteur war P.P. Isakow. Der Raketenpanzer Objekt 780 wurde auf der Grundlage des Panzers Objekt 775 entwickelt, wo die aus 3 Mitgliedern bestehende Mannschaft im Turm untergebracht war. Der Panzerfahrer befand sich im Drehzentrum des Turms mit den Waffen. Der Turm drehte sich um den Fahrer herum. Der Panzerfahrer steuerte mit Hilfe eines Handrades.

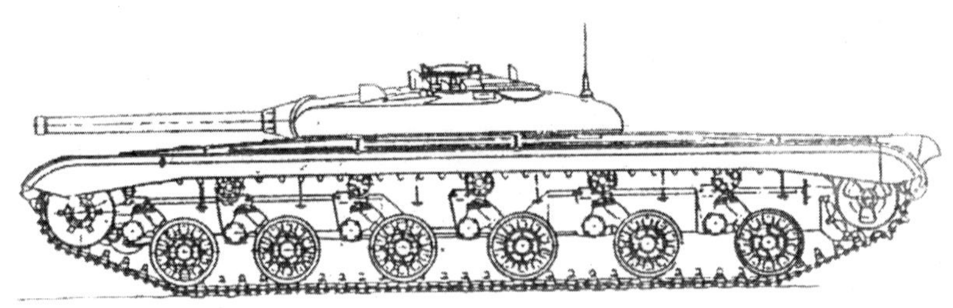

Raketenversuchspanzer Objekt 780

Raketenpanzer Objekt 287 mit der
Panzerabwehrrakete „Falanga“

Baujahr ....Projekt 1961
Entwickler ....KB LKW
Produktion.....................nicht hergestellt
Kampfmasse, t..............................35,05
Länge der Wanne, mm..................6280
Breite, mm....................................3600
Höhe, d. Turmspitze mm...............1700
Bodenfreiheit, mm..........................450
Mittl. Bodendruck, kg/cm^2 0,77
überwindbare Hindernisse:
- Anstieg, Grad.................................30
- Watfähigkeit, m..............................1,4
Motortyp...........................Diesel 5DTF
Max. Leistung, PS...........................700
Spez. Leistung PS/t..........................20

Treibstoffvorrat, l..............................1400
Max. Geschwindigkeit km/h.................65
Reichweite, km...................................500
Panzerung, mm
- Wannenstirnwand.............................165
Rauchvorhang...................................TDA
Mannschaft, Mitglieder..........................2
Bewaffnung:
- Startvorrichtung ....Panzerabwehrrakete „Falanga“
(Kampfsatz, Stück)..........................(15)
- Zahl x Kaliber, mm und Typ
Geschütz..................2 x 23 mm „Kopje“
(Kampfsatz, Stück)..............................(.)
Ziel..“Klin“
Funkstation.....................................R-113

Zusatzinformation. Er wurde auf der Grundlage des Chassis des mittleren Panzers T-64 projektiert und mit Raketen bewaffnet. Im Ergebnis langer Entwicklungsarbeiten wurde das Versuchsmuster Objekt 287 mit der Panzerabwehrrakete „Taifun“ geschaffen. Auf dem Panzer wurde ein Ladeautomat für die Raketen installiert.

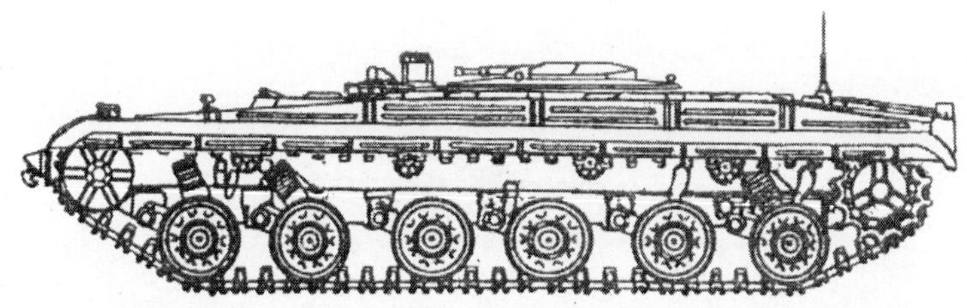

Raketenpanzer Objekt 287

Raketenversuchspanzer
(Objekt 287)

Baujahr 1962
Entwickler .... KB LKW
Hersteller....................................... LKW
Produktion.................... Versuchsmuster
Kampfmasse, t................................. 36,5
Länge der Wanne, mm.................. 6124
Breite, mm..................................... 3415
Höhe, d. Turmspitze mm............... 1750
Bodenfreiheit, mm........................... 450
Mittl. Bodendruck, kg/cm^2 0,80
überwindbare Hindernisse:
- Anstieg, Grad.................................. 30
- Watfähigkeit, m.............................. 1,4
Motortyp.......................... Diesel 5DTF
Max. Leistung, PS........................... 700
Spez. Leistung PS/t........................ 19,2
Max. Geschwindigkeit km/h............. 66

Reichweite, km.................................. 500
Panzerung, mm
- Wannenstirnwand............................ 330
Rauchvorhang................................. TDA
Mannschaft, Mitglieder.......................... 2
Bewaffnung:
- Startvorrichtung .... Panzerabwehrrakete „Taifun"
(Kampfsatz, Stück).......................... (15)
- Zahl x Kaliber, mm und Typ
Geschütz..................... 2 x 723 mm 2A25
(Kampfsatz, Stück)........................... (32)
- Zahl x Kaliber, mm und Typ
MG`s......................... 2 x 7,62 mm PKT
(Kampfsatz, Stück)...................... (3000)
Ziel.. "Klin"
Funkstation.................................... R-113

Zusatzinformation: Er wurde auf der Grundlage des Chassis des mittleren Panzers T-64 entwickelt. Die Wanne war gepanzert mit kombinierter Stärke der Panzerung der Stirnwand. Es war eine Strahlenschutzplatte eingebaut. Der Panzer war turmlos. In der Mitte der Wanne befand sich eine Drehplattform mit den Raketen. Auf der Plattform war eine halbautomatische, vertikal stabilisierte Startvorrichtung für die Panzerabwehrraketen. Zwischen dem Kampf- und dem Fahrerraum befand sich eine hermetische Schutzwand. Die Raketen wurden stationär und während der Fahrt auf Funkbefehl verschossen. Für das Laden der 73-mm-Startvorrichtung „Molnija" mit den Raketengeschossen wurde ein Revolverladeautomat mit einer Kapazität von acht Schuß je Rohr eingesetzt. Eine der ersten Varianten des Raketenpanzers Objekt 287 war mit der Kanone „Kopje" und der Panzerabwehrrakete „Falanga" ausgerüstet. Im Jahr 1961 wurde vom KB des Leningrader Kirowwerkes das Entwurfsprojekt des Panzers vorgelegt. Im Jahre 1962 wurde das technische Projekt fertiggestellt und die ersten Versuchsmuster gebaut. Der Panzer wurde nicht in die Bewaffnung aufgenommen. Er war zu unverlässig und die Waffen waren sehr schwer zu bedienen.

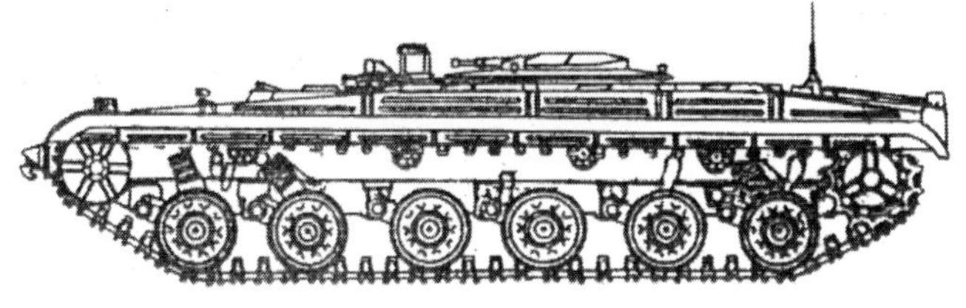

Raketenversuchspanzer Objekt 287

Raketenversuchspanzer
(Objekt 288)

Baujahr 1963
Entwickler .... KB LKW
Hersteller....................................... LKW
Produktion................... Versuchsmuster
Kampfmasse, t................................ 36,5
Länge der Wanne, mm................. 6225
Breite, mm.................................... 3415
Höhe, d. Turmspitze mm.............. 1750
Bodenfreiheit, mm.......................... 450
Mittl. Bodendruck, kg/cm^2 0,83
überwindbare Hindernisse:
- Anstieg, Grad................................ 30
- Watfähigkeit, m............................ 1,8
Motortyp.......... Gasturbine 2xGTD-350
Max. Leistung, PS........................... 700
Spez. Leistung PS/t....................... 19,2
Max. Geschwindigkeit km/h............. 66

Reichweite, km............................ 450-500
Panzerung, mm
- Wannenstirnwand............................ 330
Rauchvorhang.................................... TDA
Mannschaft, Mitglieder.......................... 2
Bewaffnung:
- Zahl x Kaliber, mm und Typ
Geschütz.................... PU PTUR „Taifun“
(Kampfsatz, Stück)................. (15 PTUR)
- Zahl x Kaliber, mm und Typ
Geschütz...................... 2 x 723 mm 2A25
(Kampfsatz, Stück)............................ (32)
- Zahl x Kaliber, mm und Typ
MG`s........................... 2 x 7,62 mm PKT
(Kampfsatz, Stück)........................ (3000)
Ziel.. “Klin“
Funkstation..................................... R-123

Zusatzinformation: Er wurde auf der Grundlage des Raketenpanzers Objekt 288 entwickelt. Er erhielt einen neuen Gasturbinenmotor und sollte als Raketenpanzer genutzt werden. Lediglich ein Versuchsmuster wurde hergestellt. Der Motor wurde anhand eines Hubschraubertriebwerkes projektiert. Die Waffen wurden nicht installiert. Der Panzer diente zur Erprobung des Motors.

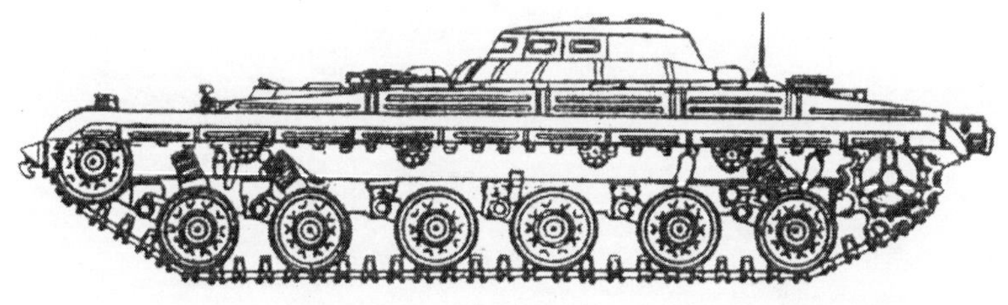

Raketenversuchspanzer Objekt 288

Raketenpanzer IT-1
(Objekt 150)

Baujahr ....i. d. Bewaffnung 1968
Entwickler ....KB Uralwaggonwerk
Hersteller....................Uralwaggonwerk
Produktion...................in Serie 1968-70
Kampfmasse, t................................35,0
Länge der Wanne, mm..................6630
Breite, mm....................................3330
Höhe, d. Turmspitze mm...............2200
Bodenfreiheit, mm..........................430
Mittl. Bodendruck, kg/cm^2 0,74
überwindbare Hindernisse:
- Anstieg, Grad.................................32
- Watfähigkeit, m......1,4 (m. OPWT-5)
Motortyp............................Diesel V-55
Max. Leistung, PS..........................580

Spez. Leistung PS/t...........................16,57
Max. Geschwindigkeit km/h..................50
Reichweite, km....................................550
Panzerung, mm
- Wannenstirnwand..............................100
- Turmstirnwand..................................206
Rauchvorhang...................................TDA
Mannschaft, Mitglieder............................3
Bewaffnung:
- Geschütz.................PU PTUR „Drakon“
(Kampfsatz, Stück)................(15 PTUR)
- Zahl x Kaliber, mm und Typ
MG`s...........................2 x 7,62 mm PKT
(Kampfsatz, Stück).......................(2000)
Ziel.........T2-PD (10P-2), UPN-S(2-TPN)
Funkstation......................................R-123

Zusatzinformation: Chefkonstrukteur war L.N. Karzew. Der Panzer wurde auf der Grundlage von Bauteilen und Aggregaten des T-62 entwickelt. Die Wanne wurde aus gewalzten Panzerblechen geschweißt. Der Turm war gegossen. In ihm befand sich die ausfahrbare Startvorrichtung mit automatischer Ladevorrichtung für die Panzerabwehrraketen. Der Panzer war mit Tag- und Nachtzielen sowie einer stabilisierten Feuerleitstation ausgerüstet. Der Turm verfügte über einen manuellen und einen elektrischen Drehmechanismus. Das Verschießen von Raketen erfolgte auf Funkbefehl durch die Feuerleitstation nur am Tage auf eine Entfernung von 300-3300 m. Der IT-1 ist der einzige Raketenpanzer, der in die Bewaffnung aufgenommen wurde.

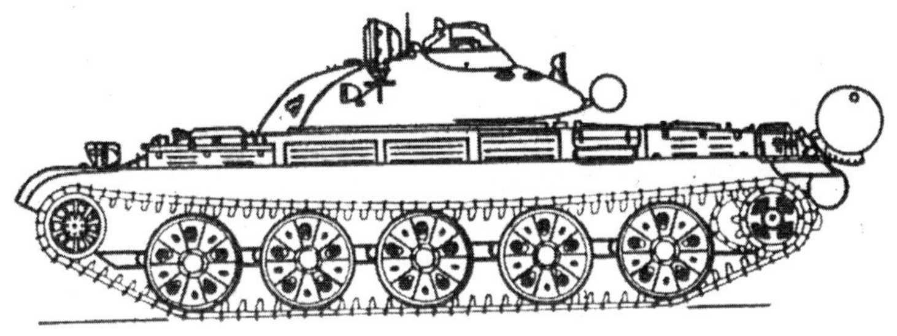

Raketenpanzer IT-1 (Objekt 150)

Spezialpanzer

Brückenpanzer IT-28

Baujahr ....i. d. Bewaffnung 1940
Entwickler ....KB Werk N174
Hersteller............Werk „Kr. Putilowez“
Produktion...........................kleine Serie
Kampfmasse, t................................38,0
Länge, mm
- mit Brücke.................................13300
- Wanne...7360
Breite, mm.....................................2870
Bodenfreiheit, mm..........................560
Mittl. Bodendruck, kg/cm^2 0,78
überwindbare Hindernisse:
- Querneigung, Grad.........................32
- Watfähigkeit, m.............................1,0

Motortyp............................Vergaser M-17
Max. Leistung, PS...............................500
Spez. Leistung PS/t...........................13,20
Max. Geschwindigkeit km/h..................40
Reichweite, km...................................150
Panzerung, mm
- Wannenstirnwand...............................30
Mannschaft, Mitglieder...........................5
Bewaffnung:
MG`s............................2 x 7,62 mm DT
(Kampfsatz, Stück)..............................(.)

Zusatzinformation: Er wurde auf der Grundlage des mittleren Serienpanzers T-28 entwickelt. Das Unterteil der Wanne wurde unverändert übernommen. Anstelle des Turms und des unter dem Turm gelegenen Drehkranzes war ein 8 m langer Träger angeordnet. Darauf montierte man eine zweispurige 13,3 m lange und 3,35 m breite Brücke mit einer Tragfähigkeit von 50 t. Das Ausrichten der Brücke erfolgte hydraulisch oder mechanisch (doppelter Antriebsmechanismus). Die Ausrichtzeit für die Brücke betrug drei Minuten, das Aufladen der Brücke auf den Panzer beanspruchte bis zu fünf Minuten. Die Masse der Brücke betrug 4 t.

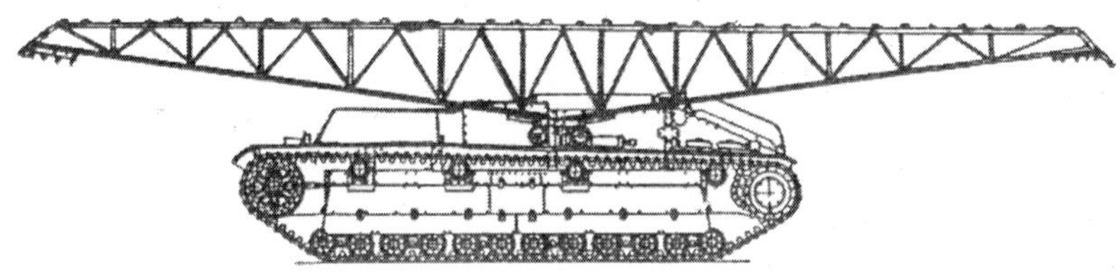

Brückenpanzer IT-28

Brückenlegepanzer MTU-12
(MTU)

Baujahr ....i. d. Bewaffnung 1955
Entwickler ....KB Werk N183
Hersteller.............................Werk N183
Produktion....................................Serie
Kampfmasse, t...............................34,0
Länge, mm
- mit Brücke.................................12300
- Wanne...6040
Breite, mm....................................3280
Bodenfreiheit, mm..........................500
Mittl. Bodendruck, kg/cm^2 0,77

überwindbare Hindernisse:
- Anstieg, Grad......................................30
- Watfähigkeit, m.................................1,4
Motortyp................................Diesel V-54
Max. Leistung, PS..............................520
Spez. Leistung PS/t..........................15,30
Max. Geschwindigkeit km/h..................48
Reichweite, km....................................400
Panzerung, mm
- Wannenstirnwand..............................100
Mannschaft, Mitglieder............................2
Funkstation.......................................R-113

Zusatzinformation: Der MTU-12 war das erste industriell gefertigte Muster eines Brückenlegepanzers, gebaut auf der Grundlage des mittleren Panzers T-54. Die Brücke hatte eine Tragfähigkeit bis 50 t, die Breite des zu überdeckenden Hindernisses betrug 11 m, die Höhe bis zu 2,5 m. Das Einfahren der Brückenkonstruktion erfolgte durch Aufsetzen.

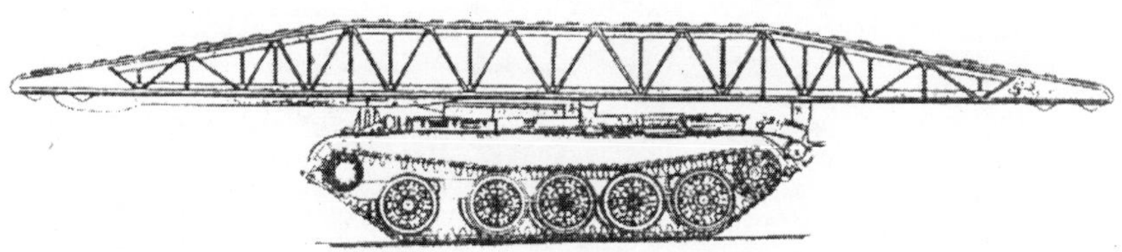

Brückenlegepanzer MTU-12

Brückenlegepanzer MTU-20
(Objekt 602)

Baujahr ....i. d. Bewaffnung 1964
Entwickler ....KB TM (Omsk)
Hersteller.....Omsker Werk „Okt. Rev.“
Produktion...........................Serie 1967
Kampfmasse, t..................................37
Länge, mm
- mit Brücke................................11640
- Wanne..6040
Breite, mm....................................3306
Höhe, mm.....................................3400
Bodenfreiheit, mm..........................425
Mittl. Bodendruck, kg/cm^2 0,84

überwindbare Hindernisse:
- Anstieg, Grad.....................................30
- Watfähigkeit, m..................................1,4
Motortyp................................Diesel V-55
Max. Leistung, PS..............................580
Spez. Leistung PS/t............................15,7
Max. Geschwindigkeit km/h.................54
Reichweite, km............................485-500
Panzerung, mm
- Wannenstirnwand...............................80
Rauchvorhang...................................TDA
Mannschaft, Mitglieder...........................2
Funkstation..................................R-123M

Zusatzinformation: Entwickelt auf der Grundlage des T-55 mit einer ausklappbaren Auslegerkonstruktion (Länge 20 m, Gewicht 7 t.). Es handelt sich um eine Aluminiumlegierungskonstruktion. Sie wurde hydraulisch in die Arbeitsstellung überführt. Die Tragfähigkeit der Brücke beträgt bis zu 50 t, die Breite des zu überbrückenden Hindernisses bis zu 18 m. Die Brücke wird durch Einfahren in Betriebsstellung gebracht. Die Einrichtzeit beträgt fünf Minuten, die Demontagezeit sieben Minuten.

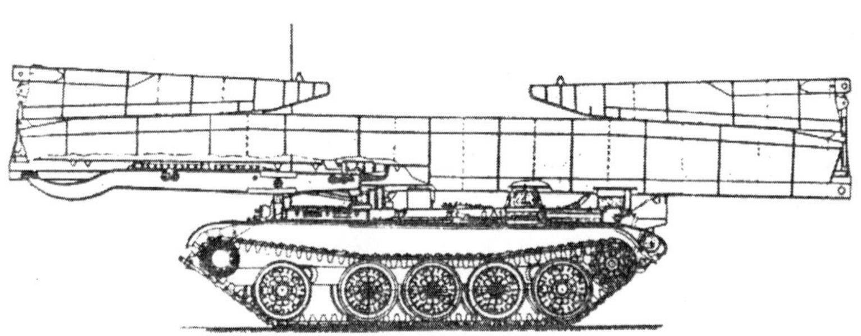

Brückenlegepanzer MTU-20

Brückenlegepanzer MTU-55
(MT-55 A)

Baujahr ....i. d. Bewaffnung 1962
Entwickler ....KB Uralwaggonwerk
Hersteller.....................Uralwaggonwerk
Produktion......................................Serie
Kampfmasse, t...................................36
Länge, mm
- mit Brücke.................................10500
- Wanne...6040
Breite, mm....................................3500
Bodenfreiheit, mm..........................452
Mittl. Bodendruck, kg/cm^2 0,82
überwindbare Hindernisse:
- Anstieg...32
- Watfähigkeit, m............1,4 (m. OPWT-4
Motortyp................................Diesel V-55
Max. Leistung, PS...............................580
Spez. Leistung, PS/t..........................16,11
Max. Geschwindigkeit km/h..................54
Reichweite, km....................................500
Panzerung, mm
- Wannenstirnwand..............................100
Rauchvorhang.....................................TDA
Mannschaft, Mitglieder............................2
Funkstation......................................R-123

Zusatzinformation: Wurde auf der Grundlage des T-55 entwickelt und besitzt eine ausklappbare Auslegerkonstruktion (Transportstellung). Die Brücke wird durch Heranfahren an das Gegenufer bei gleichzeitiger Öffnung des Auslegers gebildet. Die Breite des zu überbrückenden Hindernisses beträgt bis zu 16 m. Die Masse der Auslegerkonstruktion beträgt 6,5 t, die Einrichtzeit 3 Minuten.

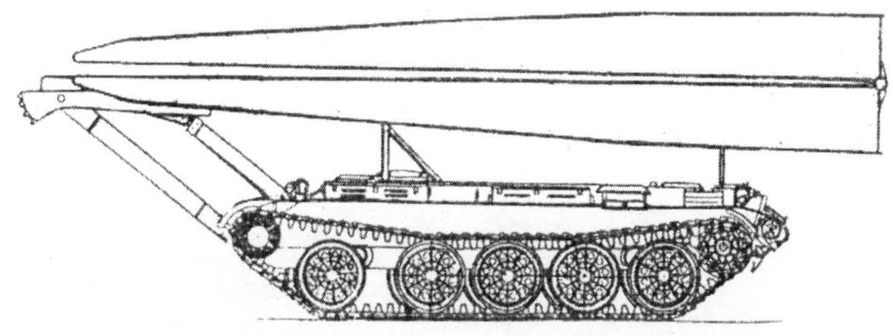

Brückenlegepanzer MT-55A

Brückenlegepanzer MTU-72
(Objekt 632)

Baujahr ....i. d. Bewaffnung 1974
Entwickler ....KB TM (Omsk)
Hersteller.....................Uralwaggonwerk
Produktion......................................Serie
Kampfmasse, t...................................40
Länge, mm
- mit Brücke................................11640
- Wanne..6860
Breite, mm...................................3460
Höhe, mm....................................3381
Bodenfreiheit, mm..........................492
Mittl. Bodendruck, kg/cm^2 0,808
überwindbare Hindernisse:
- Anstieg, Grad.................................30
- Watfähigkeit, m.....1,2 (m. OPWT-4,5

Motortyp................................Diesel V-84-
Max. Leistung, PS..............................840
Spez. Leistung PS/t...............................21
Max. Geschwindigkeit km/h..................60
Reichweite, km...................................500
Panzerung, mm
- Wannenstirnwand.............................200
Rauchvorhang...................................TDA
Mannschaft, Mitglieder..........................2
Bewaffnung:
- Zahl x Kaliber, mm und Typ
MG`s.............................7,62 mm RPKS
..(Kampfsatz, Stück)......................(1000)
Funkstation.................................R-123M

Zusatzinformation: Er wurde auf der Grundlage des T-55 entwickelt und besitzt eine ausklappbare Auslegerkonstruktion. Die Tragfähigkeit beträgt 50 t. Die Breite des zu überbrückenden Hindernisses beträgt bis 18 m, die Länge der Brücke in Arbeitsstellung 20 m, die Brückenbreite 3,3 m. Die Masse der Auslegerkonstruktion beträgt 6,4 t und die Einrichtzeit drei Minuten, die Abbauzeit acht Minuten. Die Brücke besitzt einen hydraulisch-mechanischen Antrieb zum Brückenaufbau,

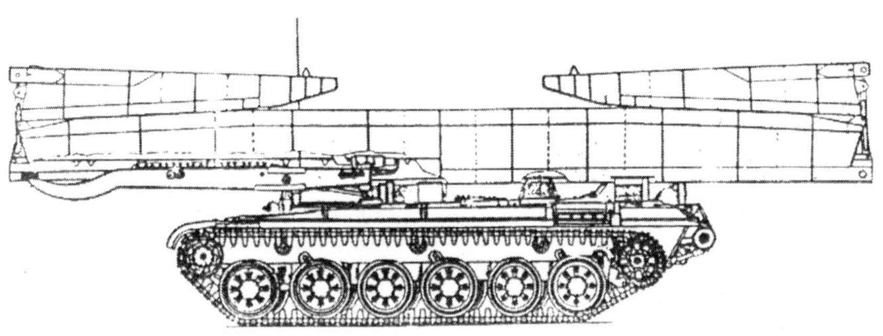

Brückenlegepanzer MTU-72

Panzerzugmaschine T-34-T

Baujahr 1958
Entwickler ....KB Werk N183
Hersteller....Panzerreparaturwerk d. VM
Produktion...........................Umrüstung
Kampfmasse, t...................................31
Länge, mm....................................7100
Breite, mm....................................3000
Höhe, mm.....................................2200
Bodenfreiheit, mm...........................370
Mittl. Bodendruck, kg/cm^2 0,8
überwindbare Hindernisse:
- Anstieg, Grad............................30-35
- Watfähigkeit, m.............................1,3

Motortyp............................Diesel V-2-34
Max. Leistung, PS..............................500
Spez. Leistung PS/t............................16,1
Max. Geschwindigkeit km/h...........50-55
Reichweite, km..............................80-150
Panzerung, mm
- Wannenstirnwand..............................45
Mannschaft, Mitglieder..........................2
Bewaffnung:
- Zahl x Kaliber, mm und Typ
MG`s.............................7,62 mm DTM
(Kampfsatz, Stück)............................(-)
Ziel...M

Zusatzinformation: Sie wurde auf der Grundlage des mittleren Panzers T-34 entwickelt. Die Wanne blieb unverändert. Anstelle des unter dem Turm gelegenen Drehkranzes wurde eine Lastplattform eingebaut. Auf den Schutzblechen der Wanne montierte man lange Kästen für die Unterbringung von Werkzeugen. An der Vorderseite der Wanne wurden Puffer angeschweißt, um den Panzer mit Hilfe von Balken zum Schieben einsetzen zu können. Rechts im Vorderteil der Wanne befindet sich ein Hebekran mit einer Hebefähigkeit von 3 t. Ein MG ist in einer Kugelblende im Vorderteil der Wanne installiert. Der Panzer ist mit einer Seilwinde und einer Leistung von 14 t am Haken ausgerüstet. Es wurden Panzer des Typs T-34-T produziert und solche mit einfacherem Aufbau, d. h. ohne Seilwinde. Die Panzervariante, mit der Ausrüstung von Bergungsgeräten zum Bergen von defekter Panzertechnik, erhielt die Bezeichnung T-34-TO.

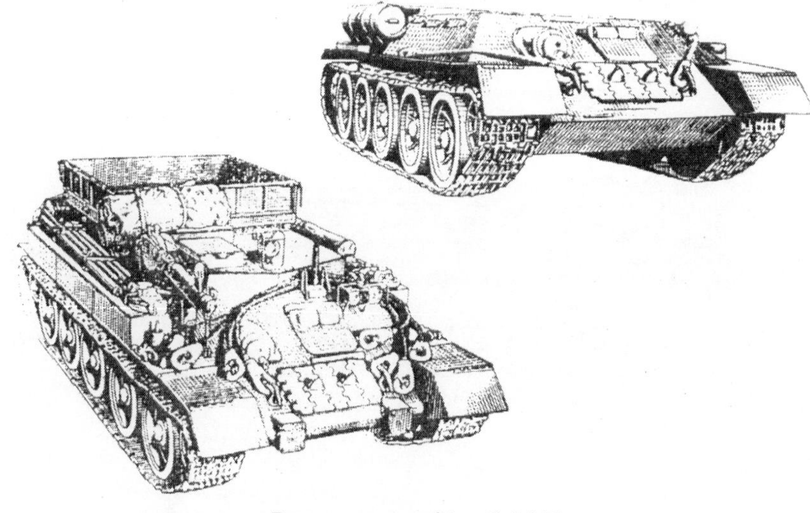

Panzerzugmaschine T-34-T

Panzerzugmaschine BTS-2

Baujahr ....i. d. Bewaffnung 1955
Entwickler ....KB Werk N183
Hersteller.............................Werk N183
Produktion......................................Serie
Kampfmasse, t....................................32
Länge der Wanne, mm...................7120
Breite, mm.......................................3295
Höhe, mm..2055
Bodenfreiheit, mm.............................480
Mittl. Bodendruck, kg/cm^2 0,71
überwindbare Hindernisse:
- Anstieg, Grad....................................32
- Querneigung, Grad...........................30
- Watfähigkeit, m.......1,4 (m. OPWT-5)
Motortyp.............................Diesel V-54
Max. Leistung, PS............................520

Treibstoffvorrat, l..................................815
Spez. Leistung PS/t...........................16,25
Max. Geschwindigkeit km/h.........50-51,5
Reichweite, km....................................290
Panzerung, mm
- Wannenstirnwand..............................100
Rauchvorhang...........................BDSCH-5
Mannschaft, Mitglieder...........................3
Bewaffnung:
- Zahl x Kaliber, mm und Typ
MG´s....................12,7 mm DSCHK-M
(Kampfsatz, Stück).........................(406)
- Zahl x Kaliber, mm und Typ
MG`s.................................7,62 mm AK
(Kampfsatz, Stück)........................(1350)
Sichtgeräte..PTO-1
Funkstation.................................10-RT-26

Zusatzinformation: Sie wurde auf der Grundlage des mittleren Panzers T-54 entwickelt und ist zur Bergung defekter Panzer aus dem feindlichen Gefechtsfeld vorgesehen. Sie ist mit einer kraftverstärkten Winde ausgerüstet und besitzt ein Zugvermögen von 25 t mit einem Seil und bei der Arbeit 50 t mit zwei Seilen. Die Arbeitslänge des Seiles beträgt 196-200 m. Zur Selbststabilisierung wird die Zugmaschine in Feldposition aufgebockt. Sie ist mit einem manuell betriebenen Hebekran und einer Hebefähigkeit von 3 t sowie einer Lastplattform mit einer Tragfähigkeit von 4 t ausgestattet.

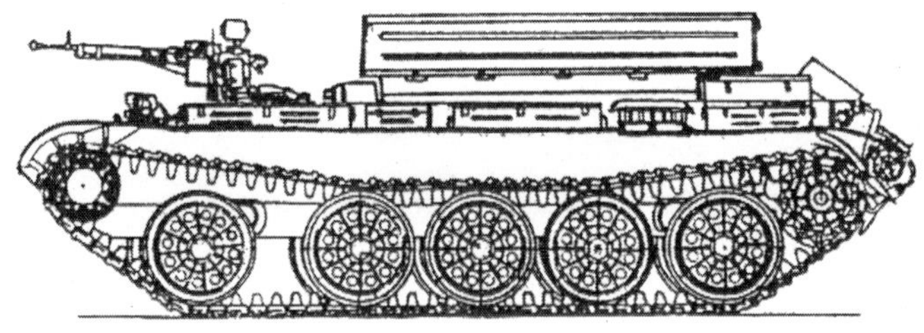

Panzerzugmaschine BTS-2

Panzerzugmaschine BTS-4

Baujahr ....i. d. Bewaffnung 1965
Hersteller...Panzerreparaturwerk d. VM
Produktion....................Modernisierung
Kampfmasse, t................................31,4
Länge, mm
- Wanne...6235
Breite, mm....................................3250
Bodenfreiheit, mm...........................475
Mittl. Bodendruck, kg/cm^2.............0,71
überwindbare Hindernisse:
- Anstieg, Grad...................................30
- Graben, m....................................2,85
- Watfähigkeit, m...1,3 (m. OPWT-5m)
Motortyp.........................Diesel V-54-E

Max. Leistung, PS...............................520
Treibstoffvorrat, l................................990
Spez. Leistung PS/t..........................16,56
Max. Geschwindigkeit km/h.................50
Reichweite, km...........................450-500
Panzerung, mm
- Wannenstirnwand...............................90
Rauchvorhang..................................TDA
Mannschaft, Mitglieder..........................2
Bewaffnung:
- Zahl x Kaliber, mm und Typ
MG`s..............................7,62 mm RPK
(Kampfsatz, Stück)......................(1000)
Funkstation....................................R-113
Navigationsgerät........................GPK-48

Zusatzinformation: Sie wurde auf der Grundlage des mittleren Panzers T-44M entwikkelt und besitzt eine im Heck angebrachte Seilwinde mit einer Zugkraft von 25 t. Das Seil ist 200 m lang. Auf dem Dach des Motors ist eine Lastplattform montiert und der Schwenkarm eines Hebekranes mit einer Hebefähigkeit von 3 t. Der Panzer verfügt über ein Nachtsichtgerät.

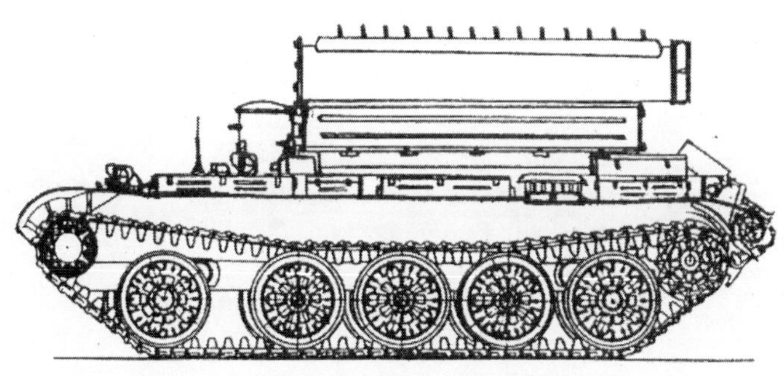

Panzerzugmaschine BTS-4

Reparatur- und Bergungspanzer BREM-1

Baujahr ....i. d. Bewaffnung 1975
Hersteller.....................Uralwaggonwerk
Produktion.....................................Serie
Kampfmasse, t...................................41
Länge mit Ausrüstung, mm...........7980
Breite, mm.....................................3460
Höhe Turmspitze, mm...................2425
Bodenfreiheit, mm...........................457
Mittl. Bodendruck, kg/cm^2 0,83
überwindbare Hindernisse:
- Anstieg, Grad..................................30
- Querneigung, Grad...........................25
- Wand, m.......................................0,85
- Graben, m.................................2,6-2,8
- Watfähigkeit, m........1,2 (m. OPWT-5)

Motortyp......................Diesel V-84(V-46)
Max. Leistung, PS......................840(780)
Spez. Leistung PS/t............................20,5
Max. Geschwindigkeit km/h.................60
Reichweite, km.............................500-760
Panzerung kugelsicher kombiniert
Rauchvorhang...................................TDA
Mannschaft, Mitglieder...........................3
Bewaffnung:
- Zahl x Kaliber, mm und Typ
MG`s............................12,7 mm NSWT
(Kampfsatz, Stück).................(720-840)
Ziel..M
Funkstation..................................R-123M

Zusatzinformation: Er wurde auf der Grundlage des Standardpanzers T-72 entwickelt. Er verfügt über eine Seilwinde mit einer Zugkraft von bis zu 25 t bei einer Seillänge von 200 m sowie einer Hilfsseilwinde mit einer Zugkraft von 0,5 t und einer Seillänge von 400 m. Außerdem ist eine Planierraupeneinrichtung mit einer Schildbreite von 3100 mm vorhanden sowie ein Kran mit einer maximalen Hebekraft von 10 t, ein Schweißgerät und andere Geräte.

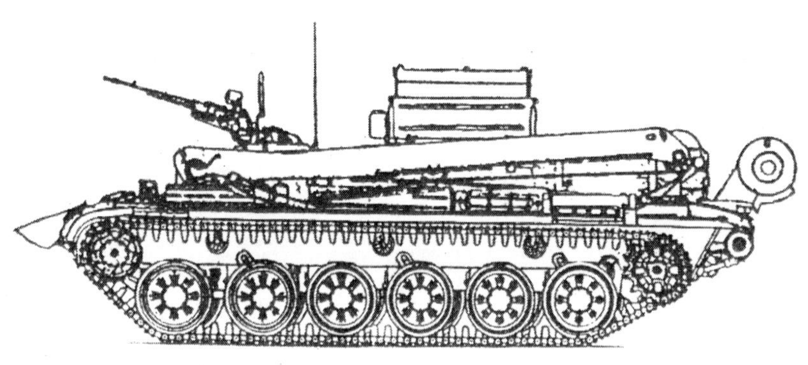

Reparatur- und Bergungspanzer BREM-1

Reparatur und Bergungspanzer BREM-2

Baujahr 1982
Produktion........................in Serie 1986
Kampfmasse, t................................13,6
Länge Wanne, mm........................6577
Breite, mm....................................3184
Höhe Turmspitze, mm..................2280
Bodenfreiheit, mm..........................370
Mittl. Bodendruck, kg/cm^2 0,65
überwindbare Hindernisse:
- Anstieg, Grad.................................35
- Graben, m......................................2,5
- Wand, m..0,7
- Watfähigkeit, m..........schwimmfähig

Motortyp..........................Diesel UTD-20
Max. Leistung, PS.............................300
Spez. Leistung PS/t.............................22
Max. Geschwindigkeit km/h................65
Schwimmgeschwindigkeit, km/h...........7
Reichweite, km..........................550-600
Panzerung…………………..kugelsicher
Rauchvorhang................6 x 902W, TDA
Mannschaft, Mitglieder.........................3
Bewaffnung:
- Zahl x Kaliber, mm und Typ
MG`s............................7,62 mm PKT
(Kampfsatz, Stück)...................(1000)
Funkstation..................................R-173

Zusatzinformation: Er wurde auf der Basis des BMP-1 entwickelt. Anstelle der Standardbewaffnung wurde der BREM-2 mit einer Seilwinde mit einer Zugkraft von 6,5 t und anderen Hilfsgeräten ausgerüstet. Während der Umrüstung des BMP-1 in den Panzerreparaturwerkstätten des Verteidigungsministeriums wurde die Kettenabdeckung des BMP-2 eingebaut.

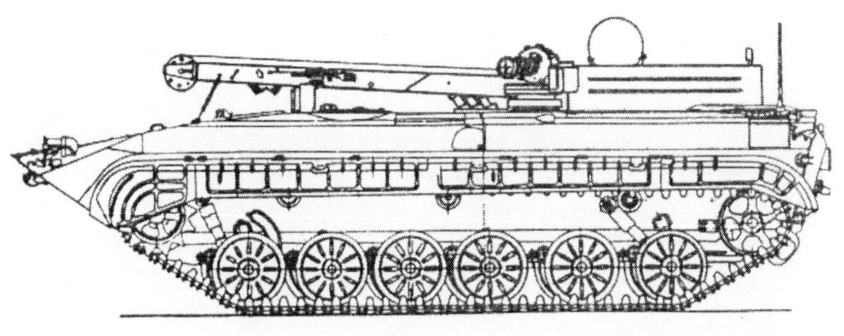

Reparatur- und Bergungspanzer BREM-2

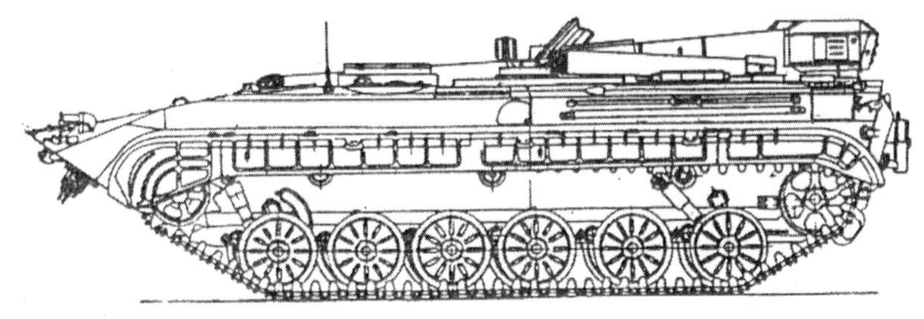

BREM-4 auf der Basis des BMP-1

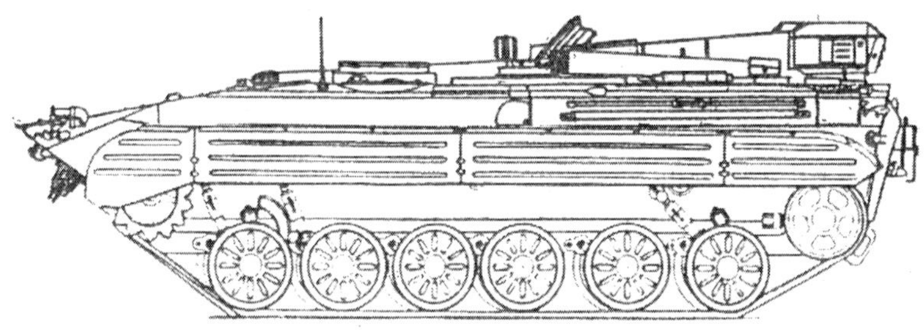

BREM-4 auf der Basis des BMP-2

Reparatur- und Bergungspanzer BREM-D

Baujahr 1984
Entwickler...KB Wolgograder Traktoren-werk
Hersteller.....Wolgograder Traktorenwerk
Produktion............................in Serie 1989
Kampfmasse, t....................................8,0
Länge Wanne, mm............................5885
Breite, mm..2630
Höhe Turmspitze, mm......................1820
Bodenfreiheit, mm..............................450
Mittl. Bodendruck, kg/cm^2 0,5
überwindbare Hindernisse:
- Anstieg, Grad....................................32
- Querneigung, Grad.............................18
- Graben, m...2,0
- Wand, m..0,7
- Watfähigkeit, m...............schwimmfähig

Motortyp................................Diesel 5D20
Max. Leistung, PS...............................240
Max. Geschwindigkeit, km/h.................61
Schwimmgeschwindigkeit, km/h..........10
Reichweite, km............................450-500
Panzerung..........................kugelgeschützt
Rauchvorhang..................4 x 902W TDA
Mannschaft, Mitglieder...........................3
Bewaffnung:
- Zahl x Kaliber, mm und Typ
MG`s................................7,62 mm PKT
(Kampfsatz, Stück).......................(1000)
Funkstation......................................R-173

Zusatzinformation: Er wurde auf der Grundlage des BTR-D entwickelt. Seine Wanne ist aus aluminiumlegierten Blechen geschweißt. Das Bug-Mg wurde im Vorderteil der Wanne installiert. Zusätzlich ist der Panzer mit einem Hebekran, einer Seilwinde, einer Aufbockeinrichtung, einem Schweißgerät u. a. ausgerüstet.

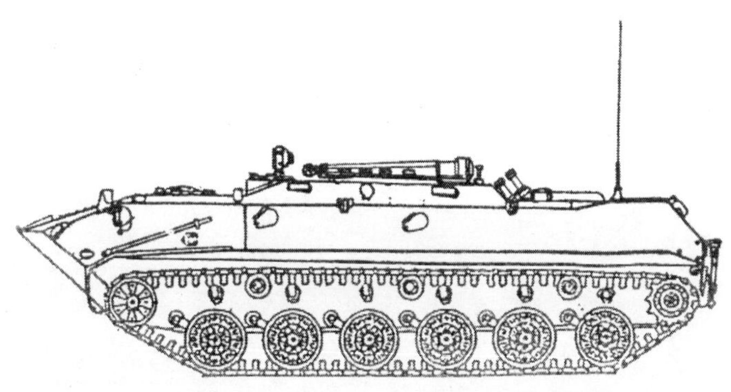

Reparatur- und Bergungspanzer BREM-D

Reparatur und Bergungspanzer BREM-K
(GAS-59033)

Baujahr 1988
Entwickler .... KB GAS
Hersteller .... GAS
Produktion .... Versuchsmuster
Basis BTR-80
Radformel .... 8 x 8
Kampfmasse, t 14,0
Länge Wanne, mm 7700
Breite, mm 2900
Höhe Turmspitze, mm 3000
Bodenfreiheit, mm 475
Mittl. Bodendruck, kg/cm^2 1,77-3,09
Motortyp .... Diesel JaMS-238M
Max. Leistung, PS .... 210(260)
Spezif. Leistung 18,6
Max. Geschwindigkeit, km/h 80-90

Schwimmgeschwindigkeit, km/h 9,0
Reichweite, km 600-700
überwindbare Hindernisse:
- Anstieg, Grad 30
- Querneigung, Grad 25
- Graben, m 2,0
- Wand, m 0,5
- Watfähigkeit, m .... schwimmfähig

Panzerung .... kugelgeschützt
Mannschaft, Mitglieder 4
Bewaffnung:
- Zahl x Kaliber, mm und Typ
  MG`s .... 7,62 mm PKT
  (Kampfsatz, Stück) .... (1500)

Ziel .... M
Funkstation R-173

Zusatzinformation: Er wurde auf der Grundlage des SPW BTR-80 entwickelt. Er ist mit einer Seilwinde mit einer Zugkraft von 4,4-6 t und beim Einsatz eines Zugkraftverstärkers von 8-12 t ausgerüstet. Des weiteren besitzt er einen Lastkran mit einer Hebefähigkeit von 1500 kg, ein Schweißgerät sowie das Schlosser- und Montagegerät GD-400 SU2.

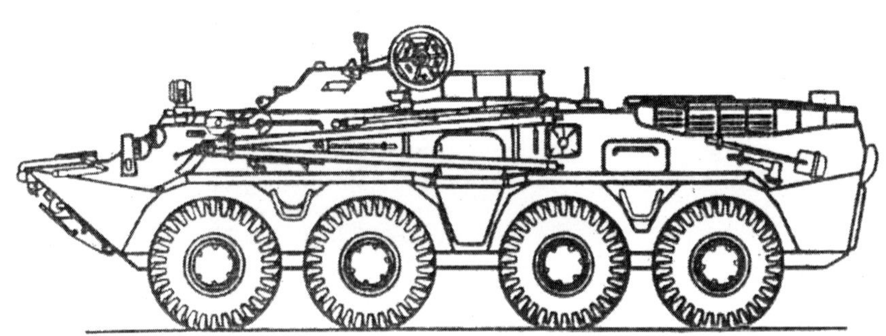

Reparatur- und Bergungspanzer BREM-K

Räumpanzer IMR
(Objekt 616A)

Baujahr	1969
Entwickler	KB TM (Omsk)
Hersteller	Omsker Transportmaschinenwerk
Produktion	in Serie
Kampfmasse, t	37,5
Länge Wanne, mm	6200
Breite, mm	3270
Höhe Turmspitze, mm	2300
Bodenfreiheit, mm	500
Mittl. Bodendruck, kg/cm^2	0,84
überwindbare Hindernisse:	
- Anstieg, Grad	30
- Watfähigkeit, m	1,4
Motortyp	Diesel V-55
Max. Leistung, PS	580
Spezifische Leistung, PS/t	15,5
Max. Geschwindigkeit, km/h	50
Reichweite, km	600
Panzerung, mm	
- Wannenstirnwand	100
Rauchvorhang	TDA
Mannschaft, Mitglieder	2
Funkstation	R-123

Zusatzinformation: Er wurde auf der Grundlage des Panzers T-55 entwickelt. Der Boden wurde verstärkt und das unter dem Turm gelegene Drehgestell verändert. Im Oberteil der Wanne wurde ein kleiner Turm für den Panzerfahrer eingebaut. Er ist mit einem Planierraupenschild in einer Breite von 3560 mm, einem Kranausleger mit einer Länge von 8835 mm und einer Hebefähigkeit von 2 t, einem Schrapper und Bodenlockerer, einem Getriebe und einem Hydraulikantrieb ausgerüstet.

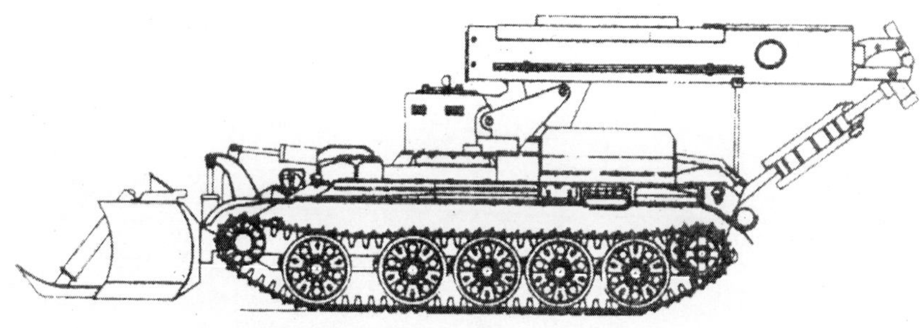

Räumpanzer IMR

Räumpanzer IMR-2

Baujahr ....i. d. Bewaffnung 1980
Produktion...........................in Serie 1982
Kampfmasse, t...................................44,5
Länge Wanne, mm...........................9550
Breite, mm.......................................3735
Höhe Turmspitze, mm.....................3680
Bodenfreiheit, mm.............................475
Mittl. Bodendruck, kg/cm^2 0,88
überwindbare Hindernisse:
- Anstieg, Grad....................................30
- Watfähigkeit, m................................1,2

Motortyp............................Diesel V-84-1
Max. Leistung, PS..............................840
Spezifische Leistung, PS/t.................18,9
Max. Geschwindigkeit, km/h...............59
Reichweite, km...................................500
Panzerung,.........................kugelgeschützt kombiniert
Mannschaft, Mitglieder...........................2
Funkstation.......................................R-173

Zusatzinformation: Er wurde auf der Grundlage des Standardpanzers T-72 entwickelt. Auf seiner Basis wurden 1987 und 1993 die Varianten IMR-3M1 und IMR-2M2 geschaffen. Das Fassungsvermögen des Hydrauliksystems betrug 500 l, die Leistung der Hydraulikpumpe 456 l/min. Er hatte eine Geschwindigkeit bei der Planierraupenarbeit von 8-12 km/h, eine Geschwindigkeit bei der Beseitigung von Wald- und Steinhindernissen von 0,3-0,35 km/h. Die maximale Zugkraft beträgt 27,5 t. Die Hebefähigkeit des Krans beträgt 2 t, die Auslegung 8335-8435 mm.

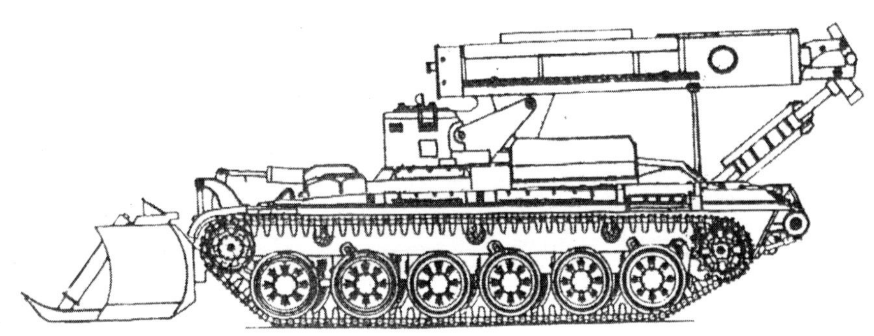

IMR-2

Panzerkran SPK-5

Baujahr 1955
Entwickler.......................KB Werk N183
Hersteller....................Panzerwerk d. VM
Produktion..............................Umrüstung
Kampfmasse, t...................................28,0
Länge Wanne, mm............................6190
Breite, mm.......................................3000
Bodenfreiheit, mm..............................380
Mittl. Bodendruck, kg/cm^2 0,80
überwindbare Hindernisse:
- Anstieg, Grad...............................30-35
- Watfähigkeit, m...............................1,3
Motortyp.........................Diesel V-2-34Kr
Max. Leistung, PS..............................500
Spezifische Leistung, PS/t.................17,9
Max. Geschwindigkeit, km/h................50
Reichweite, km...................................400
Panzerung, mm
- Wannenstirnwand...............................45
Mannschaft, Mitglieder...........................2
Funkstation.......................................keine

Zusatzinformation: Er wurde auf der Grundlage des mittleren Panzers T-34 entwickelt. Auf dem Dach der Wanne wurde anstelle des Turms ein Drehkran mit einer Hebefähigkeit von 10 t installiert. Im Heckteil des Panzers befindet sich eine Transportplattform. Im Laufwerk wurde ein Mechanismus eingebaut, der die Aufhängung der vorderen und hinteren Laufrollen ausschaltet und damit die Stabilität der Wanne bei der Kranarbeit erhöht. Der Kran ist mit zwei CO_2 Feuerlöschern ausgerüstet. Im weiteren wurde der Kran modernisiert und als SPK-5/10M bezeichnet. Hierbei erneuerte man vor allem die Elektrik. Der Kran wurde massenhaft in den Truppenteilen bei der Reparatur von Panzertechnik unter Feldbedingungen eingesetzt.

Panzerkran SPK-5

Panzerkran SPK-12G

Baujahr ....i. d. Bewaffnung 1966
Entwickler.......................KB Werk N183
Hersteller.............Reparaturwerke d. VM
Produktion.......................Modernisierung
Kampfmasse, t..................................36,2
Länge Wanne, mm............................6040
Breite, mm.......................................3270
Bodenfreiheit, mm..............................425
Mittl. Bodendruck, kg/cm^2 0,81
überwindbare Hindernisse:
- Anstieg, Grad.....................................32
- Watfähigkeit, m................................1,4
Motortyp..............................Diesel V-54B
Max. Leistung, PS...............................520
Spezifische Leistung, PS/t...............14,36
Max. Geschwindigkeit, km/h................50
Reichweite, km...................................500
Panzerung, mm
- Wannenstirnwand............................100
Mannschaft, Mitglieder..........................2
Funkstation.....................................R-113

Zusatzinformation: Der SPK-12G (Auslegerkran, rundumdrehend) wurde auf der Grundlage des Chassis des mittleren Panzers T-54 entwickelt. Der geschweißte Kranaufbau wurde auf den Drehkranz aufgesetzt. Der Kran besitzt eine Seilwinde, ist drehbar, hat ein Führerhaus und einen Teleskopgreiferarm. Die maximale Auslegung des Arms beträgt 6,5 m, die Hebefähigkeit 12 t. Die Inbetriebnahme des Krans dauert fünf bis sieben Minuten. Der Kran wurde zu Montage- und Demontagearbeiten bei der Reparatur von Panzertechnik unter Feldbedingungen eingesetzt.

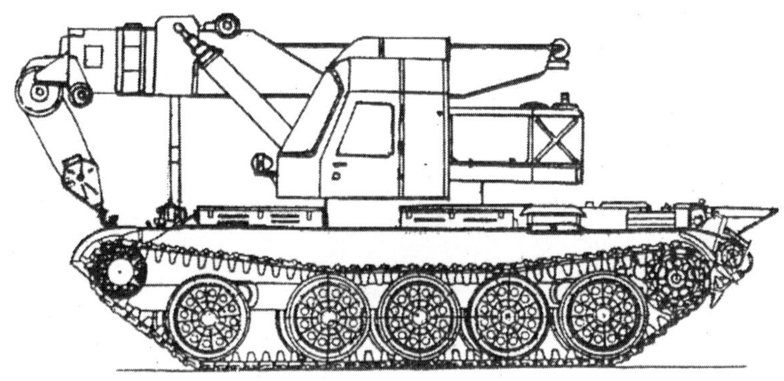

Panzerkran SPK-12G

Aufklärungspanzer „Shuk“
(IRM)

Baujahr	i. d. Bewaffnung 1980
Produktion	in Serie
Kampfmasse, t	17,2
Länge, mm	8220
Breite, mm	3150
Höhe Turmspitze, mm	2400
Bodenfreiheit, mm	420
Mittl. Bodendruck, kg/cm^2	0,69
überwindbare Hindernisse:	
- Anstieg, Grad	36
- Graben, m	2,3
- Wand, m	0,65
- Watfähigkeit, m	schwimmfähig
Motortyp	Diesel
Max. Leistung, PS	300
Max. Geschwindigkeit, km/h	52
Schwimmgeschwindigkeit, km/h	12
Reichweite, km	500
Panzerung	kugelgeschützt
Rauchvorhang	TDA
Mannschaft, Mitglieder	6
Bewaffnung:	
- Zahl x Kaliber, mm und Typ	
MG`s	7,62 mm PKT
(Kampfsatz, Stück)	(1000)
Zielweitenmesser	PIR-451
Navigationsgerät	TNA-3
Entfernungsmesser	DSP-30
Richtkreis	PAB-2M
Funkstation	R-147 (2 Komplexe)

Zusatzinformation: Er wurde mit Hilfe von Bauteilen und Aggregaten des BMP-1 und BMP-2 entwickelt. Die Wanne ist aus Panzerstahlblech geschweißt. Zum Einstieg der Mannschaft in den Panzer sind im Dach drei Luken und im Boden eine vorhanden. Zum Selbstherausziehen des Panzers werden reaktive Feststofftriebwerke des Typs 9M39 mit einem Schub von 312 kg genutzt. Die Aufklärung von Wasserhindernissen erfolgt mit Hilfe von Echoloten, die Erkundung von Minenfeldern mit Hilfe der Minensuchgeräte RSCHM-2, RWM-2M und IMP-2.

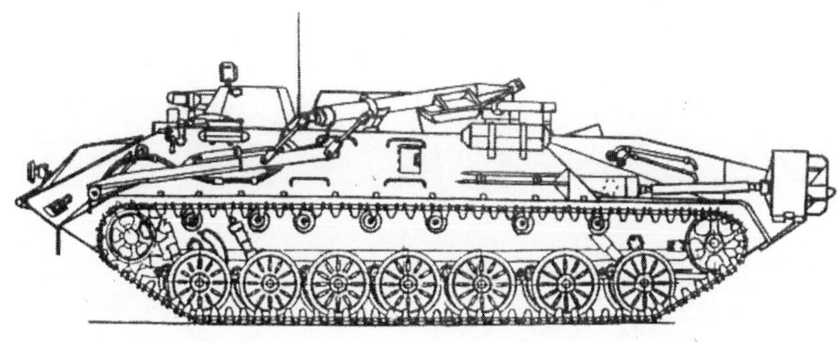

Aufklärungspanzer „Shuk“

Minenlegepanzer GMS

Baujahr ....i. d. Bewaffnung 1968
Entwickler................KB Uraltransmasch
Hersteller...............PV „Uraltransmasch"
Produktion..................................in Serie
Kampfmasse, t.................................28,5
Länge, mm
- mit Zusatzgeräten..........................8620
Breite, mm.......................................3250
Höhe Turmspitze, mm....................2700
Bodenfreiheit, mm......................430-470
Mittl. Bodendruck, kg/cm^2 ....
überwindbare Hindernisse:
- Anstieg, Grad................................57,7
- Graben, m...2,5
- Wand, m...0,7
- Watfähigkeit, m.................................1,0
Motortyp...Diesel
Max. Leistung, PS..............................400
Spezifische Leistung, PS/t................18,42
Max. Geschwindigkeit, km/h................60
Reichweite, km...................................500
Rauchvorhang.............................6x902W
Mannschaft, Mitglieder..........................3
Bewaffnung:
- Zahl x Kaliber, mm und Typ
MG`s................................7,62 mm PKB
(Kampfsatz, Stück)......................(1000)
Ziel..
Funkstation....................................R-123

Zusatzinformation: Er wurde mit Hilfe von Bauteilen und Aggregaten der Selbstfahrlafette SU-100P (Objekt 105) entwickelt. Die Wanne des Panzers ist geschweißt. Der Panzer ist mit einem Spezialminenlegegerät ausgestattet. Im weiteren wurden die Modifikationen GMS-2 und GMS-3 entwickelt.

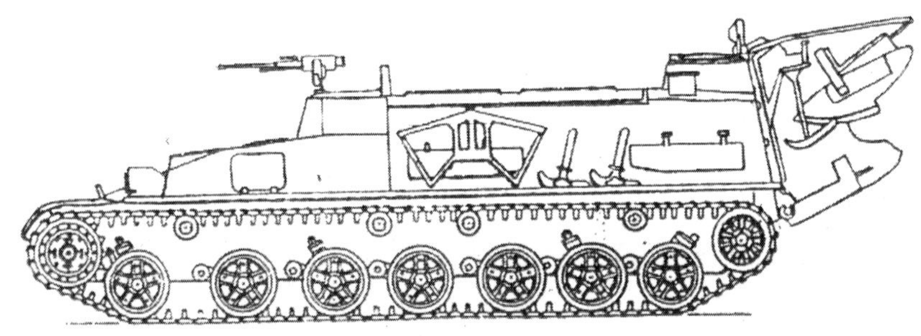

Minenlegepanzer GMS

Minenräumpanzer UR-77
„Meteorit“

Baujahr ....i. d. Bewaffnung 1977
Entwickler......KB Chark. Traktorenwerk
Hersteller.......Charkower Traktorenwerk
Produktion....................................in Serie
Kampfmasse, t...................................15,5
Länge, mm.......................................7260
Breite, mm.......................................2850
Höhe Turmspitze, mm......................2100
Bodenfreiheit, mm..............................400
Mittl. Bodendruck, kg/cm^2 0,50
überwindbare Hindernisse:
- Anstieg, Grad.....................................35
- Graben, m..2,2
- Wand, m..0,80
- Watfähigkeit, m.............schwimmfähig
Motortyp....................Diesel JaMS-238M
Max. Leistung, PS..............................300

Spezifische Leistung PS/t...................19,1
Max. Geschwindigkeit, km/h
- auf dem Boden............................60-61,5
- auf dem Wasser...............................4,5-5
Reichweite, km....................................500
Panzerung..........................kugelgeschützt
Rauchvorhang..
Mannschaft, Mitglieder...........................2
Bewaffnung:
- Zahl x Kaliber, mm und Typ
MG`s..
(Kampfsatz, Stück)................................0
- Ladung z. Entschärfen...USP-77(US-67)
(Zahl)..(2)
Ziel..
Funkstation.......................................R-123

Zusatzinformation: Er wurde mit Hilfe von Bauteilen und Aggregaten der Selbstfahrhaubitze 2S1 „Gwosdika“ (Nelke) entwickelt. Er besitzt eine geschweißte gepanzerte Wanne. Der Panzer ersetzte in den Truppenteilen das Gerät UR-67, das auf der Basis des BTR-50 PK geschaffen wurde. Die Startvorrichtung mit dem Geschoßvorrat und den reaktiven Triebwerken sind in der gepanzerten Wanne untergebracht. Eine Ladung reicht für eine Strecke von 93 m. Die Reichweite der Ausbringung eines Geschosses des Typs USP-77 sind 200 m und 500 m (US-67 200 und 300 m). Mit Hilfe der Ladungen ist es möglich, in ein mit Panzerminen vermintes Gefechtsfeld, Schneisen mit einer Breite bis zu 5 m und einer Länge von 75-90 m zu schlagen. Die Ausführungszeit für eine Schneise beträgt drei bis fünf Minuten.

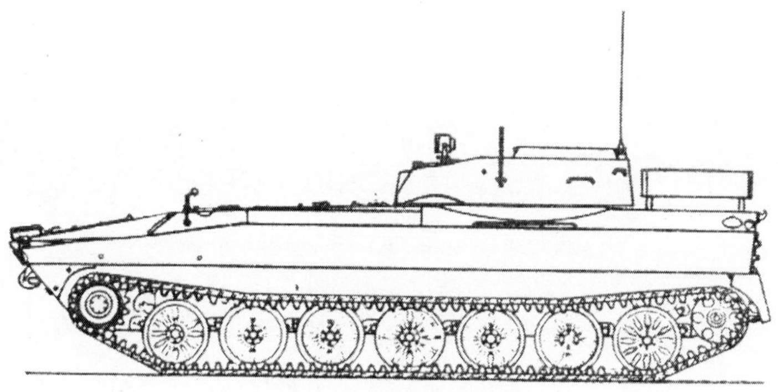

Minenräumpanzer UR-77

Stabsführungspanzer
(Objekt 940)

Baujahr 1976
Entwickler...Wolgograder Traktorenwerk
Hersteller.....Wolgograder Traktorenwerk
Produktion.......................Versuchsmuster
Kampfmasse, t..................................16,0
Länge, mm..7145
Breite, mm..3150
Höhe Turmspitze, mm......................2160
Bodenfreiheit, mm..............................420
Mittl. Bodendruck, kg/cm^2 0,68
überwindbare Hindernisse:
- Anstieg, Grad.....................................36
- Watfähigkeit, m.............schwimmfähig
Motortyp..............Diesel m. Turboantrieb
Max. Leistung, PS..............................400

Spezifische Leistung PS/t..................25,0
Max. Geschwindigkeit, km/h
- auf dem Boden...................................70
- auf dem Wasser..................................10
Reichweite, km..................................600
Panzerung..........................kugelgeschützt
Rauchvorhang....................TDA,4x902W
Mannschaft, Mitglieder...........................4
Bewaffnung:
- Zahl x Kaliber, mm und Typ
MG`s...............................7,62 mm PKB
(Kampfsatz, Stück).........................(500)
Ziel...M
Funkstation...........KB, UKW Funkstation

Zusatzinformation: Der Panzer wurde auf der Grundlage des Chassis des Schwimmpanzers Objekt 934 entwickelt. Er besitzt eine aus aluminiumlegierten Blechen geschweißte Wanne. Der Motor und das Getriebe befinden sich im Heckteil der Wanne. In einem gepanzerten Teil, der im Vorderteil der Wanne untergebracht wurde, befindet sich der Stabsbefehlsraum und die entsprechenden Nachrichtenmittel.

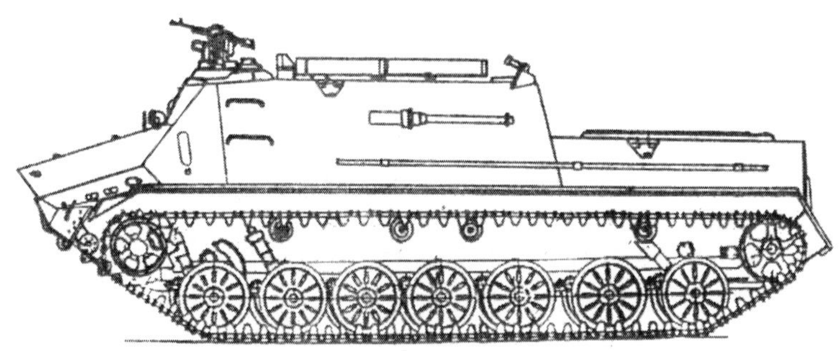

Stabsführungspanzer Objekt 940

Der Standardpanzer T-95

Zusatzinformationen: Im März des Jahres 2000 wurde zum ersten Mal bekannt, daß in Rußland ein prinzipiell neuer Panzer T-95 entwickelt worden ist. Darüber informierte der Verteidigungsminister Rußlands, Sergej Iwanow, beim Besuch der Betriebe des militärisch-industriellen Komplexes in Nishnij Tagil und in Jekaterinenburg. Während des Besuches des führenden Panzerbaubetriebes Rußlands „Uralwaggonwerk“ besichtigte der Minister das erste Modell des neuen Panzers. Die Masse des Panzers T-95 beträgt ca. 50 t, die Länge und Breite sind in etwa den Maßen des T-80, T-90 und T-72 gleich, die sich in der Bewaffnung befinden. Der Turm des T-95 ist etwas kleiner als der beim T-90 und auch des amerikanischen Panzers „M1-Abrahams“. Der Panzer T-95 ist nach einer völlig neuen Bauart aufgebaut. Die Kanone ist im Turm untergebracht, während sich der neu konstruierte Ladeautomat unter dem Turm befindet. Die Arbeitsplätze der dreiköpfigen Mannschaft – des Panzerfahrers, des Richtschützen und der Kommandeurs – sind in einer speziellen gepanzerten Zelle untergebracht. Diese ist durch eine gepanzerte Trennwand vom Ladeautoamten und Turm getrennt. Dadurch wird es nicht nur möglich, den Panzer insgesamt zu verkleinern, d. h., er wird auf dem Gefechtsfeld weniger wahrgenommen, sondern auch die Sicherheit der Mannschaft wesentlich zu erhöhen.

Dieser Aufbau löst den Grundwiderspruch des modernen Panzerbaues, d. h., den zuverlässigen Schutz der Mannschaft mit Mobilität und Transportfähigkeit zu verbinden. Auf den Panzern T-80 und T-90 wurde die Stärke der Panzerung vermindert und gleichzeitig werden optisch-elektronische Mittel installiert, um die Panzerabwehrwaffen abzuwehren. Das voraussichtliche Kaliber der Kanone des T-95 beträgt mehr als 125 mm. Es handelt sich um ein völlig neues Artilleriesystem, das offensichtlich über eine Kanone mit einem glatten Lauf verfügen wird. Der Panzer wird mit einem Feuerleitsystem ausgerüstet. Das Ziel kann mit Hilfe von Wärme- und Infrarotsensoren erfaßt werden, dabei wird ein Laserentfernungsmesser eingesetzt und nach Möglichkeit eine Radarstation genutzt. In westlichen Projekten ist vorgesehen, die Bilder des Gefechtsfeldes auf Bildschirme zu übertragen. Dadurch wird es der Besatzung möglich, durch die Panzerung zu sehen.

Die Überlebensfähigkeit des Panzers wird durch einen rationellen Aufbau der Hauptkomponenten des Panzers gesichert. Bei Ausfall einer Baugruppe kann der Panzer trotzdem seine Kampfaufgaben erfüllen. Es wird das System der reaktiven Sicherheitssprengung eingesetzt (Arena, Komplex „Drosd-M“). Auf dem Turm ist außerdem ein Lasersensor installiert.

Die exakten Einzelheiten des T-95 sind bis heute völlig geheim.

Der Schützenpanzerwagen BTR-90

Baujahr 1994
Entwickler................KB Nishninowgorod
Hersteller....Arsamasker Maschinenbauw.
Produktion...............................TSCHTW
Radformel.......................................8 x 8
Kampfmasse, t.................................20,5
Länge, mm.
- der Wanne v. d. Kanone.................8552
- Breite, ...3100
Bodenfreiheit, mm..............................510
überwindbare Hindernisse:
- Anstieg, Grad....................................30
- Querneigung, Grad.............................25
- Graben, m...2
- Watfähigkeit, m...............schwimmfähig
Motortyp..............Diesel m. Turboantrieb
Max. Leistung, PS...............................510
Spezifische Leistung PS/t................24,87

Max. Geschwindigkeit, km/h
- auf dem Boden..................................100
- auf dem Wasser......................................9
- im durchschnittenen Gelände.........ca. 50
Reichweite, km....................................800
Panzerung...........................kugelgeschützt
Rauchvorhang........2 x 3 902W „Tutscha“
Mannschaft, Mitglieder...........................3
Aufsitzer, Mitglieder............................ (7)
Bewaffnung:
- Zahl x Kaliber, mm und Typ
Kanone…………..……..30 mm 2A42
..(Kampfsatz, Stück)..........................(500)
MG`s.................................7,62 mm PKT
..(Kampfsatz, Stück)........................(2000)
- Panzerbüchse........30 mm AG-17, PTRK
(Kampfsatz, Stück)............(400 PTUR 4)
Funkstation..................................R-163-U

Zusatzinformation: Chefkonstrukteur des Panzers der neuen Generation war A. Masjagin. Der BTR–90 wurde zum ersten Mal auf der dritten Internationalen Ausstellung für Technik der Land- und Luftstreitkräfte sowie für Konversionstechnik „WTTW-Omsk-99“ gezeigt. Dort war er die Hauptüberraschung. Im Jahre 1999 wurde der BTR-90 staatlich erprobt. Er wurde auf der Grundlage des BTR-80 entwickelt und übertrifft den BTR-80A in allen Parametern. Er besitzt eine verstärkt gepanzerte Wanne neuer Konstruktion. Man verwendet unempfindlichen Diesel. Der Motor hat eine Abgasturboaufladung.

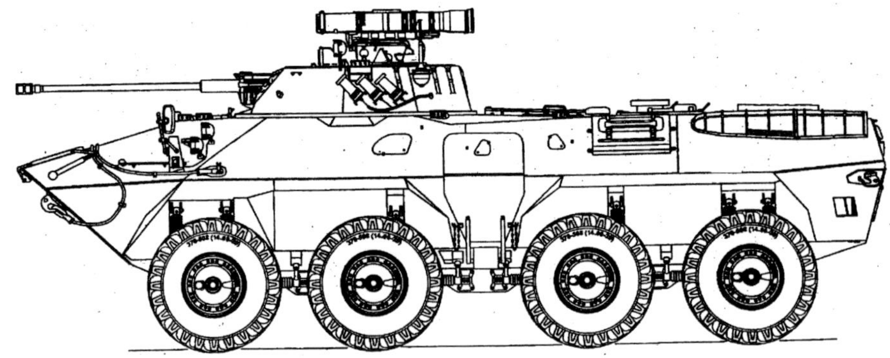

SchützenpanzerwagenBTR-90

Schwerer Schützenpanzerwagen BTR-T

Baujahr ......Entwicklung i. d. 90er Jahren
Entwickler........................Omsker KBTM
Hersteller............Omsker Werk des TMB
Produktion..................wurde modernisiert
Kampfmasse, t....................................38,5
Länge, mm...6200
Breite, mm...3270
Höhe Turmspitze...............................2350
Bodenfreiheit, mm.............................425
Mittl. Bodendruck, kg/cm^2................0,81
überwindbare Hindernisse:
- Anstieg, Grad.......................................30
- Querneigung, Grad.............................32
- Graben, m...2,7
- Mauer, m..0,8
- Watfähigkeit, m..........1,4 (m. OPWT-5)
Motortyp.................................Diesel V-55
Max. Leistung, PS...............................580
Spezifische Leistung PS/t.................15,90
Max. Geschwindigkeit, km/h.................50
Reichweite, km.....................................500
Panzerung, mm
- Wannenstirnwand...............................100
- Wannenseite..80
reaktiver Sprengschutz vorhanden
Rauchvorhang.....TDA 12 x 902
Mannschaft, Mitglieder.............................2
Aufsitzer, Mitglieder.................................5

Bewaffnung: Variante 1
- Zahl x Kaliber, mm und Typ
Kanone...........................30 mm 2A42
..(Kampfsatz, Stück)..........................(200)
- PTRK................ „Konkurs“ oder „Metis“
(Kampfsatz, Stück)...............................(3)

Bewaffnung: Variante 2
- Zahl x Kaliber, mm und Typ
Geschütz..............................30 mm 2A42
(Kampfsatz, Stück)...........................(200)
- Zahl x Kaliber, mm und Typ
Panzerbüchse.............1 x 30 mm AGS-17
(Kampfsatz, Stück)...............................(-)

Bewaffnung: Variante 3
- Zahl x Kaliber, mm und Typ
- Geschütz....zweiläufiger.30 mm Automat 2A38
(Kampfsatz, Stück)...............................(-)

Bewaffnung: Variante 4
- Zahl x Kaliber, mm und Typ
MG`s..........................1 x 12,7 mm NSW
..(Kampfsatz, Stück)..............................(-)
- PTRK..................................... „Konkurs“
(Kampfsatz, Stück)...............................(3)

Bewaffnung: Variante 5
- Zahl x Kaliber, mm und Typ
Panzerbüchse.............1 x 30 mm AGS-17
Kampfsatz, Stück)................................(-)
Funkstation......................................R-173

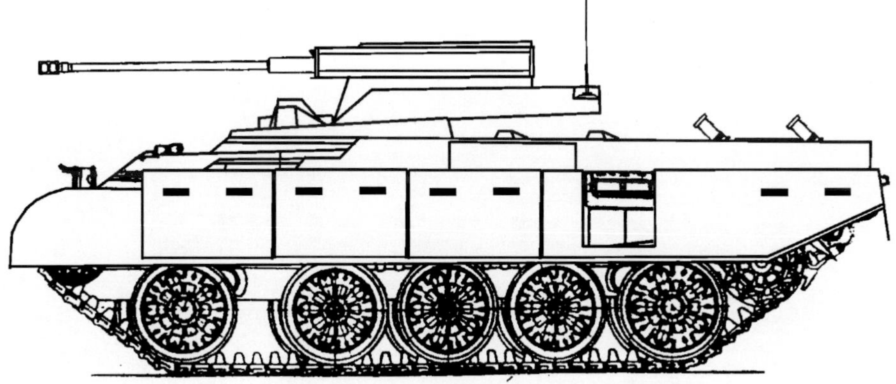

Schwerer Schützenpanzerwagen BTR-T

Zusatzinformation: Chefkonstrukteur war A. Ageew. Der BTR-T wurde auf der Grundlage des Chassis des mittleren Panzers T-55 entwickelt. Er wurde zum ersten Mal 1997 auf der WTTW- Ausstellung in Omsk gezeigt. Anstelle des gewöhnlichen Panzerturms wurde ein flachprofilierter Turm eingesetzt, auf dem eine flache Plattform zur Installation der modernen Raketen und Kanonenbewaffnung installiert wurde. Zur Verstärkung des Schutzes des BTR-T wurde ein System zur Erzeugung von Nebelvorhängen und das reaktive Sicherheitssprengsystem eingesetzt. Ein ähnlicher Schützenpanzerwagen ACHZART mit einem Gewicht von 44 t wurde von der israelischen Firma „Nimda" auf der Basis des T-55 entwickelt. Er kann 10 Kämpfer aufnehmen. Dieser Panzer wurde mit einem Motor der Firma „Detroit Diesel" mit einer Leistung von 650 KW oder 850 PS ausgerüstet. Er wird in der israelischen Armee eingesetzt und soll in die Tschechei exportiert werden.

.

Register
der vorgestellten Panzertechnik

Panzerautos

Schützenpanzerwagen

Schützen- und Landepanzer

Leichte Panzer

Mittlere und Standardpanzer

Schwere Panzer

Raketenpanzer

Spezialpanzer

Abkürzungsverzeichnis

ad	Artilleriedivision
AK	Armeekorps
AKB	Akkumulatorenbatterie
AMO	Moskauer Aktiengesellschaft
AMS	Arsamasker Maschinenbauwerk
AO	Aktiengesellschaft
AS	Ladeautomat der Kanone
BFS	Panzersprenggranate
BKM	Radpanzer
BKP	Bordschaltgetriebe
BKS	panzerbrechendes Hohlladungsgeschoß
BMP	Schützenpanzerwagen
BPS	panzerbrechendes Unterkalibergeschoß
BREM	Reparatur- und Bergungspanzer
BTR	Schützenpanzerwagen
CHKBM	Charkower Konstruktionsbüro des Maschinenbaus
CHPS	Charkower Lokomotivbauwerk
CHWTM	Charkower Werk des Transportmaschinenbaus
DC	Nebelgeschoß, Rauchgeschoß
DOT	langlebiger Feuerpunkt
DSOT	langlebiger Erdfeuerpunkt
EG	elektro-hydraulisch
EM	elektro-magnetisch
EMI	elektro-magnetischer Impuls einer Kernexplosion
EOP	elektronisch-optischer Wandler
FWU	Filterbelüftungsanlage
GAS	Autowerk in Gorki
gpd	Gebirgsjägerdivision
GPP	hydro-pneumatische Aufhängung
GSP	glattläufige Kanone
GSP-PU	glattläufige Kanone - Startvorrichtung
GTD	Gasturbinenantrieb
GUWP	Hauptverwaltung der Militärindustrie
GUWT, GUWP	Hauptverwaltung der Militärindustrie
IK	Infrarot

IMR	Ingenieurräummaschine
KB	Konstruktionsbüro
KBM, (CHWTM)	Konstruktionsbüro des Maschinenbaus
KB TM	Konstruktionsbüro des Transportmaschinenbaus
KIM	Kommunistische Internationale der Jugend
KMS / KMW	Kurganer Maschinenbauwerk
KMT	Spurminenräumgerät
KOS	Hohlladungssplittergranate
Kpd	Nutzkoeffizient
KWSHD	Chinesische östliche Eisenbahn
LD	Laserentfernungsmesser
LKS	Leningrader Kirowwerk
Masch. Fab.	Maschinenbaufabrik
md	mechanisierte Division
MNS	Multinationale Kräfte
MO	Verteidigungsministerium
mpbr	motorisierte Infanteriebrigade
mpd	motorisierte Infanteriedivision
MPP	Übertagungs- und Wendemechanismus
MTO	Triebwerksraum
OAT	Artillerie-Waffen-Trust
OB	Giftstoff
OBT	militärischer Standardpanzer
Obwp	einzelner Militärhubschrauber
OFS	Splittersprenggranate
OGPU	Vereinigte staatlich politische Verwaltung
OKB	einzelnes Konstruktionsbüro
OKBT	Spezialkonstruktionsbüro des Panzerbaues
OKMO	Versuchsabteilung für Konstruktion und Maschinenbau
OMP	Massenvernichtungswaffen
OMSCH	geöffnetes metallisches Scharnier
OMST	Omsker Werk des Transportmaschinenbaus
OPWT	Geräte zur Unterwasserfahrt des Panzers
PAS	Kernwaffenschutz
pd	Infanteriedivision
PNW-	Nachtsichtgerät
PO	Produktionsvereinigung

PPO	Feuerlöschgerät
PTRK	Panzerabwehrraketenkomplex
PTUR	Panzerabwehrlenkrakete
PU	Startvorrichtung
PWO	Luftabwehr
RKKA	Arbeiter und Bauern Rote Armee
RLS	Radarstation
RMSCH	gummiertes Metallscharnier
RPG	Panzerhandgranate
SGPE	Granate mit vorgefertigten Vernichtungselementen
SHD	Eisenbahn
SHMW	flüssiger Schleuderstoff
SIL	Lichatschowwerk
SIP	Ersatzteile und Werkzeuge
SIS	Stalinwerk
SKB,	Spezialkonstruktionsbüro
SKS	kollektives Verteidigungssystem
SNG	Gemeinschaft unabhängiger Staaten
SRK	Fla-Raketenkomplex
SSU	Flak-Selbstfahrlafette
STB	Spezielles technisches Büro
STS / STW	Stalingrader Traktorenwerk
SUO	Feuerleitsystem
SUR	Flak-Lenkrakete
TBW	Panzerballistikrechner
Td	Panzerdivision
TDA	Thermonebelanlage
TIUS	Panzer - Informationslenksystem
TKB	technisches Konstruktionsbüro
TM-	Transportmaschinenbau
TPU	Bordsprechanlage
tr	Panzerkompanie
TS	Traktorenwerk,
TSCHKW	Tscheljabinsker Kirowwerk
TSCHTW	Tscheljabinsker Traktorenwerk
TWD	Kriegsschauplatz
UAB	gesteuerte Fliegerbombe

UKW	ultrakurzer Wellenbereich
Uralwagonsawod	Uraler Waggonbauwerk
wdd	Luftlandedivision
WDK	Luftlandekorps
WMF	Seekriegsflotte
WNII-100	Allunionsforschungsinstitut 100
WOW	Großer Vaterländischer Krieg
Wschd	Luftsturmdivision
WTS	Wolgograder Traktorenwerk
WWS	Luftwaffe,
WWT	Waffen und Militärtechnik
ZNII AG	Zentrales Forschungsinstitut für Automatik und Hydraulik